ORGANES DES SENS

DANS

LA SÉRIE ANIMALE

PRINCIPAUX TRAVAUX DU MÊME AUTEUR

Observations sur les glandes salivaires chez le Fourmilier Tamandua; avec deux planches, 1869 (*Annales des sciences naturelles*, 5ᵉ série, ZOOLOGIE, t. XIII).

Études botaniques, chimiques et médicales sur les Valérianées; avec quatorze planches, 1871 (*Thèse à la Faculté de Médecine*).

Observations sur la myologie de l'Hyœmoschus; avec trois planches, 1872 (*Annales des sciences naturelles*, 5ᵉ série, ZOOLOGIE, t. XV).

Recherches pour servir à l'histoire botanique, chimique et physiologique du Tanguin de Madagascar; avec deux planches, 1873 (*Thèse à l'École supérieure de Pharmacie*).

Notes sur l'anatomie de la Civette; avec une planche, 1873 (*Annales des sciences naturelles*, 5ᵉ série, ZOOLOGIE, t. XVII).

Recherches pour servir à l'histoire anatomique des glandes odorantes des Mammifères; avec neuf planches, 1873 (*Thèse à la Faculté des Sciences*).

Études sur le développement de l'ovule et de la graine dans les Scrofularinées, les Solanacées, les Borraginées et les Labiées; avec huit planches, 1873 (*Thèse à la Faculté des Sciences*).

De la Feuille; avec quatre planches, 1874 (*Thèse de concours*).

Sur les appendices Wébériens du Castor, 1874 (*Annales des sciences naturelles*, 6ᵉ série, ZOOLOGIE, t. I).

Sur la présence de la chlorophylle dans le Limodorum abortivum; avec une planche, 1874 (*Revue des Sciences naturelles*, t. III).

Description anatomique et histologique de la glande commissurale de la Taupe; avec une planche, 1875 (*Comptes rendus et Mémoires de la Société de Biologie*).

Études sur des Helminthes nouveaux ou peu connus; avec deux planches, 1875 (*Annales des sciences naturelles*, 6ᵉ série, ZOOLOGIE, t. II).

Recherches ostéologiques sur les fosses nasales des Quadrumanes, 1875 (*Association française pour l'avancement des sciences*, 4ᵉ session, à Nantes).

Études histologiques et histogéniques sur les glandes foliaires intérieures et quelques formations analogues; avec quatre planches, 1876 (*Annales des sciences naturelles*, 6ᵉ série, BOTANIQUE, t. II).

Du siège des substances actives dans les plantes médicinales; avec deux planches, 1876 (*Thèse de concours*).

Sur la structure et les rapports de la choroïde et de la rétine dans les Mollusques du genre Pecten (*Mémoires de la Société Philomathique*, 1877).

Recherches pour servir à l'histoire du bâtonnet optique chez les Crustacés et les Vers; avec trois planches, 1877-1878 (*Annales des sciences naturelles*, 6ᵉ série, ZOOLOGIE, t. V et VII).

Du réceptacle séminal chez le Distomum militare (*Comptes rendus et Mémoires de la Société de Biologie*, 1878).

Recherches histologiques et morphologiques sur le grand sympathique des Insectes (*Mémoires de la Société Philomathique*, 1879).

7600-79 -- CORBEIL. Typ. et stér. CRÉTÉ.

LES
ORGANES DES SENS

DANS

LA SÉRIE ANIMALE

LEÇONS D'ANATOMIE ET DE PHYSIOLOGIE COMPARÉES

FAITES A LA SORBONNE

PAR

JOANNES CHATIN

MAITRE DE CONFÉRENCES A LA FACULTÉ DES SCIENCES DE PARIS
PROFESSEUR AGRÉGÉ A L'ÉCOLE SUPÉRIEURE DE PHARMACIE
MEMBRE DE LA SOCIÉTÉ DE BIOLOGIE

Avec 136 figures intercalées dans le texte.

PARIS

LIBRAIRIE J.-B. BAILLIÈRE ET FILS

19, rue Hautefeuille, près du boulevard Saint-Germain

1880

AVANT-PROPOS

Les Organes des Sens possèdent une histoire toute moderne, contemporaine même. Sans avoir jamais cessé de solliciter à des titres divers l'attention du philosophe, du naturaliste et du médecin, ils avaient à peine révélé les traits généraux de leur constitution : les détails fondamentaux de leur structure, les conditions essentielles de leur fonctionnement semblaient devoir constamment échapper aux recherches des observateurs qui se succédaient, ne laissant d'autre trace que celle de leurs impuissants efforts.

On ne saurait s'en étonner quand on considère l'importance et la variété des progrès qui durent être réalisés jusqu'au moment où l'on put tenter d'entreprendre l'examen de ces appareils.

Destinés à établir entre l'être vivant et le milieu cosmique d'incessantes relations, ils ne pouvaient être soumis à une sérieuse analyse avant que l'esprit humain n'eut conquis le monde inorganique et dégagé ses grandes lois des naïves conceptions ou des bizarres hypothèses qui, durant de longs siècles, avaient paru devoir suffire à l'explication des phénomènes les plus complexes.

Ce fut aux physiciens que revint ainsi l'honneur d'ouvrir la voie qui devait être si lentement parcourue ; mais la nature de leurs travaux ne leur permettait d'interpréter que les facteurs secondaires du problème. Sa solution était réservée aux sciences biologiques ; on commença seulement à l'entrevoir du jour où celles-ci, guidées par de sûres méthodes, servies par de puissants moyens d'investigation, purent aborder l'étude de l'organisme et de ses fonctions.

Longtemps réduite au seul concours du scalpel, fatalement confinée dans l'examen des formes extérieures ou dans la détermination des grands principes de la pratique chirurgicale, l'anatomie renonçait à poursuivre de semblables recherches : elle avait à peine distingué les zones du globe oculaire ou péniblement accompagné le labyrinthe dans ses capricieux méandres; elle ne soupçonnait aucunement la structure de cette délicate membrane sur laquelle viennent se peindre les impressions optiques, et ne pouvait pressentir l'existence des cellules qui doivent vibrer sous l'action de l'excitant sonore. L'intervention même du micros-

cope, tout en reportant vers des frontières inespérées
le champ de l'observation, ne suffit pas immédiatement
à combler ces lacunes : on dut inventer une technique
spéciale, saisir presque malgré lui l'élément sensoriel
et le livrer aux habiles investigations des histologistes.

Durant ce temps, une science nouvelle était née : se
dégageant des liens qui avaient entravé ses premiers
pas, protestant par les plus brillantes conquêtes contre
le démembrement auquel on avait tenté de la soumettre, affirmant son autonomie par la plus certaine des
doctrines, la physiologie nous montra la constance des
attributs de la vie, nous permit de les retrouver dans
le dernier des êtres comme chez le type le plus parfait de la série, et prouva qu'il n'existe entre eux que de
simples degrés de différenciation : un de ses plus ardents contempteurs prétendait, il y a cinquante ans,
localiser la sensibilité chez les seuls Vertébrés, elle
nous apprend aujourd'hui à en découvrir sans peine
les manifestations dans les deux règnes organiques.

Concilier ces grands enseignements, coordonner ces
notions éparses, étendre à l'ensemble de l'animalité des
études trop souvent limitées à l'espèce humaine, tel a
été le sujet de ces Leçons, professées à la Faculté des
Sciences durant l'année 1877-1878.

Soucieux d'assigner aux faits leur réelle valeur et
leur exacte signification, je n'ai jamais hésité à les
soumettre à un rigoureux contrôle ; les personnes qui

ont assisté à mon cours se rappellent les conférences dans lesquelles ces recherches pratiques furent poursuivies et exposées. La rédaction ne pouvait conserver une semblable dualité et devait nécessairement confondre les leçons de l'amphithéâtre et les démonstrations du laboratoire. On retrouvera cependant comme un dernier souvenir de celles-ci dans les pages consacrées aux organes tactiles, à la ligne latérale, aux terminaisons olfactives, à la structure de la rétine et de la rampe auditive, à l'optographie, à la morphologie générale du bâtonnet optique. La nature même de ces questions suffit à montrer que ce livre ne saurait être considéré comme une œuvre de doctrine et qu'on doit simplement y chercher un tableau fidèle et impartial de l'état actuel de nos connaissances sur les appareils sensitifs.

JOANNES CHATIN.

Le 1er décembre 1879.

ORGANES DES SENS

PREMIÈRE LEÇON

SOMMAIRE. — Les organes des sens. — Origines de la sensibilité. — Sensibilité spéciale, sensibilité générale, irritabilité protoplasmique. — Animaux et Plantes. — Apparition du système nerveux. — Morphologie des organes des sens : Protozoaires, Cœlentérés, Vers, Arthropodes, Mollusques, Vertébrés. — Principales espèces sensorielles. — Conditions de perfectionnement.

Messieurs,

Ces leçons doivent être consacrées à l'étude de la structure et des fonctions des organes des sens, observés dans l'ensemble de la série zoologique ; elles auront ainsi pour objet l'histoire des appareils qui permettent à l'homme et aux animaux d'entrer en relation avec le monde extérieur, d'en distinguer les différentes propriétés, de répondre aux stimulants qu'ils y rencontrent, soit par des réactions simplement somatiques, soit par des réactions à la fois psychiques et somatiques.

C'est à ces organes que nous devons de connaître la sensation sous ses formes les plus pures, les plus élevées, les mieux définies ; aussi convient-il d'examiner tout d'a-

CHATIN, Org. des Sens.   1

bord quelles sont les origines de la sensibilité, de déterminer selon quels modes, vers quel niveau elle apparaît, de
rechercher si elle ne débuterait pas avec la vie même. Il
faut, en un mot, tenter d'esquisser la morphologie générale ou comparative des appareils sensitifs, avant de retracer leur morphologie spéciale ou fonctionnelle; telle doit
être la base nécessaire de toute étude semblable à celle
que nous nous proposons de poursuivre.

Parmi ces appareils, il en est qui entreront en jeu, sous
l'action des causes les plus diverses, tandis que les autres
ne pourront sortir de leur inertie physiologique que sous
une influence déterminée. Ceux-ci représentent une forme
supérieure, la *sensibilité spéciale* qui devra nous occuper exclusivement; les premiers sont au service d'une
faculté plus diffuse dans ses éléments, plus vague dans
ses impressions, dont l'intensité pourra se trouver augmentée, sans produire autre chose que des phénomènes
de douleur plus ou moins accentués, et sans nous fournir
aucune notion sur les propriétés organoleptiques de l'agent
qui l'aura mise en jeu.

Cette *sensibilité générale* constitue donc une espèce plus
simple, moins exigeante des organes dont elle réclame
le concours, moins constante dans ses manifestations.
Marque-t-elle le dernier terme des propriétés physiologiques de même ordre, ou bien doit-on descendre plus bas
encore ?

La distinction que nous établissons entre ces sensibilités
est éminemment subjective et beaucoup moins nette dans
la nature que dans nos cadres physiologiques; le plus
simple examen suffit à montrer que toutes deux sont intimement liées ensemble : le sens du toucher paraît établir

le passage de l'une à l'autre et certaines sensations, comme les sensations musculaires, diverses sensations internes, leur forment un lien tellement étroit, qu'il serait à peu près impossible de le trancher sans empiéter sur le domaine de la sensibilité spéciale ou sur celui de la sensibilité générale.

Celle-ci implique d'ailleurs l'existence d'un système nerveux, c'est-à-dire de tissus différenciés, d'éléments complexes et se rapproche de la sensibilité spéciale, sous le rapport anatomique comme au point de vue physiologique. Nous sommes ainsi conduits à étendre nos recherches; puisque cette sensibilité générale demande encore tant de complications organiques, ne pourrions-nous trouver une propriété qui en fût voisine, et pût cependant se révéler sous un état plus simple. Les êtres dégradés, les parties constituantes des organismes supérieurs ne pourraient-ils en offrir quelque reflet, et nous permettre d'y fixer ainsi justement l'origine même de la sensibilité.

On connaît la profonde révolution qui s'est opérée dans les sciences biologiques, dès le commencement de ce siècle sous l'impulsion des idées de Bichat, à la suite des travaux de Brisseau-Mirbel. Nul n'ignore aujourd'hui que le corps de l'homme, celui de l'animal et celui de la plante sont formés par l'assemblage, par la réunion d'un grand nombre de parties constituantes qui ont reçu les noms d'*éléments anatomiques*, *éléments histologiques*, etc.; chacun de ces éléments figure, en définitive, un être vivant, jouissant de toutes ses propriétés essentielles, de sorte que si, au point de vue anatomique, la plante et l'animal doivent être considérés comme une colonie de ces éléments plus ou moins variés dans leurs formes et leurs attributs, de

même leur activité ne représente sous le rapport physiologique que la somme ou la résultante des fonctions de ces
organismes élémentaires coordonnés vers une fin commune.

Cette conception de l'être vivant, la seule qui soit en
harmonie avec les légitimes exigences de la science moderne, oblige naturellement à modifier l'ancienne méthode
d'investigation et d'exposition qu'on n'eût pas manqué
d'appliquer autrefois en semblable matière. Aujourd'hui,
quelle que soit la fonction que l'on examine, quels que
soient les organes dont on cherche à faire connaître la
structure et l'usage, il faut absolument invoquer ces notions
fondamentales, s'inspirer des enseignements de l'anatomie
et de la physiologie générales dont les sujets peuvent être
pris dans l'un et l'autre règnes; car, j'ai à peine besoin de
le rappeler, il n'existe plus aucune trace des épaisses barrières élevées jadis entre les animaux et les végétaux, pas
plus que nous ne songeons à maintenir cet antagonisme
fonctionnel, cette dualité physiologique, nés au lendemain
des expériences mémorables, mais mal interprétées de
Priestley, de De Saussure et de Senebier.

Ces considérations s'appliquent à la sensibilité comme à
toute autre fonction et puisque, au début de ces leçons, nous
tentons de déterminer son origine, voyons si les éléments
anatomiques, considérés isolément, ne pourraient nous
offrir quelque propriété analogue ou si sa réalisation exigera des organismes complexes, des formes histologiques
multiples et différenciées.

Les éléments fondamentaux, les « cellules, » pour les
appeler du nom que nous conservons surtout en mémoire
des fondateurs de l'anatomie générale, car il est loin de

répondre à tous les états qu'il sert à désigner, les cellules présentent souvent un degré de complexité dont on doit tenir compte et qu'il faut examiner d'abord, afin d'apprécier si toutes les parties de cet organisme nous intéressent également ou si l'une d'entre elles sera plus spécialement capable de manifester la propriété que nous recherchons.

La cellule peut comprendre quatre parties principales :

1° Un *corps* central, parfois creusé de vacuoles ;

2° Un *noyau* placé tantôt vers le milieu du corps et tantôt excentriquement.

3° Un ou plusieurs *nucléoles* situés à l'intérieur du noyau ;

4° Une membrane d'enveloppe ou *cuticule*. La complication peut être plus grande encore, mais il est inutile d'y insister, car les parties qui viennent d'être énumérées sont loin d'être également essentielles et nous allons bientôt pouvoir les écarter à l'exception d'une seule. En effet, si nous avions à retracer leur histoire particulière, nous verrions qu'elles possèdent une valeur fort inégale, nous constaterions que la membrane d'enveloppe, dont la composition diffère chez les végétaux et les animaux, manque souvent dans ces derniers ; que les nucléoles n'existent guère que chez les jeunes éléments ; qu'enfin le noyau peut faire défaut sans que la cellule, sans que le globule cesse pour cela de manifester son activité spéciale ou de remplir le rôle qui lui est assigné dans le fonctionnement général de l'économie.

Par élimination, on se trouve ainsi conduit à regarder le corps de la cellule, sa masse centrale, comme en étant la seule partie réellement active et vivante ; sur elle doit se concentrer notre attention. Or, le corps cellulaire

n'est autre chose que cette substance fondamentale de toute
organisation, que ce *protoplasma* qui se retrouve avec les
mêmes caractères physiques, avec les mêmes propriétés
chimiques, avec les mêmes manifestations vitales dans l'ensemble des êtres organisés, qu'ils appartiennent à l'une ou
l'autre des deux séries naturelles.

Négli eons les produits secondaires, d'ailleurs formés par
différenciation ou condensation du protaplasma, et cherchons
si ce dernier possèdera, en dehors de la nutritilité, de la
contractilité, etc., quelque propriété qui puisse se comparer
à celle dont nous avons à retracer l'origine. Nous pourrons procéder d'autant plus aisément à cet examen que la
nature semble avoir voulu prendre elle-même le soin de
nous préparer un champ d'expériences dont toutes les
causes d'erreur fussent écartées à l'avance.

Il existe en effet, vers les confins des deux règnes, des
êtres qui se résument en une masse de protaplasma nu,
sans aucune de ces formations que je vous indiquais tout
à l'heure comme s'observant dans les éléments anatomiques
des types plus élevés. Ces organismes, qui semblent se
rattacher aussi bien aux animaux qu'aux végétaux, qui
sont rapportés les uns à la première des séries, les autres
à la seconde ; pour lesquels certains naturalistes ont voulu,
comme Haeckel, former un groupe spécial, celui des
« Protistes » ce sont les Myxomycètes, les Monères (fig. 1),
les Amibes (fig. 2), etc. Les Myxomicètes (fig. 3) sont
rangés actuellement, au moins en France, parmi les végétaux et divers phénomènes ultimes de leur organisation et
de leur développement paraissent amplement justifier cette
assimilation ; quelques auteurs étrangers inclinent au contraire à décrire ces êtres singuliers comme de véritables

animaux, divergences qui nous permettraient d'en reven-

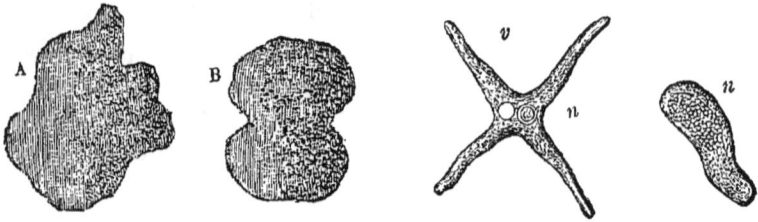

Fig. 1. — *Protamæba primitiva*,
Haeckel.

A. Une Monère entière. — B. La même Monère divisée en deux moitiés par un sillon
médian.

Fig. 2. — Deux formes différente
d'Amibes de la vase.

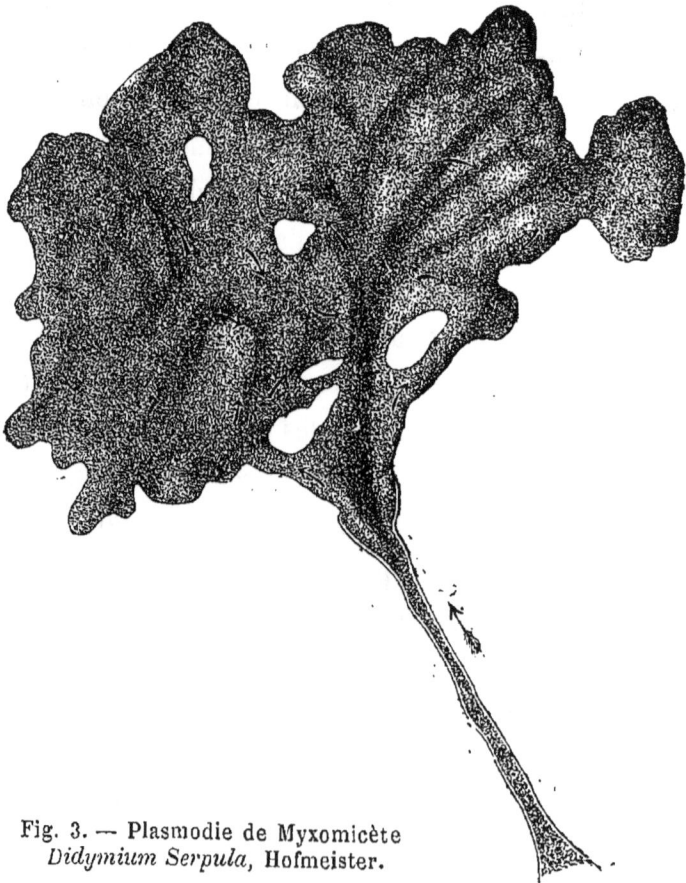

Fig. 3. — Plasmodie de Myxomicète
Didymium Serpula, Hofmeister.

diquer l'étude, s'il était besoin de s'adresser absolument,
exclusivement aux Myxomycètes, mais il n'en est rien et

d'autres formes vivantes, tout aussi dégradées, peuvent nous fournir d'excellents sujets d'observation ; je veux parler de ces Monères, de ces êtres sarcodaires que Dujardin a si parfaitement étudiés, de ces *Bathybius* (fig. 4.) qui forment au fond des mers d'immenses colonies dont les frontières changent à chaque moment. Recherchons si ces organismes, réduits à leur substance essentielle, témoigneront de quelque propriété qui se rapproche de la sensibilité : plaçons un de ces plasmodes sur une table éclairée d'un seul côté, nous verrons sa masse se diriger vers le point d'où semblent partir les vibrations lumineuses ; portons-le sous une cloche où pénètrent des vapeurs d'éther ou de chloroforme, nous verrons ses mouvements se suspendre, s'arrêter immédiatement.

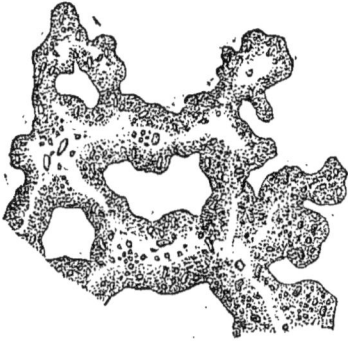

Fig. 4. — *Bathybius Haeckelis*, organisme protoplasmique vivant dans le fond des mers. La figure représente une petite portion du réseau protoplasmique nu.

Pouvons-nous donc refuser toute sensibilité à ces êtres qui répondent au plus délicat des agents extérieurs, qui obéissent si docilement aux substances mêmes que leur action sur les éléments sensitifs des formes supérieures nous a fait depuis longtemps qualifier d'anesthésiques ? Evidemment non ; si l'on tient à conserver le langage actuel de la physiologie classique, si l'on veut qu'il n'y ait de sensibilité véritable que là où se montre un système nerveux distinct, qu'on donne à cet atrribut du protoplasma un autre nom, qu'on le qualifie d'irritabilité en rendant à ce terme la grande acception qu'il avait aux époques de Haller et de Glisson, peu importe ; la discussion ne saurait porter que sur les mots à employer, au fond la sensibilité est commune à tous les êtres vivants ; ainsi que l'a dit dans un magnifique langage M. Claude Bernard, elle coïncide avec l'origine même de la vie [1].

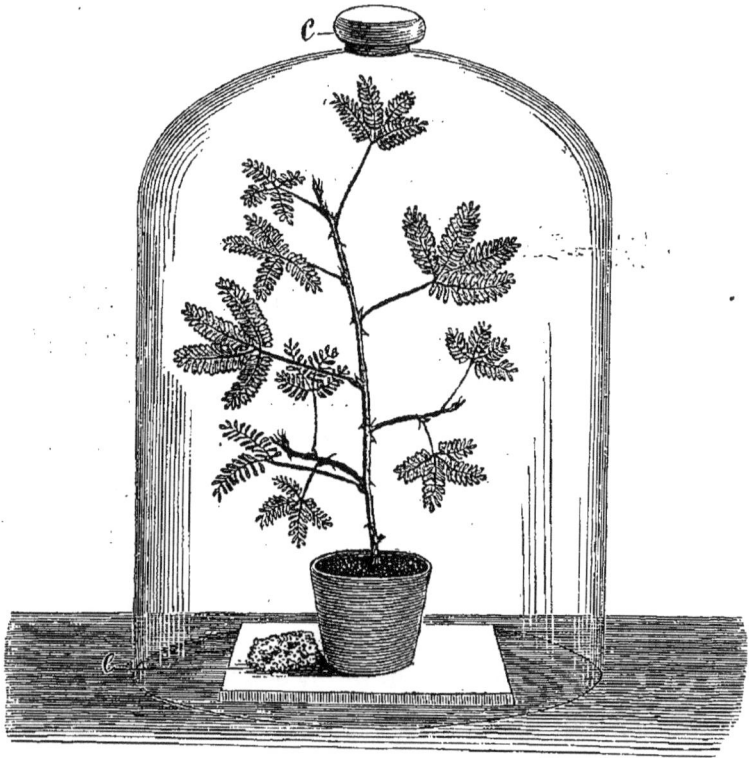

Fig. 5. — Sensitive (*Mimosa pudica*), placée dans une atmosphère éthérée.

e. Éponge imbibée d'éther. — Les feuilles de la plante, étalées et devenues insensibles, ne se ferment plus quand on vient à les toucher.

Si nous examinons le protoplasme, non plus à nu dans

[1] Cl. Bernard, *La Sensibilité dans le règne animal et le règne végétal* (*Association française pour l'avancement des sciences* ; *Congrès de Clermont-Ferrand*, 1876, p. 52). — *La Science expérimentale*, 2e édition. Paris, 1879. — ID., *Leçons sur les phénomènes de la vie communs aux animaux et aux végétaux*, Paris, 1878, t. I, p. 241 et suiv.

la plasmodie d'un Myxomycète ou dans le sarcode d'une Monère, si nous l'étudions dans l'intérieur des cellules, nous lui retrouverons les mêmes propriétés. En nous élevant dans la série végétale nous verrions ses manifestations s'accentuer de plus en plus dans les organes les plus compliqués des plantes supérieures, que ces organes aient pour but de veiller à la conservation de l'individu ou d'assurer la perpétuité de l'espèce ; il y répondrait aux mêmes excitants, et les belles expériences de M. Paul Bert sur les feuilles de la Sensitive (fig. 5), sur les étamines des Pariétaires sont trop connues pour qu'il soit nécessaire de les rappeler[1]. Je ne cite ces faits, empruntés à la physiologie végétale que pour vous indiquer la généralité du phénomène et m'empresse de revenir au règne animal où nous allons bientôt voir la sensibilité initiale, l'irritabilité protoplasmique faire place à des propriétés plus élevées et mieux définies.

Dans le groupe des Protozoaires, nous retrouvons les mêmes attributs généraux que chez les Protistes ; toutefois, la constitution anatomique, si l'on peut déjà se servir ici d'une semblable locution, est moins rudimentaire : le protoplasma se complique d'un ou de plusieurs noyaux, et l'on connaît l'importante division que les naturalistes ont fondée sur ce caractère ; il se creuse de ces vacuoles, de ces cavités dont les contractions avaient si singulièrement trompé Ehrenberg ; à la périphérie pourra s'organiser une cuticule tantôt à peine appréciable, tantôt revêtant l'aspect d'une véritable carapace comme chez les Forami-

---

[1] Paul Bert, *Recherches sur les mouvements de la Sensitive* (*Mémoires de la Société des sciences physiques et naturelles de Bordeaux*, 1866, 3e livre). — Id., *Influence de la lumière verte sur la Sensitive* (*Comptes rendus des séances de l'Académie des sciences*, t. LXX, p. 338), etc.

nifères. Le corps présentera un agrégat plus ou moins varié d'éléments constituants ; bref, sa composition sera déjà notablement perfectionnée ; les fonctions de nutrition tendent à se localiser, au moins dans certains types ; n'en sera-t-il pas de même pour les fonctions de relation, pour la sensibilité ?

Sans tenter de rajeunir les célèbres erreurs qui se sont produites à ce sujet, on ne saurait nier qu'il n'y ait ici quelque progrès : évidemment les impressions externes se traduisent par des excitations plus vives que chez les êtres auxquels nous empruntions les exemples précédents, mais l'absence de tout appareil central commande les plus grandes réserves. Il faut se garder d'imiter la précipitation avec laquelle certains auteurs allemands décrivent et figurent des organes tactiles chez les Infusoires [1] ; on ne peut cependant refuser à cet égard toute valeur aux franges, aux pseudopodes, aux filaments qui se déploient sur divers points du corps et servent d'agents préhenseurs à ces petits êtres dans lesquels les propriétés fondamentales du protoplasma sont mieux accentuées, plus faciles à distinguer.

Mais bientôt cette irritabilité, devenue déjà peut-être de la sensibilité générale, ne suffit plus à l'animal pour apprécier convenablement les phénomènes du monde extérieur et surtout pour répondre rapidement, utilement aux excitants qu'il y rencontre. En ce qui concerne les échanges nutritifs, une certaine sélection vient de s'établir parmi ses éléments : ce n'est plus une simple fédération cellulaire à formes semblables, à fonctions équivalentes et

---

[1] Stern, *Organismus der Infusionsthiere*, II, 1867.

par cela même médiocrement actives ; non, tel élément retient une de ces fonctions, tel autre se trouve affecté à un service différent. La grande loi de la division du travail, si brillamment formulée par mon éminent maître, M. Milne Edwards [1], apparaît avec ses prochains et féconds résultats.

Ce n'est pas seulement dans les actes indispensables à la conservation de l'individu que la loi doit être appliquée ; cette conservation serait en effet trop souvent compromise si l'animal ne pouvait être éclairé avec quelque précision sur les ennemis qu'il doit rencontrer ou sur les auxiliaires qu'il peut découvrir dans le milieu où il est jeté et durant la lutte incessante qui résume sa vie. Il est nécessaire qu'un appareil s'organise pour lui permettre de reconnaître à certains caractères les myriades de corps auxquels il va se heurter. Il faut que des groupes cellulaires à propriétés spéciales condensent, en les perfectionnant, ces formes vagues de sensibilité ou d'irritabilité qui sont encore éparses dans les colonies cellulaires réunies pour constituer l'individu ; il faut que ces cellules se relient entre elles de manière à recueillir, en drainant en quelque sorte l'organisme, tous ces courants diffus qui désormais devront être endigués, rassemblés dans des réservoirs spéciaux, épurés en quelque sorte dans ces stations centrales d'où partiront sous formes d'incitations motrices ou tout autrement, les réactions voulues.

Tel est le but assigné au système nerveux ; sa première ébauche ne répond guère au rôle dominateur qui lui est réservé, car il ne se montre tout d'abord que sous l'aspect bien humble de quelques cellules dont les caractères sont

---

[1] Milne-Edwards, *Introduction à la Zoologie générale*, chap. III.

loin d'être toujours aussi bien définis que nous l'imaginons ; les formes initiales de ce système nous échappent vraisemblablement, et nous ne pouvons en signaler la présence que lorsque des phénomènes non douteux d'une sensibilité réelle se sont déjà manifestés. Souvent même, comme chez les Actinies étudiées par Korotneff[1], nous voyons se former des organes sensitifs, là où nous ne saurions reconnaître avec quelque certitude, un véritable système nerveux ; or, comme ce dernier est indissolublement lié à l'existence et au fonctionnement de semblables organes, nous devons avouer l'imperfection et l'impuissance de notre technique, encore incapable de nous révéler les caractères du tissu nerveux sous ses premiers états.

Quoi qu'il en soit, en arrivant à des animaux encore passablement inférieurs, aux Méduses, on trouve des éléments qui semblent remplir toutes les conditions suffisantes pour la constitution d'un pareil système : de place en place, se dessinent de petits amas ganglionnaires, caractérisés par leurs cellules propres ; des fibres rattachent ces groupes entre eux et les relient à la périphérie du corps où se montrent certains éléments spéciaux. Nous devinons quel genre d'excitations ils feront connaître à l'animal : ce seront des impressions tactiles. Pour que celles-ci acquièrent quelque fixité, quelque constance, il suffira d'apporter de très légères modifications au tégument général : il s'amincira sur certains points, se découpera en franges, en lanières, en tentacules capables de s'appliquer sur les corps extérieurs, de les saisir même et de compléter ainsi des sensations originellement grossières, par le concours des actes

---

[1] Korotneff, *Organes des sens des Actinies* (*Archives de Zoologie expérimentale*, t. V, 1876, p. 202).

de préhension et de palpation sans lesquels les centres nerveux ne percevraient autre chose qu'un simple phénomène
de contact.

Mais il semble que ces impressions encore trop générales ne suffisent plus pour répondre aux besoins qui crois-
sent avec le perfectionnement de l'organisme, avec les
fonctions de plus en plus variées qui lui incombent. Aussi,
vers ce même groupe des Cœlentérés, sur les bords du disque
de ces mêmes Méduses, rencontrons-nous des formations
singulières que les anciens décrivaient sous le nom de
« corpuscules marginaux », terme qui rappelait simplement
leur situation, sans rien préjuger touchant leur rôle, mais
par cela même trop vague pour que nous puissions l'accepter encore aujourd'hui. Parmi ces organes, il en est
qui apparaissent comme de petites capsules limitées par
une paroi homogène que bordent des cellules souvent ciliées, et contenant dans leur intérieur des concrétions
calcaires ou des cristaux ; des filets nerveux relient ces
vésicules aux ganglions voisins [1].

Pour quiconque s'est occupé d'anatomie comparée, ne
fut-ce qu'en passant, le rôle de ces poches est facile à deviner ; elles réalisent sous une forme des plus simples le
type de l'organe auditif : même revêtement bacillaire,
mêmes otolithes, mêmes relations nerveuses. Les vibrations
sonores propagées par l'eau qu'habite la Méduse se transmettront aisément à ces petites vésicules ; les concrétions
amplifieront l'ébranlement subi par les cellules ciliées
et par le nerf qui conduira l'excitation au centre nerveux. Nous pouvons donc admettre ici la première appa-

---

[1] O. et R. Hertwig, *Das Nervensystem und die Sinnesorgane der
Medusen*. Leipzig, 1878.

rition d'un nouvel organe, capable d'éveiller chez l'animal
une forme spéciale de sensations : les sensations auditives.
Et, de fait, les observateurs qui ont le plus récemment
étudiés ces organes n'hésitent pas à leur accorder une
semblable valeur[1].

Mais ce n'est pas tout ; il semble que la nature ait hâte
de perfectionner le travail physiologique sous le rapport
qui nous occupe : auprès de ces capsules à cristaux se
trouvent d'autres formations que leur structure oblige à
considérer également comme des organes de sensation spéciale. Elles se présentent sous l'aspect de petits îlots dont la
coloration tranche notablement sur l'ensemble des parties
voisines ; quelquefois même un point brillant apparaît au
milieu de ces amas pigmentaires et l'examen microscopique y fait alors distinguer une sorte de lentille encore
bien informe, pièce réfringente dont il faut cependant tenir
grand compte, car son association avec ce lambeau de pigment relié au centre ganglionnaire permet de supposer
qu'ici se localiseront les impressions lumineuses. Non seulement le système nerveux s'est constitué, non seulement
les sensations générales peuvent se manifester sous leurs
diverses formes, mais nous voyons que chez ces Méduses la
sensibilité spéciale possède déjà ses organes les plus
importants et les plus délicats.

Afin de ne pas étendre outre mesure les limites de cet
exposé, négligeons les Echinodermes pour arriver au vaste
groupe des Vers avec lesquels ils offrent d'ailleurs tant de
points de ressemblance. Ici le tableau va singulièrement
s'accentuer et nous cesserons d'être réduits à ces aperçus

[1] O. et R. Hertwig, *loc. cit.*

timides, à ces comparaisons un peu vagues que la plus simple prudence nous imposait à l'égard des types précédents : les éléments nerveux deviennent aisément reconnaissables ; ils acquièrent des caractères propres, ils obéissent aux réactifs qui nous permettront de les suivre, de les retrouver dans le reste de la série ; les centres se dessinent, quelquefois volumineux, reliés ensemble par de nombreux connectifs ; des nerfs abondants se rendent aux diverses parties du corps. Tout nous fait pressentir l'existence d'organes sensitifs notablement perfectionnés.

Un simple coup d'œil jeté sur l'ensemble du corps permet de justifier cette prévision : la surface est souvent parsemée de papilles, de soies, de cirrhes, de tentacules plus ou moins mobiles et recevant des filets nerveux dont la nature ne saurait plus faire l'objet du moindre doute. Le tégument ordinaire ne suffit donc plus à donner à la sensibilité tactile la perfection qu'elle doit atteindre, et ces appendices viennent lui apporter un concours dont la valeur ne saurait échapper à aucun physiologiste.

Dans ce même groupe encore si hétérogène, à affinités si multiples, nous voyons les organes esquissés sur les Méduses, se préciser davantage ; chez les Arénicoles, par exemple, chez ces Vers dont les pêcheurs de nos côtes se servent journellement pour amorcer leurs filets, nous trouvons de petites capsules remplies d'otolithes, revêtues d'un épithélium bacillaire et reliées au cerveau par un nerf volumineux, véritables otocystes semblables à celles que nous allons rencontrer dans l'ensemble des Invertébrés. L'organe visuel s'affirme aussi de mieux en mieux ; souvent encore il offrira l'apparence d'une simple tache pigmentaire, mais dans la plupart des cas, des lentilles réfringentes seront en-

châssées dans cette masse colorée, un conducteur spécial
viendra s'y terminer et l'on verra se réaliser une forme
analogue à celle qui s'observe chez les Articulés ; ailleurs,
comme dans la *Torrea vitrea* [1] il semble qu'un appareil
plus parfait se soit constitué et tende rapidement vers
le type propre aux Mollusques et aux Vertébrés.

Si nous passons à l'embranchement des Arthropodes,
nous voyons le système nerveux et les organes des sens acquérir une nouvelle importance. Le premier rappelle bien
encore, dans ses traits généraux, ce qu'il était chez les
Annélides, mais certains détails témoignent d'une réelle
supériorité morphologique ; la masse ganglionnaire placée
au-dessus de l'œsophage présente un développement en
rapport avec celui des organes sensitifs. Ceux-ci, malgré
leur perfection toujours croissante, reproduisent plusieurs
des dispositions que nous offraient les Vers, de sorte que
la nature, fidèle à ses tendances économiques, semble
vouloir se servir encore des mêmes parties, les modifiant plus ou moins, sans chercher à en constituer de nouvelles.

Le toucher s'exerce chez ces animaux comme dans les
précédents, mais l'on conçoit qu'il dût y être plus imparfait, en raison de la nature du tégument, vraie carapace peu favorable aux manifestations de ce sens ; aussi
des appendices s'en détachent-ils sur divers points afin de
fournir à l'animal les moyens d'explorer le milieu ambiant
ou tout au moins pour l'avertir du voisinage des corps qui
l'y environnent. Les antennes, auxquelles un examen superficiel pourrait faire attribuer ce rôle, ne le remplissent

---

[1] De Quatrefages, *Etudes sur les types inférieurs de l'embranchement des Annelés (Ann. des sc. nat.*, 3ᵉ série, t. XIII, p. 25).

que très secondairement ; mais les « soies tactiles », les « poils tactiles », « les baguettes tactiles », que nous avons déjà eu l'occasion de signaler chez les Vers se retrouvent ici, perforant la cuirasse de chitine qui entoure l'Arthropode, le dotant de communications rapides et constantes avec le monde extérieur.

Pour ce qui est des impressions acoustiques, dont l'existence ne peut être mise en doute chez ces animaux, elles sont recueillies par des organes, tantôt semblables à ceux qui existent dans les groupes inférieurs, tantôt assez spéciaux pour que nous devions plus tard les examiner avec soin et rechercher minutieusement quelle détermination il convient d'appliquer à certains d'entre eux.

Si l'état de la science nous impose de semblables réserves à l'égard des appareils auditifs des Articulés, nous pouvons hardiment nous en départir lorsqu'il s'agit de leurs organes visuels. Connus depuis longtemps dans leurs caractères généraux, ces yeux présentent une variété, une complication dont les anciens entomologistes s'émerveillaient et que nous devons reconnaître, sans toutefois en conclure à l'existence de parties absolument nouvelles, car l'élément fondamental, le bâtonnet rétinien, s'y retrouve avec les caractères qu'il possédait déjà chez les Vers et qu'il ne cessera d'offrir dans les groupes supérieurs. Son histoire nous occupera du reste particulièrement, et je ne mentionne ces détails que pour vous montrer combien tout s'enchaîne méthodiquement dans l'histoire de l'organisme.

En outre, de nouvelles sensations apparaissent qui sont destinées à faire connaître à l'animal non plus la couleur, la forme, etc., des corps extérieurs, mais leur odeur. Ces impressions sont évidemment perçues par des êtres inférieurs : bien des expériences, bien des faits vulgaires l'attestent ; la structure de diverses parties (fossettes ciliées des Némertes, organes calyciformes des Géphyriens) semble le confirmer, mais ce n'est guère que chez les Arthropodes qu'elles se manifestent distinctement et peuvent être localisées avec quelque certitude. A ce dernier point de vue, leur histoire est des plus instructives, car elle nous montrera la nature, procédant toujours par voie d'emprunts organiques, réunir jusqu'à trois sens sur le même appendice.

Chez les Mollusques, les parties centrales du système nerveux atteignent un développement de haut degré : les fonctions s'y localisent de mieux en mieux, et comme l'a parfaitement montré M. de Lacaze-Duthiers[1], la séparation entre la motricité et la sensibilité spéciale s'y observe d'une façon générale, souvent même chez des types assez inférieurs. Ces importantes modifications ne tarderont pas à retentir sur les divers organes sensitifs dont le perfectionnement s'accentue avec une rapidité qui nous fait pressentir le voisinages des Vertébrés.

La nature du manteau suffit à faire apprécier les facilités qu'y trouvera l'exercice du toucher : les filets nerveux viennent se terminer entre les cellules mêmes qui le limitent et lui donnent ainsi une exquise sensibilité ; celle-ci s'exagère sur certains points où se multiplient les papilles et les tentacules. Dans les Céphalopodes, ce ne sont plus de simples organes tactiles, mais de véri-

---

[1] De Lacaze-Duthiers, *Du système nerveux des Mollusques Gastéropodes pulmonés aquatiques et d'un nouvel organe d'innervation* (*Archives de Zoologie expérimentale*, t. I, p. 437, 1872).

Id. *Otocystes ou capsules auditives des Mollusques* (*Ibid.*, p. 162).

tables lanières préhensiles qui vont apparaître : pour quiconque a disséqué les bras des Elédones, des Calmars
ou des Poulpes, pour quiconque a pu apprécier la richesse du réseau nerveux qui se distribue à chacune de
leurs ventouses, l'importance de semblables organes permettant à l'animal de saisir sa proie et d'en apprécier les
principaux caractères, ne saurait faire l'objet du moindre
doute.

Les organes de l'audition, dont nous avons vu la première
ébauche dans les Cœlentérés, se retrouvent ici, mais incomparablement perfectionnés : l'origine de leurs nerfs est
maintenant bien connue [1], le mode de terminaison de ces
mêmes filets se prêterait à d'ingénieuses déductions qui
trouveraient de nouveaux et puissants arguments dans l'é-
tude spéciale de certains types, des *Sepia* par exemple,
où des replis, des excavations, des anfractuosités, viennent
compliquer la structure de l'otocyste qui, par ses otolithes,
son épithélium cilié, témoigne d'une parenté morphologique
dont on n'a plus à démontrer l'évidence.

La même supériorité se retrouve dans l'organe visuel :
qu'il occupe les bords du manteau comme chez les Pectens,
qu'il se trouve à l'extrémité des tentacules comme dans les
Héliciens, ou sur les côtés de la tête comme chez les Céphalopodes, toujours sa structure sera des plus complexes et
se présentera sous des états très voisins de ceux qui la ca-
ractériseront dans les Vertébrés.

Aussi manifeste chez les Mollusques que dans les groupes
inférieurs, l'odorat y est déjà plus facile à localiser, mais
la nature demeure toujours fidèle à ses règles constantes,

---

[1] De Lacaze-Duthiers, *loc. cit.*

et les tentacules des Gastéropodes possèdent une variété de rôles fonctionnels qui nous permettront souvent de les rapprocher des antennes des Arthropodes.

L'embranchement des Vertébrés marque la dernière étape de cette course rapide que nous venons d'entreprendre à travers les divers groupes de l'animalité. Ai-je besoin d'insister sur la supériorité organique dont chacun de leurs appareils sensitifs nous offrirait le témoignage? Tandis que le bizarre Amphioxus semble placé là tout exprès pour rappeler les formes originelles ou ancestrales et reporter notre attention vers des ébauches déjà lointaines, nous rencontrons chez les Crâniotes des perfectionnements de plus en plus rapides, de plus en plus considérables.

Les organes du toucher atteindront dans ces animaux une rare et exquise délicatesse; l'appareil olfactif y sera nettement constitué; l'oreille y revêtira dans ses moindres parties, des formes tellement variées, tellement complexes que c'est à peine si nous en soupçonnons aujourd'hui le secret; l'œil modifiera, par d'ingénieuses combinaisons, les parties qu'il possédait déjà d'une manière essentielle chez les Mollusques; enfin un nouveau genre de sensations, les sensations gustatives, posséderont désormais un organe spécial. Si je les mentionne ici pour la première fois, c'est plutôt afin de rappeler le groupe où l'on peut commencer à les localiser sûrement, que pour indiquer le moment précis de leur apparition : qu'on dénie aux Zoophytes l'exercice de ce sens, qu'on l'y rattache soit aux impressions tactiles, soit aux formes bien vagues encore de l'odorat, la proposition est fort admissible; mais elle soulève de vives objections dès qu'on l'étend aux Vers : certains faits observés chez les Sangsues, de curieuses dispositions anatomiques relevées dans les Né-

réïdes et les Marphyses permettent d'y soupçonner la présence de ces excitations particulières ; les mœurs des
Abeilles, des Fourmis, de divers Mollusques imposent une
semblable réserve et si l'on éprouve quelque hésitation à
distinguer cette espèce sensorielle en deçà des Vertébrés,
c'est surtout à cause de sa nature propre et des difficultés
que rencontre son analyse dès qu'on la poursuit chez des
êtres inférieurs.

Tels sont les résultats fournis par cette révision succincte
du règne animal ; elle nous permet de dénombrer, sans plus
tarder, les organes des sens et d'examiner leur morphologie spéciale et fonctionnelle après avoir retracé de la sorte
les grandes lignes de leur morphologie générale ou zoologique.

Si rapide, en effet, qu'ait été le coup d'œil que nous venons de jeter sur l'ensemble de la Série, il ne laisse pourtant pas que de faciliter singulièrement l'examen des questions qui nous restent à élucider avant d'aborder l'histoire
particulière des divers sens. Non seulement nous avons
pu suivre ainsi les degrés par lesquels passe la sensibilité
s'affirmant de mieux en mieux, mais nous avons appris à distinguer ses principaux modes de fonctionnement. Il nous est
donc facile de classer dès maintenant les appareils sensitifs
et les sensations auxquelles ils répondent.

Évidemment on ne doit pas plus songer à répartir méthodiquement ces organes qu'il ne serait permis de subordonner entre eux tels autres appareils destinés à une fin commune. Le rôle d'un organe sensitif est toujours identique,
qu'il entre en jeu sous l'influence de telle ou telle espèce
d'excitations ; toutefois, celles-ci pouvant agir différemment sur l'organisme et y déterminer des réactions spé-

ciales, on trouvera dans ces phénomènes les éléments d'une classification dont il ne faut pas s'exagérer l'importance, mais dont il serait injuste de méconnaître les services.

Le premier groupe ainsi formé comprendra ces sensations d'abord vagues, voisines de la sensibilité générale, puis mieux définies, mieux caractérisées qui dérivent des impressions de contact, de poids, de température et nous fournissent de précieuses notions sur les caractères des corps extérieurs ; elles sont réunies en un même sens, le *sens du tact* ou *du toucher*. S'il occupe ici la première place, ce n'est pas qu'on doive le regarder comme « l'expression la plus élevée des sens », ainsi que le voulait Buffon ; mais c'est le sens le plus ancien, celui qui se dégage le premier de la sensibilité générale avec laquelle il conservera toujours des connexions intimes, celui qui apparaît d'abord dans la série et peut s'exercer dans les conditions les plus simples.

Auprès des sensations tactiles dont elles pourraient être regardées comme des états plus parfaits, se placent ces manifestations dont l'analyse comparée présente de si grandes difficultés ; elles nous font connaître l'odeur ou la saveur des corps et répondent aux formes spéciales du *goût* et de l'*odorat*.

Viennent ensuite deux autres sens, dont l'objet est aussi bien défini, mais dont le rôle physiologique, la localisation anatomique et les relations psychiques proclament la haute valeur. L'un, destiné à être excité par les vibrations sonores, constitue le sens de l'*ouïe ;* l'autre, qui doit entrer en jeu sous l'action des vibrations lumineuses, représente le sens de la *vue*. On les a souvent qualifiés de « sens intellectuels », dénomination qu'on ne saurait accepter, car tous les sens ont au fond les mêmes rapports avec l'évolution des actes psychiques, mais qui rappelle leur importance et l'exquise délicatesse des sensations qui les caractérisent.

Voici donc cinq espèces d'excitations répondant à autant d'appareils spéciaux et déterminant autant de manifestations particulières. Ce nombre est-il absolument fixe ou traduit-il simplement l'état de nos connaissances sur le sujet? De même que nous ne pouvons songer à classer hiérarchiquement les différents sens, de même nous ne pouvons affirmer que leur énumération vulgaire réponde avec précision aux divers types d'impressions. Ceux-ci varient dans de grandes limites, mais toujours progressivement; le vieil adage : *natura non facit saltus*, se justifie ici comme partout ailleurs. Je vous indiquais, il y a quelques minutes, combien il était souvent difficile de reconnaître à quel sens devaient être rapportées telles ou telles excitations : le fait est malheureusement vrai, dans de grandes limites, pour les êtres dégradés; il l'est même, dans des proportions plus restreintes, chez les animaux supérieurs. La nature nous a si merveilleusement dotés sous ce rapport que quand nous cherchons à considérer l'ensemble du tableau, nous sommes parfois tentés de confondre entre eux les différents plans ou d'accorder à de simples nuances une valeur exagérée.

Les plus grands noms de la science pourraient être invoqués à ce propos, et nous verrions se modifier sans cesse avec eux le nombre des sens : Spallanzani, surpris de l'admirable précision avec laquelle les Cheiroptères aveuglés se guident parmi de nombreux obstacles, croit devoir leur accorder un sens spécial, le *sens alaire;* Buffon paraît d'ailleurs lui donner l'exemple en cherchant à démontrer l'existence et l'autonomie du *sens génésique;* ensuite vient Jacobson qui, diminuant le mérite de sa belle découverte anatomique, veut localiser un sens spécial, le sens des poisons, le *sens toxique*, dans l'organe qu'il a décrit et qui porte son nom ; Carus et plusieurs de nos contemporains, revenant aux idées de Jérôme Cardan, tentent de créer, aux dépens du toucher, un *sens de la pression*, un *sens de la traction*, un *sens de l'électricité*, un *sens de la température*, un *sens musculaire*, etc. Rappelons enfin l'incertitude qui règne au sujet de la fonction réelle de certains appareils sensitifs tels que ceux dont les travaux de M. de Lacaze-Duthiers nous ont récemment révélé l'existence chez les Mollusques[1] ou tels que les organes latéraux des Poissons. Ces derniers ont été durant longtemps considérés comme des glandes destinées à lubréfier les parois du corps ; aujourd'hui leur nature sensorielle ne saurait être mise en doute : mais quelle forme d'excitation doivent-ils recueillir ? La plupart des naturalistes les regardent comme des organes tactiles ; d'autres y localisent des sensations olfactives ou gustatives ; il y a peu d'années, on a cru y distinguer successivement des éléments rétiniens, puis des fibres de Corti, si bien que pour mettre un terme à cette confusion, Leydig a pensé devoir instituer, en faveur de ces organes, un sixième sens, complètement distinct des cinq autres, et d'une interprétation physiologique assez difficile si l'on se reporte aux méthodes dont nous pouvons disposer.

Conservons donc les anciennes divisions qui suffisent à nos études, et complétons immédiatement celles-ci par l'examen des procédés qui permettront à la nature de perfectionner rapidement et sûrement les organes que nous avons vus se constituer progressivement dans la série.

---

[1] De Lacaze-Duthiers, *loc. cit.* (*Arch. zool. expérim.*, t. I, p. 483).

Il suffit d'invoquer les notions résumées au commencement de cette Leçon, pour deviner la première disposition à laquelle la nature aura recours pour modifier utilement l'appareil sensitif : elle augmentera l'étendue de la membrane excitable, la relèvera de saillies et de papilles, la découpera en fines lanières, la déploiera en élégants panaches, afin que sous le même volume total, les impressions puissent se heurter à des éléments aussi nombreux que possible ; les téguments s'aminciront, les filets nerveux qui rampent dans leurs tissus se multiplieront, et ce premier état représentera fidèlement ce qui s'est manifesté, vers le bas de la série, lorsque le plus ancien des sens y est apparu. Mais ce procédé, dont nous constaterons souvent l'application, ne peut évidemment fournir que des effets limités, et ne saurait s'employer en toute occasion ; aussi la nature devra-t-elle y suppléer par de nouveaux moyens, plus variés dans leurs formes, plus certains dans leurs résultats. De même qu'à l'extrémité d'un long câble télégraphique, on ne peut songer à faire usage des appareils ordinaires et relativement grossiers que l'on installe sur les lignes de faible étendue ; de même, au fur et à mesure que les sens deviendront plus parfaits, plus éloignés de la forme originelle, leurs organes se perfectionneront pour acquérir une délicatesse en rapport avec la finesse des impressions qu'ils doivent recueillir.

Considérons le toucher, sens en quelque sorte brutal, mécanique même ; examinons les appareils qui lui sont accordés pour son fonctionnement : nous voyons l'organisme se modifier à peine pour les lui fournir, et la plus simple des dispositions, celle-là même que j'indiquais à l'instant, suffira généralement à les constituer. La sur-

face du corps étendra ses limites; les filets nerveux s'y
montreront plus nombreux; ils pourront s'y renfler, s'y
pelotonner sur eux-mêmes vers leur extrémité périphérique, mais celle-ci se présentera toujours avec des caractères simples et nous devrons reconnaître que ce sens
peut s'exercer par les instruments organiques les moins
compliqués.

Le goût et l'odorat, cependant bien voisins du toucher,
montrent déjà certaines exigences anatomiques qui se
traduisent de la façon la plus nette. La surface s'amplifie
bien encore pour multiplier les points sensibles, mais en
outre, l'élément excitable se différencie davantage de
l'élément conducteur; il semble qu'ici de simples dilatations, de simples involutions nerveuses ne soient plus capables de saisir ces impressions devenues plus délicates : des
cellules spéciales apparaissent, se chargent de ce rôle et
se distinguent si bien des filets qui les relient au centre
percepteur qu'il est souvent difficile de reconnaître leur
véritable nature.

Ces caractères sont encore mieux accentués dans les
organes que devront ébranler les excitations sonores, si
fugaces, si instantanées; aussi le tracé primitif se masque-
t-il de plus en plus, et c'est à peine si nous possédons
actuellement quelques notions certaines sur les terminaisons auditives.

Enfin, quand nous considérons le plus parfait des sens,
nous y voyons, disposée pour recueillir les vibrations lumineuses, une membrane qui peut être regardée comme le
type idéal des surfaces sensibles, puisque l'excitant même
vient s'y imprimer et qu'on l'y retrouve matériellement
fixé, ainsi que nous aurons l'occasion de le constater,

lorsque nous analyserons les récents et remarquables travaux de Franz Boll.

Mais il ne suffit pas d'avoir créé des instruments si précis, il faut encore les protéger contre les injures extérieures, les compléter par des annexes capables de leur assurer
un fonctionnement rapide et constant. Des couches épidermiques, des plans membraneux, des revêtements osseux
viendront recouvrir l'appareil sensitif, des sécrétions variées faciliteront le jeu de ses diverses parties, des muscles, souvent animés par des nerfs distincts, lui assureront
une mobilité convenable, de précieux appareils de renforcement ou d'accommodation viendront enfin s'ajouter à cet
ensemble, et grâce à leur délicate structure, grâce à leur
harmonie réciproque, obtenue par les plus ingénieux procédés, amèneront le stimulant extérieur jusque sur la membrane destinée à le recevoir.

Tels sont, Messieurs, les caractères généraux des organes sensitifs ; c'est ainsi qu'ils apparaissent dans l'ensemble de l'animalité, et qu'on peut successivement les distinguer par leurs manifestations comme par leur structure.
C'est aussi sous ces divers points de vue que nous en pour-
suivrons l'étude particulière ; celle-ci ne saurait être entreprise dans des conditions plus favorables, puisque loin
d'être limitées à un type organique spécial ou à une seule
espèce sensitive, nos recherches doivent s'étendre à l'ensemble des groupes animaux comme à la généralité des
formes sensorielles.

DEUXIÈME LEÇON

SOMMAIRE. — Sens du toucher. — Étude de la sensibilité tactile; ses excitants; ses caractères; ses diverses formes. Sensations thermiques, musculaires, etc.

L'histoire comparée des différents sens débute tout naturellement par l'étude des phénomènes et des organes du toucher.

N'est-ce pas en effet sous cette forme que chez les êtres inférieurs la sensibilité s'affirme tout d'abord et se spécialise? N'est-ce pas grâce au toucher que de générale, de diffuse, cette sensibilité, naguère encore simple irritabilité, peut ébaucher quelques tendances vers un perfectionnement qui ne tardera pas à s'accentuer de plus en plus? Et même lorsque celui-ci sera complètement réalisé, lorsqu'on interrogera les types les plus élevés, n'y verra-t-on pas comme un dernier reflet de cette lointaine origine? Quelle que soit la supériorité de l'organisme considéré, le toucher y confinera toujours à la sensibilité générale, se montrera diffus, répandu sur toute la surface du corps, prêt à fonctionner sous l'influence des excitants les plus grossiers; il semblera vouloir constamment rappeler qu'il est le plus ancien et le moins exigeant des sens.

Dans le langage ordinaire on le désigne indifféremment par les deux noms de *tact* et de *toucher* auxquels on attribue la même valeur; en physiologie, on a cherché à leur assigner une signification déterminée, et le « tact » représenterait de la sorte une faculté passive s'exerçant involontairement par les diverses parties du corps, transmettant au sensorium l'impression souvent fort vague que détermine l'approche de tout corps étranger, tandis que le « toucher » deviendrait un sens actif et localisé sur certaines régions qui, par leur structure, leur mobilité, leur situation ou leurs rapports, pourraient plus facilement et plus sûrement apprécier les qualités de forme, de poids, de température, etc. Dans le tact, l'organe subirait les impressions extérieures; dans le toucher, il s'élancerait au-devant d'elles.

Cette distinction ne reposant sur aucune base solide, la science ne l'a jamais adoptée, et l'on voit la valeur des deux termes se modifier si complètement suivant les temps et suivant les auteurs, que le « tact » a parfois recueilli tous les attributs du « toucher » et réciproquement [1].

S'exerçant à des degrés divers par tous les points de l'économie, appréciant la forme, l'état de la surface, les dimensions, le poids et la température des corps, le toucher pourrait déjà nous fournir, en l'absence des autres sens, d'importantes notions, plus variées qu'on ne l'imagine en général, et nous permettrait de construire autour de nous un petit monde dont l'horizon serait certes bien limité,

---

[1] De Blainville, *De l'organisation des animaux ou principes d'anatomie comparée*, 1822, t. I, p. 47.

mais dans lequel nous trouverions déjà les éléments de perceptions variées ; nous pourrions même puiser dans ces sensations tactiles l'origine de pensées abstraites, nous élever à l'idée de la ligne, de l'angle, du cercle, etc., de sorte que, suivant la très fine remarque de Bernstein[1], les mathématiques, bien qu'elles aient pris naissance dans des observations visuelles, constituent pourtant une science indépendante de la vue.

On connaît du reste mille exemples dans lesquels le toucher a pu suppléer, parfois avec une merveilleuse précision et dans les limites les plus étendues, à l'imperfection ou à l'altération des autres sens : Un célèbre antiquaire[2], frappé de cécité, distinguait au seul contact une médaille vraie d'une fausse ; la plupart des aveugles reconnaissent, en les palpant, les cartes de couleur différente ou même les étoffes diversement teintées[3].

Le charmant tableau si délicatement tracé par Diderot[4] est dans toutes les mémoires, et d'ailleurs avons-nous besoin de recourir à ces témoignages quand chaque jour nous pouvons sur nous-mêmes apprécier la haute valeur de ce sens qui suffit à nous faire discerner les moindres détails de telle ou telle partie accessible à sa seule investigation ? C'est ainsi que nous connaissons dans ses limites générales, comme dans ses plus légères saillies, ou ses plus profondes

---

[1] Bernstein, *Les Sens,* p. 12.

[2] Saunderson.

[3] Ils sont surtout fort habiles à distinguer les étoffes de laine, mais commettent de fréquentes erreurs pour les étoffes de soie ou de coton dont la teinture ne modifie probablement pas autant la surface.

[4] Diderot, *Lettre sur les aveugles.* — Voy. aussi Taine, *De l'Intelligence,* t. I, livre III.

dépressions, la cavité buccale sans cesse explorée par un organe tactile entre tous, par la langue qui s'y meut dans une obscurité constante et nous familiarise cependant si bien avec les dispositions normales de cette cavité que nous en percevons immédiatement les plus insignifiantes modifications.

Les notions que nous fournissent les sensations tactiles ne sont si importantes et si variées que parce que ces manifestations revêtent elles-mêmes les formes les plus diverses. Mais ces variations, ces différences, ne sont-elles pas de nature à inspirer des doutes sérieux sur l'individualité de ces sensations, sur leur autonomie, sur le droit qu'elles ont à figurer sous un même nom dans nos cadres physiologiques? Faut-il laisser au toucher un domaine aussi vaste, aussi mal délimité? Faut-il au contraire revenir aux idées de Jérôme Cardan [1], distinguer un sens du contact, un sens de la pression, un sens de la traction, un sens de la température, un sens du plaisir et de la douleur? L'esprit ne répugne pas à un pareil démembrement et, de fait, quelques auteurs modernes semblent disposés à l'admettre [2]; mais où l'embarras commence, c'est lorsqu'il s'agit d'édifier l'appareil anatomique nécessaire au fonctionnement de chacun de ces sens. Pouvons-nous distinguer entre les corpuscules qui seront ébranlés par un léger contact, par une pression, par une modification thermique? Pouvons-nous

[1] Cardan, *De Subtilitate*, 1550, l. XIII, p. 384.
[2] Belfield-Lefèvre, *Recherches sur la nature, la distribution et l'organe du sens tactile.* 1838.
  Gerdy, *Mémoire sur le tact et les sensations cutanées* (*L'Espérance*, 1842, t. IX et X).
  Id. *Physiologie philosophique des Sensations.* 1846.
  Bernstein, *Les Sens.* 1875.

reconnaître les filets nerveux chargés de transmettre au sensorium ces différentes excitations? En dépit des plus louables efforts, les histologistes, comme les physiologistes ou les cliniciens, ne fournissent à cet égard que des résultats tellement vagues, tellement incertains, si difficiles à concilier, que le sujet ne comporte actuellement aucune solution certaine ; c'est surtout en pareille matière qu'il importe de se mettre en garde contre les faciles inductions de l'hypothèse.

Conservons donc à la sensation tactile les grandes lignes sous lesquelles chacun la connaît, recherchons à quels excitants elle obéit, quels caractères lui sont propres, quelles causes peuvent la modifier. Insistons même à la rigueur sur certaines de ses formes, ne fût-ce que pour rappeler notre ignorance à leur égard, et, de la sorte, nous serons assurés de n'avoir omis aucun fait important dans cette délicate analyse.

Les excitations tactiles peuvent être déterminées par tous les corps solides, liquides et gazeux : variété d'origine qui mérite de fixer l'attention car bientôt elle nous permettra de séparer ces manifestations des sensations voisines du goût et de l'odorat.

Les corps solides interviendront de deux manières : 1° par *pression* indéfiniment graduée débutant au simple contact, ne s'arrêtant que devant la désorganisation des tissus ; 2° par *traction*, seconde forme dans laquelle les termes extrêmes de l'échelle sensitive se montrent infiniment plus rapprochés.

Les excitants liquides ne peuvent agir que par pression et déterminent certains phénomènes bizarres, tels que cette « sensation de l'anneau » sur laquelle les anciens ont si longuement disserté et dont la cause est aujourd'hui connue de tous [1].

Quant aux courants gazeux, ils feront naître des sensations d'autant plus intenses qu'ils viendront frapper plus obliquement la membrane excitable.

La nature même des sensations tactiles suffit à indiquer la variété des caractères qui les distingueront, caractères trop connus pour que nous devions y insister : on sait que la durée de l'impression dépasse légèrement celle de l'application de l'excitant, que toujours nous la rapportons au lieu même de cette application, particularité qui rend compte de diverses illusions parmi lesquelles « l'expérience d'Aristote » est la plus célèbre. On connaît ce jeu d'enfant qui consiste à rouler entre le médius et l'index une petite bille dont le contact détermine une double sensation (fig. 6);

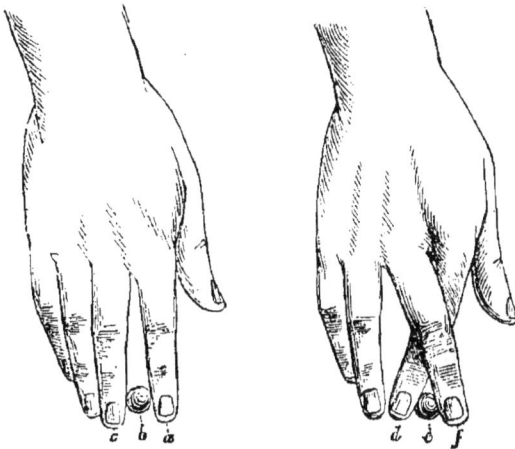

Fig. 6. — Expérience d'Aristote.

c'est qu'en effet, nous avons si bien l'habitude de rapporter à deux objets les impressions localisées sur deux parties

[1] Beaunis, *loc. cit.*, p. 872.

distinctes, que ce dédoublement se produit encore en présence d'un seul corps extérieur [1].

De tout temps, cette singulière localisation des sensations tactiles a sollicité l'attention du physiologiste et du philosophe. Obéissant à la tendance contre laquelle je m'élevais précédemment, quelques auteurs ont voulu la considérer comme l'apanage d'un sens spécial (*Sens localisateur de la peau*); prétention inadmissible, mais qui ne doit pas nous faire méconnaître l'intérêt qui s'attache à l'étude de ce caractère. La sensation d'un contact, d'une pression, etc., serait en vérité trop imparfaite si l'esprit n'était capable de déterminer rapidement et sûrement le point excité; aussi cette propriété concourt-elle dans une certaine mesure à assurer la finesse et l'exactitude de la sensation. Mais comment peut-elle se manifester? Pour les anciens philosophes, l'intelligence eût possédé une image fidèle de l'ensemble du corps et sur ce tableau se seraient immédiatement reportées, à leurs points d'origine, les diverses impressions perçues par le sensorium.

Cette ingénieuse et célèbre fiction échappe entièrement à notre critique, car elle appartient au domaine de la psychologie; mais est-il nécessaire de recourir à de semblables hypothèses pour expliquer ce singulier phénomène et nos connaissances physiologiques ne permettent-elles pas de l'analyser dans ses traits essentiels?

Les excitations locales sont recueillies par des myriades de petits appareils disséminés à la périphérie du corps et rattachés au centre percepteur par de longs filaments continus, qui peuvent se réunir pour former des rameaux et

---

[1] Beaunis, p. 881.

des troncs de plus en plus volumineux, mais conserveront toujours leur indépendance. Il existe donc des communications isolées entre chaque point du tégument et le centre percepteur, de même qu'une station télégraphique principale se trouve reliée aux postes secondaires par des fils distincts et reçoit leurs dépêches sans aucune confusion ; l'avantage est même au courant nerveux qui, s'il chemine moins vite que l'électricité, n'offre pas des causes égales de déperdition. Le réseau nerveux ainsi constitué, rien n'est plus aisé que de s'expliquer son mode de fonctionnement : qu'un contact extérieur vienne ébranler un des éléments périphériques, aussitôt la fibrille nerveuse qui s'y termine, propage cette excitation jusqu'au centre où la nouvelle de son arrivée se combinant avec la notion du conducteur qui l'a transmise, détermine la perception d'une impression qui se trouvera définie non seulement dans sa forme ou son intensité, mais encore dans son lieu d'origine.

Les choses se passeront ainsi tant que l'intégrité de l'appareil se trouvera respectée, mais qu'un fil conducteur soit coupé, aussitôt toute transmission cessera ; qu'un organe terminal vienne à être déplacé, erreur immédiate du poste central, du cerveau qui croit toujours la dépêche partie du point qu'occupait primitivement cet organe et ne manque pas d'y reporter l'impression qu'il perçoit ; les erreurs les plus singulières peuvent alors se produire. On sait que depuis fort longtemps les chirurgiens pratiquent sous le nom de rhinoplastie une opération destinée à reconstituer le nez lorsque celui-ci a été détruit par un coup de sabre, une nécrose, etc. ; le procédé généralement adopté consiste à emprunter au front les tissus nécessaires et à ne détacher complètement le lambeau qu'après l'adhésion des bords latéraux. Or lorsqu'on touchera le nez ainsi restauré, l'opéré rapportera l'excitation au front, c'est-à-dire à la place qu'occupait primitivement le lambeau ; il faudra une longue expérience pour apprendre au centre nerveux que les appareils terminaux, jadis installés sur la région frontale, ont été transportés sur une autre partie du visage.

De même pour cette illusion des amputés, si peu vraisemblable au premier abord : un homme qui a subi l'amputation de la jambe prétend journellement avoir froid aux pieds, ressentir dans les orteils certaines démangeaisons, certaines douleurs coïncidant avec les changements de temps, etc. Rien n'est plus facile à expliquer maintenant que nous connaissons l'habitude prise par le cerveau de reporter au point de départ les impressions qui lui sont transmises par les nerfs : autrefois ces conducteurs parcourant la cuisse, la jambe et le pied du sujet, son cerveau rapportait aux points ultimes des filets les excitations qui s'y produisaient et lorsque aujourd'hui le moignon où s'arrêtent les nerfs se trouve impressionné, c'est dans la région où ils se ramifiaient alors que le *sensorium* transporte l'excitation qu'ils ont fait naître en lui [1].

---

[1] « Aucun chirurgien n'ignore que les amputés éprouvent les mêmes sensations que s'ils avaient encore le membre dont on les a privés. Il n'en est jamais autrement. On a coutume de dire que l'illusion dure quelque temps, jusqu'à ce que, la plaie étant cicatrisée, le malade cesse de recevoir les soins de l'homme de l'art. Mais la vérité est que ces illusions persistent toujours, et qu'elles conservent la même intensité pendant toute la vie : on peut s'en convaincre par des questions adressées aux amputés longtemps après qu'ils ont subi l'opération....... Un autre qui avait eu le bras droit écrasé par un boulet de canon et ensuite amputé, éprouvait encore vingt années après des douleurs rhumatismales bien prononcées dans le membre toutes les fois que le temps changeait. Pendant les accès, le bras qu'il avait perdu depuis si longtemps lui

Pour achever l'étude des caractères propres aux sensations tactiles, rappelons que dans certains cas elles peuvent
être non pas *simples* comme nous l'avons admis jusqu'ici,
mais *composées* c'est-à-dire *simultanées* ou *successives*.
Les sensations simultanées ne se perçoivent distinctement
qu'autant que les points excités se trouvent situés à une certaine distance variant suivant les régions et appréciable par
une méthode qui sera indiquée dans quelques instants.
Quant aux sensations successives, elles doivent être séparées
par des intervalles de temps dont la détermination est encore peu précise, la plupart des procédés employés (roue
dentée, etc.) offrant tous de nombreuses causes d'erreur.

Les influences capables d'augmenter la finesse du toucher
sont assez variables, citons toutefois, parmi les principales : l'*exercice*, la *préhension*, la *palpation*. — Au
contraire parmi les causes qui altèrent ou affaiblissent la
sensation tactile, il faut rappeler la *fatigue*, l'*habitude* qui
nous empêche de sentir certains contacts prolongés, comme
ceux de nos vêtements, etc. [1]

Nous venons de considérer sous ses principaux aspects la
sensibilité tactile ; cependant nous devons insister encore sur
quelques points de son histoire, rechercher si elle s'exerce
également sur toutes les parties du corps, déterminer la
vitesse avec laquelle sont transmises au cerveau les im-

---

paraissait sensible à l'action du moindre courant d'air. Il m'assura
d'une manière positive que la sensation physiologique et purement
subjective de ce membre n'avait jamais cessé. » (Müller, *Traité de
Physiologie*, t. I, p. 644.) — Voy. aussi Taine, *De l'Intelligence*,
3ᵉ éd., 1878, t. II, p. 129 et suiv. — Bain, *loc. cit.*, — Bernstein,
loc. cit. — Beaunis, *loc. cit.*

[1] Voy. Bain, *loc. cit.* — Beaunis, *loc. cit.*, etc.

pressions dont elle dérive, apprécier l'exacte valeur de
certaines formes secondaires (sensibilité thermique, sens
musculaire, etc.) qu'elle revêt souvent.

Les observations les plus vulgaires établissent que l'excitabilité tactile est très inégalement distribuée sur les diverses régions de l'organisme et nous savons tous que si la
main de l'Homme, les pattes des Quadrumanes, la queue de
l'Atèle ou la trompe de l'Éléphant sont d'excellents organes
de toucher, elles le doivent non pas seulement à leur forme,
au nombre et à la direction des muscles qui leur permettent
de saisir ou de palper les objets, mais encore et surtout à
une sensibilité locale exceptionnellement développée.

Un physiologiste des plus ingénieux, et dont le nom revient
souvent dans l'histoire des sens, Henri Weber [1], a cherché,
dans une série d'expériences bien connues, à déterminer les
variations suivant lesquelles la sensibilité tactile s'exerce
sur les divers points du corps humain. Sa méthode fut des
plus simples : portant sur les différentes régions du tégument
un compas dont les pointes se trouvaient émoussées par
de petites sphères de cire il constata que le double contact
était apprécié pour un écartement d'autant moindre que
le tégument était plus sensible, de sorte qu'avec la même
ouverture de compas le sujet percevait une sensation simple ou double suivant le degré de finesse tactile que possédait la région considérée.

Cet expérimentateur obtint ainsi des résultats fort exacts

---

[1] H. Weber, *De subtilitate tactus diversa in diversis partibus*, 1834.
— Id., art. Tastsinn und das Gemeingefuhl in R. *Wagner's Physiologie*, t. III, 1849.

Carpenter, art. Taste in *Tood's Cyclopœdia of Anatomy and Phy-
logy* .

et les groupa dans des tableaux qui se trouvent dans tous
les traités élémentaires, aussi me bornerai-je à en extraire
les nombres suivants :

RÉGIONS	MINIMUM D'ÉCART
	Millimètres
Pointe de la langue................................	1,1
Face palmaire de la 3e phalange des doigts............	2,2
Bord interne des lèvres...........................	4,5
Extrémité du nez................................	6,7
Bord externe des lèvres.	9,0
Joue	11,2
Dos de la main..................................	31,5
Genou	36,0
Avant-bras.....................................	40,5
Nuque et dos...................................	54,1
Cuisse et bras..................................	67,6

Weber ne se contenta pas de mesurer le minimum d'écart
sur les diverses régions du corps, il tenta également de dé-
limiter la surface de celui-ci en un grand nombre d'*aires
sensitives* pour lesquelles cette valeur demeure constante et
dont les dimensions varieront avec la sensibilité locale. La
notion de ces cercles sensitifs permet d'expliquer plusieurs
faits vulgaires, mais il ne faut pas s'en exagérer l'importance
ou la précision, ni surtout imiter Weber qui, se méprenant
sur leur signification véritable, a cru pouvoir les considérer
comme répondant à autant d'unités nerveuses, et s'est
ainsi laissé entraîner à d'imprudentes déductions où, sous
une forme séduisante, se trouvent confondus les phénomènes
les plus distincts.

Nous n'avons pas à retracer ici le chemin suivi par l'impression tactile, transmise par les nerfs périphériques et
perçue dans les couches corticales du cerveau où elle par-

vient en suivant un chemin déterminé et traversant certaines masses nerveuses (couches optiques, etc.), disposées
sur son trajet ; mais du moins convient-il de rappeler avec
quelle vitesse cette transmission se trouve assurée. Les élégantes méthodes introduites dans la science par Helmholtz,
Hirsch et Delbœuf ont permis de l'évaluer avec une rigoureuse exactitude, et nous apprennent que l'excitation tactile
exige pour sa perception 0,1733 de seconde ; elle est donc
beaucoup plus rapide que l'impression auditive ou l'excitation lumineuse qui exigent, la première 0,1940 et la seconde
0,1974 de seconde.

Sous ce rapport, il n'y a pas de différences appréciables
à relever entre les diverses impressions que nous décrivons
avec les manifestations du toucher, et Fick a établi que
dans certaines circonstances elles se confondent même rapidement en une sensation identique, qu'elles soient produites
par l'approche d'un charbon ardent, la piqûre d'une épin-
gle, etc. Ces résultats suffiraient à montrer une fois encore,
s'il en était besoin, l'impossibilité qu'on éprouve à vouloir
subdiviser le sens tactile en un certain nombre d'espèces
sensorielles distinctes et d'égale valeur. Mais quelques discussions récentes ayant donné à ce sujet une incontestable
actualité et revendiqué hautement pour diverses sensations,
et en particulier pour les sensations thermiques et musculaires, une indépendance absolue, je crois devoir insister
sur ces formes secondaires et rappeler leur origine, ainsi
que leurs caractères principaux.

SENSATIONS THERMIQUES. — Les impressions de température, comme les excitations de contact, sont recueillies par
les couches superficielles de l'enveloppe cutanée et trans-

mises par les mêmes cordons nerveux ; jusqu'à présent, tous les essais tentés pour reconnaître les fibres affectées à leur transport ou les organes périphériques destinés à entrer en jeu sous leur action, sont demeurés absolument infructueux, et l'appareil organique affecté à leur service paraît se confondre entièrement avec celui qui préside à la collection et au transport des excitations tactiles ordinaires. Tels sont les enseignements de l'anatomie et l'on voit s'ils sont favorables à l'autonomie du « sens thermique » ; la physiologie, comme la psychologie, conduisent à des résultats analogues et nous apprennent que c'est à l'intervention d'idées purement subjectives que ces sensations doivent d'être distinguées en sensations de chaud et sensations de froid ; nous qualifions de *chaud* tout corps qui communique de la chaleur à notre peau, et *froid* tout corps qui lui en enlève. Le critère est des moins constants ; il diffère suivant les circonstances et suivant les êtres, car on peut supposer que les animaux à température variable l'interprètent d'une tout autre façon.

SENSATIONS MUSCULAIRES. — Ces sensations ne sauraient donc être groupées sous un titre spécial ; en est-il de même pour certaines autres manifestations généralement rapportées au toucher, et peut-on trouver dans les impressions de poids, d'effort, etc., les éléments d'un sens particulier ? Cette question réclame une analyse minutieuse, et l'histoire du « sens musculaire » (tel est le nom que donnent à cette nouvelle espèce les auteurs qui l'admettent) s'est augmentée de travaux si nombreux, a suscité des controverses tellement vives qu'il est nécessaire d'en rappeler le principe et les caractères essentiels.

Observons ce qui se passe lorsque nous cherchons à soulever un poids fixé à un anneau : celui-ci pressant sur les divers points avec lesquels il se trouve en contact, y détermine une excitation tactile capable de nous faire connaître la forme et les dimensions de cette bague, incapable de nous faire apprécier le poids qu'elle supporte. Pour obtenir cette notion, nous devons combiner la sensation annulaire et cutanée avec une autre impression résultant de l'effort subi par les muscles employés à soulever le poids. C'est au « sens musculaire » que nous devons la perception de cette seconde sensation.

Posée dans ces termes, appuyée sur des faits aussi simples, la question eût probablement reçu depuis longtemps une solution rigoureuse et scientifique ; malheureusement, les physiologistes, comme les philosophes, au lieu de la limiter à de semblables notions de pesanteur ou d'effort, ont cherché à l'étendre aux phénomènes les plus divers, les moins connus et les moins comparables : rapprochements désastreux qui n'ont pas tardé à produire un véritable chaos.

Tout d'abord, on ne songeait pas à méconnaître les relations étroites de ces sensations musculaires avec les sensations cutanées : « Les muscles, dit J. Müller, jouissent d'un certain degré de sensibilité tactile qui peut s'accroître beaucoup dans le cas d'affection maladive de leurs nerfs. Cette sensation n'est pas toujours en raison de la contraction des muscles, et de là on peut conclure, avec vraisemblance, que ce ne sont pas les mêmes fibres nerveuses qui président au mouvement et au sentiment de ces organes [1]. »

---

[1] J. Müller, *Manuel de Physiologie*, 2e éd., t. II.

Rien de plus prudent, de plus réservé. Qui ne se sentirait disposé à partager les vues de J. Müller? mais, quelques lignes plus bas, l'éminent physiologiste paraît subir l'influence à laquelle tant d'autres obéiront dans la suite et, confondant ensemble toutes les phases du phénomène, il estime que l'idée du poids et de la pression réside, non dans une sensation musculaire, mais dans « une notion de la quantité d'action nerveuse que le cerveau est excité à mettre en jeu » [1]. Nous voici loin du point de départ; J. Müller semble d'ailleurs l'avoir complètement oublié et s'engageant de plus en plus dans la voie qu'il vient d'ouvrir si malencontreusement, il résume ainsi son opinion : « Au reste, il n'est pas bien certain que l'idée de la force employée à la contraction musculaire dépende uniquement de la sensation.......... Il peut très bien se faire que, sans avoir besoin du sentiment pour cela, le *sensorium* sache juger de l'espace parcouru par le mouvement volontaire, etc. [2]. »

Trousseau combattit cette tendance, et, dans une des plus belles leçons de l'Hôtel-Dieu, s'éleva contre les généralisations imprudentes, contre la méthode purement empirique qu'on ne craignait pas d'appliquer à un sujet aussi délicat, montrant qu'il fallait étudier minutieusement l'excitabilité des parties molles, des ligaments, des surfaces articulaires, etc., avant de chercher dans le sensorium l'explication du sens musculaire ; il conclut en niant absolument l'existence de celui-ci [3].

C'était répondre à des prétentions inadmissibles par une

---

[1] J. Müller, *loc. cit.*
[2] Id.
[3] Trousseau, *Leçons de clinique médicale*, t. II.

exagération tout aussi contraire aux progrès de la science.

Landry, et plus récemment Carl Sachs[1] ont cherché à replacer la question sur son véritable terrain et poursuivi d'intéressantes recherches expérimentales destinées à établir le mécanisme de la sensation musculaire. Malheureusement ils ont rencontré peu d'imitateurs, et la plupart de nos contemporains rapportant celle-ci à des modifications variables du sensorium, ont développé presque exclusivement la théorie dont l'ouvrage de Müller nous offrait la première ébauche, et qui se retrouve, sous des formes légèrement différentes, dans tous les travaux récents[2].

Wundt considère le sens musculaire comme un véritable « sens d'innervation » ; pour lui « le siège des sensations du mouvement ne paraît pas être dans les muscles eux-mêmes, mais bien dans les cellules nerveuses, parce que nous n'avons pas seulement la sensation d'un mouvement réellement exécuté, mais même celle d'un mouvement simplement voulu ; la sensation du mouvement paraît donc liée directement à l'innervation motrice. »

L'opinion de Bain paraît peu différente : « Comme les nerfs reçus par les muscles sont principalement des nerfs moteurs qui y conduisent le stimulus innervé du cerveau ou des centres nerveux, nous ne pouvons mieux faire que de supposer que la sensibilité concomitante du mouvement musculaire coïncide avec le courant centrifuge de la force nerveuse et ne résulte pas, comme dans la sensation proprement dite, d'une influence extérieure transmise par les nerfs centripètes. On sait que les filets sensitifs se distri-

[1] C. Sachs, in *Archiv fur Anatomie und Physiologie*, 1874.

[2] Il faut excepter Schiff et Schrœder von der Kolk, qui ont entrepris l'un et l'autre une analyse expérimentale et méthodique de la sensation musculaire.

buent dans le tissu musculaire en compagnie des filets moteurs ; il est donc raisonnable de supposer que c'est par
ces filets sensitifs que les états organiques d'un muscle affectent l'esprit. Il n'en résulte pas que le sentiment caractéristique d'une force mise en jeu soit le résultat de la
transmission par les filets sensitifs ; au contraire, nous
sommes tenus de supposer que ce sentiment est l'accompa-
gnement du courant centrifuge qui stimule les muscles à
l'action [1] ».

Les conclusions de Ludwig et de Bernstein ne s'écartent
guère des précédentes ; pour Bernhardt [2], le sens musculaire
se réduit à la faculté d'apprécier exactement l'intensité de
l'excitation qui part de l'encéphale pour aller provoquer
le mouvement voulu ; le sens musculaire, le « sens de la
force » serait pour lui une véritable fonction psychique.

Tout récemment, M. Lewes exposant et discutant ces
diverses conceptions, les repoussait également pour proposer une nouvelle théorie qu'il considère comme répondant à tous les desiderata des physiologistes et des psycholo-
gues, bien qu'en dépit de l'éclectisme qui semble avoir pré-
sidé à son édification, elle offre encore de graves lacunes,
des contradictions nombreuses, et s'appuie parfois sur des
résultats expérimentaux très problématiques. Il la résume
en ces termes : « il y a des raisons de distinguer une classe
spéciale de sensations produites par les mouvements musculaires et auxquelles on peut à bon droit donner le nom
de sens musculaire ; ces sensations sont le résultat complexe de sensibilités névro-musculaires actives et passives ;
et bien que leur siège ne soit ni dans les muscles, ni dans

---

[1] Bain, *Les sens et l'intelligence*, trad. franç., p. 59.
[2] Bernhardt, *Zu Lehre von Mulskelsinn*, 1873.

les nerfs, mais dans le sensorium....., nous avons les mêmes motifs de comprendre les nerfs moteurs parmi les conditions essentielles de la production des sensations musculaires que de comprendre les nerfs optique et auditif parmi les conditions essentielles de la production des sensations visuelles et auditives [1]. »

La physiologie moderne ne saurait évidemment se contenter de pareilles conclusions ; souhaitons qu'elle s'enrichisse bientôt de travaux qui, s'inspirant des belles expériences de Claude Bernard [2], nous fassent enfin connaître la réelle valeur du sens musculaire ; et, sans prolonger davantage l'étude des manifestations du toucher, recherchons par quels organes ce sens pourra s'exercer dans les divers groupes de la série animale.

[1] Lewes, in *Brain, Journal of Neurology*, 1878.
[2] Cl. Bernard, *Leçons sur la physiologie et la pathologie du système nerveux*, t. I, p. 246.

TROISIÈME LEÇON

Ainsi que nous venons de le constater par l'étude de ses
manifestations, le toucher est le premier, le plus important,
le plus répandu des sens. Il les instruit, les corrige et les
complète; loin d'être localisé dans telle ou telle région de
l'économie, il doit au contraire pouvoir s'exercer par tous
les points du corps, veiller sans cesse sur toutes les frontières qui, pour l'être vivant, séparent le monde intérieur
du milieu cosmique.

Au premier abord, une semblable ubiquité paraît impossible ou dangereuse, mais si l'on se reporte aux caractères
des sensations tactiles toujours simples, parfois brutales,
on verra qu'il n'est ici nul besoin de ces complications organiques dont les autres sens réclament le concours, et

que l'appareil le plus rudimentaire peut remplir toutes les conditions voulues.

Il suffira de réaliser le schéma que nous tracions dans notre première leçon, de disposer à la périphérie certains éléments excitables reliés par des conducteurs nerveux au sensorium, pour que celui-ci perçoive les différentes formes d'impressions tactiles. Rien n'est plus théorique, plus facile à concevoir, rien n'a été plus simplement et plus heureusement obtenu : fidèle à ses principes économiques, la nature élève au rang d'appareil sensitif le plus grossier des tissus ; c'est dans les téguments chargés de protéger l'animal contre le monde ambiant qu'elle a disséminé les éléments capables de lui en révéler les diverses propriétés. L'histoire des organes tactiles ne saurait donc être séparée de celle du revêtement cutané et nous devrons les confondre dans une même étude poursuivie à travers les divers groupes du règne animal, nous appliquant à distinguer les éléments sensoriels des cellules purement protectrices ou glandulaires, recherchant les moindres traces de perfectionnement, déterminant les régions sur lesquelles elles s'affirmeront davantage et permettront au toucher de revêtir une forme réellement active.

MAMMIFÈRES. — On sait que dans les animaux de cette classe la peau comprend trois zones bien distinctes (fig. 6) :

1° Le derme ;

2° L'épiderme ;

3° Les appendices pileux.

Leur valeur est fort inégale et je n'ai pas besoin de rappeler qu'au point de vue sensoriel le derme conserve une indiscutable supériorité. Cependant on ne doit plus négliger sous ce rapport l'étude des autres couches comme on avait coutume de le faire autrefois, et de nombreux exemples nous montreront bientôt l'importance qu'elles peuvent acquérir à cet égard. Résumons donc rapidement la structure générale de ces diverses zones tégumentaires, puis tentons

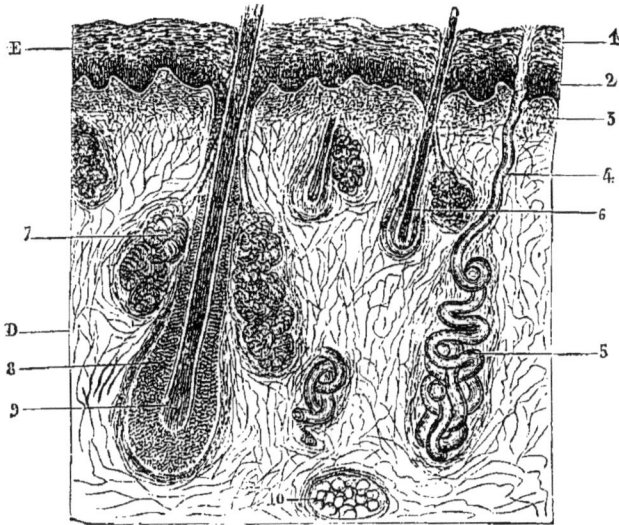

Fig. 7. — Coupe de la peau du cheval (aile des naseaux).

E. Épiderme. — D. Derme. — 1. Couche cornée de l'épiderme. — 2. Corps muqueux de Malpighi. — 3. Couche papillaire du derme. — 4. Canal excréteur d'une glande sudoripare. — 5. Glomérule d'une glande sudoripare. — 6. Follicule pileux. — 7. Glande sébacée. — 8. Gaine interne du follicule pileux. — 9. Bulbe du poil. — 10. Peloton adipeux.

de déterminer les éléments sur lesquels se localiseront les impressions tactiles.

Derme. — Le derme ne représente pas seulement la partie fondamentale et essentiellement vivante de la peau, il en forme encore la charpente, détermine ses rapports les plus importants ; par sa face interne il adhère au tissu cellulaire, aux muscles sous-cutanés et suit toutes leurs sinuosités ; sa face externe est également mamelonnée, hérissée de nombreuses *papilles* qui pénètrent dans l'épiderme sus-jacent et présentent un intérêt tout spécial :

tantôt simples, tantôt composées, elles admettent dans leur masse des boucles vasculaires auxquelles s'ajoutent souvent des tubes nerveux dont l'apparition nous fait pressentir que sur ces papilles seront recueillies les impressions tactiles pour lesquelles nous allons bientôt voir se constituer, au milieu de la masse fibreuse de ces mamelons dermiques, des éléments spéciaux.

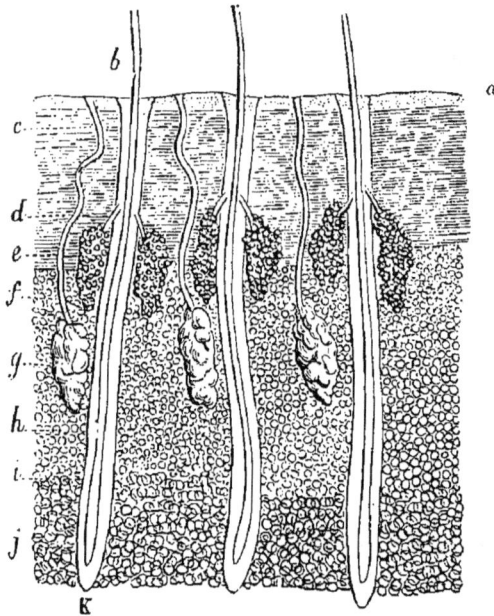

Fig. 8. — Coupe du cuir chevelu, d'après Gurlt.

a. Epiderme. — *b.* Tige du cheveu. — *c.* et *f.* Canal sudorifère. — *d.* Conduit excréteur de la glande sébacée. — *e.* Glande sébacée. — *g* Glande sudorifère. — *h. i.* Tissu adipeux. — *j.* Bulbe du cheveu. — *k.* Follicule pileux. (Müller, *Traité de physiologie.*)

Épiderme. — Tout autre est la structure de l'épiderme : la couche précédente était purement fibreuse, celle-ci se montre uniquement cellulaire; le derme était pourvu de vaisseaux abondants, l'épiderme est exsangue; le derme possédait de nombreux filets nerveux, ceux-ci vont devenir tellement rares que leur recherche exigera les observations

les plus minutieuses et dans bien des cas, ce sera une délicate question que d'affirmer leur présence; enfin, tandis que le derme était une couche essentiellement active et
vivante, les éléments épidermiques n'offriront qu'une obscure végétation et seront presque immédiatement frappés
de mort.

Cet épiderme (fig. 6 et 7) dont la constitution anatomique
ne peut être rappelée que d'une manière incidente [1], et pour
les besoins de nos recherches, se compose de deux couches :

1° La couche muqueuse ou de Malpighi;

2° La couche cornée.

La couche muqueuse accompagne exactement les contours du derme et débute par une assise de cellules perpendiculaires à la surface de ce dernier, cette zone inférieure est parfois désignée sous le nom spécial de « couche
basilaire »; ensuite viennent des cellules polyédriques ou
sphéroïdales qui d'abord volumineuses ne tardent pas à
s'affaisser et semblent tendre vers une forme lamelleuse
qui s'accentue davantage à mesure qu'on approche de la
couche cornée. En même temps leur structure se modifie
considérablement : dans la couche basilaire elles présen-
taient un noyau volumineux accompagné de granulations
pigmentaires; dans la zone moyenne celles-ci se multiplient
au point de donner à la peau de diverses races humaines
sa coloration caractéristique [2]; puis, dès qu'on atteint les
assises supérieures de la couche malpighienne, on voit le

---

[1] Voy. O. Schron, *Contrib. all. anatomia*, etc., *della cute umana*,
Firenze, 1865. — Besiadecki in *Stricker's Handbuch*. — Sappey,
Traité d'anatomie descriptive, t. III. — Farabeuf, *De l'épiderme et
des épithéliums* (*Thèse de Concours*, 1872).

[2] Larcher, *Du pigment de la peau dans les races humaines* (*Journal
de l'Anatomie*, 1867, p. 42). — Vogt, *Leçons sur l'homme*.

noyau diminuer, disparaître même et les granules colorés éprouvant bientôt le même sort, on peut pressentir le moment où de la cellule jadis si vivante, si normalement constituée, il ne restera plus qu'un squelette rappelant grossièrement sa forme originelle.

Ce dernier état se trouve pleinement réalisé dans les éléments de la couche cornée : plus de protoplasma, plus de pigment, plus de noyau, rien que de simples lamelles dont la cohésion diminue rapidement, et qui vers la face libre de l'épiderme, se montrent entraînées par une constante desquammation [1].

Nulle étude ne serait plus capable de nous faire assister aux divers âges d'une vie cellulaire, et si nous avions à retracer la biographie de l'élément histologique, nous ne pourrions choisir un meilleur exemple; mias notre but est tout différent, et, pour compléter nos connaissances sur la structure générale du tégument, il faut encore examiner les appendices qui s'y trouvent annexés et dont nous aurons bientôt à invoquer les principaux caractères.

Poils. — Les poils (fig. 8 et 9) se rapprochent de l'épiderme par leur situation superficielle, comme par leur origine qui est réellement épithélique; mais, au lieu de se former à l'extérieur du derme, ces appendices se développent dans des cavités creusées au milieu de sa masse, et désignées sous le nom de *follicules* (fig. 9). La partie basilaire demeure dans cette gaine dermique, et représente la « racine » du poil, tandis que la portion supérieure et libre en figure la tige.

---

[1] Morat, *Recherches sur la structure et le développement de l'épiderme* (*Union médicale*, 1871). — A. Schneider, in *Wurz. nat. Zeisch.*, l. III, p. 166. — O. Schron, *loc. cit.*

Le poil se compose de trois parties essentielles :

1° La *substance médullaire* qui en occupe l'axe et se montre formée de cellules rectangulaires, souvent remplies d'air.

2° La *substance corticale* constituée par des lamelles aplaties, plus ou moins riches en pigment, selon la couleur du poil ;

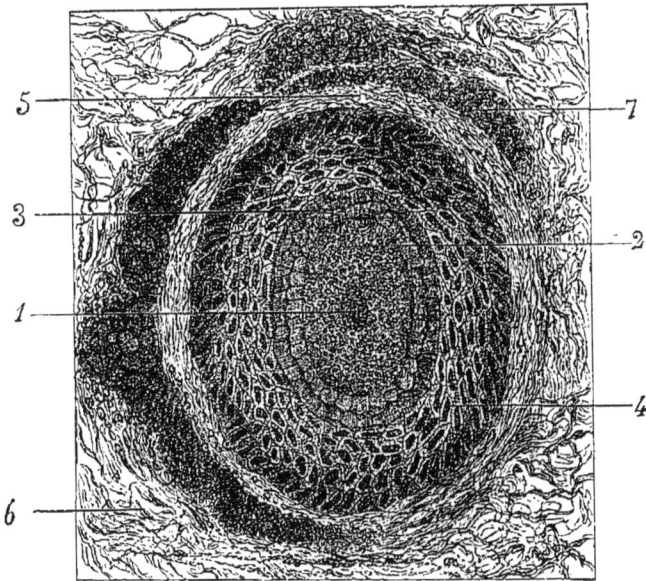

Fig. 9. — Cil coupé en travers au niveau de son follicule, d'après Morel et Villemin.

1. Substance médullaire. — 2. Substance corticale. — 3. Couche épidermique interne. — 4. Couche épidermique externe. — 5. Couche dermique interne du follicule. — 6. Couche dermique externe. — 7. Glandes sébacées. (Beaunis et Bouchard.)

3° L'*épiderme du poil*, représenté par une simple assise épithéliale qui cesse au niveau de la racine et s'y montre remplacée par un tissu plus complexe, parfois décrit sous un nom spécial (gaine de la racine du poil), et formé de cellules malpighiennes [1]. Au delà se trouve le follicule

[1] Feiertag, *Ueber die Bildung der Haare*, Dorpat, 1875. — Voy. aussi Hasse, in *Zeitschrift f. Anatomie und Entwickung*, II.

dont les parois se continuent avec les éléments du derme, tandis que sur sa base s'élève une saillie, la *papille* (fig. 9). Des anses vasculaires s'y engagent, mais on n'y rencontre jamais normalement de filets nerveux, tandis que

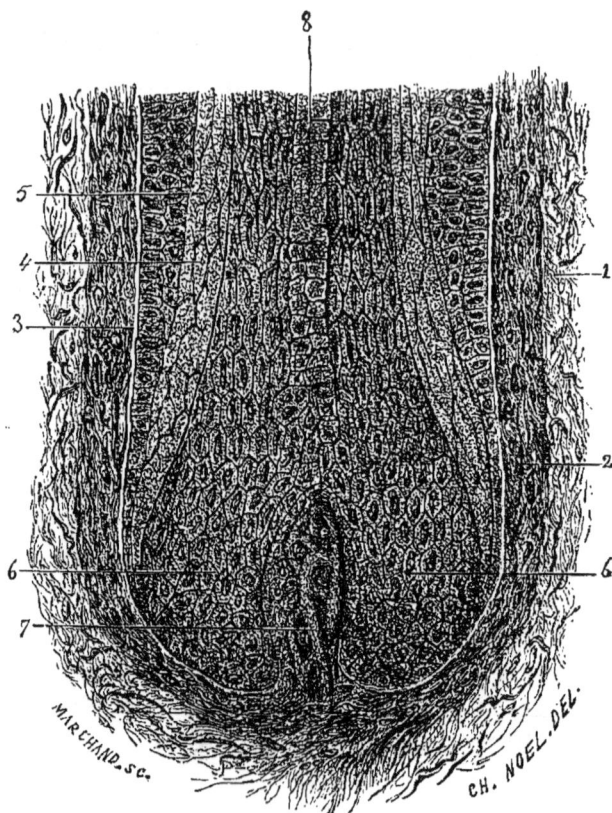

Fig. 10. — Follicule pileux, d'après Morel et Villemin.

1. Couche dermique externe du follicule. — 2. Couche dermique interne. — 3. Liseré amorphe du follicule. — 4. Couche épidermique externe. — 5. Couche épidermique interne. — 6. Bulbe pileux. — 7. Papille vasculaire. — 8. Cellules de la substance médullaire. (Beaunis et Bouchard, *Anatomie descriptive*.)

nous verrons ceux-ci apparaître dans certains poils spéciaux qui doivent à cette particularité anatomique de pouvoir recueillir les impressions tactiles.

Glandes cutanées. — En outre des glandes sébacées insérées sur les parois des follicules pileux, il en est

d'autres qui s'ouvrent librement à la surface du tégument où s'observent encore les glandes sudoripares, odorantes, etc. [1]. Si je mentionne ici ces organes de sécrétion,
c'est moins pour insister sur leur structure, complètement étrangère à nos études, que pour fournir une
nouvelle preuve de la constance avec laquelle le tracé fondamental se reproduit dans les divers appareils sensitifs. A mesure que nous avancerons dans leur examen, nous
les verrons posséder toujours au nombre de leurs parties
accessoires des organes glandulaires : qu'il s'agisse du
goût, de l'odorat, de l'ouïe, de la vue, la présence de ces
derniers ne cessera de s'y révéler ; mais on eût pu supposer qu'en raison de sa simplicité anatomique, de son infériorité fonctionnelle, l'appareil tactile échapperait à cette
règle ; on voit cependant qu'il n'en est rien, et qu'auprès
de ses éléments excitables le tégument renferme de nombreux culs-de-sac glandulaires dont le produit venant sans
cesse lubréfier sa surface lui donnera la mollesse, l'élasticité nécessaires pour qu'il puisse fidèlement recueillir les
impressions qui viendront l'ébranler.

Éléments excitables. — Sur quels points vont se localiser ces impressions ? quelles dispositions auront été
prises pour les recevoir au milieu de ces masses tégumentaires dont nous pouvons apprécier déjà l'importance au
point de vue protecteur, mais dans lesquelles nous n'avons
encore fait nulle mention des éléments excitables qui,
pour nous, en représentent la partie essentielle ? On devine
qu'en raison même de l'intérêt qui s'attache à leur histoire

---

[1] Joannes Chatin, *Recherches pour servir à l'histoire anatomique
des glandes odorantes des Mammifères* (*Annales des sciences naturelles*, 5e série, t. XIX, 1873).

nous ne devions en aborder l'étude qu'après avoir acquis
une connaissance suffisante des tissus ambiants.

De ces corpuscules tactiles, les plus répandus et durant
longtemps les seuls connus, s'observent dans le derme. Dès
le milieu du dix-septième siècle [1], Malpighi signalait à sa
surface des mamelons ou « papilles » qu'il indiquait comme
le lieu probable des excitations périphériques; les recherches de Ruysch [2] et d'Albinus [3] achevèrent d'en faire
connaître les traits généraux, mais la partie fondamentale
de leur histoire, le mode de terminaison des nerfs qui s'y
rendent, demeurait toujours enveloppé d'une obscurité dont
on ne saurait s'étonner si l'on se reporte aux moyens
d'observation que l'on possédait alors. Les premières années du dix-neuvième siècle ne furent marquées par aucun
progrès sensible, et virent même éclore une singulière théorie qui eut la plus regrettable influence sur les progrès de
la question : dominés par les merveilleuses conquêtes de
l'électricité dynamique, s'efforçant d'assimiler entièrement
l'influx nerveux au courant électrique, et, ce qui était
plus malheureux, cherchant les analogies où elles n'étaient
pas, les observateurs de cette époque pensèrent que les
nerfs ne pouvaient fonctionner qu'à la condition de représenter un circuit fermé, et crurent devoir les figurer sous la forme de boucles plus ou moins complexes. On
sait que tel est l'aspect des vaisseaux qui parcourent
les papilles, et peut-être, en l'absence de toute technique

---

[1] Malpighi, *Epistola de externo tactus organo*, Naples, 1664.
[2] Ruysch, *Th. Déc.*, n° CXXX, p. 51.
[3] Albinus, *Acad. Annot.*, t. II, liv. VI, cap. x, p. 66, 1734. —
Winslow, *Expositio structuræ corporis humani*, I, p. 113, 1758. —
Haller, *Prima linea physiologiæ*, 1765. — Fontana, *Traité du venin
de la Vipère*, t. II, p. 254, 1781.

sérieuse, ceux-ci furent-ils parfois décrits comme de véritables filets nerveux. Quoi qu'il en soit, il faut arriver en 1832 pour rencontrer à ce sujet quelques notions relativement exactes, mais encore trop imparfaites, car c'est seulement dans ces dernières années qu'elles ont acquis une précision suffisante.

Considérés dans leur situation au milieu des tissus dermiques, les corpuscules tactiles se répartissent en deux groupes bien distincts : les uns siègent dans les papilles ou vers la face supérieure du derme, ce sont les *Corpuscules de Krause* et *de Meissner;* les autres sont au contraire enfouis dans les couches profondes et représentent les *Corpuscules de Pacini.*

Examinés dans leur structure ils semblent formés des mêmes parties essentielles, mais il convient de formuler ici d'expresses réserves; car d'importantes recherches, qui datent à peine de quelques jours et dont nous aurons bientôt à exposer les résultats, paraissent devoir transformer complètement les idées admises sur la constitution de ces organes que les auteurs se sont efforcés de ramener au même type histologique et dans lesquels ils distinguent :

1° Une masse centrale ou *bulbe;*

2° Une *enveloppe* d'épaisseur variable, parsemée de noyaux, et assimilable au périnèvre;

3° Un ou plusieurs *tubes nerveux* destinés à transmettre au sensorium les impressions reçues par le corpuscule.

Telle est la description classique ; nous verrons, lorsque nous nous occuperons des Oiseaux, qu'elle doit subir des modifications considérables, et dès à présent nous devons faire remarquer qu'elle ne tient aucun compte des particularités propres, soit à telle forme de corpuscule, soit à telle espèce animale.

Corpuscules de Krause.—C'est ainsi que, dès qu'on aborde l'examen des corpuscules de Krause, on les voit revêtir une forme spéciale suivant les divers Ordres chez lesquels on les étudie : sphériques ou sphéroïdaux dans l'espèce humaine, ils deviennent elliptiques chez les Cheiroptères, les Carnivores, les Rongeurs, les Pachydermes, les Ruminants. Par l'emploi du chlorure d'or, on y découvre une masse centrale ou bulbaire qu'entoure une mince enveloppe périnévrique; quant au tube nerveux, à peine a-t-il pénétré dans le bulbe central qu'il s'y divise en de nombreuses fibrilles sinueuses et renflées vers leur extrémité. — Le volume du corpuscule peut varier entre 30μ et 100μ.

Ces formations se rencontrent sur les points qui possèdent la sensibilité la plus exquise : à la surface de la langue et des lèvres, sur la conjonctive, le gland, le clitoris, etc.

Corpuscules de Meissner (fig. 10). — Très voisins des précédents, les corpuscules de Meissner sont souvent désignés sous le nom de « corpuscules du tact », terme que leur présence sur les parties affectées au toucher actif justifie peut-être, mais qui ne saurait être définitivement accepté dans l'ignorance où nous sommes de leur véritable valeur physiologique.

Plus ou moins coniques, ce qui leur a valu d'être souvent comparés à des pommes de pin, les corpuscules de Meissner cessent déjà de rappeler exactement la structure des organes précédents : la masse centrale est moins finement granulée que dans les corpuscules de Krause, l'épaisseur de l'enveloppe paraît au contraire exagérée ; généralement plusieurs tubes nerveux se rendent à la base du corpuscule, le contournent, s'enroulent plusieurs fois à sa surface, puis pénètrent obliquement dans l'enveloppe périnévrique et s'y résolvent en fibrilles sinueuses qui se renflent à leur extrémité. Cette description des corpuscules de Meissner susciterait peut-être plus d'une critique, contentons-nous de la résumer actuellement; bientôt l'étude des éléments tactiles des Oiseaux nous amènera à exposer les

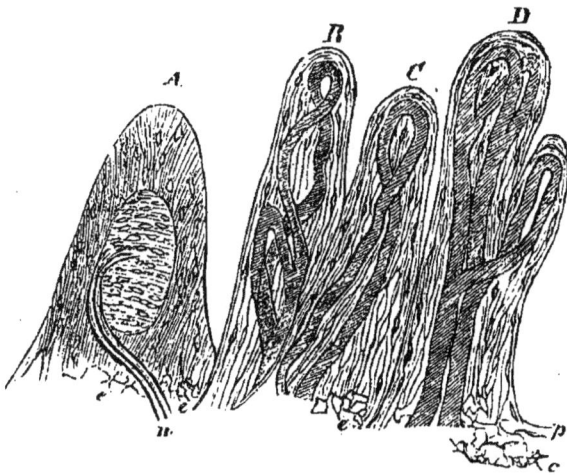

Fig. 11. — Papilles vasculaires et nerveuses de la bulbe des doigts [1].

[1] L'épiderme et le réseau de Malpighi ont été enlevés. — A. Papille nerveuse avec un corpuscule du tact, dans lequel se perdent deux fibres nerveuses primitives *n;* au bas de la papille on voit de fins réseaux élastiques *e* desquels partent des fibres fines; entre ces dernières et au milieu d'elles se voient des corpuscules du tissu conjonctif. — B, C, D. Papilles vasculaires simples en C, avec des anses de vaisseaux anastomosés en B et en D. A côté de ces vaisseaux se voient des fibres élastiques fines et des corpuscules du tissu conjonctif; *p.* Corps papillaire ayant la direction horizontale *é.* Éléments étoilés de la peau proprement dite. Grossis. 300 diamètres. (Virchow.)

récentes découvertes de M. Ranvier [1] et nous verrons alors quelle signification doit être attribuée à ces corpuscules. — Ils mesurent de 110 μ à 180 μ suivant leur grand axe et de 30 $\bar{\mu}$ à 50 μ selon leur petit diamètre [2]. Ces

[1] L. Ranvier, *Terminaison des nerfs dans les corpuscules du tact des Canards (Comptes rendus,* 1877).

[2] G. Pouchet et Tourneux, *Précis d'histologie humaine,* p. 376.

dimensions ne présentent d'ailleurs qu'une médiocre fixité et M. Sappey a justement insisté sur les différences considérables qui peuvent s'observer à cet égard [1].

Les corpuscules de Meissner se trouvent sur les faces dorsale et palmaire de la main, à la plante du pied, sur les pattes des Quadrumanes, la trompe de l'Éléphant, etc.

Corpuscules de Vater ou de Pacini (fig. 11). — Les corpuscules de Pacini ou mieux de Vater, car observés par cet anatomiste dès 1741 [2], mentionnés par Andral et Camus en 1832, ils n'ont été étudiés qu'en 1840 par Pacini, possèdent un volume de beaucoup supérieur à celui des deux espèces précédentes, leur largeur variant de 1 à 4 millimètres ; ils sont également beaucoup plus répandus et se montrent sur les os ou le mésentère aussi bien que dans la partie profonde du derme ou dans le tissu cellulaire sous-cutané. En dépit des assertions de certains auteurs, ils présentent une réelle parenté morpho-

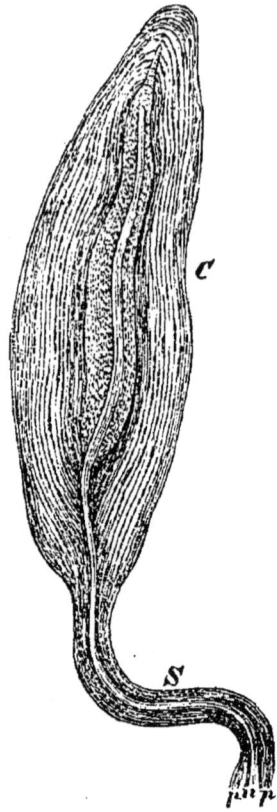

Fig. 12. — Corpuscule de Pacini ou de Vater, provenant du tissu adipeux de la pulpe des doigts.

S. Fibre nerveuse primitive contenant de la moëlle *n* à contours marqués, avec une gaine *p, p,* épaisse possédant des noyaux longitudinaux et formant la queue du corpuscule. — C. Le corpuscule proprement dit, avec ses couches concentriques formées par l'enveloppe du nerf tuméfiée en forme de massue et une cavité centrale dans laquelle passe le cylindre-axe, qui se termine librement. Grossis. 150 diamètres. (Virchow.)

---

[1] Sappey, *loc. cit.*, p. 541.
[2] Lehman, *De consens. part. corp. human.*

logique avec les corpuscules de Krause : qu'on augmente
l'épaisseur de l'enveloppe qui limite ceux-ci, qu'on multiplie
le nombre des couches périnévriques dont elle se compose
et l'on aura réalisé la forme propre aux corpuscules de
Pacini ; l'étude des Insectivores, des Carnivores, ne laisse
pas que d'être fort instructive à cet égard et montre le corpuscule de Pacini recouvert par une série de tuniques qui
se superposent régulièrement et sont tapissées par une
couche de cellules épithéliales que le nitrate d'argent
permet de reconnaître aisément. Sous cette enveloppe se
trouve une masse centrale, riche en granules, colorable
par le chlorure d'or et rappelant de fort près le bulbe des
corpuscules de Krause. Le tube nerveux, non plus flexueux
comme dans ces derniers, mais sensiblement rectiligne,
perd sa myéline, gagne le bulbe central et s'y termine par
quelques rameaux claviformes [1].

Tels sont les divers organes qui, disséminés dans les couches dermiques, protégés par le revêtement cellulaire de
l'épiderme, doivent entrer en action sous l'influence des
divers excitants qui concourent à produire la sensation tactile. Leurs différences extérieures traduisent-elles des fonctions spéciales et pouvons-nous assigner à chacun d'eux un
rôle particulier? Certains auteurs n'ont pas hésité à les
soumettre à une pareille classification et se sont efforcés
de distinguer des corpuscules destinés à recueillir les excitations de contact, d'autres réservés pour les excitations
de pression, de température, etc. Qu'une pareille division
existe dans la nature, le fait est possible, mais rien ne le

[1] Ludder, in *Zeitschrift. f. wiss. Zoologie*, 1862.

démontre encore et, lorsqu'on se reporte aux innombrables formes transitoires que l'histologie comparée révèle entre les divers corpuscules, on ne peut s'empêcher de concevoir quelques doutes sur la valeur de ces essais qui paraissent au moins prématurés [1].

[1] La théorie serait peut-être plus acceptable à l'égard des corpuscules de Pacini sur lesquels elle localise les excitations de pression, d'effort, etc. : la situation profonde de ces organes, l'épaisseur de leur enveloppe semblent en effet, les destiner à recueillir des impressions grossières ; mais nous connaissons encore très imparfaitement le mécanisme de ces sensations que compliquent généralement des phénomènes musculaires, et, d'autre part, les corpuscules de Pacini offrent parfois (Quadrumanes, etc.) une telle ressemblance avec les corpuscules de Krause ou de Meissner que toute distinction morphologique paraît s'effacer entre les uns et les autres.

QUATRIÈME LEÇON

Suivant une opinion qui régna longtemps dans la science et dont quelques ouvrages portent encore la trace, l'épiderme, simple revêtement destiné à protéger contre les injures extérieures les couches vivantes du derme, eût été incapable de concourir, fût-ce pour la part la plus minime, à l'exercice du toucher; on s'accordait même à le considérer comme une sorte d'appareil de déperdition, émoussant a finesse des impressions périphériques, diminuant par suite l'importance des sensations qui en naissent. Malgaigne et Trousseau, dans des leçons célèbres, s'étaient vivement élevés contre cette doctrine dont ils avaient fait ressortir les étranges contradictions; elle n'en était pas moins demeurée classique.

Cependant la physiologie comparée rassemblait un grand

nombre de faits dans lesquels la sensibilité de la peau ne concordait aucunement avec la minceur de son épiderme : elle montrait que les couches cornées les plus développées, les poils rapprochés en feutrages épais ne dénaturent pas la sensation autant qu'on se plaisait à l'imaginer, elle rappelait que le sabot du cheval ne l'empêche pas de « voir par son pied [1] », que malgré leur épaisse muraille épithéliale les dents n'en ressentent pas moins les plus légères impressions tactiles ou thermiques. Ses enseignements restaient méconnus et c'est à peine si quelques auteurs consentaient à modifier légèrement le rôle assigné à l'épiderme et l'élevaient au rang d'appareil de modification, ils n'osaient dire de perfectionnement, destiné à atténuer la brutalité de certaines impressions ou à prévenir les résultats d'un contact trop immédiat sur les tissus dermiques.

Les progrès de l'histologie zoologique ne permettent plus aujourd'hui d'accepter cette interprétation, ingénieuse, mais insuffisante et obligent à accorder à l'épiderme une part directe et souvent considérable dans les phénomènes qui nous occupent.

A ce propos, je ne puis m'empêcher de faire remarquer que s'il était nécessaire d'établir une fois encore l'intérêt qui s'attache à de semblables études poursuivies dans l'ensemble de l'animalité, on en trouverait une preuve éclatante dans l'histoire des terminaisons nerveuses de l'épiderme. Tant qu'on a persisté à vouloir les découvrir chez l'homme, à l'exclusion de tout autre type, on n'a obtenu que des résultats incertains, vagues, éminemment contestables ; du jour où l'on a songé à étendre les recherches aux divers groupes de la série, on a rencontré des faits si nombreux

---

[1] Bouley, *Traité de l'organisation du pied du cheval.*

et si probants que nous ne pouvons les mentionner tous et sommes forcés de choisir les plus intéressants d'entre eux.

Terminaisons nerveuses épidermiques chez l'Homme. — Que la totalité des fibres nerveuses du réseau dermique ne se termine pas dans les corpuscules précédemment décrits, qu'un grand nombre d'entre elles gagnent librement le voisinage de la couche malpighienne, nul ne peut le contester et la plus simple observation suffit à le démontrer. Mais ces fibrilles s'arrêtent-elles au contact de l'épiderme ou s'y engagent-elles réellement? Aucune question n'est plus difficile à résoudre lorsqu'on s'en tient aux résultats fournis par l'histologie humaine, et les discussions les plus vives sont encore ouvertes à ce sujet. Un observateur allemand, Langerhans [1], a cependant cru reconnaître de réelles terminaisons épidermiques dans des renflements en forme de bouton ou d'étoile qui eussent donné naissance à des prolongements fibrillaires s'avançant jusqu'à la couche cornée; mais ces faits ont été formellement démentis et les prétendus corpuscules décrits par Langerhans semblent n'être que des corps fibro-plastiques analogues aux cellules pigmentifères ou chromoblastes des Batraciens [2]. On ne peut donc affirmer actuellement l'existence de corpuscules épidermiques chez l'Homme, et si tout semble indiquer la présence de filets nerveux dans les couches extérieures de son tégument, rien du moins ne nous révèle leur mode de terminaison. Il en est tout autrement pour la plupart des Mammifères, et surtout pour les Poissons et les Invertébrés.

Terminaisons épidermiques chez les Mammifères. —

---

[1] Langerhans, in *Wirchow's Archiv*, Bd XLIX. — Id., in *Stricker's Handbuch*.

[2] Pouchet et Tourneux, *Traité d'Histologie*, p. 479.

Au moment même où plusieurs travaux signalaient des terminaisons nerveuses dans les muqueuses [1], la cornée [2], etc., ces résultats se trouvaient étendus à l'épiderme par un anatomiste allemand, Eimer, qui faisait connaître des dispositions très remarquables observées chez la Taupe [3].

Comment cet animal se dirige-t-il dans les travaux multiples qu'exige l'édification de sa demeure souterraine? Comment peut-il, au sein d'une obscurité complète, se guider dans les méandres de sa retraite dont il augmente chaque jour la complication par des cheminements nouveaux? Les zoologistes avaient depuis longtemps posé la question sans que les anatomistes fussent parvenus à la résoudre. On soupçonnait bien que le toucher suppléait à l'insuffisance des autres sens et acquérait une délicatesse en rapport avec les mœurs de l'animal, mais les preuves histologiques manquaient encore et ne purent être fournies que par le mémoire dont je viens de rappeler l'auteur.

Lorsqu'on examine, à l'œil nu ou avec l'aide d'une faible loupe, la surface du groin, de cet organe dont la Taupe se sert pour fouiller le sol comme pour explorer les galeries qu'elle y a creusées, on lui reconnaît un aspect finement pointillé qui lui donne l'apparence d'un crible; de ces orifices, les uns livrent passage au produit des glandes sébacées très nombreuses sur cette région [4], les autres donnent accès dans des cavités extrêmement singulières, en forme de coupe ou d'amphore, limitées par des cellules épidermi-

---

[1] Schultze, in *Abhandl. d. not. gezell. zu Halle*, t. VII, 1862.

[2] Sœmish, *Beitrage zur norm. und pathol. Anatomie des Auges*, Leipzig, 1862.

[3] Eimer, *Die Schnautze des Maulwurfs als Tastwerkzeug* (*Archiv fur mikrosk. Anatomie*, 1871).

[4] Joannes Chatin, *Description anatomique et histologique de la glande commissurale de la Taupe* (*Mémoires de la Société de Biologie*, 1875).

ques normales sur lesquelles viennent se terminer des fibrilles nerveuses réduites à leurs cylindres d'axe, tandis que
d'autres filets, émanant comme les précédents du réseau
dermique, vont se perdre dans l'épiderme ambiant[1]. Voici
de véritables corpuscules tactiles situés dans la couche
malpighienne : modifions leur aspect extérieur ; au lieu de
les creuser en coupes ou en tubes, donnons-leur la forme
de cylindres qui, semblables à des papilles épidermiques,
viendront plonger dans le derme sous-jacent, et nous
aurons réalisé le type propre à divers Mammifères que nous
allons successivement étudier à ce point de vue.

Le museau du Hérisson remplit le même office que le
groin de la Taupe et devient comme lui un précieux organe
du toucher actif, non que l'état des autres sens exige impé-
rieusement une semblable localisation, mais parce qu'en
raison des innombrables piquants dont se revêt le tégument,
celui-ci perd comme appareil sensitif toute la valeur qu'il
acquiert comme organe de défense. Aussi les impressions
tactiles sont-elles recueillies par l'extrémité de ce museau
dont la structure traduit les fonctions nouvelles : il semble
qu'ici comme chez l'espèce précédente, le derme soit trop
éloigné pour pouvoir recueillir les impressions extérieures
au-devant desquelles les filets nerveux s'élancent en gagnant l'épiderme ; ce dernier présente des corpuscules
cylindriques ou prismatiques qui s'enfoncent dans le chorion
et vers lesquels montent de nombreuses fibrilles nerveuses
dont le cylindre d'axe se termine parfois en une sorte de
bouton ovalaire[2].

[1] Eimer, *loc. cit.*
[2] C. Jobert, *Études d'anatomie comparée sur les organes du toucher*
(*Thèse de la Faculté des sciences de Paris*, 1872, p. 20).

D'autres animaux paraissent encore plus profondément isolés du monde extérieur : tels sont les Tatous qui, pourvus d'une armure dont les pièces ingénieusement disposées peuvent se recouvrir exactement, semblent enfouis vivants sous une muraille inerte ; il n'en est pourtant rien, et de curieuses modifications leur permettent de sentir avec une grande finesse les moindres excitations de contact ou de température. Parmi ces dispositions, il en est qui se rattachent à l'histoire des poils tactiles et ne peuvent nous occuper en ce moment ; d'autres, au contraire, résident dans l'épiderme et doivent être décrits ici. Lorsqu'on examine sous un grossissement de $\frac{25}{1}$ à $\frac{40}{1}$ la surface du boutoir ou museau, on la voit parsemée de ponctuations si nombreuses qu'on serait tenté de lui attribuer une structure comparable à celle du groin de la Taupe et d'y supposer l'existence de cavités analogues à celles qui s'observent chez cet Insectivore ; mais l'examen microscopique $(\frac{300}{1})$ montre que cette apparence reconnaît une tout autre origine et que, loin d'être produite par des dépressions, elle est due à des cylindres comparables à ceux du Hérisson et dont l'extrémité supérieure vient ainsi faire saillie au dehors et se trouve à peine recouverte par une mince épaisseur de la couche cornée. Ces papilles épidermiques mesurent $0^{mm},05$ en diamètre, et $0^{mm},009$ en hauteur ; essentiellement formées par des cellules malpighiennes, elles plongent inférieurement dans le derme (Voy. fig. 13) qui forme autour de leur base une cupule vitreuse vers laquelle montent des faisceaux de tubes à moelle contournés en hélice et serpentant sur les parois de la coque dermique ; « on les suit ainsi jusqu'à la limite du derme. Pénètrent-ils dans l'épithélium ? Je faisais mes recherches sur un Tatou conservé dans l'alcool ;

une seule fois après avoir traité la préparation par les alcalis, l'épiderme soulevé m'a laissé voir, émergeant du fond de la cupule, quelques filaments très fins qui serpentaient entre les cellules du corps ovoïde; mais je n'ai pu constater leurs connexions avec les nerfs. La question de terminaison ultime est donc réservée et ne pourra être résolue que sur un animal frais. » On ne peut qu'approuver de telles conclusions et j'ai tenu à citer ce passage pour montrer quelles difficultés présente l'histoire des terminaisons épidermiques, quelle prudence commande l'exposé d'un sujet sur lequel nous ne possédons encore que de si faibles notions[1].

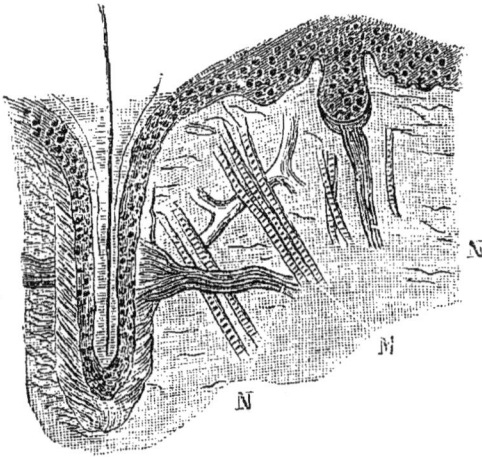

Fig. 13. — Tatou : coupe verticale au travers du tégument de l'extrémité du boutoir.

M. Faisceaux musculaires striés. — N, N. Filets nerveux se rendant à droite dans un corpuscule épidermique, à gauche sur un poil tactile. (D'après M. C. Jobert.)

Les Monotrèmes, armés d'un revêtement défensif qui rappelle celui du Hérisson, offrent des dispositions semblables à celles qu'on observe dans cette espèce ou chez le Tatou. A la surface du pseudo-bec de l'Ornithorhynque se distinguent des taches noirâtres qui répondent à des organes fort singuliers : qu'on imagine des cylindres s'enfonçant d'un côté dans le derme, gagnant d'autre part la surface du

---

[1] Jobert, loc. cit., p. 22.

pseudo-bec et traversant ainsi toute l'épaisseur de l'épiderme ; qu'on pratique dans chacun d'eux un canal central
venant s'ouvrir à l'extérieur et qu'on entoure leur base d'un
peloton de filets nerveux, on aura réalisé la singulière structure des corpuscules tactiles de l'Ornithorhynque (Voy.
fig. 14). Ils procèdent donc à la fois de ceux de la Taupe et de
ceux du Tatou ou du Hérisson : creux à leur centre comme
dans le premier de ces types, ils revêtent extérieurement

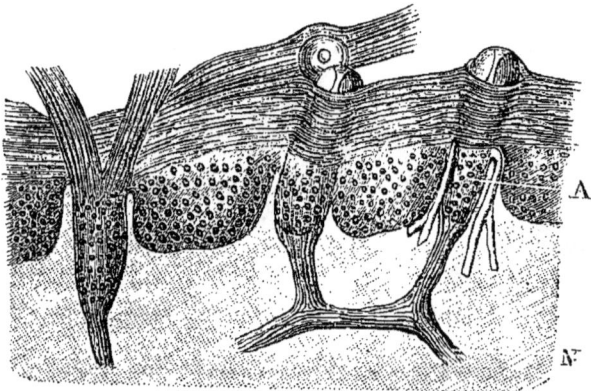

Fig. 14. — Ornithorhynque : coupe dans le pseudo-bec.

N. Faisceaux de tubes nerveux venant se mettre en connexion avec les corpuscules
épidermiques A. (D'après M. C. Jobert.)

l'apparence papillaire qui les caractérisait dans les deux
autres et, comme chez eux, se trouvent entourés par le
tissu dermique [1].

La fonction tactile du rostre de l'Echidné paraît avoir été
indiquée pour la première fois par Leydig [2]. Les corpuscules
épidermiques, très analogues à ceux du Tatou et du Hérisson, se montrent sous l'aspect de petites masses cylindriques qui semblent alterner avec les papilles du derme,
s'enfoncent dans leurs intervalles et sont reçues dans des

[1] Jobert, *loc. cit.*, p. 26.
[2] Leydig, *Histologie comparée*, p. 83.

cupules dermiques auxquelles se rendent de nombreuses fibrilles nerveuses; on voit que si les impressions tactiles se heurtent ici aux mêmes obstacles que chez le Tatou, elles y sont du moins recueillies par des corpuscules presque identiques.

Je ne veux pas multiplier ces exemples et crois inutile d'insister davantage sur ces éléments excitables dont la présence ne saurait être actuellement niée chez la plupart des Mammifères; cependant nous venons de constater que tous les points de leur structure étaient loin d'être également connus et que le mode de terminaison des nerfs qui s'y rendent était à peine indiqué. Ces lacunes disparaîtront à mesure que nous examinerons les corpuscules épidermiques dans des types moins élevés en organisation; mais, avant de poursuivre ainsi leur étude comparée, nous devons achever la description des organes tactiles des Mammifères et rechercher quel rôle doit être attribué sous ce rapport aux appendices pileux.

Poils tactiles. — Les formations précédentes, qu'elles fussent représentées par des corpuscules épidermiques ou par des terminaisons franchement dermiques (corpuscules de Krause, de Meissner, etc.), pouvaient être considérées non seulement comme des organes du toucher actif, mais aussi comme des organes du toucher direct : la membrane, le tissu dont ils font partie se trouvaient directement excités par les objets extérieurs et subissaient leur contact immédiat. Il n'en est plus de même pour les poils tactiles dont nous abordons l'étude et qui transmettent médiatement aux éléments excitables les impressions qu'ils recueillent.

De même que l'anatomie humaine ne pouvait fournir au-

cune notion probante pour l'étude des terminaisons épidermiques, de même elle ne présente encore ici qu'une importance secondaire, les poils tactiles étant assez rares chez
l'Homme et ne s'y rencontrant que sur quelques points déterminés (paupières, etc.); ils deviennent au contraire si
fréquents chez les autres Mammifères et dans la plupart des
Invertébrés que, depuis Buffon jusqu'aux histologistes contemporains, ce sujet n'a cessé d'occuper l'attention des observateurs dont les recherches multiples en ont successivement révélé les particularités les plus remarquables[1].

Ainsi qu'il est aisé de le prévoir, ces poils seront d'autant
mieux développés, d'autant plus abondants que les mœurs
de l'animal ou l'état de ses autres sens exigeront des moyens
d'exploration plus variés et plus étendus. Dans les Rongeurs et en particulier chez les Rats albinos, dont la vision est très imparfaite, sur les Chauves-Souris, les Porcs,
les Chiens, les Chats, etc., ils s'observent de la sorte avec la
plus grande facilité. On a proposé de les diviser en *poils
tactiles à sinus sanguin*, et *poils tactiles sans sinus sanguin*,
classification tout artificielle mais qui peut être conservée
en raison de la méthode qu'elle permet d'apporter dans
leur étude.

Poils tactiles à sinus sanguin. — Les poils tactiles à sinus
sanguin se trouvent principalement chez le Porc et la Taupe.
On connaît les usages du boutoir dont le Porc se sert non
seulement pour fouiller le sol, mais aussi pour en explorer la

---

[1] Heusinger, in *Meckel's Archiv*, 1822. — Eble, *Die Lehre von den
Haaren*, 1832. — Erdl, in *Abhand. d. Munch. Acad.*, III, 11. — Car-
penter, in *Tood's Cyclopædia of Anatomy and Physiology*. — Leydig,
Uber die asseren, etc. (*Arch. f. Anatomie*, 1859). — Léon Vaillant,
Gazette médicale, 1862. — OEdenius, in *Archiv fur mik. Anatomie*,
1866. — Schobl, *id.*, 1871. — Jobert, *loc. cit.*, p. 113, etc.

surface ; si l'on examine le disque par lequel il se termine,
on le voit semé de taches blanchâtres au milieu desquelles
s'élèvent de petites soies raides, longues d'un demi-centi-
mètre à un centimètre. Sur la coupe, chacun de ces poils
se montre contenu dans un follicule de grande dimension,
rendu rougeâtre par le sang qu'il renferme ; ces follicules
occupent l'intervalle des longues papilles dermiques. Le
mode de distribution des filets nerveux est très remarquable ; les uns montent dans les papilles et s'y terminent
par des corpuscules analogues à ceux de Krause, d'autres
dépassent le niveau de la ligne papillaire et semblent se
perdre dans l'épiderme ; d'autres enfin, et ce sont les plus
nombreux, gagnent la base des poils qui viennent d'être
mentionnés.

Le follicule qui entoure chacun de ceux-ci est limité par
une membrane épaisse au-dessous de laquelle se trouve un
espace gorgé de sang divisé par des trabécules en de nombreuses aréoles : de là le nom de « corps spongieux » sous
lequel on le désigne ; au-dessus est un grand espace, le
« sinus sanguin » dominé par le corps conique du poil et
par les glandes sébacées qui, dans la plupart des poils
tactiles, sont renfermées dans la membrane propre du
poil. Parvenus à la base du poil ou à une partie plus ou
moins élevée du follicule, les poils perdent leur myéline et
s'épanouissent dans la région située au-dessus des glandes
sébacées[1].

On voit qu'il existe dans le follicule une région spéciale où les filets nerveux et leurs renflements terminaux

[1] Gegenbaur, in *Zeitschrift fur wiss Zoologie*, 1851, etc. — Leydig, in *Reichert's und Dubois-Reymond Archiv*, 1859. — Œdenius,
in *Archiv fur mik. Anatomie*, 1865. — Jobert, *loc. cit.*, p. 115.

entourent si bien le poil qu'ils lui forment un véritable collier nerveux et que le moindre ébranlement subi par sa
partie libre, retentit immédiatement sur le nerf et par
suite sur le sensorium.

Quel est le rôle des trabécules vasculaires et du sinus
qui entourent la base du poil?
On ne saurait l'indiquer exactement, mais on peut présu-
mer que l'afflux de sang auquel ils se prêtent doit encore
exagérer la sensibilité de ce
petit appareil.

Ce type paraît exister chez
tous les Porcins (Phacochère,
Babiroussa, etc.) et se retrouve
avec les mêmes caractères chez
la Taupe (fig. 15), dont le boutoir acquiert ainsi une nouvelle importance au point de
vue tactile.

Poils tactiles dépourvus de
sinus sanguin. — Les poils tac-

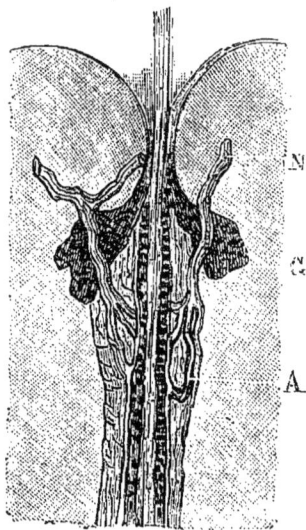

Fig. 15. — Poil tactile de l'extrémité du groin de la Taupe.

N. Nerfs venant former un collier A
autour de la base du poil. — G. glandes sébacées. (D'après M. C. Jobert.)

tiles sans sinus sanguin sont assez répandus, et les plus
remarquables s'observent dans l'ordre des Cheiroptères.

Vers la fin du siècle dernier, Spallanzani aveuglant des
Chauves-Souris par des applications de poix sur les yeux,
par la cautérisation de la cornée, l'amputation de l'œil,
etc., constatait à sa grande surprise que ces animaux con-
tinuaient à se guider dans leur vol, évitant avec une « in-
croyable précision » les obstacles qu'on pouvait accumuler
sur leur passage. Ces résultats parurent si merveilleux à l'ha-

bile physiologiste italien, qu'il n'hésita pas à affirmer que les
Cheiroptères possèdent un sens spécial, le *sens alaire*, résidant dans les membranes latérales [1].

Je laisse de côté les expériences de Jurine, expériences
trop rapides et qui lui firent admettre ici une finesse spéciale
de l'ouïe [2], pour arriver aux observations de Cuvier : reprenant
les expériences de Spallanzani, les soumettant à une critique sérieuse, il eut bientôt rejeté l'hypothèse d'un sixième
sens et, se reportant à la structure de l'aile, ne tarda pas à
reconnaître que c'était par un tact exceptionnellement développé qu'il convenait d'expliquer les résultats obtenus par
Spallanzani et par lui-même [3]. Les travaux modernes ont
pleinement confirmé ses vues ; mais, particularité singulière,
elles ont montré que le toucher avait ici pour agents spéciaux des poils dont Cuvier avait entièrement méconnu
l'existence [4].

La « membrane alaire » des Cheiroptères est constituée
par une modification ou plutôt par une extension du système
cutané qui s'amplifie de manière à former une surface capable de fournir à l'animal un point d'appui sur l'air ambiant.
Deux lames dermiques juxtaposées composent essentiellement la membrane que soutiennent les os des membres fort
allongés, agissant à la manière des baleines d'un parapluie

---

[1] Spallanzani, *Lettere sopra in sospetto di un nuovo sensu dei Pi-
pistrelli*, Torino, 1794. — Voy. aussi Senebier, *Journal de Physique*, 1794, t. XLIX, p. 318, et Peschier, *id.*, 1798, t. XVI, p. 145
et suiv.

[2] Jurine, *Some experiments of Bats deprived of Sight* (*Philosoph.
Mag.*, 1798).

[3] G. Cuvier, *Conjectures sur le sixième sens des Chauves-Souris*
(*Mill. Magaz. Encycl.*, 1795, p. 297 et suiv.).

[4] « Les membranes de l'aile sont entièrement dénuées de poils »
(Cuvier, *loc. cit.*).

selon la très juste comparaison de M. de Quatrefages [1].

D'autres membranes existent encore sur diverses régions du corps ; on distingue ainsi : 1° une membrane qui réunit les parties latérales de celui-ci avec le petit doigt et le membre inférieur ; 2° une membrane dite interfémorale qui s'étend entre les deux membres abdominaux et comprend la queue dans son épaisseur ; 3° des membranes nasales, auriculaires, etc.

D'après ce qui vient d'être dit, on devine que la trame de ces diverses membranes sera surtout conjonctive ; parfois elle offre, çà et là, des amas adipeux ; mais l'élément dont la présence y est générale, c'est la fibre élastique qui donne à la membrane sa souplesse, sa résistance et sa solidité. En outre, des muscles intrinsèques et extrinsèques, bien souvent décrits [2], permettent une tension suffisante de la membrane durant le vol, tandis que des vaisseaux abondants s'y ramifient, et y constituent des réseaux admirables.

Ces généralités étant connues, il est aisé de déterminer la nature des parties destinées à recueillir les impressions tactiles et la distribution des nerfs qui les transmettront au centre percepteur. L'opinion de Cuvier, rappelée précédemment et suivant laquelle les membranes eussent été complètement glabres, se trouvait encore admise par tous les auteurs, lorsque divers travaux dus à John Queckett [3],

---

[1] De Quatrefages, *Dictionnaire d'Histoire naturelle*, art. CHEIROPTÈRES.

[2] Cuvier, *loc. cit.* — Siebold et Stamius, *Manuel d'Anatomie comparée*, t. II, p. 416. — Blanchard, *Organisation du Règne animal*, MAMMIFÈRES. — Schobl, *loc. cit.* — Jobert, *loc. cit.*

[3] John Queckett, *Observations on the structure of Bats hair* (*Trans. microsc. Society*, 1844, p. 58).

à M. Blanchard [1] et à Leydig [2], montrèrent que ces expansions portent en réalité de nombreux poils longs et fins,
tantôt isolés et tantôt rassemblés en petits groupes, mais
presque toujours répartis suivant la direction des faisceaux
élastiques et accompagnés de glandes volumineuses.

Cheminant dans le tissu dermique de la membrane, les
nerfs parviennent à la base de ces poils et s'y séparent en
filets dont le mode de terminaison, très diversement interprété, a soulevé les plus vives discussions : pour Schöbl [3],
ces fibrilles parvenues à la base du follicule s'y fussent
pelotonnées et mêlées de façon à constituer un renflement
en « pomme de pin » ; MM. Beale [4], Jobert [5] et Stieda [6]
ont considéré cette formation comme une simple papille
dermique entourée de cellules malpighiennes, mais les
observations de Dietl sur les poils du Bœuf jettent une
nouvelle incertitude sur la question qu'il est impossible
de résoudre dans l'état actuel de nos connaissances. Bor-
nons-nous donc à constater l'arrivée des fibrilles nerveuses
sur la base du follicule et sur sa membrane vitrée, puis
examinons comment ces poils pourront concourir à l'exercice du toucher.

Il convient de remarquer tout d'abord que les Cheiroptères aveugles ne se dirigent pas immédiatement avec la
précision et la dextérité que leur accorde Spallanzani : ils
cherchent évidemment à suppléer, par une éducation nouvelle à la perte du sens qui vient de leur être ravi ; ils sem-

---

[1] Blanchard, *Organisation du Règne animal*, Mammifères.
[2] Leydig, in *Archiv f. Anatomie und. Physiologie*, 1859.
[3] Schobl, *loc. cit.* (*Arch. f. micr. Anat.*, 1870).
[4] Beale. in *Trans. micr. Society*, 1872.
[5] Jobert, *loc. cit.*, p. 131.
[6] Stieda, in *Archiv f. micr. Anatomie*, 1871.

blent hésiter, volent avec précaution et toujours dans un espace très limité. Mais, après un jour ou deux, renseignés par ces excursions préparatoires, ils se hasardent à passer d'une pièce dans l'autre évitant avec une réelle adresse les objets qu'ils rencontrent dans leur vol.

En poursuivant de semblables expériences, il est aisé de constater que le toucher seul les guide et s'exerce au moyen des poils qui viennent d'être décrits : en effet la sensibilité générale de l'aile est assez faible, son excitation ne produit que des effets très vagues, tandis qu'il suffit d'opérer une légère traction sur un de ces poils pour déterminer aussitôt une vive douleur ; d'autre part, dès qu'on sectionne les filets nerveux qui se rendent à ces appendices, on voit le vol devenir incertain, l'animal se montrer de plus en plus hésitant, puis refuser absolument de s'envoler.

On est donc en droit de localiser dans ces poils une véritable fonction tactile dont on peut même déterminer les conditions d'exercice : « la résistance de l'air n'est pas la même quand l'aile, en le refoulant, disperse ce fluide au loin ou l'envoie frapper contre un obstacle situé à courte distance et y détermine ainsi un remous. Or, les poils tactiles de la membrane alaire doivent être poussés dans des directions différentes, lorsque le courant aérien déterminé par les mouvements de cette rame locomotrice suit son cours primitif ou se renverse en arrière, et l'on conçoit que si les organites tactiles situés à la base des petits leviers anémométriques constitués par ces leviers épidermiques sont doués d'une grande sensibilité, les impressions produites de la sorte puissent être distinguées entre elles par l'animal [1] ».

[1] Milne Edwards, *Leçons sur l'anatomie et la physiologie comparée de l'homme et des animaux*, t. XI, p. 426.

Les membranes nasales et auriculaires concourent aussi à cette appréciation; quant à la membrane fémorale, elle n'y prend qu'une faible part et semble destinée à des usages tout différents [1].

Ce n'est pas seulement chez les Cheiroptères que l'on observe de pareils poils tactiles; on les rencontre également dans la plupart des Rongeurs, qui en offriraient de si nombreux exemples, qui ne pouvant les mentionner tous, je me contenterai de rappeler les détails observés par Schobl sur l'oreille externe de la Souris.

On sait que cet animal est presque constamment dans l'obscurité, doit s'y guider, y chercher sa nourriture, etc. : aux impressions tactiles revient donc le soin de suppléer les excitations lumineuses absentes ou insuffisantes ; d'après Schobl, ce serait sur le pavillon de l'oreille qu'elles se localiseraient : ce pavillon est assez grand, très-mobile, et porte environ 6,000 poils tactiles, à la base de chacun desquels se voit un peloton de fibrilles nerveuses qui entourent le follicule, et s'épanouissent dans les cellules allongées qui en garnissent la base [2].

Avec cette étude se termine celle des différents organes qui permettent aux Mammifères de recueillir les impressions tactiles; nous les avons examinés sous leurs diverses formes, nous les avons vus se suppléant en quelque sorte les uns les autres, se disséminant sur toute la surface du tégument ou se localisant sur telle région qui en acquiert une valeur nouvelle. C'est ainsi que les corpuscules dermiques se multipliant sur les mains de l'Homme, les pattes

[1] Jobert, *loc. cit.*, p. 139.
[2] Schobl, in *Archiv für mikroskop. Anatomie*, t. VII, 1871.

des Singes ou des Lémuriens, la queue de l'Atèle ou la trompe de l'Éléphant, permettront à ces parties de servir au toucher actif, à la préhension ou à la palpation, ailleurs, comme dans la Taupe, le Hérisson, les Monotrèmes, de simples modifications locales de l'épiderme suffiront à constituer des organes tactiles d'une extrême délicatesse, tandis qu'enfin chez les Cheiroptères, grâce à de légers perfectionnements dans la structure des appendices pileux, le même résultat se trouvera obtenu avec une précision telle que Spallanzani n'a cru pouvoir l'expliquer que par l'intervention d'un sixième sens.

Le tableau suivant résume ces variations dans les organes tactiles des Mammifères :

MAMMIFÈRES. — ORGANES TACTILES.

TERMINAISONS NERVEUSES EXCITABLES :

Directement
Corpuscules :
 Dermiques...
  papillaires
   C. de Meissner.. Homme, etc.
   C. de Krause...   id.
  profonds..
   C. de Pacini ou de Vater......   id.
 Épidermiques
  cupules .... Taupe.
  papilles...............
   Hérisson.
   Tatou.
   Échidné.
  cylindres............. Ornithorhynque

Indirectement
Poils tactiles :
 à sinus sanguin ....
  Porc.
  Taupe, etc.
 sans sinus sanguin ....
  Cheiroptères.
  Rongeurs, etc.

CINQUIÈME LEÇON

Oiseaux. — L'histoire des organes tactiles des Oiseaux est toute moderne et l'obscurité dont elle a été trop longtemps enveloppée s'explique par la fausse direction imprimée aux recherches qu'on tentait de lui consacrer : la plupart des auteurs persistant à considérer les pattes comme les seuls organes du toucher dans cette Classe, et n'y trouvant nulle disposition capable d'en favoriser l'exercice, avaient cru pouvoir en conclure que ces animaux ne possèdent qu'un tact des plus grossiers et des plus imparfaits. Or les pattes ne sont presque jamais affectées à son service ; d'autres parties (bec, etc.) lui sont attribuées et présentent des caractères histologiques comparables à ceux qui s'observent dans les organes tactiles des Mammifères.

Le premier travail digne d'être mentionné est celui de Bamberg qui, vers 1842, fit connaître le mode de distribution des filets nerveux dans le bec et insista sur la valeur sensorielle que celui-ci peut en acquérir[1] ; peu de temps après, Herbst y découvrait des corpuscules tactiles[2] ; depuis lors de nombreuses recherches sont venues compléter ces premiers résultats, et les principaux types de la classe ont été successivement examinés[3]. Des éléments excitables y ont été rencontrés presque constamment dans le bec et dans la langue ; les pattes en ont quelquefois offert, mais seulement dans les groupes où, par leur constitution, elles peuvent servir d'organes préhenseurs (Perroquets, Aras, etc.) ; quant au tégument général, il semble ne renfermer que des formations grossières, analogues aux corpuscules paciniens des Mammifères.

Bien que leur étude ne date que de quelques années, les corpuscules tactiles du bec ont cependant reçu deux interprétations assez différentes et de valeur fort inégale : l'une, déduite de recherches hâtives et incomplètes, est surtout théorique ; l'autre, toute récente, repose au contraire sur les observations les plus minutieuses, présente une incontestable rigueur et semble destinée à modifier dans un bref délai l'état actuel de la science, non seulement en ce qui concerne les organes tactiles des Oiseaux, mais aussi pour ce qui regarde les mêmes parties étudiées chez les autres Vertébrés.

---

[1] Bamberg, *De Avium nervis atque linguâ*, 1842.

[2] Herbst, *Gotting. gel. Anz.*, 1854.

[3] Leydig, in *Zeitschrift f. wiss. Zoologie*, 1854. — Id., *Archiv für mik. Anatomie*, 1867. — L. Grandry, *Journal de l'anatomie*, 1868. — Goujon, *id.*, 1869. — Ihlder, *Die Nerven-Endigung in der Vogelzunge* (*Archiv für Anat. u. Phys.*, 1870, p. 238). — Jobert, *loc. cit.*, p. 10.

Suivant les partisans de la première opinion[1], ces corpuscules se fussent composés d'une enveloppe conjonctive, d'un bulbe médian et d'un ou plusieurs tubes nerveux terminés en sphérules ou en massues dans la masse centrale. On reconnaît ici le tracé général que nous avons dû appliquer aux organes tactiles des Mammifères, en faisant à son égard des réserves qui, nous allons le constater, ne sont que trop faciles à justifier.

Les recherches de M. Ranvier[2] ont, en effet, montré que la description classique ne représentait aucunement la structure réelle de ces organes, beaucoup plus complexes qu'on ne l'imaginait jusqu'alors.

Chacun de ces corpuscules est formé par $2, 3, 4, 5, n$, cellules disposées en pile régulière et revêtues d'une capsule lamelleuse que double une couche endothéliale. Les cellules sont ovoïdes, avec un gros noyau et deux nucléoles ; lorsque le corpuscule ne comprend que deux cellules, celles-ci sont hémisphériques et accolées par leurs faces planes ; s'il possède plus de deux cellules, les deux extrêmes sont hémisphériques, les autres aplaties.

En général, le corpuscule ne reçoit qu'un seul tube nerveux qui perd sa myéline un peu avant de pénétrer dans le corpuscule ; sa gaine externe (gaine de Henle, périnèvre) se confond avec l'enveloppe du corpuscule, puis le cylindre-axe s'élevant dans l'organe, émet au niveau de chaque espace intercellulaire, un prolongement qui s'y élargit en un *disque tactile*.

Ce disque, de forme nummulaire, se colore en gris par

[1] Grandry, *loc. cit.* — Goujon, *loc. cit.* — Jobert, *loc. cit.*
[2] L. Ranvier, *De la terminaison des nerfs dans les corpuscules du tact des Canards* (*Comptes rendus des séances de l'Académie des Sciences*, 26 novembre 1877).

l'acide osmique, en violet par le chlorure d'or ; jamais il ne déborde les faces des cellules qui le renferment à la manière d'une boîte dont le couvercle et le fond seraient identiques. Lorsque deux cellules composent un corpuscule, il existe un disque, deux quand il y a trois cellules, etc., de sorte que c représentant le nombre des cellules, et d le nombre des disques, on aura la formule générale :

$$d = c - 1$$

Il ne faut pas oublier que les cellules du corpuscule sont de simples éléments de soutien destinés à protéger les disques, seules parties excitables de l'appareil.

Telle est l'élégante disposition de ces corpuscules dont la notion présente une importance considérable au point de vue de la morphologie des organes qui nous occupent et dont nous devons maintenant poursuivre l'examen dans les autres classes de Vertébrés.

REPTILES. — Il n'est peut-être pas de groupe où ils aient été plus rarement étudiés et soient moins bien connus que chez les Reptiles. Évidemment, la cuirasse écailleuse qui protège ces animaux indique sous ce rapport une réelle infériorité, mais il ne faudrait pas s'en exagérer les conséquences et l'observation attentive permet de découvrir dans la peau des Ophidiens (Couleuvres, etc.) des corpuscules analogues à ceux des Vertébrés supérieurs ; on les retrouve encore plus nombreux à la surface de la langue dont ces Serpents paraissent se servir comme d'un organe de toucher actif ; la structure des pattes et de la

[1] L. Ranvier, *loc. cit.*

langue des Geckotiens, des Caméléoniens permet de leur attribuer le même rôle, et récemment on mentionnait dans certaines Tortues des filaments pêcheurs analogues à ceux que nous aurons bientôt l'occasion d'étudier sur la Baudroie; mais toutes ces dispositions sont encore trop imparfaitement connues : les terminaisons nerveuses, les filets conducteurs ont été à peine entrevus et exigent de nouvelles et sérieuses recherches.

Batraciens. — Que le toucher s'exerce infiniment mieux chez les Batraciens, la structure de leur tégument, de leur « peau nue » suffit à l'établir; toutefois il faut distinguer entre l'état parfait et l'état larvaire. Le Batracien adulte présente des organes tactiles fort analogues à ceux des Vertébrés allantoïdiens : des filets nerveux rampent dans le derme, gagnent sa face supérieure et s'y terminent ou montent peut-être jusque dans la région voisine de l'épiderme; il n'y a rien dans cette structure qui ne nous soit déjà connu, et nous retrouvons ici des caractères semblables à ceux que nous avons observés chez les Mammifères[1].

Si nous examinons au contraire le tégument d'une larve, d'un têtard, nous sommes immédiatement frappés de l'aspect spécial que présentent les flancs du corps; tout le long de la ligne latérale s'échelonnent des groupes cellulaires répartis à intervalles égaux, de la tête à la queue, et composés de deux sortes d'éléments : 1° des formations aplaties dont l'aspect trahit visiblement l'origine épithéliale; 2° des cellules allongées, terminées par une pointe effilée.

---

[1] Leydig, *Ueber Tastkorperchen* (*Muller's Archiv f. Anatomie*, 1856, p. 50, pl. 15). — Owen, *Comparative Anatomy and Physiology*, t. II.

Si les premières sont de simples éléments de soutien, les
secondes représentent de véritables bâtonnets excitables ;
des fibrilles nerveuses viennent d'ailleurs s'épanouir à leur
base et tous les observateurs [1] s'accordent à y localiser
les excitations tactiles qui, dans les Batraciens observés à
cette période, se trouvent ainsi recueillies par les corpuscules ordinaires et par ces singuliers « organes latéraux »
que je ne puis que mentionner ici, l'étude des Poissons devant bientôt me permettre d'en retracer l'histoire générale.

POISSONS. — Presque ignorés des physiologistes qui se
bornent à les signaler comme « très imparfaitement
connus » [2], les organes tactiles des Poissons n'ont cessé
d'être depuis près d'un siècle l'objet des constantes investigations des naturalistes dont les patientes recherches
en ont successivement établi les caractères essentiels.

L'un des premiers, Treviranus insiste sur la présence de
nombreux filets nerveux dans les barbillons de diverses
espèces (Sturioniens, etc.); rapprochant de cette disposition
anatomique l'aspect extérieur de ces appendices tout couverts de crêtes et d'aspérités, il les place justement auprès
des organes qui, par leur délicate sensibilité, concourent
à assurer l'exercice du toucher.

En 1817, les rayons, les « doigts » des Trigles sont étu-

---

[1] M. Schültze, *Uber die Nervenendigung*, etc. (*Archiv fur Anato-
mie und Physiologie*, 1861). — Bugnion, *Recherches sur les organes
sensitifs qui se trouvent dans l'épiderme du Protée et de l'Axolotl
(Bulletin de la Société vaudoise des sciences naturelles*, 1873, t. XII.
— Langerhans, *Ueber die Haut der Larve von Salamandra maculosa
(Archiv f. mik. Anat.*, 1873).

[2] Longet, *Traité de Physiologie*, p. 168.

diés par Tiedemann, qui n'hésite pas à leur attribuer un
rôle analogue[1].

Vers la même époque, de Blainville fait paraître son
Traité des animaux; peut-être n'accorde-t-il pas aux organes tactiles des Poissons toute l'importance qu'ils mériteraient déjà; cependant il fait judicieusement observer
que les barbillons peuvent être regardés comme des « organes du tact » et insiste sur « la grosseur vraiment remarquable du nerf qui se rend à chacun d'eux[2] ».

Cuvier s'étend plus longuement sur ce sujet et distingue
parmi les organes tactiles : 1° les barbillons disposés autour
de la bouche, des lèvres, etc.; 2° les tentacules situés sur
divers points du corps et moins rigides que les barbillons;
3° les « doigts » ou rayons articulés tels que ceux des Trigles, des Polynèmes, etc.[3].

Carus adopte une classification peu différente, mais refusant aux « doigts » toute fonction tactile, limite celle-ci
aux lèvres et barbillons[4].

Reprenant l'étude d'un sujet que Geoffroy Saint-Hilaire
a superficiellement effleuré trente ans auparavant[5], Bailly
donne des filaments pêcheurs de la Baudroie une longue
description malheureusement plus pittoresque que scientifique[6].

De nombreux observateurs frappés de la singulière cons-

---

[1] Tiedemann, *Von der Hin und der Fingenformigen fortsatzen der* Trigla (*Meckel's Archiv*, 1816).

[2] De Blainville, *loc. cit.*, p. 226 et 227.

[3] Cuvier Leçons d'Anatomie comparée, t, III, p. 636.

[4] Carus, *Traité d'Anatomie comparée*, t. I, p. 409 et suiv.

[5] Geoffroy Saint-Hilaire, in *Mémoires du Muséum*, 1814.

[6] Bailly, *Des filaments pêcheurs de la Baudroie* (*Annales des sciences naturelles*, 1re série, 1824, t. II, p. 323).

titution de ces rayons libres que Carus et Cuvier ont précédemment étudiés chez les Trigles, et pressentant toute
l'importance que leur étude pourrait offrir au point de
vue de l'histoire générale des organes tactiles dans la classe
des Poissons, leur consacrent une longue suite de mémoires
parmi lesquels je citerai ceux de Risso [1], Couch [2], Parnell [3],
Eudes Deslongchamps [4], etc.

En 1845, dans une série de recherches demeurées justement célèbres, M. de Quatrefages fait connaître le mode de
terminaison des nerfs chez l'*Amphioxus* [5] et trace aux observateurs la voie qu'ils ne devront plus quitter désormais et
dans laquelle les découvertes se succéderont rapidement.

Quatre ans plus tard, Stannius décrit minutieusement le
système nerveux périphérique des Poissons [6] et jette ainsi
les bases des prochaines études sur les organes tactiles.
Celles-ci ne se font pas attendre et bientôt, complétant en
quelque sorte l'œuvre de Stannius, Leydig figure les
corpuscules dans lesquels se rendent les nerfs cutanés [7].
Ses résultats ayant soulevé d'assez vives critiques, il répète
les mêmes observations sur les Esturgeons, etc., et peut

---

[1] Risso. *Observations sur le genre et les espèces de* TRIGLES *vivant
dans la Méditerranée* (*Bulletin de Férussac*, t. II, 1824, p. 298). —
Id. *Observations sur les espèces de Trigles vivant sur les côtes de Nice*,
(Ibid., 1828).

[2] Couch, *A description of Trigla cuculus*, etc. (*London's Mag. nat.
hist.*, vol. IX, 1836, p. 463).

[3] Parnell, *Trigla lucerna* (*l'Institut*, t. V, n° 217, p. 222).

[4] E. Deslongchamps, *Observations pour servir à l'histoire anatomique et physiologique des Trigles* (*Soc. Lin. Norm.*, t. VII, 1843).]

[5] De Quatrefages, *Mémoire sur l'Amphioxus* (*Annales des sciences
naturelles*, ZOOLOGIE, 3e série, t. IV, 1845).

[6] Stannius, *Die peripherische Nervensystem der Fische*, 1849.

[7] F. Leydig, *Ueber die Haut einiger Süsswasserfische* (*Zeitschift f.
wiss. Zoologie*, 1851).

affirmer avec une entière certitude la réalité des faits consignés dans son premier mémoire [1]. Peu après, Schültze [2] consacre diverses notes à l'étude de ces mêmes organes dont l'examen a été repris en ces derniers temps par M. Jobert [3].

Si l'on se reporte aux résultats obtenus par ces observateurs, on voit qu'il faut distinguer chez les Poissons les divers organes suivants qui concourent à des degrés variables et selon les espèces à l'exercice du toucher :

1° Les lèvres et les replis labiaux ;

2° Les barbillons mous ;

3° Les barbillons rigides ;

4° Les tentacules ;

5° Les nageoires ;

6° Les sacs muqueux ;

7° Le canal latéral.

Les sacs muqueux et le canal latéral offrent dans leur structure des dispositions remarquables et généralement peu connues en France ; ils se prêtent au point de vue physiologique à des considérations toutes spéciales : aussi en renverrons-nous l'examen à notre prochaine leçon et nous occuperons-nous aujourd'hui seulement des barbillons, des tentacules et des nageoires.

Tous ces organes étant recouverts par le tégument général, c'est dans son épaisseur que se rencontreront les éléments excitables dont nous ne pourrions utilement aborder l'étude si nous n'avions acquis tout d'abord quelques notions succinctes sur la constitution du système cutané de ces animaux.

[1] Leydig, *Anatom. histol. Untersuch. über Fische und Reptil*, 1853.

[2] E. Schültze, *Ueber die becherformigen Organe der Fische* (*Zeitschrift f. wiss. Zoologie*, 1862, p. 223).

[3] Jobert, *loc. cit.*, p. 29 et suiv.

Le derme repose sur une trame blanchâtre formée de tissu conjonctif et de cellules adipeuses. Médiocrement développé dans la plupart des cas, il peut atteindre parfois quatre pouces d'épaisseur et se montre alors nettement stratifié : la coupe présente des fibres lamineuses réunies en faisceaux et courant parallèlement à la surface de la peau ; dans la partie profonde on distingue des cercles tangents les uns aux autres et représentant la section de faisceaux dirigés perpendiculairement aux premiers ; vers la face supérieure au contraire on trouve une couche amorphe. C'est dans le derme que se montrent les cellules pigmentaires, les chromoblastes protoplasmiques dont les mouvements amiboïdes permettent au Poisson d'accommoder sa couleur suivant celle du fond sur lequel il repose.

A sa partie supérieure, le derme se prolonge en papilles dont les dimensions peuvent varier dans d'assez grandes limites ; elles sont simples, composées, etc. Dans ces papilles serpentent des anses vasculaires très développées et faciles à voir chez les Cyprins [1]. Les nerfs suivent en général la direction des faisceaux lamineux perpendiculaires et se perdent dans la masse épidermique où nous allons bientôt les retrouver.

La couche profonde de l'épiderme se compose de cellules en palissade, longues, prismatiques, intimement accolées les unes aux autres et s'engrenant avec le derme par leur bord inférieur qui est dentelé ; aussi l'épiderme est-il très résistant dans cette zone, mais il devient de plus en plus mou, à mesure qu'on s'en éloigne : les cellules perdent leur forme originelle, s'arrondissent, puis

[1] E. Schültze, *Epithel. und Drusenzellen* (*Archiv. f. mik. Anatomie*, 1869).

tous leurs diamètres diminuant peu à peu elles revêtent un aspect réellement pavimenteux vers la surface libre de l'épiderme.

Au milieu de ces cellules malpighiennes, on en distingue d'autres, beaucoup plus volumineuses, remplies de liquide, en forme de gourde, de bouteille, etc., elles s'ouvrent au dehors par un étroit canal, et représentent les *cellules muqueuses*, parfaitement étudiées par Schültze [1] ; auprès d'elles se trouvent des éléments qui acquièrent au point de vue sensitif une haute valeur, ce sont les *Corpuscules cyathiformes*.

Leydig démontra le premier [2] l'existence de ces corps, tantôt arrondis comme dans les *Leuciscus* [3], tantôt ovoïdes comme chez les *Mullus* [4], etc., reposant sur les papilles du derme et recevant des filets nerveux dont cet observateur tenta de déterminer le mode de terminaison qu'il n'entrevit que très imparfaitement; ses recherches sur la structure des corpuscules furent aussi trop superficielles et, se méprenant sur la nature des éléments qui les limitent, il leur attribua une tunique contractile. Fort heureusement les observations ultérieures, celles de Schültze en particulier [5], ont rectifié ces erreurs, comblé ces lacunes et mis en lumière les traits essentiels de ces organes excitables.

Tout corpuscule cyathiforme est recouvert par des cellules de protection, à grand noyau, souvent variqueuses, caractère qui avait trompé Schültze et lui avait fait décrire ces

---

[1] Schültze, *loc. cit.*

[2] Leydig, *loc. cit.* (*Zeitschrift*, 1851).

[3] Leydig, *Histologie comparée*.

[4] Jobert, *loc. cit.*, p. 29.

[5] Schültze, *Zeitschrift*, 1862; *Archiv f. mik. Anatomie*, 1867, 1870, etc.

éléments comme nerveux[1] ; au centre se trouve une cavité remplie d'une matière granuleuse, d'aspect fibroïde ou bacillaire[2] qui seule est « de nature nerveuse[3] ».

Les dimensions du corpuscule peuvent varier suivant les espèces, et chez le *Mullus barbatus* il atteint jusqu'à $0^{mm},1$ en hauteur. Son extrémité supérieure passe dans un orifice pratiqué au travers des couches superficielles de l'épiderme et vient ainsi se mettre directement en communication avec l'extérieur.

Tels sont les appareils placés à l'extrémité des filets nerveux cutanés ; leur situation est des plus remarquables, car nous voyons des corpuscules excitables siéger ici dans l'épiderme, sans qu'il soit nécessaire de formuler à leur égard des réserves semblables à celles qui nous étaient imposées chez les animaux supérieurs ; leur structure n'est pas moins intéressante puisqu'elle nous présente, dans ces groupes de bâtonnets revêtus de cellules protectrices, une forme anatomique dont nous aurons maintes fois à relever la présence dans la suite de nos études.

Lèvres. — Nous connaissons les corpuscules tactiles, recherchons sur quelles parties se localiseront les excitations qu'ils doivent recueillir. L'observation des espèces les plus vulgaires (Cyprins, etc) suffit à montrer que les « lèvres », ces deux replis saillants qui entourent l'orifice buccal, constituent d'excellents organes de tact et de préhension. Le derme, d'aspect spongieux et presque comparable à un tissu érectile, y porte de nombreuses papilles

[1] Schültze, *loc. cit.*

[2] « Les bâtonnets forment l'élément central du corps cyathiforme » (Jobert et Grandry, *Terminaisons nerveuses chez les Poissons; Comptes rendus des séances de la Société de Biologie*, 1871).

[3] Jobert, *loc. cit.*, p. 42.

surmontées par les corpuscules cyathiformes : qu'on examine les Pleuronectes, les Gades, les Perches, toujours
on rencontrera les mêmes dispositions et toujours on verra
les mêmes filets nerveux se diriger vers les corpuscules
épidermiques ; ces rameaux sont fournis par le trijumeau
(nerf maxillaire supérieur pour la lèvre supérieure ; nerf
maxillaire inférieur pour la lèvre inférieure.)

Lèvres internes ou replis labiaux. — Lorsque après avoir
écarté le bourrelet extérieur constitué par les lèvres, on
examine la partie vestibulaire de la cavité buccale on y découvre deux voiles membraneux en forme de croissants
qui s'étendent d'un bord des mâchoires à l'autre et portent
le nom de « lèvres internes » ou « replis labiaux ». On les
a regardés, durant fort longtemps, comme de simples
valvules destinées à servir d'auxiliaires aux lèvres externes, soit pour retenir les aliments, soit pour empêcher
l'eau destinée à l'appareil respiratoire de sortir de la bouche ; les recherches qui se sont succédé depuis Duvernoy
jusqu'à nos jours ont été peu favorables à cette interprétation et les lèvres internes dépossédées de leur fonction préhensile, ont été généralement considérées comme de véritables organes du tact.

Formé d'une trame élastique et conjonctive, chaque repli
labial possède de grandes papilles évasées en forme de
coupes, régulièrement disposées et portant les corpuscules
tactiles qu'entoure l'épiderme sus-jacent. De nombreux
nerfs sillonnent le tissu et, tantôt isolés, tantôt agminés,
s'élèvent dans les papilles pour gagner les corpuscules qui
les surmontent.

On devine avec quelle intensité la sensibilité doit se manifester à la surface de ces replis tout ponctués de terminai-

sons nerveuses ; mais il ne suffit pas qu'ils puissent servir passivement au toucher, il faut encore qu'ils concourent activement à son exercice, aussi leur forme se modifie-t-elle : ils cessent d'être contenus dans la bouche, se déploient au dehors pour pouvoir se porter au-devant des corps extérieurs et constituent la « languette » dont les Uranoscopes et quelques types analogues offrent d'excellents exemples.

Cette languette, simple repli labial extraordinairement développé, est longue de 4 à 5 centimètres, large de 3 à 4 millimètres ; elle porte un sillon médian et se termine par une pointe mousse. Sa surface est couverte de papilles coniques et reçoit de nombreux filets nerveux qui se ramifient dans cet appendice que l'animal projette au dehors ou ramène au contraire dans la cavité buccale ; il remplit évidemment le rôle d'un organe de toucher actif et mérite d'être rangé auprès des barbillons dont nous allons étudier la structure et les fonctions.

Barbillons (fig. 16 et 17). — Si la languette représente une forme rare, limitée à quelques types spéciaux, il n'en est plus de même des prolongements qui se voient sur la tête

Fig. 16. — Loche de rivière (*Cobitis fossilis*) d'après M. Blanchard : autour de la bouche se déploient six barbillons charnus.

ou le museau de divers Poissons et reçoivent la dénomination générale de « barbillons ». De Blainville leur a donné des noms qui ont été généralement adoptés et rappellent leur situation : les *barbillons nasaux* se trouvent à l'ouverture des narines, les *barbillons labiaux* sur le bord des mâchoires, les *barbillons angulaires* s'insèrent à l'angle de la bouche, les *barbillons incisifs* suivent le bord supérieur des os de ce nom, etc. [1].

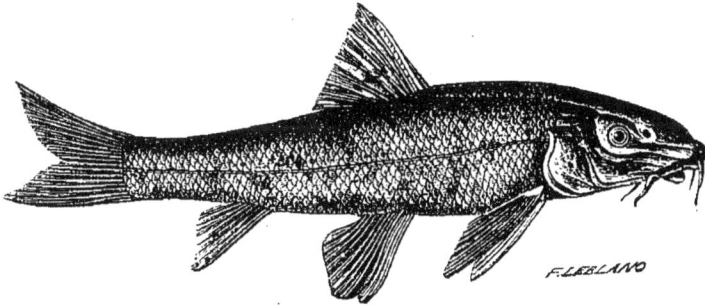

Fig. 17. — Barbeau (*Barbus fluviatilis*) d'après M. Blanchard. La bouche est munie de replis labiaux et de barbillons.

Ainsi que le faisait remarquer l'auteur que je viens de citer [2], ces prolongements sont surtout développés chez les espèces qui vivent dans la vase; les Cyprinoïdes (Barbeaux, Carpes, Tanches, Loches, Goujons, etc.) fournissent les meilleurs sujets d'études.

Chez le Barbeau, par exemple [3], ces organes sont au nombre de quatre: deux sont situés à l'angle de la mâchoire, deux autres occupent la partie antérieure du museau (fig. 16); longs de trois centimètres en moyenne, ils sont innervés par le trijumeau dont les filets se perdent dans les papilles dermiques et dans les corpuscules tactiles qui les surmontent. Le centre du barbillon est formé par un véritable tissu érectile; au contraire dans les boutons ou barbillons

[1] De Blainville, *loc. cit.*, p. 227.
[2] Id.
[3] G. Buchner, *Mémoire sur le système nerveux du Barbeau* (*Soc. des sc. nat. de Strasbourg*, 1836), — Magendie et Desmoulins, *Anatomie du système nerveux*, t. II, p. 380. — Jobert, *loc. cit.*, p. 48.

sous-maxillaires de l'*Umbrina cirrhosa*, la région centrale
est occupée par une masse de tissu cellulaire dense, de telle
sorte que ces organes établissent le passage entre les barbillons mous que nous venons d'étudier et les barbillons
osseux.

Ce dernier nom désigne des appendices dont la constante rigidité est déterminée par une tige osseuse qui
passe en leur milieu. L'un des plus simples et des plus
remarquables se trouve à la symphyse de la mâchoire inférieure chez la Morue et les autres Gadoïdes (fig. 19); son axe
est formé par les deux os dentaires soudés et prolongés ;
une trame conjonctive les recouvre et de nombreux filets
nerveux se distribuent au tégument dans lequel abondent
les corpuscules cyathiformes.

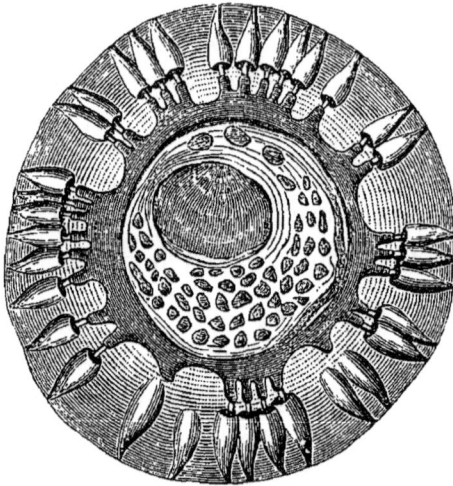

Fig. 18. — Coupe d'un barbillon de *Mullus* d'après M. C. Jobert : au
centre se voit l'axe osseux ; à la périphérie sont disposés les corpuscules cyathiformes.

Chez les *Mullus* (fig. 18), les *Upeneus*, etc. on rencontre
de pareils organes, probablement formés par des rayons
branchiostèges modifiés.

CHATIN, Org. des sens. 7

Dans le groupe des Siluroïdes, qui peuvent compter parmi les poissons les mieux organisés pour le toucher actif, on observe en outre des divers barbillons nasaux, maxillaires, etc., deux grands appendices possédant, comme les précédents, un squelette, des muscles puissants, de multiples filets nerveux. Placés sur les régions antéro-latérales de la face, parfois aussi longs que le corps, ces barbillons permettent à l'animal d'explorer le fond sur lequel il se trouve.

Tentacules. — Les tentacules ne diffèrent des barbillons que par leur position : ils sont toujours placés sur le crâne au lieu d'être localisés dans la région péri-buccale comme les précédents. On a souvent confondu sous ce nom des barbillons véritables comme ceux de l'*Umbrina* ou des rayons appartenant à diverses nageoires ; en réalité, les tentacules sont moins nombreux que ne l'admettent la plupart des auteurs. Un des meilleurs types est fourni par

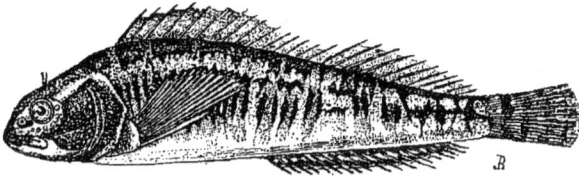

Fig. 18. — Blennie alpestre (*Blennius alpestris*) d'après M. Blanchard : au-dessus des yeux s'élèvent les deux tentacules.

la Blennie (fig. 19) qui porte au-dessus des orbites deux prolongements formés d'une masse conjonctive recouverte par un tégument très riche en filets nerveux provenant de l'ophthalmique ; l'extrémité libre de ces tentacules est

---

[1] Carus, *Traité d'Anatomie comparée*, p. 32 et *Tabulae illust.*, II. — Cuvier, *Histoire naturelle des Poissons*, t. XIV. — Stannius, *loc. cit.*, p. 72. — Owen, *loc. cit.*, p. 652.

parfois frangée et comme subdivisée en plusieurs lanières terminales.

Nageoires. — Formées de longs rayons constitués par des séries d'articles superposés, pourvues de muscles qui leur assurent une suffisante mobilité, revêtues d'un tégument riche en corpuscules tactiles, sillonnées par des nerfs abondants, les nageoires mériteraient déjà sous leur forme normale d'être considérées comme de véritables organes tactiles. Mais quelquefois elles s'adaptent plus complètement encore à cette fonction spéciale et subissent dans ce but de profondes modifications qui porteront suivant les cas sur les nageoires pectorales, ventrales, dorsales, etc.

Chez les Trigles, chez ces Poissons auxquels on donne vulgairement les noms de Rougets, Grondins, etc., trois des rayons de la nageoire pectorale, deviennent libres, se séparent de leurs congénères et permettent à l'animal non seulement de marcher, ce qui lui donne une apparence des plus bizarres, mais encore de fouiller la vase et d'y chercher sa nourriture. Étudiés par un grand nombre d'observateurs [1], ces rayons se terminent par une extrémité effilée et reçoivent des filets nerveux qui ont été très minutieusement décrits par M. Vulpian [2] : ils tirent leur origine des renflements médullaires, et se terminent dans des corpuscules de forme particulière et légèrement déprimés.

Chez les Gadoïdes (fig. 20), et les Cyprins, la transformation porte sur la nageoire ventrale dont les deux premiers rayons s'allongent considérablement et présentent à leur extrémité une très grande mollesse. Dans cette ré-

---

[1] Tiedemann, *loc. cit.*, — Éudes Deslongchamps, *loc. cit.*

[2] Vulpian, *Physiologie comparée du système nerveux*, p. 822.

gion, le tégument se hérisse de papilles et de corpuscules tactiles; les filets nerveux s'y multiplient et donnent à la sensibilité une finesse exceptionnelle.

Dans les *Phycis*, dans les *Ophidium*, ces caractères sont encore plus accentués et chez le dernier de ces genres, la nageoire ventrale est modifiée au point d'avoir été méconnue par d'habiles ichthyologistes qui ont décrit ses rayons comme de simples barbillons [1].

Les transformations des nageoires dorsales sont encore plus curieuses : ce sont elles qui constiuent le disque des Ré-

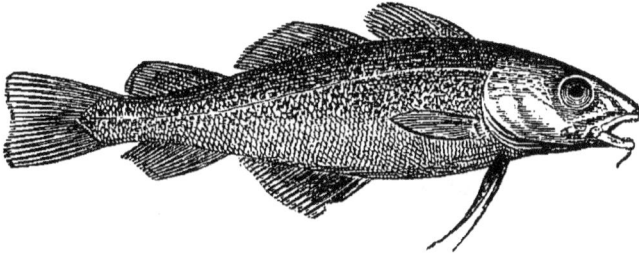

Fig. 19. — Morue franche.

moras [2], les filaments pêcheurs de la Baudroie [3]. On connaît l'aspect bizarre de ce dernier Poisson qui présente à la partie médiane du crâne un long sillon sur lequel s'insère un appendice membraneux porté par une pièce très singulière et dont l'origine morphologique a longtemps divisé les observateurs [4], c'est « l'os porte-filet » sorte de bague osseuse dans laquelle est reçu un autre anneau qui représente la partie basilaire du premier rayon de la na-

[1] Gunther, *Catalogue des Poissons du British Museum.*

[2] Baudelot, in *Ann. sc. nat.*, 1867.

[3] Bailly, *loc. cit.*

[4] Pour Geoffroy-Saint-Hilaire (*loc. cit.*) l'os porte-filet représenterait les os en-épiaux; au contraire Cuvier et Valenciennes (*loc. cit.*) le regardent comme formé par les os inter-épineux, divergence plus apparente que réelle.

geoire. On comprend qu'une semblable articulation permette les mouvements les plus étendus ; ceux-ci sont déterminés par le jeu de divers muscles (releveurs, abducteurs, etc.), qui assurent à l'appareil une extrême mobilité et permettent à l'animal les explorations les plus variées. Des nerfs se rendent dans les franges apicilaires dont le tégument présente de nombreuses papilles.

Il est à peine nécessaire de rapprocher de ces descriptions anatomiques les faits qui établissent la fonction tactile des barbillons, des lèvres, des tentacules ou des nageoires, et montrent dans ces organes, non seulement des parties capables de recueillir passivement les impressions extérieures, mais aussi de précieux auxiliaires dont l'animal se sert à chaque instant pour saisir ou explorer les corps extérieurs; ces faits sont en effet tellement vulgaires, si parfaitement connus, si faciles à observer qu'ils appartiennent à la zoologie descriptive plutôt qu'à la physiologie expérimentale.

Au moindre soupçon, au moindre contact, les barbillons érectiles se dressent, effleurent l'obstacle et reculent devant toute rencontre suspecte. Dans la Loche, où ces appendices possèdent des muscles propres, leurs fonctions deviennent encore plus variées; l'animal ne se borne pas à s'en servir pour explorer le fond sur lequel il repose, il les emploie également pour fouiller les pierres et saisir sa proie. Le toucher atteint ici une telle perfection qu'il peut suppléer à l'absence des autres sens, et Couch rapporte l'exemple d'une Morue aveugle qui trouvait, grâce à ses barbillons, ses aliments de chaque jour. Si l'on observe des Mullus dans un aquarium, on les voit explorer le sable de l'extrémité de leurs barbillons, puis, dès qu'ils ont reconnu la présence d'un Ver ou d'un Crustacé, les employer à creuser la vase et y saisir leur victime; les nageoires des Motelles, des Gades et des Phycis servent aux mêmes usages; quant aux filaments pêcheurs des Lophies, qui n'a lu dans Rondelet le charmant récit du Renard pris par la Baudroie?

Si l'on sectionne les troncs nerveux qui se rendent à ces divers appendices, immédiatement les barbillons retomberont inertes sur les bords de la bouche, les rayons tactiles s'affaisseront sur les flancs du corps et les animaux opérés se retireront dans quelque coin de l'aquarium, y demeureront immobiles, n'oseront plus, désarmés de la sorte, entreprendre leur chasse quotidienne et se laisseront mourir de faim.

La fonction sensorielle de ces divers organes ne saurait donc être mise en doute, mais recueillent-ils seulement des impressions tactiles? Ainsi que nous aurons l'occasion de le constater souvent, le toucher présente avec le goût des connexions tellement étroites que ces deux formes semblent parfois se confondre et qu'on éprouve souvent le plus grand embarras à les distinguer dans leurs manifestations comme dans les parties affectées à leur service; cette difficulté augmente à mesure qu'on descend les degrés de la série zoologique, et nous verrons bientôt qu'elle est d'une solution fort délicate en ce qui concerne les organes latéraux des Poissons; elle se présente déjà pour les appendices que nous venons d'étudier et chez les *Ophidium* en particulier, dont le barbillon reçoit un filet du glosso-pharyngien, on peut se demander si cet appendice ne recueillerait pas des excitations sapides aussi bien que des impressions de contact, de pression, etc. La discussion de cette dualité fonctionnelle serait en ce moment prématurée, et nous de-

vons limiter nos recherches aux études que nous venons
de poursuivre sur les organes tactiles des Poissons : si succinctes qu'elles aient été, elles nous permettent d'affirmer,
contrairement à l'opinion de la plupart des auteurs, que
le toucher s'exerce infiniment mieux chez ces animaux
que dans la généralité des Vertébrés, si bien que les Mammifères pourraient seuls offrir des types capables de leur
être sérieusement opposés.

Pour s'en convaincre, il suffit de jeter les yeux sur le
tableau suivant dans lequel se trouvent groupés les divers
organes que nous avons examinés.

POISSONS.

1. Éléments tactiles...................... Corpuscules cyathiformes.

2. Organes du toucher actif :	1. Lèvres................ Cyprins, Barbeau, etc.	
	2. Replis la-biaux... { simples..... *id.* / l'inférieur transformé en languette. } Uranoscope.	
	3. Boutons sous-maxillaires. Umbrina.	
	4. Barbillons. { érectiles..... Barbeau. / conjonctifs... Cyprins, Motelles. / osseux. ..... Morue, Silures, Mullus. }	
	5. Tentacules............. Blennie.	
	6. Nageoires. { pectorales... Trigle, Barbeau. / dorsales .... Baudroie (*fil. pêcheurs*). / ventrales.... { Barbeau, Cyprins, Loche, Gade. / Phycis. / Ophidium. } }	

SIXIÈME LEÇON

Considérée dans les écailles qui en dessinent extérieurement le contour et indiquent les points où débouchent ses
orifices (fig. 17, 21 et 22), la ligne latérale a dû être distinguée de toute antiquité ; mais il faut arriver au dix-septième
siècle pour obtenir quelques notions précises sur les dispositions générales et la structure de ce système. En 1664
et 1669, Sténon fait connaître le plan général sur lequel il
semble être le plus souvent constitué et l'assimile à un appareil glandulaire, interprétation d'autant plus fâcheuse
qu'elle retentira sur l'ensemble des travaux postérieurs et se
trouvera acceptée sans opposition sérieuse jusqu'à notre époque. Vers 1678, Lorenzini [1] découvre chez la Torpille des for-

---

[1] Sténon, *De musculis et glandulis*, 1664, p. 54. — Id., *Element.
myologiæ specimen, cui accidunt Canis Carchariæ dissectum caput*, etc.,
1669, p. 73.

mations spéciales dont il analyse les principaux caractères [1] avec une précision bien rare pour l'époque et qui justifie le sentiment auquel ont obéi les anatomistes modernes don-

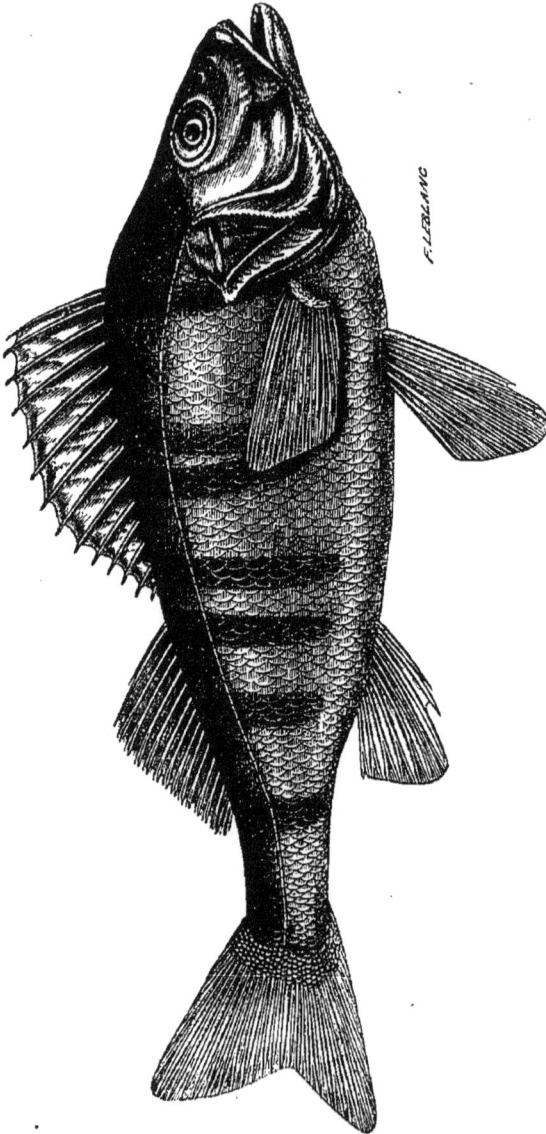

Fig. 21. — Perche de rivière (*Perca fluviatilis*) : la ligne latérale s'étend de la tête à la région caudale en décrivant une courbe à convexité supérieure.

nant à ces organes le nom de l'observateur habile qui, le premier, les avait décrits. Trois ans plus tard, s'inspirant

[1] Lorenzini, *Osservazioni intorno alle Torpedini*, 1678. — Id., *De anatomia Torpedinis*, 1678.

des recherches de Lorenzini, Blasius les complète et les étend à plusieurs genres de Sélaciens[1].

En 1687, les organes latéraux sont étudiés sur le Brochet par Rivinus[2], et l'année suivante paraît un long mémoire dans lequel Redi les figure chez un certain nombre de Poissons osseux[3]. Durant le dix-huitième siècle, peu de recherches leur sont consacrées; cependant il ne faut pas oublier les patientes dissections d'un des anatomistes les plus célèbres de l'ancienne Académie des sciences, d'Antoine Petit, qui les étudie dans leurs moindres détails chez la Carpe, etc.[4]. Plus tard, Monro cherche à réunir les indications éparses dans les mémoires précédents et s'efforce de jeter les bases de l'anatomie comparée de ces canaux dont il fait connaître les dispositions principales et secondaires, les anastomoses, etc.[5].

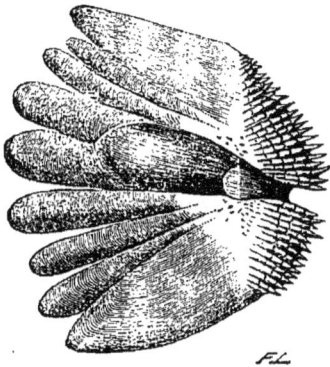

Fig. 22. — Perche de rivière : une des écailles de la ligne latérale.

Vers le commencement de ce siècle, Jacobson étend sur quelques points, les résultats obtenus par ses devanciers[6], et De Blainville, les soumettant à un contrôle rigoureux, les complétant même par de laborieuses inves-

[1] Blasius, *Anatome animalium : De Cane Carchariâ*, p. 264, 1681.
[2] Rivinus, *Observatio circà poros in Piscium cute notandos* (*Acta Eruditorum*, p. 160, 1687).
[3] Redi, *Opera anatomiæ*, 1710.
[4] Petit, *Histoire de la Carpe*, 1711.
[5] Monro, *The structure and physiology of Fishes*, 1785.
[6] Jacobson, *Sur un organe particulier des sens chez les Raies et les Squales* (*Bulletin de la Société Philomatique*), 1813, p. 332.

tigations, présente une histoire assez détaillée de la ligne latérale ; il s'élève vivement contre la théorie demeurée classique et suivant laquelle ces organes seraient de simples glandes ; il ne leur reconnaît aucun des caractères anatomiques dont ils devraient, dans ce cas, offrir la trace, et rappelle, comme Redi l'avait fait incidemment cent cinquante ans plus tôt, que leur cavité est presque toujours vide ou seulement pleine d'air [1].

En 1844, dans son étude anatomique sur la Torpille, Savi [2] décrit quelques particularités relatives à ces organes dont l'étude va progresser rapidement : vers 1850, Leydig commence en effet une longue série de recherches destinées à nous faire connaître leur structure et leurs fonctions [3] ; vers la même époque, en 1853, Hyrtl reprend de son côté leur examen, moins au point de vue de la constitution intime que des rapports généraux [4], et fait cesser toute incertitude sur une question soulevée peu d'années auparavant par Vogt et Agassiz [5], et qui avait failli imprimer une direction des plus fâcheuses à l'étude de la ligne latérale en attribuant à celle-ci une valeur toute nouvelle. Les deux observateurs suisses l'avaient en effet assimilée à un appareil lymphatique, conception d'autant plus singulière qu'ils assuraient eux-mêmes n'avoir pu découvrir aucune

---

[1] De Blainville, *loc. cit.*, p. 153.

[2] Savi, *Etudes anatomiques sur la Torpille* (ap. Matteucci, *Traité des Phénomènes électro-physiques des animaux*, 1844, p. 339).

[3] Leydig, *Ueber die Schleimkanale der Knochenfische* (*Muller's Archiv fur Anatomie*, 1850, p. 170). — Id., *Beitrage zur Kenntniss der feineren Baues der Haut bei Amphibien uud Reptilien*, Dresden, 1868.

[4] Hyrtl, *Sur les sinus caudal et céphalique des Poissons, et sur le système de vaisseaux latéraux avec lesquels ils sont en connexion* (*Ann. des sc. nat.*, 2ᵉ série, 1853, t. XX, p. 215).

[5] Vogt et Agassiz, *Anatomie des Salmones*, 1845, p. 154.

communication entre les canaux latéraux et les vaisseaux de la lymphe.

Les travaux histologiques de l'Ecole allemande ne cessent de se multiplier ; Schultze et ses élèves tantôt confirment et tantôt repoussent les résultats de Leydig [1] ; celui-ci poursuit le sujet dans ses moindres détails. Une note malheureuse d'un naturaliste anglais qui nous eût volontiers ramenés aux époques de Sténon ou d'Antoine Petit [2], détermine de nouveaux efforts : Boll [3], Langerhans, Todaro [4] viennent se joindre à Leydig et à Schultze ; chaque année voit paraître de nouvelles et remarquables publications qui complètent l'histoire anatomique d'un appareil dont les fonctions sont malheureusement moins bien connues que la structure.

Les organes de la ligne latérale peuvent présenter des dispositions assez variables que résume le tableau suivant et que nous allons successivement examiner :

ORGANES DONT LES TERMINAISONS NERVEUSES SONT :

- visibles au dehors..
  - nues........................... Épinoche.
  - au fond d'un tube membraneux... Gobius.
- contenues dans des
  - Canaux latéraux................. Sole, Perche, Mugil, etc.
  - tubes fasciculés
    - courts, réunis dans une poche commune..
      - Galeus.
      - Myxine (?).
    - allongés et indépendants (tubes de Lorenzini).. Sélaciens.
  - follicules clos.................. Torpille.

[1] Schultze, *Uber die Nervenendigung*, etc. (*Arch. f. physiol. Anat. und wissens. Med.*, 1861, p. 757). — Id. *Ueber die Sinnesorgane der Seilentinie bei Fischen und Amphibien* (*Archiv f. micr. Anatomie*, 1870, t. VI, p. 44 et suiv.).

[2] M. Donell, *On the system of the lateral line* (*Transactions of Royal Irisch Academy*, 1862).

[3] Boll, *Die Lorenzinischen Ampullen der Selachien* (*Arch. f. microsc. Anatomie*, 1868, p. 375).

[4] Todaro, *Contribuzioni all' anatomia e alla fisiologia dei tubi di senso dei Plagiostomi*, Messina, 1870.

Organes latéraux dont les terminaisons nerveuses sont visibles au dehors. — Soupçonné peut-être par quelques auteurs anciens, ce type d'organes latéraux n'est bien connu que depuis quelques années, grâce aux travaux de Schultze [1]. Si l'on examine la région latérale sur de très jeunes Poissons (cinq à huit jours après la sortie de l'œuf), on y

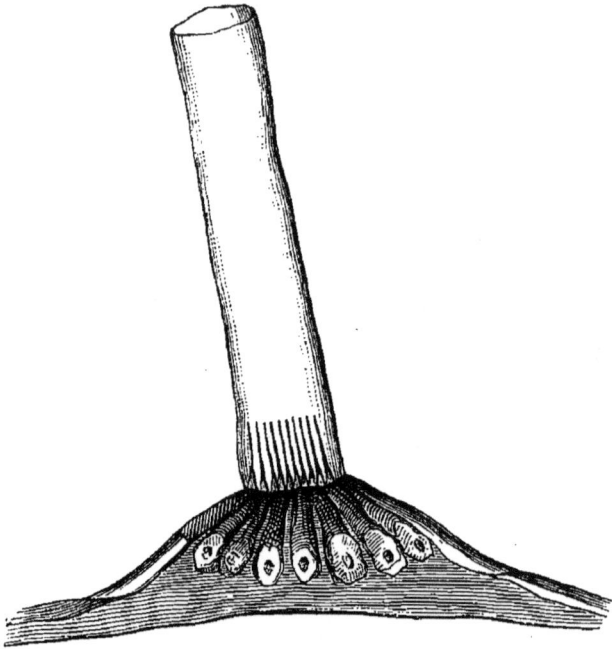

Fig. 23. — Un des tubes de la ligne latérale montrant par transparence les bâtonnets insérés sur le mamelon basilaire. D'après Schultze.

découvre de petits groupes cellulaires reliés par des filets nerveux aux rameaux du nerf latéral et dont les extrémités supérieures viennent se montrer librement au dehors.

Lorsqu'on observe avec soin un de ces groupes, on voit qu'il comprend deux espèces bien distinctes d'éléments :

1° Des cellules périphériques, prismatiques ou cylindri-

[1] Schultze, in *Archiv f. mikr. Anatomie*, 1870, etc.

ques, assez semblables aux cellules de l'épiderme ambiant :
ce sont de simples éléments protecteurs.

2° Des cellules allongées, presque bipolaires, dont l'extrémité supérieure se prolonge en une longue soie, sorte
de cil qui mesure 14 μ; ces éléments possèdent une réfringence considérable, se continuent avec les fibrilles

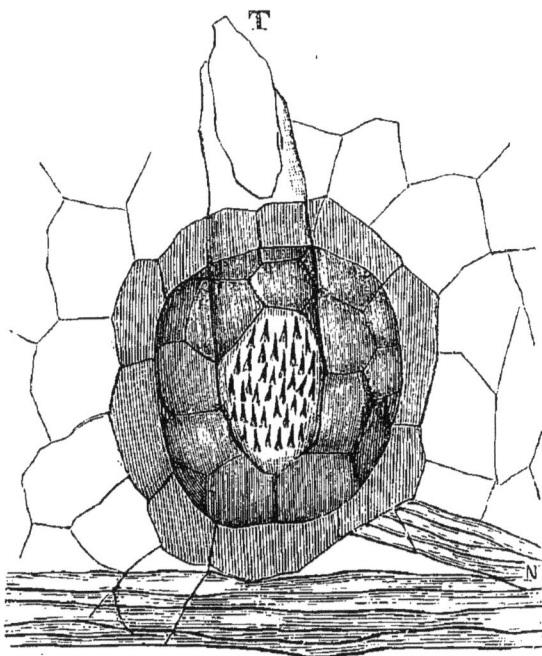

Fig. 24. — Ensemble d'un organe latéral. D'après Schultze.

T. Tube flottant et entourant les bâtonnets dont on aperçoit par transparence les
pointes terminales. — N. Filet nerveux se rendant aux bâtonnets.

nerveuses et représentent l'élément sensoriel, excitable.
Ils paraissent se rapprocher beaucoup de ceux que Langerhans a figurés sur les larves de Salamandre.

Cette forme nue est rare et ne semble avoir été mentionnée que dans un petit nombre d'espèces (l'Épinoche, etc.).

*Organes latéraux dont les terminaisons nerveuses sont
visibles au dehors, mais pourvues d'un tube membraneux* (fig. 23 et 24). — Tout le long de la ligne des flancs

s'élèvent de minces tubes membraneux (fig. 23) que le moindre courant de liquide suffit à infléchir ; au fond de chacun d'eux se trouve un petit amas cellulaire semblable à ceux que nous venons d'étudier dans l'Epinoche et composé des mêmes éléments : cellules protectrices, fibrilles nerveuses, etc. (fig. 24).

Cette disposition, plus commune que la précédente, est fort analogue à celle que Schultze a décrite dans les larves de Triton.

Organes latéraux dont les terminaisons nerveuses sont contenues dans un canal. — L'existence d'un tube membraneux autour des cellules précédentes permet d'apprécier quelle légère différence sépare ces formations des organes protégés par un canal développé sur les côtés du corps de l'animal.

Les travaux de Schultze rendent même cette dissemblance aussi petite que possible, car nous voyons, d'après ses observations, que les organes sensoriels contenus dans un canal latéral sont d'abord à nu, puis des deux côtés les téguments se relèvent pour former une gouttière[1] qui se change bientôt en un vrai canal au fond duquel rampent les filets du nerf latéral et se montrent les cellules sensorielles. L'étude organogénique des Soles doit être conseillée à tous les histologistes désireux de suivre dans ses différentes phases l'évolution de cet appareil[2].

Si nous examinons les dispositions générales de ces organes, nous voyons qu'en général il n'existe qu'un seul

---

[1] Cette forme transitoire en gouttière persiste même à la région céphalique de diverses Chimères (Stannius et Siebold, *Anatomie comparée*, p. 50).

[2] Schultze, *loc. cit.*

canal de chaque côté du corps. Il s'étend des ouïes à la nageoire caudale (fig. 21) et se termine souvent vers la tête par plusieurs branches anastomotiques ; il coïncide quelquefois exactement avec la ligne qui sépare le muscle sacro-lombaire du long dorsal et présente alors une direction presque rectiligne, mais en général il est plus ou moins courbe, surtout vers la région céphalique ; parfois même il n'offre aucune relation avec les plans de séparation des diverses masses musculaires.

Dans le Cabot de la Méditerranée (*Mugil cephalus*), il existe plusieurs canaux à droite et à gauche, mais le fait est exceptionnel.

Les parois du canal latéral sont en général membraneuses et formées de tissu conjonctif plus ou moins dense ; quelquefois elles sont cartilagineuses et se revêtent d'anneaux qui leur donnent une vague similitude avec la trachée-artère des Vertébrés supérieurs. Dans certains types (Sturioniens, etc.), elles deviennent réellement osseuses et semblent se fusionner avec les os cutanés ainsi qu'on l'observe sur la région céphalique de la Tanche et du Barbeau.

En dedans de cette paroi externe, qu'elle soit conjonctive, cartilagineuse ou osseuse, se trouve la membrane propre du canal : souvent pigmentée, comme chez les Sphyrnes, elle est presque toujours lisse, rarement papilleuse ; cependant ce dernier aspect s'observe sur l'*Hexanchus griseus* où ces papilles possèdent même de véritables anses vasculaires. Sous cette paroi se trouve un tissu qui présente un grand intérêt et dont l'étude va nous rappeler certains détails que nous avons observés dans les types précédents.

Ce revêtement est en effet composé de cellules très dissemblables : les unes simplement épithéliales, figurent les éléments protecteurs que nous connaissons déjà; d'autres, dites muqueuses, secrètent une humeur épaisse dont la présence, plus constante que ne le pensait de Blainville, a longtemps induit les anatomistes en erreur, leur faisant regarder les canaux latéraux comme un appareil glandulaire; il est enfin une dernière forme histologique représentée par de longues cellules semblables à des bâtonnets. Celles-ci ne se trouvent que sur certains points de la paroi, là où les filets nerveux viennent s'épanouir sous l'aspect de renflements ou de boutons.

En général, c'est en face des boutons nerveux que se trouvent les orifices par lesquels le canal s'ouvre à l'extérieur, et l'on devine toute l'importance de cette disposition qui permet aux cellules sensorielles, placées sur ces boutons, de communiquer facilement avec le milieu ambiant. Les renflements ou boutons nerveux sont souvent volumineux, surtout à la tête où quelquefois on les distingue sans le secours d'aucun instrument grossissant. Ils peuvent former des saillies considérables à la surface interne du canal et montrent alors les cellules protectrices et muqueuses sur les flancs du mamelon qu'ils dessinent, tandis que les éléments bacillaires en occupent le sommet.

Dans ce mamelon montent les fibrilles nerveuses qui s'épanouissent à la base des bâtonnets; dans sa masse serpentent également des vaisseaux sanguins qui viennent s'y terminer en boucles élégantes. Une trame conjonctive renforcée parfois, mais rarement, de fibres élastiques, soutient l'ensemble du tissu.

Organes latéraux dont les terminaisons nerveuses sont contenues dans des tubes fasciculés. — Chez beaucoup de

Raies et de Squales, dans l'*Hexanchus* même qui porte un système latéral si nettement constitué, on découvre des orifices qui donnent accès dans des sortes de cavités ampullaires ou cupuliformes au fond desquelles se trouvent rassemblés des tubes rapprochés en faisceaux, de sorte que si l'on pratique une coupe transversale de l'ampoule, on obtient une section assez semblable à celle d'une orange, chaque loge du fruit étant représentée par un tube.

La paroi de la cavité est constituée par du tissu conjonctif qui présente tous les degrés de résistance et par des fibres élastiques assez abondantes. Chaque tube est limité par une mince membrane lamineuse et porte inférieurement, au point où il reçoit le filet nerveux, un amas de cellules dont la distinction a longtemps embarrassé les histologistes, mais ne saurait aujourd'hui donner lieu au moindre doute : ce sont les mêmes cellules bacillaires, protectrices, etc., que nous avons observées dans toutes les formes précédentes. Qu'on imagine les tubes du *Gobius* réunis sur des points spéciaux et déprimés du tégument, et l'on aura réalisé le type que nous venons d'étudier et qui est loin d'être aussi exceptionnel qu'on l'a cru durant longtemps.

C'est probablement auprès de lui qu'il convient de placer les « sacs muqueux » des Myxines et des Esturgeons, cavités recevant un tronc nerveux et rappelant par certains détails la structure des organes précédents, tandis qu'elles semblent s'en écarter par la présence, au moins chez les Myxines, de corps ovoïdes extrêmement singuliers et fort mal connus. Aussi de nouvelles recherches sont-elles nécessaires pour qu'on puisse affirmer la nature sensorielle de ces formations.

Organes dont les terminaisons nerveuses sont contenues

dans des canaux fasciculés et allongés. — Ces appareils
(tubes muqueux d'Auguste Duméril [1]), découverts en 1678
chez la Torpille par Lorenzini [2] se
trouvent aussi dans les Raies et les
Squales où Savi [3] et Boll [4] les ont
successivement décrits.

On en distingue quatre groupes : deux
placés sur le museau en avant des narines, deux vers le tiers antérieur de
l'arcade cartilagineuse de la nageoire. Ils
commencent par une extrémité en cœcum et généralement renflée (fig. 24),
puis se continuent par des canaux membraneux et réunis en faisceaux. Ces faisceaux parcourent un long espace, puis
débouchent au dehors par des orifices qui
forment deux séries, ventrale et dorsale,
s'ouvrant chez la Torpille entre l'organe électrique et le bord extérieur du
corps.

C'est naturellement sur la partie initiale de ces tubes que se sont multipliées
les recherches des anatomistes, car c'est
là que les terminaisons nerveuses devaient être localisées. Savi [5] avait cru
découvrir dans les ampoules un certain
nombre de vésicules secondaires sur lesquelles les nerfs

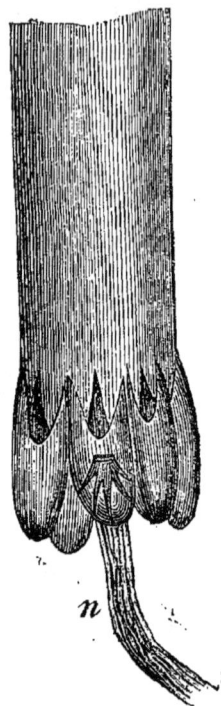

Fig 25. — Extrémité
initiale ou cœcale
d'un tube de Loren-
zini avec ses ampou-
les basilaires. — Une
de celles-ci a été in-
cisée pour montrer
le plateau central et
radié sur lequel vient
se terminer le ra-
meau nerveux *n*.
(D'après Boll.)

[1] A. Duméril, *Histoire naturelle des Plagiostomes.*
[2] Lorenzini, *loc. cit.*
[3] Savi, *loc. cit.*
[4] Boll, *loc. cit.*
[5] Savi, *loc. cit.*

seraient venus s'épanouir ; mais l'aspect déchiqueté des
ampoules s'explique aisément par leur structure. Comparables à des corolles dentées, elles se résument en une masse
renflée fibreuse et supportant une plaque ou mieux une
roue dont les rayons sont représentés par autant de fais-

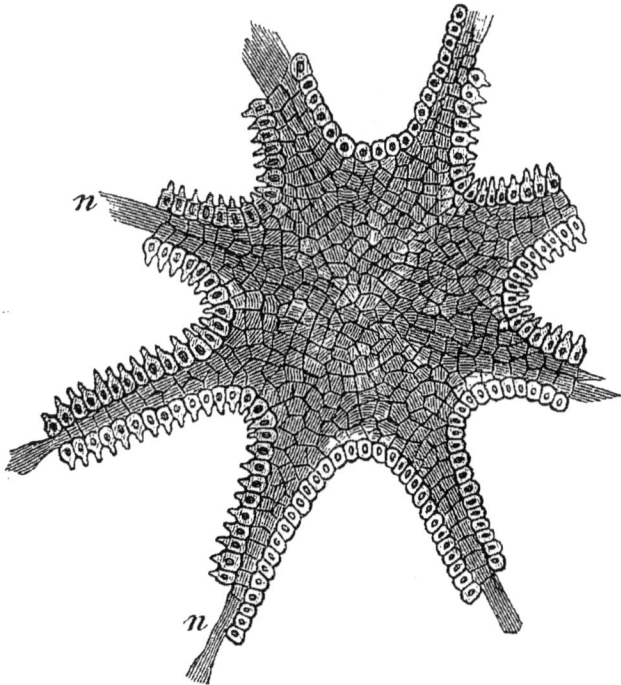

Fig. 26. — Une plaque centrale isolée : à chacun de ses rayons vient
aboutir un filet nerveux *n*. (D'après Boll.)

ceaux nerveux divergeant de son centre et dont le bord
est garni de cellules bacillaires ou ciliées. (fig. 26 et 27).

Ces organes se trouvent dans la plupart des Sélaciens et
non pas seulement chez les Torpilles, ainsi que l'avait pensé
Geoffroy Saint-Hilaire, qui les regardait comme les appareils
producteurs de l'électricité. Ils offrent, suivant les genres
et les espèces, des différences assez importantes pour que

les ichthyologistes aient pu leur emprunter de bons caractères taxonomiques.

*Organes dont les terminaisons nerveuses sont contenues
dans des follicules clos.* — En outre des appareils précé-

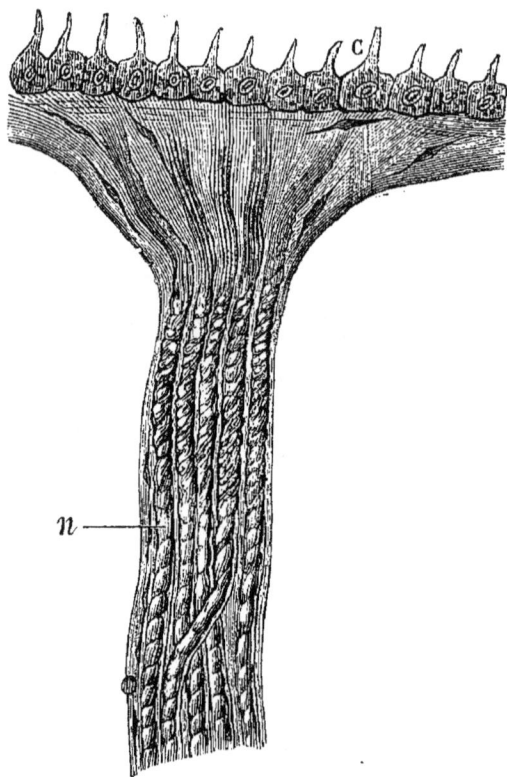

Fig. 27. — Coupe d'une plaque centrale : sa surface est recouverte par
les cellules excitables *c* sur lesquelles se terminent les filets nerveux *n*.
(D'après Boll).

dents, les Torpilles possèdent des organes extrêmement singuliers : qu'on se figure, sous le tégument, des bandes fibreuses portant un grand nombre de petites vésicules closes,
limitées par une double enveloppe, et renfermant une matière granulée dans laquelle les nerfs viennent se terminer, après avoir traversé le plan fibreux. — Quelquefois
deux ou plusieurs follicules se trouvent réunis dans une

même poche membraneuse, et présentent ainsi des dispositions variables. Leur étude histologique mériterait d'être reprise complètement, car nous connaissons fort mal le mode suivant lequel les fibrilles nerveuses s'y terminent. Cependant, il semble qu'il y ait certaines analogies entre ces organes et les corpuscules tactiles des Vertébrés supérieurs (Mammifères, Oiseaux, etc.).

Une dernière question reste à examiner. Quel est le rôle physiologique de ces organes ? Évidemment nous ne pouvons les regarder comme de simples appareils de sécrétion, et tout en notant la présence, dans leurs tissus, d'abondantes cellules muqueuses, nous devons surtout considérer les gros troncs nerveux qui s'y rendent constamment ; les cellules bacillaires dont ils sont revêtus, indiquent en eux de véritables organes sensoriels, mais quelles excitations doivent-ils recueillir ? L'absence de recherches expérimentales permettait à toutes les hypothèses de se produire, et de fait on les a tellement variées, tellement multipliées, que les organes latéraux ont été successivement attribués au service de chacun des cinq sens, et que parfois même, on a tenté d'augmenter en leur faveur le nombre de ceux-ci.

En 1813, Jacobson [1] n'hésitait pas à les décrire comme les organes d'un sixième sens ; peu après Knox y localisait des excitations intermédiaires entre celles du toucher et celles de l'ouïe. Plus tard Leydig [2], croyant reconnaître dans leurs bâtonnets les analogues des éléments rétiniens les comparait à des yeux répartis sur

[1] Jacobson, *loc. cit.*, 1813.
[2] Leydig, *loc. cit.*

les flancs du corps, et semblables à ceux qu'on observe sur les segments de diverses Annélides; Schultze trouvant à ces mêmes cellules une certaine ressemblance avec les éléments des crêtes acoustiques estimait qu'elles ne devaient être ébranlées que par les vibrations sonores, puis, revenant aux aperçus de Jacobson, demandait pour les organes latéraux l'établissement d'un sens spécial. Quelques auteurs les rapprochent des appareils du goût et de l'odorat; la plupart les décrivent avec les organes tactiles : leur situation superficielle, l'origine des nerfs qui s'y rendent semblent légitimer cette interprétation que nous avons adoptée ici. Toutefois il convient de rappeler que les manifestations du toucher, du goût et de l'odorat, témoignent d'une parenté si intime, tendent si constamment à se confondre dans les rangs inférieurs de l'animalité, qu'il est fort possible que les terminaisons nerveuses étudiées dans cette leçon, puissent entrer en jeu sous l'influence d'excitations procédant, à des degrés divers, de ces trois formes.

Plongeant dans le milieu extérieur, ou communiquant facilement avec lui, elles peuvent sans doute permettre à l'animal d'apprécier l'état de repos ou de mouvement de l'eau qu'il habite, la direction et l'intensité des courants qui la sillonnent, son degré de densité, sa composition et certaines de ses altérations ; mais on ne peut actuellement former à cet égard que de simples conjectures sur lesquelles il serait imprudent d'insister davantage. Ainsi qu'on vient de le voir, l'histoire anatomique de ces organes, que la plupart des Traités se bornent à mentionner, n'est plus à faire, mais seulement à compléter ; leur étude physiologique, au contraire, est à peine commencée et réclame de prochaines et certainement fructueuses recherches.

SEPTIÈME LEÇON

Les Leçons précédentes nous ont fait connaître les principales modifications des organes tactiles chez les animaux supérieurs; nous devons maintenant compléter nos études par l'examen de ces mêmes organes dans la série des Invertébrés. Cette seconde partie de leur histoire peut être rapidement exposée, malgré la diversité des types qu'elle embrasse, malgré les variations qu'elle va nous présenter dans la structure ou le fonctionnement de ces appareils.

Le tégument ne se maintiendra pas toujours comparable à ce qu'il était dans les groupes supérieurs; le derme semblera parfois se confondre avec les muscles sous-jacents; l'épiderme se compliquera de formations singulières, mais moins nouvelles qu'on ne serait tenté de l'imaginer : les dissemblances seront surtout extérieures, au fond le plan général ne subira que de légères variations.

Le contact de l'excitant et des éléments sensitifs sera plus direct, plus immédiat que dans la plupart des Vertébrés, et certaines formes exceptionnelles dans ces derniers, représenteront ici les dispositions normales : les terminaisons interépithéliales si rares, si douteuses chez les animaux supérieurs deviendront fréquentes ; les poils ou les soies tactiles cesseront d'être l'apanage de quelques espèces pour se répartir sur l'ensemble des divers groupes.

Au point de vue de la physiologie comparée, nous constaterons une fusion de plus en plus prochaine entre les trois formes sensorielles du toucher, du goût et de l'odorat ; toute distinction cessera bientôt entre les deux premiers, l'odorat conservera plus longtemps son indépendance, puis le toucher persistera seul dans les Ordres inférieurs.

MOLLUSQUES. — L'organisation générale des Mollusques, la finesse et la nudité de leur peau indiquent des dispositions tactiles assez évidentes, pour que les naturalistes n'aient pas hésité à considérer ces animaux comme supérieurs, sous ce rapport, à tous les Invertébrés.

Toutefois on n'a possédé durant longtemps que des connaissances extrêmement vagues sur leur appareil tactile, et c'est seulement dans ces dernières années que de nombreux travaux nous ont permis de compléter des notions trop générales, et de déterminer exactement les éléments capables de recueillir les impressions périphériques.

L'enveloppe cutanée, caractérisée par une mollesse qui

a valu à l'embranchement tout entier le nom sous lequel on le désigne, se montre intimement unie à la couche musculaire sous-jacente; les relations sont tellement étroites qu'on serait parfois tenté de décrire ici un tube dermomusculaire analogue à celui que nous trouverons bientôt chez les Vers.

On doit distinguer dans le tégument les zones suivantes:

1° Couche musculaire;

2° Derme;

3° Épiderme;

4° Cuticule.

La couche musculaire est partout très développée et, sauf chez les Hétéropodes, se continue insensiblement avec le derme proprement dit. Celui-ci formé de tissu conjonctif, présente des degrés inégaux dans sa texture : tantôt presque gélatineux, comme chez les Hétéropodes et certains Acéphales, tantôt réellement fibreux, ainsi qu'on l'observe dans les Céphalopodes.

L'épiderme est composé de grandes cellules, plates, cylindriques ou prismatiques, disposées en général sur une seule assise, possèdant un gros noyau et parfois des granulations.

La cuticule recouvre les cellules épidermiques et ne présente vraisemblablement pas l'importance que lui ont accordée Leydig et quelques autres auteurs : c'est un simple plateau produit par différenciation protoplasmique sur la face libre des cellules épidermiques, et tantôt nu, tantôt chargé de cils vibratiles. La couche cuticulaire est perforée en divers points, soit pour permettre aux éléments excitables d'entrer en communication directe avec l'extérieur, soit pour donner issue au produit des nombreuses glandes

qui se trouvent comprises entre les éléments épidermiques
et lubréfient sans cesse le tégument.

Suivons maintenant les nerfs qui rampent dans les couches de celui-ci et cherchons sur quels éléments ils se termineront. Pour ne pas multiplier inutilement les exemples,
prenons un Colimaçon, une Limace, une Moule. Dans le Colimaçon (fig. 28), sur une
coupe traitée par le chlorure d'or, nous voyons les
filets nerveux cheminer
entre les plans muscu-
laires, s'élever dans le tissu
cellulo-fibreux du derme,
puis gagner l'épiderme.
Ce dernier est formé par
des cellules cylindriques
ou aplaties limitées inférieurement par une base
denticulée qui paraît s'engrener avec le derme con-
tigu, et bornées extérieurement par une face cuticu-

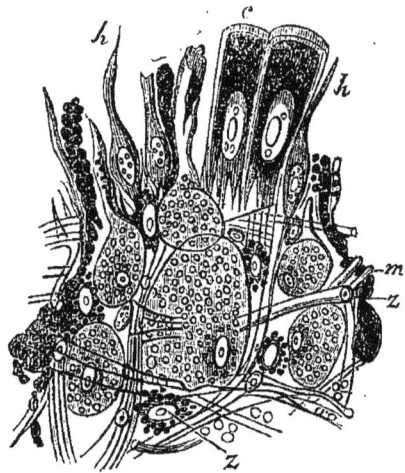

Fig. 28. — Coupe des téguments de
l'*Helix pomatia*. D'après Flemming.

c. Cellules cylindriques de l'épiderme. —
h. Bâtonnets à la base desquels se terminent
les fibrilles nerveuses. — *m* Faisceaux musculaires — *z*. Cellules ovoïdes.

laire épaisse (fig. 27, *c*). Des glandes dermiques, en forme de
bouteille ou d'amphore, s'observent de place en place ; nous
distinguons aussi parmi les cellules de l'épiderme des éléments tout spéciaux (fig. 27, *h*) : on les a comparés il y a peu
d'années à des bâtonnets rétiniens, rapprochement exagéré
mais qui s'explique jusqu'à un certain point par leur forme
bacillaire. Ces cellules se composent d'une partie centrale,
ovoïde et nuclée, de laquelle partent deux prolongements
opposés : l'un se dirige vers l'extérieur et gagne la surface

libre du tégument, l'autre plus court, plus renflé, descend vers la zone dermique et reçoit une ou plusieurs fibrilles nerveuses ; ce dernier rapport n'est pas toujours facile à établir, mais des observations minutieuses ne permettent plus aujourd'hui de le mettre en doute [1]. Voici donc une terminaison interépidermique des plus nettes et l'on comprend avec quelle sûreté l'excitation se propagera dans un appareil construit de la sorte, puisque sur la cellule même qu'ébranlera le moindre contact vient s'épanouir le filet nerveux chargé de conduire l'impression au centre percepteur.

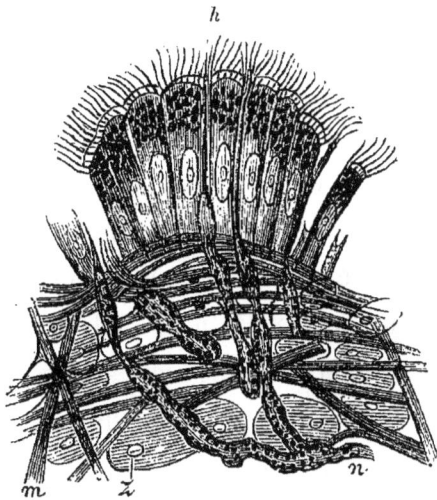

Fig. 29.— *Mytilus edulis* : coupe du manteau.

z. Grosses cellules sous-jacentes à l'épiderme. — *m.* Faisceaux musculaires. — *n.* fibres nerveuses se terminant dans les bâtonnets *h* compris entre les cellules ciliées de l'épiderme. (D'après Flemming.)

Chez la Limace [2] nous trouvons une disposition identique : entre les cellules épithéliales se montrent des glandules et des bâtonnets ; ceux-ci offrent les mêmes relations que dans les *Helix*, mais ils sont plus courts, plus fusiformes et leur extrémité supérieure s'élève davantage au-dessus du plan cuticulaire.

Dans la Moule (fig. 28), au contraire, les éléments tactiles diffèrent notablement ; les cellules épidermiques sont

---

[1] Flemming, *Untersuchungen ueber Sinnesepithelien der Mollusken* (*Archiv f. mikr. Anatomie*, t. VI, 1870, p. 139, pl. XXV, XXVI).

[2] Boll, *Beitr. zur vergl. Histol. d. Molluskentypus* (*Arch. f. mic. An.*, 1869).

allongées, leur cuticule porte des cils vibratiles ; çà et là se
voient de larges cellules aplaties, reliées inférieurement
aux filets nerveux, et terminées supérieurement par un
pinceau de soies larges et raides. La cellule sensorielle ne
recevra donc pas directement l'excitation qui lui sera
transmise par ces petits leviers tactiles plongés dans le
milieu extérieur et rappelant de la façon la plus évidente
les poils que nous avons observés chez quelques Mammifères [1].

Les *Pterotrachea* étudiés par Boll [2] offriraient un semblable mode de terminaison, mais il est inutile d'insister sur des dispositions qui nous sont maintenant connues, et après avoir recherché quels éléments pouvaient,
chez ces animaux, recueillir les excitations tactiles, nous
devons rappeler sur quelles parties ils se localiseront, permettant de la sorte au Mollusque de posséder des organes
de toucher actif et non pas seulement une enveloppe capable de recevoir des impressions passives.

Les bras qui entourent la bouche des Céphalopodes sont
mobiles en tous sens, garnis de nombreuses ventouses et
possèdent une innervation des plus abondantes, ces caractères suffisent à montrer quel concours y trouvera
le sens que nous étudions ; l'exercice du toucher sera
même singulièrement facilité par la flexibilité de ces lanières capables de saisir les corps et de s'enrouler autour
d'eux. Les appendices buccaux des Nautiles remplissent
probablement le même rôle et possèdent une égale valeur.

Dans les Gastéropodes le toucher est encore très développé, mais on a beaucoup varié sur le siège qui lui est

[1] Flemming, *loc. cit.*
[2] Boll, *loc. cit.*

assigné : les anciens auteurs le plaçaient dans les tentacules qui durent leur nom à cette croyance même ; les Lima-
çons, disait-on, avaient reçu ces organes *in supplementum
manuum*, et Valmont de Bomare n'hésitait pas à représenter l'animal : « en usant ainsi que les aveugles d'un bâton ». Cependant l'expérience ne justifie pas cette interprétation, et l'on constate aisément que le Mollusque
ne s'en sert jamais pour une exploration tactile ; il les
retire même brusquement dès qu'il se heurte sur un
corps extérieur, et l'on comprendrait peu que l'animal employât « comme un bâton » un organe sur lequel
résident des sens bien autrement délicats et que nous y
rencontrerons plus tard [1].

Le pied [2] et les lobes buccaux, très riches en terminaisons nerveuses, semblent au contraire mieux disposés
pour le toucher actif, et plusieurs malacologistes nous
montrent les Limaces et les Hélices touchant et palpant
les corps extérieurs avec ces parties ; nous pouvons même
deviner ici une tendance manifeste vers la fusion du toucher et du goût et devons pressentir quelles difficultés rencontrera l'analyse de ce dernier sens chez ces animaux.

Dans les Ptéropodes, le toucher s'exerce surtout par les
papilles et par les tentacules céphaliques lorsque ceux-ci
existent.

Le manteau des Acéphales, tout hérissé de papilles, de
franges, de tubercules dans lesquels se terminent de nombreuses fibrilles nerveuses, possède une exquise sensibilité,

[1] Swammerdam, *Biblia naturæ*. — Cuvier, *Mémoire sur la Limace
et le Colimaçon* (*Annales du Muséum*, t. VII). — Gaspard, *Mémoire
physiologique sur le Colimaçon* (*Journal de Magendie*, 1822).

[2] De Blainville, *loc. cit.*, p. 235. — Straus-Durckeim, *Traité
d'anatomie comparative*, t. II.

mais le toucher actif paraît limité aux mêmes parties que chez les Gastéropodes : les palpes labiaux y concourent activement et le pied semble devoir parfois remplir la même fonction : il présentera surtout à cet égard une réelle valeur lorsqu'il s'allongera en languette comme chez les Dreissènes ou qu'il se terminera en mamelon comme dans les Tridacnes. On voit ces dernières le promener en tous sens sur les corps extérieurs et palper pour ainsi dire les objets sur lesquels elles veulent fixer leurs filaments d'attache [1].

Le pied de l'Anodonte, plus renflé, paraît moins propre à l'exercice du toucher ; il s'en acquitte cependant avec une précision qu'on ne soupçonnerait guère au premier moment : quand on place un de ces Mollusques dans un bassin, on le voit sortir d'abord l'extrémité du pied, puis déployer cet organe tout entier hors de la coquille ; il le porte avec hésitation à droite et à gauche, le courbe ou l'allonge jusqu'à ce qu'il se soit assuré « de la forme, de l'étendue, des ressources, de la sécurité de l'endroit où il se trouve [2]. »

Dans les Brachiopodes, les bras sont évidemment les parties les mieux adaptées à la fonction tactile ; mais ils ne la remplissent que très imparfaitement.

Chez les Tuniciers elle s'exerce par les lobes marginaux qui se trouvent sur les bords des orifices d'entrée et de sortie, et par les petits tentacules que diverses Ascidies présentent vers l'extrémité du sac branchial.

On a attribué le même rôle aux lobes palléaux des

---

[1] L. Vaillant, *Recherches sur la famille des Tridacnidés*, p. 73.
[2] Moquin-Tandon, *Histoire naturelle des Mollusques terrestres et fluviatiles de France*, t. I, p. 122. — Mery, *Remarques faites sur la Moule des étangs* (*Mém. Acad. sciences*, Paris, 1710).

Doliolum, mais des études histologiques sont nécessaires pour justifier ce rapprochement.

ARTHROPODES. — Suivant de Blainville [1], le toucher serait nul ou presque nul chez les Articulés ; cette opinion, assez naturelle lorsqu'on se reporte à la conception vulgaire du Crustacé enfoui sous sa muraille de calcaire, ou de l'Insecte tout cuirassé de chitine, ne saurait se concilier avec les résultats fournis par l'observation directe ; elle nous montre que les divers Articulés, loin d'être privés de ces impressions élémentaires, peuvent au contraire les recueillir avec la plus exquise finesse.

Les dispositions qui permettent au toucher d'acquérir ici une semblable précision ne diffèrent guère de celles que nous avons rencontrées chez les Vertébrés et s'en rapprochent même fort souvent. Mais avant d'étudier les éléments tactiles considérés en eux-mêmes, il convient d'indiquer la structure générale de ces téguments qui paraissent au premier abord devoir élever entre l'Arthropode et le milieu ambiant une barrière infranchissable, tandis qu'en réalité ils se modifient au point de lui permettre les relations les plus faciles et les plus constantes avec le monde extérieur.

La structure de l'enveloppe cutanée a été interprétée d'une façon assez différente par la plupart des histologistes qui l'ont étudiée : suivant Leydig, on ne saurait y reconnaître des tissus analogues au derme ou à l'épiderme, et l'on devrait se borner à y décrire une *couche externe chitinisée*, percée de canaux poreux et recouvrant une zone

---

[1] De Blainville, *loc. cit.*, p. 232.

presque anhiste à laquelle cet auteur applique le nom fort vague de *membrane molle non chitinisée.*

Guidée par des vues différentes, qui la portent peut-être à s'exagérer la valeur de certaines dispositions, l'École cellulaire s'est efforcée de découvrir dans chacune des régions de ce tégument des caractères spéciaux et constants; elle n'a pu cependant parvenir à y distinguer que les deux couches suivantes :

1° Une *cuticule* ou couche chitineuse ;

2° Une couche épithéliale à cellules normalement constituées et nettement définies; elle a reçu les noms d'*épiderme, hypoderme, matrice chitinogène,* etc.

Ces deux descriptions, que l'on a souvent cherché à opposer l'une à l'autre, ne diffèrent en réalité que par la valeur attribuée à la couche profonde. L'observation de cette dernière semble même devoir les justifier également, car si elle n'est pas aussi homogène, aussi confuse que le supposait Leydig, elle ne possède pas davantage la régularité géométrique figurée par ses contradicteurs : elle est essentiellement conjonctive, et cela dit tout quand on se reporte aux variations infinies du tissu connectif chez les Invertébrés. Bien souvent elle ne sera représentée supérieurement que par une zone protoplasmique à noyaux, et ce sera seulement lorsque des intervalles égaux sépareront ces noyaux, lorsque des granulations pigmentaires se déposeront autour d'eux, qu'on verra la couche se diviser en champs d'apparence cellulaire.

Chitineux et solide au dehors, conjonctif et mou vers l'intérieur, tel est l'aspect du tégument ; çà et là, de nombreux canalicules le traversent et mettent les parties sous-jacentes en communication avec l'extérieur. Les pro-

duits de sécrétion des glandes cutanées pourront, grâce à
certains de ces pertuis, s'écouler au dehors ; les autres
livreront passage à de longues soies, à des poils acérés qui
viendront ainsi faire saillie au-dessus de la surface générale
du corps, et présentent, à notre point de vue, un intérêt
tout spécial. On peut les étudier [1], chez les Crustacés

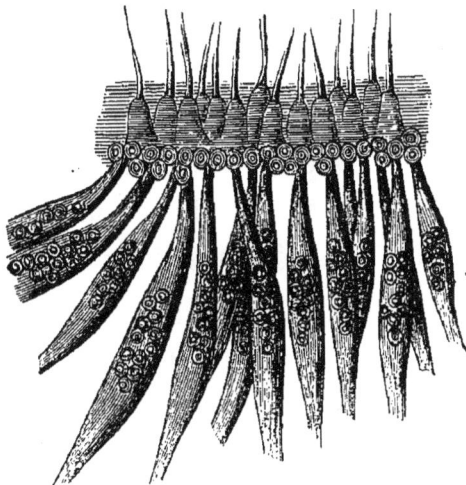

Fig. 30. — Poils tactiles du *Gryllotalpa vulgaris* : d'après M. Jobert.

comme dans les divers ordres de la classe des Insectes
(Diptères, Hyménoptères, Orthoptères, Coléoptères, etc.).

A la base de ces appendices parviennent les nerfs
cutanés qui souvent même s'y renflent en une dilatation
pyriforme (fig. 30), volumineuse et revêtue d'une enveloppe composée de grandes cellules à noyaux nucléolés,

[1] Leydig, *Ueber Arthemia salina und Branchipus stagnalis* (*Zeitschrift fur wiss. Zoologie*, 1851, t. III, p. 291). — Id., *Anatomie und
Histologie ueber die Larve von Corethra plumicornis* (*Ibid.*, t. III,
p. 440). — Id., Zur *Anatomie der Insekten* (*Archiv für Anatomie und
Physiologie*, 1859, p. 153, pl. IV). — Id., *Ueber Geruchs und Gehororgane der Krebse und Insekten* (*Ibid.*, 1860, p. 265). — Id.. *Tafeln
f. vergl. Anatomie*, 1864. — Id., *Traité d'Histologie comparée*, éd.
franç., 1866, p. 239 et suiv.

tandis qu'intérieurement elle renferme une substance granulée, d'origine nerveuse et traversée par un filament dont
la nature est incertaine, peut-être nerveuse, peut-être
chitineuse, mais qui dans tous les cas se termine sur la
masse axile du poil. On devine aisément le rôle de celui-ci :
libre dans le milieu extérieur, capable d'en ressentir les moindres ébranlements, il les recueille avec une délicatesse extrême et les transmet avec la plus grande précision, puisque
à sa base s'épanouit un faisceau de fibrilles nerveuses toujours prêtes à conduire ces impressions au centre percepteur.

Nous retrouvons donc ici des poils tactiles analogues à
ceux des Mammifères et dont la sensibilité est peut-être
plus subtile encore. Les régions mêmes qui les portent sont
modifiées de façon à concourir le plus efficacement possible
à l'exercice du toucher ; de là, le nom de « palpes » donné
depuis longtemps à ces appendices ; à la surface de ces
palpes maxillaires, mandibulaires ou labiaux, la chitine
s'amincit quelquefois au point de disparaître presque complètement et d'agrandir ainsi l'aire sensitive [1]. D'autres
parties leur viennent en aide : telle est la trompe des
Diptères, dont l'extrémité est couverte de poils tactiles ;
telles [2] sont les antennes qui malgré leurs rôles multiples
ne laissent pas que de prendre une certaine part à l'exercice du toucher qui peut aussi revendiquer au nombre de
ses agents divers organes locomoteurs, surtout lorsque

[1] Grimm, *Zur Anatomie der Insekten* (*Mémoires de l'Académie de
Saint-Pétersbourg*, 1869).— Milne Edwards, *loc. cit.*, t. XI, p. 434-435.
[2] Lowe, *Anatomy and Physiology of the Blow Fly*, 1869.— C. Jobert,
loc. cit., p. 143.
[3] P. Huber, *Recherches sur les mœurs des Fourmis indigènes*, 1810,
p. 176. — Leydig, *Tafeln f. vergl. Anatomie*, 1864. — Hickes, *On a
new structure in the antenne of Insects* (*Transactions of the Linn.
Society*, 1856, t. XXII, p. 147).

ceux-ci se trouvent transformés en pinces préhensiles comme chez les Arachnides, etc.

VERS. — Rappeler l'étendue actuelle du groupe des Vers, ses frontières à peine tracées, ses types si profondément disparates, c'est indiquer en même temps les degrés éminemment variables qui devront s'observer dans les manifestations du toucher et des autres sens. Si l'on remarque d'abord, dans les types supérieurs, certaines particularités qui rappellent les Mollusques ou les Arthropodes, on ne tarde pas à se heurter à des organismes tellement dégradés qu'on serait tenté de les reléguer aux confins du règne animal.

Chez les Annélides, le tégument est fort analogue à ce qu'il était dans les groupes précédents, et reproduit assez exactement plusieurs des dispositions qui nous ont été offertes par l'étude des Mollusques ; il se montre si étroitement uni aux muscles sous-cutanés qu'il est à peu près impossible de les séparer et que le derme semble avoir disparu devant l'envahissement toujours croissant du tissu contractile. Il y a lieu de décrire, dès maintenant, le « tube dermo-musculaire ou musculo-cutané » qui se retrouve dans toute la série des Vers et permet à ces animaux des mouvements aussi rapides que caractéristiques. Cette enveloppe présente en général un double plan de muscles longitudinaux et de muscles transverses recouverts par les cellules de l'épiderme (hypoderme de Dujardin), éléments cylindriques et allongés, bordés extérieurement par une cuticule d'épaisseur variable [1], et comprenant dans leur tissu des cellules

[1] Ed. Perrier, *Études sur l'organisation des Lombriciens terrestres* (*Archives de Zoologie expérimentale*, t. III, 1874, p. 340.)

glandulaires et des éléments sensoriels. Ceux-ci pourront être de deux sortes, suivant que les Annélides seront pourvues ou dépourvues de soies : dans le premier cas, les éléments tactiles sont représentés par des formes semblables à celles que nous avons rencontrées chez les Moules, les Branchipes, les Insectes, etc.; dans le second, ils se montrent sous l'aspect de cellules analogues aux bâtonnets des Limaces et des Colimaçons [1].

C'est ainsi que le tact général se trouve assuré sur les divers points du tégument : chez les Errantes, cette sensibilité sera surtout développée dans l'intervalle des anneaux ; chez les Sédentaires (Sabelles, Serpule, etc.), il suffira d'un léger contact pour déterminer les réactions les plus vives et faire immédiatement rentrer l'animal dans son tube [2].

Le toucher actif s'exercera par les antennes, les tubercules, les cirrhes latéraux ou terminaux : lorsqu'on observe durant quelque temps une Térébelle, on la voit allonger ses cirrhes céphaliques, les promener à la surface des corps qu'elle veut saisir et qu'elle explore en tout sens ; ces manœuvres deviennent encore plus précises chez les Pectinaires qui, n'employant à la construction de leurs demeures que des grains de sable de volume constant, doivent soumettre ces matériaux à un examen des plus minutieux [3].

Les nerfs de la sensibilité générale et tactile sont fournis par les ganglions de chaque anneau, sauf à la tête où les

---

[1] Leydig, *loc. cit.* (*Tafeln zur vergl. Anatomie*) et *Ueber Bau d. thier. Korp.*, I. pl. 3.

[2] De Quatrefages, *Mémoire sur le système nerveux des Annélides* (*Ann. sc. nat.*, 3e série, t. XIV, 1850). — Id., *Histoire naturelle des Annelés*, t. I.

[3] Savigny *Système des Annélides* (*Histoire naturelle de l'Égypte*, t. I). — Audouin et Milne Edwards, *Annélides des côtes de la France* (*Ann. sc. nat.*, 1832).]

nerfs émanés du cerveau vont se perdre directement dans les téguments ; ces conducteurs s'accolent aux nerfs des muscles avant de gagner la surface cutanée[1]. Les antennes, les tubercules, les cirrhes tentaculaires, etc., reçoivent des nerfs spéciaux venant du cerveau, des ganglions accessoires, etc.[2].

Dans les Hirudinées et en particulier chez les Pontobdelles, les Dactylobdelles, etc., le toucher se localise sur la ventouse buccale ou sur les papilles qui l'entourent[3]. Quant aux organes cyathiformes décrits par Leydig[4], il est probable qu'ils recueillent surtout des impressions olfactives.

La même remarque s'applique aux formations décrites dans les Géphyriens par Keferstein et Ehlers ; mais il est possible que la trompe des Bonellies, si riche en filets nerveux, soit un véritable organe tactile.

Dans les Nématodes, et surtout dans les espèces libres, ce sens réside dans les papilles péri-buccales, dans les tubercules cutanés, dans les soies qui s'échappent des canaux poreux et s'évasent souvent en disque à leur sommet[5].

Les Rotifères présentent au-dessus de leur ganglion une sorte de dépression qu'un filet relie à la masse nerveuse et dont la surface porte de nombreux cils ; mais les observations mériteraient d'être reprises, et dans l'état actuel de

---

[1] De Quatrefages, *Histoire naturelle des Annelés*. T. I.

[2] Leydig, *loc. cit.*

[3] L. Vaillant, *Contribution à l'étude anatomique du genre Pontobdelle* (*Ann. sc. nat.* 5e série, t. XIII, art. n° 3, 1870).

[4] Leydig, *loc. cit.*

[5] Marion, *Recherches anatomiques sur les Nématoïdes* (*Ann. sc. nat.*, 3e série, t. XIII, art., n° 14, 1870).

la science il est impossible d'y localiser les impressions tactiles plutôt que telles autres manifestations voisines, celles de l'odorat, par exemple [1].

Enfin, chez les Trématodes et les Cestodes, on ne trouve plus trace d'organes tactiles et c'est à peine si quelques vagues indices d'irritabilité se distinguent encore.

ÉCHINODERMES. — Il est peu d'animaux qui paraissent aussi complètement séparés du monde extérieur que les Échinodermes : les Oursins, les Astéries, les Ophiures revêtus de leur cuirasse siliceuse ou calcaire semblent devoir être indifférents à tout contact étranger; il n'en est pourtant rien, et de même que l'enveloppe chiti- neuse des Insectes laissait passer de petits leviers capables d'osciller sous la plus légère influence, de même, le test de ces Echinides, de ces Astérides, etc., porte de curieux organes destinés à jouer le même rôle et à mettre l'animal en communication constante avec le milieu ambiant.

Dans les Holothuries, cette fonction se trouve remplie par les tentacules buccaux qui s'allongent, se ramifient et reçoivent de nombreuses fibres nerveuses. Les Crinoïdes, les Ophiurides, possèdent des organes à peine différents et représentés par des ambulacres frangés, entaillés et laciniés. Récemment, M. Frédéricq a repris à ce point de vue l'étude des Oursins et montré que chaque tube ambulacraire renferme un tronc nerveux qui gagne la ventouse terminale et s'épanouit en forme de bourrelet ou de mamelon [2]; non seulement le tact passif s'y manifeste

---

[1] Schultze, *Zeitschrift f. wiss. Zoologie*, T. III et IV.

[2] Frédéricq, *Contributions à l'étude des Echinides* (*Archives de Zoo- logie expérimentale*, t. V, 1876, p. 429).

avec une finesse telle qu'il suffit du moindre attouchement pour déterminer la rétraction de l'appendice, mais celui-ci constitue un organe de toucher réellement actif et l'on voit l'animal le porter sur les divers points de l'objet qu'il veut explorer.

CŒLENTÉRÉS. — Dans les Méduses, le toucher s'exerce par la surface générale du corps, et principalement par les appendices qui se remarquent sur diverses régions (tentacules, filaments pêcheurs, etc.). Tout dernièrement, les recherches d'Oscar et Richard Hertwig ont fait connaître de véritables terminaisons interépithéliales analogues à celles que nous avons observées chez les Mollusques ou les Verts [1] ; aussi ne peut-on plus y nier la présence d'éléments tactiles. Si nous poursuivons ces mêmes recherches dans les autres ordres, nous constaterons bientôt une disparition complète des éléments excitables, des filets nerveux et des cellules ganglionnaires dont les caractères s'affaiblissent, s'effacent et ne tardent pas à nous échapper complètement. C'est sur les Lucernaires, dans les Actinies, qu'on les retrouve pour la dernière fois et dans des conditions anatomiques assez singulières pour qu'on doive les rappeler au moins succinctement [2].

D'anciennes expériences entreprises par Lamouroux et remontant à 1815 avaient établi que les tentacules des Lucernaires, médiocrement sensibles dans la majeure partie de leur étendue, deviennent au contraire fort excitables dans

---

[1] Oscar und Richard Hertwig, *Das Nervensystem und die Sinnesorgane der Medusen*, Leipzig, 1878.

[2] Korotneff, *Organes des sens des Actinies*. — Id., *Histologie de l'Hydre et de la Lucernaire* (*Archives de Zoologie expérimentale*, t. V, 1876, p. 202 et 369).

leur portion terminale ou céphalique ; Schultze fut peut-être le premier à y mentionner la présence d'organes tactiles, mais c'est à Korotneff que l'on doit la seule description complète de ces curieux « appareils spécialement affectés à recevoir les impressions [1] ».

Une coupe pratiquée dans la région apicilaire du tentacule le montre formé d'un tissu dense, parsemé de cellules multipolaires nerveuses et de glandules qui débouchent au dehors. Extérieurement se trouvent des nématocystes très singuliers : chacun d'eux présente la forme d'une large vésicule dont l'entrée est obturée par une mince membrane et dont l'intérieur renferme un filament urticant. Au-dessus de l'extrémité libre du nématocyste s'insère obliquement une sorte de soie aiguë (cnidocil) reliée aux cellules nerveuses par un filament qui rampe à la surface du nématocyste et vient engainer la partie basilaire du cnidocil. Le moindre contact sur l'extrémité de celui-ci détermine l'impulsion du filament urticant, phénomène qui, d'après l'observateur russe, tiendrait non pas, ainsi qu'on l'imaginait autrefois, à la pression du cnidocil agissant comme corps solide à la surface de la cellule nématocystienne, mais à une véritable réaction succédant à l'impression reçue par le cnidocil et transmise au centre ganglionnaire par le filet nerveux. Korotneff insiste très justement sur la constitution de cet appareil qui comprend toutes les parties essentielles d'un système sensoriel (élément excitable ou cnidocil, filet transmetteur, cellules nerveuses), et n'hésite pas à y localiser les sensations tactiles : conclusion fort admissible, bien que les éléments nerveux de ces

---

[1] Korotneff, *loc. cit.*

Cœlentérés et surtout les relations du cnidocil avec les fibres conductrices appelassent peut-être quelques recherches complémentaires.

Ces relations deviennent encore plus vagues, plus incertaines chez des animaux très voisins : dans les Actinies, les cnidocils, les nématocystes ne peuvent plus être rattachés que bien difficilement aux cellules présumées nerveuses, les dernières traces de tout appareil sensitif s'effaçant peu à peu. Les excitations persistent encore, mais plus faibles, plus diffuses, exprimant l'irritabilité commune aux divers éléments plutôt qu'une sensibilité spéciale à certains d'entre eux.

Dans les Protozoaires, il n'y a plus lieu de rechercher l'existence d'aucun organe sensitif : les pseudopodes, les membranes ondulantes permettront parfois à l'animal de multiplier ses contacts avec le monde ambiant, mais ce ne sera jamais que dans des limites très restreintes, et, sans partager les erreurs de Stein qui s'est efforcé de découvrir chez les Infusoires des terminaisons nerveuses, nous devons reconnaître que le plus grossier, le plus ancien des sens a fini par disparaître au milieu de la dégradation générale de l'organisme qui se résumera bientôt en un simple globule de protoplasma.

HUITIÈME LEÇON

Lorsque dans une de nos précédentes séances nous examinions les caractères de la sensibilité tactile et recherchions suivant quels degrés, avec quelles différences d'intensité elle se manifeste sur les diverses parties du corps humain, j'ai eu l'occasion de vous rappeler, à propos des travaux de Weber et de la méthode dont ce physiologiste faisait usage, qu'il suffisait de donner aux pointes du compas portées à la surface de la langue, l'écartement le plus minime pour qu'il y eût aussitôt perception d'un double contact. Appliquant à ce résultat expérimental les notions fournies par l'analyse des sensations simultanées et par l'interprétation des champs sensitifs, nous avons pu dès lors affirmer que cette région était, à ce point de vue, la plus sensible de toute l'économie.

Mais la langue ne jouit pas seulement de cette exquise propriété tactile, elle peut encore recueillir des impressions spéciales, que tous les corps ne sont pas également aptes à produire : on désigne sous le nom de *corps sapides* ceux qui peuvent déterminer dans l'organe ce mode particulier d'excitation, et l'on rassemble sous le nom de *corps insipides* les substances en présence desquelles la muqueuse linguale ne manifeste aucune excitation de ce genre, excitation liée à un caractère organoleptique particulier désigné sous le nom de *saveur;* c'est par un sens spécial, le SENS DU GOUT que nous percevons les saveurs, de même que l'odorat nous permet de recueillir et de distinguer les odeurs. Les sensations gustatives sont donc des sensations particulières et possèdent une valeur fonctionnelle égale à celle des diverses espèces que nous aurons à étudier dans le cours de ces Leçons : lorsqu'on excite les nerfs qui les transmettent au cerveau, on détermine dans celui-ci des sensations sapides, absolument comme l'irritation du nerf optique y fait naître des sensations lumineuses, ou comme l'excitation du nerf acoustique y produit des sensations auditives.

Leur autonomie, leur indépendance, le droit qu'elles ont à figurer ici sous un titre distinct ne sauraient faire l'objet du moindre doute et pourtant, dès qu'on cherche à analyser ces manifestations, on se heurte à des difficultés si nombreuses et si graves que, de tous les sens, le goût est certainement celui dont l'étude est encore la plus imparfaite, dont l'histoire présente les plus nombreuses lacunes.

Plusieurs causes concourent à amener ce résultat : la nature de ces sensations, le siège qui leur est assigné, les conditions nécessaires à leur réalisation y contribuent presque également.

En ce qui concerne la nature propre du goût, il convient de rappeler que des divers sens c'est le plus voisin du toucher avec lequel il affecte d'étroites relations qui obligent à l'en rapprocher intimement ; la physiologie et l'anatomie comparée nous permettront bientôt d'établir par les preuves les plus variées et les plus nombreuses, cette remarquable affinité qui faisait dire à Cuvier que « de tous les sens le goût était celui qui différait le moins du toucher[1] » et permettait à de Blainville de le définir « une simple extension du tact[2] ».

Les obstacles ne viendront pas seulement de cette parenté fonctionnelle empêchant parfois de limiter la part du toucher et celle du goût, d'affirmer qu'ici finit l'une, que là commence l'autre. Ils résideront aussi dans les régions mêmes sur lesquelles seront localisées les sensations gustatives : possédant en général un tact des plus délicats, souvent presque confondues avec les organes affectés au service de l'olfaction, ces parties porteront en elles de constantes causes d'erreurs. Celles-ci seront d'autant plus importantes, d'autant plus difficiles à éviter, que l'odorat offre avec le goût les mêmes analogies que ce dernier présente avec le toucher et que tendant à se confondre dans des manifestations communes, ces trois sens semblent se refuser à toute analyse minutieuse ; nous n'aurons que trop souvent l'occasion de le constater.

Les circonstances nécessaires pour que la sensation gustative se produise, les caractères variables, personnels qu'elle revêt, ajoutent encore aux difficultés d'une étude qu'on ne peut guère entreprendre que sur des organismes

[1] Cuvier, *loc. cit.*
[2] De Blainville, *loc. cit.*

supérieurs, et qui souvent se poursuit moins par la voie de
l'expérimentation physiologique, devenue impossible, que
par le concours des altérations pathologiques, expériences
réalisées par la nature même.

Ces impressions gustatives ne varient pas seulement avec
l'organisation des animaux, leur rang dans la série ou le
milieu qu'ils habitent, elles diffèrent encore, dans de grandes limites, chez les divers individus d'une même espèce
ou chez un même individu, suivant l'âge, les circonstances, etc. : doué d'un goût des plus délicats, le jeune enfant
se montre exclusivement attiré par la saveur douce du sucre
mêlé au lait ; il repousse constamment, avec horreur même,
les saveurs amères ou acides qu'il admettra plus tard, qu'il
recherchera pour accompagner, pour « relever » ses aliments, lorsque ce sens d'abord si fin, si exquis, se sera émoussé
par le fait de l'habitude. Cette dernière pourra même amener un renversement complet dans les caractères gustatifs
des corps : tel mets recherché jadis, n'inspirera plus que
du dégoût lorsqu'on en aura abusé ; qui ne se souvient de
l'apologue du pâté d'anguilles ? Sans chercher si loin, chacun
peut trouver en soi mille exemples de ce fait qui se vérifie
pour les collectivités comme pour les individus ; c'est ainsi
qu'on verra des soldats refuser tel aliment qu'ils acceptaient
volontiers avant qu'un long siège, une dure captivité, les
aient obligés à en faire un usage exclusif.

Comme si toutes ces causes d'erreurs n'eussent été déjà
trop nombreuses, certains philosophes sont venus qui, pensant être plus heureux que les physiologistes sur un terrain
où l'avantage semble devoir rester de longtemps encore
aux disciples de Brillat-Savarin, ont cherché à distinguer
entre le « goût » pris dans son ensemble et les « saveurs »

étudiées isolément, localisant le premier dans la langue, étendant les secondes à la totalité du tube digestif ; puis, jouant sur une simple définition de mots, ils n'ont pas craint de faire intervenir ici des manifestations étrangères comme la faim et la soif ; confondant enfin les sensations externes avec les sensations internes, ils ont péniblement édifié d'incompréhensibles théories [1] pour arriver à cette conclusion : « que le goût distingue mieux les saveurs que la digestion [2]. » On avouera qu'il était inutile de suivre une route aussi longue, aussi pénible, pour arriver à une semblable pétition de principe.

N'imitons pas cet exemple, ne sortons pas de notre domaine physiologique pour rechercher, comme nous en aurions peut-être le droit, quelle est l'influence de ces sensations gustatives, si dédaignées, sur l'évolution de certaines conceptions psychiques, sur l'origine de cette notion du «bon» et du «mauvais» que nous appliquons dès notre enfance aux phénomènes du monde moral, et rappelant le vieil adage : *de gustibus non est disputandum,* abandonnons ces généraralités pour aborder l'examen scientifique des sensations gustatives étudiées dans leurs excitants, leurs différents modes, leurs caractères, leurs causes adjuvantes ou altérantes.

EXCITANTS. — Les excitants devront encore agir par contact immédiat, comme pour le toucher ; mais une certaine sélection s'établit parmi les corps extérieurs et l'on constate que pour pouvoir mettre en jeu les éléments gustatifs, ils ne devront plus affecter indifféremment l'un ou

---

[1] C'est surtout à l'Ecole anglaise contemporaine que je fais allusion.

[2] Bain, *Les Sens et l'Intelligence.*

l'autre des trois états physiques. Pour le toucher au contraire, nous avons vu qu'ils pouvaient revêtir ces différentes formes, la prééminence demeurant toutefois acquise
aux corps solides ; avec l'odorat nous la verrons passer aux
corps gazeux ; pour le goût, c'est la forme liquide qui est nécessaire. A la vérité, certaines expériences dues à Stich [1]
tendent à faire admettre les gaz et les vapeurs au nombre
des corps sapides : le nez étant hermétiquement fermé, on
fait arriver dans la bouche de l'acide carbonique et le sujet
perçoit une saveur piquante ; on fait ensuite parvenir des
vapeurs de chloroforme, etc., il accuse une saveur sucrée ;
mais outre que cette méthode est des plus grossières, comporte les plus graves causes d'erreurs et oblige au plus
expresses réserves, on doit faire observer que la plupart de
ces corps agissent évidemment en revenant à l'état liquide
ou en se dissolvant dans les liquides buccaux (acide carbonique, etc.).

Les excitants ne pourront donc exciter les terminaisons
gustatives qu'à la condition d'être dissous dans un liquide
convenable. Peut-on conclure de là à une corrélation générale entre le degré de solubilité et le degré de sapidité ? De
Blainville n'hésitait pas admettre un parallélisme absolu
entre ces deux ordres de propriétés [2] ; mais Magendie a
montré que la relation est loin d'être aussi étroite et aussi
constante, que certains corps peu solubles possèdent une
saveur très forte et qu'inversement ce caractère est à peine

---

[1] Stich, *Ueber die Schmeckbarkeit der Gase* (*Annalen des Charité-
Krankenhauses zu Berlin*, 1857). — Id., *Ueber das Ekelgefühl* (*Ibid.*,
t. VIII, 1858). — Id., *Ueber das Gefühl im Munde mit besonderer
Rucksicht auf Geschmack* (*Archiv für pathol. Anatomie und Physiologie*, t. XVII, 1859).

[2] De Blainville, *loc. cit.*

indiqué dans plusieurs substances dont le coefficient de solubilité est pourtant fort élevé [1]. Cependant l'analogie sub-
siste dans la plupart des cas, et souvent il suffit de traiter
par un liquide convenable un corps insoluble dans les fluides buccaux pour qu'immédiatement on perçoive une sensation gustative, parfois très énergique.

DIFFÉRENTS MODES. — L'étude des divers modes que peut
affecter la sensation gustative se rattache intimement à
la précédente, car c'est surtout pour le goût que les formes
d'excitations différeront suivant les caractères des excitants; elles en acquièrent même une extrême variété
et, comme l'a justement dit Brillat-Savarin, il faudrait
« des montagnes d'in-folio pour définir les saveurs diverses
et des caractères numériques inconnus pour les dénombrer [2] »; aussi toutes les classifications auxquelles on a tenté
de les soumettre sont-elles également incomplètes et contestables. Leur discussion nous entraînerait, sans grand
profit, bien au delà des limites de cet exposé; rappelons du
moins les méthodes auxquelles on a successivement eu recours pour apporter quelque lumière sur ce point; elles
peuvent se ramener à quatre principales :

1º La méthode naturelle ;

2º La méthode chimique ;

3º La méthode électrique ;

4º La méthode sensorielle.

Quelques mots suffiront à caractériser ces divers procédés, à montrer sur quelle base ils reposent, quels résultats ils fournissent.

Méthode naturelle. — La « méthode naturelle » est

---

[1] Magendie, *loc. cit.*
[2] Brillat-Savarin, *loc. cit.*, p. 30.

loin d'offrir toute la rigueur que son nom semblerait devoir indiquer, et l'on n'en est plus à compter les erreurs
qu'elle au causées. Pour en découvrir l'origine, il faut remonter à cette célèbre théorie « des analogues » fondée
presque à la même époque par Camerarius [1] et par Hoffmann [2], acceptée par Linné [3], et A-.L. de Jussieu [4], développée par A. Pyrame de Candolle [5]. Toutes les plantes d'une
même famille, tous les animaux d'un même ordre eussent
possédé les mêmes vertus, présenté les mêmes caractères
organoleptiques ; on sait ce qu'il faut penser au point de
vue thérapeutique [6] de cette doctrine qui ne saurait pas
se défendre davantage quand on veut l'appliquer au groupement des saveurs. Pour les produits animaux, il suffit de
poser la question pour la résoudre : les espèces qui entrent
dans notre alimentation sont bien peu nombreuses, cependant nul n'est tenté de leur attribuer le même goût. En dépit de leur variété, les produits végétaux ne justifient pas
mieux cette théorie ; c'est en vain qu'on a cherché à res-

[1] Camerarius, *De convenientiá plantarum in fructificatione et viri-
bus.* Tubingœ, 1699.

[2] Hoffmann, *Opera omnia physico-medica,* Genève, 1718.

[3] Linné, *Medicamenta graveolentia,* etc., 1758.

[4] A.-L. de Jussieu, *Mémoires de la Société de médecine,* 1786.

[5] A.-P. de Candolle, *Thèse inaugurale,* 1804, et *Essai sur les propriétés médicales des plantes,* 1816.

[6] Gleditsch, *Dissertatio de methodo dubio et fallaci virtutum in plantis
indice.* Francfort-sur-Oder, 1742. — Plaz, *De plantarum virtutibus ex
ipsarum charactere botanico nunquam cognoscendis,* 1762. — Ad. Chatin, *Mémoires sur les Limnanthées et les Coriariées (Annales des sciences
naturelles,* 4° série, BOTANIQUE, t. VI, 1856). — Lefèvre, *Essai sur les
analogies botaniques (Thèses de l'École supérieure de Pharmacie de
Paris,* 1860). — Alphonse Milne Edwards, *De la famille des Solanacées
(Thèse de concours,* 1864). — Joannes Chatin, *Recherches pour servir
à l'histoire botanique, chimique et physiologique du Tanguin de Madagascar,* 1873.

treindre son application à quelques groupes tels que les Crucifères, les Apocynées, les Simaroubées, etc. Nul n'ignore,
en effet, que si la plupart des Crucifères possèdent une saveur âcre et amère due au sulfocyanure d'allyle, ce caractère disparaît dans certaines espèces qui nous fournissent
les moins sapides de nos aliments. Dans les Apocynées,
nous voyons des genres voisins (*Tabernæmontana, Tanghi-
nia, Ambelamia*) différer entièrement par leur saveur ;
enfin la petite famille des Simaroubées, toujours citée
comme ne renfermant que des plantes à saveur amère,
offre des exceptions tout aussi nombreuses puisqu'elle fournit le « Pain de Dika » (*Irvingia Barteri*) dont la drupe est
avidement recherchée par les naturels du Gabon qui en
fabriquent des gâteaux fort agréables et en retirent une
substance grasse des plus douces, le « beurre de Dika » [1].

Méthode chimique. — Il est donc impossible de songer
à classer les saveurs d'après leur origine naturelle ; mais ne
serait-on pas autorisé à les grouper suivant leur composition chimique ? Tout d'abord, rien ne semble plus rationnel, et Brillat-Savarin, assistant aux premiers efforts et
aux premiers succès de la chimie moderne, n'hésitait pas
à indiquer cette voie comme seule capable de conduire à
une solution satisfaisante. L'expérience n'a malheureusement pas justifié ses prévisions, et la théorie chimique, applicable à certains corps, n'a pu fournir dans la plupart des
cas que des notions inexactes ou incomplètes ; pour les alcalis, il y a plus de cinquante ans que Chevreul [2] démon-

---

[1] Guibourt et G. Planchon, *Histoire naturelle des drogues simples,*
t. III, p. 566.
[2] Chevreul, *Des différentes manières dont les corps agissent sur l'organe du goût* (*Journal de Magendie,* t. IV, 1824, p. 131).

trait que leur saveur « urineuse » ne pouvait servir à les
caractériser et dépendait d'une réaction secondaire. Si
l'on cherche d'autre part à comparer entre eux les divers
acides, on verra se révéler d'innombrables différences : la
saveur de l'acide citrique n'est pas celle de l'acide tartrique,
elle est bien moins encore celle de l'acide chlorhydrique ;
quant à l'acide tannique, il possède des propriétés sapides
analogues à celles qui distinguent un grand nombre de
corps basiques.

Lorsqu'on suit la marche inverse et qu'au lieu de rapprocher les corps suivant leur composition pour en analyser les
saveurs, on cherche à les grouper d'après ce caractère pour
en déterminer ensuite les affinités chimiques, on observe
des dissemblances tout aussi nombreuses : dans les corps
à saveur sucrée, il faudra ranger auprès du sucre de
canne et de la glycose, la glycérine qui est un alcool et
l'acétate de plomb qui est un sel ; dans les corps à saveur
amère on devra placer l'aloïne, la quinine, le sulfate de
magnésie, etc. Cette théorie perd donc toute rigueur à mesure que se développent et s'accentuent les progrès mêmes
sur lesquels on comptait pour l'établir et la défendre ; mais
il convient toutefois de reconnaître et de proclamer le précieux concours que les recherches chimiques peuvent apporter, dans des limites sagement observées, à l'étude des
saveurs ; s'il en fallait un exemple je rappellerais les belles
recherches de M. Berthelot sur le « bouquet des vins », dont
l'origine ne saurait plus soulever la moindre discussion,
maintenant que nous la savons liée à la présence de certains éthers composés.

C'est évidemment à la même méthode qu'il faut rattacher
les essais de classification dialytique tentés par Graham :

cet observateur a établi que parmi les Cristalloïdes se trouvent les corps les plus sapides, tandis que les Colloïdes sont généralement insipides ; mais c'est en vain que ses compatriotes ont cherché à représenter ce résultat comme conduisant à une division rationnelle des saveurs, car si d'un côté l'influence bien connue de la solubilité permettait de le pressentir, il faut rappeler d'autre part que la difficulté ne réside pas dans la distinction des corps insipides et des corps sapides, mais seulement dans le mode de division de ceux-ci, difficulté que les travaux de Graham n'ont aucunement permis de résoudre.

Méthode électrique. — L'origine de cette troisième méthode est fort ancienne ; elle remonte même au delà des découvertes de Galvani, car ce fut en 1767 qu'un physicien allemand, Sulzer, montra qu'il suffisait de placer sur la langue deux métaux différents, une pièce d'argent et une rondelle de plomb, par exemple, pour qu'une saveur particulière fût immédiatement perçue. Il est inutile d'ajouter que l'explication donnée par Sulzer était tout empirique et que son expérience, variée de cent manières, demeura simple curiosité jusqu'au moment où la découverte des lois de l'électricité dynamique reporta sur elle l'attention des expérimentateurs, qui pensèrent y trouver enfin le principe de la classification si souvent ébauchée des saveurs et des excitants qui les font naître.

On entreprit de nombreuses recherches dans lesquelles on fit usage, non plus du couple trop rudimentaire dont se servait Sulzer, mais d'appareils perfectionnés, de piles à deux liquides ; on varia l'intensité du courant, on en intervertit la direction et l'on observa les phénomènes suivants : lorsque le pôle positif est appliqué sur la pointe de la langue, et le pôle négatif sur la région occipitale, de manière que le courant traverse la langue de la pointe à la base, le sujet éprouve à la pointe de l'organe une saveur acide ; celle-ci devient alcaline, lorsqu'on renverse les pôles [1]. Les sels étant, comme chacun le sait, décomposés par le courant sous l'influence duquel l'acide se porte au pôle positif et la base au pôle négatif, on se trouvait ainsi conduit non pas à un groupement nouveau, mais à une classification parallèle à celle qu'avaient essayé de formuler les partisans de la méthode chimique, classification qui se fût heurtée aux mêmes exceptions et n'eût pas mieux résolu les points essentiels, car peu importe que les corps soient désignés sous le nom qui traduit leur composition chimique ou par le terme qui rappelle leur état électrique. D'ailleurs, la base même sur laquelle on avait tenté d'édifier cette nouvelle doctrine ne tarda pas à se trouver singulièrement ébranlée : on constata qu'en interposant divers corps, des couches liquides, etc., entre le rhéophore et la langue, celle-ci percevait toujours la même saveur. Fallait-il donc admettre une série de décompositions et de recompositions successives ? Ici encore le but s'éloignait à mesure qu'on multipliait les efforts pour parvenir à l'atteindre, et la théorie électrique n'a pas tardé à rejoindre les deux autres méthodes que nous avons précédemment examinées.

Méthode sensorielle. — Puisque les notions les plus précises et les plus modernes de l'histoire naturelle, de la chimie et de la physique sont également impuissantes à permettre un classement rationnel des saveurs d'après l'origine ou la composition des excitants qui les produisent, on a dû re-

---

[1] Voy. J. Rosenthal, *Ueber der electrischem Geschmack* (*Muller's Archiv*, 1860).

venir au plus ancien, au plus grossier et pourtant au moins imparfait des procédés employés dans ce but, à la méthode sensorielle ou personnelle. Rien de plus empirique : on note les saveurs des corps, on rapproche ceux qui paraissent offrir à cet égard les mêmes propriétés, on donne à chacun de ces grands groupes le nom d'un des corps les plus remarquables ou les plus usuels qu'il renferme, on cherche à réunir celles de ces familles qui semblent le moins éloignées, et la classification se trouve établie. Qu'elle soit incomplète, le mot de Brillat-Savarin cité plus haut ne le fait que trop deviner ; qu'elle soit éminemment variable, son origine l'indique clairement, puisqu'elle repose sur des appréciations personnelles bien rarement comparables lorsqu'il s'agit du goût : tel est pourtant le mode de groupement qu'on rencontre dans la plupart des traités, et, comme nous venons de le voir, les diverses tentatives entreprises pour le modifier et lui donner une rigueur réellement scientifique ont toujours échoué ; la seule différence qui se remarque entre les auteurs consiste dans le nombre des familles admises : les uns, s'attachant aux nuances les plus délicates, ont multiplié outre mesure ces différents groupes ; d'autres, plus réservés et connaissant les lacunes du cadre dans lequel ils étaient obligés de répartir les saveurs, se sont bornés à un petit nombre d'espèces.

C'est ainsi que l'on voit les saveurs distinguées en *saveurs agréables* et *désagréables*, *saveurs bonnes* et *mauvaises*, division qui paraît enfantine, qui l'est en effet, et semble proclamer notre impuissance à séparer des propriétés que leur nature confond intimement. D'autres adoptent les types suivants :

1° Saveurs sucrées ;

2° Saveurs salines;

3° Saveurs acides;

4° Saveurs amères.

Cette classification n'est qu'une modification de la précédente; si nous en doutions, ses partisans se chargeraient de nous l'apprendre en représentant les saveurs sucrées comme la forme agréable du goût, les saveurs amères comme son expression désagréable; rapprochements qu'il est aisé de ramener à leur juste valeur, car si les saveurs sucrées paraissent avoir les préférences de l'enfant, chez l'homme elles acquièrent rarement l'importance d'une sensation agréable, elles n'inspirent jamais « la volonté énergique qui accompagne l'impression d'un morceau friand [1], » et, chose bizarre, c'est aux amers, aux excitants qualifiés de désagréables, que l'adulte demande des adjuvants ou des stimulants pour l'exercice de ses facultés gustatives.

Entre ces deux types extrêmes, nous voyons se placer les *saveurs salines* (sel marin) et les *saveurs acides* (vinaigre); elles sont susceptibles d'une certaine gradation, débutant par une impression fort douce, pour arriver à une sensation désagréable, pénible même et capable de se confondre avec la saveur amère. Les transitions sont inégales pour chacun de ces groupes : le goût acide se maintient plus longtemps uniforme que le goût salin, etc.

On pourrait multiplier ces classes, admettre avec Gmelin des *saveurs astringentes*, des *saveurs ardentes*, des *saveurs âcres*, à peine distinctes des précédentes; il en est d'autant moins besoin que l'indépendance de celles-ci ne

---

[1] Bain, *loc. cit.*, p. 118.

tarde pas à devenir singulièrement discutable dès qu'on
cherche à les analyser : il suffit d'augmenter l'intensité
de la saveur acide et de la saveur amère pour les voir
se confondre dans une même sensation, à l'inverse de
ce que pense Bernstein [1] ; la saveur douce combinée
avec l'une ou l'autre peut en atténuer sensiblement et
progressivement l'effet, tandis qu'elle ne peut modifier la
saveur saline; d'autre part, lorsqu'on cherche à masquer
cette dernière par la saveur amère, on en augmente immédiatement l'intensité dans une proportion considérable :
on n'a qu'à se reporter au goût du sel d'Epsom pour pouvoir
apprécier quelle saveur insupportable, se trouve alors réalisée. Je ne veux pas multiplier les exemples; ceux-ci montrent suffisamment à quelles difficultés on se heurte dès qu'on
cherche à poursuivre, par la voie synthétique comme par la
voie analytique, l'examen des manifestations gustatives au-
delà de ces deux formes vulgaires, mais nullement primor-
diales : le *bon* et le *mauvais,* *l'agréable* et le *désagréable*.

CARACTÈRES. — En dehors des caractères qu'elles partagent avec les autres sensations, celles que nous étudions
actuellement présentent quelques particularités dignes
d'être mentionnées; elles peuvent être *simples* ou *composées, successives,* peut-être *simultanées*. Brillat-Savarin
niait, il est vrai, l'existence de ces dernières et plusieurs
faits semblent militer en faveur de son opinion; pourtant
certaines observations vulgaires obligent à admettre des
sensations gustatives simultanées : chacun connaît la double saveur des betteraves confites dans lesquelles on perçoit
nettement la saveur sucrée de la racine et l'acidité du

---

[1] Bernstein, *loc. cit.*

condiment sans que ces deux impressions se confondent en une sensation unique.

Ces incitations peuvent-elles être conservées dans le sensorium à l'état de souvenirs? Longet répond négativement en se basant sur la considération suivante : lorsque dans un rêve, dit-il, nous croyons assister à un repas, nous voyons les mets sans les goûter. Mais, outre que l'intervention des songes dans les analyses de ce genre présente une valeur très discutable, et que le fait cité par Longet soulève les plus vives objections, on doit surtout lui reprocher d'opposer le plus intellectuel des sens, celui dont les sensations possèdent les caractères les mieux définis, à l'un de ceux dont les effets sont le plus fugaces, l'origine des plus grossières. En réalité, les sensations gustatives peuvent être aisément invoquées, associées, rapprochées d'excitations récentes ou actuelles et fournir ainsi l'occasion de comparaisons ou de jugements variés : un chimiste, un pharmacien arriveront, par leur seul secours, à distinguer sûrement un grand nombre de substances que les autres sens ne pourraient leur faire reconnaître avec autant de certitude et de rapidité; le goût d'un mets, le bouquet d'un vin, évoqués à plusieurs années de distance, nous rappelleront tel épisode de notre vie, tel incident de voyage, etc. Ces sensations peuvent donc être remémorées et les exemples précédents obligent à leur attribuer hardiment ce caractère [1].

La nature même des sensations gustatives, les circonstances qui président à leur réalisation permettent de distinguer aisément les influences capables d'en amplifier l'in-

[1] Voy. Luyz, *loc. cit.*, et Bain, *loc. cit.*

tensité ou d'en atténuer la finesse. Revêtant les formes les plus variées, s'exerçant aux degrés les plus infimes, ces causes adjuvantes ou altérantes résideront tantôt dans le sujet, tantôt dans l'objet. Chacun les connaît dans leurs traits essentiels et peut en apprécier la valeur sans qu'il soit nécessaire d'insister sur des questions dont le moindre danger serait de nous entraîner promptement au delà des limites naturelles de notre sujet.

NEUVIÈME LEÇON

Dans notre dernière Leçon nous avons recherché, autant du moins que la nature de ce sens et l'état actuel de la science nous permettaient de le tenter, sous quelles formes et dans quelles conditions le goût peut se manifester. Il nous reste maintenant à déterminer les régions sur lesquelles il réside et les caractères qui distinguent son appareil organique.

Le rôle des sens, nous l'avons constaté maintes fois, est de multiplier, de varier sous toutes les formes possibles nos relations avec le monde extérieur, de nous en révéler les diverses propriétés, de nous y faire distinguer ce qui doit nous être utile, ce qui peut nous être nuisible. Le goût n'échappe aucunement à cette règle : il ne se borne pas à attacher une source de plaisir aux actes indispensables de l'alimentation, il cherche encore à nous indiquer les substances capables d'y concourir efficacement : double fonction qui explique sa localisation dans les parties initiales du tube digestif où, sentinelle vigilante, il nous avertit de la nature des corps que nous y introduisons.

Au premier abord, il semble même que la recherche de ses organes soit inutile et que nos observations journalières suffisent amplement à les indiquer ; mais c'est à peine si nous connaissons ainsi les traits principaux d'un appareil qui, nous allons nous en convaincre, réclame une étude des plus minutieuses.

Depuis le commencement de ce siècle, un grand nombre de recherches ont été entreprises dans le but de déterminer sur quels points la sensibilité gustative s'exerçait avec le plus de finesse et de précision ; la méthode était la même pour tous les expérimentateurs : une éponge trempée dans une solution d'aloès ou de tout autre corps sapide, était fixée à une tige de baleine, puis portée sur les régions qu'on se proposait d'explorer. On examina d'abord les divers points de la langue et l'on constata que les bords, la base et la pointe de l'organe recueillent les moindres impressions sapides, tandis que la portion centrale montre une sensibilité beaucoup plus obtuse, en rapport avec le rôle mécanique qui lui est attribué.

Étendues ensuite aux parties voisines de la cavité buccale, ces observations conduisirent à des résultats peu constants. Vernière recconnaissait une égale sensibilité à l'arrière-bouche, au plancher de la bouche, etc. [1] ; dix ans plus tard, les expériences de Guyot et Admirault tendaient à limiter cette propriété au voile du palais [2] ; aujour-

---

[1] Vernière, *Sur le sens du goût* (*Répertoire d'Anatomie et de Physiologie*, t. IV, 1827).

[2] Guyot et Admirault, *Sur le siège du goût chez l'homme* (*Archives générales de Médecine*, t. XIII, 1837).

d'hui les physiologistes s'accordent à la localiser sur l'arrière-bouche [1].

Cette conclusion est des plus importantes, car elle rend un excellent compte de plusieurs faits observés empiriquement et mentionnés comme de simples accidents jusqu'au jour où la méthode expérimentale est venue les confirmer de la façon la plus éclatante. J'en citerai deux exemples empruntés, l'un à de Jussieu, l'autre à Brillat-Savarin.

Vers 1718, une jeune fille atteinte d'une atrophie congénitale de la langue fut amenée à Paris et soumise à l'examen de l'Académie des sciences qui chargea l'illustre naturaliste de lui présenter un rapport sur l'état de cette enfant. De Jussieu s'empressa d'instituer une longue série d'expériences qui établirent que, contrairement aux idées reçues, l'absence de la langue n'empêchait nullement la gustation de s'exercer et permirent d'attribuer au service de ce sens la « région palatine » [2].

D'un autre côté, Brillat-Savarin nous apprend que durant son séjour à Amsterdam il entendit parler d'un malheureux, employé par charité dans les bureaux du port et privé de langue : ancien matelot, pris par les Algériens, il avait essayé de s'évader et avait eu, pour cette tentative, la langue coupée. L'auteur de la *Physiologie du goût* ne pouvait négliger un pareil sujet d'étude ; il fit venir le pauvre mutilé qui, dit-il, avait reçu une certaine éducation, et, lui faisant subir un minutieux interrogatoire,

---

[1] Longet, *loc. cit.*

[2] De Jussieu, *Sur la manière dont une fille sans langue s'acquitte des fonctions qui dépendent de cet organe* (*Mémoires de l'Académie des sciences*, 1718, p. 6). — Voy. aussi les récits de Roland de Bellebat (*Aglossotomographie*, 1667).

acquit la certitude que la sensibilité gustative était conservée et s'exerçait par l'arrière-bouche [1].

Le goût ne doit donc pas être limité à la surface de la langue et trouve dans les régions postérieures du vestibule oral un précieux concours ; en outre, les glandes buccales et jugales fournissent la salive, les dents divisent les aliments, l'odorat complète et perfectionne les sensations gustatives qui exigent ainsi un appareil fort complexe ; toutefois, dans l'état normal, un seul organe est plus spécialement affecté aux manifestations de ce sens. Étudions-le donc et, pour apprécier sûrement les conditions anatomiques qui permettent à la langue de remplir son rôle sensoriel, considérons-la successivement :

1° Dans son ensemble ;

2° Dans sa structure ;

3° Dans les éléments excitables qu'elle renferme ;

4° Dans les nerfs qui transmettent au cerveau les impressions recueillies par les corpuscules gustatifs.

Chez l'Homme, la langue a la forme d'un triangle curviligne ou d'un cône aplati ; verticale dans sa moitié postérieure, elle est soutenue par une charpente osso-fibreuse formée de l'os hyoïde et de deux membranes fibreuses, rarement cartilagineuses ; des muscles nombreux et presque tous extrinsèques constituent la masse de l'organe et sont revêtus par une muqueuse qui les enveloppe à la manière d'un sac et nous intéresse particulièrement, puisque c'est à sa surface que doivent agir les corps sapides.

Épaisse et résistante, cette muqueuse présente, hors

---

[1] Brillat-Savarin, *Physiologie du goût*, p. 27 (édition Charpentier, 1857). — Les saveurs douces étaient moins facilement perçues que les saveurs amères.

les cas de maladie, une coloration assez constante chez
l'enfant; sur l'adulte, au contraire, elle est d'autant plus
rougeâtre ou rosée que les repas sont plus rapprochés,
l'alimentation plus abondante, l'appétit mieux développé;
elle pâlit dans les cas contraires. A l'état pathologique, elle
offre des différences dont le diagnostic n'a cessé de faire
usage depuis l'antiquité.

Si l'on examine attentivement cette muqueuse, on voit
que, loin d'être lisse, sa surface est relevée de nombreuses saillies, d'aspérités diverses réalisant la première condition de perfectionnement d'un organe sensitif : multiplier les points de contact entre le corps excitant et les
éléments excitables.

Ces saillies sont désignées sous le nom de *papilles linguales;* elles ont été découvertes en 1665 par Malpighi qui
les observa chez l'Homme, la Brebis, le Bœuf et la Chèvre,
mais ne les décrivit que vaguement [1].

En 1721, Ruysch en reprit l'étude et en indiqua très exactement les principales formes : « Quelques-unes de ces
papilles, dit-il, sont planes, creusées d'un trou à leur centre
et entourées d'un sillon circulaire ; d'autres présentent au
contraire une figure conique ; d'autres sont terminées par
une tête arrondie à la manière de petits champignons [2]. »
Nous verrons que même actuellement, en dépit de la rigueur des descriptions anatomiques modernes, il n'y a que
bien peu de traits à ajouter à ce tableau.

Trente ans plus tard (1754), de nouvelles recherches dues
à Albinus vinrent compléter les résultats obtenus par
Ruysch ; la classification adoptée par l'anatomiste de Leyde

[1] Malpighi, *Exercit. epist. de lingua,* 1665.
[2] Ruysch, *Thesaurus,* t. I, fasc. 2, n° 2, 1721.

qui divisait les papilles en grandes, moyennes, petites et très petites, peut paraître naïve, elle était cependant fondée sur des études sérieuses et l'on doit reconnaître que de ce moment [1] datent nos connaissances sur la répartition et les caractères des papilles linguales dont Ruysch et Malpighi avaient indiqué les traits généraux. Ces papilles se montrent principalement à la face dorsale de l'organe où nous allons les étudier ; quelques mots suffiront ensuite pour indiquer la forme et la situation des saillies analogues qui se trouvent sur les bords ou sur la face inférieure de la langue.

A l'extrémité postérieure du sillon dorsal, on remarque une papille volumineuse, tantôt simple et tantôt multiple, entourée par un large repli, c'est le *trou borgne*, le *foramen cæcum* de Morgagni (fig. 31

Fig. 31. — Trou borgne de la langue du Cheval, vu par sa face supérieure.

et 32) ; les anciens s'exagéraient fort son importance et certains auteurs (Coschwitz, etc.) l'ont considéré comme le pore excréteur de quelque glande volumineuse et intra-linguale.

De chaque côté du trou borgne, dont elles rappellent assez exactement l'aspect, se succèdent de grosses *papilles calyciformes* qui méritent d'autant mieux ce nom qu'un pli de la muqueuse engaine chacune d'elles à la manière d'un calyce (fig. 33, C) ; quelquefois on observe deux bourrelets concentriques ; ailleurs, du même sillon émergent deux ou trois saillies papillaires ; cette dernière disposition est même assez fréquente pour qu'on compte en général 12 à 14 papilles et seulement 8 à 10 calyces.

[1] Albinus, *Academ. annot.*, t. I, lib. I, cap. XIII.

CHATIN, Org. des Sens.   11

Examinée à la loupe ($\frac{20}{1}$) la saillie centrale et le rebord qui l'entoure se montrent parsemés d'une multitude de petites granulations (de 800 à 1,000) que l'on peut regarder comme autant de papilles secondaires.

Les papilles calyciformes sont disposées suivant deux lignes divergeant d'avant en arrière à partir du foramen cœcum, de là le nom de « V lingual » donné à la région

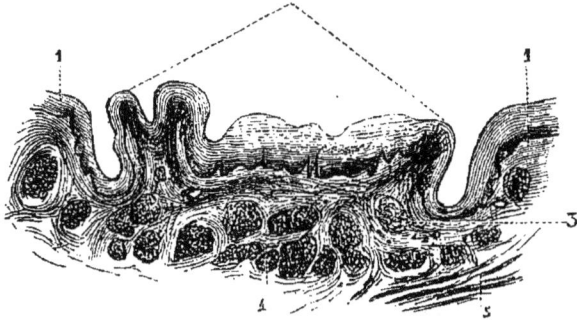

Fig. 32. — Coupe verticale d'un trou borgne, de Morgagni, de la langue du Cheval.

1, 1. Bords du calyce. — 2. Papilles fungiformes qui remplissent le calyce. — 3. Coupe du tissu adénoïde. — 4. Glandules en grappes. — 5. Fibres musculaires de la langue.

qu'elles caractérisent ; dans toute la partie qui s'étend du sommet de ce V à la pointe de la langue, se trouvent de nombreuses papilles que leurs dimensions et leurs formes ont permis de distinguer par des noms spéciaux. Telles sont les *papilles de second ordre ou papilles fungiformes* qui, rétrécies à leur base, élargies vers leur région apicilaire, rappellent assez bien l'aspect d'un champignon (fig. 33, B) ; elles sont d'un rouge vif, et abondent vers la pointe de la langue : la loupe y fait découvrir de nombreuses papilles secondaires.

Les *papilles filiformes ou de troisième ordre* (fig. 33, A) sont encore plus nombreuses que les précédentes avec lesquelles elles sont disséminées en avant du V lingual, y formant un « gazon touffu » suivant l'heureuse expression de M. Sappey [1]; elles se composent d'une base portant de nombreuses laciniations qui offrent une certaine analogie avec les pétales d'une corolle et sont considérées comme des saillies secondaires (fig. 33, A).

Enfin, les intervalles que laissent entre elles les papilles fungiformes et corolliformes, se trouvent occupés par les papilles *hémisphériques* ou de *quatrième ordre* (*minimæ* d'Albinus), dont la petitesse est extrême.

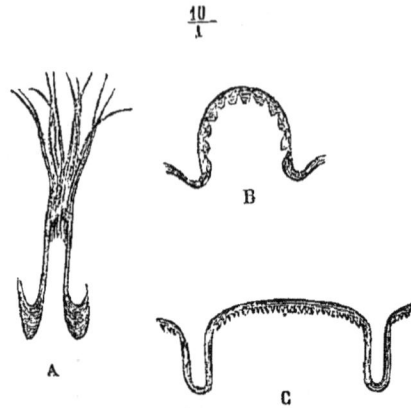

Fig. 33. — Papilles linguales. (Tood et Bowman.)

A. Papille filiforme. — B. Papille fungiforme. — C. Papille calyciforme.

Voici pour la région située en avant du V lingual; quant à celle qui se développe en arrière, elle offre quelques papilles corolliformes émergeant d'un véritable semis de papilles hémisphériques.

On représente souvent la face inférieure de la langue comme sensiblement lisse; grave erreur, car si les papilles des trois premiers ordres y sont rares, on y trouve du moins un grand nombre de papilles hémisphériques.

Mais ce sont surtout les bords de l'organe qui, trop négligés par la plupart des anatomistes, méritent une attention spéciale : en avant, ils portent des papilles normales

[1] Sappey, *loc. cit.*, t. III, p. 619.

(p. fungiformes, etc.), en arrière ils montrent des plis qui s'entrecroisent de manière à figurer des tubercules aplatis; puis des papilles hémisphériques et corolliformes viennent compléter cet ensemble, permettant aux parties latérales de la langue de prendre une part importante dans les phénomènes de la gustation.

Tel est l'aspect extérieur de l'organe ; son étude histologique va nous révéler des caractères non moins intéressants.

La muqueuse linguale, comme toutes les membranes analogues, se compose d'un derme et d'un épithélium. Le derme, surtout développé dans la partie antérieure de la face dorsale, est très résistant et donne attache, par sa face profonde, aux fibres musculaires ; il est formé de fibres conjonctives et élastiques, éléments qui se retrouvent aussi vers la base des papilles. L'épithélium recouvre exactement celles-ci et se compose d'un couche basilaire formée de cellules perpendiculaires à la surface du chorion lingual, d'une couche moyenne à cellules polygonales ou aplaties, possédant comme les précédentes un noyau et des granulations pigmentaires, enfin d'une zone superficielle formée de cellules déprimées ne montrant plus qu'un petit noyau et quelques granulations [1]. Ces diverses couches entrent également dans la composition des papilles; mais au milieu de ces tissus de soutien et de protection, quels éléments seront directement excitables? Un examen rapide suffit à les faire connaître.

Dans le chorion cheminent des vaisseaux et des nerfs;

---

[1] Contrairement à certaines assertions, les granulations pigmentaires ne sont ni moins abondantes, ni moins développées chez l'Homme que dans les autres Mammifères, mais elles y sont souvent masquées par des granulations adipeuses qui empêchent de les distinguer aussi nettement.

ceux-ci, tubes nerveux à myéline, se résolvent dans la couche dermique la plus superficielle, en fibres sans myéline qui forment un réseau des plus riches, puis s'élèvent dans les papilles. Deux cas peuvent alors se présenter : 1° ces fibres sont destinées à la sensibilité générale ou tactile et se terminent par des extrémités libres ou dans des corpuscules de Krause; 2° elles doivent recevoir des impressions gustatives et se rendent dans ces appareils spéciaux que les travaux récents nous ont fait connaître (Schwalbe, Lowen, Krause, Élin, Hoffmann, von Wyss, etc., etc.,) et qu'on désigne sous les noms de *corpuscules du goût*, *boutons gustatifs*, etc. Les expériences rapportées plus haut permettent de deviner sur quels points ils se montreront plus spécialement : ils abonderont sur les parois du sillon des papilles calyciformes, sur les plis des papilles foliées, etc., on en trouvera également sur la région palatine et l'épiglotte.

Leurs rapports avec les tissus ambiants sont des plus simples : chacun de ces corpuscules est de forme olivaire ; enchâssé dans l'épaisseur de l'épithélium, il repose par sa base sur le chorion, tandis que son sommet répond à un orifice pratiqué dans la surface épithéliale ; sa structure se résume en deux ordres de cellules : 1° des cellules protectrices (fig. 34, P), périphériques, allon-

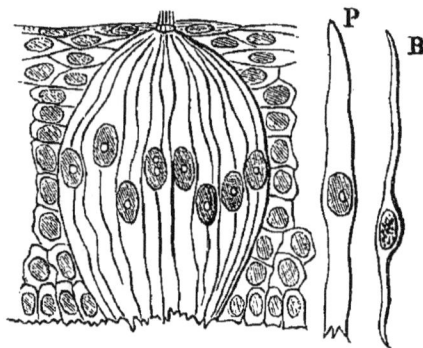

Fig. 34. — Un corpuscule gustatif du Lapin : recouvert par de larges cellules protectrices, il montre vers son sommet l'extrémité libre des bâtonnets qui forment sa masse centrale.

P. Une cellule protectrice, — B. Un bâtonnet isolé. (D'après M. M. G. Pouchet et H. Tourneux.)

gées et fusiformes, circonscrivant un espace libre occupé
par la seconde espèce de cellules; 2° des bâtonnets internes
(fig. 34, B), beaucoup plus réfringents que les cellules
protectrices et se continuant avec les filets nerveux qui
s'épanouissent sur la base du corpuscule.

A la suite de l'étude de ces organes destinés à recevoir les
impressions sapides, vient naturellement se placer celle des
conducteurs chargés de conduire ces excitations au sensorium.

Les profondes analogies, les relations étroites témoignant
d'une indiscutable et prochaine parenté, que nous avons eu
à relever sous tous les rapports entre le toucher et le goût,
se retrouvent avec la même évidence, lorsqu'on cherche à
reconnaître quels filets sont employés à la transmission des
impressions gustatives et lorsqu'on s'applique à les distinguer des nerfs qui dans les mêmes régions recueillent et conduisent de simples excitations tactiles.

Nous avons vu précédemment que ces dernières étaient
transmises par les nerfs périphériques pris dans leur ensemble; lorsque nous aborderons l'étude de l'odorat, de la
vue ou de l'ouïe, nous verrons au contraire un nerf spécial,
déterminé, être affecté à leur service exclusif : nerf optique
lorsqu'il s'agira de conduire des excitations lumineuses,
nerf acoustique pour les vibrations sonores, nerf olfactif
pour les impressions odorantes.

Ici, la division du travail n'est pas encore aussi nettement
établie, mais l'ubiquité des conducteurs ne semble plus per-
mise ; les impressions déjà moins brutales, plus subtiles,
tendent à se spécialiser dans leur transmission comme dans
leur réception. S'il n'y a pas encore de nerf gustatif unique,
il n'y a du moins qu'un très petit nombre de nerfs qui soient

attribués aux manifestations de cet ordre ; souvent même
ils semblent conduire en même temps les excitations tactiles, comme s'il était nécessaire d'affirmer de nouveau les
étroites connexions de ces deux formes sensorielles.

La langue reçoit un grand nombre de filets nerveux
fournis par les troncs suivants :

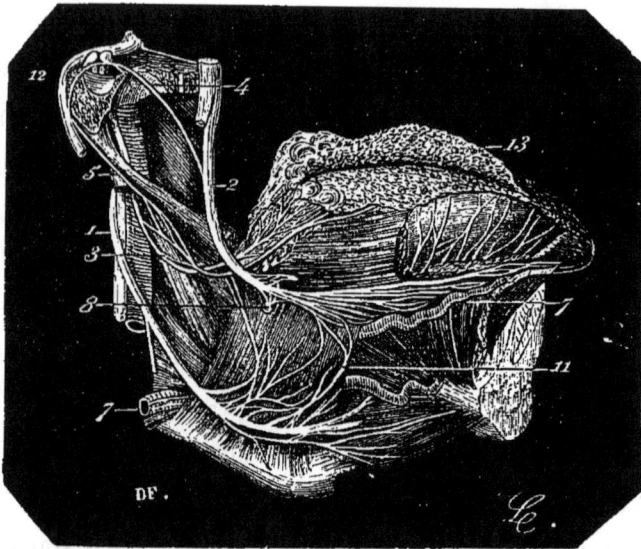

Fig. 35. — Langue, avec ses papilles et ses nerfs. (L. Hirschfeld et Léveillé.)

1. Grand hypoglosse. — 2. Branche linguale du trijumeau. — 3. Branche linguale du
glosso-pharyngien. — 4. Corde du tympan. — 8. Ganglion sous-maxillaire. — 11. Anastomoses du nerf lingual avec le grand hypoglosse. — 12. Nerf facial. — 13. Muqueuse
détachée et rejetée en haut : on voit en arrière les papilles calyciformes.

1° Le grand hypoglosse ;

2° Une branche du facial ;

3° Quelques rameaux du pneumogastrique (laryngé supérieur).

4° Le glosso-pharyngien ;

5° Le lingual.

N'ayant pas à poursuivre ici une étude d'anatomie descriptive, il me suffira de quelques mots pour rappeler les

principales particularités relatives à l'origine, au trajet, et
à la terminaison de ces nerfs (fig. 35).

1. Le *grand hypoglosse* (12ᵉ paire) naît de la partie
antérieure du bulbe rachidien et se rend aux divers muscles
de la langue ; aucun de ses rameaux ne gagne la muqueuse
linguale [1], disposition qui, jointe à l'origine de ce nerf, à
l'absence de ganglion sur son parcours, à sa terminaison
musculaire, peut faire deviner déjà son rôle véritable.

2. Le filet fourni par le *facial* (7ᵉ paire) est si peu développé que tous les anatomistes l'ont méconnu jusqu'à ce
que Bérard en ait démontré l'existence (1835) ; il anime
les muscles stylo-glosse et stylo-staphylin.

3. Le *pneumogastrique* (10ᵉ paire) envoie, par celle de
ses branches cervicales à laquelle on donne le nom de
« nerf laryngé supérieur », des filets qui se distribuent dans
toute la région postérieure de la langue et peuvent même
se suivre jusqu'au sommet du V lingual, près du trou borgne
de Morgagni.

4. Le *glosso-pharyngien* (9ᵉ paire) s'étend des régions
latérales du bulbe rachidien jusqu'au pharynx et à la
langue ; son rameau lingual (fig. 35,3) pénètre dans la
portion basilaire de l'organe, à peu près exactement entre
la face latérale et le plan médian, puis se subdivise immédiatement en filets dont le nombre est assez grand pour
former un véritable *plexus lingual;* mais, détail fort important, ce plexus est exclusivement limité à la région
postérieure ou basilaire de la langue ; il ne dépasse jamais les papilles calyciformes, si ce n'est dans des cas fort
rares signalés par Andral, etc.

---

[1] Sappey, *loc. cit.*, p. 378.

5. Le *nerf lingual* se détache du trijumeau (maxillaire inférieur, 5ᵉ paire) près du dentaire inférieur au-devant duquel il est placé; d'abord presque vertical, il devient ensuite horizontal en décrivant une courbe à concavité antérieure; il reçoit à peu de distance de son origine un filet du dentaire inférieur et, un peu au-dessous, au niveau du ptérygoïdien externe, la corde du tympan, branche importante du facial (7ᵉ paire).

Ses filets terminaux ne se rendent pas seulement aux glandes sub-linguales, sous-maxillaires, etc., mais innervent aussi la langue; ces derniers, uniquement destinés aux deux tiers de la face dorsale, la gagnent sans se ramifier aucunement, puis se divisent sur les papilles. En outre, quelquefois chez l'Homme, souvent dans les autres Mammifères, on constate sur les branches ultimes du lingual la présence de petits ganglions dont la signification est encore fort obscure.

Tel est dans son ensemble, l'appareil qui assure l'innervation de la langue; grâce aux préparations et aux planches placées sous nos yeux, aucun détail ne saurait nous embarrasser et nous pouvons immédiatement chercher à établir la fonction de ces diverses branches nerveuses.

Si, pour certaines d'entre elles, ce rôle peut être indiqué pour ainsi dire *à priori*, sans soulever le moindre doute, il n'en est plus de même pour quelques autres et l'on peut dire que peu de questions ont donné lieu à de semblables controverses, malgré les nombreuses et patientes recherches que les physiologistes modernes leur ont successivement consacrées.

Le grand hypoglosse, ainsi que son étude anatomique le faisait déjà supposer, est un nerf uniquement moteur;

il préside aux mouvements de la langue et ne peut revendiquer aucune part dans les phénomènes sensoriels dont
cet organe est le siège. A la vérité, lorsqu'on irrite le nerf
sur son trajet, on détermine de la douleur, mais ce phénomène doit être rapporté à ses anastomoses (deux premières
paires cervicales, etc.); pour démontrer que telle est la
cause de la sensibilité apparente de ce nerf, il suffit d'exciter seulement ses racines : aucune irritation ne se manifeste. Les observations pathologiques viennent encore ici
confirmer les déductions expérimentales : la section traumatique de l'hypoglosse, une tumeur développée sur son trajet,
amènent la paralysie de la langue dont la sensibilité tactile
et gustative demeure intacte.

Le filet fourni par le facial est également moteur ; c'est
en quelque sorte le satellite de l'hypoglosse, comme le
lingual est le satellite du glosso-pharyngien.

Le rôle des rameaux du pneumogastrique est tout spécial :
ils appartiennent à la sensibilité générale, déterminent les
réflexes de la déglutition, établissant entre le siège du
goût et le canal intestinal, l'estomac surtout, ces relations
sympathiques dont quelques auteurs contemporains ont
méconnu le caractère pour y jeter les bases des singulières théories que j'exposais récemment [1]. La présence
et le mode de fonctionnement de ces filets expliquent le
dégoût, les sensations nauséeuses qui se produisent dès qu'on
chatouille la base de la langue ou les régions voisines.

Il ne reste plus à examiner que deux nerfs : le lingual
et le glosso-pharyngien. Quel en est le rôle ? Cuvier pensait
que le glosso-pharyngien était un nerf de mouvement, et,

---

[1] Voy. page 143.

bien qu'il eût suivi certains de ses filets jusqu'aux papilles
calyciformes, il n'hésitait pas à lui refuser toute valeur au
point de vue sensitif, n'accordant qu'au lingual une semblable fonction.

En 1834, un observateur italien, Panizza (de Pavie), montra que le glosso-pharyngien ne fonctionnait nullement
comme l'avait supposé Cuvier, revendiqua pour ce nerf une
part importante dans la transmission des excitations gustatives et, dépassant le but, finit par le considérer comme
seul capable de remplir ce rôle, n'attribuant au lingual
d'autre conduction que celle des impressions tactiles [1].

Panizza se fondait sur l'expérience suivante : on présente
à un chien des aliments imprégnés d'une substance amère
(coloquinte, etc.), il les refuse opiniâtrement ; on lui sectionne les glosso-pharyngiens, il ne témoigne plus aucun
dégoût. L'observateur italien en concluait que les filets de la
neuvième paire commandent seuls à la gustation, celle-ci
paraissant totalement abolie dès qu'on les coupe ; or ces
faits prouvent simplement que la région de la langue innervée par le glosso-pharyngien, la région postérieure comme
nous l'avons vu plus haut, recueille plus facilement les
saveurs amères et la région opposée les saveurs sucrées, ce
que d'anciennes expériences, les observations de Brillat-
Savarin sur le mutilé d'Amsterdam, etc., avaient précédemment établi. En outre, J. Müller et plus récemment
Schiff [2], ont montré que les expériences de Panizza étaient
loin de conduire à des résultats aussi rigoureux qu'il l'avait

[1] Panizza, *Ricerche sperimentali sopra i nervi*, 1834.
[2] Schiff, *Neue Untersuch. über die Geschmacksnerven des vordern
Theils der Zunge (Moleschott's Untersuch. zur Naturlehre*, 1867, X,
p. 406).

imaginé, car les chiens auxquels on a coupé le glosso-
pharyngien n'acceptent jamais volontiers la viande impré-
gnée de coloquinte, ils ne la mangent, au contraire, qu'avec
une répugnance très visible, et si l'on place auprès de ces
aliments d'autres morceaux privés de tout ingrédient amer,
ils se jettent immédiatement sur ces derniers, ce qui
montre que non seulement le goût n'est pas aboli, mais que
les saveurs amères peuvent être perçues au moins dans une
certaine limite, par la portion antérieure de la langue.

Peu d'années après les recherches de Panizza, Magendie
formula une opinion toute différente [1] : le glosso-pharyngien
était, pour lui comme pour Cuvier, privé de toute valeur
gustative et le lingual eût seul permis à cette forme de
sensibilité spéciale de se manifester. Outre que Magendie
était égaré par certaines idées personnelles et pré-
conçues sur les fonctions du trijumeau, la signification
de ses propres expériences lui échappa presque complètement.

Dans les premières, il sectionnait le lingual et prétendait ne plus observer aucune trace de sensibilité gustative;
dans les suivantes, il coupait simplement le glosso-pharyngien et trouvait cette dernière faculté intacte. Mais lorsqu'on examine les résultats fournis par ces deux séries d'expériences, on voit que la première, poursuivie avec des
substances qui agissent sur le tact lingual, non sur le goût,
ne saurait permettre de conclure une perte absolue de
celui-ci; quant à la seconde, elle comporte une cause d'erreur
plus grave encore : ce n'était pas le glosso-pharyngien que Magendie sectionnait, c'était uniquement le rameau pharyngien

[1] Magendie, *Leçons sur le système nerveux*, t. II, p. 295, 1839.

du pneumogastrique très facile à atteindre. La preuve en est fournie par les détails mêmes que relate Magendie insistant sur différents troubles propres à la section du pneumogastrique [1]; on s'explique comment, en de semblables circonstances, le goût demeurait intact.

Aujourd'hui, tous les physiologistes s'accordent à admettre que ce sens s'exerce par le lingual et le glosso-pharyngien [2], le premier destiné à la région antérieure de la langue,

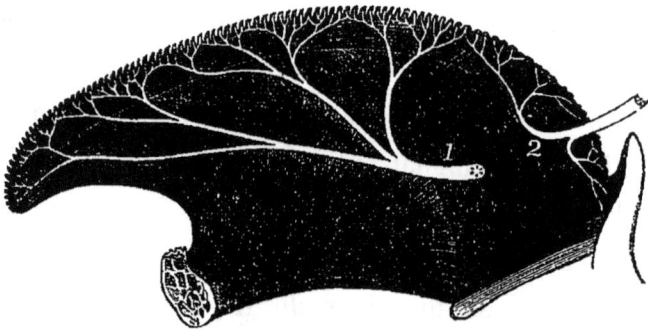

Fig. 36. — Schèma de la langue avec ses nerfs sensitifs et ses papilles.
1. Nerf lingual. — 2. Nerf glosso-pharyngien. (D'après Dalton.)

le second à sa partie postérieure (fig. 36). Si, poussant plus loin l'analyse générale de leurs fonctions réciproques, on cherche quelle relation existe entre leur mode de distribution et les différents types de saveurs, on voit que, suivant les expériences mentionnées plus haut, les saveurs douces, localisées principalement dans la partie antérieure de la langue, seront recueillies par les filets du nerf lingual,

[1] Troubles de la déglutition, etc.

[2] Les expériences de M. Chauveau ont montré que le glosso-pharyngien était un nerf mixte, moteur et sensitif; mais d'après ses propres conclusions, les tubes moteurs se distribueraient exclusivement aux muscles pharyngiens et palatins; nous n'avons donc pas à tenir compte de ces filets dans l'étude spéciale que nous poursuivons ici.

tandis que les saveurs amères, plus appréciables dans la région opposée, seront transmises par les rameaux du glosso-pharyngien.

On pourrait croire qu'après avoir ainsi discuté le rôle des divers nerfs linguaux, examiné leur mode de distribution, indiqué même les formes d'impression qu'ils doivent conduire au centre percepteur, nous ayons atteint le but que nous nous étions proposé. Il n'en est malheureusement rien, car ces nerfs ne sont pas affectés au service exclusif de la gustation, ils doivent encore transmettre les excitations tactiles, et cette dualité fonctionnelle nous impose immédiatement le devoir de rechercher dans chacun de ces deux nerfs, lingual et glosso-pharyngien, quelles fibres recueillent les impressions sapides, quels filets transmettent les excitations de contact, de pression, de température, etc.

On devine aisément, et les difficultés dont s'entoure la solution d'une semblable question, et la multiplicité, la délicatesse des recherches qu'elle exige ; ces causes sont, hélas ! si réelles que pour l'un de ces nerfs, pour le glosso-pharyngien, nous en sommes réduits à de simples conjectures qui ne reposent sur aucun fait scientifique. L'histoire du lingual est, au contraire, beaucoup plus avancée, l'observation clinique, comme l'expérimentation physiologique ayant également contribué à ses rapides progrès dont l'école italienne peut revendiquer la meilleure part.

A la fin du siècle dernier, un médecin de Padoue, Caldoni, faisait connaître un certain nombre de cas dans lesquels la sensibilité tactile de la langue avait été conservée ou la sensibilité gustative abolie et *vice versâ;* ces faits ne tardèrent pas à devenir plus nombreux, et, se reportant au trajet et aux anastomoses du nerf lingual, quelques auteurs furent amenés à chercher dans l'étude de la corde du tympan, c'est-à-dire de la branche que le lingual reçoit du facial, l'explication de ces altérations singulières de la sensibilité. Mais à peine les travaux de Serres, de Roux, d'Arnold, etc., venaient-ils de vulgariser cette idée, qu'immédiatement les opinions se divisèrent sur le rôle précis de ce rameau nerveux : sensitif pour les uns, il devenait moteur avec les autres, qui lui assignaient pour fonction de faire « dresser les papilles », si bien que depuis soixante ans l'histoire du sujet se résume en une suite de variations indéfinies et de contradictions perpétuelles.

Toutefois, et pour ne pas développer outre mesure cette partie physiologique de notre sujet, je me hâte de rappeler que les expériences les plus récentes, les observations les plus concluantes tendent à faire regarder la corde du tympan comme un nerf de sensibilité spéciale, de sensibilité gustative. Les résultats obtenus par Schiff, par Lussana, etc., paraissent si démonstratifs[1], que je me borne à résumer les expériences suivantes :

1° On coupe les deux glosso-pharyngiens et les deux cordes du tympan sur un chien : le goût disparaît, mais la *région antérieure* de la langue conserve sa *sensibilité tactile*.

2° On sectionne le lingual avant sa réunion à la corde du tympan : la sensibilité tactile de la région antérieure disparaît, mais le *goût* persiste.

De nombreuses observations pathologiques confirment

---

[1] Voy. Schiff, *loc. cit.* — Lussana, *Recherches expérimentales, et observations pathologiques sur les nerfs du goût* (Arch. de physiologie, 1869, t. II, p. 24). — Id., *Sur les nerfs du goût* (ibid., 1871, t. IV, p. 150).

pleinement ces expériences ; l'une des plus curieuses et des plus probantes est due à Lussana : sur un malade opéré par un charlatan et dont la corde du tympan avait été coupée, on constatait que la région antérieure de la langue avait, de ce côté, perdu toute sensibilité gustative, la sensibilité tactile restant intacte. Rapprochons ce fait des résultats qui viennent d'être résumés, reportons-nous aux notions anatomiques relatives au mode de distribution des nerfs de la langue, aux rapports de la corde du tympan, etc., et nous serons évidemment en droit de conclure que le nerf lingual ne jouit pas, par lui-même, de la propriété de conduire les impressions gustatives, qu'il la doit à cette corde du tympan, à cette branche de la septième paire qui lui est accolée et se prolonge avec lui jusqu'à la région antérieure de la langue, où elle recueille ces excitations spéciales, tandis que les fibres du lingual y président à l'exercice de la sensibilité générale et tactile.

Mais on ne doit pas se contenter d'établir le rôle de la corde du tympan, il faut encore rechercher par quelle voie ses fibres pourront transmettre au centre percepteur les impressions gustatives. Cette nouvelle question, d'une analyse fort délicate, a été diversement résolue ; pour les uns, comme Schiff, la corde du tympan dériverait d'une anastomose intra-crânienne du facial avec le trijumeau (maxillaire supérieur); les autres, avec Lussana, la font naître du nerf intermédiaire de Wrisberg, hypothèse que les travaux du savant italien, joints aux résultats obtenus par M. J.-L. Prévost, semblent tout particulièrement appuyer[1].

---

[1] J. L. Prévost, *Recherches relatives aux fonctions gustatives du nerf lingual* (*Gazette médicale*, 1869). — Depuis l'époque de cette Leçon, M. Mathias Duval a communiqué à la Société

Qu'elles suivent l'une ou l'autre de ces directions, les excitations gustatives recueillies par la corde du tympan, comme celles qui sont transmises par le glosso-pharyngien, gagnent l'écorce cérébrale après avoir traversé les couches optiques vers leur centre médian, ainsi que l'ont montré les belles recherches de M. Luys[1].

C'est surtout chez l'Homme qu'en raison même de sa nature, le sens du goût peut être analysé avec le plus de certitude, aussi l'avons-nous longuement examiné sous les divers points de vue auxquels il méritait d'être considéré ; nous devons maintenant en poursuivre l'étude dans l'ensemble de la série animale, nous attachant particulièrement à l'histoire des organes destinés à recueillir ces impressions spéciales.

de Biologie d'intéressantes observations qui seront consultées avec fruit.

[1] Luys, *loc. cit.*

DIXIÈME LEÇON

On connaît le débat qui s'est élevé entre Gall et Brillat-Savarin, le premier soutenant que l'Homme devait prendre place parmi « les êtres les plus bornés dans leurs goûts », le second réclamant au contraire pour notre espèce une prééminence absolue. En réalité, il semble qu'on doive se garder également de conclure d'une façon trop absolue en faveur de l'une ou l'autre de ces opinions. Les mouvements variés que possède la langue de l'Homme, la fine muqueuse qui la revêt, la richesse du plexus nerveux qui la parcourt, le régime omnivore que notre industrie nous permet de varier sous mille formes diverses, témoignent évidemment d'un goût très délicat, capable d'atteindre même, par l'exercice, à une incomparable perfection. Mais, d'un autre côté, le charmant auteur de la *Physiologie du Goût* n'a-t-il pas méconnu les plus vulgaires observations zoologiques, quand il a refusé cette faculté sensorielle à l'ensemble des animaux qu'il a représentés comme avalant gloutonnement leurs aliments, sans jamais chercher à en percevoir la saveur? Les mœurs des espèces domestiques, des Quadrumanes, des Herbivores, etc., contredisent de la manière la plus formelle une semblable assertion, et ce sera seulement quand nous arriverons aux degrés les plus inférieurs de la série que nous verrons le goût disparaître pour se confondre avec le toucher.

MAMMIFÈRES. — Dans la classe des Mammifères, l'appareil du goût se trouve constitué suivant le plan fondamental que nous venons d'observer chez l'Homme ; mais la langue peut y présenter de grandes dissemblances sur la valeur desquelles il convient de ne pas se méprendre, car le développement exceptionnel qu'elle offre parfois indique moins un perfectionnement nouveau dans sa fonction sensorielle qu'une adaptation spéciale de son rôle mécanique, modifié suivant le genre de vie de telle ou telle espèce. Aussi devrons-nous considérer cet organe non dans sa forme ou ses dimensions, mais dans les éléments excitables qu'il renferme et dans les papilles qui traduisent extérieurement leur présence.

Quadrumanes. — Chez les Singes, le goût est toujours très manifeste, et la langue ressemble beaucoup à celle de l'Homme ; cependant les papilles calyciformes y sont moins nombreuses et ne forment presque jamais une double série divergente comparable à celle qui s'observe dans l'espèce humaine ; une pareille disposition ne se rencontre guère que chez les Babouins, animaux gourmands, ravageurs acharnés des plantations et des vergers, offrant le plus souvent trois de ces saillies principales, disposées en triangle (Callitriche, Magot, Ouistiti, etc.), rarement quatre (Malbrouk) ou seulement une (Mandrill).

Cheiroptères. — Les Chauves-Souris présentent deux modes d'alimentation qui se traduisent par des différences importantes dans la constitution de leur muqueuse linguale : chez les Cheiroptères insectivores, le revêtement est presque uniquement corné, et c'est à peine si l'on distingue une ou deux papilles calyciformes; chez les Roussettes au contraire, qui sont frugivores, on en trouve trois ou cinq disposées de façon à figurer les premières ébauches d'un V lingual.

Insectivores. — On doit s'attendre à rencontrer chez les animaux de cet Ordre des dispositions analogues à celles qui caractérisent la plupart des Chauves-Souris et c'est effectivement ce qu'établissent les préparations placées sous vos yeux : dans les Taupes, les Musaraignes, etc., il existe à peine deux papilles calyciformes, le plus souvent fort petites.

Carnivores. — Les Carnivores paraissent avoir, en général, le goût assez développé, bien qu'il y ait de nombreuses particularités à relever sous ce rapport. Chez les Ours, dont le régime est omnivore, qui recherchent les fruits, le miel, etc., la langue est molle, riche en papilles gustatives, rappelant de fort près ce qui s'observe sur les Quadrumanes. Dans le Blaireau, le nombre de ces papilles diminue et l'on voit en même temps la presque totalité de la muqueuse s'indurer et se revêtir d'aspérités semblables à celles qui s'observent dans les Insectivores ; le fait, encore peu marqué chez les Canidés, devient évident dans les Viverridés et les Félidés (Lion, etc.), animaux franchement carnassiers dont la langue est couverte de papilles cor-

nées (fig. 37), véritables ongles linguaux destinés à lacérer
la proie, capables même d'en faire jaillir le sang. Les papilles calyciformes ne disparaissent pas d'ailleurs et varient
seulement dans leur nombre : le Chat, l'Ocelot, le Lynx, la

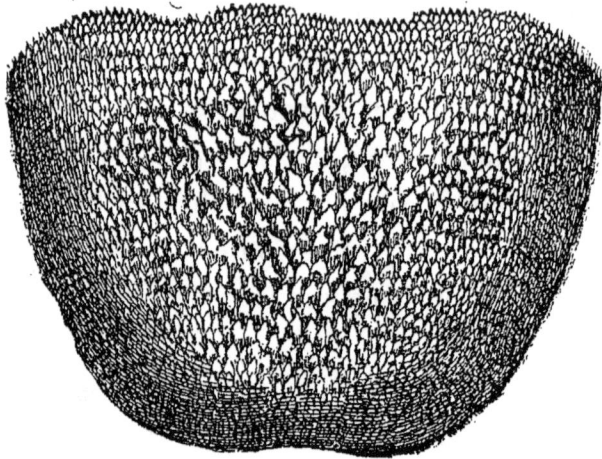

Fig. 37. — Langue du Lion avec ses papilles cornées.

Panthère en possèdent généralement dix, le Tigre quatre,
le Zibeth deux, etc.

Rongeurs. — La langue des Rongeurs offre des dimensions assez faibles, surtout dans sa partie antérieure ; les
papilles calyciformes varient entre deux, quatre et six. Chez
eux encore, le régime influe sur l'aspect de la langue et sur
le nombre de ses papilles : molle et riche en papilles
fungiformes ou calyciformes chez les espèces frugivores
(Écureuils, Lapins, Rats, etc.), elle devient rude et cornée
dans les genres qui se nourrissent de racines ou d'écorces
plus ou moins sèches (Castor, Porc-Épic, etc.).

Lémuriens. — Les Mammifères que nous devons examiner maintenant ont été durant bien longtemps rangés auprès des Singes, malgré les profondes dissemblances que
l'anatomie et l'embryologie révèlent entre eux. Cette con_

fusion a duré jusqu'au moment où les belles recherches de M. Alphonse Milne Edwards [1], ont mis en lumière les véritables affinités de ces animaux, dévoilant en même temps la constitution générale de leurs appareils organiques. Aussi leur ferons-nous de fréquents et précieux emprunts dans le cours de ces leçons.

Chez les Makis, les Indris, les Propithèques, les Avahis, la langue peut revêtir des formes diverses : tantôt elle s'effile vers sa pointe, tantôt au contraire elle semble brusquement tronquée et revêt un aspect trapézoïde [2]; souvent épaisse et charnue, elle présente parfois une remarquable minceur. Elle possède toujours une grande mollesse, se montre parsemée de nombreuses glandules et reçoit d'abondants filets nerveux. Ceux-ci se terminent dans des papilles qui varient suivant les régions de l'organe : fungiformes et hémisphériques vers la pointe de la langue, certaines d'entre elles passent au type calyciforme dans la zone moyenne ou postérieure. Ces grosses papilles sont au nombre de quatre, cinq ou sept et se disposent de manière à dessiner un V dont les deux branches seraient inégales.

Ongulés. — L'Éléphant présente une muqueuse linguale très finement papilleuse, sur laquelle on compte en général quatre saillies calyciformes volumineuses [3].

[1] Alphonse Milne Edwards, *Observations sur quelques points de l'embryologie des Lémuriens et sur les affinités zoologiques de ces animaux* (*Comptes rendus des séances de l'Académie des Sciences*, 15 août 1872. — *Annales des sciences naturelles*, 5e série, 1871) . — Id., *Classification des Lémuriens* (*Revue scientifique*, septembre 1871).—Id., *Histoire naturelle des Mammifères de Madagascar*, t. IV ; atlas, t. I, 1875.

[2] Alphonse Milne Edwards, *loc. cit.* (*Hist. des Mammifères de Madagascar*, atlas, t. I, pl. LXXXVIII).

[3] Peut-être la région postérieure de la langue porte-t-elle des formations analogues.

Le nombre de ces grosses papilles diminue chez les Porcins qui fréquemment n'en offrent que deux ou trois.

Les Ruminants en ont deux rangées de dix ou douze, généralement assez petites ; la surface de la langue est d'ailleurs dure, quasi-cornée, disposition en rapport avec le mode de préhension des aliments.

Le Cheval a la langue encore dure et rugueuse, portant deux ou trois papilles calyciformes, énormes *foramina cæca*, tout couverts de mamelons secondaires (fig. 31 et 32).

Edentés. — Chacun connaît la forme et la fonction de la langue des Édentés, et en particulier des Fourmiliers : très allongée, vermiforme, mue par des muscles spéciaux et puissants, lubréfiée par une abondante salive sous-maxillaire, elle devient organe de préhension, non de gustation [1].

Marsupiaux. — Chez les Marsupiaux, on devine quelles variations le régime imprimera à la constitution des organes qui nous occupent ; ils s'y montrent pauvres en papilles calyciformes et rarement en possèdent plus de deux ou trois.

Monotrèmes. — L'Échidné a la langue assez semblable à celle des Fourmiliers ; quant à celle de l'Ornithorynque, on l'a décrite tantôt comme cornée, tantôt comme molle ; parfois on lui attribue même une structure mixte : cornée en avant, molle en arrière. Notons que ces observations, déjà anciennes, ayant été faites sur des individus conservés dans l'alcool, il convient de ne leur accorder qu'une faible valeur.

[1] G. Pouchet, *Mémoires sur le grand Fourmilier*, 1868. — Joannes Chatin, *Observations sur les glandes salivaires chez le Fourmilier Tamandua* (*Annales des sciences naturelles*, ZOOLOGIE, 5e série, t. XIII, 1869)

Cétacés. — Chez les Cétacés, animaux vivant dans l'eau, avalant leurs aliments sans les mâcher, la langue est lisse et rude, dépourvue de papilles analogues à celles dont nous venons de constater l'existence dans la plupart des autres Mammifères ; le goût ne doit s'y exercer que de la façon la plus vague et la plus imparfaite.

OISEAUX. — Chez les Oiseaux, ce sens ne paraît que faiblement développé. En effet, et cette remarque est d'application générale : la gustation ne peut s'effectuer qu'autant que les substances sapides demeurent quelque temps dans la cavité buccale, s'y dissolvent dans des liquides spéciaux, y sont divisées, pressées, rassemblées à la surface des éléments excitables ; aussi les Oiseaux ne mâchant pas leurs aliments, qu'ils avalent rapidement, on doit s'attendre à trouver chez eux ce sens fort obtus et son appareil rudimentaire ; c'est effectivement ce que l'on constate[1].

Au point de vue physiologique, toutes les expériences, toutes les observations des ornithologistes concordent à établir l'absence presque complète du goût ; sous le rapport anatomique, la langue possède généralement un étui résistant qui peut lui permettre de concourir au broiement des aliments, mais rendrait difficile son imprégnation par les particules sapides des corps extérieurs ; il n'y a guère que les Perroquets chez lesquels elle soit réellement charnue, molle et papilleuse : caractères qui, joints à l'espèce de mastication subie par les aliments, indiquent dans ces animaux un goût plus développé que chez les autres Oiseaux ;

[1] Cependant quelques espèces paraissent témoigner d'une certaine sélection dans le choix de leurs aliments et mériteraient d'être observées sous ce rapport plus minutieusement qu'elles ne l'ont été jusqu'ici.

quelques Rapaces, quelques Échassiers (Flamants) s'en rapprochent jusqu'à un certain point ; partout ailleurs, il est impossible de regarder cet organe comme servant à la gustation [1].

La langue des Oiseaux est, à la vérité, parcourue par de nombreux filets nerveux ; mais outre que, pour les motifs invoqués plus haut, ils ne semblent pas devoir être aisément ébranlés par les excitations sapides, ils se terminent sur des appareils qui, nous l'avons constaté dans une de nos précédentes Leçons [2], sont destinés surtout à recueillir des impressions tactiles. C'est à cette dernière fonction que paraît affecté l'organe, et l'étude des Pics, des Canards, etc., fournit à cet égard d'excellents témoignages [3].

REPTILES. — Il suffit de se reporter aux mœurs de ces animaux pour deviner que le goût y sera toujours faiblement développé ; la bouche semble être calibrée sur les dimensions mêmes de la proie qui est avalée sans être soumise à aucune mastication et ne peut laisser qu'une impression grossière, beaucoup plus voisine du toucher que du goût.

Cependant chez les Tortues, qui divisent parfois leurs aliments et acquièrent ainsi de nouveaux traits de similitude avec les Vertébrés supérieurs, on trouve une langue molle, papilleuse, capable de servir à la gustation. Les Cro-

---

[1] Les mouvements mêmes de cette langue paraissent combinés en vue de la préhension, non de la gustation ; ils sont en effet très limités, bornés en général à sa totalité et ne présentent plus les trois directions (spication, rotation, verrition) si bien décrites par les anciens auteurs.

[2] Voyez les travaux de Ranvier cités p. 84-85.

[3] La langue des Toucans, des Oiseaux-Mouches, etc., est terminée par un bouquet de poils et sert manifestement d'organe tactile.

codiliens se montrent ici fort inférieurs aux autres Reptiles et possèdent à peine une saillie rugueuse ; chez quelques Sauriens la langue est molle et charnue (Scinque), ou se transforme en un véritable organe de préhension qui rappelle ce qui s'observe dans les Fourmiliers (Caméléon).

La langue des Serpents paraît affectée surtout au service du toucher, mais dans ces dernières années on a signalé chez plusieurs d'entre eux, près des dents maxillaires, des organes calyciformes recevant à leur base plusieurs filets nerveux. Schultze, Schwalbe, etc.[1], les considèrent comme des organes gustatifs, tandis que Leydig y a vu successivement de simples amas glandulaires [1], puis des appareils propres au « sixième sens » et analogues aux organes latéraux des Poissons[2] ; il est donc impossible de se prononcer actuellement sur leur signification fonctionnelle qui réclame de nouvelles recherches.

BATRACIENS. — Les Batraciens avalant leur proie sans la diviser, sans qu'elle séjourne dans la bouche, il paraît difficile de leur accorder un goût bien délicat ; pourtant, et ce fait suffirait à montrer avec quelle prudence il convient de tirer des déductions physiologiques de simples constatations anatomiques, il semble que l'appareil ordinaire de ce sens y soit notablement développé et capable de recueillir les impressions les plus fugaces.

En effet, si l'on fait abstraction des Pipas qui sont dépourvus de langue, on trouve partout ailleurs (Crapauds, Grenouilles, Salamandres, etc.), cet organe bien constitué,

[1] Leydig, *Archiv fur mikros. Anatomie*, t. VIII, 1872.
[2] Les mêmes organes semblent se rencontrer chez un certain nombre de Sauriens.

mou, visqueux, parsemé de saillies qui chez les Salamandres deviennent de véritables papilles. A la surface se distinguent des formations étudiées à plusieurs reprises et
auxquelles il est difficile de refuser la valeur d'éléments
gustatifs.

Meissner les entrevit probablement le premier [1], puis
Billroth [2], Tixier [3], Hoyer [4] et Axel Key [5] leur consacrèrent
de patientes recherches dont les résultats furent malheureusement entachés d'erreurs nombreuses ; Engelmann [6]
et Schultze [7] ne tardèrent pas à les rectifier et montrèrent
que chacun de ces organes se compose d'une zone périphérique formée de cellules prismatiques et d'une masse
centrale constituée par des bâtonnets de forme bizarre
(*Cellules en fourchette*) auxquels viennent aboutir les
fibrilles nerveuses. Nous retrouvons donc ici une structure
identique à celle que nous avons rencontrée dans les
« boutons gustatifs » des Mammifères.

Poissons. — Se fondant sur la gloutonnerie proverbiale
des Poissons, la plupart des naturalistes ont cru devoir
leur refuser toute sensibilité gustative ; en effet, ces animaux divisent rarement leurs aliments et ne pourraient les
conserver dans leur cavité buccale sans amener presque

---

[1] Meissner, in *Bericht*, 1856, p. 594.

[2] Billroth, in *Deutsche Klinick*, n° 23, 1857.

[3] Tixier, *De linguæ raninæ structurâ*. Dorpat, 1857.

[4] Hoyer, *Mikroskop. Untersuch. uber die Zunge des Frosches* (*Muller's
Archiv*, 1859, p. 481.

[5] Axel Key, *Uber die Endigungsweise der Geschmacksnerven in der
Zunge des Frosches* (id., 1861, p. 329, pl. VIII).

[6] Engelmann, *Uber die Endigungsweise der Nerven in den Papillæ
der Froschzunge* (id., 1863, p. 634).

[7] Schultze, *Epithel. und Drusenzellen* (*Archiv f. mikr. Anat.*,
t. III).

aussitôt un trouble considérable dans le jeu de leurs fonctions respiratoires. D'autre part, la langue est généralement rudimentaire, peu musculeuse et peu mobile, réduite à l'hyoïde, couverte de dents, etc.

On ne saurait imaginer un appareil plus imparfait, et cependant il est difficile de dénier complètement à ces animaux la possession d'un sens dont l'exercice s'accorde si bien avec les conditions extérieures qui président à leur existence : vivant au sein d'un liquide dont il doit à chaque moment apprécier les principales propriétés sous forme de caractères organoleptiques, le Poisson ne peut les percevoir que sous un état évidemment très voisin de l'espèce sensorielle dont nous poursuivons aujourd'hui l'étude.

Cette particularité n'a pas échappé aux zoologistes et certains d'entre eux, dans leur précipitation à reconnaître chez ces animaux la présence d'organes gustatifs, les ont même trop généreusement dotés à cet égard. Ils n'ont pas craint d'attribuer une pareille signification aux corpuscules cyathiformes du tégument général, aux organes latéraux, etc. La présence des premiers sur des parties évidemment destinées à recevoir des impressions tactiles (barbillons, tentacules, etc.), ne laisse aucun doute sur leur fonction ; celle-ci est moins facile à établir pour la ligne latérale, et bien que sa situation, les nerfs qui s'y rendent, etc., justifient la place que nous lui avons donnée parmi les organes du toucher, il faut reconnaître que par certains détails elle rappelle de fort près les corpuscules gustatifs des Mammifères ; aussi, comme j'ai eu l'occasion de vous l'indiquer dans une précédente séance, peut-on regarder ces éléments comme destinés à recevoir des excitations peut-être intermédiaires entre le goût et le toucher, procédant vraisemblablement de l'un et de l'autre, liées aux caractères physiques et surtout chimiques du liquide dans lequel vit le Poisson. Cette hypothèse semble confirmée par ce fait que lorsque les Batraciens habitent le même milieu, ils possèdent un appareil identique.

Mais en dehors de ces organes tactiles ou mixtes, peut-on en distinguer qui soient plus franchement gustatifs et méritent d'être assimilés aux parties que nous examinons en ce moment ? La langue, nous venons de le voir, ne se prêterait guère à un pareil rapprochement ; mais il n'en est plus de même de la muqueuse buccale dont la région postérieure présente souvent des modifications capables d'en faire un véritable organe du goût.

Chez les Carpes, dans les Saumons, on voit déjà cette membrane se plisser, augmenter sa surface excitable, sé couvrir d'aspérités papilloïdes, recevoir de nombreux filets nerveux ; mais c'est surtout dans le groupe des Sélaciens, si remarquable, si nettement supérieur à tant d'égards, que ces dispositions s'accentuent et se perfectionnent au plus haut degré ; elles ont été pourtant méconnues de la plupart des anatomistes et c'est seulement dans ces dernières années que divers histologistes, et particulièrement Fr. Todaro[1], en ont fait connaître la structure exacte.

Examinons donc, sur ces préparations et en nous aidant des travaux que je viens de citer, la structure de la membrane gustative de ces animaux. Chez le *Trygon*

[1] Fr. Todaro, *Die Geschmachsorgane der Rochen* (*Centralblatt für d. m. Wissensch.*, n. 15, p. 227, 1872). — Id., *Ricerche fatte nel laboratorio di anatomia normale della Reale università di Roma*, 1872. — Id., *Les organes du goût et la muqueuse bucco-branchiale des Sélaciens* (*Archives de Zoologie expérimentale*, t. II, p. 534, pl. XXIV, 1873).

Pastinaca, que nous pouvons prendre comme type de
nos études, nous voyons la muqueuse buccale hérissée de
papilles qui se montrent avec des formes différentes : cylindriques, olivaires, fungiformes, foliacées, miliaires, etc. [1],
Non seulement la muqueuse porte ainsi d'abondantes papilles, mais elle offre encore des plis nombreux qui augmentent sa surface et présentent des dimensions fort inégales;
l'un d'eux, très-développé chez les Raies, figure une sorte
de voile palatin dont le bord libre porte un si grand nombre
d'organes gustatifs, que les Allemands l'ont depuis longtemps distingué sous le nom de *crête gustative* (*Geschmachs-
leisten*).

Si de l'aspect extérieur nous passons à l'examen histologique de cette muqueuse et recherchons dans les organes
décrits comme gustatifs une structure qui justifie cette dési-
gnation, nous rencontrons d'abord le derme, formé de tissu
conjonctif variable dans ses formes [2], et constitué par des
cellules mucilagineuses ou muqueuses sur sa couche profonde, par des éléments fibroïdes et faiblement feutrés dans
sa partie moyenne (fig. 38, *f*) et enfin par des éléments franchement cellulaires et nucléaires dans sa couche supérieure
limitée du côté de l'épithélium par une zone assez compacte pour qu'on l'ait décrite comme élastique ; j'incline à
penser qu'elle est simplement formée par une couche de
tissu conjonctif dense. L'épithélium vient ensuite et présente également trois zones successives. La plus inférieure
(fig. 38, *a*), celle qui confine au derme, est représentée par
un plan de cellules cylindriques, disposées perpendiculai-

---

[1] Ces papilles avaient été déjà signalées par quelques auteurs
(Nardo, etc.).

[2] On sait que les variations de ce tissu sont nombreuses et fréquentes dans l'ensemble de la classe des Poissons.

rement à la surface dermique, avec laquelle elles semblent
s'engrener par leurs bords denticulés; elles offrent un
pareil mode d'union avec les éléments de la couche
moyenne. Au-dessus de cette membrane basilaire vient en
effet une autre zone (fig. 38, *b*) formée de cellules arrondies,
fusiformes, etc., dans lesquelles plongent des glandes simples
ou composées qui s'ouvrent à la surface libre de la mu-

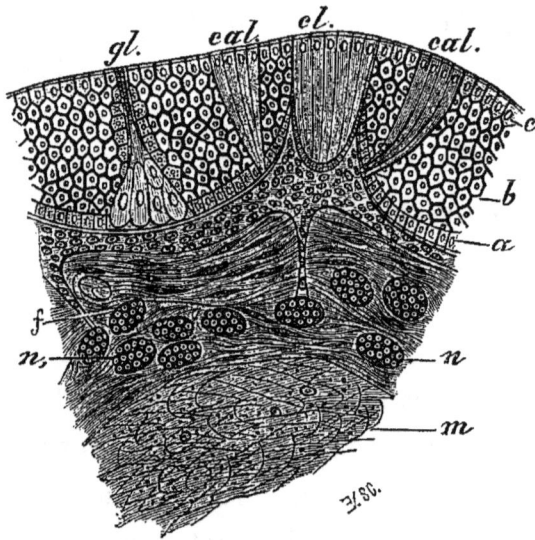

Fig. 38. — Pastenague (*Trygon Pastinaca*), coupe d'une papille.

m, Couche musculaire. — *f*. Tissu fibreux du derme. — *a*. Couche basilaire de l'épithélium. — *b*. Sa zone moyenne. — *c*. Sa zone supérieure dont les cellules sont limitées
par un plateau cuticulaire. — *gl*. Glande dont le canal excréteur traverse l'ensemble du
tissu épithélial pour s'ouvrir à la surface de la muqueuse. — *cal*. Calyce. — *cl*. Cloche.
— *n*. Section des filets nerveux qui se terminent dans ces appareils. (D'après Todaro.)

queuse (fig. 38, *gl*). La couche superficielle de celle-ci est
formée par une assise de cellules polyédriques terminées
extérieurement par une face plane (plateau) percée de petits
canalicules (fig. 38, *c*).

Telle est la structure générale de la muqueuse buccale;
mais lorsqu'on l'examine sur la région dite gustative, au
niveau des papilles mentionnées plus haut, on la voit se mo-

difier profondément. Si l'épithélium y devient moins épais;
les vaisseaux, les filets nerveux semblent au contraire se
ramifier à l'infini pour gagner le sommet de la papille
et s'y terminer dans des organes particuliers qui se présentent sous deux aspects :
claviformes, ce sont les *calyces*
de Todaro (fig. 38, *cal*) ; arron-

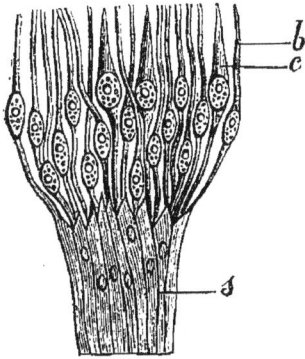

Fig. 39. — Pastenague (*Trygon
Pastinaca*). Structure d'un calyce.

b. Bâtonnets. — *c*. Cône. — *s*. Cellules de soutien. (D'après Todaro.)

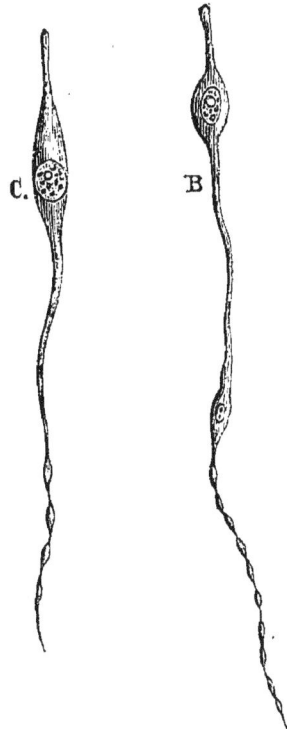

Fig. 40. — Squale Ange (*Squa-
tina Angelus*). Éléments gustatifs.

C. cône isolé. — *B*. bâtonnet isolé;
le segment externe a été brisé vers
son tiers inférieur. (D'après Todaro.)

dis ou globoïdes, ils représentent les *cloches* du même
auteur (fig. 38, *cl*). En général
les cloches occupent le som-
met de la papille sur les flancs de laquelle s'étagent les
calyces.

La constitution des uns et des autres est d'ailleurs fort
semblable et se résume en deux types histologiques :
1° des éléments protecteurs ou de soutien, cellules épithéliales légèrement modifiées, tendant vers la forme cylindrique (fig. 39, *s*); 2° des éléments excitables, distingués par

Todaro en *bâtonnets* et en *cônes*. Les bâtonnets (fig. 37, *b*, et fig. 38, B) possèdent un corps central, elliptique, à gros noyau, d'où partent deux prolongements opposés : l'un infé-rieur se continuant avec les fibrilles nerveuses, l'autre su-périeur gagnant la surface libre du calyce ou de la cloche, car les bâtonnets sont communs à ces deux formes d'organes. Dans les cônes (fig. 37, *c* et fig. 38, C), le corps est plus volumineux, le prolongement inférieur assez court, le prolongement supérieur grêle et filiforme; les cônes ne se trouvent que dans les calyces.

Todaro ne s'est pas borné à faire connaître soigneu-sement la structure intime de ces parties, il a tenté d'é-tablir une distinction physiologique entre les bâtonnets et les cônes, localisant sur les premiers les saveurs, sur les seconds les excitations tactiles, ce qui revient à con-sidérer les cloches comme des organes simplement gus-tatifs, et les calyces comme des appareils mixtes : con-ception fort ingénieuse, mais qui ne repose sur aucune base certaine. Les recherches de l'anatomiste italien n'en pré-sentent pas moins un réel intérêt et nous obligent à reconnaître chez ces animaux l'existence de formations qui par leur situation, leur structure, l'origine des nerfs qui s'y rendent, méritent d'être justement comptées au nombre des organes destinés à recueillir les impressions sapides.

ONZIÈME LEÇON

De tous les sens, le goût est certainement celui dont l'histoire présente le plus d'incertitude et d'obscurité dès qu'on cherche à la retracer dans les groupes inférieurs de la série. On s'en rend aisément compte si l'on se reporte aux caractères de ces sensations, les plus vagues, les plus mobiles de toutes les manifestations sensorielles, si l'on considère les liens intimes qui les unissent aux impressions tactiles et ne vont pas tarder à déterminer entre elles une fusion complète. L'esprit même de la méthode qui nous guidait dans leur examen chez les animaux supérieurs va se trouver en défaut dès que nous tenterons de l'appliquer à ces organismes dégradés; l'anatomie ne nous prêtera souvent plus qu'un concours incertain, tout tendra à augmenter les difficultés d'une étude que nous pouvons à piene ébaucher.

Mollusques. — L'observation du groupe le plus élevé, de

celui qui semble devoir être le mieux doué sous ce rapport, ne justifie que trop ces prémisses et reflète déjà certains traits qui vont s'accentuer rapidement. Bien souvent, il devient impossible de définir avec précision la part que l'odorat ou le toucher peuvent revendiquer dans les phé‑ nomènes qu'on se croit en droit de rapporter au goût ; c'est à peine si, çà et là, quelques vagues indices viennent nous en révéler l'existence.

Les Céphalopodes possèdent une sorte de langue, cachée dans l'angle antérieur de la « mâchoire » inférieure, cou‑ verte de villosités papilleuses ; aussi la plupart des malacologistes n'hésitent-ils pas à y voir un véritable organe gustatif [1]. Mais il convient de faire observer que cette saillie, incapable d'envelopper les corps sapides, ne peut recueillir que des impressions grossières et semble servir surtout à assurer la déglutition ; dans tous les cas, il serait indispensable de confirmer son prétendu rôle sensoriel par de sérieuses expériences physiologiques.

Celles-ci ont été tentées souvent, quoique avec trop peu de rigueur, sur de nombreuses espèces de Gastéropodes ; on a parfois constaté une réelle sélection dans le choix des aliments : certaines Limaces aiment les fraises, d'autres les champignons ; les Colimaçons recherchent le fromage ; les Limnées et les Paludines, les plantes aquatiques (*Lemna*, *Elodea*, Algues, etc.) ; les Cyclostomes, les feuilles mortes ou le vieux bois, etc. Le goût paraît donc probable, mais n'acquiert évidemment pas chez ces animaux toute l'importance que lui accordent divers auteurs, et pour ap‑ précier son rôle exact, il conviendrait de distinguer, mieux qu'on ne l'a fait en général, les manifestations qui lui sont

[1] Owen, *On the Nautilus*, pl. IV. — De Blainville, *loc. cit.*, p. 268.

propres de celles qui doivent être rapportées à l'odorat.
S'il m'était permis de citer des observations personnelles je
rappellerais que sur des Limaces ou des Escargots auxquels
on a coupé les tentacules on constate, après la cicatrisation
de la plaie, une indifférence absolue pour les substances
qui les attiraient auparavant; or, comme c'est à l'extrémité de ces appendices que réside le sens de l'olfaction, on
ne peut nier qu'il n'exerce ici une réelle influence, dont la
valeur ne saurait être négligée dans l'analyse de semblables
phénomènes.

Ces réserves étant faites au point de vue de la physiologie comparée, quel siège peut-on assigner dans ces animaux
à la gustation? La plupart des auteurs n'hésitent pas à la
localiser sur une saillie, en forme de plaque ou de tubercule,
qui adhère à la région pharyngienne et qu'on désigne sous
le nom de « langue ». Mais il ne faut pas accorder à ce
terme une valeur trop absolue; s'il devait indiquer quelque
analogie avec la langue des Vertébrés, ce ne saurait être
qu'au point de vue mécanique : toute recouverte de dents
et d'épines cornées, cette masse charnue doit concourir
efficacement à l'ingestion ou à la déglutition, mais ne peut
servir aucunement à l'exercice du sens qui nous occupe et
qu'on serait mieux en droit de localiser sur les bords du
vestibule oral : la mollesse des parois buccales, lubréfiées
par d'abondantes secrétions, le nombre des filets nerveux
qui s'y distribuent, tout semble justifier cette opinion.

Dans les Acéphales, les sensations gustatives paraissent
extrêmement faibles et l'origine même des aliments, apportés à l'animal par le fluide qu'il habite, tend à les effacer
presque complètement. Quelques auteurs ont pensé qu'elles
étaient recueillies par les palpes labiaux, appendices qui

ne servent vraisemblablement qu'à l'exercice du toucher.

INSECTES. — L'avidité avec laquelle certains Insectes
(Abeilles, Fourmis, etc.) recherchent des aliments dont l'o-
deur semble nulle, la sélection qu'ils établissent entre diverses substances que ce dernier caractère ne paraît pas
mieux devoir faire distinguer, obligent à reconnaître chez
ces animaux un goût véritable [1]. Mais il est difficile
d'en déterminer exactement le siège quand on se reporte
aux conditions que tout appareil gustatif, tel que nous
le concevons, doit remplir : il ne suffit pas que les aliments
arrivent au contact d'une région richement innervée, il faut
encore, sous peine de voir les impressions revêtir une forme
purement tactile, que ces substances séjournent pendant
un certain temps au contact de cette région et que
celle-ci puisse s'imprégner facilement de leurs particules
sapides qui, nous le savons, n'agissent que sous la forme
liquide.

Aussi ne peut-on guère admettre que de semblables
impressions soient recueillies par les palpes, comme le voulait Knoch, ou par les antennes, comme le pense Claus : la
structure de ces parties ne les dispose nullement à de pareilles fonctions et leur rôle est tout différent. Les terminaisons nerveuses que nous avons précédemment obser-

---

[1] « Le goût est manifeste chez les Insectes..... Combien de Che-
nilles vivent sur une seule plante ou sur quelques plantes de la
même famille ! Privez-les du végétal qui leur convient en y sub-
stituant un autre végétal : pressées par la faim, elles le goûteront;
mais après l'avoir goûté, elles le délaisseront, se laissant mourir
d'inanition, plutôt que d'y revenir. » (Blanchard, *Métamorphoses,
mœurs et instincts des Insectes*, p. 103, 2º éd., 1878).

vées dans les palpes, rapprochées de l'usage qu'en fait l'animal, nous ont permis de reconnaître en eux des organes tactiles ; quant aux antennes, nous verrons bientôt qu'elles sont affectées au service de l'olfaction ou de l'audition, et deviennent parfois pour le toucher des auxiliaires plus ou moins précieux.

Restent diverses pièces buccales ou pharyngiennes, pour lesquelles la comparaison avec les organes gustatifs semble mieux justifiée, mais ne saurait être admise que sous les plus expresses réserves.

Dans quelques Coléoptères par exemple, ou chez les Libellules, la « langue » [1], molle, spongieuse, recouverte d'une mince membrane dans laquelle serpentent des fibrilles nerveuses, baignée par d'abondants produits de sécrétion, se trouve d'autant mieux appropriée à cette fonction que ces Insectes mâchent lentement leurs aliments et les maintiennent durant quelque temps dans l'intérieur de la bouche. Au contraire, chez la plupart des autres espèces, cette langue est représentée par un simple repli de la cavité pharyngienne : dure et chitineuse, elle ne saurait aucunement recevoir des impressions sapides.

Quant aux pièces buccales, elles présentent, chacun le

---

[1] Il s'agit ici de la pièce décrite par Savigny sous le nom d'*Hypopharynx* que les auteurs modernes eussent dû conserver, car le terme de *Langue* a reçu les acceptions les plus diverses : pour les uns il représente la pièce formée par l'union des deux maxillaires du labium, pour d'autres il correspond à la totalité de celui-ci ; enfin chez les Hyménoptères, c'est sous ce nom qu'on décrit la râpe médiane formée par l'accollement des deux intermaxillaires dans la lèvre inférieure. Du domaine de l'entomologie, cette déplorable confusion n'a pas tardé à passer dans celui de l'anatomie et de la physiologie comparée ; aujourd'hui il est à peu près impossible de s'entendre sur la nature et les fonctions de la « langue » des Insectes.

sait, des différences considérables et déterminées par
le mode d'alimentation des divers groupes. Chez les
Insectes broyeurs (Coléoptères, Orthoptères, Nevroptères),
elles se montrent sous la forme d'appendices cornés et
résistants destinés, soit à clore le vestibule oral (lèvres),
soit à saisir les aliments (mâchoires), ou à les diviser
(mandibules); les animaux qui possèdent une semblable
armature buccale sont d'ailleurs souvent carnassiers et
féroces, toujours gloutons et voraces; ils avalent rapidement les substances dont ils se nourrissent, sans paraître y
chercher des sensations qui, nous venons de le constater,
ne pourraient être que bien difficilement recueillies et
perçues [1].

Chez les Hyménoptères, le régime est tout différent: il se
compose de pollen et de sécrétions florales que l'Insecte recherche avec de telles précautions, distingue avec une si
parfaite précision, qu'il est impossible de ne pas y voir la
preuve évidente d'un goût manifeste. Aussi trouvons-nous
l'armature buccale totalement transformée; mais ce n'est
pas à dire que les organes qui la composent soient nouveaux pour nous: fidèle à ses principes économiques, la
Nature s'est contentée de modifier les pièces que nous énu-
mérions tout à l'heure chez les Insectes broyeurs, en les
adaptant aux mœurs de ces Abeilles, de ces Fourmis, de
ces Anthophores, qui n'ont plus besoin de pinces acérées ou
de puissantes mandibules, puisqu'ils devront se borner à

[1] On sait que suivant quelques auteurs (Strauss — Durckeim, etc.),
l'intermaxillaire de la mandibule, développé en une tubérosité
membraneuse chez les Vésicants (Meloe, etc.), eût représenté dans
ces Insectes le siége du goût. Les expériences que j'ai instituées à
ce sujet sur les principales espèces de la famille me permettent
d'affirmer que rien n'autorise cette assimilation.

lécher les parois anthérales ou les lobes pistillaires pour y
recueillir le pollen que la déhiscence de l'étamine a mis en
liberté, ou rassembler les liquides que les nectaires auront
laissé couler entre les anfractuosités des carpelles et des
pétales. Les appendices qui précédemment revêtaient un
aspect formidable, donnant aux Lucanes et aux Cerfs-Vo-
lants leur physionomie fantastique, se déploient simplement
ici sous la forme de lamelles éminemment propres à détacher les divers produits qui vont former la base de l'alimentation des Hyménoptères ; les mandibules seules rappellent
leur forme originelle, mais on ne doit pas s'en alarmer : elles
ne représentent plus des instruments de guerre et de dé-
vastation, ce sont de simples outils de travail qui permettront à l'Abeille de façonner les parois de ses alvéoles, de
pétrir son miel, de malaxer sa cire, de développer sous
mille formes diverses une industrie qui a épuisé les hyper-
boles du poète, sans cesser de s'imposer à l'admiration du
philosophe et du naturaliste.

De tous ces organes, il en est un qui, par ses dimensions et sa structure, acquiert une importance spéciale : inséré vers le centre de l'appareil buccal, il se
déploie sous l'aspect d'une longue râpe flanquée de petits
prolongements latéraux que Latreille, dans son style
imagé, appelait des « paraglosses », donnant le nom de langue à la pièce médiane ; en réalité, cet ensemble est constitué aux dépens de la lèvre inférieure, dont les intermaxillaires se sont réunis pour former la pièce médiane, tandis
que ses galeas figurent les petits appendices qui viennent
d'être indiqués et au-delà desquels se trouvent les palpes
labiaux [1].

---

[1] Pour tout ce qui a trait aux homologies de ces pièces buccales,

Mais peu nous importe, car nous ne devons ni retracer l'histoire des pièces buccales, ni poursuivre dans ses féconds résultats l'ingénieuse théorie de Savigny [1], notre but étant de rechercher simplement si, parmi les divers appendices qui se groupent autour du vestibule oral, il ne s'en distinguerait pas qui fussent plus spécialement disposés pour recevoir les excitations sapides. A cet égard, l'incertitude ne saurait être de longue durée : de toutes ces formations, il n'en est guère qu'une seule qui soit capable de remplir un semblable rôle, et ce n'est pas, sans de sérieux motifs que Latreille crut devoir assimiler la lame médiane à une véritable langue ; si les progrès de la morphologie générale nous obligent à bannir une pareille expression, nous devons du moins reconnaître que la physiologie excuse et justifie le rapprochement tenté par le célèbre auteur de l'*Histoire naturelle des Insectes*.

La structure de cette « langue » la rend, en effet, éminemment propre à l'exercice du goût : sous une mince lamelle chitineuse, à laquelle l'organe doit sa forme et son élasticité, s'étend une épaisse couche glandulaire qui vient sans cesse en humecter la surface et que parcourent de nombreux filets nerveux ; toutes les conditions essentielles se trouvent ainsi réalisées et permettent de localiser, sur cette partie de l'armature buccale, les manifestations gustatives que les entomologistes ont depuis si longtemps signalées chez les Hyménoptères, et dont les anatomistes n'éprouvent actuellement aucun embarras à décrire l'appareil.

voyez : Brullé, *Recherches sur les transformations de la bouche dans les Articulés* (*Annales des sciences naturelles*, ZOOLOGIE, 3ᵉ série, t. II, 1844, p. 271 et suiv.).

[1] J. C. Savigny, *Théorie des organes de la bouche des animaux invertébrés et articulés compris par Linné sous le nom d'Insectes*, 1816.

Cette étude devient plus délicate chez les Lépidoptères où l'on peut cependant la poursuivre encore dans ses grandes lignes : que les Papillons témoignent d'un goût véritable, l'observation vulgaire interdit d'en douter et Fabricius semble avoir voulu leur attribuer à cet égard une réelle supériorité sur les autres animaux de la même Classe lorsqu'il les a qualifiés de *Glossata*; cependant ils ne possèdent aucune partie qui mérite d'être regardée comme l'analogue de la langue des Vertébrés, et s'ils peuvent puiser au fond du périanthe les sucs élaborés par les glandes florales, ils le doivent à la présence d'un organe qui, par sa forme comme par son origine, diffère entièrement de la râpe des Hyménoptères : ils possèdent une véritable trompe recourbée sur elle-même et constituée par les mâchoires dont les galeas se sont allongés au point de constituer ce long suçoir dont les dimensions varieront suivant la nature des fleurs préférées par telle ou telle espèce ; le Papillon qui recherchera des plantes à corolle étalée n'offrira qu'une trompe peu développée, tandis que celle-ci s'allongera considérablement dans les genres qui butineront sur les fleurs à corolle digitiforme. La surface de cette trompe est revêtue de petites soies qui la disposent surtout à l'exercice du tact: mais par sa mollesse, par l'abondance de ses glandules, par le volume des troncs nerveux qui s'y distribuent et cheminent dans deux larges canaux creusés sur les flancs de son conduit central, elle paraît également capable de recueillir des impressions sapides; quant aux excitations tactiles, elles se localisent peut-être sur les palpes labiaux qui se déploient autour de la spiritrompe et la masquent même complètement lorsqu'elle est au repos: la structure de ces appendices, les conditions dans lesquelles l'Insecte les met en mouvement, tout concourt à justifier cette distinction.

La trompe des Mouches, bien que très différente de celle des Papillons semble remplir les mêmes fonctions ; lorsque son disque terminal devient charnu, lorsque les organes de sécrétion et les filets nerveux s'y multiplient, elle peut être considérée comme un organe gustatif aussi bien que comme un agent tactile.

Ces distinctions s'effacent d'ailleurs rapidement chez les Hémiptères, les Aphaniptères les Anoploures, où le commensalisme et le parasitisme impriment aux phéno-mènes sensoriels une dégradation rapide : devenant un instrument d'attaque, la bouche ne se borne plus à con-stituer un suçoir capable de diriger vers l'œsophage de l'Insecte les liquides élaborés par son hôte ou sa victime ; elle s'arme de stylets et de trocarts destinés à ponctionner les tissus qui les renferment. L'odorat paraît revendiquer ici la plus grande partie des manifestations qui guideront l'animal dans la recherche de sa nourriture, et nul organe spécial ne semble plus devoir recueillir les fugaces et subtiles impressions du goût.

La même remarque s'applique également aux groupes voisins et rien n'autorise à défendre l'opinon de Siebold admettant « par analogie » que le sens du goût réside dans les Arachnides à l'entrée de l'œsophage [1]. »

Chez les Crustacés, où l'on a généralement confondu les excitations olfactives et gustatives, on s'accorde à localiser celles-ci dans la muqueuse qui tapisse la région pharyn-gienne ; mais pour ces Arthropodes, pas plus que pour les

[1] Siebold et Stannius, *loc. cit.*, p. 506.

précédents, on n'invoque aucun fait à l'appui de ces dé-
terminations.

VERS. — Les obstacles auxquels on se heurte presque
fatalement dès qu'on cherche à séparer, dans ces êtres inférieurs, les diverses manifestations du toucher, du goût, et
de l'odorat, deviennent encore plus insurmontables lorsqu'on tente d'étudier, à ce point de vue, le groupe des Vers
chez lesquels ces différentes espèces sensorielles se confondent de plus en plus.

L'exemple, sans cesse invoqué, des Sangsues, montre
bien quelle prudence comporte un semblable examen : on
sait que ces Annélides se fixent plus volontiers sur les points
du tégument qui sont frottés avec du lait ou du sang, tandis qu'elles se refusent à mordre les places recouvertes de
pus, etc. ; telle est la plus probante des observations sur
laquelle on s'appuie pour leur accorder l'exercice du goût.
Mais l'odeur ne pourrait-elle être agréable dans le premier
cas, répulsive dans le second et ne suffirait-elle pas à expliquer ces faits? On semble n'avoir jamais songé à cette
distinction d'autant plus nécessaire que, suivant d'anciennes
expériences dues à Derheims [1], les substances amères,
comme la coloquinte et l'aloès, ne paraissent avoir aucune
action sur ces animaux.

Chez les Néréides, on a décrit des organes gustatifs représentés par la portion pharyngienne de la trompe formant une sorte d'arrière-bouche et recevant plusieurs
troncs nerveux ; les preuves anatomiques paraissent donc
assez favorables à un semblable rapprochement, mais elles

---

[1] Derheims, *Histoire naturelle des Sangsues*, 1825.

ne sauraient suffire et demandent à être appuyées par de
sérieux résultats expérimentaux.

Au-delà des Vers, les derniers indices de sensations gustatives, les dernières traces d'organes capables de les percevoir s'effacent rapidement. L'alimentation, déjà si grossière, le devient davantage encore : Echinodermes [1], Cœlentérés, Protozoaires se nourrissent de particules suspendues
dans le fluide ambiant ou ingérées avidement. Le goût,
tel que nous le concevons, perd toute valeur et toute vraisemblance; des impressions aussi délicates et aussi spéciales disparaissent devant la dégradation croissante de
ces organismes sur lesquels le toucher ne tardera pas à
régner seul.

---

[1] Chez les Echinides, Loven regarde comme organes du goût les
« Sphéridies » qui existent sur les plaques du péristome et qu'il a
minutieusement décrites sans apporter cependant aucune preuve
à l'appui de cette assimilation fonctionnelle.

DOUZIÈME LEÇON

Sommaire. — Du sens de l'odorat. — De la sensation olfactive; ses excitants; ses différents modes; ses caractères, etc.

Le sens dont nous commençons aujourd'hui l'étude est intimement lié aux deux précédents; Kant et de Blainville le qualifient « un goût à distance »; de fait, il est aussi voisin du goût que celui-ci peut l'être du toucher. Ce sont des sens grossiers, exigeant le contact de l'excitant, mais de même que les sensations gustatives se montraient déjà plus délicates que les sensations tactiles, de même les impressions olfactives, par la nature de leurs excitants, par la spécialisation des nerfs qui les transmettent, par leur localisation dans le centre qui les perçoit, témoignent d'une réelle supériorité et tendent visiblement vers les formes sensorielles plus élevées, que nous aurons bientôt à examiner.

C'est à l'odorat que nous devons de connaître une propriété spéciale des corps, leur *odeur*, de même que le goût nous en révélait la saveur; il y a des *corps odorants* et des

corps inodores, comme il y a des corps sapides et des corps
insipides, mais il est aussi difficile de définir exactement l'une
ou l'autre de ces propriétés organoleptiques. Certains physiologistes considèrent l'odeur comme un fluide impondérable,
se propageant sous forme de vibrations jusqu'à la membrane destinée à le recevoir. Une pareille définition rappro-
cherait étroitement l'odorat de l'ouïe et de la vue ; toutefois, il
semble que ce soit une simple hypothèse, impossible à justifier, peu conforme aux résultats de l'observation ou de l'expérience : chacun sait en effet que les corps odorants perdent
leur odeur avec le temps, que le poids des substances odorantes exposées à l'air diminue constamment, etc. Aussi la
doctrine opposée, celle qui voit dans les odeurs des molécules
gazeuses, transportées grâce à leur état physique jusqu'au
contact de l'organe olfactif, répond-elle plus exactement à
la réalité des faits et mérite-t-elle seule d'être adoptée.

Ces relations étroites entre l'odorat, le goût et le toucher
peuvent nous faire pressentir, dans l'étude que nous poursuivons, des difficultés analogues à celles que nous avons
rencontrées dans l'analyse des sensations gustatives, difficultés qui se multiplieront surtout lorsque nous examinerons
les derniers représentants de la série animale ; chez les êtres
supérieurs, en effet, les obstacles sont déjà moins nombreux et moins insurmontables qu'ils ne l'étaient pour le
goût, et si, dans certains cas, le tact exquis des organes
olfactifs apporte quelque incertitude dans l'appréciation des
phénomènes spéciaux qui s'y localisent, ceux-ci revêtent
du moins des caractères assez nets pour pouvoir se distinguer aisément. La nature, mieux définie, des impressions,
la spécialisation, plus accentuée, des parties destinées à
les recueillir, nous en révèlent l'existence et permettent

de rechercher les différences qu'elles présentent suivant
les espèces, le milieu, etc., avec un degré de précision que
nous ne pouvions espérer atteindre lorsqu'il s'agissait du
goût.

L'autonomie de ce sens n'est donc pas douteuse, la spécialisation de la membrane excitable, des filets conducteurs,
des centres percepteurs suffisent à l'établir, et nous devons étudier les sensations de cet ordre en les considérant sous les différents points de vue où nous nous sommes
placés pour l'examen des sensations gustatives et tactiles.

Nous avons vu ces dernières se produire en présence des
corps solides, liquides ou gazeux, l'avantage restant toutefois
aux solides ; les manifestations du goût exigeaient des excitants liquides ; pour les sensations olfactives, ce sera seulement à l'état gazeux que les corps pourront agir sur les
terminaisons nerveuses destinées à recevoir cette forme
particulière d'impressions.

Cette gradation est des plus remarquables et nous montre
une fois encore les différences qui séparent ces trois sens,
dont on ne saurait nier l'étroite parenté, mais entre lesquels on observe un perfectionnement qui se traduit par des
manifestations de plus en plus délicates à mesure qu'on
s'éloigne du plus grossier d'entre eux, du toucher.

Les solides et les liquides sont, en effet, incapables
de déterminer des sensations olfactives ; on n'odore pas
avec un liquide, si chargé qu'il soit de principes aromatiques ; l'expérience vulgaire qui consiste à remplir
les fosses nasales d'eau de Cologne, etc., le démontre
amplement. S'il en fallait d'autres preuves, on les trouverait dans l'histoire de certaines substances qui, sans odeur
à l'état solide, agissent sur les terminaisons olfactives dès

qu'on les amène à l'état gazeux : l'arsenic, par exemple [1].

Il faut donc, et l'on ne saurait trop insister sur ce point, il faut que les particules odorantes soient apportées à l'organe excitable sous l'état physique qui vient d'être indiqué, l'impression qu'elles détermineront devant être d'autant plus intense que le courant gazeux sera plus actif et frappera des surfaces plus étendues ; aussi, chez les animaux les mieux doués à cet égard, existe-t-il des plis, des lames qui brisent ce courant et le réfléchissent sur les différents points de la membrane sensible en répercutant, en amplifiant, en multipliant les excitations locales.

Suivant quels modes, selon quelles formes, les impressions olfactives peuvent-elles agir sur l'organisme ? Cette question, dont nous ne saurions différer l'examen, est presque aussi difficile à résoudre pour l'odorat que pour le goût. Haller divisait les odeurs en *agréables*, *indifférentes* et *désagréables* [2], division tellement grossière qu'on ose à peine la reproduire, bien qu'elle soit encore la plus admissible. En effet, les auteurs qui ont cherché à différencier exactement les odeurs ont été conduits à des groupements inacceptables. Pour s'en convaincre, il suffit de rappeler le plus célèbre de ces essais, celui de Linné [3], qui tenta de répartir les odeurs dans les sept familles suivantes :

1. Odeurs aromatiques...................... Œillet.
2. Odeurs fragrantes..................... .... Jasmin.
3. Odeurs ambrosiaques..................... Musc.
4. Odeurs alliacées...................... ... Ail.
5. Odeurs fétides.......................... Valériane.
6. Odeurs vireuses......................... Solanées.
7. Odeurs nauséeuses..................... Cucurbitacées.

[1] Milne Edwards, *loc. cit.*, t. XI, p. 453.
[2] Haller, *Elementa physiol.*, t. V, p. 162 et suiv.
[3] Linné, *Odores medicamentorum*, etc. (*Amœnitates academicæ*, 1756, t. III, p. 183).

Adoptée, défendue même par un petit nombre de physiologistes, cette classification n'a cessé de soulever les plus légitimes critiques. Son illustre auteur semble d'ailleurs les avoir pressenties, lorsqu'il avoue que certaines de ses classes, les « Alliacées », par exemple, détermineront des sensations entièrement différentes suivant les sujets ; perpétuelle mobilité, variations indéfinies qui ne s'arrêteront pas, hélas ! à tel ou tel groupe, mais atteindront le système tout entier et frapperont d'impuissance cette ébauche de classification, qui ne reconnaissant d'autres lois que les enseignements de l'appréciation personnelle, distinguant des odeurs dont l'impression est généralement identique, se trouvera sans cesse en défaut. Les odeurs fétides et nauséeuses, nauséeuses et vireuses, ne tarderont pas à se confondre dans une seule et même sensation ; de pareilles affinités se révéleront entre les odeurs aromatiques, fragrantes et ambrosiaques, de sorte que le résultat de l'analyse qu'on aura tenté d'entreprendre se traduira par l'établissement de deux séries répondant aux odeurs agréables d'une part, aux odeurs désagréables d'un autre côté, la transition se trouvant ménagée entre ces deux ordres par les odeurs alliacées, que Linné reconnaît lui-même devoir être tantôt agréables et tantôt désagréables ; on sera simplement revenu aux aperçus de Haller[1].

Aussi crois-je inutile d'insister plus longuement sur les

---

[1] .... « Restent les pures sensations d'odeur, agréables ou désagréables par elles-mêmes, celles de la Violette et de l'Assafœtida par exemple ; il y en a un nombre infini desquelles on ne peut rien dire, sinon qu'elles sont agréables ou désagréables ; par elles-mêmes elles résistent à l'analyse, et, pour les désigner, nous sommes obligés de nommer le corps qui les produit. » (Taine, De l'Intelligence, 3e éd., 1878, t. I, p. 204.)

autres tentatives taxonomiques auxquelles on s'est efforcé
de soumettre les odeurs, et dont l'histoire m'obligerait à
répéter ce que je disais précédemment au sujet des sensations gustatives. La plupart de ces essais reposent sur
l'étude chimique des excitants, sur les rapports qui peuvent exister entre la constitution des corps et la nature ou
l'intensité de leurs odeurs : les corps simples auraient été
constamment dépourvus de cette propriété qui se fût surtout affirmée dans les corps composés, depuis l'hydrogène
sulfuré jusqu'aux combinaisons organiques les plus complexes (cacodyle, mercaptan, triméthylamine, etc.). Mais
la relation est trop inconstante pour justifier les rapprochements qu'on tenterait d'en déduire : l'odeur alliacée
de l'arsenic, l'absence de tout arome dans la glycérine, etc., suffisent à le démontrer, et l'on doit reconnaître
que toutes les classifications proposées jusqu'à ce jour sont
aussi impuissantes à grouper rationnellement les odeurs que
les saveurs [1].

Les sensations olfactives peuvent être *simples* ou *composées ;* à ce dernier point de vue, il faut rappeler
qu'elles seront rarement simultanées, souvent consécutives. Nous aurons du reste l'occasion d'invoquer ce caractère lorsque nous chercherons à déterminer la part
qui revient à certains organes (sinus, etc.), dans les phénomènes de l'odorat.

[1] Lorry, *Observations sur les parties volatiles et odorantes des médi-
caments (Mémoires de la Société royale de médecine,* 1785, p. 406). —
Fourcroy, *Sur l'esprit recteur de Boerhaave (Annales de chimie,* 1798,
t. XXVI, p. 232). — Robiquet, *Considérations sur l'arome (Annales
de chimie et de physique,* 1820, t. XV, p. 27). — Hippolyte Cloquet,
Osphrésiologie, 1821. — Auguste Duméril, *Des Odeurs (Thèse à la
Faculté des sciences de Paris,* 1843).

Quant à l'intensité des impressions, elle varie non seulement avec la quantité des particules odorantes et l'étendue de la surface excitable, mais aussi suivant certains états du sujet ou de l'objet. Ainsi la porosité des étoffes de laine leur permettra de fixer et de développer les odeurs, dont elles seront imprégnées, mieux que ne pourraient le faire des étoffes de soie ; leur couleur même ne sera pas sans influer sur cette propriété. Un savant médecin écossais, Stark, a pu disposer de la sorte, en série régulière, les tissus différemment teintés : les étoffes noires occupent le premier rang, les étoffes bleues viennent ensuite, puis les rouges et les jaunes ; quant aux tissus blancs, ils ne s'imprègnent que très légèrement des odeurs et semblent même les affaiblir [1].

Les odeurs émises par les corps sont d'autant plus prononcées que leur diffusibilité est plus grande ; les travaux de Graham ont parfaitement mis en lumière l'influence de cette cause sur laquelle il est inutile d'insister.

La direction du courant gazeux est loin d'être négligeable : ainsi, chez les animaux supérieurs, les éléments olfactifs se trouvant placés sur le trajet de l'air destiné à l'hématose, il faut que le courant qui les frappe soit un courant d'inspiration, dirigé d'avant en arrière, sinon l'impression est nulle ou presque nulle [2].

Le contact de l'eau paraît augmenter la finesse et l'é-

---

[1] Milne Edwards, *loc. cit.*, t. XI, p. 455.

[2] Chez ces êtres, la direction du courant gazeux semble déterminée par la disposition même des lames saillantes sur lesquelles il doit venir se briser ; mais il est vraisemblable que, dans les espèces inférieures, des dispositions analogues président à la réception des effluves odorants et facilitent l'ébranlement des terminaisons nerveuses sur lesquelles elles doivent agir.

nergie des excitations olfactives : on sait que les huiles fixes deviennent odorantes au contact de l'eau, que les fleurs exhalent une odeur beaucoup plus suave le matin, chargées de rosée, ou après une pluie d'orage. Peut-être est-il possible d'assigner une cause physique à ces effets si l'on songe à la giration, à la dissémination de divers corps odorants placés à la surface de l'eau (camphre, acide succinique, etc.).

L'état électrique aide peut-être aussi au développement de certaines odeurs ; c'est ainsi que l'oxygène, inodore à l'état normal, exhale une odeur particulière dès qu'il se transforme en ozone.

Parmi les causes adjuvantes qui devront être rapportées au sujet, il faut citer l'exercice qui donne à ces sensations une extrême délicatesse, comme le montrent les exemples empruntés soit à l'histoire des peuplades sauvages, des Indiens, reconnaissant au loin l'approche d'un étranger[1], soit à l'observation des aveugles-nés, distinguant ainsi les personnes, les aliments, etc. [2].

Les circonstances qui, d'ordinaire, émoussent l'acuité des diverses sensations, ne manqueront pas de produire ici le même effet : souvent le plus léger trouble, une inflammation passagère de la membrane excitable, une hypersécrétion locale des fluides qui la lubrifient, suffiront à affaiblir et parfois à suspendre complètement la perception des odeurs ; nouvelle preuve de la finesse acquise par ces sensations, nouvel indice de l'importance des organes qui leur permettent de se manifester et dont il nous faut maintenant étudier les dispositions essentielles.

---

[1] De Humboldt, *Cosmos*. — Carpenter, art. SMELL, in *Todd's Cyclopædia*, t. IV, p. 702.

[2] Milne Edwards, *loc. cit.*, p. 457.

TREIZIÈME LEÇON

La supériorité fonctionnelle qui distingue l'odorat du goût et du toucher s'affirme dans son appareil comme dans ses manifestations.

Loin d'être étendue sur toute la surface du corps ou sur la presque totalité du vestibule oral, la membrane excitable n'occupe plus qu'un étroit espace; loin d'être constamment exposée aux injures extérieures, elle disparaît sous un ensemble complexe de parois osseuses et de revêtements cartilagineux, destinés à lui assurer une protection semblable à celle que ne tarderont pas à réclamer les organes de l'audition et de la vision. Cette tendance vers un perfectionnement rapide s'accentue mieux encore dans les conducteurs chargés de transmettre au sensorium les subtiles impressions de l'odorat : d'innombrables nerfs étaient mis au service du toucher; le goût en possédait encore plusieurs ; il n'en existera jamais ici qu'un seul, le nerf olfactif, absolument comme il n'y aura qu'un nerf auditif et qu'un nerf optique.

Quant à la situation occupée par cet appareil, elle se trouve déterminée par les conditions mêmes de son fonctionnement et par les principes économiques dont la nature ne se départit jamais. Nous avons vu, dans notre dernière leçon, que les effluves odorants ne pouvaient être recueillis qu'à l'état gazeux, et que l'intensité de la sensation se trouvait étroitement liée aux caractères du courant qui les amène au contact des éléments excitables ; il fallait donc disposer ceux-ci sur une partie du corps qui pût être, à chaque instant, baignée par l'air extérieur y pénétrant sous une certaine pression et s'y renouvelant sans cesse. Or, ces conditions étant déjà réalisées dans les voies initiales de l'appareil respiratoire, c'est à peine si la nature a dû modifier légèrement quelques détails secondaires de leur structure pour doter l'odorat de ses agents indispensables et rattacher son exercice à l'accomplissement de la première des fonctions vitales.

C'est ainsi que chez l'Homme cet appareil se trouve localisé dans deux cavités placées au-dessus de la bouche, avec laquelle elles possèdent de faciles communications qui permettent aux sensations du goût et de l'odorat de se compléter réciproquement. Ce sont les *fosses nasales* : limitées et soutenues par une charpente osseuse, ces chambres s'ouvrent à l'extérieur par des orifices spéciaux, les *narines*, tandis que d'autres pertuis, les *arrière-narines*, établissent avec le pharynx des relations constantes. Absolument symétriques, les deux cavités nasales se trouvent séparées l'une de l'autre par une cloison osseuse et cartilagineuse que forment les os propres du nez, les maxillaires, les palatins, l'ethmoïde, le vomer, etc.

Sur leurs parois se déploient les saillies auxquelles je faisais précédemment allusion et qui, destinées à perfectionner l'exercice de l'odorat, se trouveront d'autant mieux développées que ce sens devra posséder une plus grande

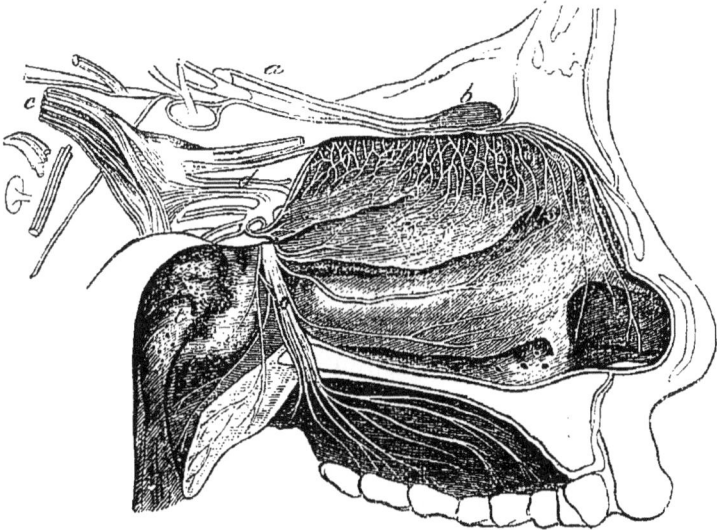

Fig. 41. — Paroi externe des fosses nasales avec les trois cornets et les trois méats.

a. Nerf olfactif. — *b.* Bulbe olfactif appliqué sur la lame criblée de l'ethmoïde : au-dessous on voit la disposition plexiforme des rameaux olfactifs sur le cornet supérieur et moyen. — *c.* Nerf de la 5° paire avec le ganglion de Gasser. — *o.* Ses rameaux palatins (maxillaire supérieur et leurs filets pituitaires).

finesse ; aussi présenteront-elles des variations considérables dans les différents types de la classe des Mammifères. Ces saillies ou *cornets* sont au nombre de trois et limitent des dépressions correspondantes, auxquelles on donne le nom de *méats* (fig. 40). Les uns et les autres ne s'observent que sur la paroi externe des fosses nasales ; quant à la paroi interne ou septale, elle est absolument lisse. Pour étudier ces détails, il convient de pratiquer une coupe passant par la ligne médiane de la tête (fig. 40) : on découvre aussitôt les cornets dont l'examen comparé révèle un certain nombre de caractères tantôt généraux et tantôt particuliers.

Les dispositions communes à l'ensemble de ces saillies peuvent se résumer en quelques mots : 1° le volume des cornets augmente de haut en bas, de sorte que le cornet supérieur, le plus petit de tous, se trouve dépassé par le cornet moyen et celui-ci par le cornet inférieur; 2° ils s'enroulent, les uns et les autres, autour d'un axe antéro-postérieur (fig. 42); cette involution peut sembler faiblement indiquée sur ces pièces, empruntées à l'anatomie humaine, mais lorsque nous examinerons des Mammifères mieux doués sous le rapport de l'odorat, nous n'aurons pas de peine à l'y retrouver, considérablement amplifiée.

Quant aux caractères propres à chaque cornet, il suffit de rappeler les suivants :

Le *cornet supérieur* ou *cornet de Morgagni*, formé par l'ethmoïde, se présente sous l'aspect d'une lame mince, légèrement recourbée, dont la partie postérieure est seule visible.

Fig. 42. — Coupe transversale schématique des fosses nasales.

1. Cornet inférieur. — 2. Cornet moyen. — 3. Cornet supérieur. — A. Épaisseur de la muqueuse et des parties molles (très vasculaires), qui la doublent. — B. Squelette (os ou cartilages). — C, cloison présentant les mêmes parties (muqueuse et squelette).

Le *cornet moyen*, également constitué aux dépens de l'ethmoïde, et plus volumineux que le précédent, est déjà d'une distinction plus facile ; il est parallèle aux deux autres cornets, et se dirige d'avant en arrière. Encore peu dé-

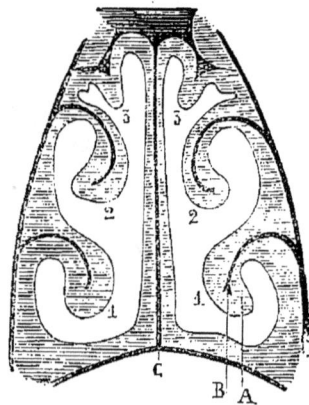

veloppé chez l'Homme, il offrira des dimensions plus considérables quand nous l'étudierons chez certains animaux où, parfois, il présente une extrême complication.

Le *cornet inférieur* n'appartient plus à l'ethmoïde, mais à un os particulier qui vient ainsi compléter la paroi externe de la fosse nasale, un peu au-de ssous de l'orifice du sinus maxillaire; sa face interne, tournée vers la cloison, est convexe; sa face externe, qui fait partie du méat moyen, est concave; l'une et l'autre sont rugueuses.

On désigne les méats par le nom du cornet au-dessous duquel ils sont respectivement situés : *méat supérieur* entre le cornet supérieur et le cornet moyen; *méat moyen* entre le cornet moyen et le cornet inférieur; *méat inférieur* entre le cornet inférieur et le plancher des fosses nasales. Leur aspect général n'offre aucun détail qui nous intéresse spécialement; leurs dimensions varient avec celles des cornets qui leur correspondent.

Telle est, d'une manière générale, la configuration des fosses nasales; cependant celles-ci s'étendent au delà des cornets et des méats, car, lorsqu'on examine avec soin leur surface on ne tarde pas à y reconnaître la présence de plusieurs pertuis qui donnent accès dans des cavités secondaires, sortes de diverticulums latéraux, désignés sous le nom de *sinus*. Chez l'Homme, on en distingue quatre groupes principaux.

1° *Sinus sphénoïdaux.* — Séparés l'un de l'autre par une cloison verticale et médiane, ils sont creusés dans le corps du sphénoïde et semblent parfois divisés en un certain nombre de compartiments par des lamelles osseuses; ils s'ouvrent dans les fosses nasales, au niveau et en arrière du cornet supérieur. Souvent ils se prolongent jusqu'aux petites ailes du sphénoïde ou jusqu'à l'apophyse orbitaire ; quelquefois, même ils communiquent avec un petit sinus que nous aurons l'occasion de citer à propos des cellules ethmoïdales et qui porte le nom de *sinus palatin*.

2° *Sinus frontaux*. — Ces sinus, dus à l'écartement des tables de l'os frontal, sont généralement séparés par une cloison complète et plus ou moins déprimée, rarement verticale, mais souvent perforée, ce qui établit alors une communication entre les deux sinus et, par suite, entre les fosses nasales. Les sinus frontaux se prolongent dans les apophyses orbitaires et les petites ailes du sphénoïde, se relient aux cellules ethmoïdales, puis s'ouvrent dans le méat moyen.

3° *Sinus ethmoïdaux ou cellules ethmoïdales*. — Creusés dans la face postérieure de l'ethmoïde, ces sinus sont au nombre de quatre : deux antérieurs, deux postérieurs. Chacun de ces deux groupes est indépendant et ne communique pas avec l'autre. Les cellules antérieures s'ouvrent dans le méat moyen par l'infundibulum qui s'y remarque ; les cellules postérieures débouchent dans le méat supérieur.

4° *Sinus maxillaires*. — Ces sinus sont de tous les plus considérables ; ainsi s'explique le nom d' « antres d'Hyghmore » sous lequel ils étaient décrits par les anciens anatomistes : creusé dans le maxillaire supérieur du même côté, chacun d'eux présente la forme d'une pyramide dont le sommet serait en dehors, près de l'os de la pommette, et la base en dedans, vers le point où le sinus s'ouvre dans la fosse nasale, au niveau du méat moyen. Il existe un second orifice de communication, près de l'infundibulum, mais il est plus réduit et semble avoir échappé à la plupart des observateurs; M. Sappey en a fait connaître la situation exacte, insistant justement sur sa constance [1].

Les cavités nasales sont tapissées par une muqueuse qui revêt toute leur surface et se prolonge jusque dans les sinus; c'est la *pituitaire*, souvent nommée *membrane schneiderienne*, en l'honneur d'un anatomiste du dix-septième siècle qui le premier la décrivit avec quelque soin [2]. Elle se divise en deux régions que l'aspect extérieur suffirait à faire distinguer et que leurs caractères histologiques, l'origine des nerfs qui s'y distribuent, la valeur physiologique qu'il convient de leur attribuer, séparent encore plus profondément.

La région antérieure, ou inférieure, est de beaucoup la plus étendue, car elle occupe le méat inférieur, le cornet inférieur, le méat moyen, la majeure partie du cornet moyen et toute la portion correspondante de la cloison; très vasculaire, elle offre une teinte rougeâtre des plus prononcées; sa surface est recouverte d'un épithélium pavimenteux et vibratile. Quant aux filets nerveux qui s'y ramifient, nous verrons bientôt qu'ils sont fournis par le trijumeau; cette origine nous permet de soupçonner la nature des excitations qui se localiseront sur cette région et devront être rapportées à la sensibilité générale ou tactile.

Tout autre est la région supérieure, à laquelle on réserve plus spécialement le nom de *région olfactive*. Limitée au cornet supérieur et à la partie supérieure de la cloison et du cornet moyen, elle possède une coloration qui tranche nettement sur l'ensemble de la pituitaire : jamais elle

---

[1] Sappey, *loc. cit.*

[2] Schneider, *Liber de osse cerebriformi et sensu ac organo odoratis*, 1653.

n'offre la teinte rouge mentionnée plus haut ; toujours
jaunâtre, elle varie du jaune citrin au brun clair suivant
les espèces. Son revêtement extérieur présente une importance particulière, et se montre formé par la réunion de
ces deux types élémentaires qui caractérisent toute membrane sensorielle : 1° des cellules épithéliales, simples élé-

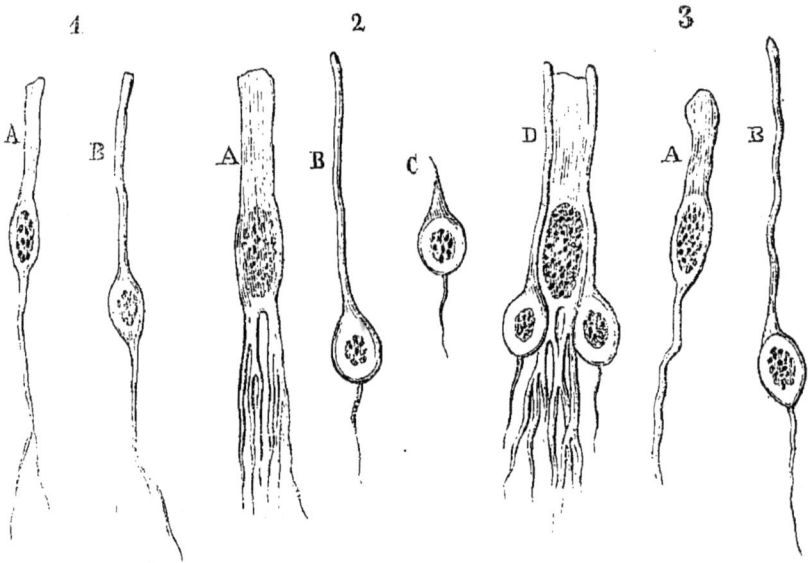

Fig. 43. — Structure de la région olfactive.

1. Mouton : A, cellule épithéliale ; B, bâtonnet olfactif. — 2. Triton : A, cellule épithéliale ; B, bâtonnet olfactif ; C, bâtonnet en voie de développement ; D, une cellule
épithéliale entre deux bâtonnets dont le segment externe dépasse la face libre ou cuticulaire de l'élément protecteur. — 3. Porc : A, cellule épithéliale ; B, bâtonnet olfactif.
(D'après M. Sidky.)

ments de protection ou de soutien (fig. 43, A); 2° des cellules
fusiformes et allongées (fig. 41, B), véritables *bâtonnets olfactifs* que viendront ébranler des impressions spéciales,
les impressions odorantes, transmises au sensorium par les
fibrilles nerveuses qui se terminent à la base même de ces
bâtonnets et proviennent de la première paire crânienne.

On devine aisément l'intérêt qui s'attache à l'étude de

la région olfactive, ce *locus luteus* des anciens anatomistes ; mais, malgré le nombre et la valeur des travaux
qui lui ont été consacrés[1], son histoire se résume en quelques notions tellement vagues, tellement contradictoires
qu'il devient presque impossible d'en analyser la structure
intime.

La plupart des auteurs y décrivent deux couches :
1° une couche externe dont je viens de rappeler la constitution ; 2° une couche profonde, représentant le chorion.
Cependant, depuis peu d'années, les traités allemands,
s'inspirant des recherches de Von Brunn[2], ont cru
devoir admettre une troisième zone, la *limitante olfactive*[3], « qui s'étendrait comme un voile très fin au-dessus
« de la couche épithéliale[4]. » Cette limitante olfactive
existe-t-elle réellement ? Quelle en est la valeur morphologique ? Mérite-t-elle l'autonomie que lui accorde Brunn?
Telles sont les questions qui s'imposent à notre examen
et que nous allons tenter de résoudre[5].

Lorsqu'on examine la membrane olfactive, aussitôt
après la mort, ou sur des pièces traitées par la liqueur

[1] Ecker, in *Berichte über die Verhandl. zu Freiburg*, 1855. — Id.,
Zeitschrift f. wiss. Zoologie, 1857. — Eckard, *Beitr. z. Anatomie u.
Physiologie*. Giessen, 1855. — M. Schultze, in *Monat. d. K. Akad.*,
t. VI, 1862. — Exner, in *Sitzungsb. d. K. Akad.* Wien, 1867, 1869.
— Babuchin, *Das Geruchsorgan*, in *Stricker's Handbuch*, 1872. —
M. Schultze, in *Abhandl. d. naturf. Gesels.* Halle, 1872. — Sidky,
Sur la muqueuse olfactive (*Thèse à la Fac. de Méd.*, 1877).

[2] Von Brunn, in *Centralbl. f. die Medicin Wissensch.*, 1874. — Id.,
Untersuchungen über das Riechepithel (*Archiv f. mikr. Anatomie*,
1875).

[3] Membrana limitans olfactoria.

[4] Von Brunn, *loc. cit.*

[5] Joannes Chatin, *Recherches histologiques sur la limitante olfactive
des Mammifères* (*Bulletin de la Société philomathique*, 1878, p. 25).

de Müller, le bichromate d'ammoniaque, l'acide picri-
que, le chlorure d'or ou l'acide osmique, on distingue
au-dessus de la couche épithéliale une sorte de pellicule
très mince, qui tantôt se sépare nettement de la zone sous-
jacente, et tantôt semble se confondre avec cette dernière,
dont elle ne se différencie que par de légers caractères de
coloration et de réfraction. C'est sous cet aspect que se
montre constamment la limitante olfactive ; mais, son existence étant mise hors de doute, peut-on lui reconnaître la
valeur et l'indépendance que Brunn lui a si rapidement attribuées ?

Un fait, que la plupart des observateurs semblent avoir
négligé ou méconnu, suffirait à mettre en garde contre les
assertions de l'anatomiste allemand : cette limitante olfactive offre d'innombrables pertuis qui lui donnent l'aspect
d'un crible et livrent passage aux prolongements externes
des bâtonnets que ne recouvre jamais ce prétendu voile
sus-épithélial, au-dessus duquel ils émergent au contraire
d'une façon constante. Lorsqu'on dilacère la membrane
olfactive, ou qu'on l'étudie sur une coupe mince, on constate d'ailleurs, en faisant varier l'éclairage et le grossissement, que la membrane de Brunn, loin de s'étendre
uniformément sur toute la surface épithéliale, se montre
uniquement localisée sur les éléments protecteurs, et ne
masque jamais les cellules bacillaires. Cette particularité permet déjà de soupçonner la nature de la limitante
olfactive dont l'origine doit être cherchée dans la structure même des éléments de soutien : ces cellules épithéliales se composent d'un corps nucléé et de deux prolongements, l'un interne et irrégulièrement déchiqueté,
l'autre externe et s'élargissant en une sorte de plateau.

Si l'on poursuit l'étude du segment externe sur des cellules à différents âges, si l'on combine cet examen organogénique avec l'emploi, convenablement varié, des principaux réactifs, on constate que, vers son extrémité libre, ce segment devient plus homogène, plus transparent, et revêt ainsi l'aspect d'une véritable lame cuticulaire. Par la macération dans la liqueur de Müller ou l'acide chromique, il se sépare fréquemment du corps de la cellule et cette desquammation, s'étendant à un nombre plus ou moins considérable de cellules voisines, reproduit l'aspect membraniforme que nous observions précédemment et qui a fait admettre l'existence d'une couche spéciale.

La « limitante olfactive » se trouvant ainsi réduite à la valeur d'une simple formation cuticulaire, la structure du *locus luteus* se résume dans la présence des bâtonnets olfactifs et des cellules protectrices. Mais il convient d'y indiquer, comme éléments accessoires, de nombreuses glandules dont la forme peut varier suivant les types : chez la plupart des Vertébrés, on observe des glandes en tube (glandes de Bowmann) dans la région olfactive, et des glandes en grappe sur le reste de la muqueuse ; chez l'Homme au contraire cette dernière forme s'observe seule sur toute la surface des fosses nasales et des sinus. Dans ceux-ci, les glandes se montrent plus écartées et plus rameuses, mais leur constitution ne change pas : les culs-de-sac larges, 45 μ à 82 μ sont limités par une mince membrane et tapissés d'un épithélium polyédrique à noyaux sphéroïdaux [1].

---

[1] Ces glandes ont été minutieusement étudiées par M. Sappey (*Comptes rendus de la Société de biologie*, 1853, et *Anatomie descriptive*, t. III, p. 655).

Les nerfs qui se distribuent à la muqueuse nasale, émanent de la cinquième paire (nerfs trijumeaux) et de la première paire (nerfs olfactifs).

Le trijumeau, comme l'indique son nom, se divise en trois rameaux :

1° Nerf ophthalmique ;

2° Nerf maxillaire supérieur ;

3° Nerf maxillaire inférieur ;

Les deux premiers pénètrent seuls dans les fosses nasales. Le nerf ophthalmique leur fournit le filet ethmoïdal de sa branche nasale, rameau parfaitement étudié par Sœmmering. Quant au nerf maxillaire supérieur, il envoie dans les mêmes cavités les filets qui émanent du ganglion de Meckel et constituent les nerfs sphéno-palatins ou naso-palatins : l'un, nerf sphéno-palatin interne, se distribue à la cloison ; l'autre, sphéno-palatin externe, se ramifie sur la paroi externe de la fosse nasale (cornets et méats).

Or, ces diverses branches de la cinquième paire, qui s'étendent ainsi sur l'ensemble des fosses nasales, qui peuvent même se suivre dans les sinus, et se trouvent répandues par conséquent à la surface entière de la pituitaire, ne sont sensibles qu'aux excitants généraux et ne prennent aucune part à la conduction des impressions olfactives qui seront transmises par des nerfs tout différents. Telle ne fut cependant pas l'opinion de Magendie, qui dominé par une fausse appréciation du rôle de la cinquième paire, s'efforçant de lui reconnaître une prééminence absolue, n'hésita pas à lui attribuer les nerfs de l'odorat : que le trijumeau contribue à assurer l'exercice de ce sens, le fait ne saurait être nié, et chacun admet que son influence sur la nutrition de la pituitaire, sur les sécrétions dont elle est le

siège, est trop considérable pour que sa section ou son altération ne retentissent aussitôt sur la fonction sensorielle
de la muqueuse ; mais on ne saurait exagérer son importance, ni lui reconnaître la valeur que lui accordait Magendie
dont les expériences méritent à peine d'être mentionnées :
instituées, non pas avec des substances odorantes, mais
avec des corps (ammoniaque, acide acétique) qui agissent sur le tact nasal [1], elles devaient tout naturellement
permettre d'observer des phénomènes sensitifs après la section des nerfs de la première paire ; est-il besoin d'ajouter
que ces manifestations n'appartenaient en aucune manière
au sens que nous étudions aujourd'hui?

Plus récemment, en 1863, quelques expériences, dues à
Giannuzzi, ont paru fournir de nouveaux arguments à la
théorie de Magendie [2], mais peu de temps après (1866),
M. L. Prévost montrait que dans les cas cités par le physiologiste italien, un certain nombre de filets émanés du
nerf olfactif avaient constamment échappé à la section, ce
qui expliquait la persistance de l'odorat. Ces recherches,
poursuivies avec les précautions les plus minutieuses, ne
sauraient donner prise à la plus légère critique et semblent
clore définitivement le débat [3].

Les nerfs olfactifs, connus de toute antiquité, ont reçu
jusqu'au neuvième siècle une interprétation fort singulière :

[1] Magendie, *Le nerf olfactif est-il l'organe de l'odorat* (*Journal de
Physiologie*, 1824, t. IV, p. 169).
[2] Gianuzzi, *Recherches physiologiques sur les nerfs de l'olfaction*
(*Comptes rendus de la Société de Biologie*, 1863, t. V, p. 97).
[3] J. L. Prévost, *Atrophie des nerfs olfactifs* (*Mémoires de la Société
de Biologie*, 6e série, t. III, 1866, p. 69). — Idem, *Note relative aux
fonctions des nerfs de la première paire* (*Archives des sciences physiques et naturelles de Genève*, 1869, p. 209).

les voyant communiquer, d'une part avec la masse cérébrale,
d'un autre côté avec les fosses nasales, les anciens anatomistes en avaient conclu qu'ils servaient à conduire « la
pituite », dans l'intérieur de celles-ci [1] ; un moine du huitième siècle, Th. Protospatharios, établit leur véritable
nature et les regarda, dès cette époque, comme les nerfs
de l'odorat [2]; en 1536, Nicolas Massa en reprit l'étude [3],
qui se trouva complétée par les travaux de Scarpa [4].

Ces nerfs naissent de la partie interne de la scissure
de Sylvius par quatre racines qui viennent converger en
un pédoncule très rapproché des ventricules latéraux, avec
lesquels il communique durant la première période de la
vie fœtale, disposition qui se retrouve d'une façon perma-
nente chez plusieurs animaux.

Antérieurement, ce pédoncule se renfle en un bulbe ou
« ganglion olfactif » logé dans la dépression que la lame
criblée présente, latéralement à l'apophyse crista-galli. Du
bulbe olfactif, partent quinze ou vingt rameaux, qui traversent les trous de la lame criblée et se répandent à la
surface de la pituitaire en se divisant en deux plans,
l'un interne, l'autre externe, sur la distribution desquels
je crois inutile d'insister, leurs noms suffisant à faire connaître leur situation, si l'on se reporte aux résultats
fournis précédemment par l'étude des filets nasaux du
trijumeau : le tronc interne est destiné à la cloison sur la-

---

[1] Galien, *De instrumento odoratus.* — Id., *De usu partium,*
lib. VIII, etc.

[2] Théophile Protospatharios, *De corporis humani fabricâ,* lib. IV.

[3] Nicolas Massa, *Instroduct., anat.,* 1536, cap. 39, p. 87.

[4] Scarpa, *Anatomicarum annotationum de organo olfactus,* 1785,
lib. II.

quelle il se ramifie sans en dépasser la région moyenne;
le tronc externe, formé seulement de sept ou huit filets,
se distribue à la paroi latérale des fosses nasales, et ne
s'étend jamais au delà du bord libre du cornet moyen.

Les filets ultimes du nerf olfactif se distribuent donc
exclusivement au *locus luteus*, c'est-à-dire à la région caractérisée par la présence des bâtonnets de Max Schültze et
d'Ecker, relations qui nous permettent de reconnaître, dans
ces branches de la première paire, l'unique voie de transport
des impressions olfactives. Les enseignements de la physiologie expérimentale, comme ceux de l'histologie comparée,
se résument ainsi dans des conclusions identiques. Nul ne
songe aujourd'hui à rajeunir les idées de Galien ou à relever
la doctrine de Magendie; des expériences élémentaires
montrent que la destruction des nerfs olfactifs abolit aussitôt toute sensation d'odeur, le tact nasal demeurant intact :
les jeunes chiens sur lesquels on pratique cette opération
deviennent dès lors incapables de retrouver les mamelles de
leur mère; l'on peut indéfiniment modifier les conditions
de l'expérience, sans en voir jamais varier les résultats.

A ces preuves, viennent s'en ajouter d'autres, empruntées
à l'anatomie zoologique, à la tératologie, à l'anatomie pathologique; la première, et nous aurons à revenir sur ces faits
qui sont de notre domaine, nous présente des lobes olfactifs d'autant mieux développés que l'odorat est plus subtil;
la seconde, nous fournit de nombreux exemples de sujets offrant une atrophie congénitale de ces nerfs et absolument
incapables d'odorer [1]; quant à l'anatomie pathologique,

---

[1] Une seule observation (celle de la femme Lemens) ferait exception; mais elle « ne s'appuie que sur les on-dit des voisins et con-

elle n'a cessé, depuis Morgagni jusqu'à **M. L. Prévost**, de nous montrer les lobes olfactifs profondément altérés chez les malades atteints d'anosmie.

Ainsi recueillies par le réseau périphérique de la première paire, les impressions olfactives sont acheminées vers l'écorce cérébrale qu'elles atteignent après avoir traversé une région déterminée de la couche optique, le « centre antérieur ». Ce noyau sensoriel dont le développement paraît intimement lié à celui des nerfs olfactifs, contracte avec les parties voisines les connexions les plus étroites, se rattache même aux régions du lobe sphénoïdal et de l'hippocampe, présentant aux excitations odorantes une multiplicité de voies qu'il importe de rappeler au physiologiste, mais dont l'analyse ne saurait trouver ici sa place légitime (1).

naissances de cette femme » (Beaunis et Bouchard, *Anatomie*, 3ᵉ édition) et échappe ainsi à toute appréciation scientifique.

¹ Voy. Luys, *Le cerveau*, p. 217.

QUATORZIÈME LEÇON

SOMMAIRE. — Des organes olfactifs chez les Mammifères. — Caractères généraux. — Quadrumanes : Catarrhiniens et Platyrrhiniens. — Cheiroptères. — Insectivores. — Carnivores. — Rongeurs. — Lémuriens. — Ruminants. — Pachydermes. — Édentés. — Marsupiaux. — Monotrèmes. — Cétacés.

Bien que notre dernière leçon ait été spécialement consacrée à l'étude des organes olfactifs dans l'espèce humaine, elle nous a cependant permis d'acquérir, sur la constitution générale de cet appareil des notions assez étendues pour que nous puissions en poursuivre rapidement l'examen chez les autres Vertébrés.

Il est à peine besoin de rappeler combien l'odorat se montre développé dans la généralité des Mammifères et quels caractères extérieurs témoignent de la délicatesse avec laquelle ce sens s'y exerce. Le nez, presque toujours saillant, s'allonge parfois en un véritable museau; les narines, largement ouvertes, peuvent se contracter ou se dilater par le jeu de muscles particuliers qui leur donnent une extrême mobilité et permettent à l'animal de

« flairer » en accélérant la vitesse et la fréquence des courants gazeux chargés de particules odorantes ; il semble que les mouvements normaux d'inspiration et d'expiration devenant insuffisants, de nouvelles dispositions soient nécessaires pour permettre à l'animal d'y suppléer par une intervention active.

Ce ne sont pas seulement les parties externes, et jusqu'à un certain point secondaires, qui se perfectionnent de la sorte, les organes essentiels témoignent aussi d'une évidente supériorité : les cornets se ramifient, se contournent dans tous les sens, simulent souvent même une élégante dentelle sur laquelle se déploie la muqueuse la plus excitable, la plus vasculaire qu'on puisse imaginer, les *reta mirabilia* n'y sont pas rares, les filets nerveux y cheminent dans tous les sens, y formant d'inextricables plexus, pour se terminer enfin dans des lobes olfactifs généralement volumineux. Quelques détails varieront dans l'ensemble de la Classe, mais le tableau demeurera toujours exact dans ses grandes lignes : l'étude particulière des divers Ordres va d'ailleurs en fournir un éclatant témoignage.

QUADRUMANES. — Il est impossible de se faire une juste idée des cavités olfactives des Quadrumanes, si l'on n'a le soin d'examiner leur constitution sur des coupes pratiquées en différents sens et chez des types aussi variés que possible. Tous les genres mériteraient même une égale attention, et si je me borne à la description de trois espèces de Catarrhiniens et d'un nombre égal de Platyrrhiniens, c'est uniquement afin de me maintenir dans les limites naturelles de cette leçon.

Catarrhiniens. — Chez le *Cynocephalus Sphinx* (fig. 44),

le cornet supérieur n'est représenté que par une mince crête osseuse. Le cornet moyen ou grande volute ethmoïdale est, en revanche, assez développé et de forme triangulaire; une section menée perpendiculairement au grand axe du crâne et passant en arrière de la première molaire, montre ce cornet dépourvu de cavité intérieure. Il représente l'ensemble des volutes ethmoïdales et c'est à peine si, vers sa face postérieure, on remarque une petite

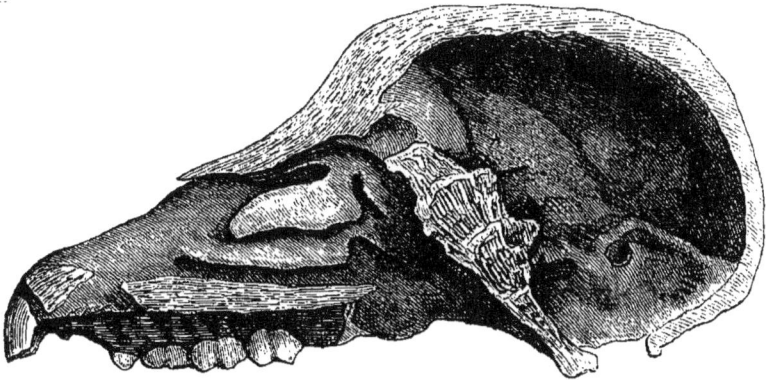

Fig. 44. — Cynocephalus Sphinx.

Coupe antéro-postérieure du crâne montrant la constitution générale des fosses nasales (paroi externe).

lamelle osseuse, contournée sur elle-même, de texture papyracée et ne faisant qu'une légère saillie.

Le cornet inférieur est figuré par une longue lame notablement incurvée et présentant de petites cavités internes.

Le faible développement du cornet supérieur suffit à expliquer les rapports du méat supérieur, limité par la voûte des fosses nasales en haut, par le cornet moyen inférieurement. Il est d'ailleurs médiocrement étendu.

Compris entre les deux cornets moyen et inférieur, le méat moyen se dirige bien encore d'arrière en avant

comme le précédent, mais l'incurvation du cornet inférieur
lui imprime une déviation de bas en haut et non de haut en
bas, comme c'était le cas pour le méat supérieur. — Le
méat inférieur, limité par le cornet inférieur et le plancher
des fosses nasales, est oblique de haut en bas et d'avant en
arrière.

La paroi supérieure des fosses nasales, représentée
par un plan sinueux, qui, se dirige d'arrière en avant et de
haut en bas, présentant dans son tiers postérieur la saillie
indiquée plus haut, comme constituant le cornet supérieur.
— Légèrement convexe, la paroi inférieure offre une surface assez sensiblement unie, inclinée de haut en bas et d'a-
vant en arrière.

Une lame osseuse, relativement épaisse, forme la cloison
des fosses nasales. — Les sinus frontaux font complètement défaut et c'est à peine si quelques petites anfractuosités représentent les sinus sphénoïdaux et maxillaires.

Chez le Macaque (*Macacus irus*), le cornet supérieur,
sans être aussi réduit que dans l'espèce précédente, est
encore rudimentaire, et n'est figuré que par une petite
crête osseuse.

Le cornet moyen s'avance dans l'intérieur des fosses
nasales, sous l'aspect d'une lame de forme irrégulière,
longue de 7^{mm},5. Une coupe perpendiculaire, menée entre
la troisième et la quatrième molaires, établit que ce cornet
est composé de tissu osseux peu compacte, mais n'y
montre nulle cavité interne.

Représenté par une longue lame, peu épaisse, le cornet inférieur est recourbé sur lui-même ; ses bords sont
légèrement sinueux.

Le méat supérieur revêt l'apparence d'une dépression infundibuliforme. — Le méat moyen occupe un espace assez
étendu, plus large aux extrémités que dans sa partie
moyenne. — Le méat inférieur s'étend entre le cornet et
la paroi inférieure ; il n'offre rien de particulier.

On peut en dire autant de la paroi supérieure des fosses
nasales ; quant à leur plancher, il est d'abord horizontal,
puis se relève dans ses deux tiers antérieurs, de manière à
dessiner une convexité bien marquée. — La cloison est
formée par une lame de tissu compacte.

Il n'y a pas trace de sinus frontaux ; les sinus sphénoïdaux
et maxillaires sont à peine indiqués.

Dans le Cercopithèque (*Cercopithecus Petaurista*), le
cornet supérieur est constitué par une lamelle qui se termine par un bord antérieur légèrement sinueux, oblique
de haut en bas et d'avant en arrière.

La grande volute ethmoïdale, ou cornet moyen, se présente sous la forme d'une masse assez grêle qui, débutant
par un pédicule étroit, ne tarde pas à s'élargir de manière
à former une protubérance très marquée. Une coupe
perpendiculaire menée entre la deuxième et la troisième
molaires permet de constater que ce cornet renferme quelques petites anfractuosités intérieures.

En arrière de ce cornet, se trouvent deux petites
saillies qui complètent l'ensemble des volutes ethmoïdales. — Quant au cornet inférieur, il est représenté
par une lame sinueuse.

Le méat supérieur consiste en une simple petite fente
comprise entre le cornet supérieur et le cornet moyen ; le
méat moyen est plus long, plus large et surtout plus régu-

lier. Le méat inférieur l'emporte en étendue sur les deux précédents : c'est une longue fente à contours sinueux, limitée par le cornet inférieur et le plancher des fosses nasales.

Ce plancher est sensiblement horizontal ; quant à la paroi supérieure, elle est légèrement excavée, oblique de haut en bas et d'arrière en avant.

Le sinus frontal est très réduit, ainsi que le sinus sphénoïdal ; le sinus maxillaire est assez développé.

Platyrrhiniens. — Si maintenant nous passons des Catarrhiniens aux Platyrrhiniens, nous voyons que, dans le *Cebus Apella*, le cornet supérieur est formé par une lame presque entièrement papyracée, se terminant par un bord dentelé. Il conviendrait de décrire ici des « volutes ethmoïdales », plutôt qu'un cornet moyen, car les préparations sèches indiquent nettement l'existence de plusieurs lamelles emboîtées les unes dans les autres. Le cornet inférieur se montre sous l'aspect d'une lame mince, contournée sur elle-même, dirigée d'arrière en avant et de haut en bas.

Les dimensions acquises par ces différentes lames peuvent déjà faire soupçonner un développement inverse dans les espaces qu'elles circonscrivent ; c'est ce que l'observation justifie pleinement : le méat supérieur n'est qu'une fente étroite et irrégulière ; les méats moyen et inférieur ne sont guère plus étendus.

Contrairement à ce qui s'observe chez plusieurs Quadrumanes, les sinus frontaux sont assez nettement représentés ; le sinus sphénoïdal est également appréciable ; quant au sinus maxillaire, il est nul.

Dans l'*Iacchus vulgaris* (fig. 45), le cornet supérieur paraît faire complètement défaut, à moins qu'on ne veuille en voir l'analogue dans une mince et étroite cellulosité osseuse qui s'applique sur la paroi supérieure des fosses nasales.

Le cornet moyen est assez développé et présente cette forme triangulaire que j'ai déjà eu l'occasion d'indiquer comme propre à cette saillie. En arrière, se voient quelques lamelles osseuses qui complètent l'ensemble des volutes ethmoïdales. — Le cornet inférieur est formé par une lame de nature spongieuse, repliée sur elle-même, oblique de bas en haut et d'arrière en avant.

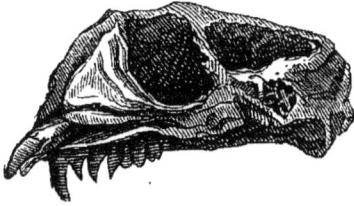

Fig. 45. — *Iacchus vulgaris.*
Coupe médiane et antéro-postérieure du crâne et de la face.

Tandis que le méat supérieur est relativement large, le méat moyen n'est figuré que par une fente étroite ; le méat inférieur possède des dimensions analogues à celles du méat supérieur.

La paroi supérieure des fosses nasales est presque plane et non plus excavée, ainsi qu'on l'observe chez divers animaux voisins ; le plancher des mêmes cavités, presque horizontal dans ses deux tiers postérieurs, offre à partir de ce point une convexité marquée, puis s'abaisse brusquement vers l'ouverture antérieure.

Chez le Saïmiri (*Callitrix sciureus*), le cornet supérieur n'est formé que par une petite lame à contours sinueux et déchiquetés ; le cornet moyen est plus volumineux ; quant au cornet inférieur, il apparaît sous la forme d'une lame osseuse repliée sur elle-même et fortement oblique d'arrière en avant.

Une étroite fente, comprise entre le rudiment de cornet supérieur et le cornet moyen, représente le méat supérieur; le méat moyen est bien plus étendu et le méat inférieur, d'abord fort étroit, s'élargit ensuite notablement.

La paroi supérieure est très réduite; quant au plancher, il ressemble beaucoup à ce qu'il était dans l'*Iacchus vulgaris*.

Les sinus sont absolument rudimentaires.

Si nous cherchons à résumer les principales notions fournies par les descriptions précédentes [1], nous pouvons formuler les conclusions suivantes :

1° Le *cornet supérieur* est tantôt rudimentaire (*Cynocephalus Sphinx*, *Iacchus vulgaris*), tantôt représenté par une lame à contours sinueux de dimensions toujours assez minimes ;

2° Les volutes ethmoïdales se réduisent généralement à une grande volute qui peut être décrite sous le nom de *cornet moyen*. Cependant chez divers Quadrumanes (*Iacchus*, *Cebus*, *Cercopithecus petaurista*), il existe en arrière de cette grande volute quelques lamelles moins importantes ;

3° Le *cornet inférieur* est toujours bien distinct, assez développé et se présente sous l'aspect d'une lame osseuse allongée le plus souvent oblique de haut en bas et d'avant en arrière ;

4° L'étendue des *méats* varie avec les dimensions et le volume des lames saillantes qui les limitent, mais il est rare qu'elle soit considérable ;

[1] Voy. Joannes Chatin, *Études ostéologiques sur les fosses nasales des Quadrumanes* (*Association française pour l'avancement des sciences*, 4e session à Nantes, 1875. p. 793).

5° Le *plancher* des fosses nasales est remarquable par la convexité très prononcée qui s'observe vers sa partie moyenne ;

6° Les *sinus* sont presque constamment nuls ou faiblement indiqués.

CHEIROPTÈRES. —Chez plusieurs Chauves-Souris, telles que les Phyllostomes, les Rhinolophes, les Mégadermes, etc.,

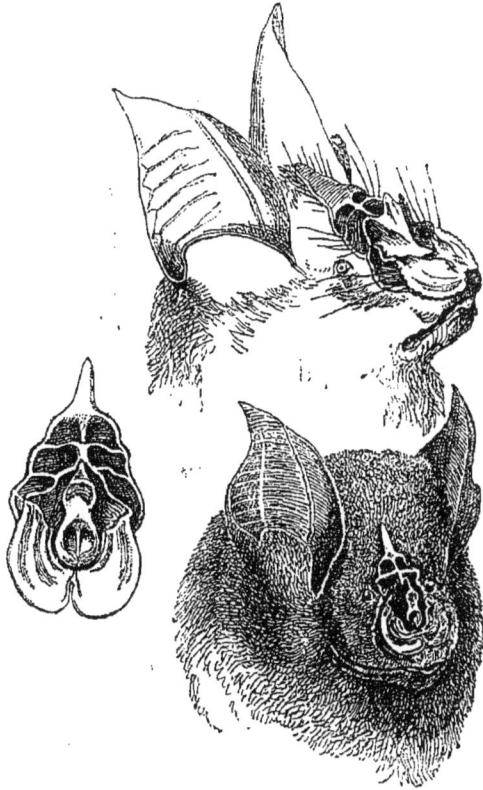

Fig. 46. — Nez de Chauve-Souris (Rhinolophes).

le nez acquiert un développement considérable, surtout en largeur ; il se hérisse de tubercules laciniés, se couvre d'expansions, de membranes latérales, et concourt à donner à ces animaux une apparence des plus bizarres (fig. 46).

La finesse de l'odorat ne s'en trouve d'ailleurs pas augmentée, ces modifications étant destinées à assurer et faciliter l'exercice du toucher, merveilleusement servi par les poils qui émergent des bords de ces diverses membranes [1].

Quant aux parties sur lesquelles doivent se localiser les effluves odorantes, elles sont médiocrement développées et rappellent ce qui s'observe chez les Quadrumanes les plus inférieurs. Qu'on s'adresse aux singulières espèces mentionnées plus haut, qu'on examine au contraire des Cheiroptères dépourvus d'expansions nasales, comme les Roussettes, les Noctilions, etc., toujours on trouvera des cornets rudimentaires et à peine dentelés, des sinus réduits à l'antre d'Hygmore, une lame criblée n'offrant qu'un très petit nombre d'orifices et, souvent même, n'en portant qu'un seul, particularité fort rare dans la classe des Mammifères.

Insectivores. — L'emprunt physiologique, dont nous venons d'être témoins chez diverses Chauves-Souris, se rencontre également dans plusieurs Insectivores où la nature, fidèle à ses tendances économiques, réunit parfois l'odorat et le toucher sur le même organe ; le nez peut alors présenter des dimensions considérables sans que les parties essentielles à l'olfaction en acquièrent le moindre perfectionnement.

Les Condylures, les Tenrecs, les Desmans, les Hérissons en fournissent d'excellents exemples, car, en dépit des modifications extérieures, les cornets, les méats sont toujours fort simples ; il n'y a d'exception que pour les Taupes dont le genre de vie, les yeux imparfaits exigent un

---

[1] Voy. page 75 et suiv.

concours plus efficace de la part du toucher et des sens voisins ; aussi, de même que le groin porte un grand nombre
de poils tactiles, de même les cornets se compliquent,
les lamelles ethmoïdales se multiplient, les lobes olfactifs
atteignent un volume inconnu parmi les espèces du même
Ordre.

CARNIVORES. — C'est dans le groupe des Carnivores que cet
ensemble atteint le plus haut degré de perfection : non seulement des muscles spéciaux, et parfois nouveaux, rendent la
saillie nasale mobile dans tous les sens, mais les cavités olfactives ne tardent pas à acquérir une étendue exceptionnelle ;
les cornets, les cellules ethmoïdales s'y multiplient, les sinus
prennent un développement considérable. Aussi de Blainville, cherchant à soumettre à une même loi ces modifications
commandées par cent causes diverses, a-t-il cru pouvoir
poser en principe que l'appareil serait d'autant plus complexe que l'animal aurait un régime plus varié, plus omnivore [1]. La relation est malheureusement loin d'être aussi
constante, et si les organes olfactifs sont très développés chez
les Ours, ils ne le sont pas moins chez les Chiens et divers
Félins, ainsi que dans les Loutres et les Phoques.

Chez les Ours et autres Plantigrades, les cornets moyens
et inférieurs sont très étendus ; le nez est assez mobile,
particulièrement dans les Coatis.

Le museau des Félins est beaucoup plus court, mais les
cornets sont allongés et subdivisés, de sorte que la membrane olfactive peut encore se déployer sur une surface plus
considérable.

[1] De Blainville, *loc. cit.*

Le Chien, est-il besoin de le rappeler ? ne le cède à aucun autre genre pour la finesse de l'odorat ou la perfection des organes mis à son service. Le nez est peut-être un peu moins mobile que chez les Coatis, mais les cornets revêtent les formes les plus bizarres qu'on puisse imaginer (fig. 47).

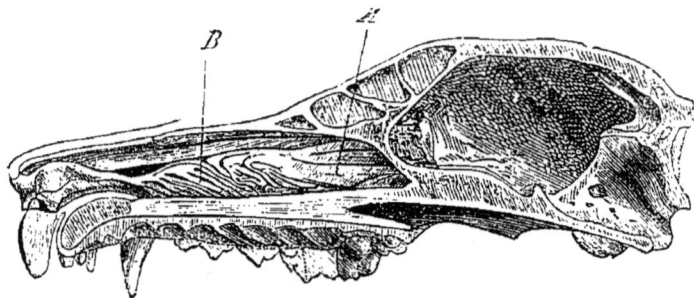

Fig. 47. — Tête de Chien, coupe.
A. Volutes ethmoïdales. — B. Lamelles terminales. (C. Colin.)

La région olfactive proprement dite, celle qui reçoit les filets terminaux de la première paire, se distingue facilement à sa coloration jaunâtre.

L'examen histologique de cette muqueuse y révèle des caractères analogues à ceux qui ont été mentionnés dans l'espèce humaine ; ce sont encore les mêmes bâtonnets olfactifs, les mêmes cellules de protection. Les diverses familles n'offrent à cet égard que de faibles différences : chez le Chien, la cellule épithéliale a son segment externe très court et son corps central volumineux ; quant au bâtonnet olfactif, il possède un corps elliptique d'où naissent deux prolongements polaires très allongés et faciles à distinguer, le segment interne portant seul des nodosités volumineuses [1].

Dans le Blaireau, la cellule épithéliale rappelle mieux le

[1] A. Brunn, in *Archiv für mikrosk. Anatomie*, t, XI, 1865, p. 468, pl. XXVI. — Sidky, *loc. cit.*

CHATIN, Org. des Sens. 16

type normal, tel que nous avons appris à le connaître chez l'Homme ; mais le bâtonnet olfactif revêt une apparence spéciale : il est complètement asymétrique, son prolongement externe s'étant allongé, et ayant acquis une forme prismatique, tandis que le segment interne s'est au contraire raccourci dans des proportions notables.

Rongeurs. — Quel que soit l'organe qu'on se propose d'examiner dans le groupe des Rongeurs, une vieille coutume, trop constamment suivie par les zoologistes, et que des considérations pratiques peuvent seules justifier, tend à faire choisir exclusivement les sujets d'étude parmi les Muridés, bien que ceux-ci ne représentent en général que des formes aberrantes. L'examen des fosses nasales achèverait de le démontrer, s'il en était besoin.

Dans les Rats, les Ondatras, les Hamsters, etc., ces cavités sont en effet très étroites dans tous les sens ; les cornets sont petits et simples.

Les Lièvres et les Lapins n'ont encore que des fosses nasales assez médiocrement développées, mais les cornets ethmoïdaux sont déjà plus complexes et des lames longitudinales s'ébauchent sur les deux faces du cornet inférieur.

Dans le Bathyergue des sables, ces complications portent sur l'ensemble des fosses nasales : le cornet supérieur y présente des dimensions notables et porte une tubérosité qui se retrouvera presque identique chez certains Édentés (*Myrmecophaga Tamandua*, etc.) ; le cornet moyen et le cornet inférieur sont également assez volumineux.

Avec les Agoutis et les Porcs-Épics, la cavité olfactive s'agrandit, les cornets se compliquent et semblent même se multiplier, les os nasaux et incisifs se recouvrent de saillies nombreuses ; le sinus maxillaire acquiert de vastes proportions.

Le type le plus parfait s'observe chez les Castors, trop négligés par les anatomistes, et présentant dans leurs organes olfactifs une série de modifications dignes d'être rapprochées de celles qui caractérisent les Carnivores ; les pièces que je place sous vos yeux sont à cet égard si démonstratives que je me borne à insister sur une des nombreuses particularités qu'elles révèlent : le cornet inférieur se montre composé de douze lamelles !

Tout concourt donc à établir à cet égard une réelle supériorité en faveur de ces animaux ; la muqueuse y présente des caractères analogues à ceux qui s'observaient dans les groupes précédents : la région olfactive y est brunâtre, plutôt que jaunâtre, et possède toujours le même revêtement (éléments épithéliaux de soutien, bâtonnets excitables.)

LÉMURIENS. — Nous ne sommes plus à l'époque où l'on rangeait les Makis et les Indris parmi les Quadrumanes, et s'il fallait une nouvelle preuve des caractères propres à chacun de ces deux Ordres, qui ont été trop longtemps confondus, on la trouverait facilement dans l'étude comparative de leurs organes olfactifs.

La face s'allongeant en forme de museau, la cavité nasale s'en augmente d'autant ; les cornets supérieurs et ethmoïdaux présentent des anfractuosités, des saillies et des dépressions nombreuses ; les cornets inférieurs montrent une complexité plus grande encore, qu'ils soient enroulés et contournés, ou qu'ils paraissent subdivisés en pyramides emboîtées les unes dans les autres.

L'aspect général ne rappelle aucunement ce qui s'obser-
vait chez les Singes, mais permet plutôt de rapprocher ces
Makis, ces Indris, ces Propithèques, des Carnassiers ou des
Insectivores [1].

ONGULÉS. — Qu'on examine les Chèvres, les Moutons,
les Cerfs, les Bœufs, les Antilopes, on trouvera toujours
l'appareil olfactif disposé sur un même plan, et c'est à peine
si ce tracé fondamental variera, çà et là, sur quelques points
d'importance secondaire.

Les cavités nasales occupent de vastes espaces. Le cornet
supérieur est allongé, quelquefois grêle, généralement sinueux ; le cornet moyen est représenté par de nombreuses
volutes ethmoïdales (antre olfactif des vétérinaires), qui
s'emboîtent les unes dans les autres et viennent antérieurement s'engager entre le cornet supérieur et le cornet inférieur. Celui-ci, toujours fort allongé, présente trois ou
quatre replis, comme on peut s'en convaincre en l'examinant sur la coupe perpendiculaire à son grand axe ; à
l'extérieur il a l'aspect d'une boîte prismatique, ainsi
que l'avait constaté de Blainville [2].

En raison du développement des divers cornets, les
méats sont très réduits ; le méat inférieur seul échappe parfois à cette règle.

Tous les sinus sont fort étendus, à l'exception des sinus
sphénoïdaux, assez étroits pour que Girard ait pu les méconnaître.

Au-dessous du plancher des fosses nasales, se trouve
« l'organe de Jacobson », longue gouttière qui va débou-

---

[1] Voy. Alphonse Milne-Edwards, *Histoire naturelle des Mammifères de Madagascar*, t. IV, et Atlas I, pl. LXXXIII, 1875.

[2] De Blainville, *loc. cit.*, p. 299.

cher dans le canal incisif, et se retrouve dans divers Ordres, sans y être jamais aussi développée que chez les Ruminants ; son étude anatomique et physiologique est encore à faire.

La région olfactive proprement dite se distingue du reste de la muqueuse nasale par sa teinte jaunâtre ; ses bâtonnets sont remarquables par leur corps nettement ovalaire, d'où naissent deux prolongements opposés et de longueur sensiblement égale.

Dans ce groupe, on observe fréquemment des réseaux admirables ; Hyrtl nous les a fait minutieusement connaître chez un grand nombre de genres.

Sans insister sur les modifications qui se trouvent déterminées par divers emprunts physiologiques et se traduisent à l'extérieur par des aspects particuliers, comme chez l'Éléphant, dont le nez se transforme en une trompe préhensile, comme dans le Porc où grâce à ses poils tactiles il devient un précieux organe d'exploration, on doit reconnaître que l'appareil olfactif des Pachydermes, moins parfait que celui des Ruminants, ne laisse pourtant pas que d'être encore bien constitué.

Dans le Porc (fig. 48), les cornets supérieur et inférieur sont allongés, le premier trapézoïde (fig. 48, C), le second claviforme (fig. 48, C′) ; l'un et l'autre déchiquetés et enroulés. Les cellules ethmoïdales sont volumineuses, les sinus très développés ; mais, pour constater tous ces détails, il est indispensable de pratiquer un grand nombre de coupes, menées suivant les divers axes ; l'observation directe est indispensable, les assertions des auteurs ne méritant qu'une confiance limitée. Pour en donner une preuve, je me bornerai à rappeler que Cuvier, après avoir décrit les sinus sphénoïdaux comme fort étendus[1], les mentionne ensuite comme rudimentaires[2]; quant aux sinus maxillaires, il les regarde comme nuls[3].

En fait, l'observation montre des sinus frontaux et sphénoïdaux très développés, un petit sinus palatin communiquant avec ces derniers, un sinus ethmoïdal assez réduit, et un sinus maxillaire composé de deux chambres : 1° si-

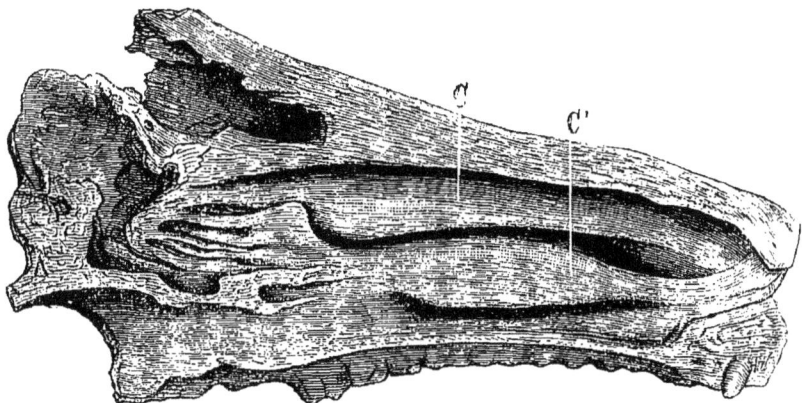

Fig. 48. — Fosses nasales du Porc (*Sus Scropha*).

C. Cornet supérieur. — C'. Cornet inférieur.

nus maxillaire interne ou supérieur; 2° sinus maxillaire externe ou inférieur.

Les réseaux admirables se montrent analogues à ce qu'ils étaient chez les Ruminants.

Les bâtonnets olfactifs rappellent également ceux du Mouton, du Bœuf, etc. ; mais le corps central est presque régulièrement sphérique et se continue d'une manière insensible avec le prolongement externe, tandis que le

---

[1] Cuvier, *Anatomie comparée*, t. II.

[2] Id., *ibid.*, t. III.

[3] Id., *ibid.*

prolongement interne s'en sépare brusquement (fig. 41,
page 221).

Chez les Damans, les fosses nasales sont très étroites, le
cornet supérieur et le cornet inférieur s'allongent et se rapprochent l'un de l'autre ; en arrière on découvre quatre volutes ethmoïdales. Les sinus ne présentent qu'une étendue
médiocre ; l'organe de Jacobson occupe sa position habituelle et présente des caractères analogues à ceux qu'il offre

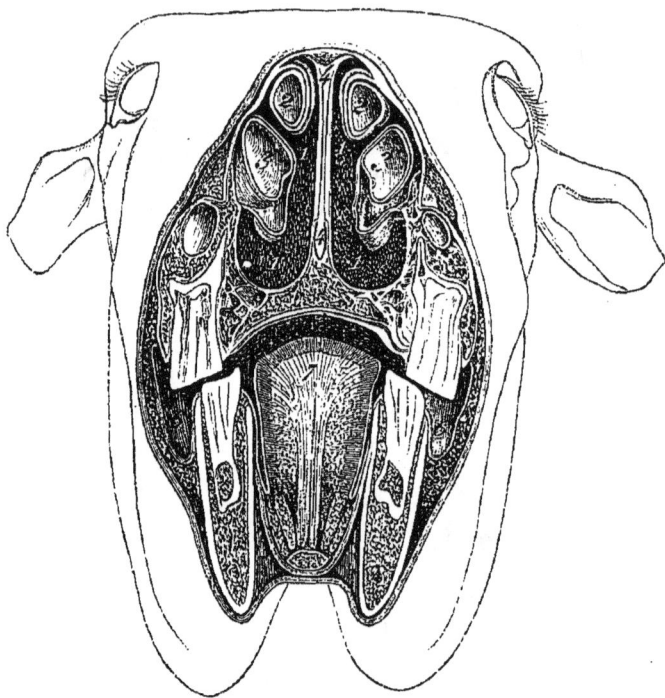

Fig. 49. — Coupe transversale de la tête, pratiquée sur un vieux cheval,
montrant la disposition des cavités nasales et de la bouche.

1. Fosse nasale. — 2. Cornet supérieur. — 3. Cornet inférieur. — 4. Cloison médiane
du nez. — 5. Partie centrale de la cavité buccale. (On l'a montrée à dessein plus spa-
cieuse qu'elle n'est réellement dans l'état de rapprochement des deux mâchoires.) —
6, 6. Parties latérales de la même. — 7. Coupe de la langue. (A. Chauveau et S. Arloing,
Anatomie comparée des animaux domestiques.)

dans les groupes voisins. Par l'ensemble de leurs dispositions anatomiques, ces cavités rappellent bien moins ce que

nous venons d'observer chez les Pachydermes, que ce qui nous avait été offert par les Rongeurs, et semblent fournir de nouveaux arguments aux zoologistes qui veulent rapprocher les Hyraciens de ces derniers.

L'aspect extérieur des naseaux du Cheval, leur constitution spéciale, la puissance de leurs muscles, ne peuvent qu'être mentionnés [1] ; mais je dois faire observer que si les fosses

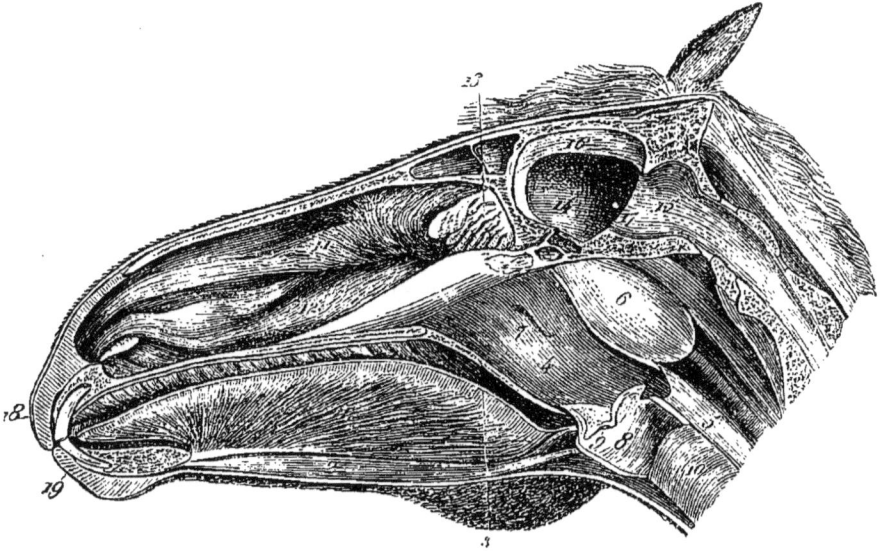

Fig. 50. — Coupe antéro-postérieure de la tête, montrant dans leur ensemble la bouche, l'arrière-bouche, le larynx et les cavités nasales.

1. Muscle génio-glosse. — 2. Muscle génio-hyoïdien. — 3. Coupe du voile du palais. — 4. Cavité pharyngienne. — 5. OEsophage. — 6. Poche gutturale. — 7. Ouverture pharyngienne de la trompe d'Eustache. — 8. Cavité du larynx. — 9. Entrée du ventricule latéral du larynx. — 10. Trachée. — 11. Cornet ethmoïdal. — 12. Cornet maxillaire. — 13. Volutes ethmoïdales. — 14. Compartiment cérébral de la cavité crânienne. — 15. Compartiment cérébelleux. — 16. Faux du cerveau ou cloison médiane. — 17. Cloison transverse ou tente du cervelet. — 18. Lèvre supérieure. — 19. Lèvre inférieure. (A. Chauveau et S. Arloing, *Anatomie comparée des animaux domestiques.*)

nasales des Solipèdes (fig. 49 et 50) présentent une étendue assez considérable, les lames saillantes qui s'y rencontrent sont relativement peu développées ; aussi la plupart

[1] Voy. Chauveau, *Anatomie des animaux domestiques.*

des auteurs vétérinaires ne décrivent-ils généralement que deux cornets, l'un supérieur, l'autre inférieur ; en réalité, il existe une masse intermédiaire formée par les volutes ethmoïdales, mais cette masse est si réduite, ses lamelles constituantes si peu nombreuses, que ces anatomistes ont souvent cru pouvoir la négliger. Son existence est pourtant facile à constater (fig. 50,13) et ce serait une grave erreur que de considérer les Solipèdes comme représentant à cet égard un groupe aberrant, ainsi qu'on serait tenté de l'imaginer si l'on s'en tenait à certaines descriptions.

ÉDENTÉS. — Les organes olfactifs des Édentés ont été très diversement appréciés par les zoologistes : pour ne citer que De Blainville, je rappellerai que tantôt il leur a refusé toute importance, et tantôt les a rapprochés de ceux des Carnivores [1]. La vérité se trouve entre ces deux opinions extrêmes et l'observation directe en fournit aisément la preuve [2].

Le cornet supérieur est enroulé, bifide en arrière, simple en avant ; les volutes ethmoïdales sont nombreuses, mais petites. Le cornet inférieur est large et assez allongé.

Les méats présentent une configuration singulière : le méat supérieur se contourne en forme d'S et se trouve limité par le cornet supérieur et les volutes ethmoïdales ; le méat moyen, légèrement sinueux, se trouve compris entre le cornet supérieur et le cornet inférieur, au lieu de l'être entre le cornet supérieur et les volutes ; le méat inférieur offre seul des caractères normaux.

[1] De Blainville, *loc. cit.*

[2] Joannes Chatin, *Observations sur les fosses nasales chez le Fourmilier Tamandua* (*L'Institut*, 1875).

MARSUPIAUX. — Les Didelphes, comme il était d'ailleurs facile de le prévoir, ne présentent au point de vue des fosses nasales, etc., aucun caractère qui leur soit propre, et si l'on examine leurs différentes familles, on y retrouve successivement les divers types que nous venons de rencontrer chez les Mammifères placentaires : les carnassiers, comme les Dasyures, ont les fosses nasales très compliquées, les herbivores reproduisent ce qui s'observait dans les Ru-

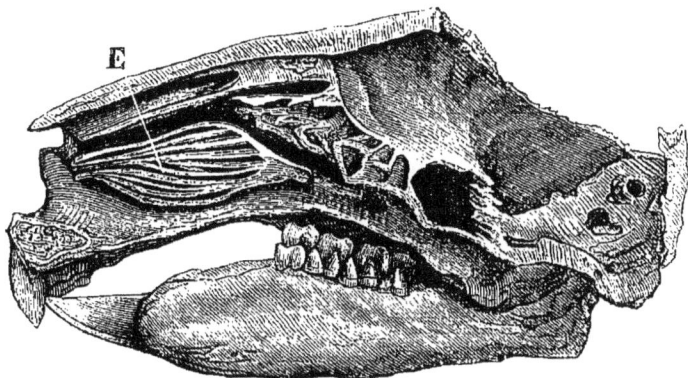

Fig. 51. — Fosses nasales du Kanguroo de Bennett (*Macropus Bennetti*).
E. Ensemble des volutes ethmoïdes.

minants, les Solipèdes, etc. ; les Kanguroos rappellent étrangement les Rongeurs avec leurs volutes nombreuses (fig. 51, E), leurs cornets très développés, etc.

MONOTRÊMES. — Chez l'Échidné, l'appareil olfactif est encore assez bien constitué, et ses diverses parties normalement développées, sauf le cornet inférieur qui est très grêle.

L'Ornithorhynque présente au contraire, sous ce rapport, une dégradation frappante, et semble offrir comme une première ébauche des caractères propres aux Vertébrés

ovipares: les cornets sont peu étendus ; le nerf olfactif traverse la lame ethmoïdale, non par plusieurs pertuis capables de figurer un crible semblable à celui qui s'observait chez tous les Mammifères précédents [1], mais par un
seul orifice, disposition que nous allons retrouver dans les
Oiseaux, les Reptiles, etc.

CÉTACÉS. — Les Cétacés méritent ici d'être rangés au
dernier rang de la Classe. Ce n'est pas une simple atténua-
tion des caractères généraux qu'ils présentent, c'est une
dégradation absolue, et sauf les Siréniens qui possèdent
des lobes olfactifs normaux, ou les Baleines qui en offrent
une vague ébauche, tous les autres Cétacés sont dépourvus
de ces lobes et des nerfs qui en naissent ; les fosses nasales, détournées de leur rôle ordinaire, sont appropriées
à une fin nouvelle ; il existe tout un appareil de projection,
constitué par les évents, leurs canaux, leurs valvules, etc.,
dont la description ne peut figurer dans l'étude purement
sensorielle que nous poursuivons et que nous devons
étendre immédiatement aux autres groupes de Vertébrés.

---

[1] On se rappelle la curieuse exception que présentent à cet égard
les Cheiroptères.

QUINZIÈME LEÇON

Oiseaux. — Les anciens étaient unanimes à proclamer que les Oiseaux l'emportaient sur tous les animaux par la finesse et la sûreté de l'odorat. On connaît la fable des Vautours et des Corbeaux, passant d'Afrique et d'Asie en Europe après la bataille de Pharsale ; Aristote et Pline abondent en exemples semblables.

Il faut évidemment ici faire une large part au merveilleux, car loin de ratifier le jugement de l'antiquité, les modernes s'accordent à nous montrer les Oiseaux comme assez pauvrement doués sous ce rapport : Buffon, Audubon, Levaillant, Frédéric Cuvier, rappellent que les Accipitres fondent sur la proie dès qu'elle est abattue et lorsqu'elle n'exhale encore aucune odeur, tandis qu'il suffit de la couvrir de quelques feuillages pour la préserver de leurs atteintes.

De nombreuses expériences confirment ces faits vulgaires; il suffit de rappeler la suivante, due à l'un des
naturalistes dont je viens de citer le nom : voulant apprécier la finesse que peut offrir chez ces animaux la sensibilité olfactive, Audubon porta dans un endroit hanté par
les Vautours un crâne de Daim bourré de foin et préparé
depuis longtemps, par les meilleurs procédés taxidermi-
ques. Les Rapaces ne tardèrent pas à se précipiter sur
cette proie dénuée de toute odeur, ils se la disputèrent avec
acharnement puis l'attaquèrent suivant leur mode habi-
tuel : frappant les lignes suturales à coups de bec, ils
eurent bientôt séparé les os du crâne et ce fut seulement
alors que, trompés dans leur attente, ils s'enfuirent à tire
d'ailes [1].

La vue joue donc ici un rôle considérable, tandis que
l'importance de l'odorat y paraît toujours assez faible ; tel
était, on le sait, l'avis de Buffon, et l'étude anatomique des
organes olfactifs semble devoir le confirmer entièrement.

L'aspect extérieur fait déjà pressentir la simplification,

---

[1] Des expériences instituées récemment à la ménagerie du Muséum, sous la direction de M. le professeur Alphonse Milne-Edwards,
ont fourni des résultats analogues. Je me borne à résumer l'observation suivante qui est des plus démonstratives : on plaça dans la
cage des Vautours une caisse fermée supérieurement par une toile,
celle-ci fut tout d'abord lacérée à plusieurs reprises; puis, s'habi-
tuant à l'objet dont la nouveauté leur avait inspiré de si vives
alarmes, les oiseaux ne lui prêtèrent plus nulle attention. On intro-
duisit alors dans la boîte, toujours couverte d'un simple prélart, des
viandes dont l'odeur ne tarda pas à se répandre au loin, sans paraître aucunement perçue par les Rapaces ; on les priva de leur
nourriture habituelle : inquiets, affamés, ils erraient sans cesse dans
le parc, sans jamais songer à déchirer le mince tissu qui les sépa-
rait de leur proie (Alphonse Milne-Edwards, *Cours d'Ornithologie
professé au Muséum d'histoire naturelle*, juin 1879).

on pourrait presque dire la dégradation, imprimée aux diverses parties de l'appareil : les narines, fort étroites, se montrent comme de petits pertuis dépourvus de muscles latéraux, incapables du moindre mouvement [1] ; chez les Hérons,
elles peuvent à peine admettre la pointe d'une aiguille ; chez
les Pélicans, elles sont encore plus effilées. Dans les Corbeaux, elles sont masquées par des plaques scléreuses, qui
se changent en écailles cartilagineuses chez les Gallinacés [2].

L'Aptéryx, seul, les présente à l'extrémité du bec ; partout ailleurs, elles en occupent les côtés ou se rapprochent
même de la région frontale. Leur position varie du reste
dans des limites assez grandes pour que les ornithologistes aient dû leur appliquer des noms spéciaux suivant
les points où elles s'ouvrent au dehors : les *narines basilaires* se trouvent à la racine du nez ; les *narines médianes*
sur le milieu de sa longueur ; les *narines marginales*, sur
ses bords, etc. D'après leur forme, on les distingue en *narines rondes, narines ovales, narines linéaires*, etc.

Les arrière-narines, disposées sous forme de fentes
allongées, sont généralement doubles ; cependant, chez le
Fou et le Cormoran, elles se confondent en une seule ouverture.

Les fosses nasales, moins étendues que dans les Mammifères, portent trois cornets, cartilagineux en général, qui
concourent inégalement, suivant les divers types, au per-

---

[1] Owen, *Comparative anatomy of Vertebrates*, t. II, p. 130.

[2] Owen, *loc. cit.* — De Blainville, *loc. cit.* — Cuvier, *Leçons d'anatomie comparée*, t. III. — Voy. aussi l'*Atlas du règne animal de*
Cuvier, Oiseaux. — D'après Owen (*loc. cit.*, p. 131) les narines feraient
complètement défaut chez les Pélicans, de sorte que les particules
odorantes ne parviendraient à la membrane olfactive que par les
arrière-narines.

fectionnement de l'appareil. Le cornet moyen est presque
toujours le plus volumineux, mais à cet égard il convient
de relever des différences assez nombreuses : chez les
Accipitres, l'amplification porte sur le cornet supérieur ;
dans les Passereaux et les Casoars, c'est au contraire le
cornet inférieur qui est le plus développé.

La membrane qui s'étend sur ces lames et sur les méats
possède les caractères ordinaires des muqueuses ; la région
olfactive proprement dite ne descend pas au delà du
cornet moyen et s'arrête au même niveau sur la cloison ;
les éléments bacillaires sont pourvus de cils comme chez les
Batraciens [1], et tout semble justifier cette remarque de
Richard Owen, que : « sous le rapport de l'olfaction, les
Vertébrés ovipares à sang chaud témoignent de la plus
grande parenté avec les Vertébrés ovipares à sang froid. »

Quant aux glandes, il convient de relever une importante particularité : la membrane pituitaire n'est pas seulement lubrifiée par des glandules isolées et éparses ; elle
reçoit encore le produit d'une glande en grappe volumineuse, dont la situation peut varier légèrement, mais qui se
trouve le plus souvent logée dans une dépression du frontal. La « glande nasale » est surtout développée dans les
Oiseaux aquatiques où elle se réunit même quelquefois à sa
congénère, le front étant alors recouvert, dans sa totalité,
par cette masse glandulaire [2].

[1] Schultze, *Uber die Endigungsweise des Geruchsnerven und die
Epithelialgebilde der Nasenschleimhaut (Monats. d. kon. Akad. d. naturf.*, Halle, 1862).

[2] Jacobson, *Sur une glande conglomérée appartenant aux fosses
nasales (Bulletin de la Société Philomathique*, 1813, p. 267). — Nitsch,
Uber die Nasendruse der Vögel (Meckel's Archiv, 1838, t. VII, p. 244.
— Jobert, *Recherches anatomiques sur les glandes nasales des Oiseaux (Ann. sc. nat.*, 1870, t. XI, p. 349).

La totalité des fosses nasales reçoit, comme chez les Mammifères, des filets émanant du trijumeau ; en outre, sur la région olfactive, se ramifient les divisions de la première paire. Celle-ci franchit l'ethmoïde par un seul orifice, sauf dans l'*Apteryx* qui présente une véritable lame criblée et possède des nerfs olfactifs plus volumineux que ceux d'aucun autre genre.

REPTILES. — Nous retrouvons, au sujet des Reptiles, la même divergence d'opinion que pour les Oiseaux : les uns, comme Bonnaterre, leur accordent un odorat des plus subtils et prétendent qu'ils « suivent le gibier à la piste », aussi sûrement que les meilleurs limiers ; les autres, à l'exemple de Duméril, pensent que l'olfaction y est très imparfaite et ne prête à ces animaux qu'un faible secours, soit dans la recherche de leurs aliments, soit pour la découverte des individus de leur race à l'époque de la reproduction.

Il me paraît difficile d'adopter cette dernière appréciation et les faits observés dans les ménageries, les récits des voyageurs, les précautions prises par les naturels lorsqu'ils se baignent dans les fleuves hantés par les Crocodiles, l'existence chez ces reptiles de sécrétions musquées, tout concourt à faire admettre que l'odorat, sans y être aussi parfait que chez les Mammifères, ne laisse pourtant pas que d'y présenter une réelle importance.

La supériorité des Crocodiliens se manifeste dans les organes olfactifs comme dans la plupart des autres appareils. Les narines sont pourvues de muscles propres qui leur assurent une certaine mobilité ; elles s'ouvrent en avant du museau et donnent accès dans des fosses nasales d'autant plus étroites que la face est plus allongée, de sorte

qu'elles atteignent leur maximum de développement chez
les Gavials ; des lames cartilagineuses s'y déploient et
figurent de véritables cornets ; la muqueuse est molle et
pâle dans sa région supérieure. Les dispositions essentielles

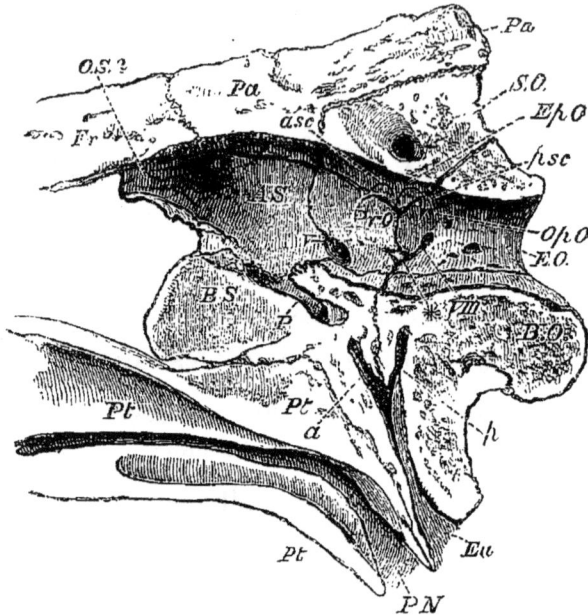

Fig. 52. — Section longitudinale et verticale du crâne d'un Crocodile.
Eu. Trompe d'Eustache. — P N. Narines postérieures. — P. Fosse pituitaire. (D'après
Huxley, *Éléments d'anatomie comparée des animaux vertébrés*.)

rappellent donc ce que nous avons observé chez les Ver-
tèbrés supérieurs.

Dans les autres Ordres, l'aspect général se modifie, la
simplification des diverses parties s'accentuant rapidement.
Chez les Sauriens, les fosses nasales sont plus étroites, la
membrane olfactive moins étendue ; les narines, petites et
latérales, parfois recouvertes par des écailles operculaires,
se rapprochent des arrière-narines ; les cornets sont à
peine indiqués ou rudimentaires. Tout dénote un appareil des
plus dégradés ; cependant, chez les Sauriens comme dans

les Ophidiens, en outre d'une glande nasale assez volumineuse, il existe une annexe singulière, représentée par deux sphères creuses qui reçoivent des filets du nerf olfactif et s'ouvrent dans la bouche. Leydig, qui le premier en a donné une description suffisante, les regarde comme des organes particuliers, destinés à recueillir les effluves odorantes émanées des aliments introduits dans la bouche; peut-être cette disposition a-t-elle surtout pour but de compenser l'imperfection des parties normalement affectées au service de ce sens, mais jusqu'à présent nul résultat positif ne permet de déterminer avec précision le rôle de ces organes.

Dans les Tortues, l'odorat semble peu développé et ne possède qu'un appareil très réduit. Les narines s'ouvrent sur la partie antérieure du bec et se prolongent en une sorte de trompe chez quelques espèces (Chélyde Matamata, Potamides, etc.). Les fosses nasales, séparées par une lame vomérienne et par un prolongement cartilagineux, sont étroites et tapissées d'une muqueuse molle et noirâtre, sur laquelle se distribuent les filets du nerf olfactif et du trijumeau. Les cornets sont rudimentaires, ce qui concorde avec les faibles dimensions de l'ethmoïde.

La dégradation est plus grande encore chez les Serpents : les fosses nasales y sont extrêmement courtes, à peine recouvertes par les os nasaux ; les arrière-narines sont représentées par un large orifice palatin. Il n'y a d'autres traces de cornets que de légères saillies des os qui limitent la cavité olfactive ; le tout est recouvert par une muqueuse noirâtre ou brunâtre.

BATRACIENS. — Les Batraciens représentent, au point de vue des organes olfactifs, un groupe des plus intéressants et montrent, auprès de dispositions analogues à celles qui se rencontrent dans les Classes précédentes, des particularités d'autant plus remarquables qu'elles indiquent le voisinage des Poissons.

Ces modifications portent principalement sur les fosses nasales et reconnaissent une origine facile à deviner : la vie aquatique tend à représenter l'état normal ; la respiration aérienne, au contraire, perd peu à peu de son importance ; il est donc tout naturel que les diverses parties annexées à l'appareil pulmonaire suivent la rétrogradation imprimée à ses parties essentielles : aussi les cavités nasales deviennent-elles de plus en plus rudimentaires. Les cornets, les replis s'effacent ; l'orifice interne se rapproche, abandonne la région palatine pour la région labiale, semble se préparer à une oblitération prochaine et, par son déplacement, raccourcit, dans de grandes limites, les dimensions de la cavité olfactive.

Le même tracé général se retrouve chez les Crapauds, les Grenouilles, les Rainettes ; l'appareil se montre si faiblement protégé au-dehors que l'aspect extérieur suffit à faire deviner les modifications imprimées aux parties essentielles : les os s'écartent, ne se juxtaposent plus exactement pour limiter la cavité olfactive qui devient ainsi sous-cutanée dans une certaine étendue; l'orifice externe est pourvu d'un rudiment d'opercule, susceptible de quelques mouvements ; l'orifice interne, toujours très antérieur, est ovale et membraneux.

Aucune saillie ne vient augmenter la surface de la muqueuse pituitaire, noirâtre ou brunâtre, recouverte d'une couche épithéliale dans laquelle on retrouve les cellules protectrices et les éléments bacillaires que nous connaissons déjà ; ces organites sont généralement ciliés comme dans les Oiseaux, mais ce caractère est loin d'être général, et dans les Tritons ils ne portent aucun appendice (voy. fig. 41, p. 221).

Chez les Protées, la muqueuse montre un grand nombre de plis et se rapproche beaucoup de ce qu'elle sera dans les Poissons ; l'orifice interne abandonne définitivement la cavité buccale, pour s'ouvrir en dedans de la lèvre supérieure.

Dans la Sirène Lacertine, cet orifice occupe la même position, mais ce n'est plus qu'une simple fente, linéaire et souvent difficile à découvrir.

Poissons. — Les effluves odorantes ne pouvant impressionner notre membrane olfactive qu'à la condition d'être apportées à sa surface par un courant gazeux, certains naturalistes ont cru pouvoir refuser aux espèces aquatiques toute sensation olfactive, et l'un des ichthyologistes les plus distingués de ce siècle, Constant Duméril, n'a pas hésité à nier d'une façon absolue l'existence de ce sens chez les Poissons ; cette opinion ne saurait être sérieusement défendue, tous les faits observés par les naturalistes et les pêcheurs la contredisant formellement. Nous avons du reste constaté, dans une précédente leçon, que les particules odorantes n'impressionnent la muqueuse pituitaire qu'autant que celle-ci se trouve lubrifiée par des humeurs abondantes ; cette circonstance nous permet de soupçonner que, chez les Vertébrés aquatiques, les sensations de ce genre devront se manifester aisément et pourront tout au plus revêtir certains caractères spéciaux, se combinant peut-être avec les excitations propres aux organes latéraux, etc.

L'étude des fosses nasales est loin de présenter la même importance que chez les animaux aériens ; les considérations récemment présentées à propos des Batraciens peuvent également s'appliquer ici : on devine que les témoignages anatomiques de la sensibilité olfactive devront être cherchés sur la membrane excitable et dans les centres percepteurs, bien plutôt que dans les dispositions offertes par les fosses nasales, dont les caractères tendent à s'effacer rapidement.

Ces cavités ne consistent plus qu'en un double sac (il est

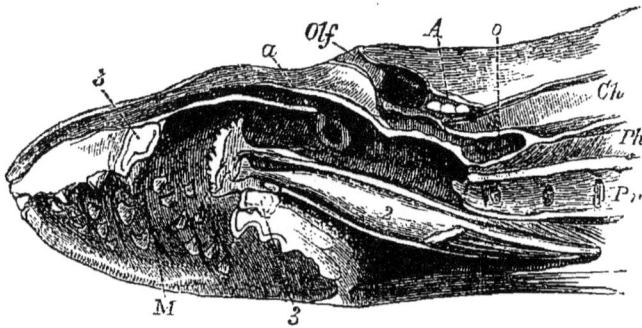

Fig. 53. — Section verticale et longitudinale de la portion antérieure d'une Lamproie (*Petromyzon marinus*).

A. Le crâne avec le cerveau. — a. Section du cartilage crânien. — *Olf*. Chambre olfactive qui se prolonge dans la poche cœcale o. — *Ph*. Pharynx. — *Pr*. Canal branchial avec les ouvertures internes des sacs branchiaux. — *M*. Cavité buccale avec ses dents cornées. — 2. Cartilage qui supporte la langue. — 3. Anneau oral. (D'après Huxley, *Éléments d'anatomie comparée des animaux vertébrés*.)

même simple chez les Cyclostomes) placé sur les côtés de la tête et limité par le préfrontal, le lacrymal, le prémaxillaire, le nasal. Chacun de ces sacs olfactifs possède deux ouvertures : l'une antérieure représentant la narine, l'autre postérieure, mais à laquelle on ne saurait donner le nom d'arrière-narine, car loin de déboucher dans l'intérieur de la cavité buccale, elle s'ouvre à la surface de la tête. L'aspect extérieur des narines est parfois très bizarre : elles peuvent s'élargir en forme de cloche comme chez la Baudroie, se prolonger en tubes, ainsi qu'on l'observe dans les Lottes, les Carpes, etc.

Cependant, on trouve çà et là des particularités qui rappellent les caractères propres aux Vertébrés supérieurs; parfois la communication des chambres nasales avec la bouche semble vouloir s'établir de nouveau : dans les Lamproies (fig. 53), on voit déjà s'en détacher une sorte de diverticule qui se dirige vers la cavité buccale, mais ne s'y ouvre pas et se termine en cul-de-sac. Chez les Myxines, un progrès considérable est réalisé : le cœcum que nous venons d'observer chez les Lamproies se perfore et la fosse nasale communique dès lors avec la bouche.

Dans les *Lepidosiren*, on constate des dispositions analogues : la seule différence porte sur la situation de l'orifice buccal, tantôt placé sur la lèvre (*Lepidosiren paradoxa*) tantôt situé sur la région palatine (*Lepidosiren annectens*). Si l'on se reporte à l'organisation générale de ces êtres, si l'on songe à l'importance que les fosses nasales doivent acquérir lorsque, durant la saison sèche, l'animal s'enfonce dans la vase et possède une véritable respiration aérienne, on ne pourra s'empêcher de reconnaître que ces organes fournissent de nouveaux et précieux arguments aux zoologistes qui veulent rapprocher les *Lepidosiren* des Batraciens[1].

---

[1] Owen, *Description of the Lepidosiren annectens* (*Transactions of the Linnean Society*, t. XVIII, p. 352). — Bischoff, *Description anatomique du Lepidosiren paradoxa* (*Annales des sciences naturelles*, 1840, 2ᵉ série, t. XV, p. 134). — Milne-Edwards, *Remarques sur le Lepidosiren* (*id.*, p. 160). — Peters, *Ueber einen dem Lepidosiren an-*

Mais, à part ces types aberrants, à part ces formes exceptionnelles, les fosses nasales n'offrent jamais aucune communication avec la bouche et sont, en général, extrêmement simples.

La pituitaire, souvent brune ou noirâtre, se plisse de
manière à augmenter sa surface et à compenser ainsi l'absence ou l'insuffisance des lames saillantes [1]. Les cellules
épithéliales de protection présentent la forme habituelle ;
quant aux bâtonnets olfactifs, ils rappellent de fort près
ceux des Vertébrés supérieurs, sont très allongés et dépourvus de cils vibratiles, bien que Leydig pense en avoir
observé chez les Plagiostomes.

Les nerfs olfactifs ne présentent rien de particulier,
mais leurs lobes originels prennent un accroissement tel
que chez beaucoup de Poissons, en particulier dans les
Lamproies, leur volume dépasse celui du cerveau [2].

Enfin, chez le dernier des Vertébrés, l'*Amphioxus*, on
admet que l'appareil olfactif est représenté par une
cupule, unique comme le sac nasal des Cyclostomes, placée sur la portion cérébroïde de l'axe cérébro-spinal, et
couverte de cils vibratiles. Les analogies morphologiques

---

nectens verwandten Fische, etc. (*Muller's Archiv*, 1845, p. 1). — Mac
Donell, *Observations on the habits and anatomy of Lepidosiren annectens* (*Dublin Royal Society Journal*, 1859, t. II, p. 388).

[1] Ces plis sont tantôt simples comme chez les Raies, les Squales
et les Carpes, rameux comme dans les Sturioniens, composés et
foliacés comme chez les Polyptères. (Voy. Scarpa, *De auditu et olfactu*, pl. I et II ; Cuvier, *Leçons d'anatomie comparée*, t. III, p. 691 ;
Milne Edwards, *Leçons sur la Physiologie et l'Anatomie comparée*,
t. XI, p. 475.)

[2] Muller, *Ueber den eigenthümlichen Bau des Gehörorganes bei der
Cyclostomen*, 1837. — Owsjannikow, *Ueber die feinere Structur der
Lobi olfactori der Saugethiere* (*Muller's Archiv*, 1860, p. 49).

sont évidemment en faveur de cette assimilation [1], mais il est fâcheux que, jusqu'à ce moment, nulle preuve physio-logique ne soit venue la sanctionner.

[1] Kölliker, *Uber das Geruchsorgan von Amphioxus* (*Muller's Archiv fur Anatomie und Physiologie*, 1843, p. 32). — De Quatrefages, *Mémoire sur l'Amphioxus* (*Annales des sciences naturelles*, 1845, 3e série, t. IV, p. 226).

SEIZIÈME LEÇON

Mollusques. — La série des Invertébrés offre peu de groupes dans lesquels l'odorat s'accuse aussi manifestement que chez les Mollusques : tous les observateurs nous montrent ces animaux guidés dans la recherche de leur nourriture par des impressions perçues à distance et ne pouvant, en aucune manière, être rapportées à des excitations visuelles ou auditives. En outre, il a été possible, chez certains d'entre eux, en particulier dans les Céphalés, de localiser assez exactement ces sensations et de relever, au point de vue de l'anatomie générale, de curieuses analogies entre les organes qui permettent à ces Mollusques de les recueillir, et les parties affectées aux mêmes usages chez les animaux supérieurs.

Céphalopodes. — Les mœurs des Céphalopodes obligent à leur accorder une réelle finesse olfactive qui, loin d'avoir été méconnue par les auteurs de la Renaissance et de l'antiquité, n'a cessé de servir de thème aux plus singulières exagérations, Rondelet dépassant Aristote. Mais, à part ces récits toujours amplifiés, souvent fabuleux, il faut arriver à l'époque moderne pour rencontrer quelque notion précise sur ce sujet; encore les premiers essais furent-ils assez malheureux.

Vers 1830, Richard Owen, publiant sa belle monographie du Nautile, y décrivait comme organe olfactif une région de la muqueuse circumbuccale, remarquable par son aspect et la richesse du plexus nerveux sous-jacent[1]. Quelques années plus tard, Valenciennes relevait l'erreur commise par le naturaliste anglais et montrait que l'odorat devait résider vraisemblablement dans une cavité située à la base du système tentaculaire et présentant à sa surface un grand nombre de sillons et de plicatures[2]. Un autre observateur avait indiqué déjà la présence de ces fossettes, en arrière des yeux, chez les Céphalopodes dibranchiaux[3], où Kölliker s'empressa de reprendre, dans des conditions plus faciles et avec une plus grande variété de sujets d'étude, les observations de Valenciennes. Il examina les Poulpes, les Seiches, les Calmars, etc., fit connaître quelques dispositions secondaires et confirma les résultats obtenus par notre compatriote[4]. Plus récem-

---

[1] R. Owen, *Mem. on the pearly Nautilus*, 1832, p. 41.

[2] Valenciennes, *Nouvelles recherches sur le Nautile flambé* (*Archives du Muséum*, 1841, t. II, p. 290, pl. IX, fig. 1-3).

[3] Ropp, *Ueber die Argonauta* (*Wurtenberg Abhandlung*, 1826, t. I, p. 69).

[4] Kölliker, *Entwickelungsgeschichte der Cephalopoden*, 1846, p. 107. — Voy. aussi : Van Beneden, *Exercices zootomiques*, p. 13, pl. I, fig. 5 et 6. — Jules Chéron, *Recherches pour servir à l'histoire du*

ment, en 1869, l'étude histologique de ces fossettes olfactives a été reprise par Zernoff, qui a montré qu'au fond de chacune d'elles vient s'épanouir un tronc nerveux particulier, le nerf olfactif, né près du nerf optique sur la partie antérieure du cerveau, puis se divisant en un grand nombre de fibrilles dès qu'il parvient sur la paroi de la fossette. Celle-ci est tapissée par une membrane dont le revêtement présente la plus complète identité avec la muqueuse olfactive des Vertébrés : à des cellules purement épithéliales, simples éléments de protection, se trouvent en effet mêlées des cellules sensorielles, bâtonnets facilement reconnaissables à leur corps central et ovoïde, ainsi qu'aux deux prolongements polaires qui en partent. Qu'on examine un *Loligo*, une *Sepia*, etc., toujours on constatera ces mêmes dispositions dont il est inutile de faire ressortir l'importance [1].

Gastéropodes. — Chez les Gastéropodes, animaux dont les mœurs sont encore mieux connues et dont l'observation est infiniment plus aisée, il est facile de démontrer l'existence de l'odorat. Cuvier avait déjà remarqué qu'il suffisait de répandre auprès des Colimaçons quelques herbes aromatiques, pour les faire immédiatement sortir de leurs coquilles et les voir se diriger vers ces plantes [2]. De Blainville n'hésitait pas à reconnaître l'odorat comme seul capable « de leur faire apercevoir les corps à distance » [3] ;

système nerveux des Céphalopodes dibranchiaux (*Thèse à la Faculté des sciences de Paris*, 1866, p. 21, pl. I, fig. 1, 6).

[1] Zernoff, *Ueber das Geruchsorgan der Cephalopoden* (*Bulletin de la Société impériale des naturalistes de Moscou*, 2ᵉ série, t. XLIII, 1869).

[2] Cuvier, *Mémoires sur les Mollusques.*

[3] De Blainville, *loc. cit.*

et plus récemment M. Moquin constatait que « si l'on en-
« ferme dans un sachet de toile un très petit morceau de
« fromage ou une fraise et qu'on présente le sachet à des
« Hélices ou à des Arions, on voit ces animaux se diriger
« vers la matière nutritive, flairer le sachet, le toucher,
« le mouiller, le mordre, attirés certainement par l'odeur
« de la substance enveloppée [1]. » Chacun peut d'ailleurs
répéter ces expériences : qu'on déplace le fruit vers lequel
rampe une Limace, qu'on le masque par une feuille, une
pierre, etc., toujours on la verra se diriger sûrement vers
sa proie.

Quel est le siège de l'odorat dans ces Mollusques? Valmont de Bomarre et Spix le plaçaient dans les tentacules
inféro-antérieurs ou petits tentacules; Cuvier l'étendait à
la totalité du tégument cutané, et de Blainville semblait in-
cliner vers une semblable généralisation. Pour Treviranus,
les odeurs eussent été recueillies seulement par la muqueuse
buccale. Carus les localisait sur les bords du pneumostome;
Leydig, sur l'extrémité céphalique du pied; l'abbé Dupuy,
sur les grands tentacules, ou tentacules postéro-supérieurs.

Toutes les expériences physiologiques, toutes les investigations anatomiques confirment cette dernière opinion. Si l'on place un champignon, une pomme, etc., à
quelque distance d'une Limace, on la voit agiter ses grands
tentacules, les diriger vers cet objet, puis s'acheminer
dans sa direction; qu'on le porte à droite ou à gauche,
aussitôt le Mollusque modifiera sa marche; qu'on le
place au-dessus de l'animal, de suite il dardera ses
tentacules et cherchera à prendre un point d'appui pour

[1] Moquin-Tandon, *Histoire naturelle des Mollusques terrestres
fluviatiles de France*, 1855, t. I, p. 124.

s'élever jusqu'à sa proie. Les mêmes résultats sont obtenus lorsqu'on masque celle-ci par un écran quelconque ; mais si l'on ampute les tentacules et qu'on répète l'expérience après la cicatrisation de la plaie, l'approche des mêmes aliments laissera la Limace insensible, et ce sera seulement quand on les mettra en contact avec sa bouche, qu'elle commencera à les attaquer.

Ces expériences établissent donc que le siège de l'odorat se trouve, chez les Gastéropodes quadritentaculés, à l'extrémité des grands tentacules ; l'anatomie permet de reconnaître facilement, dans ces appendices, les filets conducteurs et les éléments exci-tables nécessaires à toute manifestation sensorielle. Sur la coupe longitudinale, le tentacule se montre parcouru par un nerf relativement volumineux que les anciens zoologistes regardaient comme le nerf optique, mais qui se trouve simplement accolé à ce dernier, avec lequel il naît sur le lobule de la sen-sibilité spéciale [1]. Müller a le pre-mier fait cesser toute incertitude à cet égard, montrant que l'œil est situé, non à l'extré-mité du tentacule, mais sur le côté de celui-ci, établissant d'autre part que le filet grêle et latéral auquel il faut

Fig. 54. — Coupe sché-matique d'un tenta-cule de l'Hélice vigne-ronne (*Helix poma-tia*).

Au centre, chemine le nerf tentaculaire qui se sépare supérieurement en plusieurs branches, après s'être renflé en un ganglion volumineux et ovoïde. Sur le côté gauche de la figure, se distingue le nerf optique qui, d'abord accolé au nerf tentaculaire, s'en détache pour gagner le globe oculaire. — A droite monte un faisceau muscu-laire (d'après Flemming).

[1] H. de Lacaze-Duthiers, *Du système nerveux des Mollusques gas-téropodes et d'un nouvel organe d'innervation* (*Archives de Zoologie expérimentale*, t. I, 1872).

réserver le nom de nerf optique se rend seul au bulbe oculaire, tandis que le tronc nerveux principal gagne le sommet du tentacule et s'y renfle en un ganglion volumineux (fig. 54).

Ce ganglion est formé de fibrilles nerveuses et de cellules bipolaires ; il donne naissance à cinq ou six branches bientôt ramifiées et formant un riche plexus qui se termine dans le revêtement épithélial du bouton tentaculaire. Or, cet épithélium comprend deux sortes d'éléments : 1° de grandes cellules cylindriques terminées extérieurement par une sorte de plateau, intérieurement par une base sinueuse et déchiquetée (fig. 55, *a*) ; 2° des cellules grêles et allongées comprenant un corps central ovoïde et nucléé, puis deux prolongements qui partent de ce corps pour se

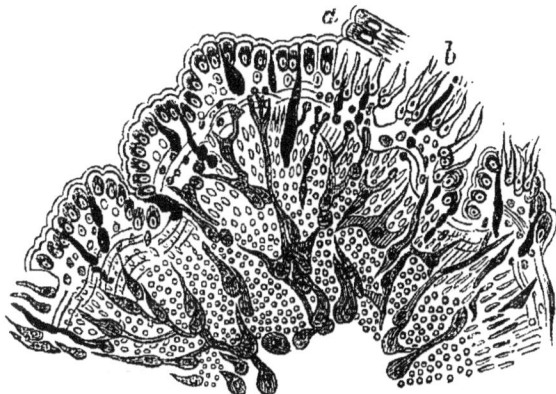

Fig. 55. — Extrémité d'un tentacule de l'*Helix pomatia*.

a. Cellules épidermiques. — *b.* Bâtonnets recevant inférieurement les fibrilles terminales du nerf tentaculaire (d'après Flemming).

diriger, l'un vers la surface du tégument, l'autre vers le derme sous-jacent ; le premier est prismatique et en forme de bâtonnet, tandis que le second est court et variqueux (fig. 55, *b*).

Il est impossible de méconnaître la profonde analogie
qui existe entre ces formes et celles que nous avons observées dans les animaux supérieurs : cellules protectrices
et cellules excitables. Nous retrouverons ici les unes et les
autres, avec leurs caractères habituels. Cependant si nous
nous reportons à nos études antérieures sur les organes
tactiles des Mollusques, nous trouvons, entre leurs éléments
excitables et ceux que nous venons de décrire comme tels
dans l'organe olfactif, des relations trop étroites pour que
nous puissions conclure immédiatement de la forme à la
fonction et décrire comme olfactives des cellules qui ressemblent de si près aux éléments tactiles des mêmes invertébrés. Je ne saurais trop insister sur cette réserve que
plusieurs histologistes contemporains n'ont peut-être pas
suffisamment observée, s'attirant ainsi de cruelles épi-
grammes de la part des physiologistes.

D'autres ont cherché à tourner la difficulté en forçant
l'interprétation des faits ; c'est ainsi que Claus prétend distinguer les cellules sensorielles du bouton tentaculaire en
cellules olfactives et en cellules tactiles, par la seule considération de leur prolongement externe ; une telle spécifi-
cation est au moins prématurée et, dans l'état actuel de
la science, ne saurait aucunement se défendre.

Il est certains faits qui peuvent être invoqués plus justement et semblent permettre d'attribuer à ces cellules
sensorielles du bouton tentaculaire un caractère olfactif.
Comme nous l'avons vu précédemment, jamais le Mollusque
n'emploie ses tentacules pour explorer ou palper les corps
extérieurs ; il les retire même dès qu'il se heurte à quelque obstacle ; cette observation, dont chacun peut contrôler
l'exactitude, ne semble guère favorable à l'opinion qui

voudrait localiser les manifestations du toucher dans ces
appendices sur lesquels la présence d'un organe aussi délicat que l'œil semble d'ailleurs peu conciliable avec l'exercice du plus brutal des sens.

Au point de vue anatomique, le nerf tentaculaire tirant
son origine du lobule de la sensibilité spéciale, naissant
auprès des nerfs affectés à la transmission des excitations
optiques et acoustiques, il semble rationnel de lui attribuer
une valeur analogue. L'existence d'un ganglion sur la partie terminale de ce nerf paraît encore justifier cette conclusion, et l'on voit que, sans vouloir attribuer aux bâtonnets
du tentacule un caractère essentiellement olfactif, ce qui
serait fort imprudent, on peut au moins admettre que c'est
à l'extrémité de cet appendice que se trouvent recueillies
les impressions odorantes.

Telle est la constitution de l'appareil olfactif chez les
Gastéropodes terrestres. Quant aux espèces aquatiques,
M. Moquin pensait que l'odorat s'y exerce par la surface entière du tentacule [1]. On s'accorde actuellement à le localiser
sur une fossette creusée vers la base de cet appendice et garnie de cils vibratiles ; en effet, M. de Lacaze-Duthiers a montré que cette dépression reçoit un nerf analogue au nerf
olfactif des Gastéropodes terrestres et s'y terminant de
la même manière [2]. Chez les Planorbes et les Physes,
cette cavité olfactive est en forme de gouttière ; les bords
de celle-ci s'abaissent notablement dans quelques autres
genres voisins : chez les Limnées, elle est représentée par
un espace à peine déprimé, mais reconnaissable à sa couleur blanchâtre ainsi qu'à sa structure [3].

[1] Moquin-Tandon, *loc. cit.*, p. 128.
[2] H. de Lacaze-Duthiers, *loc. cit.*, p. 449.
[3] Id., *ibid.*

Dans les Dorides, les Éolides, etc., les tentacules frontaux, par la finesse du tégument qui les recouvre, par les
plis nombreux que porte leur surface, comme par le
développement des rameaux qui les innervent, semblent
revendiquer une fonction sensorielle des plus importantes;
aussi divers auteurs n'ont-ils pas hésité à y placer le siège
de l'odorat : mais cette détermination ne s'appuie jusqu'à
présent sur aucune observation physiologique, et l'étude
expérimentale de ces organes demande à être sérieusement
reprise avant qu'on tente de leur assigner un pareil rôle.

Acéphales. — Les Acéphales semblent assez pauvrement
doués sous ce rapport; tel n'est cependant pas l'avis de
tous les zoologistes, car nous voyons Treviranus accorder à
ces Mollusques un odorat des plus subtils, et le localiser
dans les palpes labiaux qui, nous l'avons constaté précédemment, recueillent surtout des impressions tactiles [1].

Tuniciers. — Ces Molluscoïdes ont parfois offert des
traces d'odorat, mais on ne possède encore à cet égard que
des notions très vagues. Cependant on remarque, dans la
région frontale des Salpes, une fossette bordée de cils vibratiles et rappelant, par sa structure et sa connexion avec les
centres nerveux [2], les organes qui viennent d'être mentionnés
chez les Gastéropodes aquatiques; en l'absence de toute observation précise, on ne saurait conclure de ces ressem-

---

[1] G. R. Treviranus, *Nachtrag z. der Bemerkungen uber die Fortp-
flanzung der Anodonten* (Tiedemann et Treviranus, *Zeitschrift Physiol.*,
t. III, 1828, p. 156). — Id., et L. C. Treviranus, *Vermischte Schriften anatomischen und physiologischen*, 1829.

[2] Milne Edwards, *loc. cit.*, p. 489, et *Atlas du règne animal*, MOL-
LUSQUES, pl. 120, fig. 1 *b*.

blances morphologiques à une identité absolue dans les fonctions.

INSECTES. — Rappeler l'existence de l'odorat chez les Insectes, c'est invoquer des faits tellement connus, si nettement établis, si souvent constatés, qu'il y aurait presque autant de naïveté à y insister que s'il s'agissait des Carnivores ou des Rongeurs.

Qu'un Mulot, qu'une Taupe viennent à succomber, qu'on abandonne sur la berge d'un ruisseau le cadavre d'un Batracien ou d'un Poisson, aussitôt accourent les diverses espèces de Nécrophores (*N. Fossor, N. Vespilio, N. germanica*) qui se hâtent de partager cette proie dont l'odeur seule a pu les guider. Sur le littoral de la Manche, du Tréport au Havr, on trouve abondamment dans les champs crayeux dont il dévore les maigres récoltes, un Colimaçon auquel les malacologistes ont donné le nom d'*Helix variabilis;* qu'on dépose un cadavre de cette espèce sur un chemin, sur les pentes de la falaise, etc., on ne tardera pas à voir apparaître des nuées de Silphes dont les larves se logeront dans la coquille autrefois habitée par le Mollusque. Près de ces Silphes, se rangent les Leptodères des cavernes, si curieux par la structure de leurs yeux ; or, comment les entomologistes se les procurent-ils ? En plaçant un morceau de viande corrompue sur le sol de la grotte : aussitôt on voit se précipiter en foule ces singuliers Insectes [1].

Dans cette Classe, comme en tant d'autres groupes, ce sens ne doit pas seulement veiller à la conservation de l'individu, il assure encore la propagation de l'espèce, guidant l'un vers l'autre, souvent à de grandes distances,

---

[1] Voy. Blanchard, *loc. cit.*

les animaux de sexe différent : qui ne connaît l'exemple de ces Papillons mâles apparaissant dans une ville où l'on avait transporté une femelle de leur espèce et où jamais on ne les avait observés auparavant [1].

Il y a mieux : l'odorat est tellement développé dans ces Arthropodes, il s'y exerce avec une si grande délicatesse, que souvent il leur cause des illusions comparables à celles qu'il détermine chez les animaux supérieurs : tous les botanistes savent qu'au moment de la fécondation, diverses Aroïdées exhalent une odeur semblable à celle de la viande en putréfaction ; or ce phénomène est si bien perçu par les Insectes, que certains d'entre eux, accoutumés à déposer leurs larves dans les cadavres, s'abattent sur ces plantes, et, trompés par l'odeur, enfouissent leurs œufs dans des tissus où elles périront fatalement [2].

Je crois inutile de multiplier ces exemples, de rappeler les expériences de Redi [3], d'insister sur l'usage que l'on fait journellement des matières odorantes pour éloigner les Insectes des pelleteries, des collections zoologiques, etc., et après avoir ainsi démontré l'existence de l'olfaction dans ces animaux, je dois aborder l'étude, plus délicate, du siège qu'il convient de lui assigner.

On peut dire qu'à ce sujet toutes les opinions ont été défendues, et qu'il n'est guère de région sur laquelle les entomologistes n'aient successivement tenté de localiser ces impressions. En 1792, Bronsdorff la plaçait dans les palpes [4],

---

[1] Milne-Edwards, *loc. cit.*, p. 481.
[2] Constant Duméril, *Dissertation sur l'organe de l'odorat et sur son existence dans les Insectes (Magasin encyclopédique*, t. V). — R. Wagner, *Vergleichende Anatomie*, t. I, p. 467.
[3] Redi, *Experimenta circa generationem Insectorum*, t. I, p. 40.
[4] Bronsdorff, *De fabrica et usu palparum in Insectis*, 1792.

et cette idée se trouvait reprise vers 1810 par Marcel de Serres[1] ; mais c'est en vain qu'on chercherait dans leurs mémoires des preuves capables de faire attribuer cette nouvelle fonction à des organes qui semblent uniquement destinés à recueillir des impressions tactiles, ainsi que nous avons eu l'occasion de le constater antérieurement.

En 1814, les ingénieuses et charmantes observations d'Huber sur les Abeilles l'amenaient à localiser l'odorat dans la cavité buccale[2], détermination que rien n'est venu justifier, et que les expériences, pour cette fois mal instituées, de l'habile observateur genevois ne peuvent suffire à légitimer.

Guidés par des analogies dont ils s'exagéraient la valeur physiologique, divers naturalistes ont cru pouvoir placer les impressions olfactives dans les parties vestibulaires de l'appareil trachéen, sur les bords des stigmates, etc. Une semblable localisation est évidemment des plus séduisantes au point de vue de la morphologie générale, et l'on ne saurait s'étonner de la voir défendue par d'éminents observateurs[3] ; malheureusement, les faits lui semblent peu favorables, et les observations modernes tendent à montrer que les antennes seules peuvent être impressionnées par ces excitations spéciales.

Deux observateurs du siècle dernier, Schelver et Comparetti, avaient déjà soupçonné cette fonction des an-

---

[1] Marcel de Serres, *De l'odorat et des organes qui paraissent en être le siège chez les Orthoptères* (*Ann. du Muséum*, t. XVII, p. 426, 1811).

[2] Huber, *Nouvelles observations sur les Abeilles*, t. II, p. 318, 1814.

[3] Cuvier, *Leçons d'Anatomie comparée.* — Lehmann, *De usu antennarum*, p. 35. — Constant Duméril, *Considérations générales sur les Insectes*, p. 25. — Burmeister, *Handbuch der Entomologie*, t. I. — Strauss-Durkeim, *Considérations générales sur l'anatomie des animaux articulés*, p. 422.

tennes [1] ; mais ils n'apportèrent aucun témoignage à l'appui
de leur opinion et semblèrent même ne lui accorder qu'une
médiocre valeur. Elle fut reprise « comme la plus probable » par de Blainville [2], légèrement modifiée par Rosenthal [3], vivement combattue par Kirby et Spence [4], finalement appuyée par des expériences si nombreuses et si
démonstratives que la plupart des auteurs modernes l'ont
successivement adoptée [5].

Ne pouvant entrer ici dans le détail des faits observés,
je me borne à rappeler les suivants, que l'on peut vérifier aisément, et dont il est facile d'apprécier la haute valeur physiologique : qu'on approche de la tête d'une
Abeille une aiguille trempée dans l'éther, la créosote,
l'essence de serpolet, l'essence de girofle, etc., aussitôt
on verra l'animal darder ses antennes, les agiter vivement, les diriger du côté du corps odorant ; qu'on déplace
au contraire celui-ci, avec précaution, vers la région ventrale ou anale, c'est-à-dire sur les points qui portent les
stigmates, aucune réaction ne se manifestera ; il en sera
de même si l'on ampute les antennes.

On sait que divers Hyménoptères déposent leurs œufs
dans des larves qui habitent elles-mêmes l'intérieur de
certaines plantes ; or, si l'on examine la nature des inves-

---

[1] Schelver, *Versuch einer Naturgeschichte der Sinnes werkzeuge bei
den Insekten*, 1798. — Comparetti, *Dinamica animale degli Insetti*,
p. 476 ; publié en 1800.

[2] De Blainville, *loc. cit.*, p. 338.

[3] Rosenthal, *Uber der Geruchssinn der Insekten (Reil's Archiv fur die
Physiol.*, t. X, p. 427, 1811.

[4] Kirby et Spence, *Introduction to Entomology*, t. I, III, IV,
passim.

[5] Dugès, *Traité de Physiologie*, t. I, p. 161. — Milne-Edwards,
loc. cit., t. XII, p. 483 et suivantes.

tigations auxquelles ils se livrent à ce moment, on voit
que c'est toujours en promenant leurs antennes à la surface de la plante qu'ils découvrent le point précis où se
trouvent les larves des *Cynips* ou des espèces analogues.
Qu'on sectionne les antennes, et l'on rendra dès lors
toute recherche impossible.

De même, dès qu'on ampute les antennes d'une Mouche
à viande, ou d'une Guêpe, on constate une abolition immédiate et complète de l'odorat [1].

S'il était besoin d'une expérience encore plus démonstra-
tive je citerais la suivante due à M. Balbiani : deux boîtes,
séparées par une distance de plusieurs mètres, renferment,
l'une des femelles de *Bombyx*, l'autre des mâles de la même
espèce, parmi lesquels se trouvent un certain nombre
d'individus dont on a coupé les antennes ; dès qu'on approche légèrement de la boîte des mâles la boîte des
femelles ou simplement son couvercle, on voit les mâles
pourvus d'antennes s'agiter vivement et faire tous leurs
efforts pour s'échapper, tandis que les mâles privés de ces
organes restent immobiles et ne manifestent aucune indice d'excitation.

Des faits aussi probants ne permettent évidemment
pas d'hésiter sur le siège de l'odorat et obligent à le localiser dans les antennes. Mais devons-nous pousser plus
loin l'analyse de l'appareil olfactif des Insectes ; pouvons-
nous, dans l'état actuel de la science, déterminer quels
éléments seront ébranlés par les seules impressions odo-

---

[1] Alex. Lefebvre, *Note sur le sentiment olfactif des antennes* (*Annales de la Société entomologique de France*, 1838, t. VII, p. 395). —
Perris, *Mémoire sur l'odorat dans les Articulés* (*Annales des sciences
naturelles*, ZOOLOGIE, 3e série, 1850, t. XIV, p. 168).

rantes? Cette recherche, il faut le reconnaître, est des plus délicates et, malgré l'importance et la précision des travaux modernes, il est presque impossible d'y réussir complètement.

A mesure que l'on descend dans la série animale, on voit les trois sens du toucher, du goût et de l'odorat, se confondre rapidement dans leurs manifestations comme dans leurs organes, affirmant ainsi leur parenté originelle; les terminaisons nerveuses destinées à entrer en jeu sous l'influence des excitations tactiles, gustatives ou olfactives, se ressemblent de plus en plus; les filets transmetteurs se réunissant dans des troncs communs, leur distinction devient presque impossible. Si l'on ajoute que chez les Insectes les antennes servent non seulement à l'odorat, mais au toucher, peut-être au goût, et très vraisembla-

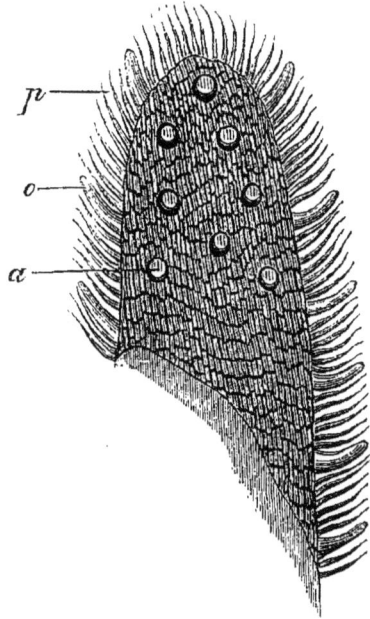

Fig. 56. — Extrémité d'une antenne de la *Formica rufa*.

p. Poils. — *o.* Cônes olfactifs. — *a.* Dépressions au fond desquelles s'insèrent ces derniers éléments (d'après Leydig et Nuhn).

blement à l'audition, on avouera que c'est une entreprise difficile de chercher quels éléments devront recueillir des excitations aussi différentes. Elle n'a cependant pas effrayé de savants histologistes qui ont minutieusement décrit les terminaisons propres à chacun de ces modes spéciaux de sensibilité; les travaux de Leydig sont particulièrement instructifs à cet égard et méritent d'être résumés au moins en quelques mots.

Chacun connaît la structure des antennes ; nul n'ignore que ces appendices sont composés d'une série d'articles placés bout à bout, comme emboîtés, et mobiles les uns sur

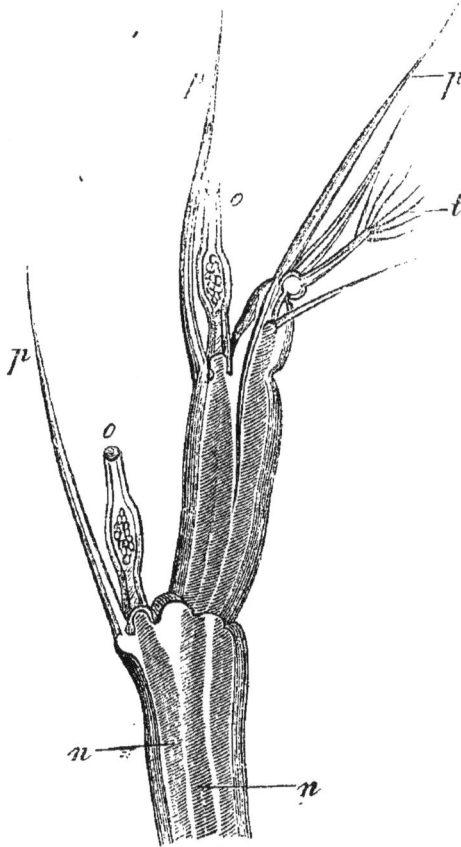

Fig. 57. — *Asellus aquaticus;* extrémité d'une petite antenne.

o. Cônes olfactifs. — *t.* Poils tactiles. — *p.* Soies protectrices. — *n.* Filets nerveux cheminant dans l'intérieur de l'antenne pour se rendre à la base de ces divers éléments (d'après Leydig et Nuhn).

les autres ; des nerfs volumineux les parcourent et peuvent se suivre jusqu'à la base des poils qui en recouvrent la surface, y formant comme un léger duvet ; au premier abord, tous ces appendices semblent identiques, mais un examen plus approfondi permet d'y reconnaître de longues soies droites, des poils rameux, enfin de petites baguettes dont le pouvoir réfringent est de beaucoup supérieur à celui des formations voisines (fig. 56 et 57); or, pour Leydig, les soies longues et aciculées représenteraient de simples organes protecteurs; les poils rameux, recevant à leur base des filets nerveux, seraient ébranlés par les excitations tactiles; quant aux baguettes réfringentes ou *cônes olfactifs* (*Geruchszapfen*), elles seraient uniquement destinées à recueillir les impressions odorantes [1].

Rien n'est évidemment plus séduisant qu'une pareille distinction et l'on conçoit que plusieurs naturalistes aient cru pouvoir l'adopter et en tirer les conclusions les plus absolues. Cependant de nouvelles recherches sont nécessaires et, dans l'état actuel de nos connaissances physiologiques, il y aurait quelque imprudence à se montrer trop affirmatif sur le rôle d'éléments qui ne diffèrent que par de légères différences, et dont la signification semble encore nous échapper.

CRUSTACÉS. — L'odorat paraît s'exercer aussi sûrement chez les Crustacés que dans les Insectes : la rapidité avec laquelle les Écrevisses se dirigent, même à de grandes distances, vers les cadavres, les procédés vulgaires employés pour la pêche de ces animaux, tout le démontre amplement; mais quand on cherche à localiser ce sens on se heurte à des opinions aussi divergentes que lorsqu'il s'agissait des Insectes.

[1] Leydig, *Uber Geruchs und Gehororgane der Krebse und Insecten* (*Muller's Archiv f. Anat.*, 1860, p. 265, etc.).

D'après Rosenthal [1] l'olfaction y résiderait dans une cavité située au-dessous des antennes de la première paire,
et qu'on s'accorde aujourd'hui à
regarder comme un organe auditif ; Dugès paraissait partager la
même opinion [2] ; actuellement, on
admet que la fonction olfactive
doit être localisée dans les antennes qui joueraient le même
rôle que dans la classe précédente.
L'École allemande n'élève aucun
doute à cet égard et Leydig, encore
plus affirmatif qu'à l'égard des
Insectes, décrit chez les Pagures
(fig. 58), les Cloportes, les Écrevisses, etc., des soies tactiles
et des cônes olfactifs [3], dont l'interprétation me semble
devoir comporter d'expresses réserves.

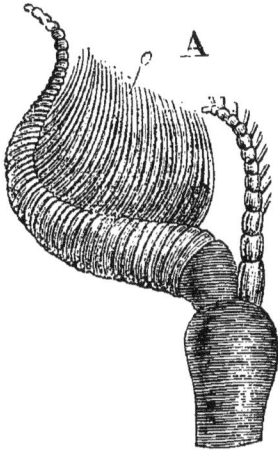

Fig. 58. — Antenne interne
d'un Pagure.

o. Cônes olfactifs (d'après Leydig
et Nuhn).

VERS. — L'olfaction se manifeste nettement chez un
grand nombre de Vers, ainsi qu'en témoignent de nombreuses observations, empruntées pour la plupart à l'histoire
des Hirudinées.

Sans insister sur les anciennes expériences dans lesquelles on soumettait des Sangsues à l'action des vapeurs am-
moniacales et de quelques autres corps agissant plutôt
comme excitants généraux que comme corps odorants, il

[1] Rosenthal (Reil's Archiv, 1811, t. X, p. 433). — Treviranus,
Biologie, 1822, t. VI, p. 308.

[2] Dugès, loc. cit.

[3] Leydig, loc. cit. (Tafeln z. vergl. Anatomie).

convient de rappeler certains faits assez probants. Depuis longtemps les médecins ont constaté que lorsqu'une région du corps a été recouverte par un emplâtre aromatique, les Sangsues, d'ordinaire si voraces, refusent opiniâtrément de s'y fixer; si l'on jette un cadavre de Poisson ou de Mollusque dans un bassin contenant des Glossiphonies, celles-ci accourent de toutes parts; chacun sait avec quelle rapidité l'Homme et les animaux sont attaqués dès qu'ils s'aventurent dans un marais à Sangsues; et, d'après les récits des voyageurs, il est presque impossible de se préserver des atteintes de diverses espèces qui, couvrant les buissons et les branches des forêts du Brésil et de l'Inde, se précipitent sur les hommes ou les animaux et causent parfois les accidents les plus terribles. Or, chez ces Vers, la vue ne possède que des organes rudimentaires, et l'odorat peut seul les avertir de l'approche de leurs victimes; mais sur quelle partie du corps réside ce sens? La question est déjà plus difficile à résoudre que pour les Arthropodes et l'on devine le moment où elle deviendra complètement insoluble.

Leydig a cependant tenté de déterminer les éléments destinés à recevoir les excitations olfactives : distinguant dans le tégument céphalique d'élégantes fossettes cupuliformes (fig. 59, C et D) tapissées de cellules épithéliales et de bâtonnets réfringents, il n'a pas hésité à localiser sur ceux-ci les impressions odorantes [1].

Les analogies anatomiques peuvent seules justifier un semblable rapprochement; encore même n'y paraissent-elles pas entièrement favorables. Quand on examine ces cupules de Leydig, on constate qu'elles ressemblent moins

---

[1] Leydig, in *Archiv zur Anatomie und Physiologie*, 1861, p. 599; — et *Tafeln fur vergl. Anat.*, pl. III.

aux organes olfactifs des divers animaux, qu'aux organes cyathiformes des Poissons ; peut-être doivent-elles recueil-

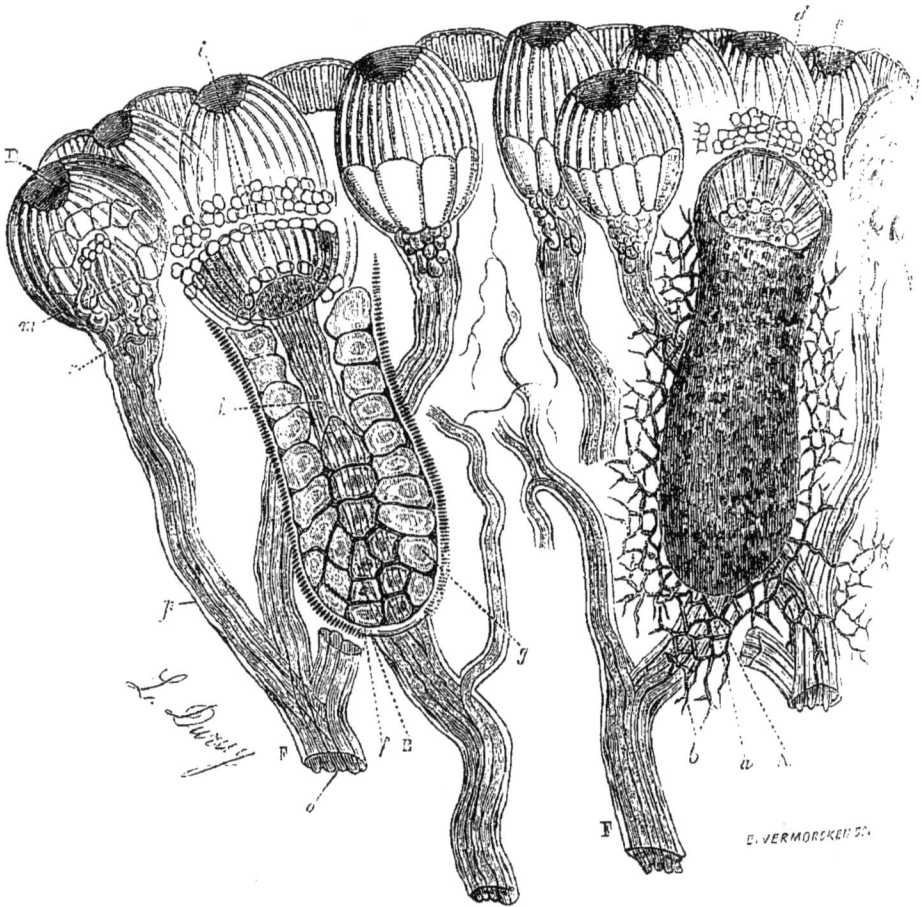

Fig. 59. — Sangsue médicinale (*Sanguisuga medicinalis*, Sav.).

A. OEil vu par sa face supérieure. — *a*. Choroïde vue par transparence à travers le tégument sclérotical. — *b*. cellules ambiantes pigmentifères. — *c*. Cellules épidermiques. — *d*. Terminaison du nerf optique et masse bacillaire. — B. OEil vu sur la coupe longitudinale. — *f*. Sclérotique. — *g*. Choroïde. — *i*. Cellules épidermiques. — *h*. Fibrilles ultimes du nerf optique, se terminant dans la masse, finement granulée, de la rétine. — C. Ensemble d'un organe cupuliforme. — *k*. Cellules épidermiques. — *l*. Cellules basilaires. — *m*. Fibrilles nerveuses et bâtonnets. — D. Structure et rapports d'un organe cupuliforme. — F. Tronc nerveux. — *p*. Névrilème. — *o*. Faisceaux primitifs. — *r*. Fibrilles nerveuses se terminant dans les bâtonnets *m* (d'après Leydig).

lir des excitations intermédiaires entre le toucher, le goût et l'odorat, hypothèse qui n'a rien d'invraisemblable lorsqu'on se reporte aux relations de ces différents sens et à la fusion qui semble s'opérer entre eux dans les organismes inférieurs.

Les fossettes ciliées des Némertes et des Borlasies, fossettes sur le fond desquelles vient s'épanouir un gros tronc nerveux, ont été décrites comme des organes olfactifs[1] ; la même fonction est généralement attribuée aux organes calyciformes des Géphyriens.

Au delà du groupe des Vers, les sensations olfactives deviennent de plus en plus vagues ; çà et là, comme chez les Acalèphes et quelques Échinodermes, elles se retrouvent, mais singulièrement affaiblies : après avoir gardé leur autonomie plus longtemps que les sensations gustatives, elles disparaissent, comme elles, pour se confondre ensemble dans des manifestations plus grossières qui désormais se révèleront seules à notre examen, et suffiront à mettre l'animal en rapport avec un monde extérieur dont les frontières ne dépasseront bientôt plus les limites de l'organisme.

[1] De Quatrefages, *Mémoire sur la famille des Némertiens* (*Annales des sciences naturelles*, 1846, 3e série, t. VI, p. 283, pl. XIV. — Id., *Histoire des annelés marins et d'eau douce*, t. I. — Mac Intosch, *On the structure of the British Nemertians* (*Transactions of the Royal Society of Edinburgh*, 1869, t. XXV, pl. X).

DIX-SEPTIÈME LEÇON

Dès le début de nos études, nous avons constaté que, s'il était impossible de classer méthodiquement les sens ou de les subordonner les uns aux autres, on pouvait cependant les séparer en deux groupes, aussi différents par la nature des excitants capables de déterminer les sensations qui les caractérisent, que par la valeur propre de celles-ci.

La première de ces divisions comprend les trois sens que l'on désigne parfois sous le nom de « sens grossiers », et qui, plus simples dans leurs manifestations comme dans leurs organes, exigent le contact immédiat, direct, en quelque sorte brutal, de l'excitant. Si voisines que soient ces trois espèces du toucher, du goût et de l'odorat, nous

avons vu qu'elles se distinguent aisément et que, sous
tous les rapports, on pouvait établir entre elles une évidente gradation. Les corps solides, liquides ou gazeux,
sont également aptes à produire des impressions tactiles ;
les excitations gustatives, au contraire, ne s'observent
qu'en présence des liquides ; l'action seule des corps gazeux est capable d'ébranler les terminaisons olfactives.
L'état physique de l'excitant semble ainsi se perfectionner,
revêtir une forme plus subtile, à mesure que les sensations
qu'il doit faire naître se spécialisent et se différencient
davantage.

La seconde classe rapproche deux formes sensorielles
dont tous les caractères révèlent l'incontestable supériorité, qui éclate dans leurs manifestations comme dans
les organes destinés à assurer leur fonctionnement. Il
ne sera plus besoin ici du contact direct de l'excitant
venant heurter, baigner, ou fouetter les éléments excitables ; son action pourra s'exercer à toutes les distances,
dans tous les milieux : si l'éloignement affaiblit sa puissance, d'ingénieux appareils de concentration seront
disposés sur son passage ; s'il tend à s'écarter de sa route,
des organes spéciaux l'y ramèneront aussitôt, et le condui-
ront, comme malgré lui, jusque sur la membrane sensible.
En raison de la finesse des impressions qu'ils doivent recueillir et des conditions dans lesquelles ils entreront en jeu,
les cellules excitables ne peuvent plus être réparties sur
l'ensemble du tégument, comme lorsqu'il s'agissait du toucher, ou disposées sur des organes à fonctions multiples,
ainsi que c'était encore le cas pour le goût et l'odorat ; elles
se localiseront sur certains points déterminés qui en acquer-
ront une haute valeur physiologique ; celle-ci semblera

même retentir sur l'ensemble des tissus voisins qui se mo-
difieront pour constituer des organes de perfectionnement
et pour assurer à ces appareils sensitifs une protection en
rapport avec le rôle qui leur est attribué dans l'économie.

C'est à l'étude de ces deux sens supérieurs, l'ouïe et
la vue, que doivent être désormais consacrées nos recherches. L'importance des incitations qu'ils font naître,
les particularités que révèle l'histoire anatomique de leurs
organes, nous obligeront à modifier sur quelques points
la méthode qui nous a guidés jusqu'ici; mais leur étude
ne présente en réalité nulle difficulté sérieuse, et, comme
vous pourrez bientôt vous en convaincre, le tracé fondamental persiste avec tous ses caractères essentiels, d'une
extrémité à l'autre de la série zoologique.

SENSATION AUDITIVE. — La sensation gustative nous faisait connaître la saveur, la sensation olfactive l'odeur;
la sensation auditive nous fournit une notion nouvelle,
celle du *Son*, et provoque l'intervention d'un nerf spécial, le *nerf auditif*, que mettent en jeu les vibrations
des corps extérieurs. Tous les termes de cette définition
sont également indispensables, et l'on ne saurait se contenter de dire, avec certains Traités élémentaires, que « le son
« est le résultat d'oscillations vibratoires imprimées aux
« molécules des corps »; on pourra faire vibrer ceux-ci
par tous les moyens possibles, les heurter, les frotter,
troubler de cent manières leur état d'équilibre, jamais le
mouvement vibratoire ainsi produit ne deviendra un son,
ne déterminera une sensation auditive, s'il n'est transmis
au centre nerveux par le conducteur particulier que je nom-
mais à l'instant : un sourd qui touche un corps vibrant, un

diapason par exemple, éprouve une impression tactile et rien d'autre.

Les caractères de la sensation auditive sont de deux ordres : les caractères physiologiques et les caractères physiques. Parmi les premiers, il faut citer la prolongation de cette sensation dont la durée dépasse généralement celle de la vibration sonore qui l'a fait naître ; telle est l'origine des sensations consécutives sur lesquelles nous reviendrons bientôt. Quant à l'extériorité, à laquelle on attache habituellement une grande importance, elle est très contestable. Lorsque nous entendons un son nous le rapportons au dehors, dans les circonstances normales ; mais dès que nous plongeons la tête sous l'eau, le son paraît devenir intérieur, et chacun sait qu'il faut souvent une grande attention, un certain exercice, pour distinguer les bourdonnements et autres phénomènes entotiques des impressions analogues provenant du monde extérieur [1].

Si les caractères physiologiques de la sensation auditive sont assez vagues pour qu'on puisse se borner à les mentionner, il n'en est plus de même de ses caractères physiques qui possèdent une constance en rapport avec leur nature même et présentent, au point de vue de nos études, un intérêt tout particulier. Ces caractères sont au nombre de trois :

1° L'Intensité ; 2° La Hauteur ; 3° Le Timbre.

L'Intensité, cette qualité qui nous fait distinguer un son « fort » d'un son « faible », réside dans l'amplitude des vibrations ; chacun se rappelle les expériences qui démontrent cette relation, admissible même à priori, car il est

---

[1] Voy. Beaunis, *loc. cit.*, p. 749.

évident que l'ébranlement produit par les vibrations des corps élastiques sur le milieu ambiant et, par suite, sur l'organe auditif, sera d'autant plus considérable que ces oscillations seront elles-mêmes plus étendues [1].

Diverses causes font varier l'intensité : elle augmente avec la masse ou la surface du corps sonore : c'est ainsi que les cloches rendent des sons très intenses, tandis que les cordes, les tiges métalliques, les diapasons privés de leurs caisses, n'en produisent jamais que de faibles. La densité du milieu qui transmet le son exerce une influence analogue : sous une pression de trois atmosphères, la voix humaine devient retentissante ; au contraire, un coup de feu tiré sur le sommet d'une montagne ne produit plus qu'une détonation insignifiante quand on la compare à ce qu'elle était dans la plaine.

La Hauteur dépend, non de l'amplitude des vibrations, mais de leur nombre : le son sera d'autant plus élevé, d'autant plus aigu que les vibrations seront plus rapprochées dans l'unité de temps ; il s'abaissera, deviendra grave, dans le cas contraire. On connaît les appareils (roue dentée, sirène, etc.), qui permettent d'évaluer cette fréquence, et l'on sait quelles règles ce caractère de la sensation auditive fournit à l'art musical : l'*intervalle* de deux sons représente le rapport des nombres de vibrations qui les déterminent, l'*octave* exprime le plus simple de ces rapports ($\frac{1}{2}$), le curieux phénomène de l'*unisson* s'observe lorsque deux sons se trouvent produits par un même nombre de vibrations, etc. Il était nécessaire de rappeler la valeur de ces termes, dont nous aurons par-

[1] Voy. Gavarret, *Phénomènes de la phonation et de l'audition*, p. 57, 1875.

fois à faire usage, mais nous ne saurions prolonger cette digression sans être rapidement entraînés en dehors de notre sujet.

Au point de vue fonctionnel, il convient d'ailleurs de faire observer que les organes auditifs ne peuvent indifféremment recueillir toutes les excitations sonores, quelle que soit leur hauteur : il y a des limites au delà et en deçà desquelles celles-ci demeurent sans effet sur les terminaisons du nerf acoustique. Ainsi l'oreille humaine cesse de percevoir les sons graves dès qu'ils comptent moins de 32 vibrations par seconde ; les sons aigus ne peuvent plus être appréciés au delà de 38,000 vibrations environ. On voit que notre sensibilité auditive peut encore s'exercer sur une échelle fort étendue et dont l'orchestration moderne, malgré l'infinie variété de ses ressources, n'atteint jamais les points extrêmes, car elle se meut généralement entre 41 vibrations pour les notes inférieures [1] et 4,800 vibrations pour les tons les plus élevés [2].

L'étude de ces deux premiers caractères de la sensation auditive n'a jamais présenté de difficultés sérieuses, les recherches de Galilée, de Newton, d'Euler, de Bernouilli, ayant depuis longtemps fait connaître leur origine et leurs variations. Il en a été tout autrement pour le Timbre, ou suivant la charmante expression de d'Alembert, pour le *coloris* du son : la même note est donnée par un violon, un hautbois, une trompette, une flûte, un piano ; sa hauteur et son intensité demeurent identiques, cependant nous ne nous y trompons jamais et reconnaissons toujours ces divers instruments à la teinte même qu'ils impriment aux

[1] *Mi inférieur* de la contre-basse.
[2] *Ré supérieur* de la petite flûte.

sons qui en émanent. Quelle est donc l'origine de cette nouvelle propriété ? Durant bien des siècles on a été réduit aux conceptions les plus vagues, aux hypothèses les plus grossières ; la plupart des ouvrages portent encore la trace de cette longue ignorance qui n'a cessé que dans ces dernières années, grâce aux travaux de M. Helmholtz. Ce n'est pas à dire que les générations précédentes eussent négligé l'examen de ce difficile problème : d'illustres devanciers avaient dès longtemps tracé la voie qui devait conduire le physicien d'Heidelberg à de si magnifiques découvertes, et sans remonter à Pythagore ou à Képler, on doit rappeler les études célèbres de Rameau sur la voix humaine [1], les recherches de Monge [2], les tentatives de Magendie, qui a donné du timbre une définition méconnue de nos contemporains, bien qu'elle diffère à peine de celle que nous pouvons formuler aujourd'hui [3]. Toutefois, ces essais étaient demeurés incomplets et isolés, les résultats avaient été entrevus plutôt que constatés, nulle méthode générale n'avait été instituée, et si la vérité avait été soupçonnée par quelques esprits d'élite, personne n'avait pu du moins en fournir la démonstration expérimentale.

L'explication du timbre repose cependant sur un phénomène des plus faciles à observer, fort anciennement connu, mais dont l'étude n'avait guère sollicité que les musiciens auxquels elle avait fourni diverses applica-

---

[1] Rameau, *Éléments de Musique*, Lyon, 1762.

[2] Voy. sur les travaux de Monge la très intéressante Note de M. Résal (*Comptes rendus de l'Académie des sciences*), t. LXXIX, p. 821).

[3] « Le timbre dépend de la nature du corps sonore ainsi que du plus ou moins grand nombre d'harmoniques qui se produisent en même temps que le son principal. » (Magendie, *Précis de physiologie*, 3e édit., t. I, p. 127, Paris, 1833.)

tions. Lorsqu'on écoute attentivement un chanteur qui
tient la même note avec une persistance suffisante pour
permettre à l'oreille d'en apprécier les différents caractères, on ne tarde pas à percevoir une sensation complexe
et des plus singulières ; à la note primitive, au « ton fondamental » qu'on pensait devoir entendre seul, d'autres
notes viennent former cortège ; il semble que le chanteur
évoque des voix invisibles qu'un lien sympathique unit à
la sienne. L'illusion est moins naïve qu'on ne serait
tenté de l'imaginer tout d'abord ; les notes secondaires,
parasites, existent réellement et représentent les « harmoniques » du ton fondamental, dont elles modifient ainsi plus
ou moins profondément le caractère originel [1].

On devine que la production des harmoniques ne saurait être limitée à la voix humaine ; elle se retrouve, en effet,
dans tous les corps sonores, dans tous les instruments
de musique ; mais le nombre, la valeur de ces harmoniques
varient avec leur source même : certains instruments,
comme le tambour, sont très pauvres en notes secondaires ; d'autres, comme le violon, témoignent à cet égard,
d'une richesse infinie. C'est avec ceux-ci que pour emprunter à d'Alembert une nouvelle et pittoresque expression,
on pourra faire de la « musique colorée », tandis que les
premiers ne fourniront qu'une « musique grise ou incolore. »

Puisque le ton fondamental reste identique pour la
même note donnée par les instruments les plus divers, et
ne revêt une teinte spéciale et caractéristique que grâce
aux notes accessoires qui viennent l'y accompagner, c'est
dans la production de ces harmoniques que doit évidemment résider la cause du timbre. Cette origine avait été

[1] Laugel, *La Voix, l'Oreille et la Musique*, 1867.

pressentie, indiquée même par les précurseurs de M. Helmholtz qui n'avaient pu malheureusement en fournir la preuve directe, bien que des deux méthodes qui permettent de l'obtenir, l'une, la méthode synthétique, fut journellement appliquée. Son principe est des plus simples : on s'adresse à une source pauvre en harmoniques, donnant le ton fondamental presque pur, puis par des tâtonnements successifs, on cherche à modifier celui-ci assez profondément pour lui imprimer successivement la couleur qu'il offrirait dans tel ou tel autre instrument, résultat que les facteurs d'orgues ont atteint depuis fort longtemps, d'une manière tout empirique : les tuyaux larges et fermés ne donnent jamais qu'une musique incolore, dénuée de notes accessoires, incapable de lutter avec le concert mélodieux qui émane de la flûte ou naît dans les cordes faiblement tendues du violon; cependant on peut leur faire revêtir successivement le timbre propre à chacun de ces instruments par la simple addition de petits tuyaux accordés dans le rapport des consonnances harmoniques. Enlevons au contraire ces tuyaux accessoires, ces « fournitures », pour leur donner le nom technique, immédiatement le son fondamental reparaîtra seul. Chantez au-dessus d'un clavier dont les cordes peuvent vibrer librement : l'onde sonore vous semble aussi pure qu'il est possible de l'imaginer, cependant elle ne met pas seulement en jeu une corde unique et vous voyez s'ébranler, avec celle qui répond à la note donnée, quatre, cinq ou six cordes qui résonnent à l'unisson des harmoniques de ce ton fondamental et semblent nous en représenter la figuration matérielle.

De même que nous venons de procéder par voie synthétique, partant du son fondamental pour obtenir le timbre qui vient le colorer, le masquer dans tel ou tel instrument, de même nous pouvons suivre une méthode inverse, et, nous adressant à un son complexe, tenter de l'analyser, d'étouffer les harmoniques qu'il renferme et d'amener ainsi sa note fondamentale à éclater seule, dégagée de tous ses parasites. C'est ici qu'il convient d'emprunter à M. Helmholtz ses élégants procédés : qu'on imagine des globes sonores accordés respectivement à l'unisson des différentes notes, incapables de vibrer sous l'influence de tout autre son, et disposés de manière à pouvoir s'adapter facilement à notre organe auditif (fig. 60), il est évident que pour toute personne armée d'un semblable résonnateur, le plus mélodieux

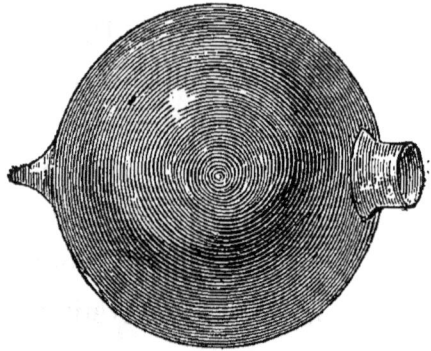

Fig. 60. — Résonnateur d'Helmholtz.

concert, l'orchestration la plus bruyante se résumeront toujours en une seule et même note : que l'*ut* soit donné par la flûte, le violon, le piano, toujours il présentera le même timbre et l'observateur ne pourra distinguer la source dont il émane. Voulons-nous au contraire annuler cette note et faire simplement apparaître les diverses harmoniques qui l'accompagnent ? aidons-nous de résonnateurs convenables et nous percevrons par exemple, s'il s'agit du piano, le *sol* de l'octave supérieure, ou le *mi* de la double octave. Nous n'éprouvons donc plus aucun embarras à définir le timbre et pouvons proclamer avec M. Helmholtz qu'il dépend uniquement du nombre, du rang et de l'intensité des harmoniques associées au ton fondamental.

SENSATIONS AUDITIVES COMPOSÉES. — Les sensations auditives ne sont pas toujours simples comme nous l'avons supposé jusqu'ici, elles peuvent être composées, c'est-à-dire *simultanées* ou *successives*.

Les sensations simultanées présentent une haute importance; c'est sur leur production qu'est basée la musique harmonique. Il suffit d'écouter un orchestre pour juger du nombre des sensations auditives capables de coexister simultanément sans se mélanger : faire entendre deux notes, c'est en réalité mettre aux prises deux chœurs puisqu'on évoque du même coup toutes les harmoniques, tous les parasites qui les accompagneront [1]; que sera-ce donc quand on cherchera à marier, dans une même instrumentation, les divers jeux de l'orgue, les éclats de la trompette ou les frémissements du hautbois ? Il faudra asservir à des règles immuables ce concert qui, tantôt agréable, tantôt insupportable, blesserait rapidement la délicate sensibilité de notre organe auditif. Toute intermittence fatigue et irrite les nerfs : il faudra donc éviter ces « battements », ces alternances qui naissent lorsque deux sons comptent des nombres de vibrations voisins l'un de l'autre ; au contraire, on devra rechercher les « consonnances », dont « l'accord » représente la forme agréable; l'analyse et l'application de ces principes constituent une véritable science dont Monteverde et Palestrina jetèrent les premières bases, dont Rameau formula les grandes lois, récemment et pleinement sanctionnées par les belles recherches de M. Helmholtz.

[1] Voy. Laugel, *loc. cit.*

Auprès des sensations simultanées, il convient de placer
les sensations successives ; ces deux formes témoignent en
effet d'une intime parenté et peuvent aisément se confondre [1].
A leur histoire se rattache l'étude de la durée de la sensation :
on sait que celle-ci se prolonge au delà du temps qui répond
à l'impression et l'on peut soupçonner qu'ici réside un nouvel
élément, trop négligé dans l'étude des sensations composées.

CAUSES ADJUVANTES ET ALTÉRANTES. — Les causes capables
d'affaiblir ou d'altérer la finesse de la sensibilité auditive ne
présentent rien de particulier : l'influence de l'habitude, de
la fatigue, de l'âge, etc., est trop connue pour qu'il soit nécessaire d'y insister. Parmi les causes adjuvantes, les unes
résident dans le sujet, tel est l'exercice qui donne à l'organe une délicatesse et une précision dont tous les musiciens
peuvent apprécier la valeur ; les autres lui sont extérieures
et présentent des variations trop nombreuses pour pouvoir
être étudiées ici ; cependant il convient de mentionner le
degré d'élasticité du corps sonore et la densité du milieu
transmetteur. Cette dernière influence mérite même une
attention spéciale, car elle se rattache intimement aux
divers modes de fonctionnement de l'organe auditif et détermine les traits essentiels de sa constitution, ainsi que nous
aurons bientôt l'occasion de l'observer.

La physique nous apprend que le son se propage d'autant
plus rapidement que le milieu qu'il traverse est plus dense ;
sa vitesse de transmission sera donc plus considérable dans
les corps solides que dans les liquides et dans ceux-ci que
dans les gaz. Les expériences qui démontrent ces lois sont

[1] Une durée égale à 1/132 de seconde suffit à la perception auditive d'une excitation.

tellement classiques, si bien connues de tous, qu'il suffit de rappeler leurs résultats essentiels.

La détermination expérimentale de la vitesse de propagation du son dans les corps solides a été tentée vers 1816 par Biot[1] et réalisée trente ans plus tard par M. Wertheim dans une série de recherches entreprises avec la collaboration de M. Chevandier[2], puis de M. Bréguet[3] : dans un tuyau de fonte, à la température de 15°, le son se propage avec une vitesse de 3,659 mètres par seconde.

Nous savons, depuis les recherches de Sturm et Colladon, que dans l'eau cette même valeur est égale à 1,345 mètres par seconde à la température de 8°.[4].

Mersenne et Gassendi, les académiciens del Cimento, se sont successivement efforcés d'établir la vitesse du son dans l'air; mais leur méthode, l'imperfection des instruments dont ils pouvaient disposer, expliquent l'inexactitude de leurs résultats. Des expériences analogues furent instituées en 1738 par une commission de l'Académie des sciences qui chercha, par les procédés les plus ingénieux, à atténuer les principales causes d'erreur[5]. Malheureusement les corrections thermométriques et hygrométriques furent trop négligées, si bien que malgré les tentatives qui se multiplièrent du-

---

[1] Biot, *Traité de physique expérimentale et mathématique*, t. II, p. 26. 1816.

[2] Wertheim et Chevandier, in *Annales de physique et de chimie*, 3e série, t. XIX, p. 129, 1847.

[3] Wertheim et Bréguet, in *Comptes rendus des séances de l'Académie des sciences*, t. XXXII, p. 293, 1851.

Voy. aussi Verdet, *OEuvres complètes*, t. III, p. 86, 1863, et Gavarret, *loc. cit.*, p. 509-514.

[4] Sturm et Colladon, in *Annales de chimie et de physique*, 2e série, t. XXXVI, p. 236, 1827. — Gavarret, *loc. cit.*, p. 511-522.

[5] « Le vent, en entraînant la masse d'air dans laquelle les vibra-

rant les années suivantes et sur divers points du globe[1], il faut
arriver à 1822 pour obtenir une solution réellement scientifique de la question. A cette époque, et sur la demande de
Laplace, le Bureau des longitudes entreprit, entre Villejuif
et Montlhéry, une série d'observations demeurées justement
célèbres et qui permirent de fixer à 330^m,8 par seconde la
vitesse du son dans l'air tranquille, à 0° ; ce chiffre peut
être considéré comme sensiblement exact, puisque dans ses
patientes recherches, qui durèrent de 1862 à 1866 et furent
exécutées avec la plus minutieuse précision[2], M. Regnault
trouva comme valeur de la vitesse moyenne 330^m,7. La différence serait donc d'un décimètre à peine : au point de vue
physiologique, elle n'offre aucune importance ; retenons seulement les nombres qui expriment la vitesse de propagation
du son dans les divers milieux ; nous allons bientôt avoir à
en faire l'application à l'étude des organes auditifs.

tions sonores sont transmises, doit exercer sur leur vitesse de propagation une influence qui dépend de sa direction.

« Pour se mettre à l'abri de cette dernière cause d'erreur, les
académiciens de Paris eurent recours à la méthode des *coups réciproques* ; au même moment, ou du moins à des intervalles très
rapprochés, on tirait un coup de canon dans deux stations, et l'on
comptait, dans chacune d'elles, le temps que le bruit de la station
opposée mettait à arriver. L'influence du vent sur les deux trans-
missions se traduisait nécessairement par des effets inverses ; la
moyenne des résultats représentait la vitesse de son dans une
atmosphère parfaitement tranquille. Ces observations furent naturellement faites la nuit. » (Gavarret, *loc. cit.*, p. 29.)

[1] Lacaille et Cassini à Aigues-Mortes (1739) ; La Condamine à
Cayenne (1744) ; Kœstner à Gœttingue (1778) ; Espinoza à Santiago
(1794).

[2] Voy. *Mémoires de l'Académie des sciences*, t. XXXVII, p. 1, 1868.
Les expériences furent faites au polygone de Satory : non seulement on appliqua la méthode des coups réciproques, mais l'instant du coup de feu et l'arrivée du son étaient inscrits par des
appareils enregistreurs, etc.

DIX-HUITIÈME LEÇON

Les expériences que nous résumions à la fin de notre dernière séance, montrent que la vibration sonore se propage fort inégalement dans les deux milieux que peuvent habiter les animaux. Dans l'air, la vitesse de transmission est quatre fois et demie plus faible que dans l'eau, aussi peut-on prévoir que cette différence sera compensée par des dispositions spéciales, par des appareils capables de condenser et d'amplifier ces vibrations sonores, si fugaces, si instantanées.

Chez les êtres aquatiques, l'organe auditif revêt une forme des plus grossières : il suffit que le tégument circons-

crive une poche dans laquelle viennent s'épanouir les
fibrilles du nerf auditif, pour que celui-ci se trouve impressionné par les vibrations de l'eau ambiante ; un léger
perfectionnement, dont nous observerons de fréquents
exemples, consiste à disposer dans la vésicule une ou plusieurs concrétions oscillant sous la moindre agitation du
fluide extérieur, et capables d'augmenter ainsi l'ébranlement subi par les terminaisons nerveuses ; rien de plus

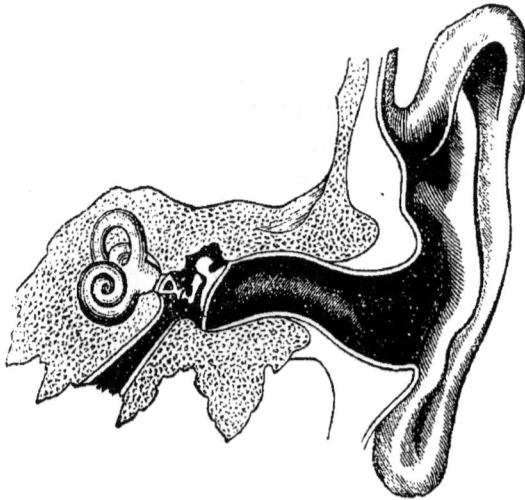

Fig. 61. — Schéma de l'ensemble de l'appareil auditif de l'Homme.

On voit de droite à gauche l'oreille externe, le conduit auditif, la caisse du tympan
avec la chaîne des osselets et la trompe d'Eustache, le labyrinthe. (Dalton, *Physiologie
et hygiène*.)

simple, de plus théorique même. On devine qu'il doit en être
tout autrement chez les animaux à respiration aérienne : la
mauvaise conductibilité du milieu nécessite ici l'adjonction
de parties secondaires qui, par leur nombre, leurs relations
ou leur mode de fonctionnement, ne tardent pas à déterminer des modifications souvent considérables. C'est ainsi que
chez l'Homme et les autres Mammifères (fig. 61), nous
voyons le nerf auditif, nerf de la huitième paire, s'épanouir

au centre d'un appareil complexe, représentant la partie essentielle de l'organe de l'ouïe et logé dans les profondeurs de l'os temporal, c'est *l'oreille interne;* son nom même nous fait deviner que d'autres parties devront la précéder : de fait, deux appareils complémentaires, d'importance fort inégale, *l'oreille moyenne* et *l'oreille externe,* viennent s'y ajouter et, par d'ingénieuses combinaisons, assurent l'exercice du sens de l'audition dans un milieu qui lui est éminemment défavorable.

OREILLE EXTERNE. — L'oreille externe se résume en un canal qui, d'une part, aboutit intérieurement à une cloison membraneuse dont nous apprendrons bientôt à connaître la situation et le rôle, tandis qu'à son autre extrémité, ce *conduit auditif* s'ouvre au dehors par un orifice qu'entoure une expansion lamelleuse, diversement contournée et désignée sous les noms de *pavillon de l'oreille* ou de *conque auditive.*

Chez l'Homme, ce pavillon s'étale latéralement et revêt l'apparence d'une coquille dont la grosse extrémité tournée en haut répondrait à la région temporale et la petite extrémité à la partie supérieure du cou.

Sur sa face externe, il présente des saillies et des dépressions dont l'étude appartient à l'anatomie descriptive ; on distingue quatre saillies : *l'helix,* *l'anthelix,* le *tragus* et l'*antitragus ;* les dépressions alternent avec ces replis et sont au nombre de trois : la *gouttière de l'helix,* la *fossette de l'anthelix* et la *cavité de la conque.* Cette dernière est placée un peu au-dessous du centre du pavillon ; elle forme comme le vestibule du canal auditif qui débouche en son milieu.

Recouvert par une peau fine et riche en glandes sébacées, le pavillon est essentiellement formé par un fibro-cartilage qui lui donne son élasticité et dessine ses contours, par des ligaments qui l'unissent à l'os temporal ou maintiennent en place ses diverses parties, enfin par des muscles particuliers, peu développés chez l'Homme, très puissants au contraire dans la plupart des Mammifères. L'Éléphant possède un pavillon presque semblable à celui de l'Homme ; chez les Cétacés, la Taupe et l'Ornithoryhnque, cette expansion fait défaut ou n'est que rudimentaire ; partout ailleurs, elle acquiert des dimensions bien plus considérables, et se dresse sous forme de cornet ou d'entonnoir.

Dans les Quadrumanes, le pavillon est assez analogue à celui de l'Homme, mais les saillies et les dépressions tendent à disparaître : ainsi, chez les Ouistitis il ne reste plus que la partie antérieure de l'helix ; la fossette de l'anthelix est complètement effacée.

Les Cheiroptères (fig. 62) présentent à cet égard des dispositions très-singulières : chez les Oreillards, qui en tirent leur nom, les pavillons sont énormes et se réunissent l'un à l'autre au-dessus de la tête, présentant une surface qui égale presque celle du corps entier[1] ; ailleurs, l'une des saillies se développe au point de constituer une sorte de clapet que l'animal peut rabattre à volonté sur l'entrée du conduit auditif. Le plus souvent, cette valvule est formée par le tragus, comme dans les Chauve-Souris qui viennent d'être nommées[2], ou chez les Mégadermes[3] et les Murins[4] ; dans les

[1] Milne Edwards, *loc. cit.*, t. XII, p. 8. — *Atlas du règne animal* de Cuvier, Mammifères, pl. LXXVI, f. 1.

[2] Temminck, *Monographies de mammalogie*, t. II, pl. XXX.

[3] *Atlas du règne animal* de Cuvier, Mammifères, pl. XLV, f. 7.

[4] Temminck, *loc. cit.*, pl. XXXXVIII, f. 3.

Rhinolophes [1], elle est constituée par le bord externe de la conque.

Les Insectivores offrent, dans la forme et le développement de leur pavillon, des différences assez grandes : chez la

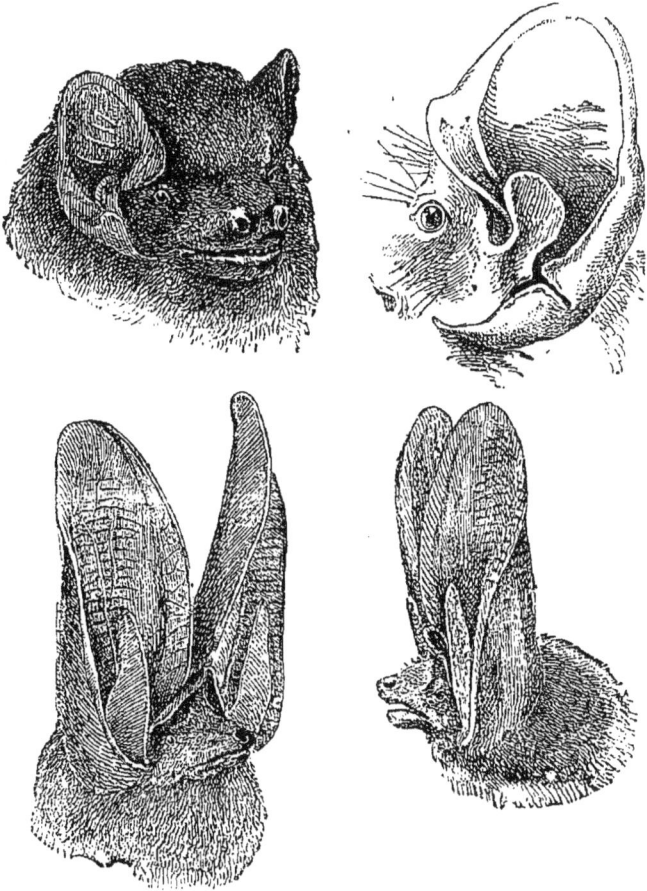

Fig. 62. — Oreilles de chauve-souris. (Noctule et Oreillard).

Taupe, il est nul ou à peine indiqué ; dans le Hérisson, il est très court, arrondi et assez large ; deux de ses muscles postérieurs vont s'attacher en arrière sur le peaussier dorsal, ce qui ne saurait étonner quand on connaît les relations et l'importance de ce dernier. Plusieurs Musaraignes possèdent

[1] Temminck, pl. XXX.

un appareil obturateur qui rappelle celui des Cheiroptères
et témoigne d'une réelle complication, car s'il se résume
parfois en un antitragus très développé, souvent aussi cette
dernière saillie s'unit au tragus pour le constituer[1].

Dans l'ordre des Carnivores, le pavillon est généralement
assez grand, pourvu de muscles puissants et dirigé en avant.
Ces dispositions s'observent surtout chez les Chiens, dont le
pavillon a l'apparence d'un long cornet et possède des
muscles, sinon plus nombreux au moins plus forts que dans
tous les genres voisins. Chez les Chats, le tragus est large
et oblique; la conque présente des anfractuosités nombreuses. Le Phoque semble dépourvu de pavillon, mais ici
comme chez la Taupe, une dissection minutieuse en fait
cependant découvrir quelques vestiges : le tégument dessine une sorte de conque, un muscle antérieur s'y insère,
quelques fibres détachées du peaussier complètent cet appareil dont le rôle physiologique est certes bien faible, mais
dont la valeur morphologique ne saurait être négligée.

Les Lièvres et les Lapins offrent un pavillon très long,
roulé en cornet et possédant des muscles intrinsèques et
extrinsèques aussi nombreux que puissants; chez les Ca-
biais l'oreille externe est petite et presque ronde, l'helix
ressemblant beaucoup à celui des Singes [2].

Dans les Ongulés, l'oreille externe acquiert un développement considérable, et c'est surtout chez eux que sa
forme permet de la comparer à un véritable cornet : enroulé sur lui-même, l'helix atteint des dimensions considé-

[1] Geoffroy Saint-Hilaire, *Mémoire sur les glandes odorantes des Musaraignes* (*Mémoires du Muséum*, t. 1, p. 305, pl. XV, f. 1, et 3,
1815). — Carus, *Tab. anat. comp. illustr.*, pars IX, pl. X, f. 10. —
Milne Edwards, *loc. cit.*, p. 9.

[2] De Blainville, *loc. cit.*, p. 508.

rables et se prolonge en pointe ; l'anthelix, au contraire,
est à peine reconnaissable : il se déprime fortement, et ses

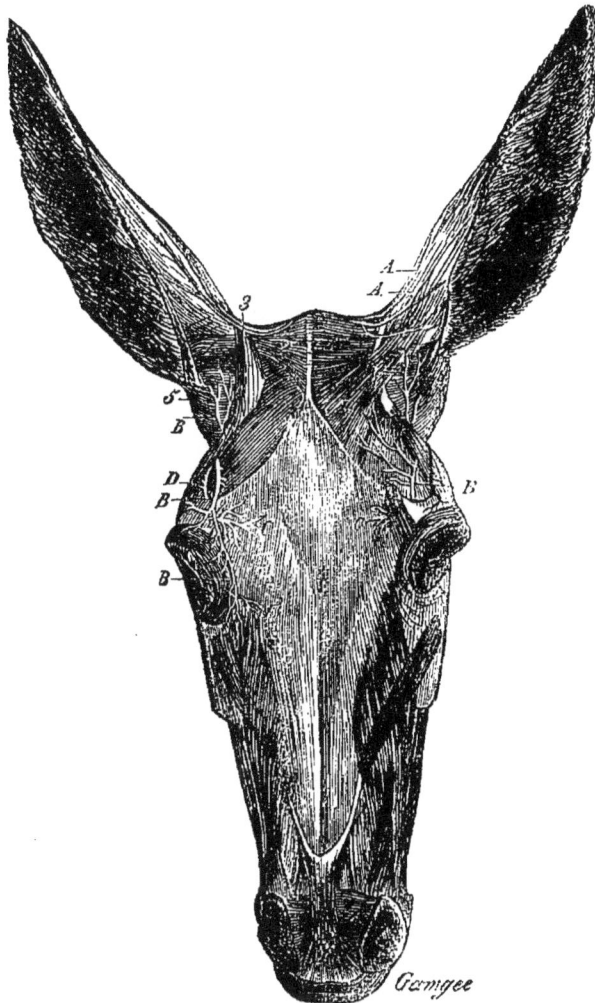

Fig. 63. — Muscles de l'oreille externe.

1. Muscle temporo-auriculaire externe. — 2. Muscle-temporo-auriculaire interne. — 3. Cartilage scutiforme. — 4 Muscle scuto-auriculaire externe. — A. Branches auriculaires de la première paire nerveuse cervicale. — B. Nerf auriculaire antérieur (facial). — C. Rameaux terminaux du nerf sourcillier. — D. Branche superficielle temporale du nerf lacrymal (A. Chauveau et Arloing).

modifications retentissent sur les parties voisines de la
conque qui s'unissent à lui pour former un large canal
capable de s'orienter dans toutes les directions, grâce aux

muscles nombreux et puissants qui s'insèrent sur sa base.

La charpente cartilagineuse de la conque a été minutieusement étudiée par les auteurs vétérinaires qui y distin-

Fig. 64. — Muscles de l'oreille externe.

11. Muscle temporo-auriculaire externe. — 12. Zygomato-auriculaire. — 13. Scuto-
auriculaire interne. — 14, 15, 16. Cervico-auriculaires. — 17. Paratido-auriculaire. —
18. Cartilage scutiforme (A. Chauveau et Arloing).

guent trois pièces essentielles : 1° le cartilage annulaire,
2° le cartilage scutiforme (fig. 63 et 64); 3° le cartilage conchinien [1]. Ce dernier, son nom l'indique, est de beaucoup
le plus important; il se présente sous la forme d'une lame
recourbée de manière à encadrer l'entrée du pavillon; chez
le Mulet et l'Ane, il est encore plus développé que sur le
Cheval.

Quant aux muscles (fig. 63 et 64), ils sont très nombreux
et se divisent en intrinsèques et extrinsèques; les premiers
sont représentés par quelques faisceaux musculaires compris
dans les tissus de la conque. Les muscles extrinsèques sont

[1] Chauveau, *Anatomie comparée des animaux domestiques*,
p. 890-892.

au nombre de dix : le zygomato-auriculaire, le temporo-
auriculaire externe, le scuto-auriculaire externe, les trois
cervico-auriculaires, le parotido-auriculaire, le temporo-
auriculaire interne, le scuto-auriculaire interne, le mastoïdo-
auriculaire. Les sept premiers forment un plan superficiel
au-dessous duquel se déploient le temporo-auriculaire interne, le scuto-auriculaire interne, et le mastoïdo-auri-
culaire.

On sait que chez les Porcins, et en particulier sur
les races domestiques, l'aspect du pavillon se modifie
dans des proportions considérables et fournit aux zoologistes ou aux éleveurs de précieux caractères. Ces variations s'étendent à la structure interne et c'est ainsi que le
cartilage conchinien présente des formes et des dimensions
fort différentes : tantôt très résistant, quelquefois presque
membraneux ; parfois dressé, plus souvent retombant [1].

Dans les Ruminants, ce cartilage s'amincit, s'incline en
dehors, déploie largement ses bords, aussi la conque
auditive revêt-elle l'apparence que chacun lui connaît;
dans certaines espèces (Bos brachycerus, etc), celle-ci
peut même atteindre de grandes dimensions et présenter
une large ouverture ; dans les Cervidés, les muscles auriculaires possèdent une grande puissance et sont toujours
très développés.

Chez les Edentés, le pavillon est tantôt assez grand
comme dans les Fourmiliers, tantôt court, en forme d'é-
caille, ainsi qu'on l'observe sur les Pangolins. Il présente
dans les principaux genres de Marsupiaux de notables différences, en rapport avec les affinités zoologiques de ces
divers groupes.

[1] Chauveau, *Anatomie comparée des animaux domestiques*, 3ᵉ édition

En résumé, nous voyons que cette partie est surtout développée dans les animaux chasseurs ou chez ceux qui, ne pouvant espérer de salut que dans la fuite, doivent être prévenus rapidement et sûrement de l'approche de leurs ennemis : les Carnivores d'une part, les Lièvres, les Chevaux ou les Gazelles, d'un autre côté, fournissent d'excellents exemples de cette relation qui ne cesse de s'affirmer entre les mœurs des animaux et le développement de leur conque auditive.

Quand on considère ce pavillon avec toutes ses fossettes, ses saillies, ses dépressions et ses replis, quand on cherche à analyser ses variations, ses formes singulières, on est tenté de lui accorder une valeur considérable. Mais lorsqu'on se reporte au mécanisme de la sensation auditive, lorsqu'on se rappelle que l'impression dont elle naîtra ne peut commencer que dans les parties profondes où s'épanouit le nerf acoustique, on ne voit plus, dans cette conque extérieure, qu'un modeste porte-voix, et l'on demeure convaincu que c'est à l'intérieur, dans les dédales du labyrinthe, que se cachent les organes fondamentaux de l'appareil auditif.

Ces deux opinions, dans lesquelles l'exagération et la vérité peuvent également réclamer leur part, ont été soutenues tour à tour. Les anciens accordaient au pavillon une importance capitale, dont on trouve la trace jusque dans leurs coutumes judiciaires : couper les oreilles, crever les yeux, représentaient deux peines appliquées dans les mêmes cas et regardées comme équivalentes ; les modernes au contraire, s'appuyant sur leurs découvertes anatomiques, n'ont pas manqué de tomber dans l'extrême opposé

et de refuser toute valeur à l'oreille externe dont la signification fonctionnelle mérite cependant une sérieuse attention.

Ce sera surtout chez les animaux où, conformé en cornet
et muni de muscles spéciaux, le pavillon pourra s'orienter
suivant la direction même du mouvement vibratoire, qu'il
secondera le plus utilement l'organe auditif dans la réception des ondes sonores ; chez l'Homme, les Singes ou
l'Éléphant, il devrait, pour remplir efficacement un pareil
rôle, présenter une obliquité de 40°, et comme le fait
spirituellement remarquer Bernstein, peu de personnes
consentiraient à sacrifier leurs prétentions esthétiques à
la possession d'un angle d'une semblable amplitude. Cependant, même sous cette forme dégradée, même lorsqu'il
est de la sorte déprimé, appliqué contre la région voisine
du crâne, ce pavillon présente une certaine importance
et concourt de différentes manières à diriger le courant
vibratoire vers les parties profondes et essentielles de l'appareil sensitif.

Sa forme caractéristique, ses replis multiples, lui permettent de réfléchir une partie des ondes sonores vers le
méat auditif et de fonctionner à la manière d'un miroir
concave. Savart l'a démontré par d'ingénieuses expériences et l'on peut s'en convaincre par une observation des
plus simples : qu'on remplisse les fossettes du pavillon,
avec une masse molle (mélange d'huile et de cire, etc),
dès qu'on aura supprimé de la sorte ses inégalités et qu'on
l'aura transformé en une surface pleine, on constatera un
affaiblissement considérable dans la sensibilité auditive[1]

---

[1] J. Savart, *Recherches sur les usages de la membrane du tympan
et de l'oreille externe* (*Journal de physiologie de Magendie*, 1824,
t. IV, p. 183). — Schneider, *Die Ohrmuschel und ihre Bedeutung
beim Gehör*. Diss. inaug. Marbourg, 1855.

En outre, Savart a montré que les éminences et les dépressions de la conque sont orientées de telle manière qu'un certain nombre de ces surfaces se trouveront toujours disposées perpendiculairement à la direction des ondes sonores ; quel que soit le trajet suivi par le mouvement vibratoire de l'air, le pavillon exécutera des oscillations qui se transmettront par voie de continuité aux parois cartilagineuses du conduit auditif[1].

Le pavillon permet enfin d'apprécier la direction des ondes sonores, ce qui s'explique aisément par une simple différence dans l'intensité de l'excitation reçue par les deux oreilles et non, comme le pensait Weber, par une faculté spéciale, résidant dans la conque auditive. Cette dernière constitue donc un réel appareil de perfectionnement nécessaire à tous les animaux que leur vie aérienne place dans de déplorables conditions pour l'exercice du son de l'ouïe, inutile au contraire chez les espèces qui habitent un milieu liquide comme les Cétacés et les Phoques, ou qui, vivant dans les profondeurs du sol comme le Spalax ou les Taupes, perçoivent avec autant de finesse que de rapidité les plus légères vibrations, celles-ci leur étant transmises par les masses solides avec lesquelles ces animaux sont sans cesse en contact.

Conduit auditif externe (fig. 65). — Au pavillon succède le conduit auditif externe qui se termine à l'oreille moyenne ou caisse du tympan ; logé en majeure partie dans la profondeur de l'os temporal, ce canal se porte transversalement de dehors en dedans et présente un trajet plus ou moins

---

[1] Savart, *loc. cit.* (*Annales de chimie et de physique*, 2e série, 1824, t. XXVI). — Gavarret, *Des phénomènes physiques de la phonation et de l'audition*, p. 415, 1877.

sinueux. Chez l'Homme, il se dirige d'abord en avant, puis en arrière et se dévie de nouveau pour revenir en avant en se tordant sur son axe. Chez la Taupe et le Chinchilla, sa partie profonde se dilate énormément ; dans l'Échidné, il contient une série d'anneaux cartilagineux comparables à ceux de la trachée artère. Dans les Dauphins, il est long, étroit, soutenu par des plaques solides.

La peau qui tapisse le conduit auditif est très riche en glandes sébacées et en follicules sécrétant une matière grasse de couleur jaunâtre, le *cerumen*, qui résulte du mélange des produits sécrétés par ces différentes glandes.

Les courbures du conduit auditif paraissent n'exercer aucune action sur la conductibilité des ondes sonores; cependant, Helmholtz ayant montré que ce canal avait une résonnance particulière et que la petite colonne d'air contenue dans son intérieur présentait la même propriété, cette région de l'oreille externe offre un certain intérêt; mais il convient de ne pas s'exagérer son importance, car, en raison de la brièveté du canal, l'air qu'il renferme ne doit résonner que sous l'influence de notes très aiguës.

OREILLE MOYENNE. — Nous avons vu que l'organe auditif des Mammifères se compose de trois parties :

1° Un appareil de collection, l'*oreille externe* (fig. 65, A);

2° Un appareil de renforcement et d'accommodation, l'*oreille moyenne* (fig. 65, B).

3° Un appareil de réception et d'impression, l'*oreille interne* (fig. 65, C).

Nous connaissons le rôle et la constitution de l'oreille externe, il nous reste donc à examiner sous ce double point de vue les deux autres parties, de beaucoup les plus

importantes par leurs fonctions, de beaucoup aussi les plus
compliquées dans leur structure.

L'oreille moyenne est constituée par une sorte d'expansion de l'arrière-bouche qui vient se placer entre le conduit auditif, dont elle reçoit les ondes sonores, et l'o-
reille interne à laquelle elle les transmet. Ces relations

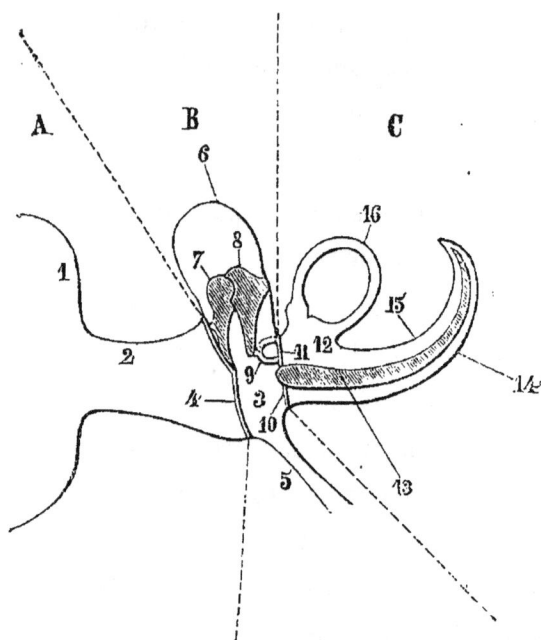

Fig. 65. — Schéma de l'appareil auditif.

A. Oreille externe. — B. Oreille moyenne. — C. Oreille interne. — 1. Pavillon de
l'oreille. — 2. Conduit auditif externe. — 3. Caisse du tympan. — 4. Membrane du
tympan. — 5. Trompe d'Eustache. — 6. Cellules mastoïdiennes. — 7. Marteau. — 8. Enclume. — 9. Étrier. — 10. Fenêtre ronde. — 11. Fenêtre ovale. — 12. Vestibule. —
13. Limaçon. — 14. Rampe tympanique. — 15. Rampe vestibulaire. — 16. L'un des canaux demi-circulaires (BEAUNIS, *Physiologie*).

sont des plus évidentes chez divers Reptiles où l'oreille
moyenne se résume en une simple cavité communiquant
avec le pharynx ; mais, chez les Vertébrés supérieurs, sa
portion initiale se rétrécissant en forme de canal, tandis
que sa portion terminale se dilate brusquement, le tracé
originel se modifie au point de la séparer en deux ré-

gions bien distinctes : la *Trompe d'Eustache* et la *Caisse du tympan.*

Celle-ci présente une configuration des plus simples : qu'on imagine, suivant l'antique comparaison de Fallope, un tambour déprimé dont l'axe serait traversé par une tige osseuse et dont les bases porteraient des fenêtres voilées par des rideaux fibreux et inégalement réparties : la face qui regarde l'oreille interne en portant deux, celle qui est tournée vers l'oreille externe en offrant une seule; qu'on fasse communiquer cette caisse avec la trompe d'Eustache, seule voie par laquelle l'air puisse y pénétrer; qu'on la prolonge par quelques galeries secondaires dans l'épaisseur de l'os temporal, et l'on aura réalisé l'ensemble de cet appareil dont l'étude analytique n'offre aucune difficulté.

Nous avons abandonné le conduit auditif au point où son extrémité interne se trouve brusquement fermée par une membrane qui interdit toute communication entre le canal et la caisse dont elle représente la paroi externe. Cette *membrane du tympan* est reçue, à la façon d'un verre de montre, dans un cadre osseux qui se trouve seulement interrompu dans sa partie supérieure où la membrane semble se continuer avec la peau du conduit auditif; presque circulaire[1], elle est obliquement tendue de haut en bas et de dehors en dedans; sa face interne est convexe ; sa face externe, concave[2].

Quoique très mince, cette membrane comprend plusieurs tissus :

---

[1] Voy. les mensurations très exactes de M. le professeur Sappey. (Sappey, *loc. cit.*, t. III, p. 801.)

[2] Il s'agit ici de l'Homme et des Mammifères.

1° Une couche externe ou épidermique, simple prolongement de l'épiderme qui revêt la peau du conduit auditif.

2° Une couche moyenne ou fibreuse, de beaucoup la plus importante ; formée de fibres radiaires et de fibres circulaires, elle donne à la membrane sa résistance et son élasticité.

3° Une couche interne ou muqueuse, en continuité avec la membrane qui tapisse les parois de la caisse.

Entre la couche moyenne et la couche interne, chemine un tronc nerveux qui émane de la 7e paire : c'est la corde du tympan, dont nous avons fait connaître le rôle lorsque nous nous sommes occupés des nerfs gustatifs[1].

La paroi interne de la caisse s'avance antérieurement en formant une sorte de cap dans la cavité tympanique, d'où le nom de « promontoire » sous lequel on désigne sa portion moyenne ; peu marquée chez l'Homme, cette saillie s'accentue sur un grand nombre de Mammifères et deviendra chez les Carnivores l'origine de modifications importantes. Au-dessus et au-dessous du promontoire, se voient deux ouvertures : la *fenêtre ovale* et la *fenêtre ronde*.

La fenêtre ovale, plutôt réniforme que réellement ovalaire, se trouve immédiatement au-dessus du promontoire : fermée par une pièce osseuse dont il sera bientôt question, elle interdit toute relation entre l'oreille interne et la caisse tympanique ; ces deux cavités ne peuvent pas davantage communiquer par l'intermédiaire de la fenêtre ronde qui se trouve obturée par une membrane analogue à celle du tympan.

L'oreille moyenne est traversée par un axe osseux, dont nous avons déjà eu l'occasion de mentionner l'existence et

[1] Voy. p. 169 et 175.

qui, chez les Vertébrés supérieurs, n'est jamais formé par
une pièce unique : il s'y trouve au contraire représenté
par une suite de parties solides décrivant une courbe assez
accentuée et s'étendant de la membrane tympanique à la
fenêtre ovale. Chez l'Homme, cette *chaîne des osselets de
l'ouïe* est composée de quatre pièces : le *marteau*, l'enclume, l'os *lenticulaire* et l'*étrier*.

Le marteau, dans lequel on distingue un *manche*, une
tête, un *col*, une *apophyse grêle* et une *apophyse courte*,
adhère à la membrane tympanique dans l'épaisseur de laquelle est logé son manche; il confine, d'autre part, à l'enclume, avec laquelle sa tête s'articule.

L'enclume, qui suivant la remarque de Meckel, devrait
être plutôt comparée à une dent bicuspide, présente un
corps et deux branches; le corps s'articule avec le marteau,
l'une des branches s'appuie contre la paroi de la caisse,
tandis que l'autre répond à l'os lenticulaire.

Ce dernier, en raison de sa petitesse, de sa soudure fréquente avec l'enclume, a été méconnu par plusieurs auteurs
et se trouve encore décrit, dans des ouvrages récents,
comme une simple saillie de l'enclume. Cette opinion ne
peut sérieusement se défendre, car il est fréquent de voir
l'os lenticulaire conserver son indépendance durant toute la
vie; même lorsqu'il se soude aux osselets voisins, on
trouve encore facilement la trace de ses anciennes limites, et
cette fusion, qui s'opère aussi souvent avec l'étrier qu'avec
l'enclume, n'est jamais que le résultat d'une altération
sénile.

L'étrier, dont la forme justifie si pleinement le nom qu'elle
en rend toute description inutile, s'articule par sa tête avec
l'os lenticulaire; sa base est reçue dans la fenêtre ovale

sur laquelle elle se moule exactement; sa face interne baigne dans le liquide de l'oreille interne.

En résumé, cette chaîne des osselets peut être considérée comme un double levier articulé à la jonction de ses deux branches formées essentiellement, l'une par le manche du marteau, l'autre par l'étrier, et capables de se rapprocher ou de s'écarter par le jeu de muscles propres dont les plus importants sont les muscles interne et externe du marteau et le muscle de l'étrier.

La caisse du tympan est remplie d'air, et ce fluide y pénètre par un conduit spécial, la *Trompe d'Eustache ;* d'autre part, elle se prolonge dans des sortes de sinus, les *Cellules mastoïdiennes;* il nous faut donc examiner ces parties, les dernières que nous ayons à étudier dans l'oreille moyenne.

Trompe d'Eustache. — La trompe d'Eustache (fig. 65), ou trompe gutturale, commence dans l'arrière-cavité des fosses nasales, où elle débouche par un orifice infundibuliforme, et se termine à la partie antérieure de la caisse tympanique. Valsalva l'a très justement comparée à deux cônes aplatis et réunis par leurs sommets. Mais on doit ajouter que ces deux cônes ne sont pas situés sur le prolongement l'un de l'autre, et se réunissent sous un angle obtus ; la muqueuse qui tapisse la trompe est riche en glandules qui, vers son orifice guttural, forment une couche de plusieurs millimètres d'épaisseur.

Grâce à la trompe d'Eustache, la caisse tympanique communique constamment avec les voies aériennes et par suite avec l'extérieur; en outre, ce canal présente encore d'autres usages sur lesquels nous aurons bientôt à insister.

Cellules mastoïdiennes. — Les cellules mastoïdiennes

sont en général beaucoup plus développées dans les divers mammifères que chez l'homme ; cependant, même dans notre espèce, la cavité tympanique se prolonge dans toute l'épaisseur de la région mastoïdienne du temporal : elle y pénètre sous la forme d'un canal prismatique, le canal pétro-mastoïdien, qui se continue par une série de cavités ou de « cellules » dont le nombre est variable et que tapisse une muqueuse continue avec la membrane qui revêt les parois de la caisse.

Telles sont les principales parties qui entrent dans la composition de l'oreille moyenne ; mais avant d'aborder l'examen de son rôle physiologique, je dois exposer les différences qu'elle présente dans les divers ordres de la classe des Mammifères.

Anatomie comparée de l'oreille moyenne. — Chez les Singes de l'ancien continent, la caisse du tympan est assez étroite et se prolonge supérieurement dans des cellules peu nombreuses ; la trompe d'Eustache est large et presque cylindrique. Les osselets sont très analogues à ceux de l'Homme.

La caisse est plus grande, les cellules plus nombreuses dans les Sapajous ; l'étrier s'allonge, l'enclume a sa branche d'attache plus développée que sa branche d'articulation, les apophyses du marteau sont très petites ; le cadre du tympan est plus ouvert, la membrane moins oblique que chez l'Homme. La trompe est courte et large.

Les Ouistitis possèdent à peu près les mêmes caractères, mais la caisse s'agrandit au point de dépasser la circonférence de la base du rocher, formant ainsi une saillie extérieure et arrondie, qu'on désigne sous le nom de *bulle tympanique,* et que nous allons retrouver dans la plupart des groupes suivants.

Nous avons vu que chez les Cheiroptères l'oreille externe offrait des complications exceptionnelles, et plus tard nous rencontrerons les mêmes indices de perfectionnement dans l'oreille interne de ces animaux ; dès à présent, il convient de signaler des caractères analogues dans la région moyenne de leur appareil auditif : la caisse du tympan est vaste, les osselets très grands, le muscle interne du marteau volumineux. Plusieurs anatomistes ont admis, suivant l'assertion de R. Otto [1], que la carotide interne passait entre les branches de l'étrier, mais d'après Hyrtl [2], il s'agirait d'une simple branche de l'artère méningée moyenne.

Les Hérissons ont une caisse médiocrement développée, les osselets sont assez volumineux et la trompe courte ; la membrane du tympan est tellement oblique qu'elle devient presque horizontale.

Chez les Taupes, la caisse du tympan est longue et déprimée ; les cellules mastoïdiennes, nombreuses et fort étendues ; les branches de l'étrier s'écartent au point d'être traversées par un os spécial, le « pessulus [3] » ; la membrane tympanique présente le même aspect chez les Musaraignes [4]. Enfin, tandis que les deux caisses sont généralement séparées l'une de l'autre par l'occipital basilaire, elles se rejoignent ici, transformant la région correspondante du crâne en une surface sensiblement plane [5].

---

[1] Otto, in *Nov. Act. cur. nat.*, t. XIII, p. 24.
[2] Hyrtl, in *Medicin. Jahrbuch. d. Œster. Staats,* 1843, t. XXXIII, p. 24.
[3] Carlisle, in *Philosophical Transactions,* 1805, p. 204.
[4] Milne Edwards, *loc. cit.*, t. XII, p. 27.
[5] De Blainville, *Ostéographie,* t. I, pl. V.

Il n'en est plus ainsi chez les Carnivores où la caisse, toujours vaste, vient faire saillie au dehors sous forme d'une énorme bulle. Dans les Félidés et les Viverridés, la cavité tympanique n'est pas seulement énorme, mais elle semble double : la saillie du promontoire se prolonlongeant sous forme d'une cloison osseuse presque complète ; l'un des compartiments ainsi limités renferme la chaîne des osselets et la fenêtre ovale, l'autre, beaucoup plus grand, contient la fenêtre ronde ; chez les Canidés cette cloison est plus réduite. Les osselets se montrent constamment forts et larges.

Rongeurs. — Dans les Rongeurs, la caisse est encore très développée, et la bulle volumineuse ; la trompe est toujours assez étroite ; quant aux osselets, ils varient suivant les genres. Les branches de l'étrier sont toujours très écartées et traversées soit par un pessulus, soit par des vaisseaux sanguins (artère carotide interne, artère accessoire de la dure-mère, tronc réuni des artères ophthalmique et maxillaire supérieure, etc.). Chez le Cabiai et l'Ondatra, le manche du marteau semble complètement indépendant.

Ongulés. — Chez le Cheval (fig. 66), la caisse tympanique présente des dimensions relativement réduites ; les cellules mastoïdiennes l'entourent sur presque toute sa périphérie[1] et sont représentées par de petites cavités irrégulières, séparées par de minces cloisons. La trompe d'Eustache s'étend, sous la forme d'un conduit fibro-cartilagineux, depuis la caisse du tympan jusqu'à la partie supérieure de la cavité pharyngienne où elle débouche dans un vaste

---

[1] Excepté sur sa région supérieure.

espace désigné, depuis longtemps, sous le nom de *poche
gutturale*. Adossées l'une à l'autre sur la ligne médiane ces
poches descendent jusqu'au niveau du larynx et présentent

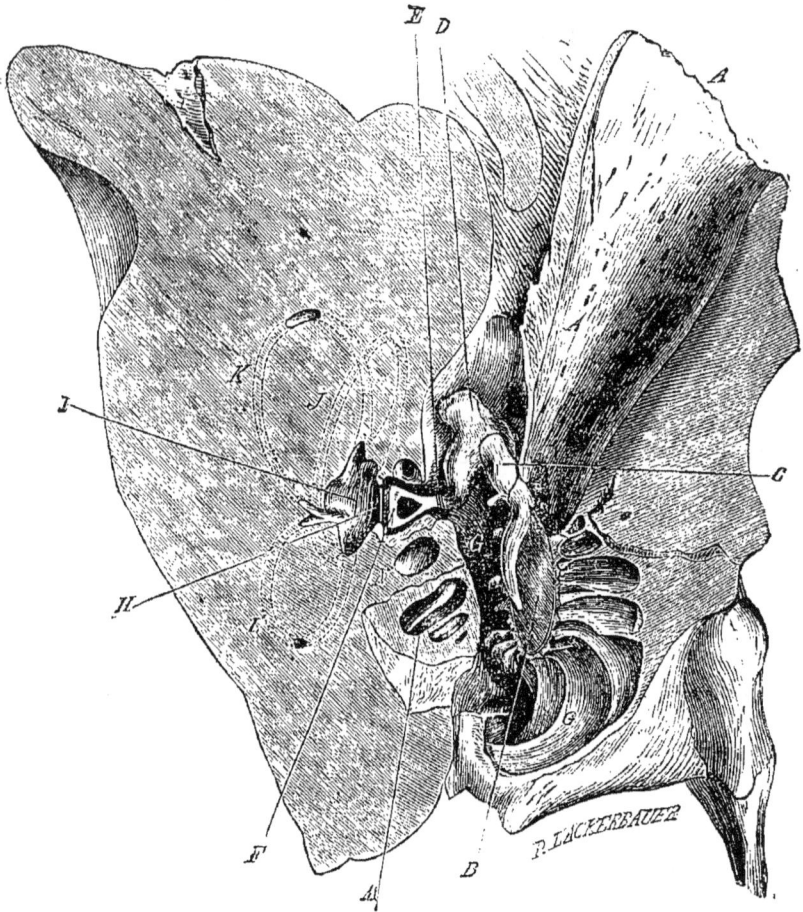

Fig. 66.— Caisse du tympan du côté droit chez le cheval (coupe verticale
et transverse, plan antérieur).

A. Conduit auditif. — B. Membrane du tympan. — C. Marteau. — D. Enclume. — E. Os
lenticulaire. — F. Étrier. — G. Cellules mastoïdiennes. — H. Fenêtre ovale. — I. Vestibule.
J. K. L. Indication schématique des canaux demi-circulaires. — M. Limaçon. — N. Origine de la rampe tympanique.   (Chauveau et Arloing.)

une capacité moyenne de quatre décilitres ; d'après La-
vocat, elles seraient destinées à compenser le faible développement des cellules mastoïdiennes (?)

Les osselets, comparés à ceux des Mammifères supérieurs,

de l'Homme en particulier, présentent quelques différences : le manche du marteau est plus courbe, l'enclume moins volumineuse ; l'étrier possède, au contraire, des dimensions plus considérables.

Dans les Ruminants, la caisse est proportionnellement petite, avec des parois souvent droites, la trompe toujours courte. Les osselets ressemblent beaucoup à ceux des Solipèdes ; cependant l'enclume est moins massive, plus étroite, et le marteau plus incurvé que chez le Cheval. Cette courbure s'exagère encore dans les Porcins, dont la caisse est fort petite, bien qu'à l'extérieur elle semble occuper un espace assez étendu.

Edentés. — Dans les Tatous, la caisse est considérable. Le marteau a la forme d'un fer à cheval dont le sommet aplati, représentant la tête et le col de l'osselet, s'articule supérieurement avec l'enclume et de chaque côté avec les extrémités du cadre tympanique entre lesquelles il se place ; la branche postérieure, étroite et grêle, est formée par le manche qui se fixe à la membrane en s'aplatissant ; la branche opposée, plus longue, n'est autre chose que l'apophyse antérieure du marteau : elle se loge dans une rainure externe du cercle et se trouve par conséquent presque tout entière hors de la caisse.

Le cercle du tympan ne diffère pas autant du type ordinaire que le pensent quelques auteurs et l'apparence de « hausse-col », qu'on lui assigne souvent, est en réalité très voisine de la forme ordinaire.

Chez les Fourmiliers, la caisse est assez petite, les osselets ne diffèrent pas de ceux des Carnivores.

Marsupiaux. — Les Sarigues ont la caisse relativement grande, l'apophyse articulaire de l'enclume, très grêle, le cadre tympanique, fort réduit. Dans ce genre comme chez les autres Marsupiaux, les deux branches de l'étrier se confondent en une seule tige, modification remarquable et qui fait pressentir le voisinage des Vertébrés ovipares. Cependant, chez les Kanguroos, il y a comme une tendance vers le retour au type des Mammifères placentaires et l'on voit, à la basede cette tige, un petit pertuis, dernier témoin de la large ouverture que nous avons trouvée jusqu'ici [1].

Monotrèmes. — Chez les Monotrèmes, l'étrier témoigne toujours d'une dégradation semblable à celle qui s'observe dans la plupart des Marsupiaux ; les diverses pièces de la chaîne se confondent, et souvent les plus minutieuses dissections ne peuvent faire distinguer que deux osselets : l'un, grossièrement comparable à une trompette dont le pavillon s'appuierait sur la fenêtre ovale, représente l'étrier et peut être l'os lenticulaire ; l'autre, large et aplati, répond au marteau et à l'enclume, il est en connexion avec la membrane du tympan.

Cétacés. — Les Cétacés offrent, dans la constitution de leur oreille moyenne, des dispositions assez particulières : chez les Dauphins, la caisse s'allonge d'avant en arrière, semble se bifurquer postérieurement et s'enroule suivant son grand axe ; la trompe d'Eustache s'ouvre dans l'évent et porte intérieurement des replis ou lamelles valvulaires [2]. L'étrier est très épais et ne montre, entre ses branches, qu'un orifice étroit ou même nul ; l'os lenticulaire et l'enclume sont normaux ; le marteau rappelle celui des Tatous : non seulement il est situé dans une rainure

[1] Owen, *loc. cit.*, t. III, p. 228, fig. 172.
[2] Id., p. 223, fig. 168.

qui sépare le rocher de la caisse, mais il ne présente plus de manche distinct. Contrairement à l'opinion de de Blainville, un examen minutieux fait découvrir des traces du muscle interne ; la mobilité de l'osselet doit d'ailleurs être très faible.

L'oreille moyenne est assez réduite dans les Cachalots où le marteau semble soudé par son apophyse externe avec le bord de la caisse. Celle-ci est plus arrondie, plus recourbée dans la Baleine ; le marteau diffère également de ce qu'il était dans les genres précédents : ici le manche est normal et recourbé, quoique l'apophyse antérieure soit elle même très longue.

Rôle de l'oreille moyenne. — Nous connaissons maintenant la constitution générale et les principales modifications que l'oreille moyenne présente dans la classe des Mammifères, voyons quelles fonctions elle remplit et par quel mécanisme elle dirige les ondes sonores vers l'oreille interne.

L'image classique de Fallope, la grossière ressemblance que la caisse tympanique peut offrir avec un tambour, l'a fait durant longtemps considérer comme un simple appareil de renforcement : la membrane du tympan, disait-on, entre en vibration sous l'influence des ondes sonores, celles-ci se propagent à travers l'air de la caisse, et arrivent amplifiées sur les parois de l'oreille interne qui peut ainsi recueillir les moindres excitations. Un semblable appareil offrirait autant d'inconvénients que d'avantages, et d'ailleurs cette théorie ne tient aucun compte de la chaîne des osselets. En réalité, les choses se passent beaucoup moins simplement.

Trois voies permettent aux vibrations sonores de parvenir à l'oreille interne : 1° la transmission par les parois du crâne ; 2° la propagation par l'air de la caisse ; 3° la conduction par la chaîne des osselets.

Les anciens savaient parfaitement que les vibrations aériennes se transmettent difficilement à des corps solides et éprouvent alors une diminution considérable dans leur intensité, aussi n'accordaient-ils à la conduction par les os du crâne qu'une importance secondaire et tout à fait exceptionnelle : restaient les deux autres voies.

A l'exception de Muncke [1], la plupart des observateurs (Cooper, Caldoni, Cheselden, etc) niaient la transmission par les osselets et pensaient que les vibrations de la membrane tympanique se propagent uniquement par l'air ; Müller n'hésita pas, au contraire, à formuler ce théorème [2] :

Des vibrations qui passent de l'air à une membrane tendue, de celle-ci à des parties solides, limitées, librement mobiles et de ces parties à l'eau, se communiquent avec beaucoup plus d'intensité au liquide que des vibrations qui passent de l'air à une membrane tendue, puis à de l'air, puis encore à une membrane tendue et en dernier lieu à de l'eau ; ou en appliquant ce théorème à la membrane du tympan, les mêmes ondes aériennes agissent avec beaucoup plus d'intensité sur l'eau du labyrinthe après avoir traversé la chaîne des osselets et la fenêtre ovale, qu'après avoir traversé l'air de la cavité tympanique et la membrane de la fenêtre ronde.

L'illustre physiologiste le démontra par l'appareil suivant au moyen duquel il chercha à imiter les principales dispo-

---

[1] Voy. Muncke, ap. Kastner (*Archiv f. die gesammte Naturlehre*), t. VII, p. 1.

[2] Müller, *Manuel de Physiologie*, 2ᵉ éd., t. II, p. 435.

sitions de la caisse tympanique (fig. 67). Un cylindre de
verre *a*, ayant deux pouces et demi de diamètre, sur six
pouces de long, s'allonge à l'une de ses extrémités en un col,
à l'orifice duquel s'ajuste parfaitement le tuyau de bois *b*,
dont la lumière a huit lignes de diamètre. Le bout extérieur *b* s'adapte exactement à l'extrémité d'un sifflet de
laiton. Le bout intérieur est revêtu d'une membrane ten-

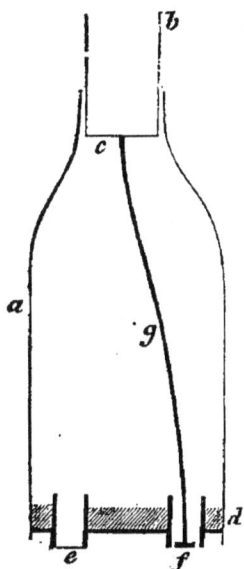

Fig. 67. — Appareil
de J. Muller pour la
transmission des vi-
brations dans la caisse
du tympan.

due *c*, qui représente la membrane du
tympan, tandis que *b* figure le conduit
auditif externe. Le cylindre de verre a
son ouverture la plus large close par une
plaque épaisse de liège *d* ; sa capacité
intérieure représente la caisse du
tympan. Dans deux trous dont la plaque de liège est percée, et qui sont
situés à égale distance de la circonférence du cylindre, s'adaptent parfaitement de petits et courts tuyaux de
bois, dont la lumière a trois ou quatre
lignes de diamètre. Ces deux petits
tuyaux sont bouchés par une membrane
à leur extrémité extérieure. Ils représentent les deux fenêtres. La membrane
de l'un d'eux seulement, *f*, est mise
en communication par une petite verge *g*, avec la membrane supérieure qui garnit le commencement du cylindre
c. Cette petite verge de bois, qui figure la chaîne des osselets de l'ouïe, ne touche la membrane supérieure, ou le représentant de la membrane du tympan, qu'à sa partie
moyenne ; mais elle touche la membrane inférieure ou celle
du petit tuyau *f*, dans la plus grande partie de son étendue,

car elle s'étale là en une plaque qui n'est qu'un peu plus petite que la membrane tendue sur le tuyau *f*. La petite verge est serrée contre les membranes qu'elle tient toutes deux légèrement tendues. Ainsi le petit tuyau *e* est la fenêtre ronde avec le tympan secondaire, et le petit tuyau *f* est la fenêtre ovale. Si l'on tient l'extrémité inférieure de l'appareil dans l'eau, qu'on place le sifflet sur le tube *b* et qu'on le fasse parler, la transmission du son jusqu'à l'eau figure exactement sa double transmission depuis la membrane naturelle du tympan jusqu'à l'eau du labyrinthe. La membrane *c*, qui représente celle du tympan, reçoit les ondes qui se propagent ensuite tant par la verge *g* à la fenêtre ovale *f*, que par l'air du récipient ou de la caisse tympanique, à la membrane dela fenêtre ronde *e* et passent en même temps dans l'eau. — Si on laisse un vide à l'endroit où la grande plaque dans laquelle sont percées les fenêtres, s'unit avec le cylindre de verre, entre le bord de ce dernier et le liège, et qu'on tienne l'extrémité inférieure de l'appareil dans l'eau, de telle manière que les fenêtres touchent l'eau, mais que le vide dont il vient d'être question soit dans l'air, l'air intérieur communique avec celui du dehors pendant la transmission et l'on a une imitation de la trompe d'Eustache ; mais le résultat est absolument le même quand cette communication n'existe pas.

L'expérimentateur qui s'est bouché les deux oreilles, dont l'une communique avec l'eau par le moyen d'un conducteur, peut, tandis qu'une autre personne souffle dans le sifflet, juger d'après ses propres sensations de l'intensité des ondes qui arrivent au liquide par les deux fenêtres. La différence est très considérable : les ondes transmises de la membrane du tympan à l'eau par la baguette ont une intensité infiniment supérieure à celle des ondes que les mêmes vibrations de la membrane tympanique envoient au liquide par l'air du réservoir et la membrane du tympan secondaire (c).

Telle est donc la direction principale que suivront les vibrations sonores pour parvenir à l'oreille interne ; mais il convient de rechercher l'action spéciale des diverses pièces qui s'échelonnent sur leur trajet, depuis la membrane du tympan jusqu'à l'extrémité de la chaîne ; il faut enfin examiner le rôle de la trompe d'Eustache, des cellules mastoïdiennes, etc.

Fonctions de la membrane du tympan, de la chaîne des osselets, etc. — Les expériences de Savart ont montré que les usages de la membrane tympanique étaient beaucoup plus complexes qu'on ne l'imaginait et que les détails, en apparence les plus secondaires, avaient une réelle importance, concourant à assurer avec une remarquable précision le fonctionnement de l'appareil auditif.

Lorsqu'on examine le tympan dans l'ensemble des Mammifères, on voit que chez toutes les espèces à audition délicate, la membrane est concave, les seules exceptions étant offertes par des espèces aquatiques (Cétacés) ou souterraines (divers Insectivores). Cette forme en entonnoir indique évidemment une tension imparfaite et inégale, condition des plus favorables à l'exercice de l'ouïe, car le tympan ayant ainsi une tension différente sur ses divers points, ne possédera pas le même ton propre dans toutes ses parties. S'il en avait été autrement, si le ton propre de la membrane avait été uniforme, nous eussions perçu avec une intensité gênante, douloureuse même, les sons égaux ou voisins, tandis que la membrane n'eût pu vibrer sous l'influence des autres notes.

Les expériences de Savart et de Müller ont montré qu'une membrane vibrait d'autant moins qu'elle était plus tendue ; on comprend donc tout l'avantage qu'il y aurait à ce que le tympan pût se tendre en présence des sons forts, dont l'intensité se trouverait ainsi diminuée, et se relâcher au contraire sous l'action des sons faibles, dont la perception serait rendue plus facile. Or ce double résultat est obtenu par le jeu du muscle interne du marteau, dont la contraction porte en dedans le manche de l'osselet et avec lui la membrane qui se trouve dès lors tendue, d'où le nom de « tenseur du tympan » (*tensor tympani*), sous lequel on le désigne souvent ; Bichat avait soupçonné ce rôle modérateur, mais l'avait très· inexactement apprécié, supposant que la sensibilité auditive augmentait avec la tension du tympan. Savart établit, au contraire, qu'une petite membrane transmet le son d'autant moins facilement qu'elle est plus tendue et n'hésita pas à soutenir que « le marteau remplit à la fois deux fonctions distinctes : l'une de modifier, au moyen de ses muscles, la tension de la membrane, afin de préserver l'organe des impressions trop fortes, et de le disposer convenablement pour recevoir les impressions les plus faibles ; l'autre, de partager les mouvements de la membrane et de les communiquer à d'autres parties[1]. » Les expériences de Müller ont pleinement confirmé les conclusions de Savart et montré que tel était bien le rôle du muscle du marteau ; peut-être son antagoniste est-il représenté par le muscle de l'étrier (*laxator tympani*), mais cette relation est encore douteuse.

Il est, par contre, fort aisé d'établir qu'à toute augmentation notable dans le degré de tension de la membrane

[1] Savart, *loc. cit.*

correspond une diminution de la sensibilité auditive ; quelques personnes peuvent contracter à volonté le muscle du marteau et s'aperçoivent alors que l'ouïe est beaucoup moins fine, sa « dureté » portant exclusivement sur les sons graves. Plusieurs observateurs célèbres : Fabrice d'Acquapendente, Wollaston, Müller, étaient dans ce cas ; chez d'autres sujets, ces mouvements volontaires ne sont possibles que d'un côté (à gauche principalement) ; souvent enfin, la contraction est déterminée par une action réflexe succédant à une excitation auditive. Mais il est un moyen qui permet à chacun de nous de tendre à volonté la membrane du tympan : il suffit pour cela d'exécuter des mouvements d'inspiration ou d'expiration, le nez et la bouche étant fermés. Dans le premier cas on raréfie l'air de la caisse, dans le second on y refoule l'air du pharynx, mais le résultat est le même : la tension de la membrane est augmentée et toujours il en résulte une dureté de l'ouïe très appréciable pour certains sons. Wollaston, répétant à plusieurs reprises cette expérience sur lui-même, avait parfaitement constaté que la diminution dans la sensibilité auditive ne s'étendait pas à toute l'étendue de l'échelle musicale : il ne devenait sourd que pour les sons graves ; le roulement d'un charriot n'était plus perçu, tandis que le bruit des chaînes et autres pièces de l'attelage était parfaitement apprécié. Müller a observé des faits identiques : « Le bruit sourd d'une voiture qui passe sur un pont, celui du canon tiré dans le voisinage de mon habitation, celui enfin des tambours éloignés, s'effacent instantanément lorsque mon tympan vient à être tendu de l'une ou de l'autre manière, tandis que j'entends très bien le piétinement des chevaux et le craquement du papier. L'effet est très remarquable à l'égard du tic-tac d'une montre placée à huit pieds de moi ; je le distingue tout aussi bien et peut-être mieux que dans l'état ordinaire, quand mon tympan est tendu, tandis que cette tension éteint instantanément pour moi les bruits de la rue.

« L'explication de ces phénomènes ne présente aucune difficulté. Plus le tympan est tendu, plus le son fondamental de cette membrane et les sons qu'elle pourrait donner, avec des nœuds de vibration, s'élèvent, mais plus aussi son pouvoir de résonnance, relativement aux sons graves diminue. Plus un son est homologue au son propre du tympan très tendu, plus on l'entend facilement lorsque la tension de cette membrane augmente. » Si l'on peut admettre, ajoute plus loin Müller, « qu'à l'occasion d'un son très fort le muscle tenseur du tympan entre en action par l'effet d'un mouvement réflexe, de même que font l'iris et le muscle orbiculaire des paupières lors d'une impression de lumière très vive, attendu que l'irritation est transmise des nerfs sensoriels au cerveau, et du cerveau aux nerfs moteurs, il devient évident que, quand un bruit très intense frappe l'oreille, le muscle tenseur du tympan peut assourdir l'ouïe par son mouvement réflexe[1]. »

Helmholtz a formulé des conclusions analogues : « ce muscle a pour fonction principale de tirer de dehors en dedans le manche du marteau, qui à son tour entraîne le tympan. Mais comme son attache se trouve située au dessous et tout près de l'axe ligamenteux, c'est sur ce dernier que s'exerce principalement son action ; il en augmente la tension tout en le tirant un peu de dehors en dedans[2]. »

[1] Müller, *loc. cit.*, p. 431.
[2] Helmholtz, *Théorie physiologique de la Musique*, p. 544.

D'ingénieuses expériences dues à Buch[1] ont achevé de démontrer que telle était la fonction du muscle interne du marteau ; mais la chaîne des osselets, considérée dans son ensemble concourt encore de diverses manières à perfectionner le jeu de l'appareil auditif et lui donne une admirable précision, une sensibilité des plus délicates. Nous venons de voir comment le muscle du marteau pouvait, par la tension du tympan, diminuer la force exagérée de certains sons ; le contraire s'observe également : les ondes sonores peuvent parvenir à l'oreille avec une intensité trop faible pour pouvoir être aisément perçues ; dans ce cas, et grâce à la constitution de la chaîne des osselets, qui les conduit de la membrane du tympan à la fenêtre ovale, elles se trouvent augmentées au point d'être facilement perçues. Savart l'avait déjà soupçonné ; Helmholtz, appliquant avec un rare bonheur les principes féconds de la dynamique générale, a montré que, « le problème résolu par les appareils des cavités tympaniques consiste à transformer un mouvement d'une grande amplitude et d'une petite force, celui de la membrane du tympan, en un mouvement d'une plus faible amplitude et d'une plus grande force, qu'il s'agit de communiquer au liquide du labyrinthe. C'est là un problème analogue à celui qui a été résolu au moyen de beaucoup d'appareils mécaniques, tels que le levier, la poulie, la grue, etc. Mais le procédé employé dans l'appareil auditif est tout à fait différent et très original. »

La chaîne des osselets peut ainsi diminuer ou augmenter l'intensité avec laquelle les vibrations sonores viennent frapper l'organe, elle peut rendre plus ou moins impres-

[1] Helmholtz, *loc. cit.*

sionnables les différentes membranes placées sur le trajet
de ces vibrations; elle peut même limiter en quelque sorte
le temps de l'excitation : s'il ne faut pas que le tympan
résonne comme un tambour sous telle note donnée, il ne
convient pas davantage qu'il continue à vibrer comme
une cymbale lorsqu'il aura été mis en mouvement. Une
semblable résonnance nous assourdirait bientôt ; elle est
évitée par la « charge », que la membrane supporte des
osselets, vrais étouffoirs qui arrêtent les vibrations consécutives. .

Ces membranes, ces osselets représentent donc un important appareil d'accommodation; mais, notion fondamentale que nous ne devons jamais perdre de vue, les différentes pièces dont nous venons d'analyser la structure et
l'usage, ne sont nullement indispensables à l'exercice de
l'ouïe ; beaucoup d'animaux en sont privés et, même chez
l'Homme, la perforation du tympan, la perte des osselets,
n'entraînent qu'un affaiblissement dans les manifestations de ce sens : certains sons ne pourront être perçus en
raison de leur faible intensité, d'autres venant frapper avec
leur force originelle les terminaisons du nerf acoustique y
détermineront une véritable douleur, mais la sensation auditive ne disparaîtra pas. Plusieurs cas peuvent d'ailleurs
se présenter : si la chaîne des osselets n'a disparu que dans
sa portion initiale, la membrane tympanique restant intacte et la fenêtre ovale étant toujours fermée par l'étrier,
la transmission par l'air de la caisse et par ses parois suffira
à fournir encore des impressions assez variées et assez intenses, Savart ayant établi que les vibrations de la membrane
se transmettent avec une certaine amplitude aux corps
adjacents. Si au contraire le tympan est rompu, l'ouïe de-

viendra beaucoup plus imparfaite ; enfin, si l'étrier disparaît, les accidents atteindront un haut degré de gravité,
moins à cause de la perte de cet osselet qu'en raison de
la perforation ainsi déterminée dans la fenêtre ovale et des
troubles qui en résulteront du côté de l'oreille interne, dont
le liquide s'écoulera par cette voie.

Rôle de la trompe d'Eustache. — Pour compléter nos
études physiologiques sur l'oreille moyenne, il nous reste
à déterminer le rôle de la trompe d'Eustache et des cellules mastoïdiennes.

Lorsqu'on examine ce canal à forme bizarre qui relie
l'oreille moyenne à l'arrière cavité des fosses nasales, deux
questions se posent immédiatement à l'esprit. Pourquoi la
caisse du tympan a-t-elle besoin de communiquer avec
l'air ambiant ? Pourquoi si cette communication est nécessaire, n'est-elle pas réalisée par une voie large et constamment ouverte, au lieu d'être établie, d'une façon inter-
mittente, par un conduit étroit et sinueux ?

La caisse doit communiquer avec l'air extérieur pour
que la pression soit la même des deux côtés de la membrane : l'expérience du crève-vessie, l'observation des ar-
tilleurs, des ouvriers travaillant dans l'air comprimé, indiquent assez ce qui arriverait dans le cas contraire. Il y a
même mieux, c'est que si la caisse ne communiquait pas
avec le milieu ambiant, l'air qu'elle contient ne tarderait
pas à être remplacé par un liquide d'excrétion.

Les expériences de Savart ont montré que la puissance
vibratoire de la membrane varie avec la température
et l'état hygrométrique ; lorsque la caisse possédera la
même température que l'air extérieur, elle pourra communiquer librement avec lui, car il suffira qu'avant

d'y pénétrer ce fluide se charge d'une quantité suffisante d'humidité : aussi chez plusieurs Reptiles, animaux
pourvus d'une oreille moyenne, mais dont la température
varie comme celle du milieu extérieur, la caisse est-elle un
simple diverticule de la bouche avec laquelle elle communique constamment et largement, tandis que dans les
Mammifères et les Oiseaux qui ont une température propre,
il est indispensable que l'air puisse se mettre en équilibre
thermique avant de pénétrer dans la caisse, condition
réalisée par la longueur, l'étroitesse et les courbures de
la trompe.

Rôle des cellules mastoïdiennes. — Lorsqu'on admettait
que la cavité tympanique agissait comme un simple tambour
et que les vibrations étaient transmises par l'air qui y était
contenu, on n'éprouvait aucune difficulté à définir le rôle des
cellules mastoïdiennes que l'on comparait à des appareils
de résonnance. Aujourd'hui, l'on s'accorde généralement à
les regarder comme des expansions destinées à atténuer les
changements brusques de tension gazeuse ; on s'appuie
pour le démontrer, sur le grand développement qu'elles
acquièrent chez les Oiseaux et qui paraît en rapport avec la
rapidité du vol : ainsi les Brévipennes en sont dépourvus,
tandis que dans les Echassiers voyageurs, elles occupent de
vastes espaces ; dans les Mammifères, elles sont toujours
beaucoup plus limitées et chez l'Homme, en particulier,
Zoja a montré que parfois une membrane résistante empêchait toute communication entre ces cellules et la caisse
tympanique. Ici, comme pour les sinus annexés aux fosses
nasales, le rôle fonctionnel ne saurait être exactement déterminé sans de nouvelles et minutieuses recherches.

DIX-NEUVIÈME LEÇON

Nous avons vu comment les ondes sonores sont recueillies par l'oreille externe, comment elles sont transmises par ce curieux appareil d'accommodation, qui les modifie suivant les circonstances, et représente l'oreille moyenne. Mais nous ne connaissons encore que les régions secondaires, que les auxiliaires de l'organe auditif et ne possédons aucune notion sur sa partie principale et essentielle. Quelle en est la structure ? par quel mécanisme les vibrations sonores peuvent-elles y venir ébranler les terminaisons du nerf acoustique ? Nous serions fort embarrassés de le dire. C'est à peine si, dans le cours de la dernière leçon, il a été fait quelques vagues allusions à cette oreille interne, que nous savons pouvoir se résumer, au moins théoriquement en une cavité remplie de liquide et recevant sur ses parois les fibrilles terminales du nerf auditif; mais nous soupçonnons déjà que, chez les êtres supérieurs, elle ne saurait offrir une pareille simplicité, et nous pressentons ici des complications qui ne devront pas le céder à celles que nous offrait l'oreille moyenne : la situation des parties enfouies dans l'épaisseur des os du crâne, les noms bizarres ou naïfs que nos devanciers leur ont imposés, tout nous confirme dans ces prévisions ; hâtons-nous toutefois, de le reconnaître, si cette nouvelle étude exige une sérieuse attention, si l'on ne peut complètement la dégager de l'aridité qui accompagne toute description anatomique, on s'en trouve amplement récompensé par l'importance des faits qu'elle révèle, par la précision qui s'affirme dans les moindres détails de cet organe, auprès duquel nos instruments les plus parfaits ne semblent être que de grossières imitations.

Lorsqu'on suit le développement de l'oreille sur un embryon de Vertébré, on l'y voit tout d'abord s'ébaucher sous un aspect qui rappelle de bien près le schéma que je traçais précédemment et que nous trouverons réalisé dans les animaux inférieurs : c'est une simple vésicule remplie de liquide et rattachée à l'encéphale par un pédoncule, le nerf auditif. Mais cet état dure peu et sur la capsule primitive se montrent bientôt des diverticules qui s'accentuent rapidement, se multiplient suivant le degré de supériorité des espèces et ne tardent pas à constituer un ensemble assez complexe pour que les anciens anatomistes aient cru devoir lui donner le nom de *Labyrinthe*. Tandis que ces parties membraneuses s'organisaient, les os voisins se modifiaient, de manière à leur assurer une protection suffisante et à leur constituer un

revêtement moulé sur leurs propres contours, de telle sorte
que le *labyrinthe membraneux* et le *labyrinthe osseux* se
correspondent exactement ; aussi suffit-il de décrire l'un
pour connaître l'autre, leurs différentes parties étant désignées par les mêmes noms. Il est à peine nécessaire
d'ajouter que l'oreille interne devant recevoir d'une part
les vibrations sonores transmises par l'oreille moyenne et,
d'autre part, les filets nerveux cheminant au travers du
crâne jusqu'au cerveau, ne saurait être absolument close;
il est indispensable qu'en certains points des ouvertures
soient ménagées pour permettre cette double communication ; aussi voit-on, sur les parois du labyrinthe osseux, divers pertuis destinés, soit à établir les relations avec la
caisse tympanique, ce sont les *fenêtres ronde et ovale;*
soit à laisser passer le nerf auditif, protégé par un petit
canal[1], le *conduit auditif interne;* soit, enfin, à donner
accès dans une galerie que l'on désigne sous le nom d'*aqueduc* et qui se dirige vers la cavité crânienne sans s'y ouvrir
comme on l'imaginait autrefois[2], des vaisseaux et un repli
de la dure-mère fermant son extrémité interne.

L'intérieur du labyrinthe osseux est rempli par un liquide
albumineux, la *Périlymphe ou liquide de Valsalva,* dans
lequel baignent les parties molles du labyrinthe membraneux ; celles-ci ne remplissent, en effet, qu'imparfaitement
les diverses chambres du labyrinthe osseux et ne s'y rattachent que par des adhérences limitées à certains points.

Si nous pénétrons au centre du labyrinthe membraneux,
nous y trouvons une cavité relativement vaste, le *vestibule*

---

[1] Il mesure 0^m,008 de longueur.

[2] Cette opinion a été récemment défendue par quelques anatomistes allemands.

membraneux contenu, il est à peine nécessaire de l'ajouter, dans le vestibule osseux et composé de deux chambres *l'utricule* et le *saccule ;* si de l'utricule nous cherchons à gagner des régions plus profondes, nous arrivons dans des galeries extrêmement singulières, auxquelles leur forme a fait donner le nom de *canaux semi-circulaires ;* si, au contraire, nous tentons une semblable exploration en partant du saccule, nous rencontrons une sorte de tube bizarrement contourné en spirale, c'est le *limaçon*. Telles sont les parties essentielles du labyrinthe, dont l'ensemble pourrait être divisé en deux systèmes : l'un supérieur, formé de l'utricule et des canaux semi-circulaires; l'autre inférieur, composé du saccule et du limaçon. On aurait même pu croire, jusqu'à ces dernières années, que ces deux portions de l'appareil étaient absolument indépendantes l'une de l'autre; mais les recherches de Boettcher ont montré que des branches latérales, émanant de «l'aqueduc», dont il a été question plus haut, mettent l'utricule et le saccule en communication[1]. Toutes les parties du labyrinthe membraneux communiquent donc ensemble et le liquide qu'elles renferment, *l'endolymphe ou liquide de Scarpa*, peut se répandre également dans les diverses cavités de l'oreille interne, que nous devons examiner maintenant d'une manière moins schématique, cherchant à y relever les principales particularités anatomiques et à y distinguer les éléments excitables sur lesquels devront agir les ondes sonores.

---

[1] Boettcher, *Ueber Entwickelung und Bau des Gehörlabyrinths nach Untersuchungen an Säugethieren.* — Id., *Observations critiques et documents nouveaux pour servir à la littérature de l'oreille interne.* — — Dorpat, 1872. (Analysé dans le *Journal de l'Anatomie,* 1875, p. 208.) — Voy. Coyne, *Anatomie et développement des parties molles de l'oreille interne.* (*Thèse de Concours,* 1876, p. 5.)

Vestibule membraneux. — Le vestibule membraneux n'occupe que les deux tiers du vestibule osseux auquel il est rattaché, sur quelques points, par de fortes lames périostiques.

Il se compose, nous le savons déjà, de deux vésicules inégales et superposées. La supérieure, qui est en même temps la plus volumineuse, représente l'utricule ; l'inférieure ou saccule, est plus petite et arrondie. Un sillon extérieur indique la direction de la cloison qui sépare ces deux cavités.

Cinq ouvertures mettent l'utricule en rapport avec les canaux semi-circulaires ; quant au saccule, il reçoit seulement le canal du limaçon.

Si l'on examine avec soin la surface interne de l'utricule, on y découvre assez facilement les cinq orifices qui viennent d'être indiqués, plus difficilement le pertuis donnant accès dans le canal de Boettcher qui doit relier l'utricule au saccule[1] ; cette paroi est revêtue d'une simple couche épithéliale, sauf sur le côté interne où se trouve une saillie blanchâtre et ovoïde à laquelle on donne le nom de *tache acoustique;* elle est longue de 3 millimètres, large de 2, et présente une structure particulière.

Au-dessus d'une couche conjonctive dense, beaucoup plus épaisse que dans les autres régions de la paroi, limitée par une «basement membrane» amorphe que ponctuent de nombreux pertuis destinés au passage des tubes nerveux, se trouve un revêtement épithélial dont les éléments affectent deux formes bien différentes : 1° des cellules cylindriques ou prismatiques, pourvues d'un gros noyau, terminées vers leur partie supérieure par une face plane

---

[1] Il convient de rappeler que sur certains points les recherches de Boettcher demandent à être confirmées par de nouvelles observations.

ou tronquée, ce sont de simples éléments de soutien
(*Stützzellen*) ; 2° des cellules fusiformes, présentant un corps
irrégulièrement ovoïde et deux prolongements, l'un se
dirigeant en dedans, l'autre gagnant la surface de la tache
acoustique. Ce dernier, très grêle et très long, dépasse le niveau des cellules de soutien et porte le nom de « cil auditif ». Les cils auditifs baignent dans l'endolymphe, où flottent de petites concrétions calcaires, les *otolithes*, que nous
retrouverons constamment dans l'organe auditif, d'une extrémité à l'autre de la série animale et qui, chez les Mammifères, sont tantôt libres dans l'endolymphe et tantôt main-
tenues par une substance gélatineuse au niveau de la tache
acoustique dont elles déterminent la coloration blanchâtre.
Quant au prolongement inférieur de la cellule, il s'enfonce
dans la membrane et semble se continuer avec les fibrilles
nerveuses.

Les observations les plus récentes, les résultats fournis
par l'histologie comparée comme par l'anatomie générale,
témoignent également en faveur de cette relation directe
entre les cellules fusiformes ou *bâtonnets auditifs* (*Stabchenzellen*) et les tubes nerveux, rapport évident, que
les exagérations de certains auteurs allemands, accom-
pagnant le cylindre-axe jusque dans la gangue des
otolithes, ne sauraient suffire à faire repousser. Quant
à nous, obéissant à la méthode générale de nos études
comparatives, ne manquons pas de relever encore ici,
sur l'étroite surface de la tache acoustique, la présence
de cette double forme cellulaire, éléments de soutien et
éléments sensoriels, que nous avons déjà rencontrée si
souvent et que nous retrouverons constamment dans la suite
de nos études.

Le revêtement du saccule présente la même structure que celui de l'utricule ; on y découvre une semblable tache acoustique, constituée par les mêmes éléments et recevant un rameau spécial du nerf auditif, la *branche sacculaire*, comme la tache de l'utricule était innervée par un rameau particulier, la *branche utriculaire :* cette tache a la même longueur (0^m,003) que celle de l'utricule, mais elle est un peu moins large (0^m,0015). Vers la partie déclive du saccule, s'ouvre un petit canal destiné à mettre le saccule en rapport avec le limaçon ; d'où le nom de *canalis reuniens* sous lequel on le désigne parfois.

Canaux semi-circulaires. — Les canaux semi-circulaires membraneux reproduisent assez bien la forme des canaux osseux et sont, comme eux, au nombre de trois : un *supérieur*, un *postérieur* et un *externe*. Ils possèdent chacun deux ouvertures débouchant dans l'utricule, l'une présentant le diamètre normal du canal, l'autre se dilatant pour former une *ampoule*. Théoriquement, il devrait par conséquent y avoir six de ces orifices, mais, ainsi que j'ai déjà eu l'occasion de le rappeler, il n'y en a que cinq, le canal supérieur et le canal postérieur se réunissant par leurs extrémités non ampullaires.

Ces tubes cylindriques et variqueux sont constitués par un tissu conjonctif recouvert d'un épithélium d'aspect normal, sauf à la surface des ampoules où l'on observe un pli transversal, semi-lunaire et d'un blanc jaunâtre, auquel on donne le nom de *crête acoustique ;* à ce niveau, le tissu présente de profondes modifications dont on devine aisément l'origine : c'est sur ces crêtes que viennent se terminer les fibrilles des *rameaux ampullaires* du nerf auditif, aussi possèdent-elles les mêmes bâtonnets, les mêmes cils, les mêmes cellules de soutien et les mêmes otolithes que les taches acoustiques du vestibule.

Limaçon. — Le limaçon membraneux est renfermé dans le limaçon osseux dont la constitution est facile à comprendre : qu'on imagine un tube cylindrique, fermé à un bout et s'enroulant autour d'un axe. Ce dernier, le *modiolus* des anciens, est représenté par un cône creux percé de nombreux orifices pour le passage des filets du nerf auditif ; quant au tube, ou *canal spiral*, il décrit deux tours et demi et se montre limité par une lame osseuse, la *lame des contours*. En outre, une *lame spirale* occupe toute la largeur du limaçon et le divise en deux *rampes :* l'une débouche à la fenêtre ronde, c'est la *rampe tympanique*, l'autre s'ouvre dans le vestibule, d'où le nom de *rampe vestibulaire*.

Ces détails généraux étant connus, examinons la disposition des parties molles qui tapissent la face interne des parois cochléennes. Si nous faisons une coupe transversale du limaçon (fig. 69), nous distinguons d'abord les deux rampes (A et B), exactement séparées l'une de l'autre sur toute leur étendue, car elles ne communiquent qu'à leur extrémité supérieure, au sommet du limaçon, « sous la coupole », par un orifice auquel Breschet a donné le nom d'*hélicotrème*. Indépendamment de ces deux rampes, on distingue, sur la même section, les deux canaux suivants dont la découverte appartient à des observateurs contemporains.

1° Le *canal de Löwenberg* ou *rampe collatérale* (fig. 69, C), de forme triangulaire et limité par la membrane de Reissner, la membrane de Corti, et la bandelette vasculaire, ainsi nommée des nombreux capillaires qu'elle renferme ; ce canal possède deux extrémités également intéressantes : sa

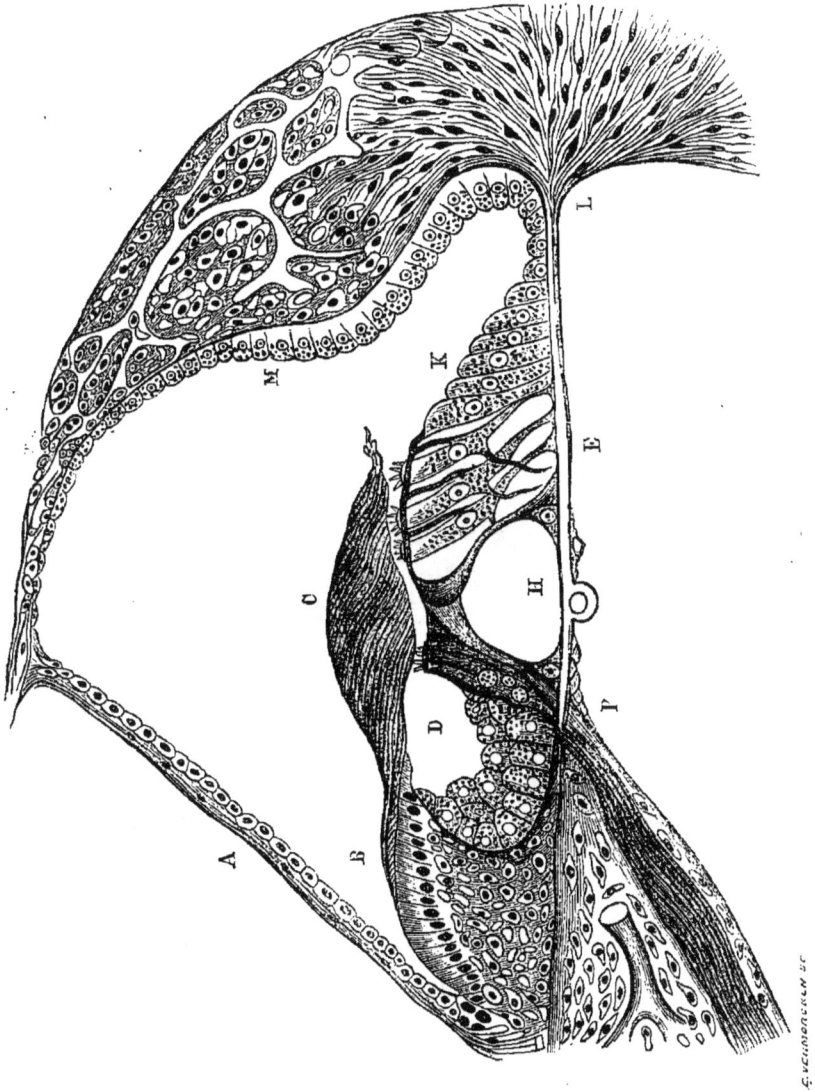

Fig. 68. — Coupe demi-schématique de l'organe de Corti.

A. Membrane de Reissner. — B. Bandelette sillonnée, formée par l'épaississement du périoste de la lame spirale et recouverte par l'origine de la membrane de Corti, C. — D. Sillon spiral tapissé en dedans par des cellules sur plusieurs rangs, et montrant en dehors (vers la droite de la figure) des cellules ciliées internes caractérisées par les petits bâtonnets qui les surmontent, et appuyes contre les piliers internes. — E. Lame basilaire, montrant la coupe du vaisseau spiral compris dans son épaisseur. — H. Tunnel de Corti limité par les piliers internes et externes. En dehors du tunnel se voient les cellules ciliées externes reçues supérieurement dans les mailles de la membrane réticulée. — K. Cellules de soutien. — L. Ligament spiral externe. — M. Saillie limitant le sillon externe et répondant ici à la bandelette vasculaire. — P. Zone cellulaire en dedans de laquelle on voit les fibres du nerf cochléen gagnant la région basilaire des cellules ciliées. (D'après MM. G. Pouchet et F. Tourneux.)

partie inférieure va se terminer dans le voisinage du vestibule, l'extrémité supérieure forme le cul-de-sac de la coupole et remplit ainsi, complètement ou presque complètement, le dernier demi-tour de spire du limaçon.

2° Le *canal de Corti ou rampe auditive* (fig. 69, D) ; il
part du col du saccule pour se terminer par une extrémité

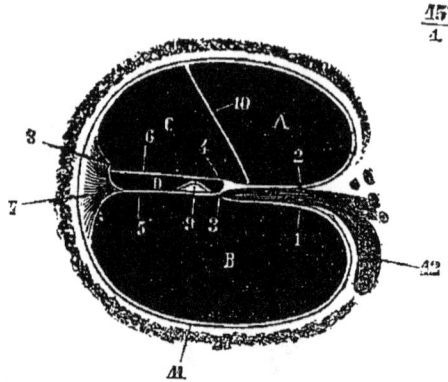

Fig. 69. — Coupe d'un tour de spire du limaçon.

A. Rampe vestibulaire. — B. Rampe tympanique. — C. Rampe collatérale ou canal
de Löwenberg.— D. Rampe auditive ou canal de Corti. — 1. Lame spirale osseuse. —
2. Sa lamelle supérieure. — 3. Lèvre tympanique de la lame spirale. — 4. Sa lèvre vestibulaire. — 5. Membrane basilaire.— 6. Membrane de Corti. — 7. Ligament spiral. —
8. Crête de la paroi interne du canal de Löwenberg (origine de la bandelette vasculaire). — 9. Organe de Corti. — 10. Membrane de Reissner. — 11. Périoste. — 12. Nerf
auditif et ganglion spiral. (BEAUNIS et BOUCHARD, *Anatomie descriptive*.)

fermée au sommet du limaçon. Il est borné en haut par la
membrane de Corti, en bas par la membrane basilaire,
lamelle connective tapissée de cellules épithéliales, et par
deux excavations creusées dans les parois périostiques du
limaçon et auxquelles on donne le nom de *sillon spiral
interne* et *sillon spiral externe*.

La cavité ainsi limitée est presque entièrement remplie
par une formation complexe et de haute valeur, l'*organe
de Corti*, peut-être aperçu vaguement par Huschke
vers 1844 [1], mais que Corti a, le premier, fait exactement

[1] Huschke, *Lehr. von den Eingeweiden und Sinnesorganen*, 1844.

connaître en 1851 [1] ; depuis, les travaux de Hensen [2],
Henle [3], Löwenberg [4], Waldeyer [5], etc., ont complété
nos connaissances à ce sujet, sans les amener pourtant
encore, et sur tous les points, à un degré de perfection
absolue.

Lorsqu'on examine l'organe de Corti sur une coupe
radiale (fig. 68), on le voit essentiellement formé d'éléments qui se réunissent supérieurement par une véritable articulation, tandis qu'ils s'écartent inférieurement et
circonscrivent une voûte ou *tunnel ;* celui-ci passe donc
sous une série d'arcades appliquées exactement les unes
contre les autres, et chacune de ces *arcades de Corti* se
trouve composée de deux piliers, un *pilier interne* et un *pilier externe.* Ces deux séries de piliers affectent des formes différentes : les piliers internes sont prismatiques, les
piliers externes cylindriques ; chacun d'eux comprend d'ailleurs trois parties principales : 1° un pied appuyé sur la
membrane basilaire ; 2° une région moyenne ou corps ;
3° une tête s'articulant avec la même région du pilier opposé
ou plutôt s'engrenant avec elle, la tête du pilier interne
portant une excavation dans laquelle est reçue la tête
du pilier externe. Celui-ci se confond même supérieurement avec la région céphalique du pilier interne, pour former une lame mince, ponctuée de nombreuses ouvertures qui lui donnent l'aspect d'un treillis à larges mailles

[1] Corti, *Recherches sur l'organe de l'ouïe des Mammifères* (*Zeitschr.
für wiss. Zoologie,* 1851, t. III).

[2] Hensen, *Zur Morphologie der Schnecke des Menchen und der Säugethiere* (*Zeitsc. f. wiss. Zoologie,* 1863, t. XIII, p. 481).

[3] Henle, *Eingeweidlehre,* p. 762, 1866.

[4] Löwenberg, *La Lame spirale du Limaçon de l'oreille* (*Journal de
l'Anatomie et de la Physiologie,* t. V, p. 625, 1868).

[5] Waldeyer, *Die Hörner und Schnecke* (Stricker's *Handbuch*).

et justifient le nom de *membrane réticulée* sous lequel on la désigne.

Le pilier interne possède une largeur sensiblement uniforme ; appliqué inférieurement sur la membrane basilaire (fig. 68), il se termine supérieurement par un plateau cuticulaire dont les rapports sont des plus importants : extérieurement, il recouvre la tête du pilier externe, et se continue avec le prolongement latéral de celui-ci pour former la lame réticulée ; en dedans, il confine à des éléments qui viennent s'appuyer contre lui et présentent un intérêt tout spécial, ce sont les *cellules ciliées internes*. Constituées par un corps cylindrique ou prismatique, celles-ci se terminent supérieurement par des prolongements réfringents et rigides, véritables bâtonnets qui n'ont aucune analogie avec les cils vibratiles, bien qu'on ait souvent tenté de leur attribuer une semblable parenté morphologique, comme en témoigne le nom sous lequel on désigne les éléments qu'ils caractérisent; inférieurement, les cellules « ciliées » confinent au sillon spiral interne et n'offrent aucune particularité notable. Revenons au contraire vers les piliers, étudions-les du côté externe comme nous venons de le faire pour la région interne, et nous n'allons pas tarder à retrouver des éléments semblables à ceux que nous venons d'apprendre à connaître.

En effet, contre la face externe du pilier externe nous voyons s'appuyer des cellules disposées sur plusieurs rangs et présentant les caractères que nous offraient les cellules ciliées internes ; même corps cylindrique, même plateau terminal et couvert de bâtonnets; ce sont les *cellules ciliées externes* [1]. Leurs plateaux supérieurs sont reçus dans les

[1] Cellules de Corti (Löwenberg); *aüssere Stabzellen* (Lavdowski);

fentes de la membrane réticulée, dont les mailles résultent peut-être simplement du rapprochement de ces faces cuticulaires ; quant à l'extrémité inférieure de ces cellules, elle se termine par un prolongement filiforme s'enfonçant dans la membrane basilaire ; souvent même on découvre, dans l'axe de ces éléments, un petit filament variqueux sur lequel nous aurons bientôt à revenir.

A ces cellules ciliées externes se trouvent mêlés d'autres éléments, les *cellules de Deiters*, dont la nature est encore fort mal connue ; puis, en approchant du sillon spiral externe, on voit des *cellules de soutien* auxquelles succèdent d'autres cellules bordant le sillon spiral externe et revêtant le sillon spiral externe ; ce sont les *cellules de Claudius*[1], que l'on devrait cesser de décrire comme une forme spéciale, car on observe tous les intermédiaires entre les cellules de soutien et les cellules du sillon, ainsi que j'ai pu m'en convaincre à diverses reprises chez les Insectivores, les Carnivores et les Rongeurs.

Les rapports de l'organe de Corti, et en particulier des cellules ciliées, permettent d'y localiser les terminaisons nerveuses du limaçon ; en effet, lorsqu'on suit la branche cochléenne de ce nerf, on la voit monter en spirale dans l'axe du limaçon, pénétrer dans les canalicules de ce noyau par les orifices de la lame criblée, et fournir ainsi une série de faisceaux nerveux qui vont se réunir dans le *ganglion spiral de Rosenthal* ; au sortir de ce ganglion, ils franchissent une nouvelle série d'ouvertures et gagnent enfin

Deckzellen (Henle) ; *Stabchenzellen* (Hensen) ; *Haarzellen* (Deiters) ; *cellules de Deiters* (Kölliker) ; *cellules épineuses* (Leydig) ; *cellules pédiculées* (Corti) ; *cellules jumelles* [*pro parte*] (Pouchet et Tourneux).

[1] Claudius, *Bemerkungen über die Bau der häutigen Spiralluste der Schnecke* (*Zeitschrift f. wis. Zoologie*, t. XII, 1856, p. 154).

les canalicules ou pertuis de la lame basilaire. A ce niveau, les manchons de myéline disparaissent généralement et les fibrilles se séparent en deux groupes, dont l'un se rend à la base des cellules ciliées internes, tandis que l'autre, franchissant le tunnel de Corti, va former les prolongements inférieurs des cellules ciliées externes, et se continue peut-être, par ses fibrilles ultimes, avec les filaments axiles récemment décrits dans ces éléments.

Quelques faisceaux, considérés comme de nature nerveuse, cheminent dans le tunnel, parallèlement à sa longueur, et s'appliquent sur la membrane basilaire, ce sont les *fibrilles longitudinales*; d'autres passent d'un pilier à l'autre et traversent ainsi le tunnel perpendiculairement ou presque perpendiculairement à son axe, on les distingue sous le nom de *fibrilles radiaires*.

Anatomie comparée de l'oreille interne. — Telles sont les principales dispositions de l'oreille interne dans l'espèce humaine; avant d'en aborder l'étude physiologique, recherchons quelles différences elle présente dans les divers groupes de la Classe des Mammifères.

Quadrumanes. — Chez les Singes de l'ancien continent, le labyrinthe présente à peu près les mêmes caractères que chez l'Homme, le limaçon est aussi développé; mais les dilatations ampullaires des canaux semi-circulaires sont en général plus petites.

Il en est de même dans les Ouistitis, les Sapajous, etc., chez lesquels le limaçon ne fait qu'une légère saillie dans la caisse; la fenêtre ronde est située en arrière du promontoire, disposition qui commençait d'ailleurs à s'accuser dans les types précédents.

Cheiroptères. — Les Chauves-Souris présentent, dans la constitution de leur oreille interne, des indices de perfectionnement analogues à ceux qui nous ont été offerts par les autres régions de l'organe : le rocher est énorme ; les canaux semi-circulaires, très étendus ; le limaçon, tellement volumineux qu'il ne devrait plus être comparé à un *Helix* : mais à une coquille de *Trochus* : il décrit quatre et parfois cinq tours de spire ; les deux fenêtres sont assez éloignées l'une de l'autre, avec des formes à peu près semblables.

Insectivores. — Les mêmes remarques pourraient s'appliquer aux Taupes : le rocher, bien que aplati, est très étendu ; le vestibule, grand et arrondi ; les canaux semi-circulaires, très développés ; le limaçon, au contraire, est assez petit ; les deux fenêtres sont peu éloignées.

Chez les Hérissons, ces dispositions s'atténuent légèrement, et le type normal tend à se montrer de nouveau ; le limaçon est médiocrement développé ; les fenêtres sont très rapprochées, etc.

Carnivores. — Le limaçon comprend en général trois tours de spire ; chez les Chiens et dans la plupart des autres genres, il fait toujours une saillie très prononcée dans la caisse. Les fenêtres sont en général assez petites ; les Ratons, les Genettes et les Moufettes paraissent échapper seuls à cette règle.

Rongeurs. — Dans les animaux de cet ordre, le rocher est plus ou moins déprimé ; le vestibule, assez grand ; les canaux semi-circulaires sont bien indiqués. Le limaçon offre généralement deux tours de spire ; cependant, chez l'Écureuil, on en compte trois ou quatre.

La Gerboise est remarquable par la longueur de son canal auditif interne; le Lièvre, par l'étendue de son aqueduc; l'Agouti et le Paca, par les dimensions de leurs ampoules : aucun autre Mammifère ne présente de semblables dilatations [1].

Lémuriens. — Le rocher des Makis est assez petit; les canaux semi-circulaires demeurent bien constitués; le limaçon rappelle beaucoup celui des Chats, des Chiens, etc., et fait dans la caisse une saillie proportionnellement considérable; le canal auditif interne est long; les deux fenêtres offrent à peu près la même forme, la fenêtre ronde se trouve reportée en arrière et en haut.

Ongulés. — Dans les Solipèdes, le vestibule est ovale et creusé au centre du rocher; le limaçon décrit deux tours de spire; les canaux semi-circulaires sont fort étroits.

Le vestibule est relativement plus grand chez les Porcins; le limaçon forme trois tours environ et présente une obliquité qui n'avait pas échappé à de Blainville. Chez les Ruminants, il est plus large et ne décrit qu'un tour et demi.

Édentés. — Dans les divers types de l'ordre des Édentés (Tatous, Fourmiliers, etc.) l'oreille interne rappelle beaucoup ce qui était offert par la généralité des Carnivores. Parfois le limaçon est asymétrique, les tours de spire offrant de grandes différences dans leurs dimensions respectives; le fait est facile à constater chez le *Dasypus sexcinctus*.

Marsupiaux. — Les Sarigues se rapprochent des animaux précédents; le rocher est petit; un sinus considérable s'observe entre les canaux semi-circulaires [2]; ce sinus

[1] Hyrtl, *Vergleich. anatom. Untersuch. über das innere Gehörorgan der Menschen und der Säugethiere*, Prag, 1845.
[2] De Blainville, *loc. cit.*, p. 519.

fait toutefois défaut chez les Phascolomes, où la fenêtre ovale est plus petite que la fenêtre ronde. Dans les Phalangers, on retrouve au contraire un sinus énorme entre les canaux semi-circulaires; le limaçon est très petit.

Monotrèmes. — La cochlée est encore plus réduite chez les Monotrèmes; dans ces types dégradés, on ne trouve plus trace de la spire qui a valu à cette partie le nom sous lequel on la désigne ordinairement. C'est une simple crosse à peine recourbée et, sous ce rapport, comme à tant d'autres égards, les Monotrèmes nous acheminent rapidement vers les formes propres aux Oiseaux.

Cétacés. — Chez les Cétacés, le limaçon ne décrit qu'un tour et demi, et se maintient presque constamment sur le même plan; en outre, la spire semble disjointe dans la partie vestibulaire, disposition qui s'observe sur certains Édentés, comme j'ai eu l'occasion de le constater autrefois chez le Tamandua.

Le Dauphin possède un vestibule très petit, presque sphérique; le diamètre des canaux semi-circulaires est relativement assez réduit; les spires du limaçon, très déprimées, reproduisent la forme qui vient d'être indiquée.

Dans la Baleine, toutes les parties présentent de grandes dimensions, sans être réellement perfectionnées; malgré les travaux de Hunter, Camper, Hyrtl, etc., une grande incertitude règne sur l'ensemble du labyrinthe, les auteurs ayant évidemment confondu plusieurs espèces; aussi le nombre des tours du limaçon, le diamètre des ampoules se traduisent-ils par des chiffres impossibles à concilier.

Physiologie de l'oreille interne. — Nous venons de terminer l'étude anatomique du labyrinthe des Mammifères et devons aborder maintenant l'examen de son rôle physiologique ; mais auparavant il est nécessaire de rappeler quelles sont ses relations avec la caisse tympanique et quelle est l'origine des filets nerveux qui s'y distribuent.

Nous avons vu que l'oreille moyenne est représentée par une caisse pleine d'air, communiquant avec l'extérieur par un canal sinueux et étroit, la trompe d'Eustache ; partout ailleurs, la caisse se montre parfaitement close, mais offre des parois de nature fort différente, selon qu'on considère telle ou telle partie de leur surface : en général, elles sont solides et résistantes, formées de plans osseux recouverts d'une muqueuse épaisse ; mais, sur certaines régions, cette enveloppe s'amincit au point de n'être plus représentée que par de fines membranes : telles sont la fenêtre ronde et la fenêtre tympanique, la première située sur les confins de l'oreille interne et de la caisse, l'autre séparant celle-ci du conduit auditif externe. Il existe encore une troisième ouverture, la fenêtre ovale, mais elle est obturée par une lame osseuse qui s'y trouve exactement appliquée et fait partie de l'étrier dont elle représente la platine ; cette chaîne s'appuie de l'autre côté sur la fenêtre tympanique, dans la membrane de laquelle est reçu le manche du marteau. Chaque mouvement de celui-ci se transmettra donc à la fenêtre ovale.

Cette ouverture donne accès dans l'oreille interne ; franchissons-la (voy. fig. 65, p. 313), pénétrons dans le labyrinthe : nous rencontrons le vestibule, avec les canaux semi-circulaires d'un côté et le limaçon d'autre part ; gravissons les différents étages de celui-ci en suivant celle de ses deux rampes qui s'ouvre dans le vestibule, nous parviendrons ainsi sous la coupole du limaçon, puis, redescendant par l'autre rampe, ou rampe tympanique, nous arriverons à la fenêtre ronde, c'est-à-dire à la caisse du tympan : nous serons ainsi ramenés à l'oreille moyenne dont nous étions sortis par la fenêtre ovale. Or le chemin que nous avons parcouru sera aussi celui que suivront les ondes sonores transmises, nous l'avons vu, par la chaîne des osselets, c'est-à-dire conduites directement du tympan à la fenêtre ovale.

Tout le labyrinthe membraneux que nous venons d'explorer est rempli d'un liquide spécial, l'*endolymphe* ou l'*humeur de Scarpa;* il est en outre baigné par un autre liquide qui remplit les cavités du labyrinthe osseux : c'est la *périlymphe* ou l'*humeur de Valsalva*[1].

Nous devinons là des dispositions capables d'assurer à ces parties une exquise sensibilité. Mais sur quels points cette propriété sera-t-elle localisée ; où seront disposés les éléments capables d'être impressionnés par les ondes sonores ? Cette question, dont la solution défia si longtemps les efforts des anatomistes, ne saurait nous causer aucun embarras : nous connaissons les bâtonnets auditifs des taches du saccule et du vestibule, des crêtes ampullaires, les cellules ciliées de l'organe de Corti; là sera le lieu de ces excitations que nous allons bientôt chercher à distinguer suivant leurs caractères fondamentaux.

Quant aux filets qui se rendront sur ces divers points pour y chercher les impressions qu'ils doivent conduire au sensorium, ils seront fournis par le nerf de la huitième paire ou nerf auditif. Ce nerf tire son origine réelle

---

[1] L'ensemble des liquides de l'oreille interne est parfois désigné sous le nom d'*humeur de Cotugno.* — Pour tout ce qui a trait à leur histoire, voy. Sappey, *op. cit.,* p. 851.

du plancher du quatrième ventricule par deux racines, puis se dirige obliquement vers le conduit auditif interne qu'il abandonne pour se séparer en deux branches, dont nous connaissons déjà le mode de terminaison : la branche cochléaire gagne le noyau du limaçon et se termine dans les cellules ciliées de l'organe de Corti. La branche vestibulaire se divise en trois rameaux : 1° le rameau antérieur qui se distribue à la tache acoustique de l'utricule, et aux crêtes acoustisques des canaux supérieur et externe; 2° le rameau moyen destiné à la tache acoustique du saccule; 3° le rameau postérieur qui se rend à la crête de l'ampoule du canal semi-circulaire postérieur.

En résumé, on voit que les éléments excitables et les filets conducteurs peuvent se répartir en deux groupes : d'un côté, les longs bâtonnets des crêtes et des taches acoustiques, reliés au sensorium par la branche vestibulaire; d'autre part, l'organe de Corti innervé par la branche cochléenne.

Si l'on rapproche de ces dispositions anatomiques les modalités qu'elles doivent recueillir, on voit que les impressions auditives offrent également deux ordres de caractères : 1° l'intensité et la hauteur, attributs grossiers, déterminés par une simple relation dynamique représentée par l'amplitude ou le nombre des vibrations ; 2° le timbre, véritable coloris du son, dont les nuances varieront à l'infini, seront produites par des causes complexes, témoigneront d'une origine élevée, et ne se soumettront à aucun des modes d'analyse que, depuis Savart et Cagniard de Latour, nous avons pu appliquer à la mesure de la hauteur ou de l'intensité.

On comprend qu'au moment où l'endolymphe, pressée

par la base de l'étrier, se met en mouvement dans les diverses parties du labyrinthe, les appareils nerveux des ampoules et du vestibule, dont l'ébranlement est augmenté
par la trépidation des otolithes, puissent être impressionnés avec une intensité suffisante et une intermittence assez
rapide pour que le cerveau perçoive des sensations d'intensité ou de hauteur différente. Mais la nature fugace,
instantanée, qu'on est en droit d'assigner aux excitations
de ces bâtonnets, les brusques oscillations des otolithes,
qui viennent amplifier leur ébranlement, puis l'étouffent
presque aussitôt, interdisent de localiser sur ces taches et
ces crêtes acoustiques, le troisième et le plus délicat des
caractères de la sensation auditive.

Aussi a-t-on cherché à le transporter dans le limaçon ;
le nombre et l'indépendance des filets nerveux que celui-ci
reçoit, les dimensions inégales de ses parties, le développement qu'il présente chez les animaux (Cheiroptères, Rongeurs, etc.) où les autres parties de l'appareil auditif sont
exceptionnellement développées, tout semble appuyer
une pareille doctrine.

Les travaux d'Helmholtz, venant démontrer la justesse
des vues de Rameau et réaliser les tentatives de Monge,
lui ont donné une confirmation tellement brillante qu'elle
a été adoptée avec un enthousiasme, dont on peut difficilement se défendre, bien que l'anatomie comparée oblige
sous ce rapport à de prudentes réserves.

Lorsque, dans une de nos précédentes leçons, je vous
retraçais l'histoire du timbre, cette qualité si longtemps
énigmatique du son, j'ai eu l'occasion de vous rappeler
l'expérience vulgaire qui consiste à chanter avec force au-
dessus d'un clavier dont les cordes peuvent se mouvoir libre-

ment. Le piano répète aussitôt la note donnée et la traduit avec une telle fidélité, qu'on la croirait absolument pure; nous savons cependant qu'il n'en est rien et que, sous peine de devenir méconnaissable, cette note doit être accompagnée de ses harmoniques. Considérons en effet, comme nous le faisions alors, le registre du clavier au moment où la voix du chanteur vient l'ébranler : ce n'est pas une seule corde qui entrera en action, il y en a trois, quatre, six qui vibreront simultanément; reportons-nous aux valeurs qu'elles représentent et nous acquerrons facilement la preuve que de toutes les cordes qui composent l'échelle de l'instrument, celles-là seules vibrent, qui sont accordées à l'unisson du ton fondamental et des harmoniques de la note donnée[1]; le piano a donc fait en quelque sorte l'analyse de cette dernière; il l'a séparée en ses composantes élémentaires et c'est ainsi qu'il a pu la reproduire avec une précision si parfaite.

Il en est de même pour l'organe auditif : les cellules excitables qui représentent sa partie fondamentale, ne peuvent recueillir que des impressions simples ; lorsque l'onde sonore vient ébranler les bâtonnets auditifs, elle s'y décompose en ses notes élémentaires, et c'est seulement dans le sensorium que s'effectuera la synthèse qui doit la reconstituer avec tous ses attributs, lui rendre la physionomie, l'expression, la couleur qui la caractérisent.

Il faut donc s'attendre à rencontrer dans les profondeurs

---

[1] Pour tout ce qui concerne les caractères et les variations du timbre dans les instruments à cordes, il convient de se reporter à la minutieuse étude que M. le professeur Gavarret a consacrée à cette importante question. (Gavarret, *Des phénomènes physiques de la phonation et de l'audition*, p. 276 et suiv., 1877.)

du labyrinthe une manière de clavier nerveux, capable d'analyser les notes les plus complexes et d'en dégager tout à la fois le son fondamental, les harmoniques et les sons accessoires que le moindre accord fait naître si facilement.

Mais où doit-on placer ce clavier nerveux? Quels éléments pourront revendiquer une si haute fonction ? Il est un appareil qui, par sa délicate structure, la richesse de son innervation, paraît merveilleusement disposé pour un semblable rôle : on devine qu'il s'agit de l'organe de Corti. La formation complexe, que nous avons précédemment décrite sous ce nom, réalise en effet toutes les conditions nécessaires, et, lorsqu'on l'examine sur la coupe tangentielle, on est frappé de l'étrange similitude qui éclate entre ses « arcades » et les touches d'un piano. Aussi n'a-t-on pas hésité à leur attribuer une valeur analogue, et M. Helmholtz y a tout d'abord placé le lieu de l'ébranlement sonore ; cependant leur structure était peu favorable à une pareille assimilation et, pour seconder les vues du physicien allemand, il fallut imaginer des « cellules de sommet » placées à l'extrémité de ces mêmes piliers dont elles eussent représenté la partie excitable ; or, ces prétendues cellules apiciliaires n'existent pas, et quoique les auteurs aient toujours, non sans raison, enveloppé leur description d'une grande obscurité, il est aisé de voir qu'elles répondent simplement aux cellules ciliées internes ; quant aux « cellules de Corti » que la plupart des traités mentionnent sans s'expliquer sur leur situation et leurs rapports, elles ne s'insèrent pas davantage sur les arcades et s'appuient à peine sur elles : ce sont les cellules ciliées externes. En réalité, les arcades ou piliers sont de nature conjonctive et ne peuvent, à aucun degré, remplir le rôle qu'on leur avait si rapidement, si généreusement attribué et qui d'ailleurs ne s'accorderait pas mieux avec les enseignements de l'anatomie comparée qu'avec ceux de l'histologie. Les arcades de Corti manquent constamment chez les Oiseaux ; faudra-t-il donc réduire leur sensibilité auditive à la simple perception des bruits ? Nul n'oserait évidemment le soutenir, alors que mille observations journalières nous montrent ces animaux capables d'apprécier toutes les qualités du son, et que certains d'entre eux, les Perroquets par exemple, répètent docilement les voyelles qui ne sont que les timbres particuliers de la voix humaine.

M. Helmholtz n'a pas méconnu la gravité de pareilles objections et s'est empressé de reporter sur d'autres parties la fonction primitivement assignée aux arcades : l'onde sonore eût été décomposée, non plus par celles-ci, mais par la « membrane basilaire » qui les supporte et sépare le canal de Corti de la rampe tympanique. Inégalement tendue sur ses diverses régions, cette lame basilaire pourrait ainsi vibrer sous l'action de sons très différents, et chacune de ses fibres serait accordée suivant les diverses notes que peut apprécier l'oreille. De même qu'on avait tenté de calculer le nombre des arcades de Corti pour voir s'il répondait à l'étendue de notre sensibilité auditive, de même on s'est appliqué à déterminer le chiffre total des fibres et leur longueur réciproque. D'après Hensen, il y en aurait 13,400 en moyenne, et les calculs de M. Helmholtz établissent que, par leurs dimensions et leur différence de tension, elles répondent assez exactement aux intervalles limites des musiciens ; si ingénieuse que puisse être cette nouvelle adaptation, elle ne répond pas mieux à la réalité des faits. Il suffit, pour s'en convaincre, de se reporter à la structure de la membrane basilaire.

Remarquons tout d'abord que les auteurs les moins suspects ne peuvent parvenir à s'entendre sur les fibres qui en constitueraient la partie fondamentale : d'après Nüel[1], il y aurait quatre fibres pour chaque pilier ; d'autres affirment qu'il y en a seulement trois. Gottstein[2] et Nüel[3] les considèrent comme libres à la surface de la membrane ; pour Hensen[4] elles sont enfouies dans son épaisseur. On voit déjà ce que deviennent ces caractères de nombre et de tension dont on voulait tirer de si merveilleuses conséquences. Mais il y a mieux : suivant Boettcher,[5] l'existence même de ces fibres serait très problématique et ne reposerait que sur de simples accidents de préparation.

L'examen direct de la membrane basilaire, étudiée sur un grand nombre de types et aux diverses périodes du développement, oblige à la considérer comme purement conjonctive. Une légère différenciation locale ébauche çà et là quelques traînées lamineuses ; mais ces bandelettes varient dans un même genre avec les espèces, chez un même individu suivant les âges ; lorsqu'on peut les examiner sur une certaine étendue, on constate que l'élasticité et l'aspect vitreux, que leur attribue Nüel[6], sont toujours limités à certains points ; leurs caractères de réfrac-

[1] Nüel, *Beitrage zur Kenntniss der Saugethierschnecke* (Arch. f. mik. An., t. VIII).

[2] Gottstein, *Ueber den feineren Bau und die Entwickelung d. Gehörschnecke* (ibid.).

[3] Nüel, *loc. cit.*

[4] Hensen, in Arch. f. mikr. *Anatomie*, 1869.

[5] Boettcher, *Ueber Entwickelung und Bau Gehorlabyrinths.* Dorpat, 1869.

[6] Nüel, *loc. cit.*

tion n'offrent également aucune constance. En résumé, ces fibres, loin d'être de nature nerveuse, sont d'origine connective [1] et ne peuvent aucunement fonctionner selon le but qui leur a été si facilement assigné. Il convient de le rapporter à d'autres éléments de l'organe de Corti, aux cellules ciliées que nous avons précédemment appris à connaître et qui seules doivent recueillir les impressions auditives [2]. Grâce à elles, l'oreille peut analyser le concert, si complexe qu'il soit, dont elle est frappée; véritable prisme acoustique, elle décompose l'onde sonore en ses vibrations pendulaires et les transmet au centre percepteur dans lequel elles se confondront en une seule et même sensation [3]. A cet égard, les résultats expérimentaux de M. Helmholtz ne peuvent être contestés, et si les progrès de l'anatomie zoologique obligent à modifier certaines de ses conclusions, son œuvre n'en demeure pas moins une des plus brillantes conquêtes de la science moderne.

[1] Peut-être, en raison de sa structure, ce coussinet fibreux jouerait-il le rôle, très secondaire d'ailleurs, d'un étouffoir.

[2] Joannes Chatin, *Sur la valeur fonctionnelle de la membrane basilaire dans l'organe de Corti* (*Bulletin de la Société Philomathique*, 1878).

[3] Voy. Gavarret, *loc. cit.* — Laugel, *loc. cit.*

VINGT ET UNIÈME LEÇON

OISEAUX. — L'examen le plus superficiel suffit à révéler une différence considérable entre l'oreille des Oiseaux et celle des Mammifères : le pavillon fait totalement défaut. A la vérité, les plumes qui entourent le méat auditif présentent des dispositions particulières qui semblent devoir le suppléer dans ses fonctions, mais ce n'est guère que chez un petit nombre d'Accipitres (Hiboux, Chouettes) qu'elles offrent à cet égard une réelle importance ; l'Effraie montre même comme un rudiment de conque : quelques saillies se dessinent, un mince bourrelet s'ébauche [1], mais ces caractères sont toujours trop vaguement indiqués pour effacer la dissemblance qui se manifeste à cet égard entre les Vertébrés des deux premières classes.

Le conduit auditif externe est toujours très court, large

---

[1] Milne Edwards, *loc. cit.*, t. XII, p. 19.

et membraneux, aussi le tympan est-il souvent visible au dehors; les glandes sébacées sont extrêmement nombreuses dans ce canal et possèdent généralement plusieurs culs-de-sac revêtus d'un épithélium sphéroïdal. Les différents Ordres présentent dans la disposition de ce conduit peu de particularités intéressantes; il faut cependant noter que, chez les Pics, il est assez long et comme divisé en deux parties par une saillie de l'os mastoïde; dans les Plongeons, le méat auditif est, au contraire, si réduit qu'il faut une sérieuse attention pour le découvrir.

La caisse tympanique est large et irrégulière; elle communique avec des cellules mastoïdiennes, en général très développées, et constituant trois systèmes de sinus qui parfois se réunissent sur la ligne médiane du crâne et font communiquer les deux caisses, dans lesquelles ils débouchent par trois pertuis différents, ainsi que Vicq d'Azyr l'avait parfaitement constaté. A peine indiquées ou même nulles dans les Autruches et les Casoars, ces cellules sont au contraire très étendues chez les Engoulevents, etc.

Les deux trompes d'Eustache, toujours larges, se réunissent inférieurement en un seul tube cartilagineux qui s'ouvre dans le pharynx par un orifice médian, disposition qui nous annonce le voisinage des Reptiles, où nous la retrouverons bientôt.

La membrane du tympan est ovale et légèrement convexe en dehors; le cadre qui la supporte est incomplet et formé par plusieurs os (sphénoïde basilaire, occipital latéral, temporal écailleux).

Quant à la chaîne des osselets, elle diffère singulièrement de ce qu'elle était dans les Mammifères et ne semble plus représentée que par un seul os, auquel on donne le nom de *columelle;* mais chez quelques espèces d'Aigles, l'extrémité de cette tige se bifurque, offrant ainsi une réelle analogie avec l'étrier des animaux supérieurs; en outre, à sa partie antérieure, elle porte deux ou trois apophyses rappelant les saillies du marteau et paraissant jouer le même rôle, car deux muscles s'y insèrent, et l'un d'eux, le plus volumineux, est tenseur de la membrane; aussi Breschet a-t-il pu décrire la columelle comme composée de plusieurs articles, une analyse minutieuse permettant d'y retrouver, dans la plupart des cas, les pièces qui se réunissent pour former la chaîne des osselets chez les Mammifères.

Telles sont les principales dispositions de l'oreille moyenne dans les Oiseaux ; mais les divers Ordres offrent sous ce rapport certaines différences qu'il est bon de rappeler, au moins succinctement.

Chez les Accipitres et en particulier dans les espèces nocturnes, la caisse est grande, arrondie, semble parfois séparée en deux loges analogues à celles que nous avons observées chez plusieurs Carnivores ; le tympan est ovale, oblique, et ne présente qu'une très légère convexité.

Les Passereaux ont une caisse tympanique beaucoup plus petite et elliptique. Dans les Gallinacés, elle possède des dimensions plus considérables ; en outre, le tympan est reçu dans un anneau complet, la lacune qui existe ordinairement entre le temporal écailleux et le sphénoïde basilaire, se trouvant remplie par du tissu osseux. Le fait est surtout facile à constater sur les diverses espèces de Faisans ; Platner paraît l'avoir mentionné le premier [1].

---

[1] Siebold et Stannius, *loc. cit.*, p. 323.

Dans les Échassiers, la caisse offre à peu près les mêmes caractères, mais les cellules mastoïdiennes sont en général fort développées.

Chez les Palmipèdes, comme l'avait justement remarqué de Blainville[1], l'ensemble de l'appareil auditif subit une véritable dégradation dont on trouve surtout l'indice dans la constitution de l'oreille moyenne : la caisse est très réduite (Cormorans, Fous, Frégates, etc.) ; les cellules, inégalement développées ; le tympan est souvent presque vertical.

Les fenêtres qui font communiquer l'oreille interne avec la caisse présentent les mêmes rapports que chez les Mammifères, mais leur forme est quelquefois un peu différente : la fenêtre ovale mériterait même ici le nom de fenêtre triangulaire, car tel est l'aspect qu'elle offre dans la généralité des cas.

Le *vestibule* est moins étendu que dans la classe précédente, et le *saccule* à peine indiqué ; les branches nerveuses du rameau vestibulaire se terminent d'ailleurs sur une *tache acoustique* semblable à celle des Mammifères : mêmes cellules de soutien, mêmes bâtonnets auditifs, etc.

Les *canaux semi-circulaires* sont relativement très développés et s'entre-croisent, de telle sorte que le canal postérieur et le canal externe viennent se rencontrer à angle droit vers le sommet de leur courbure, disposition que Breschet a parfaitement figurée chez l'Effraie, et que l'on observe également dans la plupart des Rapaces.

Les *ampoules* sont au nombre de trois, comme dans les Mammifères, et possèdent une structure analogue à celle que nous avons reconnue chez ces derniers : les cel-

[1] De Blainville, *loc. cit.*, p. 537.

lules cylindriques de soutien sont souvent pigmentées de
jaune; les bâtonnets offrent leur forme normale. Quant
à la membrane particulière que Leydig a décrite au-
dessus de chacune des crêtes acoustiques du Pigeon,
elle ne possède certainement pas l'importance qu'il a cru
devoir lui attribuer et se rattache peut-être à quelque
accident de préparation. Le *lima-*

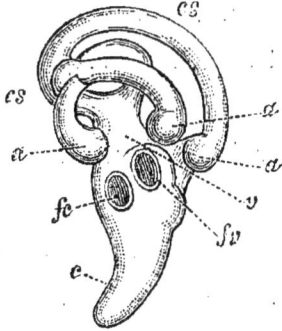

Fig. 70. — Oiseau. — Labyrinthe osseux.

cs. Les trois canaux semi-circulaires. — *a*. Leurs dilatations ampullaires. — *v*. Vestibule. — *fv*. Fenêtre ovale. — *c*. Limaçon. — *fc*. Fenêtre ronde. (D'après Nuhn.)

çon est infiniment plus simple
que chez les Mammifères : c'est
un tube conique, légèrement recourbé à son extrémité qui représente la « coupole » des animaux supérieurs, et s'élargit
pour former une sorte de san-
dale ou de pantoufle, d'où le
nom de *lagena* qu'on lui donne
parfois (fig. 70, *c*). Une membrane très mince divise le limaçon en deux rampes, une
rampe vestibulaire et une rampe tympanique, communiquant entre elles au niveau de la *lagena;* leurs rapports
sont les mêmes que chez les Mammifères, sauf pour
la rampe tympanique, qui présente une particularité
remarquable que Scarpa signala le premier[1], que Breschet[2] et tous les anatomistes modernes ont pu vérifier[3] : au
lieu de se continuer directement jusqu'à la fenêtre ronde,
cette rampe s'en trouve séparée par une sorte de petite

[1] Scarpa, *De structura fenestræ rotundæ auris et tympani secunda-*
rii anatomicæ observationes, 1772.

[2] Breschet, *Sur l'organe de l'ouïe dans les Oiseaux* (*Ann. sc. nat.*,
2e série, t. V, p. 36).

[3] Milne Edwards, *loc. cit.*, p. 63.

chambre désignée sous le nom de « caisse tympanique secondaire », sur les parois de laquelle sont pratiquées deux
fenêtres opposées l'une à l'autre et fermées par des membranes ; la première regarde la rampe vestibulaire du limaçon, l'autre donne dans l'oreille moyenne et représente
la fenêtre ronde des Mammifères.

Séparées en deux groupes principaux, les fibrilles du
nerf cochléen se terminent dans des cellules bacillaires ;
mais il n'y a pas d'arcades de Corti, et j'ai déjà eu l'occasion d'insister sur leur absence, à propos des réserves que
comporte la doctrine de M. Helmholtz. Chose singulière,
ces animaux, qui fournissent aujourd'hui les plus sérieux
arguments contre la théorie du « clavier nerveux, » semblent en avoir inspiré la première conception : bien longtemps avant les recherches du physicien d'Heidelberg,
Treviranus, examinant l'oreille interne des Oiseaux, y décrivait une membrane plissée transversalement, étendue
sur toute la longueur de la cochlée, et formée « de lamelles isolées représentant des touches de clavecin [1]. » Les
idées les plus modernes peuvent donc n'être pas toujours
les plus nouvelles, et l'histoire de la science nous fait assister à un piquant spectacle en nous montrant M. Helmholtz vaincu sur le terrain même qui semblait le mieux
préparé pour l'édification de sa séduisante théorie.

Les otolithes se présentent sous l'aspect de petits cristaux qui peuvent affecter des formes souvent bizarres et
complexes.

Les liquides du labyrinthe (humeur de Valsalva, humeur
de Scarpa) possèdent la même composition que chez les

---

[1] Müller, *loc. cit.*, p. 410. — Treviranus se méprenait d'ailleurs
complètement sur le rôle des diverses parties du limaçon.

Mammifères ; cependant la quantité de matières grasses augmente dans un certain nombre d'espèces (Accipitres, Échassiers, etc.).

Ces caractères généraux se maintiennent assez constants dans l'ensemble de la classe des Oiseaux, et c'est à peine si quelques particularités se remarquent, çà et là, lorsqu'on examine la constitution de l'oreille interne dans les divers Ordres.

Chez les Rapaces diurnes, le limaçon est fort petit, tandis que dans les espèces nocturnes, il est incomparablement plus développé et semble décrire une spire commençante: disposition très remarquable puisqu'elle tend à reproduire la forme caractéristique des Mammifères et acquiert ainsi une valeur morphologique égale à celle que présentait le limaçon des Monotrèmes, ébauchant le type qui devait être propre aux Oiseaux.

Les Passereaux ont le vestibule presque arrondi. Le canal semi-circulaire supérieur est beaucoup plus étendu que les deux autres ; ceux-ci se pénétrant réciproquement au niveau de leur anastomose, leur squelette présente en cet endroit quatre orifices distincts[1]. Les deux fenêtres sont sensiblement égales.

Chez les Oiseaux-Mouches, les canaux semi-circulaires sont relativement très grands, mais presque toujours déprimés.

Les Gallinacés possèdent un labyrinthe assez réduit dans ses diverses parties, des canaux courts et rapprochés, un limaçon petit et presque droit.

Les canaux sont au contraire grêles et allongés dans les

---

[1] De Blainville, *loc. cit.*, p. 534.

Palmipèdes et surtout dans les Cormorans et les Frégates ; le limaçon est conformé selon le type normal, la *lagena* étant toujours bien indiquée.

REPTILES. — Au point de vue de la structure de l'organe auditif, comme sous tant d'autres rapports, la classe des Reptiles représente un véritable groupe de transition, les Crocodiliens rappelant les types les plus parfaits des Oiseaux, les Ophidiens méritant d'être placés auprès des Batraciens.

L'oreille externe fait constamment défaut ; c'est à peine si l'on peut en observer quelques traces dans les Crocodiliens, où l'on voit la peau former, en avant de la membrane tympanique, un double repli valvulaire [1] ; chez les Serpents, le méat auditif n'est même plus visible au dehors, et la peau qui le revêt ne diffère en rien du tégument général [2].

La même dégradation s'observe dans l'oreille moyenne, qui tend à disparaître ; nous nous acheminons ainsi, peu à peu, vers les dispositions propres aux Poissons.

La caisse du tympan manque complètement chez les Serpents [3] : des dispositions spéciales et que nous aurons bientôt l'occasion d'analyser, permettait à ces animaux de subir cette régression organique, sans que l'audition s'en trouve notablement affaiblie.

Chez les Chéloniens et les Crocodiliens, la caisse est assez allongée ; dans les Sauriens, elle possède des parois d'origine

[1] Owen, *loc. cit.*, t. I, p. 349.
[2] Milne Edwards, *loc. cit.*, p. 19-20.
[3] Étienne-Louis Geoffroy, *Mémoire sur l'organe de l'ouïe des Reptiles* (*Mém. des savants étrangers*, t. II, p. 178).

fort complexe : l'os tympanique la limite sur plusieurs
points, laissant toutefois de nombreuses lacunes que la peau,
les muscles de l'hyoïde et la mâchoire contribuent également à remplir.

La trompe d'Eustache est large et courte dans la plupart
des genres. Chez les Crocodiliens, elle offre deux ou trois
conduits symétriques, venant se réunir dans un seul orifice
pharyngien, disposition très curieuse et qu'on a parfaitement figurée dans les Crocodiles, Gavials, etc.[1]. Elle ressemble beaucoup, chez les Chéloniens et les Sauriens, à ce
qu'elle était dans les Oiseaux.

Les cellules mastoïdiennes sont surtout développées chez
les Crocodiliens et un petit nombre de Sauriens.

La membrane du tympan est en général visible au dehors;
cependant elle est parfois masquée, comme nous l'avons
constaté plus haut, et dans les Tortues elle est recouverte
d'une plaque légèrement différente de celles qui garnissent
la région voisine[2]. Dans la plupart des cas, cette membrane
est convexe; chez les Chéloniens, elle offre une grande résistance et semble cartilagineuse ; dans les Crocodiles elle
est grande et dirigée obliquement; elle est au contraire
mince et sèche dans les Sauriens.

La chaîne des osselets est représentée par une columelle dont l'extrémité tympanique porte, chez les Crocodiles, trois pointes ou apophyses dont la situation rappelle
la place occupée, dans les animaux supérieurs, par le marteau et ses tubercules; l'extrémité opposée est en forme
de trompette et présente une grossière analogie avec
l'étrier.

[1] Owen, *loc. cit.*
[2] Milne Edwards, *loc. cit.*

Chez les Chéloniens, la columelle est très longue et fixée par une sorte de plaque discoïde dans la membrane cartilagineuse qui figure le tympan.

Les Sauriens possèdent une columelle analogue à celle des Oiseaux et dans laquelle on peut même parfois distin-

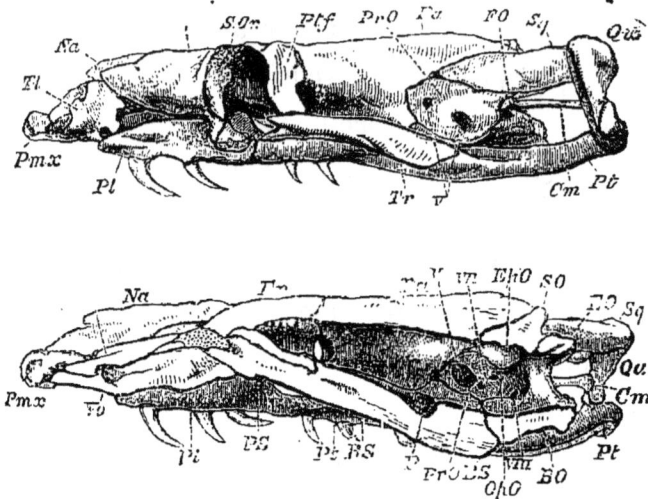

Fig. 71. — Crâne d'un Python vu du côté gauche et dans une section longitudinale.

Cm. Columelle (Huxley, *Éléments d'Anatomie comparée*).

guer trois pièces dont les deux extrêmes représentent l'étrier et le marteau ; quant à la partie intermédiaire, sa situation peut seule la faire comparer à l'enclume, mais nul caractère morphologique ne vient justifier ce rapprochement. Un muscle bien distinct s'insère sur l'extrémité tympanique de la columelle.

Dans les Serpents, l'absence d'oreille moyenne n'entraîne pas, comme on pourrait le supposer, la disparition de cet axe osseux ; il est représenté par une petite pièce (fig. 71, Cm) comprise entre la peau et la fenêtre ovale sous-cutanée. Souvent même, ce dernier témoin de la chaîne des osselets revêt une apparence qui indique sa lointaine parenté avec les parties que nous avons observées chez les Vertébrés supérieurs : l'extrémité qui s'appuie sur la fenêtre ovale s'aplatit de manière à figurer la platine de l'étrier, puis une tige grêle lui succède et parfois se dilate avant de gagner les muscles sous-cutanés ou la peau.

Les deux fenêtres qui donnent accès dans le labyrinthe existent toujours et, même chez les Serpents si dégradés à ce point de vue, leur présence peut être regardée comme une condition de perfectionnement, Müller ayant montré que les ondes sonores se transmettent de l'air aux liquides de l'oreille interne sans déperdition notable, alors même que la membrane qui sépare ces deux milieux se trouve fixée à un corps solide et seul en contact avec le liquide. Il en résulte que ces animaux ne sont pas réduits à la seule conduction par les os de la tête, et que les vibrations sonores peuvent encore leur être transmises, au moins dans une certaine mesure, par l'air ambiant[1].

Le rocher et l'occipital latéral constituent la plus grande partie du labyrinthe osseux ; mais chez les Crocodiles l'occipital supérieur s'ajoute à ces os, et dans les Chéloniens l'occipital externe vient concourir à sa formation.

Le *vestibule* des Crocodiliens est recourbé et semi-lunaire ; celui des Chéloniens présente encore à peu près la même forme, mais il est sensiblement ovale ; il offre un aspect analogue chez les Sauriens, où ses dimensions sont minimes ; il possède une tache acoustique, des otolithes, etc.

Les *canaux semi-circulaires* peuvent être comparés à ceux des Oiseaux ; mais, chez les Crocodiliens, ils présentent

---

[1] Voy. les intéressantes expériences de Müller (Müller, *loc. cit.*, p. 419-421).

des dimensions fort inégales : le canal antérieur est beaucoup plus grand que le postérieur, et celui-ci surpasse à
son tour le canal externe. Leurs ampoules, malgré l'assertion de de Blainville, ne présentent aucune particularité
notable.

Le *limaçon*, que nous retrouvons ici pour la dernière fois,
ressemble beaucoup à ce qu'il était dans la classe précédente. Ceci est surtout vrai pour les Crocodiliens (fig. 72),
Sauriens et Ophidiens, car chez les Chéloniens, et con-

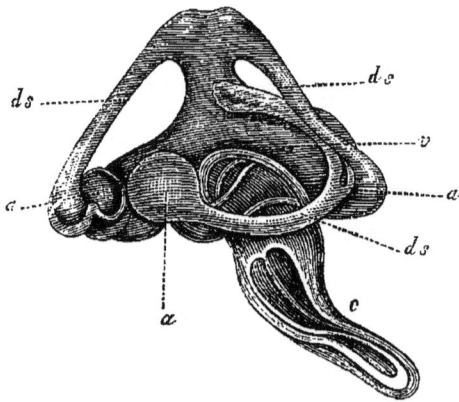

Fig. 72. — *Crocodilus niloticus.* — Labyrinthe membraneux.

ds. Les trois canaux semi-circulaires. — *a.* Leurs dilatations ampullaires. — *v.* Vestibule.
c. Limaçon. (D'après Hasse et Nuhn.)

trairement à toutes les prévisions morphologiques, il est
d'une extrême simplicité : c'est une poche membraneuse
et arrondie, contenue dans une cavité osseuse de même
forme et reliée par un petit canal au vestibule. Dans tous
les types, un plan cartilagineux divise ce limaçon en deux
rampes, l'une vestibulaire, l'autre tympanique (fig. 72, *c*).
La *lagena* est partout bien indiquée, sauf chez les Tortues,
où elle tend à s'effacer ; les terminaisons nerveuses se montrent ici avec les caractères que nous avons déjà eu l'occasion de leur reconnaître dans les types précédents.

BATRACIENS. — Que l'organe auditif des Reptiles et surtout des Serpents témoigne d'une réelle dégradation, la
rapide étude que nous venons d'en faire suffit à le démontrer amplement. Mais cette tendance s'accentue davantage
encore chez les Batraciens, où tout nous conduit rapidement vers les types inférieurs de la série des Vertébrés.

L'*oreille externe* fait complètement défaut : plus le moindre vestige de conque, plus la moindre trace de conduit
auditif ; aussi le tympan, lorsqu'il existe, est-il visible au
dehors ou sous-cutané.

Les Batraciens sont les derniers Vertébrés qui soient
pourvus d'une oreille moyenne, encore ne la rencontre-t-on
que chez certaines espèces : dans les Protées, les *Bombi-
nator*, les Salamandres, et même dans les *Pelobates*, elle
fait entièrement défaut.

Chez les animaux où elle existe, cette caisse se présente
sous l'aspect d'un large et court méat, limité en avant par
la membrane du tympan, en arrière par la fenêtre vestibulaire (fenêtre ovale), et communiquant avec le pharynx
par un large orifice. Mais, et en raison même de la simplification croissante de ces diverses parties, elles offrent
de grandes différences, suivant qu'on les étudie dans tel ou
tel type.

La caisse du tympan est ainsi parfois cartilagineuse, en
totalité ou en partie, comme dans les *Bufo*, *Rana*, *Aly-
tes*, etc. ; souvent, au contraire, elle est osseuse, comme chez
les *Pipa*[1], *Dactylethra*[2] et *Xenopus*[3] ; la membrane tympanique, tantôt visible au dehors, tantôt cachée sous la peau,

---

[1] Müller, *loc. cit.*
[2] Id.
[3] Stannius et Siebold, *loc. cit.*

diffère beaucoup dans sa structure : rarement elle conserve
l'aspect que nous lui avons reconnu dans les groupes précédents et, même chez les espèces où elle semble ainsi purement membraneuse, elle renferme des tissus complexes,
des fibres élastiques, des fibres cellules, etc. ; ailleurs, elle
devient réellement cartilagineuse.

La columelle ne varie pas moins ; dans la plupart des
Batraciens anoures, elle peut encore se décomposer en trois
parties : l'une interne et aplatie, appuyée sur la fenêtre
ovale et représentant l'étrier ; la seconde allongée, figurant l'enclume ; la troisième, s'élargissant pour s'attacher à
la membrane du tympan et tenant la place du marteau. La
forme et la structure de ces pièces diffèrent d'ailleurs d'un
genre à l'autre ; il suffit, pour s'en convaincre, d'observer
des types très voisins, comme les *Bufo* et les *Pipa*. — Dans
les Salamandres et les Axolotls, les caractères normaux
sont encore plus modifiés, et la chaîne n'est représentée
que par un simple opercule fermant la fenêtre ovale ;
toutes les parties suivantes de la columelle ont disparu et
c'est à peine si, dans quelques rares types, on découvre un
petit tractus cartilagineux indiquant la place qu'elles occu-
paient chez les animaux précédents.

Quant à la trompe d'Eustache, tantôt elle débouche isolément de chaque côté dans le pharynx, tantôt elle se
réunit à sa congénère pour s'ouvrir dans un orifice commun
et situé sur la région palatine : le genre *Pipa* en fournit
un excellent exemple.

Il n'a été question, dans tout ce qui précède, que de la
fenêtre ovale ou vestibulaire ; telle est, en effet, la seule
ouverture qui permette à l'oreille interne de communiquer
avec l'extérieur ; nous ne saurions nous en étonner, puis-

que nous savons que les Batraciens sont dépourvus de limaçon dont la disparition a naturellement amené celle de la fenêtre ronde.

Le vestibule est toujours large, rempli d'otolithes parfois volumineux et creusé d'un saccule que ces concrétions distendent souvent.

Dans ce vestibule, s'ouvrent trois canaux semi-circulaires, généralement minces, et dont les rapports diffèrent presque constamment de genre à genre.

L'endolymphe est moins limpide que chez les animaux supérieurs ; elle offre souvent un aspect lactescent et une consistance visqueuse.

Poissons. — Chez les Poissons, l'appareil de l'ouïe se simplifie de plus en plus, et de même que l'étude des divers groupes de l'embranchement nous a progressivement conduits aux formes rudimentaires que nous allons rencontrer, de même l'histoire particulière de l'organe auditif des Poissons nous fait pressentir le moment, peu éloigné maintenant, où cet organe ne sera plus représenté que par une simple vésicule remplie d'otolithes.

Au point de vue physiologique, ces modifications sont déterminées par la nature même du milieu qu'habitent les animaux chez lesquels nous allons les observer ; nous n'y trouverons plus aucun vestige de l'oreille moyenne que nous avons vue se réduire de plus en plus dans notre marche descendante à travers la série des Vertébrés et dont les Ophidiens, les Batraciens, nous offraient à peine quelques grossiers débris. Mais il ne faudrait pas en conclure que la nature a déjà renoncé à doter l'organe auditif de parties capables d'en assurer ou d'en perfectionner le fonctionnement, car dans certaines espèces on rencontre un curieux appareil de renforcement approprié aux conditions spéciales dans lesquelles les impressions auditives doivent être recueillies par ces animaux aquatiques.

Le labyrinthe persistera donc seul, et rarement les os ou les cartilages voisins l'encadreront exactement ; il sera plus ou moins libre dans la cavité crânienne, cependant chez les Chondroptérygiens, on verra souvent un labyrinthe cartilagineux se constituer autour du labyrinthe membraneux dont il accompagne les moindres sinuosités.

Le *vestibule* est formé d'un *utricule* et d'un *saccule*, sur les bords duquel s'insère le *cysticule* (fig. 73, *c*), petite expansion dans laquelle on a voulu reconnaître l'analogue du limaçon ; cette opinion s'est surtout généralisée depuis que Deiters a pensé découvrir une ébauche de cochlée chez les Batraciens ; mais, comme l'avait fait très justement remarquer Breschet, il y a plus de quarante ans, ja-

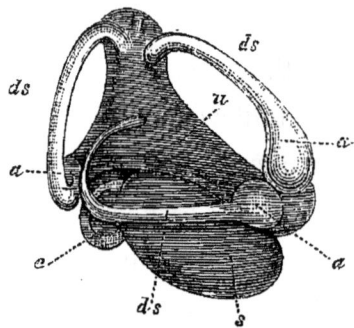

Fig. 73. — *Muræna anguilla*.
Labyrinthe membraneux.
ds. Canaux semi-circulaires.— *a*. Leurs dilatations ampullaires. — *u*. Utricule. — *s*. Saccule. — *c*. Cysticule. (D'après Hasse et Nuhn.)

mais le cysticule ne reçoit de branche nerveuse, disposition qui suffit à lui faire refuser toute valeur physiologique.

Ce cysticule est d'ailleurs très inégalement développé selon les genres : volumineux chez le Brochet [1], il est déjà

[1] Casserio, *De vocis auditusque organis*, 1600. — Geoffroy, *Dissertation sur l'organe de l'ouïe*, 1778. — Camper, *Mémoire sur l'ouïe des Poissons* (*Mémoires de l'Académie des sciences* ; *Savants étrangers*, t. VI, p. 177, 1774). — Huschke, *Beitrage zur Physiologie und Naturgesc.*, 1824. — Breschet, *Recherches sur l'organe de l'ouïe des Poissons*.

moins étendu chez la Baudroie, le Thon, les Trigles ; dans beaucoup d'autres types, il est à peine indiqué.

La structure de la tache auditive est la même que chez les Vertébrés supérieurs : mêmes éléments de soutien, mêmes bâtonnets auditifs (Hasse). Mais le vestibule présente parfois, comme chez l'Alose, une particularité très remarquable et que Breschet paraît avoir signalée le premier : il est relié à la partie correspondante de l'oreille opposée par des filaments qui passent en arrière de la région cérébelleuse ; on doit toutefois rappeler que ce sont de simples brides conjonctives et non pas des canaux anastomotiques, comme l'ont cru certains observateurs qui leur ont accordé une importance fonctionnelle que ces parties ne possèdent aucunement.

L'étude des canaux semi-circulaires présente un intérêt tout spécial ; elle révèle des formes nouvelles, et réellement aberrantes, si l'on se reporte aux caractères fournis par l'examen des diverses classes de l'embranchement : dans l'ensemble des Vertébrés, ils n'ont cessé de manifester une constante fixité, soit dans leur nombre, soit dans leur structure. Chez les Poissons, au contraire, ce type fondamental ne tarde pas à se modifier dans des limites considérables.

Les Osseux et le Sturioniens reproduisent encore assez exactement la forme propre aux animaux supérieurs : il existe trois canaux pourvus d'un même nombre d'ampoules ; le canal externe est horizontal, l'antérieur et le postérieur sont verticaux ; dans l'intérieur de chaque ampoule s'élève une petite cloison sur laquelle s'épanouissent les branches ultimes du nerf acoustique.

Une modification des plus importantes s'observe dans les

Lamproies : un des canaux manque constamment et le nombre de ces diverticules se trouve ainsi ramené à deux. L'un et l'autre possèdent à leur origine une ampoule qui présente à sa face interne de nombreuses saillies sur lesquelles se terminent les fibrilles nerveuses.

Enfin, chez les Myxines (fig. 74), le labyrinthe revêt un aspect tout spécial : il se montre sous l'apparence d'une bague présentant deux renflements sur lesquels se déploie le nerf acoustique. L'explication de cette apparence est des plus simples : il n'existe plus qu'un seul canal qui, s'unissant à ses deux extrémités (*am*, *am*) avec le vestibule, donne au labyrinthe cette configuration toute spéciale, et ne constitue pas une des moindres particularités de cette bizarre famille.

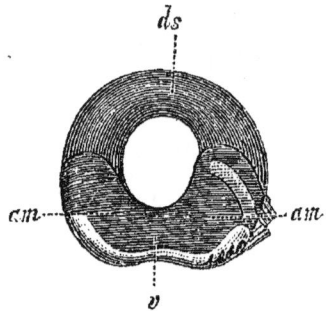

Fig. 74. — *Myxine glutinosa.* Labyrinthe membraneux.

v. Vestibule. — *am.* Les deux dilatations ampullaires. — *ds.* Canal semicirculaire. (D'après Nuhn.)

Il est impossible de n'être pas frappé du caractère de dégradation qui s'affirme dans les diverses parties de l'appareil auditif des Poissons : au point de vue morphologique, ces caractères permettent de pressentir le voisinage des Invertébrés et surtout des Mollusques ; au point de vue physiologique, ces dispositions concordent avec les propriétés du milieu ambiant, dans lequel le son se propage quatre fois plus vite que dans l'air. Mais si tel est le plan fondamental de l'organe, il ne laisse pourtant pas que d'offrir parfois certaines modifications capables de compliquer l'aspect général et destinées, soit à établir une communication médiate ou immédiate avec l'extérieur, soit à ébaucher un appareil de renforcement qui, pour être assez imparfait, n'en présente pas moins un réel intérêt.

La première de ces dispositions s'observe surtout chez les Plagiostomes : lorsqu'on dissèque l'organe auditif d'un Squale ou d'une Raie, on est fort étonné de voir déboucher du vestibule un canal qui gagne le sommet de la tête et s'ouvre dans la région occipitale, tantôt par de fins pertuis, figurant un crible, tantôt par un orifice étroit et linéaire dont les deux lèvres peuvent être écartées ou rapprochées par le jeu d'un petit système musculaire spécial. — La fonction de ce canal est assez obscure : il a probablement pour rôle d'augmenter l'intensité des vibrations ; son origine morphologique ne saurait nous embarrasser, et nous devons voir dans ce conduit l'analogue de l'aqueduc qui, chez les Vertébrés supérieurs, s'étendait du vestibule à la région épicrânienne ; au lieu de se terminer en cæcum, il communique ici avec l'extérieur : telle est la seule différence qui puisse être relevée entre les Mammifères et les Poissons comparés sous ce rapport [1].

Quant à la vessie natatoire, qui se rencontre chez un grand nombre de Poissons, il suffit, pour apprécier son mode de fonctionnement, de se reporter à certains faits observés par

[1] Voy. sur le canal ascendant des Plagiostomes : Geoffroy, *Dissertation sur l'organe de l'ouïe*, 1778. — Hunter, *Account of the organ of Hearing in Fisher (Philosophical Transactions*, 1782). — Monro, *The structure and Physiology of Fishes.* — Weber, *De aure et auditu hominis et animalium.* — Breschet, *Sur l'organe de l'ouïe des Poissons.* — A. Duméril, *Histoire naturelle des Plagiostomes*, etc.

Sturm et Colladon, lors de leurs célèbres expériences de Genève[1] : ces deux physiciens remarquèrent une augmentation
considérable dans l'intensité du son lorsque l'extrémité du
tube acoustique, dont ils faisaient usage, se trouvait garnie
d'une caisse métallique à minces parois et remplie d'air ; or
la nature a réalisé cette modification en disposant dans la
cavité abdominale des Poissons une large poche remplie de
gaz et reliée au vestibule soit par un canal intermédiaire [2],
soit par une chaîne d'osselets se succédant sans interruption du vestibule à la vessie natatoire [3]. On sait que les
fonctions de cette dernière sont d'ailleurs multiples [4] ; et,
sans songer à ouvrir à son sujet une digression qui ne
saurait trouver place dans le cadre normal de nos études,
nous devons immédiatement étendre celles-ci à la longue
série des animaux invertébrés.

[1] Sturm et Colladon, *Mémoire sur la compression des liquides* (*Mém.
de l'Académie des sciences*; *Savants étrangers*, t. V, p. 346).

[2] Par exemple chez l'Alose, le Hareng, etc. (Voy. Breschet,
loc. cit.)

[3] Ces osselets s'observent dans les Siluroïdes, la Carpe, la Loche,
etc. (*Id.*)

[4] Voy. A. Moreau, *Mémoires de physiologie : Recherches physiologiques sur la vessie natatoire*, 1878.

VINGT-DEUXIÈME LEÇON

Lorsqu'on poursuit, ainsi que nous venons de le faire, l'examen comparé de l'organe auditif dans les cinq classes de l'embranchement des Vertébrés, il est impossible de n'être pas frappé des différences qu'il présente dans ces divers types, et de la variété des états intermédiaires dont l'observation permet de grouper en série continue des formes qui, considérées isolément, ne paraîtraient avoir aucun lien commun ; certes l'oreille des Lamproies ou des Myxines ne ressemble guère à celle des Mammifères, et pourtant nous avons pu passer, de l'une à l'autre, par une suite de types morphologiques se succédant méthodiquement et n'offrant entre eux nulle lacune appréciable.

Nous avons vu l'oreille externe disparaître dès que nous avons abordé l'étude des Oiseaux, puis les traits essentiels de la caisse tympanique se sont rapidement effacés à mesure que nous parcourions les divers ordres des Reptiles et des Batraciens. Bientôt, c'était au labyrinthe que s'étendait cette dégradation croissante de l'appareil ; certaines particularités que nous avions relevées, chemin faisant, sur les Monotrèmes, les Oiseaux, les Reptiles, nous permettaient de deviner, parmi ses nombreuses parties, celle qui la première ferait défaut : la disparition du limaçon était facile à prévoir et se trouve réalisée chez les Poissons. Mais là ne s'arrête pas cette tendance à la régression morphologique : elle retentit sur les canaux semi-circulaires dont les dimensions s'atténuent, dont le nombre cesse de demeurer constant ; la Lamproie n'en possède plus que deux, la Myxine n'en a qu'un seul.

La destruction menace de devenir générale, pourtant elle respecte une des parties de l'oreille, le vestibule ; il était apparu le premier chez l'embryon, il demeure le dernier dans la série. Réduite à cette unique cavité, l'oreille ne se présentera plus que sous la forme singulièrement humble d'une capsule remplie d'endolymphe et d'otolithes ; la présence d'un canal semi-circulaire empêche seule les Myxines de réaliser ce type que vont nous offrir d'une manière constante les Mollusques et la plupart des Invertébrés, chez lesquels une simple vésicule auditive, une *otocyste* [1] suffit à constituer l'appareil dont l'infinie complexité opposait précédemment de si nombreux obstacles à nos investigations anatomiques.

[1] De οὖς, ὠτός, oreille et κύστις, vésicule : vésicule de l'oreille ou vésicule auditive.

Dès 1840, Siebold faisait connaître la véritable signification morphologique, la réelle valeur fonctionnelle de cette capsule auditive : « si nous comparions, dit-il, les organes auditifs des Mollusques avec l'organe auditif des Poissons en état de développement, nous y verrions une similitude frappante, et nous serions encore plus convaincus que les organes décrits sont bien les organes de l'ouïe. Si nous jetons un regard sur la figure qui représente l'organe auditif d'un très jeune *Cyprinus alburnus*, nous serons frappés de la simplicité de cet organe, car nous n'y verrons qu'une simple capsule avec des parois inégales sur lesquelles, au milieu d'un liquide clair qui en remplit la cavité, se trouvent attachés des otolithes [1]. » Ne l'oublions donc pas, cette otocyste, loin de représenter une formation nouvelle, n'est que le dernier témoin du labyrinthe, dont nous avons si minutieusement suivi les modifications chez les animaux supérieurs.

Deux anatomistes illustres du dix-huitième siècle, Hunter et Scarpa, se disputent l'honneur d'avoir découvert l'appareil auditif des Mollusques ; ils le signalèrent presque simultanément chez les Céphalopodes, mais il convient d'ajouter que, par leur étendue et leur précision, les recherches de Scarpa méritent d'être placées bien au-dessus des indications fournies par l'anatomiste anglais.

Cinquante ans s'écoulèrent, avant que ces résultats fussent étendus aux autres classes de l'embranchement; il suffit, pour s'en convaincre, d'interroger les traités

---

[1] Siebold, *Observations sur l'organe auditif des Mollusques* (*Annales des sciences naturelles*, 2ᵉ série, t. XIX, 1841, p. 306).

[2] Hunter, *Observations on certain parts of the animal economy*, p. 76.

[3] Scarpa, *Disquis. de auditu et olfactu*, p. 6 et suiv. 1789.

classiques de de Blainville et de Cuvier. Pour le premier de ces auteurs : « C'est dans ce type, et même de bonne heure que cet organe cesse pour ainsi dire tout à coup, ce qui se trouve en rapport avec l'observation que la plus grande partie des Mollusques sont complètement sourds. Aussi est-ce dans ce type que nous verrons les sexes se réunir sur le même individu, et même le véritable hermaphrodisme suffisant devenir commun à une classe tout entière. C'est aussi dans ce type que nous verrons cesser entièrement toute apparence de société ou de réunion d'individus pour un but commun ; le sens de l'ouïe devenait donc inutile [1]. »

Chacun peut apprécier la valeur de ces rapprochements et de ces conclusions, d'autant plus étranges que de Blainville reconnaît, quelques lignes plus bas : « il est possible de concevoir encore l'existence d'un organe de l'ouïe dans les autres Malacozoaires ; j'avoue cependant n'en avoir jamais trouvé jusqu'ici aucun indice, et je ne connais aucun auteur qui en ait fait mention [2]. »

Il eût été peut-être plus prudent de s'en tenir à ce simple aveu, ou d'imiter Cuvier, qui se bornait à rappeler la constitution de l'oreille chez le Poulpe et la Seiche [3] ; la question demeurait au point où l'avait laissée Scarpa.

Il faut arriver en 1838, pour trouver quelques notions précises sur l'existence d'un appareil auditif dans les Gasté-

[1] De Blainville, *loc. cit.*, p. 568.
[2] Id., *ibid.*, p. 569.
[3] Cuvier, *Leçons d'Anatomie comparée*, 1re éd. — La seconde édition renferme, il est vrai, quelques indications sur les capsules auditives des Gastéropodes et des Acéphales ; mais il convient de rappeler que le tome III (système nerveux et organes des sens), revu par F. Cuvier et Laurillard, a été publié en 1845.

ropodes ; vers ce moment paraît en effet une intéressante note due à Eydoux et Souleyet [1] et signalant la présence de capsules auditives chez les *Pterobrachea, Carinaria, Pneumodermon, Phyllirhoe;* l'année suivante, Laurent les décrit chez les *Limax* et les *Helix* [2], et, dans l'intervalle, Siebold [3] en démontre la présence chez les Acéphales; la voie se trouve dès lors ouverte et de nombreux travaux se succèdent rapidement, qui font connaître la constitution générale et les variations de ces organes dans les divers groupes de l'embranchement.

CÉPHALOPODES. — Chez les Céphalopodes, l'oreille n'est déjà plus qu'une simple capsule située sur les flancs de l'œsophage et enfouie dans le cartilage céphalique; mais ces Mollusques sont encore trop élevés en organisation, ils offrent trop de points de contact avec les animaux supérieurs, pour que nous n'y voyions pas se continuer l'insensible progression qui de l'Homme nous a amenés à la Myxine. Dorénavant le vestibule formera seul l'organe auditif; bientôt ce ne sera plus qu'une poche arrondie, lisse et parfois absolument sphérique; cependant

---

[1] Eydoux et Souleyet, *De l'existence d'organes auditifs dans quelques Ptéropodes et Gastéropodes* (*Annales françaises et étrangères d'anatomie*, 1838, t. II, p. 305 et t. III, pl. II).

[2] Laurent, *Recherches sur la signification d'un organe nouvellement découvert chez plusieurs Mollusques* (*ibid.*, t. II, p. 342).

[3] Siebold, *Ueber ein rathselhaftes Organ bei einiger Bivalven* (*Müller's Archiv für Anatomie*, 1838, p. 49).

Delle Chiaje a prétendu avoir signalé, dès 1825, la présence des capsules auditives chez les Acéphales ; mais il est très vraisemblable qu'il les avait confondues avec les centres nerveux (Delle Chiaje, *Descrizione e notomia degli animali invertebrati della Sicilia citeriore*, t. II, p. 101. — Id., *Memorie sulla storia e notomia degli animali senza vertebre del regno di Napoli*, t. II, p. 216.

tel n'est pas encore l'aspect de l'otocyste des Céphalopodes :
des tubercules et des saillies s'avancent dans son intérieur ;
des dépressions se creusent sur ses bords, elles semblent
vouloir reporter notre esprit vers ces formes déjà lointaines
où de nombreux canaux venaient s'ouvrir dans le vestibule,
et quelques observateurs n'hésitent pas à les décrire comme
des « ampoules » [1]. En même temps, le cartilage ambiant
se moule sur l'otocyste et lui forme un revêtement comparable au labyrinthe cartilagineux des Cyclostomes : re-
levons avec soin tous ces détails, ils nous rappellent des
types que nous avons longuement étudiés, et que nous ne
retrouverons plus désormais.

Ces saillies et ces dépressions ne sont d'ailleurs pas
également développées dans tous les genres [2] : très considérables chez les Calmars et les Seiches, elles s'atténuent déjà dans les Élédones et les Poulpes. On prévoit le
moment où elles s'effaceront d'une manière absolue.

Ce n'est pas seulement la forme qui rappelle les caractères propres aux Vertébrés ; les dispositions intérieures ne
sont pas moins remarquables. Sur la paroi interne, on distingue certaines régions dont la structure est spéciale : des
cellules de protection s'y trouvent mêlées à des éléments
bacillaires, à des bâtonnets auditifs ; nous reconnaissons
les analogues des taches acoustiques des Vertébrés, et
c'est en effet sur ces points que viennent s'épanouir les

[1] Owsjaniskow et Kowalewski, *Ueber das Centralnervensystem und das Gehororgan der Cephalopoden* (*Mémoires de l'Académie de Saint-Pétersbourg*, 1867, 7º série, t. XI, nᵒˢ 2 et 3).

[2] Brandt et Ratzeburg, *Medicin. Zoologie*, t. II, pl. XXXII, f. 14. — Owen, *On the some new and rare Cephalopoda* (*Transactions of the Zoological Society*, t. II, p. 130, pl. XXI, f. 17). — Owsjaniskow et Kowalewski, *loc. cit.*

filets du nerf auditif. Ce nerf, qu'on rapporte généralement
aux ganglions sous-œsophagiens, mais dont l'origine réelle
doit être cherchée dans les ganglions cérébroïdes[1], arrive
dans le voisinage de l'otocyste, puis se sépare en deux
branches qui se subdiviseront à leur tour, pour se terminer
enfin sur les taches acoustiques. Dans l'intérieur de la capsule se trouve un liquide albumineux, comparable à l'endolymphe, et dans lequel flottent un ou plusieurs otolithes,
allongés comme chez le Poulpe, cristallins comme dans
les Calmars, parfois roses ou rouges comme chez les
Élédones.

GASTÉROPODES. — Bien que, chez les Gastéropodes, les
otocystes soient plus simples que dans le groupe précédent et que les sujets d'observation puissent y être plus
facilement variés, leur étude a cependant exigé de très
longues et très nombreuses recherches. C'est seulement
dans ces dernières années que de remarquables travaux
lui ont permis d'atteindre un degré de précision qui ne saurait être dépassé.

Les résultats d'Eydoux et Souleyet, de Laurent et Gaudi-
chaud, loin d'avoir été acceptés immédiatement par la plupart des naturalistes, avaient au contraire provoqué les plus
ardentes critiques : la citation que j'empruntais tout à l'heure
à de Blainville montre, qu'à cette époque, les Mollusques
étaient regardés généralement comme des « animaux sourds »,
et que la présence, chez ces êtres, de véritables organes
auditifs devait soulever une vive opposition. Aussi ne
voulait-on voir dans ces prétendues capsules auditives que

---

[1] De Lacaze-Duthiers, *loc. cit.*, p. 162.

des yeux ou des ganglions nerveux : les travaux de Krohn[1], de Milne Edwards[2], d'Huxley[3], de Leuckart[4] firent bientôt justice de ces prétentions et convainquirent les plus incrédules.

L'existence, la constitution générale de ces organes, étaient dès lors établies sur les preuves les plus irrécusables ; mais il restait à étudier les détails de leur structure, leurs rapports, l'origine des nerfs qui s'y rendent. Cette seconde période de leur histoire porte encore la trace des difficultés multiples qui vinrent y retarder sans cesse les progrès de la science ; elle exigea vingt ans de laborieux efforts et se trouve close d'hier seulement.

Tout d'abord, on eut recours aux procédés les plus sommaires : le collier œsophagien était enlevé avec les parties voisines et porté sous le microscope ; on comprimait successivement les divers points de la préparation, jusqu'à ce que l'aspect cristallin ou les mouvements des otolithes y eussent fait découvrir la situation des capsules auditives. Cette méthode suffit à expliquer toutes les incertitudes, toutes les erreurs qui se retrouvent dans la plupart des mémoires consacrés au sujet qui nous occupe : rien n'est plus variable que la position occupée par les otocystes et que le trajet suivi par

[1] Krohn, *Beitrag zur Kenntniss des Schneckenauges* (*Müller's Archiv*, 1839, p. 335).

Id., *Ueber zwei eigenthümliche Crystalle enthaltende Bläschen oder Kapseln an der Schlundringknoten mehrerer Gasteropoden und Pteropoden* (*Froriep's Notizen*, 1840, t. XIV, p. 310).

[2] Milne Edwards, *Sur l'organisation de la Carinaire* (*Annales des sciences naturelles*, 1842, 2ᵉ série, t. XVIII, pl. XI, f. 1, 3).

Milne Edwards, *Note sur les organes auditifs des Firoles* (*ibid.*, 1852, 3ᵉ série, t. XVII, pl. I, f. 2).

[3] Huxley, *On the Morphology of Cephalous Mollusca* (*Phil. Transactions*, 1853).

[4] Leuckart, *Zoologische Untersuchungen*, 1854.

leurs nerfs, aussi cherchait-on souvent l'appareil auditif là
où il n'était pas et se croyait-on en droit de conclure dès
lors à son absence. Cette cause d'erreur était d'autant plus
grave qu'elle ne pouvait être soupçonnée, l'un des premiers
résultats de la méthode étant de séparer les capsules de
leurs filets nerveux et d'empêcher à cet égard toute observation sérieuse ; nous verrons bientôt quelles en furent les
conséquences.

L'excuse de ces méprises se trouve dans la constitution
même des parties dont la structure créait à l'imparfaite
technique de l'époque les plus sérieux obstacles : les otocystes, les nerfs auditifs sont plongés et comme noyés dans
un tissu conjonctif abondant, souvent feutré, toujours très
dense, qui masque leurs rapports et interdit parfois toute
dissection immédiate ; le traiter par les réactifs ordinaires
serait s'exposer à voir disparaître les parois de la capsule
et surtout les otolithes qui guident vers elle l'observateur ;
il faut inventer des procédés nouveaux. Nulle technique ne
saurait être préférée à l'élégante méthode de M. de Lacaze-
Duthiers [1] : l'acide oxalique forme avec la chaux un oxalate
brillant, d'une parfaite blancheur ; en outre, il donne au tissu
conjonctif une transparence absolue et le change en une
gelée opaline ; on devine donc aisément ce qui se produira
lorsqu'on plongera un Mollusque dans une solution de cet
acide : les otolithes augmenteront de volume et se change-
ront en masses nacrées, tandis que les tissus voisins cesseront de masquer l'oreille, « qui se montre pour ainsi dire
« sans qu'on la cherche [2]. »

---

[1] De Lacaze-Duthiers, *Otocystes ou capsules auditives des Mollusques* (*Archives de Zoologie expérimentale*, t. I, 1872, p. 116-117).
[2] Id., *ibid.*, p. 117.

Faire disparaître le tissu conjonctif ; conserver, fixer même, s'il était possible, les otolithes, tel était le double but qu'on devait se proposer, et qui, l'on vient d'en juger, ne pouvait être plus complètement atteint.

Situation des otocystes. — Quand on a de la sorte appris à découvrir les otocystes au milieu des parties ambiantes, on constate tout d'abord que leur position est loin d'être fixe : tantôt elles se trouvent sur la partie latérale de la région frontale comme dans les Carinaires [1], les Éolides [2], les Atalantes [3], les Firoles [4], les Tritoniens [5], les Dorides [6]. Ailleurs, comme chez les Ptéropodes [7], les Paludines [8], les Cyclostomes [9], les Cabochons [10], les Murex [11], les Calyptries [12], les Natices [13], elles se montrent dans le voisinage des

[1] Milne Edwards, *Sur l'organisation de la Carinaire* (*Annales des sciences naturelles*, 1842, t. XVIII, pl. XI, fig. 1, 3).
Id., *Leçons sur l'Anatomie et la Physiologie comparées de l'homme et des animaux*, t. XII, p. 77.

[2] De Quatrefages, *Mémoire sur les Gastéropodes Phlébenthérés* (*Annales des sciences naturelles*, 3ᵉ série, t. I, 1844, p. 159, pl. VI, fig. 2).

[3] Eydoux et Souleyet, *Voyage de la Bonite*, MOLLUSQUES, pl. XXII.

[4] Milne Edwards, *Note sur les organes auditifs des Firoles* (*Annales des sciences naturelles*, 3ᵉ série, t. XVII, 1852, pl. I, fig. 2). — Leuckart, *Zoologische Untersuchungen*, 1854, pl. I, fig. 2, 3.

[5] Adler et Hancock, *Monogr. of the British Nudibranchiate Mollusca*, t. I, pl. I, fig. 12.

[6] Id., *ibid.*, pl. II, fig. 13.

[7] Huxley, *On the morphology of Cephalous Mollusca* (*Philosophical Transactions*, 1853, pl. II, fig. 7).

[8] Leydig, *Ueber Paludina vivipara* (*Zeit. für wiss. Zoologie*, 1850, t. II, pl. XIII, fig. 49).

[9] DeLacaze-Duthiers, *loc. cit.*, pl. III, fig. 8.

[10] Id., *ibid.*, p. 127, pl. IV, fig. 14.

[11] Id., *ibid.*, p. 134.

[12] Id., *ibid.*, p. 130.

[13] Id., *ibid.*, p. 129, pl. II, fig. 1.

ganglions pédieux. Enfin elles peuvent reposer sur ceux-ci, comme chez les Colimaçons[1] et les Limaces[2], ou semblent y être rattachées par un pédoncule, ainsi qu'on l'observe dans un grand nombre de genres, tels que les Néritines[3], les Patelles[4], les Pleurobranches[5], les Haliotides[6], etc.

Forme et structure des Otocystes. — Les Otocystes sont arrondies, généralement sphériques ou elliptiques; elles sont limitées par une tunique conjonctive assez épaisse et qui semble parfois stratifiée.

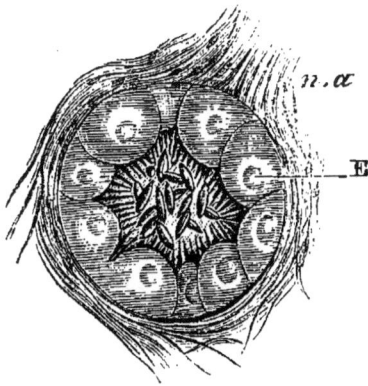

Fig. 75. — *Clausilia nigricans.*
Otocyste grossie 500 fois.

E. Cellules ciliées. — *n.a.* Nerf auditif. — Au centre de l'otocyste se voient des otolithes elliptiques. (D'après M. H. de Lacaze-Duthiers.)

Sur ce tissu lamineux s'appuient des cellules qui forment la paroi interne de la vésicule et sont de deux sortes : 1° des cellules polyédriques ou cylindriques, aplaties et transparentes (fig. 75, E), pourvues d'un noyau pâle et portant sur le plateau qui limite leur partie libre des cils vibratiles; ce sont les éléments de soutien; 2° des cellules allongées, bacillaires, terminées par des soies longues et raides, qu'on ne saurait confondre avec les cils ambiants; M. Milne

---

[1] De Lacaze-Duthiers, *loc. cit.*, p. 150, pl. II, fig. 2.

[2] Id., *ibid.*, p. 148-151, pl. II, f. 6.

[3] Id., *ibid.*, p. 136-139, pl. II, f. 1.

[4] Id., *ibid.*, p. 139-143, pl. V, f. 18.

[5] Id., *Anatomie des Pleurobranches* (*Annales des sciences naturelles*, 4e série, t. XI, p. 280, pl. XI et XII).

[6] Id., *Mémoire sur le système nerveux de l'Haliotide* (*ibid.*, t. XII, p. 270, pl. X).

Edwards avait insisté , dès 1845 , sur cette distinction, pleinement confirmée par les récents travaux de Ranke [1].

A l'intérieur de la capsule, se trouve un liquide épais et visqueux, dans lequel flottent les otolithes animés d'un mouvement de trépidation des plus singuliers. Tantôt, et c'est le cas le plus général, chaque otocyste renferme une concrétion unique, tantôt au contraire il en existe un grand nombre dont la forme varie suivant les espèces [2], ou même suivant les âges : ainsi, dans la *Bulla aperta*, les otolithes, sphériques chez l'embryon, sont fusiformes chez l'adulte [3].

Ces otocystes des Gastéropodes sont-elles absolument closes comme l'étaient celles des Céphalopodes, comme le seront celles des Acéphales, des Vers, etc., ou bien au contraire possèdent-elles une libre communication avec l'extérieur ? Si l'on se reporte au mode de fonctionnement de ces organes, au genre de vie des animaux qui les possèdent, la question peut sembler au moins singulière ; elle mérite cependant une réelle attention, aussi bien en raison de la valeur qu'ont cherché à lui attribuer quelques auteurs allemands, qu'en raison des circonstances mêmes dans lesquelles elle a pris naissance et qu'il importe de connaître.

[1] Ranke, *Das acutische Organ in Ohre der Pterobrachea* (*Archiv für mikr. Anatomie*, t. XII, 1876). Dans ce mémoire, qui complète les recherches de Boll sur le même sujet, les cellules ciliées sont parfaitement distinguées des *bâtonnets auditifs* (Hör-Stabe) ; leurs fonctions, leurs rapports avec les otolithes sont exposés de la façon la plus précise.

[2] Leydig, *Ueber das Gehororgan der Gasteropoden* (*Archiv für mikr. Anatomie*, 1871, t. VII).

[3] De Lacaze-Duthiers, *Mémoire sur le Vermet* (*Annales des sciences naturelles*, 4e série, t. VI, 1856, p. 374).

Lorsqu'on examine les otocystes de certaines espèces, des Néritines par exemple, en faisant usage de l'ancienne méthode et comprimant plus ou moins les vésicules et les parties voisines, on voit les otolithes abandonner la cavité intérieure de l'otocyste pour se porter dans une sorte de canal qui d'un côté paraît naître de la capsule auditive, puis s'en éloigne dans la direction des centres nerveux, et semble déboucher au dehors, près de ces ganglions. Est-ce une simple apparence, ou bien au contraire existe-t-il ici un conduit reliant la vésicule auditive à l'extérieur ? Un observateur, à qui l'on doit un mémoire fort intéressant sur les otocystes [1], n'hésita pas à accepter cette dernière interprétation qu'il formula dans les termes les plus précis : « La découverte la plus importante dont je puisse enrichir mon travail concerne le conduit auditif allant de la capsule auditive au dehors. » Entraîné par une malheureuse tendance, contre laquelle on ne saurait trop se mettre en garde, lorsqu'on poursuit des recherches de cette nature, M. Schmidt ne tarda pas à admettre une analogie complète entre l'oreille des Vertébrés et celle des Mollusques, analogie très réelle, mais qu'il faut chercher ailleurs que dans le « conduit auditif ». Ce qu'il y a même de plus bizarre, c'est que M. Schmidt, qui semble si facilement enclin aux déductions physiologiques, ne paraît pas avoir songé aux consequences fonctionnelles de ce canal qui eût rendu singulièrement difficile l'appréciation des phénomènes auditifs dans les Mollusques et eût placé ces derniers dans les conditions qui obscurcissent si singulièrement cette étude chez divers Crustacés. Quoi qu'il en soit, le « canal auditif

---

[1] Adolf Schmidt, *Ueber das Gehororgan der Mollusken* (*Zeitschrift für die gesammten Naturwissenschaften*, 1856, t. VIII, p. 386).

allant de la capsule au dehors » aurait dû posséder un orifice extérieur, et jamais M. Schmidt n'a pu indiquer la place de cette ouverture. C'est qu'en effet son prétendu conduit auditif n'existe pas : trompé par un examen superficiel, il a décrit comme tel le nerf acoustique lui-même.

Tous les histologistes qui se sont occupés de l'étude des Mollusques ont été témoins d'un fait qu'il est très aisé de constater et que M. de Lacaze-Duthiers a fort heureusement rapproché de la disposition invoquée par Schmidt : lorsqu'on examine les centres nerveux d'un Gastéropode, il suffit de comprimer légèrement la préparation pour voir les cellules ganglionnaires pénétrer entre les fibrilles nerveuses ; reviendra-t-on pour cela aux idées de Poli et décrira-t-on le système nerveux des Mollusques comme un appareil vasculaire formé de canaux anastomosés ? Or, c'est le même accident qui se produit, quand les otolithes semblent parcourir le prétendu canal auditif : ils s'engagent simplement dans le nerf acoustique, et l'erreur de Schmidt s'explique d'autant mieux que, parfois, comme dans les Néritines, l'otocyste se prolonge en un long diverticule latéral sur lequel viennent s'épanouir les fibrilles nerveuses.

Origine des nerfs auditifs. — Nous connaissons la situation, la structure, les rapports des capsules auditives ; un dernier point reste à examiner : à quel centre percepteur seront transmises les impressions sonores recueillies par ces organes ? Si l'on consulte les Traités remontant à quelques années, on trouve à cet égard la plus étrange confusion ; les excitations acoustiques eussent été conduites tantôt à une masse ganglionnaire et tantôt à une autre : chez les Éolidiens, les Hétéropodes, les Carinaires, les Firoles, le nerf auditif eût tiré son origine des ganglions cérébroïdes, mais dans tous les autres types on le rapportait aux ganglions inférieurs; Leydig [1], Claparède [2], le décrivent comme tel, et leur opinion est si bien partagée par Huxley qu'il en arrive à se demander s'il ne conviendrait pas de déposséder ce nerf auditif de l'origine qu'il semble présenter dans les Hétéropodes et chez les types qui s'en rapprochent : « Considérant en tout cas que les nerfs auditifs sont invariablement attachés aux ganglions pédieux dans tous les autres Mollusques, et que dans les *Strombus* et *Pteroceros*, genres qui approchent de si près les Hétéropodes, les nerfs auditifs sont très longs, je ne puis penser qu'il soit très hasardé de supposer que dans les Hétéropodes les nerfs auditifs procèdent réellement des ganglions pédieux, mais aient été unis aux ganglions céphaliques [3]. » Huxley se refuse donc, et très justement, à admettre que les mêmes impressions soient conduites tantôt à un centre, tantôt à un autre; mais il s'engage dans la voie diamétralement opposée à celle qu'il eût dût suivre; nous en aurons bientôt la preuve.

Gegenbaur ne paraît attacher nulle importance à ces variations dans les centres percepteurs et, pour lui, les otocystes « sont en rapport, tantôt avec le ganglion pharyngien supérieur, tantôt avec l'inférieur [4]. »

Il est juste de reconnaître que la recherche de ces origines

---

[1] Leydig, *loc. cit.*

[2] Claparède, *Anatomie und Entwick. der Neritina fluviatilis* (*Müller's Archiv*, 1857).

[3] Huxley, *On the Morphology of the Cephalous Mollusca* (*Philosophical Transactions*, 1853, p. 53).

[4] Gegenbaur, *Grundriss der vergleichenden Anatomie*, 2e éd. 1870, p. 213.

nerveuses s'entoure de difficultés telles qu'elles suffisent à excuser ces erreurs et ces divergences. Si l'on se reporte à ce qui a été dit plus haut au sujet des rapports que les oto- cystes présentent avec les parties voisines, si l'on songe à la masse conjonctive qui les entoure et dans laquelle doivent cheminer les filets qui viennent y chercher les im- pressions auditives, si l'on se rappelle leur situation, pres- que toujours voisine de tel ou tel centre nerveux, on com- prendra les obstacles qui viennent trop souvent entraver de semblables investigations ; il ne suffit pas de posséder la pratique et l'habileté que réclament les plus fines dissections ; il faut encore s'aider d'une technique que l'on devra varier suivant les cas : l'acide azotique ne saurait être employé, sous peine de voir disparaître l'otocyste et ses otolithes dans un nuage d'acide carbonique ; l'acide oxalique, si précieux lorsqu'il s'agit de déterminer les rapports de la vésicule au- ditive, ne permettra pas toujours de suivre jusqu'à son origine le rameau nerveux qui participera de la transparence générale acquise par les divers tissus. L'acide chromique ne peut être utile que dans des cas déterminés : lorsque, connaissant déjà le trajet du nerf, on veut le mettre rapi- dement à nu, on peut, en le traitant par l'acide concentré, le durcir et le colorer suffisamment pour le suivre jusqu'à son extrémité ; mais ce procédé ne permet presque jamais d'obtenir de belles préparations.

Quant à l'acide osmique, les conditions dans lesquelles se poursuivent ces recherches, obligent à l'employer en solu- tion presque saturée; aussi son usage offre-t-il plus d'incon- vénients que d'avantages.

Restent les réactifs simplement colorants comme le pi- crocarminate d'ammoniaque et la teinture ammoniacale de

carmin ; ce sont ces agents qui doivent être préférés, et
le carmin en particulier permet d'obtenir des préparations
d'une grande netteté : « Ce qui m'a fourni les meilleurs résultats, dit M. de Lacaze-Duthiers, c'est l'imbibition à l'aide de l'ammoniure de carmin, suivie de l'immer-
sion dans l'acide acétique, puis dans la glycérine. — Les
nerfs, comme les cellules nerveuses, rougissent fortement,
les noyaux des cellules environnantes se dessinent avec une
netteté extrême et, les tissus devenant très transparents, on
peut suivre et découvrir le nerf que souvent, sans cela, on
a grand'peine à reconnaître [1]. »

Une fois la méthode établie, il s'agit de l'appliquer et de
suivre le nerf auditif jusqu'au centre dont il dépend ; c'est
ici qu'il convient de ne pas perdre de vue les différentes
situations des otocystes ; nous avons constaté plus haut
qu'elles pouvaient occuper quatre positions distinctes:

1° Les otocystes sont en rapport direct et apparent avec
les ganglions cérébroïdes ou sus-œsophagiens.

2° Les otocystes se trouvent dans le voisinage des
ganglions pédieux, dont les sépare un espace très appréciable.

3° Les otocystes se rapprochent des ganglions pédieux
auxquels elles semblent être rattachées par un court pédoncule.

4° Les otocystes reposent sur les ganglions pédieux.

I. — Le premier type est celui dont l'étude est de beaucoup la plus facile, aussi n'a-t-il jamais soulevé la moindre

[1] De Lacaze-Duthiers, *Otocystes des Mollusques* (*Archiv. de Zool.
expérim.*, t. I, 1872, p. 117-118).

discussion ; que l'otocyste arrive au contact du cerveau comme chez les Éolidiens ou les Hétéropodes, qu'elle s'y trouve reliée par un filet de longueur variable, ainsi qu'on l'observe dans les Carinaires et les Firoles, on n'éprouvera jamais aucun embarras à rapporter le nerf auditif à sa véritable origine : il naît du centre ganglionnaire sus-œsophagien ou cérébroïde ; nul doute à cet égard [1].

II. — Les difficultés et les erreurs se produisent surtout lorsqu'on s'adresse aux espèces présentant la seconde forme : *Cyclostoma elegans, Pileopsis hungaricus, Natica monilifera, Calyptrea sinensis, Paludina vivipara, Murex brandaris, Purpura lapillus*, etc. On interroge les parties voisines du cerveau, on n'y découvre rien qui rappelle des organes auditifs ; on descend au contraire vers les ganglions pédieux, on y rencontre des otocystes, dont on rapporte tout naturellement les nerfs aux centres voisins. A la vérité, une distance très appréciable les en sépare, mais un épais tissu cellulaire les y rattache ; de nombreuses brides semblent les y relier et peuvent être prises, dans un examen rapide, pour de véritables filets nerveux. Ainsi s'explique cette opinion jadis si répandue, et d'après laquelle les nerfs auditifs de ces Mollusques naîtraient des ganglions pédieux.

Reprenons donc cette étude en nous aidant des pro-

---

[1] Voy. Milne Edwards, *loc. cit.* — De Quatrefages, *loc. cit.* — Hancock, *loc. cit.* — Claus, *Das Gehororgan der Heteropoden* (*Archiv für mikrosk. Anatomie*, t. XII, 1875).

Dans le *Glaucus*, comme chez les *Eolis*, les otocystes se trouvent situées dans le voisinage immédiat des ganglions cérébroïdes. (Vayssière, *Observations sur l'anatomie du Glaucus* ; *Annales des sciences naturelles*, ZOOLOGIE, 6ᵉ série, t. I, art. nᵒ 7, p. 15. 1874.)

cédés les plus modernes; déterminons la place des

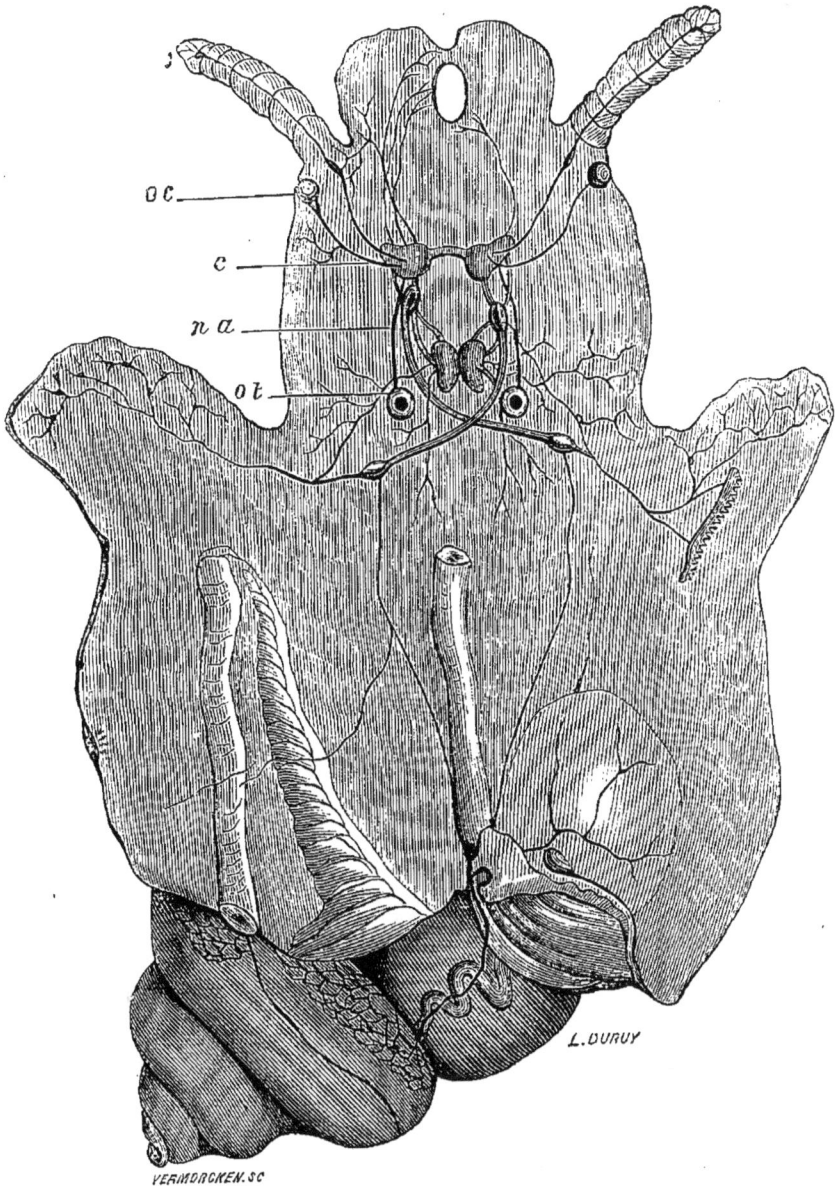

Fig. 76. — *Cyclostoma elegans.*]

ot. Otocyste. — *n.a.* Nerf auditif. — *c.* Cerveau (ganglion sus-œsophagien). — *oc.* OEil.
(D'après M. H. de Lacaze-Duthiers.)

otocystes (fig. 76, *ot.*), colorons leurs nerfs au moyen du

carmin ; suivons ces filets (fig. 76, *n.a*), accompagnons-les
dans leur trajet et nous constaterons que, loin de s'arrêter
aux ganglions pédieux, ils se
portent en haut et en de-
dans, croisant le connectif
cérébro-pédieux, pour se terminer enfin aux ganglions
cérébroïdes (fig. 76, *c*).
Que nous considérions les
Cyclostomes, les Paludines
ou les Calyptrées, toujours
nous obtiendrons les mêmes
résultats[1], en dépit des auteurs qui veulent faire
dériver ces nerfs acoustiques des ganglions pé-
dieux[2].

III. — Si nous considé-
rons les espèces dans lesquelles les otocystes se
rapprochent des ganglions

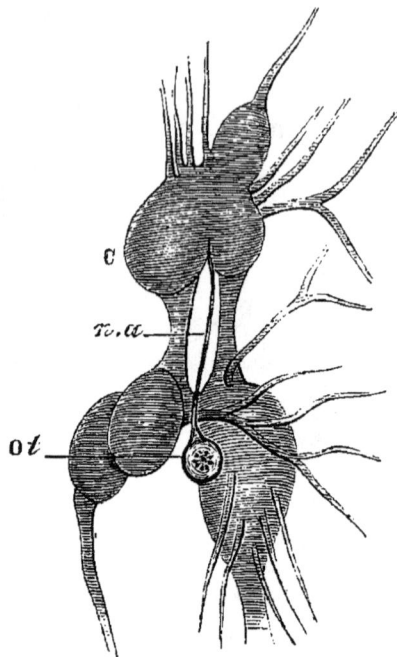

Fig. 77. — *Limax agrestis*.

Ot. Otocyste reposant sur le centre pédieux
ou sous-œsophagien. — *n.a.* Nerf auditif
venant des ganglions cérébroïdes *c*. — (D'a-
près M. H. de Lacaze Duthiers.

inférieurs, sans toutefois s'appuyer sur eux, si nous examinons les Néritines (fig. 78), les Patelles ou les Haliotides, nous

---

[1] Voy. De Lacaze-Duthiers, *loc. cit.*, p. 117-135.
[2] Claparède, *Anatomie und Entwick. der Neritina fluviatilis* (*Muller's
Archiv für Anatomie*, 1857, pl. IV). — Walter, *Mikrosk. Studien
über d. Centralnervensyst. wirbellos. Thiere*, Bonn 1863. — Buchholz,
*Bemerkungen über d. histol. Bau d. Centralnervensyst. der Susswasser-
mollusken* (*Archiv für Anatomie und Physiologie*, 1863). — Waldeyer, *Untersuch. üb. die Ursprung und Verlauf der Axencylinders
bei wirbellosen*, etc. (*Zeitsch. für rationnelle Medicin*, t. III). --
Leydig, *Zur Anatomie und Physiologie der Lungenschnecken* (*Archiv
für mikr. Anatomie*, t. I, 1865, p. 43).

CHATIN, Org. des sens.   26

serons encore plus tentés de rapporter les nerfs auditifs aux ganglions pédieux, car chaque otocyste semble se rattacher à ceux-ci par un pédoncule spécial. Mais, si nous disséquons avec soin ces filets, nous les verrons se diriger en bas et en dehors pour gagner les ganglions cérébroïdes, soit directement, soit après s'être accolés aux connectifs qui rattachent ces centres aux ganglions pédieux, sans jamais

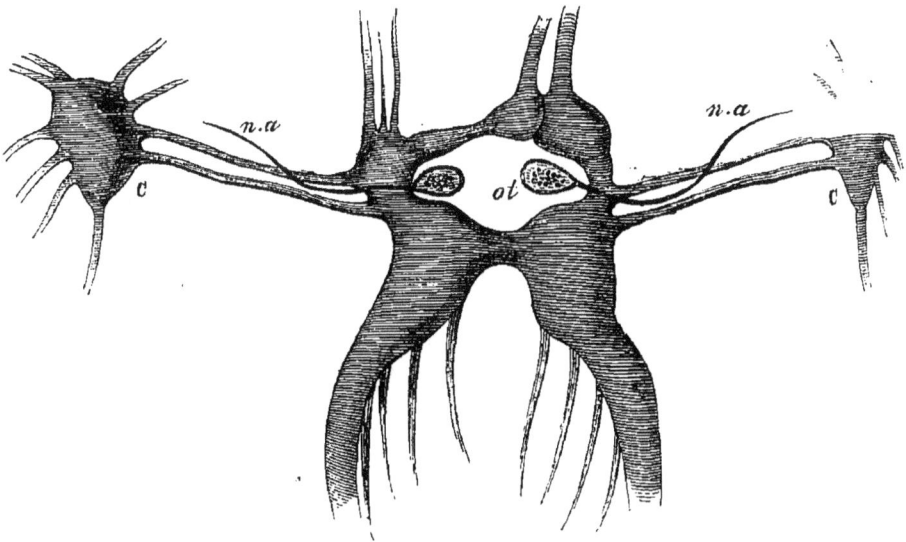

Fig. 78. — *Neretina fluviatilis.*

C, C. Les deux ganglions cérébroïdes écartés. — *ot.* Otocystes, en avant desquelles se voient les ganglions pédieux ou sous-œsophagiens. — *n.a.* Nerf auditif venant des ganglions cérébroïdes. (D'après M. H. de Lacaze-Duthiers.)

prendre leur origine sur ces commissures, ainsi qu'on l'imaginait autrefois.

IV. — L'observation devient encore plus délicate quand on s'adresse aux espèces caractérisées par un contact direct entre l'otocyste et les ganglions sous-œsophagiens, qui semblent former comme le lit de l'organe auditif. En outre, c'est à ce type qu'il faut rapporter les genres les plus vulgaires : *Helix, Limax* (fig. 77), *Lymneus, Pla-*

norbis, Clausilia, Zonites, Testacella, aussi comprend-on l'intérêt qu'il présente ; mais les résultats demeurent identiques et les nerfs auditifs ne cessent de se rendre aux ganglions cérébroïdes, seulement leurs relations sont ici plus difficiles à mettre en évidence, l'étude de ces espèces étant rendue très pénible par les rapports que les otocystes affectent avec les parties voisines, par l'abondance du tissu cellulaire, enfin par la coalescence des centres nerveux et la brièveté des connectifs.

Quoi qu'il en soit, nous voyons que les nerfs auditifs ne reconnaissent qu'une seule et même origine et doivent être toujours rapportés aux ganglions cérébroïdes. On peut même pousser plus loin l'analyse et déterminer sur ceux-ci la région qui donnera naissance aux nerfs acoustiques.

En effet, si l'on examine attentivement le cerveau des Gastéropodes [1], on voit que, loin d'être lisse, il offre des sillons, des lobes et des lobules dont le nombre et la position se maintiennent assez constants dans les divers genres : chaque ganglion cérébroïde se divise ainsi en deux lobes, un *lobe antérieur* et un *lobe postérieur*. Ce dernier, qui apparaît dès qu'on incise la paroi dorsale de la cavité céphalique, comprend trois lobules, parmi lesquels il en est un qui mérite une description particulière : situé sur le côté postérieur de l'origine de la commissure, il se distingue, même à l'œil nu, par sa teinte blanche et nacrée ; l'examen histologique permet également de le reconnaître à la petitesse des cellules qui le constituent ; enfin, trois nerfs en émanent :

---

[1] De Lacaze-Duthiers, *Otocystes des Mollusques* (Arch. Zool. exp., t. I, 1872, p. 135, pl. II, III, IV). — De Lacaze-Duthiers, *Du système nerveux des Mollusques Gastéropodes pulmonés aquatiques et d'un nouvel organe d'innervation* (ibid., p. 443 et 493, pl. XVII, XIX, XX).

1° le nerf tentaculaire ou olfactif [1] ; 2° le nerf optique ; 3° le nerf acoustique ; connexions d'une haute valeur morphologique et fonctionnelle, qui justifient pleinement le nom de *lobule de la sensibilité spéciale* donné par M. de Lacaze-Duthiers à cette région sur laquelle se localisent les impressions spéciales, le ganglion pédieux ou sous-œsophagien demeurant plus spécialement affecté au service de la motricité[2].

ACÉPHALES. — Les otocystes des Acéphales ont été signalées en 1833 par Siebold qui les décrivit d'abord comme des « organes énigmatiques [3] », puis, frappé de leur ressemblance avec les vésicules auditives des jeunes embryons de Poissons, reconnut leur véritable signification[4]. Ces capsules apparaissent de fort bonne heure dans les *Cyclas*, beaucoup plus tard chez les *Unio* (fig. 79) et *Anodonta*; elles sont toujours situées dans la région pédieuse[5].

Leur structure est la même que dans la classe précédente : une tunique conjonctive les limite à l'extérieur, tandis qu'une assise cellulaire bordée de cils vibratiles tapisse leur cavité interne ; un liquide, dont la réfringence est notablement supérieure à celle de l'eau, s'y trouve contenu ; généralement il n'y a qu'un seul otolithe [6].

BRACHIOPODES. — Chez les Brachiopodes, les otocystes ne

---

[1] Voy. p. 269.

[2] De Lacaze-Duthiers, *Otocystes des Mollusques*, p. 162.

[3] Siebold, *Ueber ein räthselhaftes Organ bei einiger Bivalven* (*Müller's Archiv für Anatomie*, 1833, p. 49).

[4] Id., *Ueber das Gehörorgan der Mollusken* (*Archiv für Naturg.*, 1848).

[5] Leydig, *Ueber Cyclas cornea* (*Müller's Archiv für Anatomie*, 1855, p. 51).

Id., *Traité d'histologie*, trad. franç., p. 316. — Stannius et Siebold, *loc. cit.*, p. 259. — Milne Edwards, *loc. cit.*, p. 84.

[6] Id., *loc. cit.*

paraissent exister que durant la première période, libre et larvaire, de la vie de l'animal ; lorsque celui-ci devient adulte et sédentaire, les organes auditifs disparaissent : nous verrons bientôt que, dans ces types, les yeux offrent fréquemment l'exemple d'une semblable régression morphologique.

Tuniciers. — D'après les anciennes descriptions de Delle Chiaje et de Stannius [1], les otocystes eussent été très ré-

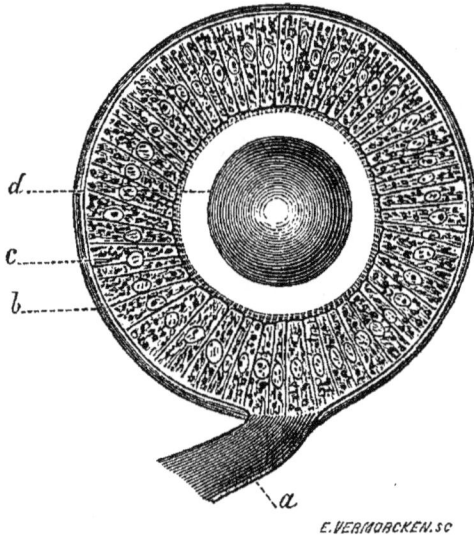

E.VERMORCKEN.SC

Fig. 79. — Organe auditif de l'*Unio*.

a. Nerf auditif. — *b*. Tunique conjonctive de l'otocyste. — *c*. Cellules vibratiles. — — *d*. L'otolithe. (D'après Leydig.)

pandues dans le groupe des Tuniciers ; mais les travaux modernes, loin de confirmer cette généralité d'existence, ont montré que les capsules auditives étaient fort rares dans la Classe et faisaient principalement défaut chez les espèces fixes. C'est à peine si l'on peut affirmer leur existence dans les *Doliolum* et les *Appendicularia* où

---

[1] Delle Chiaje, *Descriz. e notomia*, etc., t. III, p. 45. — Eschricht, *Anatom. Beskriv. of Chiliosoma Mac-Leyanum*, p. 1. — Siebold et Stannius, *loc. cit.*, p. 258.

divers auteurs signalent une otocyste située sur le ganglion
nerveux et renfermant une concrétion volumineuse[1]. Il
est à désirer que de nouvelles recherches précisent bientôt
nos connaissances à ce sujet, étendant aux Molluscoïdes
les découvertes qui viennent de jeter une si vive lumière
sur l'histoire des organes auditifs chez les Mollusques.

[1] Claus, *loc. cit.*, p. 752, 759. — Gegenbaur, *Anatomie comparée*,
trad. franç., p. 198. — H. Müller a décrit également des organes
auditifs chez les Salpes (*Zeit. für Zoologie*, t. IV, p. 330), et récemment Kowalewsky (*Mémoires de l'Académie de Saint-Pétersbourg*,
t. XV), croit avoir vu une ébauche d'otocyste dans des larves d'Ascidies, découverte fort admissible, mais qui demande encore à être
vérifiée.

VINGT-TROISIÈME LEÇON

Sommaire. — Des organes auditifs chez les Crustacés, les Insectes, les Vers, les Cœlentérés et les Échinodermes.

Organes auditifs des Crustacés. — Que le sens de l'audition existe chez les Crustacés, il suffit, pour s'en convaincre, de se reporter aux mœurs de ces animaux, aux observations journalières des pêcheurs, aux célèbres expériences de Minasi. Mais par quels organes ces impressions spéciales peuvent-elles être recueillies? Cette question, posée dès le début même des études carcinologiques, a nécessité de longues recherches, soulevé de nombreuses discussions, causé bien des erreurs et n'a pu être résolue que dans ces dernières années, au moins pour quelques espèces.

Le naturaliste italien, dont je viens de rappeler le nom, avait cru pouvoir localiser le sens de l'ouïe dans les deux petites saillies situées à la base des antennes externes et souvent fermées par une fine membrane que Minasi n'hésitait pas à assimiler à un véritable tympan. Les travaux de Scarpa [1] semblaient confirmer ce rapproche-

---

[1] Scarpa, *Disq. de auditu et olfactu*, p. 3, pl. lV, fig. 4 et 5.

ment et, durant le premier tiers de ce siècle, on admit
que les organes auditifs des Crustacés étaient représentés
par ces petites protubérances disposées à la base des
grandes antennes.

Mais M. Milne Edwards ayant montré, lors de ses belles
recherches anatomiques sur la classe des Crustacés, que
le prétendu tympan est perforé et donne en réalité passage au conduit excréteur de la « glande verte [1] », il fallut
transporter dans un autre organe le siège de l'ouïe, et
l'attention des observateurs se concentra sur deux petites
cavités creusées à la base des antennules, c'est-à-dire des
antennes internes, ou antennes de la première paire. Les
travaux de Farre [2], Kroyer [3] et Hensen [4], ont successivement vulgarisé cette opinion, sans permettre de lui accorder encore une certitude absolue.

L'organe consiste essentiellement en une capsule, tantôt
fermée comme chez les Palémons et les Homards, tantôt

[1] Milne Edwards, *Histoire naturelle des Crustacés*, t, I, p. 124,
pl. XII, etc.
Id., *Leçons sur la physiologie et l'anatomie comparée*, t. XII, p. 85
et suiv.

[2] Farre, *On the Organ of hearing in Crustaces* (*Philosophical Transactions*, 1843, p. 233).

[3] Kroyer, *Forsogtil en monograpisk Fremstilling af Kræbsdyrstæglen
sergestes* (*Danske videnskulurnes selskales Skrefter*, 4 R. 1859, t. IV,
p. 223).

[4] Hensen, *Studien über das Gehörorgan der Decapoden* (*Zeit. für
wiss. Zoologie*, 1863, t. XIII, p. 319, pl. XIX-XXII). — Voy. aussi :
Souleyet, *Observations anatomiques, physiologiques et zoologiques*
(*Comptes rendus*, t. XVII, p. 665, 1843). — Huxley, *Zoological notes*
(*Ann. of nat. History*, 1851, 2° série, t. VII, p. 384). — Claus, *Ueber
einige Schizopoden. Die larve von Sergestes und das Gehörorgan der
Krebse* (*Zeit. für wis. Zoologie*, 1863, t. XIII, p. 437). — Leuckart,
Ueber die Gehörwerkzeuge der Krebse (*Archiv für Naturg.*, t. I,
p. 255).

ouverte comme dans les Écrevisses. Elle renferme un liquide d'autant plus limpide que ses communications avec l'extérieur sont plus faciles, et dans lequel flottent des otolithes, souvent remplacés par de simples grains de sable.

Toute la cavité est tapissée de cils très fins; mais, au point où aboutissent les filets du nerf auditif, on trouve une triple ligne circulaire, hérissée de bâtonnets raides et réfringents, à la base desquels viennent se terminer les fibrilles ultimes de ce conducteur. Hensen a tenté de démontrer que ces bâtonnets vibrent, les uns sous l'influence de certaines notes, les autres sous l'action de tons différents, caractère dont on ne saurait méconnaître l'importance pour l'interprétation de l'organe, mais sur lequel on a eu le grave tort de vouloir établir une identité absolue entre ces éléments et les terminaisons cochléennes des Mammifères.

La communication fréquente de la cavité avec l'extérieur, la présence, dans cette poche, de grains de sable apportés par l'eau ambiante, témoigneraient d'une réelle dégradation dans la structure de l'appareil auditif [1] et diminueraient singulièrement sa valeur fonctionnelle chez les espèces qui présentent de semblables dispositions; mais il convient de faire observer que, même dans les types où la cavité débouche le plus nettement au dehors, les relations avec le milieu extérieur ne peuvent s'établir que très difficilement, l'orifice de communication se trouvant masqué et comme obstrué par des faisceaux de longs poils entre-croisés. Quant aux grains de sable introduits du dehors, plusieurs

---

[1] D'après Hensen, (*loc. cit.*), les otolithes manqueraient même chez plusieurs genres à vésicules auditives fermées (*Hyas, Pinnotheres, Ocypoda*, etc.).

anatomistes [1] leur contestent formellement cette origine et les considèrent comme de véritables otolithes formés dans l'intérieur de la cavité.

On sait que chez les Arthropodes, comme aussi dans certains Vers, les yeux peuvent se rencontrer sur divers points du corps (membres thoraciques, fausses pattes, etc.); or il semble que cette instabilité des appareils sensitifs ne se limite pas aux organes de la vue et s'étende également à ceux de l'audition ; c'est du moins ce qui résulte de l'étude

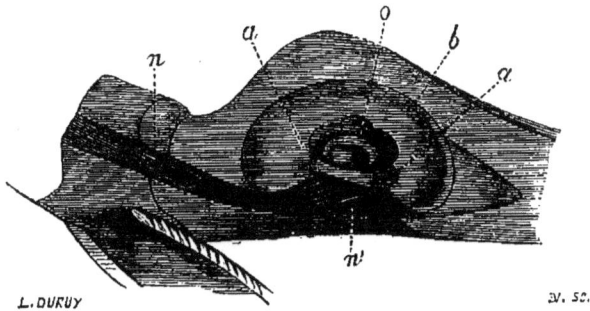

L.DURUY   IV. SC.

Fig. 80. — Appendice caudal du *Mysis*, vu de côté.

b. Vésicule auditive. — o. Otolithe. — a. Bâtonnets auditifs. — n. Branche nerveuse provenant du dernier ganglion de la chaine abdominale et se terminant sur les bâtonnets auditifs. (D'après Hense et Gegenbaur.)

de certains Schizopodes, les *Mysis*, qui dans la classification se trouvent être justement placés auprès des Crustacés les plus remarquables par la multiplicité et la dissémination de leurs yeux (*Euphausides*).

Dans ces animaux (fig. 80), on trouve effectivement, sur la lamelle interne de la nageoire caudale, une sorte de capsule, limitée par une mince membrane et renfermant un otolithe volumineux, formé de couches concentriques et

[1] Voy. Lemoine, *Recherches pour servir à l'histoire des systèmes nerveux, musculaire et glandulaire de l'Écrevisse* (*Thèse à la Faculté des sciences*, 1868).

supporté par de longs bâtonnets dont les dimensions varient
en d'assez grandes limites ; vers la base de ces éléments
bacillaires, s'épanouit un rameau nerveux qui se détache du
dernier ganglion caudal, gagne le voisinage de la poche, puis
y pénètre, après avoir formé un renflement volumineux [1].

A part sa situation toute particulière, cet organe serait
donc comparable aux otocystes céphaliques ; mais on doit
souhaiter que son étude physiologique soit reprise avec une
rigueur vraiment scientifique. En effet, d'après l'auteur
qui nous a fourni les détails les plus complets sur les capsules des *Mysis*, ces organes ne seraient pas seuls capables
de recueillir les impressions auditives, et celles-ci pourraient
être également reçues par de nombreux poils répartis
sur les diverses régions du corps ; Hensen n'a même pas
craint d'en déduire des conclusions applicables aux arcs de
Corti et aux fibrilles de la membrane basilaire chez les
Vertébrés. Ces exagérations, l'obscurité et l'insuffisance des
caractères histologiques mentionnés par le naturaliste allemand, obligent à n'accepter ses résultats que sous les réserves les plus formelles.

INSECTES. — La sensibilité auditive paraît tout aussi
délicate chez les Insectes que dans les Crustacés, et pourtant, dès qu'on cherche à l'y localiser, on se heurte à de
si graves difficultés qu'on serait tenté de considérer cette
classe comme une sorte de groupe aberrant, n'offrant
plus aucune trace des dispositions qui, chez les animaux
voisins, caractérisent les organes de l'audition. Mais quand
on se reporte au mode de vie de ces animaux, à leur

---

[1] Leuckart et Frey, *Beitrage zur Kenntniss wirbelloser Thiere*, 1847,
p. 114. — Hensen, *loc. cit.* (*Zeit. für Zoologie*, t. XIII).

organisation et à leurs mœurs, on s'explique aisément la cause de cette anomalie. L'erreur de Lespès [1] s'efforçant de découvrir des otocystes chez les Insectes, et parvenant à en figurer d'innombrables sur leurs antennes, mérite d'être rapprochée de celle des carcinologistes qui persistaient à doter les Crustacés d'une caisse tympanique. Animaux aquatiques, ceux-ci en eussent acquis une audition des plus difficiles, des plus imparfaites ; les Insectes, au contraire, seuls Invertébrés qui soient réellement aériens, auraient été fort mal servis par des organes semblables à ceux des Mollusques, des Annélides ou des Cœlentérés, aussi sont-ils pourvus d'appareils complexes dans lesquels certaines parties sont destinées à amplifier ou à modifier l'intensité des vibrations sonores et offrent ainsi quelque analogie avec l'oreille moyenne des animaux supérieurs.

Le groupe des Orthoptères a été de beaucoup le mieux étudié sous ce rapport, et, particularité qui ne saurait étonner, le développement spécial qu'y acquièrent les organes vocaux semble retentir sur l'appareil auditif où l'on constate une perfection dont on chercherait vainement la trace dans les autres Ordres.

Chez les Acridiens, par exemple, on remarque, vers la région postérieure du thorax, à l'origine de la dernière paire de pattes, une sorte d'anneau chitineux supportant une fine membrane qu'il encadre exactement. Cette membrane est mince, lisse et médiocrement tendue ; si l'on incise avec précaution les parties voisines, de façon à pouvoir étudier sa face interne, on ne tarde pas à lui découvrir les rapports les plus multiples et les plus curieux. Une grosse trachée

---

[1] Lespès, *Mémoire sur l'appareil auditif des Insectes* (*Annales des sciences naturelles*, 1858, 4ᵉ série, t. IX, p. 227).

monte en serpentant jusque dans le voisinage de cette membrane, puis s'y applique en se dilatant pour revêtir l'aspect
d'une vésicule remplie d'air ; auprès de cette caisse de résonnance, se trouvent de petites masses solides et chitineuses
(fig. 81, *b, c, d*), en forme de massue, de marteau, etc. ; ces
pièces s'appuient d'un côté sur la membrane (fig. 81, *e*), et se

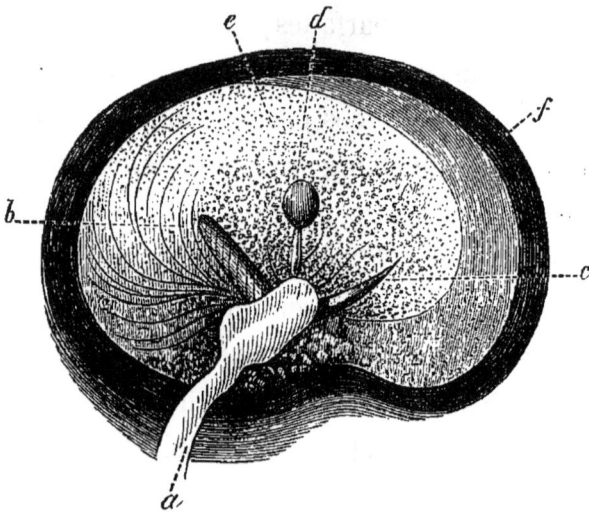

Fig. 81. — Organe de l'ouïe d'une Sauterelle (*Acridium cœrulescens*), vu
de l'intérieur et à un faible grossissement.

a. Nerf acoustique terminé par un ganglion. — *b, c, d.* Les trois pièces chitineuses
situées à la surface du tympan, *e.* — *f*, Châssis corné de la membrane tympanique.
(D'après Leydig.)

terminent, d'autre part, sur une crête tapissée de longs bâtonnets, à la base desquels s'épanouissent les fibrilles terminales d'un gros tronc nerveux (fig. 81, *a*) ; les expériences de
Savart permettent de pressentir le mode de fonctionnement
de cet appareil dans lequel les plus légères vibrations de la
membrane se trouveront amplifiées par les pièces chitineuses et viendront ébranler, avec une intensité relative-

ment considérable, les bâtonnets destinés à recueillir les impressions sonores.

Chez les Locustes, celles-ci pourront être encore plus aisément et plus sûrement perçues, car, au lieu d'une seule membrane, il en existe deux qui sont directement opposées et circonscrivent ainsi une véritable caisse tympanique.

Mais il convient de rappeler que ces appareils n'ont été encore observés que chez un petit nombre d'Insectes [1], bien que l'audition semble s'exercer avec une finesse à peu près égale dans l'ensemble de la Classe; aussi n'a-t-on cessé de rechercher quels organes peuvent être mis à son service et quel siège doit lui être assigné. Diverses expériences ayant paru montrer que l'ablation des antennes déterminait un certain degré d'affaiblissement dans la perception auditive, on a cru pouvoir y localiser le sens de l'ouïe et l'on s'est efforcé d'en fournir la preuve anatomique.

Les premiers résultats parurent assez favorables pour faire augurer une rapide solution : Lespès n'hésita pas à affirmer que les antennes renferment de nombreuses capsules limitées par de minces tuniques, remplies d'otolithes et pourvues de filets nerveux particuliers. Malheureusement l'espoir des naturalistes fut de courte durée et l'on dut reconnaître que cette brillante description reposait sur de simples accidents de préparation.

C'est alors qu'on tenta d'appliquer aux Insectes la méthode dont Hensen venait de faire usage sur les Crustacés : on constata que, parmi les poils antennaires, certains vibrent à l'unisson de telle ou telle note, tandis que d'autres

[1] Voy. Nuhn, *Lehrbuch der vergleichenden Anatomie*, 1878, t. II, p. 628 et suiv., fig. 625.

ne sont ébranlés que par des tons très différents. On examina les rapports de ces poils et l'on découvrit, à la base
de chacun d'eux, un filet nerveux, souvent pourvu d'un
renflement ganglionnaire ; aussitôt des histologistes éminents, parmi lesquels je citerai Landois, s'empressèrent
de les décrire comme de véritables bâtonnets auditifs ; les
observations récentes de Mayer sur les Moustiques semblent
donner à cette assimilation une certaine apparence de vérité ; mais on doit rappeler que sur ce sujet, délicat entre
tous, les notions fondamentales ont été trop généralement négligées : d'après Landois, d'après Leydig, ce serait le même
nerf antennaire qui se distribuerait aux poils tactiles, aux
poils olfactifs, aux poils auditifs. L'étude des animaux voisins,
des Mollusques, par exemple, ne nous a guère préparés à
une semblable fusion dans les conducteurs destinés à porter
aux centres ganglionnaires des impressions aussi différentes.
L'indépendance originelle des fibres nerveuses permettrait
d'expliquer, au moins en partie, cette disposition singulière ;
mais, immédiatement, l'examen des éléments excitables
soulève une seconde objection dont les anatomistes et les
physiologistes s'accorderont à reconnaître la valeur : ces
trois types de poils présentent la même origine, la même
structure et, autant qu'on en peut juger, les mêmes
réactions ; pour les distinguer, les auteurs que je viens de
nommer invoquent de simples différences de forme ou de
réfringence ; il suffit de se reporter à la nature de ces
appendices pour apprécier, à leur exacte valeur, de pareils
caractères.

Vers. — Les Vers nous ramènent à des conditions
semblables à celles qui dominaient l'ensemble de l'orga-

nisation chez les Mollusques, aussi ne devons-nous pas nous étonner d'y rencontrer, au moins chez tous les types que le parasitisme n'a pas entraînés vers une dégradation complète, des appareils fort analogues à ceux que nous avons étudiés dans la dernière Leçon.

Les otocystes sont généralement paires, rarement impaires : placées dans le voisinage du cerveau, elles y sont rattachées par des filets nerveux, parfois si ténus qu'ils ont échappé aux observateurs. Une fine membrane limite ces capsules et, dans tous les cas où leurs dimensions permettaient un semblable examen, on a constaté l'existence d'un revêtement cilié; dans l'intérieur se trouvent un ou plusieurs otolithes flottant dans un liquide visqueux.

Annélides. — Parmi les Annélides dont les otocystes sont le mieux connues, il faut citer l'Arénicole des pêcheurs, espèce dans laquelle ces organes ont été étudiés par Grube[1], Stannius[2] et surtout par M. de Quatrefages[3] qui en a minutieusement décrit les rapports et la structure. Ces deux capsules auditives sont symétriquement situées sur les côtés de l'œsophage et reçoivent chacune un gros rameau ner-

---

[1] Grube, *Zur Anatomie und Physiologie des Kiemenwurmes*, p. 18.

[2] Stannius, *Bemerk. zur Anatomie und Physiologie der Arenicola piscatorum* (*Muller's Archiv für Anatomie und Physiologie*, 1840, p. 379).

[3] De Quatrefages, *Études sur les types inférieurs de l'embranchement des Annelés* (*Annales des sciences naturelles*, 3° série, t. XIII, p. 29).

Id., *Note sur l'organe auditif de la Marphyse sanguine* (*ibid*, 5° série, t. XI, p. 345). — Id., *Histoire naturelle des Annelés*, p. 90. — Voy. aussi : Claparède, *Glanures zoologiques sur les Annélides* (*Mémoires de la Société de physique et d'histoire naturelle de Genève*, t. XVII, p. 35, 1864). — Mecznikow, *Beitr. zur Kenntniss der Chæto-poden* (*Zeit. für wiss. Zoologie*, t. XV, p. 331, 1865)

veux qui s'épanouit sur leurs parois. Elles renferment plusieurs otolithes qui entrent en mouvement dès que la moindre ondulation vient agiter le liquide extérieur.

Dans les Fabricies, dans les Amphicorines, il existe de semblables organes, présentant une structure analogue ; la seule différence porte sur les otolithes dont les dimensions augmentent en même temps que leur nombre diminue ; aussi ne rencontre-t-on souvent qu'une seule concrétion volumineuse distendant l'otocyste.

Les Annélides sédentaires sont également pourvues d'organes auditifs et chez les Sabelles, les Térébelles, etc., on observe des otocystes comparables à celles qui viennent d'être décrites : même membrane limitante, même revêtement interne, mêmes otolithes, mêmes filets nerveux.

Dans plusieurs genres de Némertiens, et particulièrement chez les *OErstedia*, divers zoologistes ont signalé de pareilles otocystes placées dans la région céphalique, sur les côtés de la masse cérébroïde, et renfermant de nombreux otolithes [1].

Les mêmes organes s'observent chez les Turbellariés du groupe des Rhabdocœles (*Mesostomum, Monocœlis*, etc.), où les otocystes présentent souvent une forme assez irrégulière. En outre, on remarque dans ces animaux comme une bizarre suppléance d'un sens par l'autre, et ce sont généralement les espèces privées d'yeux qui se montrent seules pourvues d'organes auditifs.

Ceux-ci n'existeraient jamais chez les Nématodes si

---

[1] Græf, *Beobacht. über Radiaten und Wurmer*, p. 53 (*Denkschrift der schweitzer naturforsch. Gesellschaft*, 1860, t. XVII). — Keferstein, *Untersuchungen über die niedere Seithiere* (*Zeit. für wis. Zoologie*, 1863, t. XII, p. 85). — Claparède, *Beobacht. über Anatomie und Entwick. wirbelloser Thiere*, p. 22, 1863.

l'on en croyait les assertions des auteurs d'autant plus unanimes sur ce point que, suivant une tendance dont se sont longtemps inspirées la plupart des recherches, et contre laquelle on n'a tenté de réagir que dans ces dernières années, ils se sont uniquement attachés à l'étude des espèces parasites. Que celles-ci se montrent dépourvues d'organes capables de recueillir des impressions délicates, qu'elles soient réduites aux sensations grossières du toucher, leur genre de vie suffit, dit-on, à l'expliquer : l'hôte voit, écoute pour elles ; elles subissent fatalement son sort, et ce qui devient pour lui la pire des adversités constitue souvent pour elles la meilleure des fortunes : si la Souris n'était pas dévorée par le Chat, si le Lapin ne devenait la proie du Chien, si le Bœuf et le Porc n'entraient point dans l'alimentation de l'Homme, jamais les Vers qu'ils renferment n'atteindraient leur complet développement ; aussi cette vie latente, inconsciente, n'a-t-elle que faire de notions sur un monde extérieur qui échappe à son action. Présentées sous une forme charmante par quelques helminthologistes contemporains, poursuivies dans leurs plus lointaines déductions par certains naturalistes jaloux de les faire servir à l'édification ou à la défense de leurs théories, ces considérations essentiellement spéculatives peuvent s'appliquer peut-être au groupe des Cestodes; mais l'étude des Trématodes ne les justifie que dans certains cas, et, quand on examine les Nématodes, on voit qu'un grand nombre de ceux-ci leur échappent complètement.

En effet, et comme je le rappelais à l'instant, ces Vers sont loin de réclamer d'égales conditions biologiques; beaucoup vivent librement, soit dans la mer, soit dans

l'eau douce, soit dans la terre. Leur organisation se perfectionne en raison de l'activité qu'elle doit entretenir
en eux ; le système nerveux, à peine indiqué chez les
parasites, commence à devenir plus distinct et plus complexe ; bientôt même apparaissent des éléments spéciaux
destinés à entrer en action sous l'influence des diverses
causes extérieures.

Dans ces Nématodes, les yeux ne sont pas rares et les otocystes y présentent la même situation, la même structure
que chez les Annélides ; il suffit, pour s'en convaincre, d'examiner diverses espèces communes dans la rade de Marseille,
où elles ont été parfaitement étudiées par M. Marion [1] : chez
l'*Amphistenus agilis*, comme dans l'*Amphistenus Pauli*, on
trouve sur les côtés de la tête, un peu en avant du collier nerveux, deux petites cavités limitées par une fine membrane,
renfermant un liquide visqueux et contenant un ou plusieurs
otolithes ; dans d'autres genres (*Acanthopharynx*, etc.),
on observe des organes analogues : la membrane limitante,
les otolithes, le filet nerveux, se distinguent avec une
égale netteté, malgré les faibles dimensions de ces otocystes ($0^{mm},004$).

Chez les Rotifères, on a signalé, dans le voisinage du
ganglion nerveux, une petite poche remplie de concrétions
et que l'on a, pour ce motif, assimilée à une otocyste ;
mais son étude est encore trop incomplète pour qu'on
puisse, dès à présent, lui attribuer une semblable valeur.

Cœlentérés. — Dans les Cténophores on constate l'exis-

---

[1] Marion, *Recherches zoologiques et anatomiques sur les Nématoïdes
non parasites, marins* (*Annales des sciences naturelles*, 5e série, t. XIII,
1870, p. 68, pl. VIII).

tence d'un sac membraneux, rempli de sphérules cristallines, limité par une assise bacillaire et relié au centre nerveux par un large rameau ; toutes les conditions nécessaires
au fonctionnement de l'appareil auditif paraissent ainsi
réalisées.

Il y a peu d'années, on se fût gardé d'être aussi affirmatif
au sujet des Méduses, et si l'on accordait à certains de
leurs « corpuscules marginaux » l'importance de véritables otocystes, on se heurtait aux difficultés les plus graves
dès qu'on tentait de reconnaître, au milieu de cette masse
gélatineuse et d'apparence homogène, les conducteurs
chargés de transmettre les excitations sonores, ou les centres ganglionnaires capables de les percevoir. Il semblait
que la voie tracée par Forskal [1] et Rosenthal [2] dût constamment demeurer fermée aux investigations des observateurs modernes, lorsque récemment plusieurs histologistes
sont parvenus, au prix de laborieux efforts, à surmonter
ces obstacles réputés infranchissables, comblant ainsi la
plus grave lacune qui subsistât encore dans l'histoire des
Cœlentérés [3].

Généralement disposées sur la marge de l'ombrelle, les

---

[1] Forskal, *Descriptiones animalium quæ in itinere orientali observa-
vit*, 1775.

[2] Rosenthal, *Beiträge zur Anatomie der Quallen* (*Zeit. für Physiologie*, 1825).

[3] Mecznikow, *Beiträge zur Kenntniss der Siphonophoren und Medusen* (*Archiv für Naturgeschichte*, 1872). — Schültze, *Ueber den Bau
von Syncorine Sarsii und die zugehörige Meduse Sarsia tubulosa.*
Leipzig, 1873. — Claus, *Studien über Polypen und Quallen der Adria.*
Wien, 1877. — Eimer, *Ueber künstliche Theilbarkeit und über das
Nervensystem der Medusen* (*Archiv für mikrosk. Anatomie*, t. XIV,
1877). — O. et R. Hertwig, *Das Nervensystem und die Sinnesorgane
der Medusen.* Leipzig, 1878. — Romanes, *Preliminary observations*
etc. (*Phil. trans.*, 1878).

otocystes offrent dans leur nombre, leur répartition et leurs rapports, d'importantes différences qui s'affirment non seulement entre les genres, mais entre les espèces d'un même genre : tantôt elles sont pédicellées et s'élèvent comme de petites massues à la surface de l'épithélium ; un mamelon les supporte, de longs poils raides et élastiques les protègent (*Æginopsis mediterranea, Aglaura hemistona*) et, dans quelques cas, la surface générale du corps se replie autour de l'organe auditif qui apparaît au fond d'une coupe élégante dans laquelle l'eau peut librement pénétrer (*Rhopalonema velatum*) ; tantôt, au contraire, elles sont enfouies dans l'épaisseur des tissus (*Æquorea Forskalea*) ; souvent séparées les unes des autres par des espaces assez considérables, elles peuvent quelquefois se montrer intimement rapprochées (*Mitrocoma, Eucheilota*, etc.).

Le revêtement interne de l'otocyste est formé de cellules tantôt aplaties, tantôt ciliées ou bacilloïdes. Ce dernier type, toujours difficile à mettre en évidence sur de pareils animaux, s'observe cependant de la manière la plus évidente chez diverses Méduses (*Octorchis, Obelia*, etc.), où l'on voit de longs filaments s'avancer dans l'intérieur de la cavité auditive.

L'aspect des otolithes est assez variable : ils affectent en général une forme sphérique (*Obelia, Eucheilota, Rhopalonema, Aglaura*, etc.) [1] ou polygonale (*Nausithoe albida*) [2]; dans d'autres cas, ils se revêtent d'aspérités nombreuses et rappellent ces formations que l'histologie végétale distingue sous le nom de « Cystolithes » (*Æginopsis mediter-*

---

[1] Voy. O. et R. Hertwig, *loc. cit.*, pl. III, VII, etc.
[2] Id., pl. IX.

ranea); enfin, dans certains cas, ils se montrent formés par un agglomérat d'aiguilles cristallines et prismatiques (*Pelagia*, *Phacellophora*, etc.) [1].

A la base de l'otocyste, vient s'épanouir un rameau nerveux qui la rattache au centre ganglionnaire (Nerven-

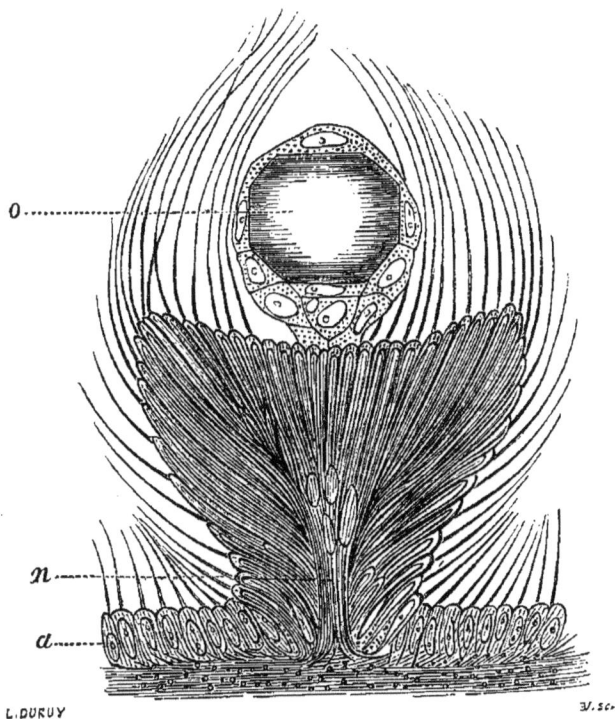

Fig. 82. — *Cunina del sol maris.* — Organe auditif.

a. Couche épithéliale. — *o*. Otolithe unique et remplissant presque complètement la cavité de l'otocyste que bordent de larges cellules nucléées. — *n*. Rameau nerveux gagnant l'otocyste. (D'après O. et R. Hertwig.)

ring, etc.). L'acide osmique permet de reconnaître aisément ces rapports qui s'observent avec la plus grande netteté dans un certain nombre de Méduses et particulièrement sur la *Cunina del sol maris* (fig. 82).

[1] Chez diverses espèces, les otolithes se montrent formés de couches concentriques et régulièrement superposées ; ce caractère est facile à constater dans la *Carmarina hastata* (Voy. O. et R. Hertwig, *loc. cit.*, pl. IV, f. 1 et 3).

ÉCHINODERMES. — Müller [1], puis Baur [2], ont mentionné dans les Synaptes, vers l'origine des troncs nerveux, cinq paires de vésicules limitées par une fine membrane, remplies de granulations oscillantes et reliées, semble-t-il, aux centres nerveux par des conducteurs spéciaux ; mais le mode de terminaison de ces « nerfs acoustiques » est encore fort mal connu. En outre, le fait que les concrétions internes disparaissent chez l'adulte, tout en indiquant une rétrogradation dont l'histoire des Invertébrés offre divers exemples, paraît exiger des études complémentaires qui seules pourront nous fixer sur la valeur de ces parties.

Les auteurs s'accordent à ne signaler nul indice d'otocystes dans le groupe des Holothurides ; cependant il semble que ces animaux puissent parfois en posséder, car un naturaliste attaché à l'expédition suédoise au pôle nord, le Dr Théel, a récemment décrit, chez l'*Elpidia glacialis*, des capsules innervées par les troncs dorsaux et contenant de cinq à vingt otolithes arrondis [3].

Cet exemple est le dernier que nous puissions invoquer : au delà des Échinodermes on ne trouve plus aucune trace des organes auditifs, et c'est aussi vers le même groupe que disparaissent certains appareils sensitifs dont l'étude doit maintenant nous occuper.

[1] Muller, *Anatomische Studien über die Echinodermen*, 1850.
[2] Baur, *Beiträge zur Naturgeschichte der Synapta digitata*.
[3] Schülthess, *Expédition polaire suédoise* (*Archives de Zoologie expérimentale*, t. V, 1876, p. XI et suiv.).

VINGT-QUATRIÈME LEÇON

Le sens, dont nous commençons aujourd'hui l'étude, témoigne d'une étroite parenté avec celui dont nous venons d'achever l'histoire. Où résidait, en effet, l'origine des sensations auditives ? Dans l'ébranlement, dans l'oscillation de la matière pondérée. Où doit-on chercher la cause extérieure des impressions visuelles ? Dans le mouvement ondulatoire d'un fluide impondérable dont la vibration revêt pour nous l'aspect d'une force spéciale, la *lumière*.

Cette lumière agit de cent manières diverses sur les êtres vivants ; tout ce qui vit lui obéit, et ce serait une grave erreur de ne voir en elle qu'un excitant sensitif. Elle peut mettre en action les éléments histologiques les plus dissemblables, retentir sur l'organisme végétal le plus dégradé, comme sur l'animal le plus parfait. Prenez des spores de Cryptogames, placez-les dans un tube rempli d'eau et éclairé seulement dans sa partie inférieure : au bout de peu de temps, toutes les spores y seront réunies; recouvrez au contraire cette même région d'un papier noir et faites tomber le faisceau lumineux sur la portion supérieure du tube, immédiatement les spores s'y transporteront et s'y rassembleront.

Au lieu de leurs corps reproducteurs, prenez ces mêmes Algues complètement développées, vous les trouverez si dociles à l'action lumineuse, qu'il suffira « de l'ombre d'un nuage passant sur le ciel pour changer le groupement de la masse verte [1] ».

Considérez non plus ces plantes inférieures, mais des végétaux élevés en organisation, des Phanérogames, vous y observerez cette même influence, déterminant des mouvements périodiques, amenant ces singulières attitudes de « sommeil » et de « réveil » si bien produites par l'action lumineuse qu'il suffit d'éclairer pendant la nuit des Sensitives pour les voir garder leur position de redressement maximum [2]. Placez des plantes dans des conditions telles qu'elles ne puissent recevoir la lumière que d'un seul côté, vous les verrez s'infléchir dans cette direction, s'orienter de manière à présenter aux rayons lumineux la plus grande surface possible : singuliers mouvements d'héliotropisme dans lesquels Hartmann voulait voir la preuve d'une conscience végétale et qui, suivant la très juste expression de M. Bert, sont « manifestement un indice de mieux être » [3].

[1] Famintzin, *Ann. sc. nat.*, 4ᵉ série, Botanique, t. VII, p. 188.
[2] Paul Bert, *Influence de la lumière sur les êtres vivants* (*Revue scientifique*, 2ᵉ série, 7ᵉ année, p. 984, 1878).
[3] Id., *loc. cit.*

C'est que la lumière n'est pas seulement ici un excitant de la contractilité et de l'irritabilité protoplasmiques; elle devient encore et surtout le plus puissant auxiliaire de la nutrition : sous peine de se développer en parasite aux dépens de ce qui vit ou de ce qui a vécu, la plante doit posséder dans ses tissus des éléments spéciaux, dont la fonction sera de décomposer l'acide carbonique du milieu ambiant, de fixer son carbone et d'augmenter ainsi le poids, la masse totale de la plante. Mais ce phénomène ne pourra se produire qu'en présence de la lumière, seule capable de solliciter le globule chlorophyllien à sortir de son inertie physiologique, pour remplir le rôle qui lui est assigné dans l'économie.

Cette chlorophylle, cette fonction chlorophyllienne, nous les retrouvons encore dans les groupes inférieurs de la série animale et particulièrement chez les Infusoires, où elles se présentent avec les mêmes caractères que dans le règne végétal. Mais ici l'action de la lumière ne va pas tarder à s'affirmer rapidement et à revêtir les formes les plus variables. Tout d'abord, elle excitera vaguement, confusément, la masse totale du protoplasma; elle y déterminera des mouvements, des réactions semblables à celles que nous observions chez les plantes : les belles expériences de Tremblay nous montrent les Hydres recherchant avidement la lumière, la suivant lentement dans toutes les directions qu'on lui fait prendre, se condamnant, pour ne pas abandonner sa trace, aux positions les plus anormales.

Bientôt le système nerveux apparaît, avec ses fonctions spéciales, ses attributs élevés : chargé de recueillir et de centraliser les formes d'excitations les plus diverses, il ne saurait laisser échapper celles que la lumière commence à déterminer dans ces êtres inférieurs ; il détachera des conducteurs particuliers, chargés d'aller recevoir, dans des organes spéciaux, sur des points déterminés du corps, ces impressions nouvelles.

Leur origine, les conditions éminemment mobiles et fugaces dans lesquelles elles se produisent, tout oblige à préparer, pour les recueillir, un appareil qui devra dépasser en perfection les divers organes que nous avons précédemment appris à connaître. Toutefois, ce serait une erreur de croire à une complication extrême, à une variation sans limites. Dans sa forme la plus simple, cet œil se résumera en un petit nombre de bâtonnets reliés inférieurement au nerf optique, et portant sur leur extrémité libre des lentilles capables d'y faire converger les rayons lumineux ; une couche de pigment entoure la masse bacillaire et s'oppose à toute diffusion latérale.

On ne saurait certes rien imaginer de plus simple, et cependant, malgré les perfectionnements qui pourront être apportés à ces diverses parties de l'organe oculaire : bâtonnets, milieux réfringents, tissus d'absorption ou de protection, toujours nous verrons son tracé fondamental se maintenir avec une fixité qui ne le cède en rien à celle que nous avons constatée dans les formations analogues. Examinons-le chez les Vertébrés, cherchons quelles impressions il recueille, quelles sensations en dérivent. Le plan de nos études actuelles nous oblige à n'étudier l'action de la lumière qu'autant qu'elle agit sur cet appareil sensitif, mais n'oublions jamais que son action physiologique ne se borne pas à ces manifestations optiques ; si nous pouvions la suivre dans tous les phénomènes qu'elle détermine chez l'être vivant, nous verrions que, même dans les organismes supérieurs, elle possède encore une puissance égale à celle qu'elle présentait dans les derniers rangs de l'animalité : les chromoblastes du Caméléon, les modifications apportées à la circulation cutanée par l'influence directe de la lumière témoignent hautement du rôle dominateur que celle-ci conserve sur l'ensemble des êtres vivants.

Chez les Vertébrés, les organes destinés à recevoir et à concentrer les vibrations éthérées sont au nombre de deux et présentent sous ce rapport une constance que nous ne retrouverons pas toujours dans les autres embranchements. Les observations de cyclopie ou celles d'yeux multiples sont du domaine de la tératologie et ont été presque toujours fournies par des Vertébrés ovipares, surtout par des Poissons.

Cependant, il y a quelques années, Leuckart a décrit chez les Scopélides et en particulier dans] les genres *Chauliodus* et *Stomias* un grand nombre d'organes oculiformes qui eussent été répartis sur la tête, l'appareil operculaire, l'abdomen, etc. [1]. L'histoire de divers animaux inférieurs, de quelques Annélides en particulier, paraissait, au premier abord, donner à cette description un certain degré de vraisemblance ; mais l'étude histologique de ces taches pigmentaires, leurs relations avec les nerfs voisins et l'origine de ceux-ci ne permettent de lui accorder actuellement aucune valeur sérieuse.

Situés sur la région faciale supérieure, les yeux y sont presque toujours symétriquement disposés des deux

[1] Leuckart, *Ueber Muthmassliche (Bericht über die Versammlung der Deutschen Naturforscher und Aerzte*, 1865, p. 153).

côtés de la ligne médiane ; cette règle souffre pourtant un certain nombre d'exceptions qui se rencontrent dans ce groupe singulier de Poissons auxquels leur forme anormale a valu le nom de Pleuronectes : chez les Soles, les Turbots, les Plies, les Flétans, etc., les deux yeux se montrent du même côté de la face. La cause de cette déviation doit être cherchée dans le mouvement de torsion que cette dernière a subi durant son développement.

Dans les types les plus élevés de la classe des Mammifères, chez l'Homme, chez les Singes et dans les Lémuriens qui, sous ce rapport, ressemblent beaucoup aux Quadrumanes, les yeux sont dirigés en avant ; mais si l'on considère les autres ordres : Rongeurs, Pachydermes, Ruminants, Didelphes, Cétacés, etc., on voit les yeux s'éloigner vers les bords de la région céphalique. La classe des Poissons offre encore à ce point de vue des particularités remarquables, telles sont celles qu'on observe chez les Uranoscopes et les Marteaux. Dans le premier de ces genres, dont nous avons déjà eu à rappeler le nom lors de nos études sur les organes tactiles [1], les yeux placés sur le milieu de la face supérieure de la tête ne peuvent regarder que le ciel, d'où le nom donné depuis l'antiquité à ces singulières espèces [2]. Chez les Marteaux (*Zygæna*, Cuv. Val.), Sélaciens très voisins des Requins, la tête, aplatie horizontalement et comme tronquée en avant, se prolonge sur les côtés en deux branches qui lui donnent une grossière ressemblance avec l'instrument dont ces animaux portent le nom, or c'est à l'extrémité de ces branches

---

[1] Voy. p. 95.

[2] οὐρανὸς, ciel ; σκοπέω, je regarde.

que se trouvent les yeux, presque toujours volumineux et dont le développement achève de donner à ces Squales l'aspect le plus étrange qu'on puisse imaginer.

Au point de vue de sa structure, l'œil des Vertébrés comprend des *parties accessoires* destinées à lui assurer la protection et la mobilité nécessaires, et des *parties essen-*

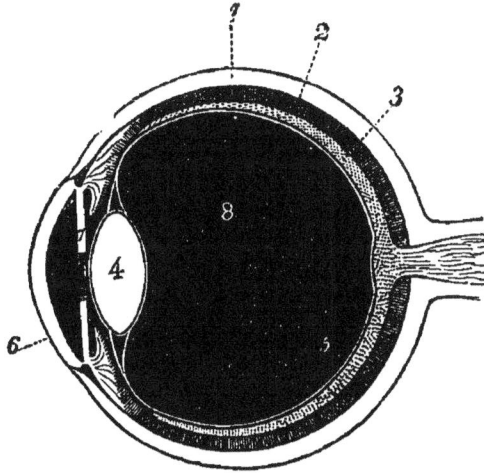

Fig. 83. — Ensemble du globe de l'œil (section verticale).

1. Sclérotique. — 2. Choroïde. — 3. Rétine. — 4. Cristallin. — 5. Membrane hyaloïde. — 6. Cornée. — 7. Iris. — 8. Corps vitré. (Dalton, *Physiologie et hygiène.*)

tielles dont la réunion forme le *globe oculaire* (fig. 83). Dans ce dernier, nous distinguons déjà les régions caractéristiques de l'œil des animaux supérieurs : une membrane impressionnable, la *rétine*, en représente la partie fondamentale : c'est en effet à sa surface que seront recueillies les excitations lumineuses, tandis que d'autre part elle reçoit les fibrilles terminales du nerf optique; une tunique pigmentaire, la *choroïde*, s'applique sur la face externe de la rétine et se trouve elle-même recouverte par une couche fibreuse qui limite extérieurement le globe oculaire, et

porte le nom de *sclérotique*. A ces membranes vient s'a-
jouter un appareil dioptrique destiné à faire converger
les rayons sur la rétine et composé de plusieurs milieux
qui se succèdent dans l'ordre suivant : la *cornée*, l'*humeur
aqueuse*, le *cristallin* et le *corps vitré*.

Telles sont les diverses parties dont la réunion constitue l'organe visuel des Vertébrés et qu'il suffisait de mentionner aujourd'hui, car nous devons les étudier spécialement, soit en elles-mêmes, soit dans leurs fonctions.

VINGT-CINQUIÈME LEÇON

Les anciens anatomistes décrivaient, sous le nom commun de *tutamina oculi*, l'ensemble des parties accessoires de l'œil; ce serait pourtant une erreur de croire qu'elles n'ont d'autre but que de protéger l'organe contre les injures extérieures ou d'imaginer qu'elles concourent toutes également à remplir ce rôle. Loin d'être identiques, leurs fonctions et leur structure permettent de les séparer en trois groupes bien distincts :

1° Parties protectrices ;

2° Parties secrétantes;

3° Parties motrices.

Nous avons déjà constaté que tous les appareils sensitifs possèdent de semblables annexes, et nous ne saurions nous étonner de retrouver ici les plans osseux ou fibreux, les masses glandulaires, les faisceaux contractiles que

nous avons si souvent rencontrés dans nos études antérieures, mais il importe de remarquer la régularité avec
laquelle ces divers éléments se superposent autour de l'organe visuel : les tissus de protection sont répartis sur la
zone la plus extérieure, puis viennent les glandes et enfin
les muscles qui s'insèrent sur le globe même de l'œil.

PARTIES PROTECTRICES. — L'appareil protecteur de celui-ci
se trouve formé par les parois osseuses de la fosse orbitaire
dans laquelle il est logé, et par des voiles membraneux,
qui manquent rarement, et peuvent se rabattre au-devant
de l'organe ou le laisser à découvert dans une étendue
plus ou moins considérable, ce sont les *paupières*.

L'étude de l'orbite est du domaine de l'ostéologie :
cependant il faut rappeler sa situation latérale, sa forme
qui est celle d'une pyramide dont la base regarderait en
avant ou en dehors suivant les espèces, sa constitution,
toujours fort complexe, en raison de la multiplicité des
pièces qui concourent à limiter ses diverses régions. Chez
les Vertébrés supérieurs, ces parties sont en général au
nombre de sept : les petites ailes du sphénoïde et le frontal
forment la paroi supérieure ou voûte de l'orbite ; l'os
malaire, le palatin et le maxillaire supérieur en constituent
le plancher ; le sphénoïde, le malaire et le frontal circonscrivent sa paroi externe ; l'ethmoïde, l'unguis et le maxillaire figurent son bord interne.

Mais ces caractères sont loin d'être constants, et lorsqu'on poursuit l'examen comparé des cavités orbitaires
dans les diverses Classes, on constate de grandes variations dans le nombre des os qui contribuent à leur
formation; ainsi, chez la plupart des Mammifères, on

n'y trouve aucune trace de l'ethmoïde, et c'est un prolongement du frontal qui va s'articuler directement avec le bord interne et supérieur du maxillaire [1]. Dans les Phoques et les Cétacés, l'unguis ne s'y montre plus [2], tandis que chez divers Ruminants, et particulièrement dans les Cerfs, les Girafes, etc., il acquiert un très grand développement [3]. La fente sphéno-maxillaire, à peine indiquée chez l'Homme, s'étend parfois au point de créer une large communication entre la cavité orbitaire et la fosse sphéno-temporale ; beaucoup de Cheiroptères [4], d'Insectivores [5], de Carnivores [6], de Rongeurs [7], etc., sont dans ce cas. Chez quelques animaux de ce dernier Ordre (Myopotame, etc.), c'est le trou sous-orbitaire qui se développe au point de loger un des faisceaux du masséter [8].

Dans les Oiseaux, les orbites sont vastes, communiquant largement avec les fosses temporales; elles n'ont plus de plancher osseux, et ne sont séparées l'une de l'autre que par une mince cloison, souvent incomplète, et formée presque exclusivement par l'ethmoïde [9].

Les cavités orbitaires des Reptiles, sont essentiellement constituées par le frontal principal, le frontal postérieur et le frontal antérieur de Cuvier; ce dernier os est

---

[1] Milne Edwards, *Leçons sur la physiologie et l'anatomie comparée*, t. X, p. 328.

[2] Hyrtl, *Ueber das Ossiculum canalis naso-lacrymalis* (*Sitz. der Wien Akad.*, 1849, p. 222).

[3] Milne Edwards, *loc. cit.*, p. 329.

[4] De Blainville, *Ostéographie*, t. I, pl. VIII.

[5] Id., *ibid.*, pl. VI.

[6] Id., *ibid.*, t. II, pl. IV.

[7] Id., *ibid.*, t. IV, pl. VIII.

[8] Id., *ibid.*, t. IV, pl. VIII.

[9] Milne Edwards, *loc. cit.*, t. X, p. 376.

plus constant que le frontal postérieur : il ne manque guère
que chez les *Tortrix*.

Nous voyons qu'à mesure que nous descendons dans la
série des Vertébrés, les fosses orbitaires deviennent de plus
en plus confuses dans leurs limites, de plus en plus variables dans leur composition. Chez les Poissons, ces cavités,
bordées supérieurement par la voûte frontale, ne sont que
très imparfaitement indiquées dans leur région inférieure
par un système de pièces osseuses développées dans l'épaisseur des téguments et désignées sous le nom d'os sous-orbitaires [1] ; ces os décrivent une courbe qui rappelle grossièrement l'axe osseux que constituaient chez les Mammifères
le maxillaire, le malaire, etc. Dans les Silures , il y a, de
chaque côté, sept de ces pièces dermiques [2] ; le Trigle
n'en possède que trois, mais très grandes [3] ; enfin, chez
la Baudroie et les Anguilles, elles paraissent faire complètement défaut.

Intérieurement, la cavité orbitaire des Vertébrés supérieurs est doublée d'une aponévrose, *l'aponévrose orbitaire ou capsule de Tenon* dont la face interne adhère à
la sclérotique, tandis que sa face externe, s'appliquant sur
le tissu cellulo-adipeux du sommet de l'orbite, se continue
avec les gaînes musculaires pour s'irradier ensuite, sous
forme de prolongements fibreux ou musculaires, jusque sur
les paupières.

Dans les Poissons, les rapports du globe oculaire et de

[1] Cuvier et Valenciennes, *Histoire naturelle des Poissons*, t. I,
pl. I. — Agassiz et Vogt, *Anatomie des Salmones*, pl. E. fig. 1. —
Agassiz, *Poissons fossiles*, t. IV, pl. F.
[2] Milne Edwards, *loc. cit.*, t. X, p. 429.
[3] Agassiz, *loc. cit.*

la cavité qui le renferme sont parfois beaucoup plus complexes, et l'organe se trouve porté par une sorte de pédoncule cartilagineux, mobile au fond de l'orbite. Déjà dans les Esturgeons, les Saumons, les Brochets, on voit un ligament s'insérer sur la sclérotique, cheminer auprès du nerf optique, puis se fixer sur la partie déclive de l'orbite; mais c'est dans le groupe des Plagiostomes que cette disposition atteint tout son développement : sur la face externe de la sclérotique, près du point où elle livre passage au nerf optique, se voit une surface articulaire arrondie, qui reçoit l'extrémité d'un cartilage claviforme, né du fond de la cavité orbitaire et se reliant à la membrane par un tissu cellulaire de densité variable.

Extérieurement, l'orbite ne présente à considérer que son bord supérieur qui fait une saillie plus ou moins prononcée, désignée sous le nom de « sourcil », recouverte d'une peau épaissie et garnie de poils recourbés, disposés en arcade.

Paupières. — Il est un petit nombre de Vertébrés dont les yeux se montrent constamment visibles au dehors, apparaissent comme enchâssés dans le cadre extérieur de l'orbite, et semblent avoir les mêmes limites que cette cavité ; le fait est assez général chez les Serpents et les Poissons; mais, dans certains d'entre eux, on découvre déjà comme le premier indice d'une disposition dont on devine l'importance physiologique et qui permettrait à l'organe visuel de ne recevoir que partiellement les rayons lumineux, ou de se soustraire même entièrement à leur action; en effet, chez les *Scomber*, les *Caranx*, les *Butyrinus*, la peau se plisse et dessine autour de l'œil une sorte de bourrelet qui commence à masquer les bords de l'organe : que les deux moitiés de cette bague membraneuse continuent à s'avancer l'une vers l'autre, que des fibres contractiles leur permettent de s'écarter ou de se rapprocher, et l'appareil esquissé plus haut se trouvera réalisé ; c'est ce qui s'observe chez les Squales [1] (Carchariens, Musteliens, Galéens, etc.) qui méritent, sous ce rapport comme sous tant d'autres, d'être rapprochés des Vertébrés supérieurs.

Mammifères. — Chez ces derniers, et en particulier dans la classe des Mammifères, l'œil se trouve ainsi protégé par un appareil composé essentiellement de deux voiles membraneux, qui se déploient verticalement et sont désignés sous le nom de *paupières;* leurs dimensions sont fort inégales, la paupière supérieure étant presque toujours plus étendue que la paupière inférieure ; leur face externe et libre est cutanée, leur face interne ou postérieure, en rapport avec le globe oculaire, est tapissée par une muqueuse, la *conjonctive*, qui se réfléchit sur le bulbe oculaire en formant un double cul-de-sac supérieur et inférieur. Chacune d'elles se termine par un bord libre, taillé en biseau et portant extérieurement de longs poils fins, les « cils », tandis que postérieurement ce même bord présente de nombreux orifices glandulaires que nous apprendrons bientôt à connaître.

Au point de vue histologique, les paupières se montrent composées des couches suivantes :

1° La peau ;

2° La couche musculaire ;

3° La couche cartilagineuse ;

4° La conjonctive.

I. La peau est mince, garnie de quelques poils fins, pos-

[1] Claus, *loc. cit.*, p. 790.

sédant un petit nombre de glandes sébacées et sudoripares.

II. La couche musculaire présente un intérêt particulier,
puisque c'est à elle que les paupières devront de pouvoir
s'écarter l'une de l'autre ou se rejoindre, au contraire,
assez exactement pour suspendre toute communication
entre l'organe visuel et l'extérieur. Chez l'Homme, cette
couche musculaire se compose essentiellement d'une
sorte de sphincter commun aux deux voiles palpébraux et
désigné sous le nom d'*orbiculaire des paupières* ; il est
formé de plusieurs zones concentriques dont une, la
plus voisine du bord libre où elle confine aux bulbes ciliaires, a été parfois décrite comme un muscle spécial, *le
muscle de Riolan* (fig. 84). Auprès de cet orbiculaire,
destiné à fermer, par sa contraction, l'orifice palpébral,
on observe un autre muscle, l'*élévateur de la paupière
supérieure*, qui permet au voile correspondant de se porter
en haut, en arrière, et dilate ainsi l'ouverture palpébrale.

Dans les autres ordres de la classe des Mammifères, la
composition de cette couche musculaire présente d'assez
nombreuses variations : chez les Ruminants et les Pachydermes, il n'est pas rare de trouver, dans la paupière inférieure, un muscle particulier, l'*abaisseur de la paupière*,
qui l'écarte de sa congénère et vient en aide au muscle
élévateur ; chez le Rhinocéros, ce muscle est très développé. Ailleurs, comme dans les Dauphins, on trouve
une disposition très curieuse, indiquée par Rosenthal : un
muscle infundibuliforme s'insère d'une part sur le trou
optique et s'épanouit à son autre extrémité sur les bords
de la fente palpébrale qui n'en possède pas moins un
muscle orbiculaire, assez faible, il est vrai ; la paupière

inférieure est également pourvue d'un muscle propre, et l'on peut juger, par cet exemple, du danger qu'il y aurait à appliquer les résultats fournis par l'anatomie humaine à la description et à l'étude des muscles palpébraux considérés dans l'ensemble de la Classe.

III. La couche cartilagineuse est formée de plans fibreux plutôt que cartilagineux, auxquels on donne le nom de *cartilages tarses;* il en existe un dans l'épaisseur de chaque paupière ; leur face postérieure répond à la conjonctive, leur face antérieure, à l'orbiculaire des paupières. La présence de ces lames fibreuses régularise la contraction de ce muscle et l'empêche de plisser les bords de l'ouverture palpébrale ; chez les Solipèdes, on observe à leurs deux extrémités un rétrécissement notable.

IV. La conjonctive, dont nous connaissons l'origine ainsi que les rapports, est très vasculaire, renferme d'abondants corpuscules de Krause [1], et possède de nombreuses glandes en grappe, parfaitement décrites par M. Sappey [2].

Dans tout ce qui précède, nous avons considéré l'appareil palpébral des Mammifères comme formé de deux replis verticaux et intérieurs ; telle est, en effet, chez ces animaux sa constitution normale, mais certains indices nous permettent de supposer qu'elle ne tardera pas à se compliquer dans les autres classes de l'embranchement. Déjà, chez l'Homme, on aperçoit, vers l'angle interne de l'œil, une petite lamelle en forme de croissant qui se trouve comprise entre la caroncule lacrymale et le globe de l'œil; ce « repli semi-lunaire » se

---

[1] Voy. p. 59.
[2] Sappey, *Mémoires de la Société de biologie*, 1853, p. 13.

trouve ainsi disposé en dedans des paupières, entre ces voiles et le bulbe oculaire ; prolongeons-le par la pensée au-devant de celui-ci, dotons-le d'éléments contractiles et nous aurons construit une sorte de rideau glissant horizontalement au-devant de l'œil, tandis que les paupières intérieures se déplaceront verticalement. Ici, ce n'est encore qu'une conception purement théorique ; cependant, et avant même d'avoir quitté la classe des Mammifères, nous

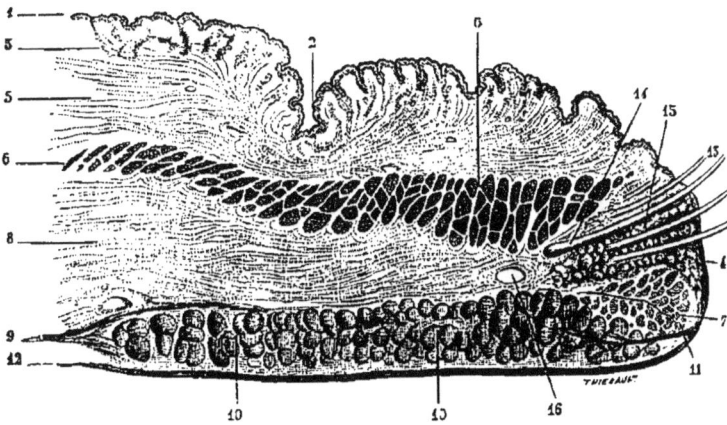

Fig. 84. — Section de la paupière.

1. Épiderme. — 2. Ride transversale de la paupière. — 3. Derme. — 4. Bord libre. — 5. Tissu cellulaire sous-cutané. — 6. Orbiculaire des paupières. — 7. Muscle de Riolan. — 8. Tissu, cellulo-adipeux sous musculaire. — 9. Cartilage tarse. — 10. Glandes de Meibomius. — 11. Canal et orifice des glandes de Meibomius. — 12. Conjonctive. — 13. Cils. — 14. Bulbe des cils. — 15. Glandes sébacées des cils. — 16. Arcade artérielle palpébrale. (Galezowski, *Maladies des Yeux*, d'après une préparation du Dr Trombetta.)

allons la voir, sinon se réaliser, au moins s'accentuer de mieux en mieux.

Dans les Singes, dans les Sapajous en particulier, ce repli semi-lunaire grandit notablement, sa charpente devient fibreuse ; chez le Chien, son tissu fibro-cartilagineux est assez développé pour former une lamelle curviligne, « l'onglet » ; dans le Cheval, cet organe s'accroît dans des proportions considérables et reçoit le nom qu'il conservera chez les Ovipares, c'est la *membrane clignotante* ou *troisième paupière*.

Est-ce à dire que ce repli membrano-fibreux possède des muscles propres ? Non, mais il les emprunte aux parties voisines, et peut déjà concourir dans une certaine mesure à la protection de l'organe visuel : lorsque le globe oculaire se trouve ramené en arrière par la contraction de ses muscles droits, il comprime le coussinet adipo-celluleux sur lequel s'appuie la membrane clignotante, qui se trouve ainsi poussée en avant et vient glisser devant la cornée ; son apparition est toujours de très courte durée, mais, en appuyant sur l'œil, on peut la maintenir étendue, au moins durant quelques secondes [1].

Il en résulte pour cette membrane une fonction très singulière : « L'usage du corps clignotant est d'entretenir la netteté de l'œil en enlevant les corpuscules que les paupières ont pu laisser arriver jusqu'à lui ; et ce qui démontre parfaitement cet usage, c'est le rapport inverse qui existe constamment entre le développement de ce corps et la facilité qu'ont les animaux de se frotter l'œil avec le membre antérieur. C'est ainsi que dans le Cheval et le Bœuf, dont le membre thoracique ne peut servir à cet usage, le corps clignotant est très développé ; qu'il devient plus petit dans le Chien, qui peut déjà un peu se servir de sa patte pour le remplacer, plus petit encore dans le Chat, et rudimentaire dans le Singe et dans l'Homme, dont la main est parfaite » [2].

---

[1] Dans les accès tétaniques, le corps clignotant masque souvent le globe de l'œil et reste constamment déployé, par suite de la contraction persistante des muscles droits.

[2] Lecoq, *Traité de l'extérieur du Cheval.*

Oiseaux. — Mais c'est dans la classe des Oiseaux que cette paupière supplémentaire acquiert son entier développement. Chez ces animaux, l'appareil palpébral se compose constamment de trois rideaux : deux extérieurs et mobiles verticalement, l'autre interne et capable de se déployer horizontalement au-devant de l'œil. Les deux premiers nous sont déjà connus et n'offrent que peu de différences avec les mêmes parties considérées chez les Mammifères ; la seule distinction à établir porte sur leur mobilité respective : dans les Mammifères, la paupière supérieure était de beaucoup la plus mobile, et parfois même possédait seule des mouvements propres ; dans les Oiseaux, au contraire, elle ne conserve ce caractère que chez quelques Rapaces (Chouettes, Engoulevents, etc.) ; partout ailleurs elle ne se déplace que dans de très faibles limites, tandis que la paupière inférieure, pourvue d'un puissant abaisseur, peut s'écarter rapidement et agrandir ainsi l'ouverture palpébrale.

La troisième paupière, placée dans l'angle interne de l'œil, est mise en mouvement par un appareil assez compliqué dont Perrault [1], Petit [2] et Hunter [3] ont parfaitement décrit la structure et le mode de fonctionnement ; deux muscles en représentent la partie essentielle : le muscle carré et le muscle pyramidal.

Le *muscle carré de la troisième paupière* s'insère sur la partie supérieure de la sclérotique, puis se porte au-dessus du nerf optique, où il se termine en formant une coulisse

---

[1] Perrault, *Mémoires pour servir à l'histoire naturelle des Animaux,* 2ᵉ part., p. 109 et suiv. (*Mém. de l'Académie des sciences,* 1722).

[2] Petit, *Description de l'œil de l'Ulula (ibid.,* 1736).

[3] Hunter, *Description of the physiol. Series of comp. Anat. contents in the Museum of the R. College of Surgeons,* t. III, pl. XLII.

dans laquelle passe le tendon du second muscle. Celui-ci (*muscle pyramidal de la troisième paupière*) décrit une véritable courbe autour du nerf optique : né de la partie inférieure de la sclérotique, il se continue par un tendon qui s'engage dans la coulisse du muscle carré, puis revient à l'angle antérieur de l'œil, pour se fixer à la troisième paupière. On s'explique aisément le but de cette disposition : l'espace sur lequel doit se déployer la membrane nictitante exigeait l'intervention d'un muscle puissant, mais l'action de celui-ci ne pouvait être directe, la région infra-postérieure de l'orbite ne permettant pas le développement d'une masse suffisante ; aussi la nature a-t-elle eu recours à ce procédé fort élégant, dans lequel deux muscles combinent leur action sans pourtant être disposés parallèlement ; il y a mieux, c'est que le muscle carré, auquel tout d'abord on serait tenté de n'accorder qu'une faible valeur, en raison de son peu d'étendue, est en réalité celui qui agit le plus fortement sur la membrane clignotante, puisqu'il tire à la fois sur les deux extrémités du tendon.

Reptiles. — L'appareil palpébral se montre très inégalement développé dans les divers ordres de la classe des Reptiles. Chez les Crocodiliens, il offre presque la même complication que dans les Oiseaux : outre les deux paupières ordinaires, il existe une membrane clignotante qui peut recouvrir la totalité du globe oculaire et se trouve mise en mouvement par un appareil fort analogue à celui que nous venons d'étudier ; il est facile d'y reconnaître la présence d'un muscle pyramidal semblable à celui des Oiseaux, présentant les mêmes rapports que dans ces derniers et se recourbant également autour du nerf optique.

Chez les Chéloniens, la troisième paupière commence

à perdre de sa valeur : ses dimensions deviennent plus réduites ; la cornée n'est recouverte que partiellement.

Dans les Lézards, elle est rudimentaire et ne possède plus de muscles propres ; en même temps, on voit ces caractères d'infériorité s'étendre aux deux paupières extérieures : elles semblent ne plus former qu'un voile unique, tendu verticalement au-devant de l'œil, et présentant une fente transversale ; cependant on y trouve encore un muscle orbiculaire, un élévateur de la paupière supérieure et un abaisseur de la paupière inférieure.

Dans les Caméléons, la fente palpébrale est encore plus réduite : il semble que bientôt cette ouverture doive s'effacer complètement, laissant l'œil entièrement recouvert par un plan cutané. Une telle modification s'observe chez les Geckos, où le bulbe oculaire se trouve protégé par une sorte de capsule transparente, et d'origine purement tégumentaire : c'est la peau qui passe ainsi devant l'organe visuel et s'amincit de manière à permettre aux rayons lumineux d'arriver jusqu'à lui ; disposition très remarquable et parfaitement interprétée par de Blainville, pour qui la conjonctive des Geckos « semble une cornée transparente »[1]. On la retrouve aussi, nous le savons déjà, dans l'ordre des Ophidiens, où l'œil est recouvert par une enveloppe cutanée, mince et diaphane, qui se moule exactement sur lui.

Chez les Batraciens, l'appareil palpébral est surtout développé dans les Anoures, encore ceux-ci présentent-ils quelques exceptions, les Pipas méritant d'être placés à ce point de vue auprès des Ophidiens. La Grenouille possède trois paupières fort inégales, la membrane nictitante se

---

[1] De Blainville, *loc. cit.*

trouvant réduite à un mince repli situé à la partie inférieure de l'œil.

Dans les Poissons, au contraire, l'appareil palpébral,
lorsqu'il existe, est presque uniquement constitué par la
troisième paupière; celle-ci est surtout développée dans les
Squales, où elle possède un muscle rétracteur spécial, fort
bien décrit par H. Müller.

GLANDES OCULAIRES. — Les paupières n'ont pas seulement
pour but de défendre l'œil contre les injures extérieures, de
le protéger contre l'action trop vive ou trop prolongée des
rayons lumineux ; elles sont encore destinées à prévenir
les conséquences d'une évaporation qui ne saurait se produire sans troubler le jeu des diverses parties de l'organe
visuel; il est donc indispensable de prévenir d'aussi graves
conséquences, et ceci nous explique comment les Oiseaux que leur vol rapide, leur température supérieure
à celle de tous les autres animaux, placent sous ce rapport
dans les conditions les plus défavorables, sont aussi de
tous les Vertébrés, ceux dont l'appareil palpébral se
montre le mieux développé. Mais si parfait qu'il soit, il ne
peut que retarder les effets de l'évaporation et n'est aucunement capable de compenser les pertes qu'elle détermine ;
ce but ne saurait être atteint qu'en annexant au globe
oculaire des glandes qui, versant à sa surface leurs produits
de sécrétion, puissent le maintenir dans un état physique
convenable, et, par suite, assurer l'intégrité de ses fonctions.

D'après la nature de leurs produits, ces glandes peuvent
être divisées en trois classes :

1° Glandes aquipares;

2° Glandes mucipares ;

3° Glandes sébacées.

I. *Glandes aquipares.* — Ces glandes, de beaucoup les plus importantes, sont généralement connues sous le nom de *glandes lacrymales* et se rattachent à un appareil com-

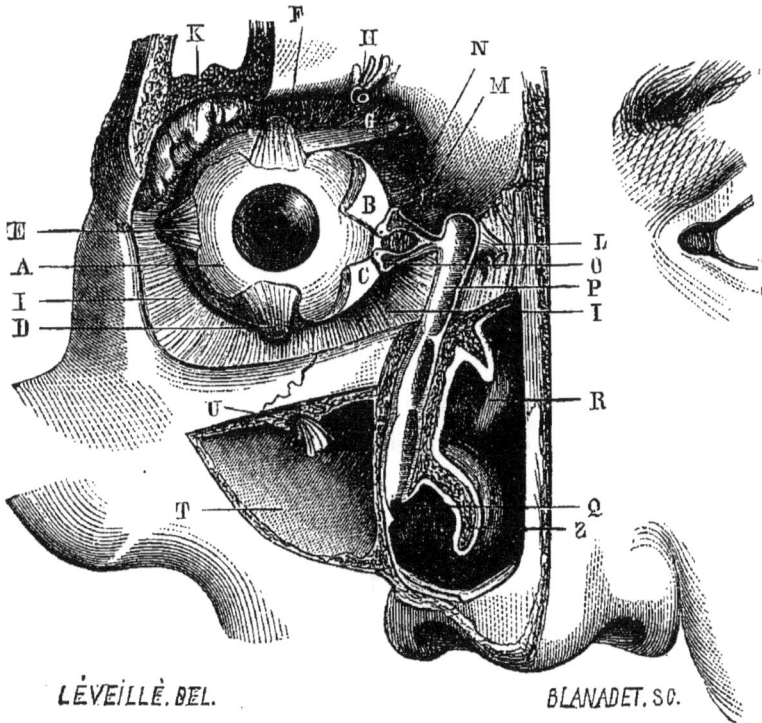

LÉVEILLÉ. DEL.   BLANADET. SC.

Fig. 85. — Appareil lacrymal.

A. Globe oculaire. — B, C. Partie interne de la conjonctive palpébrale. — D, E, F. Tendon des muscles droits. — G. Tendon du grand oblique. — H. Vaisseaux et nerfs sus-orbitaires. — I. Aponévrose oculaire. — K. Glande lacrymale. — L. Tendon direct de l'orbiculaire. — M. Caroncule lacrymale. — N. Ampoule et canal lacrymal supérieur. — O. Canal lacrymal inférieur. — P. Sac lacrymal. — Q. Ouverture inférieure du canal nasal. — R. Cornet moyen. — S. Cornet inférieur. — T. Sinus maxillaire ouvert. — U. Vaisseaux et nerfs sous-orbitaires. (D'après B. Anger.)

plexe, l'appareil lacrymal, dont nous ne pouvons indiquer ici que les dispositions essentielles. Chez l'Homme, la glande lacrymale (fig. 85, K) est située à la partie supérieure et externe de l'orbite ; on y distingue deux parties, l'une orbitaire ou principale, l'autre palpébrale ou accessoire ; leur structure est identique et les canaux qui en naissent vont déboucher dans le sinus conjonctival supérieur où ils versent un liquide aqueux qui s'étale à la surface .de la conjonctive. S'il se produit une hypersécrétion de ces «larmes», elles s'écoulent au dehors par la fente palpébrale et viennent baigner les joues et les parties voisines de la face; mais dans l'état normal, lorsqu'aucune cause n'exagère leur production, elles se rassemblent à l'angle interne de l'œil où se trouvent deux orifices auxquels on donne le nom de *points lacrymaux ;* deux petits *conduits lacrymaux* en partent et dirigent les larmes vers une sorte de réservoir cylindrique, le *sac lacrymal,* qui se continue par le canal nasal jusqu'au méat inférieur où les larmes s'écoulent dans les fosses nasales.

Ces organes, dont le produit a pour but de lubrifier sans cesse les parois de la conjonctive, se montrent fort inégalement développés dans les divers ordres de la classe des Mammifères. Ainsi, chez les Cétacés et les Phoques, elles sont assez réduites pour avoir échappé durant longtemps aux investigations des anatomistes, tandis que, dans les Rongeurs, elles s'étendent au-dessus et au-dessous de l'œil, descendant jusque sous l'arcade zygomatique. Elles sont volumineuses chez les Solipèdes et les Ruminants ; mais, au sujet de ces derniers, il importe d'éviter une erreur, d'autant plus répandue qu'elle est consacrée par le langage ordinaire : les prétendus « larmiers » des Cerfs et des Antilopes n'ont aucun rapport avec l'appareil lacrymal et doivent être rapprochés des glandes cutanées.

Dans les Oiseaux, l'appareil lacrymal est rudimentaire ; seuls, quelques Gallinacés font exception. Les points lacrymaux sont situés dans l'angle interne de l'œil, entre la commissure des paupières intérieures et la membrane clignotante.

La glande lacrymale des Reptiles est toujours très développée ; mais, dans aucun Ordre, elle n'atteint des dimentions semblables à celles qu'elle présente chez les Ophidiens, où son volume surpasse souvent celui du globe oculaire. Dans ces animaux, et par suite des dispositions spéciales qui ont été indiquées plus haut, la conjonctive ne s'ouvre plus au dehors comme chez les Mammifères, les Oiseaux, les Crocodiliens, etc., où la fente palpébrale lui permettait de communiquer librement avec l'extérieur : elle forme un sac absolument clos, sauf en un point qui donne accès dans le canal lacrymal. Celui-ci occupe toujours une étendue considérable, surtout chez les Serpents non venimeux où il offre l'aspect d'un vaste sinus communiquant inférieurement avec la bouche, dans laquelle se déverse l'abondant produit de la secrétion lacrymale.

II. *Glandes mucipares.* — Ces glandes existent dans l'épaisseur de la conjonctive, où elles ont été signalées par M. Sappey, en 1853 (1) ; elles dépassent parfois un millimètre en diamètre, et atteignent généralement 3 à 5 millimètres en longueur. Elles offrent la structure des glandes en grappe et sécrètent un liquide filant, véritable mucus qui s'étale sur la conjonctive et lubrifie constamment sa surface ; dans les divers ordres de la Classe et surtout chez les Quadrumanes, Carnivores, Rongeurs, Pachydermes, Ruminants, etc., on les retrouve avec la même situation et les mêmes caractères.

[1] Sappey, *Recherches sur les glandes des Paupières (Mémoires de la Société de biologie*, 1853, t. V, p. 20 et suiv.).

III. *Glandes sébacées.* — Ces glandes, si répandues
sur les divers points du tégument,
sont très développées dans la région
péri-oculaire et y forment plusieurs
groupes, parmi lesquels il convient
de citer les *glandes de Meïbomius*,
les *glandes ciliaires*, les *glandes de
la caroncule lacrymale* et les *glandes de Harder.*

Les *glandes de Meïbomius*, du nom
d'un anatomiste du dix-septième siècle
qui les décrivit fort exactement[1], s'il
ne les découvrit pas[2], sont situées
dans l'épaisseur des paupières (fig. 84),
et débouchent sur leur bord libre.
Chez l'Homme, on en compte de 25
à 30 pour la paupière supérieure, et
de 20 à 25 pour la paupière inférieure.
Ces formations offrent la structure normale des glandes en grappe (fig. 86)
et l'étude de leur revêtement épithélial, suivie aux diverses périodes du
développement, montre qu'elles doivent être rapportées au type sébacé ;
elles sécrètent une humeur épaisse et
riche en globules adipeux, qui s'op-
pose à l'écoulement des larmes par l'ouverture palpébrale.

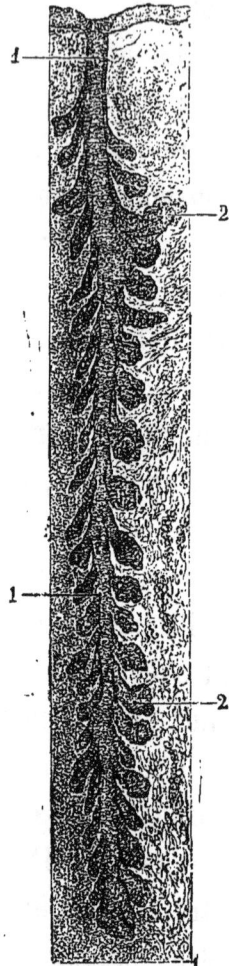

Fig. 86. — Glande
de Meïbomius.

1. Canal excréteur. —
2. Lobules. (D'après Morel
et Vilemin.)

---

[1] Meïbomius, *Epistola de vasis palpebrarum novis*, 1663.
[2] Elles paraissent avoir été connues des auteurs du seizième siècle,
et en particulier de Ch. Étienne. (Voy. Milne Edwards, *loc. cit.*
t. XII, p. 109.)

Les glandes de Meïbomius n'existent que chez les Mammi-fères : dans les cas fort rares où l'on a cru pouvoir les indiquer dans les Vertébrés ovipares, elles ont été proba-blement confondues avec les organes suivants.

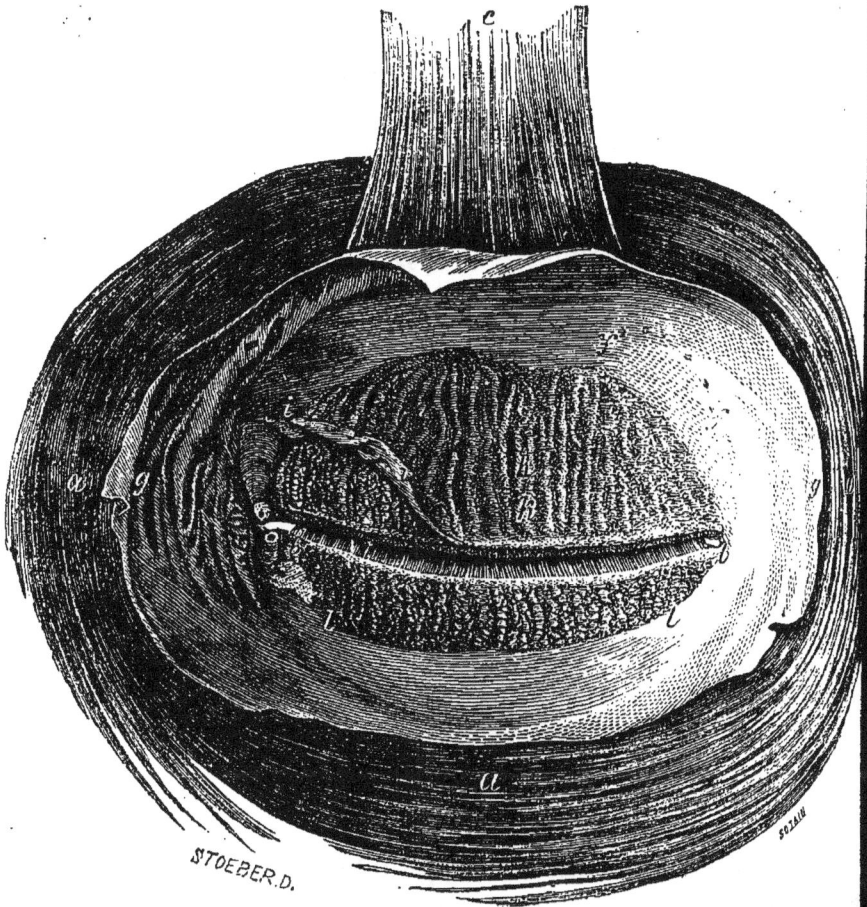

Fig. 87. — Surface interne des paupières.

a. Muscle orbiculaire. — *b.* Fente palpébrale. — *c.* Releveur de la paupière supérieure. — *f.* Orifices des conduits excréteurs de la glande lacrymale. — *g.* Conjonctive. — *k, k.* Glandes de Meïbomius. — *i.* Lambeau de la conjonctive replié pour les mettre à nu. — *l.* Glandes de Meïbomius de la paupière inférieure, après l'ablation de la conjonctive. (D'après Sœmmering.)

Les *glandes ciliaires,* annexées aux follicules des cils, comme leur nom l'indique, sont plus volumineuses chez les Ruminants et les Solipèdes que dans l'espèce humaine;

elles sécrètent une humeur onctueuse et grasse dont la production peut s'exagérer sous certaines influences et détermine alors l'apparition de la « chassie », faussement attribuée aux glandes de Meïbomius [1].

La *caroncule lacrymale* revêt l'aspect d'un petit corps
triangulaire disposé dans le grand angle de l'œil et formé
par la réunion de dix à douze glandules, relativement volumineuses, insérées sur les follicules des poils, extrêmement
fins, que porte la caroncule, et sécrétant une humeur semblable à celle des glandes ciliaires.

Le développement des *glandes de Harder* est intimement
lié à celui de la membrane clignotante qu'elles ne cessent
d'accompagner. Partout où la troisième paupière sera normalement constituée, elle se montrera donc associée à
cette masse acineuse : tel est le cas des Solipèdes, des
Carnivores, des Rongeurs, etc., tandis que chez les Bimanes, les Quadrumanes, les Cheiroptères, les Cétacés, on la
chercherait vainement. Dans les Oiseaux, elle est naturellement volumineuse ; sa structure conserve les mêmes caractères chez quelques Reptiles. Quant à l'analogie que divers
auteurs veulent admettre entre cet organe et les glandes
lacrymales, elle n'est pas mieux justifiée par sa situation
ou ses rapports que par sa constitution histologique, ou
par la nature de son produit, tandis que tous ces caractères
obligent à rapprocher la glande de Harder des glandes
ciliaires ou caronculaires.

MUSCLES OCULAIRES. — Les mouvements du globe oculaire sont déterminés par des faisceaux contractiles dont

---

[1] Voy. Sappey, *Anatomie descriptive*, t. III, p. 687-688.

la répartition présente quelques dissemblances quand on considère les diverses classes de l'embranchement des Vertébrés. Chez l'Homme, ces muscles sont au nombre de six : quatre muscles droits et deux muscles obliques; les premiers sont désignés, d'après leur position, sous les noms de *droit supérieur*, *droit inférieur*, *droit interne*, *droit externe* (fig. 88) ; par leur réunion, ils forment une

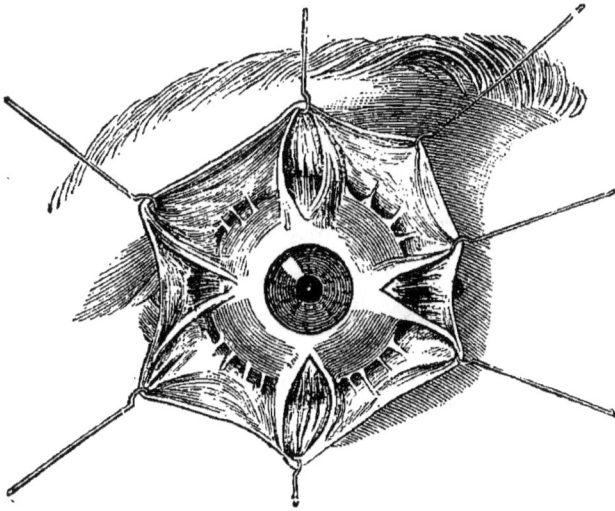

Fig. 88. — Partie antérieure du globe oculaire, et insertions antérieures des muscles droits.

pyramide dont le sommet serait postérieur et répondrait à l'anneau de Zinn et à la gaîne du nerf optique, tandis que sa base serait antérieure et s'épanouirait à la surface du bulbe oculaire sur lequel ces muscles s'attachent par quatre insertions symétriquement disposées sur les points cardinaux de ce globe (fig. 88).

Le muscle *grand oblique* tire son origine de la partie interne et supérieure de l'orbite où il débute sous la forme d'un tendon grêle qui, parvenu dans le voisinage du bourrelet orbitaire, se trouve reçu dans une sorte d'anneau fi-

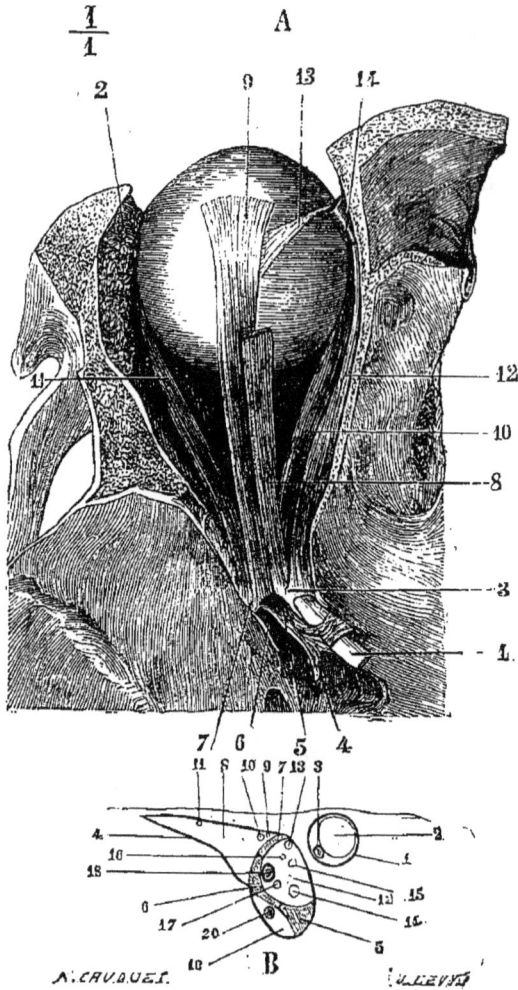

Fig. 89. — A. *Muscles de l'œil.*

1. Nerf optique. — 2. Glande lacrymale. — 3. Gaîne du nerf optique. — 4. Tendon de Zinn. — 5. Orifice pour le passage des nerfs moteurs oculaire commun et externe et du nerf nasal. — 6. Orifice pour le passage d'une veine. — 7. Insertion du droit externe. — 8. Releveur de la paupière supérieure. — 9. Droit supérieur. — 10. Droit interne. — 11. Droit externe. — 12. Grand oblique. — 13. Son tendon réfléchi. — 14. Sa poulie de renvoi.

B. *Trou optique, fente sphénoïdale et tendon de Zinn.*

1. Trou optique. — 2. Nerf optique. — 3. Artère ophtalmique. — 4. Fente sphénoïdale. — 5. Tendon de Zinn. — 6. Insertion du droit externe. — 7. Insertion du droit supérieur. — 8. Gaîne supérieure contenant les nerfs : pathétique (9), frontal (10), lacrymal (11). — 12. Gaîne moyenne contenant les nerfs : moteur oculaire commun (13), sa branche supérieure (14), sa branche inférieure (15); nasal (16), naso-ciliaire (17), moteur oculaire externe et la veine ophtalmique (18). — 19. Gaîne inférieure contenant une veine orbitaire (20).

breux fixé sur le frontal et représentant la « poulie du grand
oblique. » Après avoir franchi cette région, le tendon se
réfléchit en arrière pour aller s'insérer sur la partie supérieure et externe du globe oculaire. Quant au *petit oblique*, il naît du rebord orbitaire, près de la gouttière
lacrymale, puis s'incurve extérieurement pour venir s'attacher à la partie postérieure et externe de la sclérotique,
entre le droit externe et le nerf optique.

Les filets nerveux qui se distribuent à ces muscles reconnaissent diverses origines : le petit oblique, le droit
inférieur, le droit supérieur et le droit interne sont innervés
par le nerf oculo-moteur commun ; le grand oblique par le
pathétique ; le droit externe, par l'oculo-moteur externe.

Leurs insertions suffisent à indiquer leur mode d'action : le
muscle droit supérieur porte le globe oculaire en haut, le
muscle droit inférieur le tire au contraire vers le bas ; le grand
oblique, grâce à sa réflexion sur la poulie cartilagineuse
du frontal, peut imprimer à l'œil un véritable mouvement
de rotation qui porte en dehors la partie inférieure du
globe oculaire, et en haut sa partie externe ; il a pour antagoniste le petit oblique, qui détermine aussi un mouvement
de rotation, mais en sens inverse.

Telle est la constitution générale de l'appareil oculo-
moteur ; cependant, il n'est pas rare de la voir se compliquer
notablement chez les divers Vertébrés : c'est ainsi que
dans plusieurs Mammifères et Reptiles, on constate la
présence d'un *muscle suspenseur* ou *muscle droit postérieur*, sorte de cornet dont la pointe est fixée au trou
optique et dont la base s'applique sur la sclérotique.
Cette gaîne musculeuse est généralement formée de deux
ou de quatre faisceaux qui se séparent pour livrer

passage aux muscles droits, dont le nombre semble alors
porté à six ou même à huit. Ce muscle, très développé

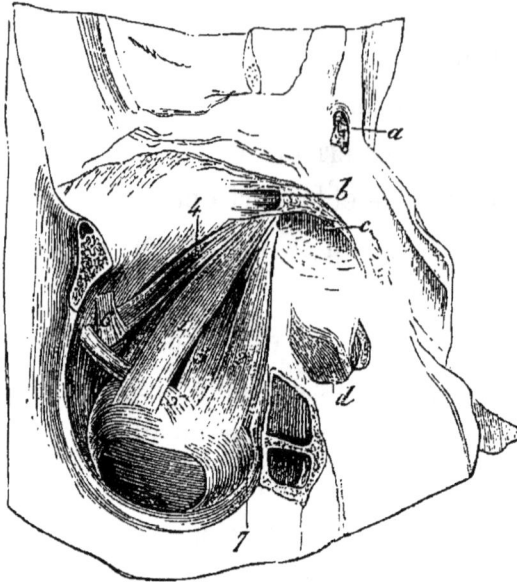

Fig. 90. — Muscles moteurs du globe de l'œil chez le Cheval.

1. Muscle droit supérieur. — 2. Muscle droit externe. — 3. Muscle droit postérieur.
— 4. Muscle grand oblique. — 5. Insertion de ce muscle sur le globe de l'œil. —
6. Bride fibro-cartilagineuse qui lui sert de poulie de renvoi. — 7. Muscle petit oblique.
A. CHAUVEAU et S. ARLOING.)

chez les Solipèdes (fig. 90), les Pachydermes, etc., dirige
l'œil vers le fond de l'orbite.

Chez les Oiseaux, les muscles oculaires sont au nombre
de six comme dans l'espèce humaine, mais, les deux obliques naissant de la partie antérieure de la voûte orbitaire, il
n'existe plus de poulie pour le passage du grand oblique ; on
observe une disposition analogue dans la classe des Poissons.

VINGT-SIXIÈME LEÇON

SOMMAIRE. — Parties essentielles de l'œil des Vertébrés. — Étude de la sclérotique, de la cornée, de la choroïde.

Avant d'aborder l'étude des parties essentielles de l'organe visuel, il convient de rappeler que, loin de demeurer identique dans les divers Vertébrés, la forme du globe oculaire se modifie selon le milieu qu'ils habitent et suivant les conditions dans lesquelles la vision doit s'exercer : chez les Mammifères terrestres et les Reptiles, l'œil est presque absolument sphérique ; dans les Poissons et les Cétacés, il s'aplatit au point de ne plus représenter souvent qu'une demi-sphère, tandis que chez les Oiseaux il s'allonge et devient conique[1].

Ainsi que nous avons déjà eu l'occasion de le constater, cet appareil est limité extérieurement par une membrane épaisse et fibreuse dans ses cinq sixièmes postérieurs où elle porte le nom de *sclérotique*, mince et transparente dans son sixième antérieur, où elle figure une sorte de verre de montre placé au-devant de l'œil et permettant aux rayons lumineux de pénétrer dans son intérieur, c'est la *cornée*.

[1] Voy. les mensurations données par Cuvier (*An. comparée*, 2ᵉ éd., t. III, p. 390) et par Sœmmering (*De oculorum hominis et animalium sectione horizontali Comment.*, 1818).

SCLÉROTIQUE. — La sclérotique [1] représente donc la plus externe des membranes de l'œil, auquel cette tunique assure une dernière et puissante protection. C'est par elle que doivent s'établir les relations nécessaires à la vie et au fonctionnement de l'organe : aussi d'étroits canalicules permettent aux vaisseaux sanguins de la traverser, et sa face postérieure porte une large ouverture qui livre passage au nerf chargé de transmettre au centre percepteur les impressions recueillies par la rétine. Dans le Lynx, le Castor, l'Éléphant et le Phoque, cet orifice coïncide sensiblement avec l'axe antéro-postérieur de l'œil ; chez le Cheval, il est situé un peu en dedans, tandis qu'il se trouve en dehors chez la Marmotte, le Loup, le Chamois, les Oiseaux et les Reptiles. Dans l'Homme et les Singes, il se présente en dedans et en bas [2].

Sur la face externe de la sclérotique, s'insèrent les muscles droits et obliques, destinés à assurer les mouvements du globe oculaire ; par sa face interne, toujours rugueuse, cette membrane répond à la seconde des enveloppes de l'œil, à la choroïde.

D'un blanc plus ou moins opaque, la sclérotique offre une épaisseur très variable et s'amincit toujours vers sa partie antérieure ; c'est ainsi que chez l'Homme elle mesure 1 millimètre au point d'entrée du nerf optique et seulement $0^{mm},6$ au voisinage de la cornée [3].

Dans la classe des Mammifères, cette membrane est purement fibreuse, composée de faisceaux lamineux

---

[1] De σκληρὸς, dur.

[2] Teale, *On the form of the eyeball and the relative position of the entrance of the optic nerv in different Animals.* — Milne Edwards, *loc. cit.*, t. XII, p. 129.

[3] Sappey, *loc. cit.*

entre-croisés et de quelques fibres élastiques ; mais chez les
Cétacés, elle semble se diviser en plusieurs couches [1], et
dans les Monotrèmes elle tend à revêtir l'aspect d'une capsule cartilagineuse [2] ; parfois même comme dans les Solipèdes [3] et les Ruminants [4] elle s'incruste de tissu osseux formant
à sa région postérieure une couche plus ou moins épaisse.

Ces modifications, si rares dans les Vertébrés supérieurs, deviennent très fréquentes dans les classes suivantes ; chez les Oiseaux, la
sclérotique est ainsi formée
de trois couches : l'interne
et l'externe sont conjonctives ;
la moyenne, cartilagineuse,
est formée de cellules arrondies. En outre, à sa partie antérieure [5] et parfois aussi vers
la zone opposée, la scléro-

Fig. 91. — Cercle osseux de
la sclérotide de l'Oiseau. (D'après
Leuckart.)

tique se trouve revêtue d'un cercle osseux, découvert par
Méry [6], composé d'un nombre variable de plaques imbriquées [7]
de forme quadrangulaire, et recourbées en avant de

---

[1] Sœmmering, loc. cit. — Mayer, Anat., Untersuch. über das Auge
der Cetacen, 1852.

[2] Meckel, Ornithorynchi paradoxi descriptio anatomica, p. 39. —
Leydig, Traité d'histologie comparée, p. 262.

[3] Lecoq, loc. cit.

[4] Joannes Chatin, Ossification de la sclérotique chez le Cerf (Comptes rendus de la Société de biologie, 1878).

[5] Leydig, loc. cit., p. 262.

[6] Mery, Sur le cercle osseux autour de la cornée de l'œil de l'Aigle,
(Mémoires de l'Académie des sciences, 1666, t. II, p. 15). — Petit,
Description anatomique de l'œil de l'espèce de Hibou appelée Ulula
(ibid., 1736, p. 5).

[7] Le nombre de ces plaques varie de 12 à 30. — Voy. Alters, Beitr.
zur Anatomie und Physiologie. Bremen, 1802.

manière à encadrer exactement la cornée. Cette bague antérieure (fig. 91) est de beaucoup la plus constante ; quant au cercle postérieur, il ne s'observe guère que chez quelques Gallinacés et entoure l'orifice par lequel le nerf optique franchit la sclérotique [1].

Les Reptiles présentent une structure analogue : toujours la sclérotique y est cartilagineuse et souvent elle est renforcée par une bague osseuse, très visible chez les Crocodiles[2], les Tortues[3], les Lézards[4]. Dans les Batraciens, elle est cartilagineuse ; chez les Poissons, elle offre tous les modes de structure : fibreuse chez la Lamproie[5], elle y rappelle le type propre aux Mammifères; cartilagineuse dans les Plagiostomes, elle reproduit les formes caractéristiques des Batraciens[6] ; dans la plupart des Poissons osseux, elle contient des plaques solides qui peuvent se réunir et constituer un anneau semblable à celui des Reptiles et des Oiseaux[7].

CORNÉE. — La sclérotique se continue antérieurement avec la cornée, autour de laquelle elle forme comme une

---

[1] Gemminger, *Ueber eine Knochenplatte im hintern Sklerotikalsegment des Auges einiger Vogel* (*Zeit. f. wiss. Zoologie*, t. IV, p. 215).

[2] D. W. Sœmmering, *loc. cit.*

[3] Bojanus, *Anat. Testudinis europæa.*

[4] Stannius et Siebold, *loc. cit.*, p. 217.

[5] Milne Edwards, *loc. cit.*, p. 133.

[6] Stannius et Siebold, *loc. cit.*, p. 85.

[7] Agassiz et Vogt, *Anatomie der Salmonen*, p. 88, pl. M. — Masselien, *Dissert. inaug. systens descriptionem oculorum Scomberi.* Berlin, 1875. — Rosenthal in Reil's *Archiv für Physiologie*, 1811, p. 395. — Leydig, *Untersuchungen über Fische und Reptilen*, p. 8. — Cuvier, *Histoire naturelle des Poissons*, t. I, p. 453. — Leydig, *loc. cit.*, p. 263. — Langhaus, *Untersuchungen über die Sclerotica der Fische* (*Zeitschr. f. wiss. Zoologie*, 1865, t. XV, p. 243).

sorte de rainure circulaire, plus marquée chez les Rongeurs et les Oiseaux que dans l'espèce humaine. La face antérieure de la cornée est convexe et sa face postérieure concave ; elle présente un rayon de courbure égal à 8 millimètres d'après Petit et M. Lamé, à $9^{mm},5$ selon Krause, à 7 millimètres suivant M. Sappey, dont les recherches permettent de considérer définitivement la cornée comme un segment sphérique.

Au point de vue histologique [1], on doit distinguer dans la cornée des Mammifères les trois régions suivantes :

1° Couche externe ;

2° Couche moyenne ou fondamentale ;

3° Couche interne.

I. La couche externe comprend deux zones : la première est représentée par un épithélium qui compte quatre ou cinq assises de cellules et se continue avec la couche muqueuse de la conjonctive ; la seconde confine à la région antérieure de la couche moyenne : Reichert a cru devoir revendiquer pour elle une indépendance absolue, lui imposant même un nom spécial (Limitante antérieure de la cornée) ; l'anatomie comparée ne saurait admettre de pareilles distinctions, car cette zone manque chez un grand nombre de Vertébrés dans lesquels la couche moyenne se continue sans modification sensible jusqu'à l'épithélium externe.

II. Cette couche moyenne offre un intérêt tout spécial : elle est formée d'un tissu particulier, qui donne de la chondrine par l'ébullition et paraît assez analogue aux formations cartilagineuses ; ce *tissu cornéen* est formé de cellules étoilées, dont le chlorure d'or permet de distinguer

---

[1] Voy. les Leçons de Ranvier in *Progrès médical,* 1878-1879.

facilement les prolongements filiformes ; la teinture ammoniacale de carmin, précipitée par l'acide acétique, donne
également de fort bons résultats (Mammifères, Batraciens, etc.).

III. La couche interne rappelle assez exactement la structure de la couche externe, car elle est formée d'une membrane élastique (Limitante postérieure de Reichert), doublée
d'une assise épithéliale dont les éléments affectent une
forme irrégulièrement hexagonale. — On décrit souvent
ces deux zones sous le nom commun de « membrane de
Demours ou de Descemet ».

Aucune des couches cornéennes n'est vasculaire chez
le Mammifère adulte ; c'est à peine si çà et là on peut y
distinguer quelques minces filets sanguins. Dans les Poissons, au contraire, ces vaisseaux atteignent une réelle
importance et s'y montrent disposés, tantôt en longues
boucles sinueuses (*Cobitis*), tantôt en épaisses touffes
dendroïdes (*Orthagoriscus*).

Quant aux filets nerveux, ils sont parfaitement connus
depuis les recherches de Cohnheim : nés des nerfs ciliaires,
ils se répandent dans le tissu cornéen, puis s'épanouissent
sur les cellules de l'épithélium externe, offrant ainsi un
nouvel exemple de ces terminaisons interépithéliales que
nous avons si minutieusement analysées lors de nos études
sur les organes tactiles.

Chez les Oiseaux, la cornée est généralement très convexe et paraît encore plus saillante, en raison de la rigidité
du cadre osseux sur lequel elle est tendue ; elle offre la
même forme chez les Crocodiliens et les Ophidiens, mais se
déprime dans les Sauriens et les Chéloniens, où elle est relativement assez petite ; la cornée des Batraciens ressemble

beaucoup à celle des Sauriens. Dans la classe des Poissons, elle est toujours fort peu convexe et plus épaisse sur ses bords que vers sa partie centrale [1].

Lorsqu'on a dépouillé l'œil de la coque extérieure formée par la sclérotique et la cornée, on découvre une seconde sphère, contenue dans la première et appendue au nerf optique comme une baie de raisin à son pédoncule, d'où le nom d'*uvée* [2], que les anciens lui avaient si justement donné et dont les modernes ont malheureusement dénaturé la signification. Rien ne diffère plus que l'aspect de ces deux globes inclus l'un dans l'autre : l'externe était blanc ou opalin, l'interne sera noir ou brunâtre ; le premier était dur et résistant, le second possédera une mollesse extrême. Mais, en raison de leur forme à peu près identique, on pourra facilement y reconnaître des parties analogues : au segment postérieur du globe externe, à la sclérotique proprement dite, répondra la *choroïde* ; au-dessous de la cornée s'abattra l'*iris* qui fait suite à la choroïde comme la cornée se continuait avec la sclérotique, et porte en son centre un orifice arrondi, la *pupille*.

De même que nous avons étudié successivement chacun des deux segments de la sphère extérieure, de même nous devons retracer séparément l'histoire de la choroïde et celle du diaphragme irien.

CHOROÏDE. — La face externe de la choroïde s'applique contre la face interne de la sclérotique, tandis que sa face

---

[1] Sœmmering, *loc. cit.*
[2] *Uva*, grain de raisin.

interne recouvre la rétine et contracte avec les éléments
excitables les plus étroites relations. Son extrémité postérieure offre une ouverture destinée au passage du nerf
optique; quant à l'extremité antérieure, qui se continue
avec l'iris, elle présente un intérêt tout spécial, possède une
haute valeur physiologique et mérite une description particulière : c'est le *corps ciliaire.*

La choroïde est composée d'un certain nombre de couches qui varient avec les auteurs; les uns en distinguent
cinq, d'autres n'en reconnaissent que trois; cette dernière
division semble la plus conforme aux résultats de l'observation directe, aussi l'adopterons-nous ici et examine-
rons-nous successivement dans la choroïde :

1° La couche celluleuse ou externe;

2° La couche vasculaire ou moyenne;

3° La couche pigmentaire ou interne.

Peut-être même devrions-nous rapprocher cette dernière
de la rétine, à laquelle la rattachent tant de liens anatomiques et de connexions physiologiques; mais elle se continue sans interruption avec le pigment de l'iris, et se développe en même temps que lui aux dépens de la vésicule
secondaire; on ne saurait donc la séparer de l'ensemble
des tissus choroïdiens.

I. La couche celluleuse donne à la membrane choroïdienne
la teinte brunâtre et l'aspect mamelonné qu'elle présente
lorsqu'on a enlevé la sclérotique; parfois même, quelques-
uns de ses éléments adhèrent alors à cette dernière, d'où
la subdivision proposée par certains auteurs[1] qui eussent
voulu séparer cette couche en deux lamelles, l'une scléro-

---

[1] Voy. Arnold, in *Handbuch der Gesammten Angenheilkunde von Græfe und Sæmisch,* 1874.

ticale, l'autre choroïdienne. Rien n'eût été moins justifié, car l'examen de certains yeux (Bœuf, Mouton, etc.) suffit à établir que cette zone est purement et entièrement choroïdienne.

Elle présente une inégale épaisseur suivant les espèces, les races, les individus, et c'est ainsi que chez l'Homme elle est plus développée dans les yeux noirs que dans les yeux bleus. Pour pouvoir la séparer aisément des couches sous-jacentes, le durcissement dans la liqueur de Müller constitue le meilleur des procédés : elle se montre composée par des fibres élastiques qu'unit une matière granuleuse, et par des cellules, les unes pigmentaires et étoilées, les autres dépourvues de pigment.

Chez les Reptiles et les Poissons, sa structure se complique de la présence d'aiguilles cristallines qui lui donnent un aspect métallique, d'où le nom de *membrane argentine* sous lequel la désignent les ichthyologistes. Dans les vertébrés ovipares, un coussinet adipeux sépare quelquefois la choroïde de la sclérotique ; mais le fait est loin d'être général.

II. La seconde couche de la choroïde, ou *couche vasculaire*, mérite parfaitement ce nom, car, sauf une certaine quantité de tissu lamineux et de cellules pigmentaires étoilées, elle est essentiellement formée par un lacis de vaisseaux qui, de dehors en dedans, se succèdent dans l'ordre suivant : 1° les veines ; 2° les artères ; 3° les capillaires.

Les artères de la choroïde viennent des ciliaires courtes postérieures, branches de l'ophtalmique qui naît elle-même de la carotide interne.

Les veines de la choroïde (*vasa vorticosa*) forment quatre troncs d'où partent, en tourbillonnant, dés branches nombreuses ; deux de ces groupes sont supérieurs, deux inférieurs ; chacun d'eux s'étend du nerf optique aux procès ciliaires pour s'y épanouir en arcades flexueuses. Une erreur célèbre, dont l'origine remonte à Ruysch, que Zinn, Sœmmering, Huschke partagèrent, et qui se perpétua trop longtemps, a fait décrire ces veines comme des artères.

Les capillaires de la choroïde forment, à la partie interne de sa couche vasculaire, un réseau à mailles si étroitement unies qu'on l'a souvent décrit comme une couche particulière : c'est la *membrane ruyschienne*, la *zone chorio-capillaire* des auteurs.

La plus profonde des couches de la choroïde, la *couche pigmentaire*, est formée de cellules hexagonales juxtaposées par leurs bords, pourvues d'un gros noyau et contenant de nombreuses granulations brunâtres. Sur leur face interne, elles se creusent pour recevoir l'extrémité des bâtonnets et des cônes rétiniens qu'elles engaînent en formant autour d'eux des calyces dont nous aurons bientôt à étudier les rapports ainsi que l'importance physiologique.

Tapis. — Dans l'espèce humaine, et particulièrement chez les individus albinos, on voit parfois les cellules choroïdiennes se décolorer et perdre la plupart de leurs granulations pigmentaires, tandis que leur forme demeure normale. Ce fait, exceptionnel chez les Bimanes et les Quadrumanes, devient au contraire très fréquent dans un grand nombre de Vertébrés : la couche profonde de la choroïde se décolore sur une étendue plus ou moins considérable, et cesse d'arrêter les rayons lumineux qui, parvenant alors sur le réseau des fibres sous-jacentes, s'y réfléchissent et s'y décomposent en produisant de brillantes irisations ; cette région de la choroïde en acquiert l'aspect d'un véritable miroir et reçoit le nom de *Tapis*[1].

Considéré au point de vue de sa situation, le tapis diffère suivant les types que l'on examine : tantôt il s'étend sur la presque totalité de la choroïde, comme dans les Crocodiles et les Dauphins ; ailleurs, il se localise autour de la papille du nerf optique, ou s'étend sur la région postéro-externe de la choroïde. Ses colorations sont très variables : il est d'un jaune doré dans les Félidés et les Ursidés ; d'un blanc bleuâtre chez les Canidés (Chien, Loup) et les Mélidés (Blaireau) ; d'un blanc argenté tournant au violet chez le Cheval, le Cerf, le Daim ; d'un vert plus ou moins doré dans le Mouton ; d'un beau vert bleuâtre chez le Bœuf ; argenté chez l'Autruche et les Crocodiles, il rappelle dans les Plagiostomes les reflets de l'or bruni.

Au point de vue histologique, les auteurs distinguent deux espèces de tapis : les Poissons (Chimères, Esturgeons, Percoïdes, Scombéroïdes) et les Carnivores posséderaient un *tapis celluleux*, composé de cellules limitées par une fine membrane et présentant un contour granuleux ; les Marsupiaux (*Thylacinus, Dasyurus*), les Ruminants, les Solipèdes et les Cétacés auraient un *tapis fibreux*. Ces idées, exposées dans les traités allemands les plus récents, étaient déjà celles de Leydig[2] ; elles ont été partagées et déve-

---

[1] Voy. Desmoulins et Magendie, *Anatomie du système nerveux des animaux vertébrés*, t. I, p. 345. — Hassenstein, *Commentatio de luce ex quorumdam animalium oculis producente atque de tapete lucido*, 1836. — Eschricht, *Beobacht. an dem Seehundsauge* (*Muller's Archiv*, 1838). — Brucke, *Anatom. Untersuch. über die sogenannten leuchtenden Augen bei den Werbelthieren* (*Muller's Archiv*, 1845, p. 394). — Stannius et Siebold, *loc. cit.*, p. 84. — Milne Edwards, *loc. cit.*, t. XII, p. 158. — Leuckart, in *Handbuch von Græfe und Sæmisch*, p. 156.

[2] Leydig, *Histologie comparée*, p. 266.

loppées par Leuckart [1] qui a même cru devoir les compléter par la description d'éléments spéciaux, les « bâtonnets choroïdiens », expression aussi malheureuse dans la forme que dans le fond, car elle établirait une rapide confusion avec les éléments bacillaires de la rétine et ne répond d'ailleurs à aucun type réel. Lorsqu'on examine un de ces « tapis fibreux », celui du Dauphin, par exemple, on le voit formé de cellules rameuses ou étoilées, contenant de pâles granules et des gouttelettes adipeuses ; bleu d'azur à la lumière réfléchie, il devient d'un brun marron à la lumière transmise, et l'on constate aisément que son aspect est déterminé par des phénomènes purement physiques et non par la présence d'éléments particuliers [2].

On ne possède encore que des notions très vagues sur le rôle physiologique du tapis : les théories de Prévost [3] et de Desmoulins [4] restent vraies en partie, et la réflexion de la lumière par ce miroir concave ne peut être contestée ; mais il conviendrait d'en déterminer les effets et de rechercher spécialement si ces rayons tombant sur la face interne de l'iris n'y produisent pas une excitation suivie de réflexes plus ou moins intenses, hypothèse qui n'a rien d'invraisemblable et dont la démonstration ajouterait encore à la valeur des parties que nous venons d'étudier.

[1] Leuckart, in *Handbuch von Græfe und Sæmisch*, t. II, p. 158, 1876.
[2] Joannes Chatin, *Contribution à l'étude du tapis chez le Dauphin* (*Comptes rendus de la Société de Biologie*, 1877).
[3] Prévost (de Genève) in *Bibliothèque britannique*, t. LXV, 1810.
[4] Desmoulins, *Mémoire sur l'usage des couleurs de la choroïde dans l'œil des animaux vertébrés* (*Journ. physiol. expér.*, t. IV, p. 107).

VINGT-SEPTIÈME LEÇON

Dès le seizième siècle, dès l'époque de Vésale et de
Fallope, on avait reconnu que la choroïde ne se continue pas directement avec l'iris, et s'en trouve séparée
par une zone intermédiaire, dont on ne soupçonnait encore ni la structure spéciale, ni l'importance physiologique, mais à laquelle on appliquait déjà des noms particuliers qui, tout en variant selon les temps et les anatomistes, n'ont cessé de consacrer l'indépendance de cette
région dont les travaux modernes nous ont permis d'apprécier le rôle considérable : c'est le *corps ciliaire*[1], la *zone
ciliaire*[2] ou *zone choroïdienne*[3].

La place occupée par le corps ciliaire suffit à indi-

[1] Vésale, *Corporis humani fabrica*, 1543.
[2] Fallope, *Observationes anatomicæ*, 1550.
[3] Sappey, *loc. cit.*, t. III, p. 725.

quer ses rapports : en arrière il s'unit à la choroïde par
un bord festonné, l'*ora serrata* des anciens; en avant
il s'épaissit notablement pour se continuer avec l'iris qui
s'y trouve encadré comme la cornée dans la sclérotique;
il répond extérieurement à celle-ci, intérieurement à la
zone de Zinn avec laquelle il contracte les relations les
plus étroites.

Au point de vue anatomique, rien de plus simple que la
constitution de ce corps ciliaire formé de deux anneaux
concentriques : le premier, externe et confinant à la sclérotique, est de nature contractile, aussi lui donne-t-on le
nom de *muscle ciliaire;* le second, interne et répondant
au cristallin, est essentiellement vasculaire, il représente
les *procès ciliaires.*

Muscle ciliaire. — Le muscle ciliaire a été regardé
comme un simple ligament jusqu'en 1836[1]. A cette époque, un observateur américain, William Clay Wallace, démontra sa nature musculaire et, peu après, un zoologiste
anglais, Crampton, la reconnut également chez les Oiseaux :
détails importants à mentionner, car les Allemands décrivent journellement ce muscle sous le nom de « muscle de
Brucke », semblant attribuer à cet anatomiste une pa-
ternité qu'il ne saurait aucunement revendiquer, ses études étant de dix ans postérieures à celles dont je viens de
rappeler les auteurs.

Le muscle ciliaire se présente sous l'aspect d'un anneau

[1] Peut-être sa nature contractile avait-elle été entrevue en 1759
par Porterfield, mais la description de celui-ci était tombée dans
l'oubli et toutes les opinions avaient cours à ce sujet : Sœmmering
y voyait un anneau nerveux; Winslow, Meckel et Huschke, une
zone élastique, etc.

grisâtre qui répond par sa face interne aux procès ciliaires et par sa face externe à la sclérotique. Sur la
coupe, il affecte la forme d'un triangle dont la base serait antérieure et s'appuierait sur le canal de Schlemm,
tandis que son sommet serait postérieur et se conti-
nuerait avec la choroïde [1]. On peut aisément le décomposer en deux plans : l'un superficiel ou radié, qui

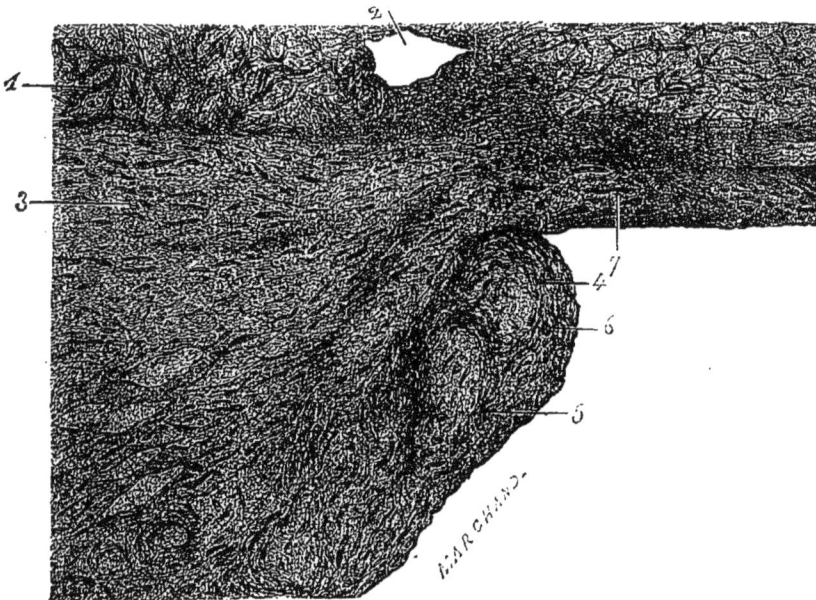

Fig. 92. — Muscle ciliaire.

1. Sclérotique. — 2. Canal de Schlemm ou de Fontana. — 3. Portion superficielle du
muscle ciliaire : les noyaux musculaires s'y montrent disposés horizontalement, tandis
que dans la portion circulaire, située au-dessous de la précédente, ces noyaux sont obliques de haut en bas et de dedans en dehors. — 4. Procès ciliaire appliqué contre la
portion circulaire du muscle, et confinant supérieurement à l'iris ; dans sa masse se
distinguent quelques noyaux musculaires (5 et 6). — 7. Grande circonférence de l'iris.
(D'après Morel et Villemin.)

s'insère antérieurement sur le canal de Schlemm et, postérieurement, sur la choroïde et sur la base des procès ciliaires ; l'autre, profond ou circulaire, figure une

---

[1] Voy. l'excellente thèse de concours de M. Chrétien (*La Choroïde
et l'Iris*, Paris, 1876).

bague musculaire facile à observer vers le point où l'iris (fig. 92,7), s'unit aux procès ciliaires (*id.*, 4). Ce muscle n'est donc en rapport direct ni avec le cristallin, ni avec la zone de Zinn, mais il adhère intimement aux procès ciliaires et c'est par leur intermédiaire qu'il peut agir sur la lentille, comme nous le verrons plus tard.

L'Homme paraît être l'un des mammifères chez lesquels le muscle ciliaire atteint le plus grand développement; mais dans cette espèce même, il faut être prévenu des différences qu'il présentera suivant que l'œil étudié sera myope ou hypermétrope. Dans le premier cas, la partie profonde ou circulaire sera peu développée et le muscle, presque uniquement formé de faisceaux radiés, semblera plus étendu qu'à l'état normal; chez l'hypermétrope au contraire, ce sera la partie circulaire ou profonde qui se montrera prépondérante. Nous aurons bientôt l'explication de ces particularités, lorsque nous étudierons le mode de fonctionnement de l'appareil ciliaire.

Dans les Carnivores, on le décrit généralement comme réduit à sa partie superficielle ou radiée; cependant si l'on ne se borne pas à l'observation exclusive des animaux domestiques[1], si l'on examine à cet égard les Genettes, les Civettes, etc., on y reconnaîtra la présence des fibres orbiculaires ou profondes. Dans les Rongeurs, il est généralement très réduit, mais ici encore son développement varie avec les divers types, et s'il est presque nul chez le Lapin ou le Lièvre, il est en revanche assez étendu dans les Castors.

Il se compose de fibres lisses, longues de $0^{mm},05$ à $0^{mm},07$

----

[1] Warlomont, art. MUSCLE CILIAIRE, in *Dict. encycl. sc. méd.*, t. XVII, p. 268.

et larges de $0^{mm},006$ dans leur portion moyenne. Elles se pu-
tréfient rapidement et s'altèrent en présence de la plupart
des réactifs; cependant Schultze et Flemming disent avoir
obtenu d'excellentes préparations avec le chlorure de
palladium au $\frac{1}{600}$.

Chez les Oiseaux, ce muscle est volumineux et s'étend
même entre la cornée et la bague osseuse de la sclérotique,
c'est l'*anneau fibreux de Treviranus* ou *muscle de Crampton*[1]; il acquiert un grand développement dans les Aigles,
les Hiboux, les Autruches, etc.[2], et ne s'y compose plus de
fibres lisses comme chez les Mammifères, mais de fibres
striées[3].

Dans les Reptiles on l'observe souvent, et Brucke l'a signalé chez les Crocodiliens, Chéloniens, Sauriens, etc.[4]. Au
contraire, il paraît faire défaut dans les Batraciens et les
Poissons[5]; cependant les Sélaciens en offrent comme un
dernier vestige, représenté par un anneau de tissu conjonctif dense.

Procès ciliaires. — Au-dessous de ce muscle se trouve la
partie profonde du corps ciliaire : les procès ciliaires. Pour

[1] Crampton, *The description of an organ by wich the Eyes of Birds
are accommodated to the different distances of objects* (*Thompson's
Ann. of. Phil.*, 1813, t. 1, p. 170).

[2] Brucke, *Ueber den Musculus Cramptoniamus und den Spannmus-
kel der choroidea* (*Muller's Archiv fur Anatomie und Physiologie*,
1846, p. 370 et suiv.).

[3] Rouget, *Recherches anatomiques et physiologiques sur les appareils
érectiles ; appareil de l'adaptation de l'œil chez les Oiseaux, les
principaux Mammifères et l'Homme* (*Comptes rendus de l'Académie
des Sciences*, 19 mai 1856, t. XLII, p. 938).

[4] Brucke, *loc. cit.*

[5] Lee, *Observations on the ciliary muscle in Fish, Birds*, etc. (*Journ.
of. An. and Physiol.*, 1868).

les étudier, il suffit de séparer l'œil en deux hémisphères par une coupe équatoriale ; on découvre alors, autour du cristallin, une sorte de couronne composée d'un grand nombre de plis rayonnés (chez l'Homme, il y en a de 70 à 80) dont la longueur peut varier, mais dont la forme rappelle assez constamment celle d'une pyramide qui, par sa

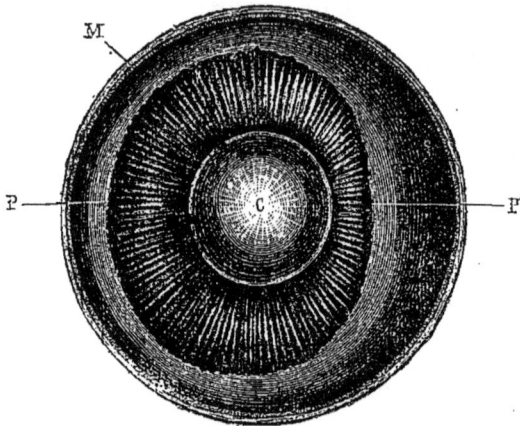

Fig. 93. — Coupe transversale du globe de l'œil (face interne du segment antérieur).

C. Cristallin. — P. Procès ciliaires. — P' Point où les procès ciliaires sont plus courts. — M. Coque de l'œil (A. CHAUVEAU).

base, répondrait à la face postérieure de l'iris, tandis que son sommet, dirigé en arrière, se perdrait sur la choroïde.

Ces procès ciliaires sont formés par un pelotonnement de petits vaisseaux qui se contournent diversement sur eux-mêmes et sont unis par du tissu conjonctif renfermant des noyaux. Ces arcades et leurs anastomoses ont été longtemps considérées comme artérielles, subissant ainsi le sort des *vasa vorticosa* : Ruysch, Zinn, Sœmmering, Arnold, Huschke leur ont successivement attribué cette origine, tandis qu'en réalité les procès ciliaires représentent des plexus veineux qui, lorsque le muscle ciliaire se contracte, se gonflent et compriment le cristallin, puis se vident au contraire et reviennent sur eux-mêmes, dès que ce muscle se relâche [1] ; nous aurons bientôt à rechercher les conséquences fonctionnelles de ces rapports que nous devons nous borner à signaler actuellement.

Les procès ciliaires sont très nombreux et très allongés dans les Chats et les Chiens, très saillants chez les Loutres et les Phoques. Dans les Rongeurs, et surtout chez les Lièvres, ils sont assez courts en arrière, très étendus en

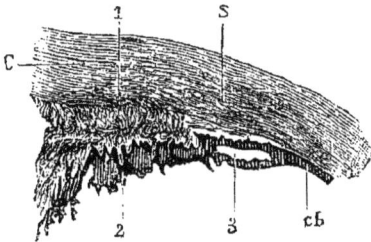

Fig. 94. — Section antéro-postérieure de la coque de l'œil du cheval au niveau de la circonférence de la cornée.

S. Sclérotique. — C. Cornée. — *ch.* choroïde. — 1. Muscle ciliaire. — 2. Procès ciliaires. — 3. Canal de Fontana (A. CHAUVEAU).

avant, où ils se prolongent presque jusque sur les bords de la pupille ; chez le Cheval, la couronne ciliaire est formée de longues franges (fig. 94) ; dans le Porc, les procès ciliaires ressemblent beaucoup à ceux des Lièvres et s'avancent dans le voisinage immédiat de l'orifice pupillaire. Les Ruminants (Bœuf, Mouton, Cerf, etc.), possèdent également des procès ciliaires assez développés ; ces replis sont au contraire très réduits chez les Cétacés.

Dans la classe des Oiseaux, ils sont assez grêles chez les Rapaces [2], très rapprochés dans les Pigeons. Les Autruches ont des procès ciliaires fort larges, et comme

[1] Sappey, *loc. cit.*, p. 738.

[2] Cuvier, *Leçons d'Anatomie comparée*, 2ᵉ éd., t. III, p. 415, 416. — Owen., *loc. cit.*

frangés sur leur bord libre; dans les Echassiers, ils adhèrent intimement à la zone de Zinn; chez les Palmipèdes, ils offrent les mêmes rapports, mais s'y montrent plus nombreux et filiformes [1].

Les Crocodiliens possèdent des procès ciliaires larges et longs, dépassant notablement la grande circonférence de l'iris [2]; ils sont moins développés dans les Chéloniens [3], et s'atténuent davantage encore chez les Sauriens; dans les Geckotiens, et en particulier chez les Hemidactyles et les Platydactyles, on a quelque peine à les découvrir, car ils apparaissent sous l'aspect d'un cercle étroit entourant antérieurement le cristallin. Il en est de même chez la plupart des Serpents [4], et cette dégradation s'accentue tellement dans la classe des Batraciens, que divers auteurs ont révoqué en doute leur présence; ils y existent cependant, mais très réduits [5].

D'après la plupart des zoologistes, les Poissons osseux seraient dépourvus de procès ciliaires [6]; cette règle semble toutefois comporter de nombreuses exceptions, puisque, chez les *Thynnus* [7], ces organes sont normalement constitués, et que dans la plupart des autres genres on les voit représentés par un petit bourrelet velouté qui encadre l'iris et le sépare de la choroïde dont il se distingue par son

[1] De Blainville, *loc. cit.*

[2] *Id.*, — Cuvier, *Leçons d'Anatomie comparée*, 2e éd., t. III, p. 416.

[3] Bojanus, *Anatome Testudinis*, pl. XXVI, f. 139.

[4] Chez les Ophidiens, la couronne ciliée est souvent lisse ou à peine dentelée et très analogue à ce qu'elle est dans la plupart des Poissons osseux.

[5] Cuvier, *loc. cit.*, p. 416. — Stannius et Siebold, *loc. cit.*, p. 218.

[6] Gegenbaur, *loc. cit.*, p. 720.

[7] Stannius et Siebold, *loc. cit.*, p. 86.

aspect spécial [1]. Enfin, chez les Plagiostomes, la couronne
ciliaire se retrouve avec les dispositions fondamentales
qu'elle présente dans les Vertébrés supérieurs [2].

---

[1] De Blainville, *loc. cit.*

[2] Cuvier, *Leçons d'Anatomie comparée*, 2ᵉ éd., t. III, p. 416. —
Leydig, *Traité d'Histologie comparée*, p. 268. — Auguste Duméril,
Histoire naturelle des Plagiostomes.

VINGT-HUITIÈME LEÇON

Lorsqu'on suit les progrès du développement de l'organe visuel, on n'observe tout d'abord aucune modification notable, soit dans la coque extérieure de l'œil, soit dans la sphère choroïdienne qu'elle recouvre ; mais, vers le septième mois, une ouverture apparaît sur la face antérieure du globe pigmentaire qui se trouve dès lors limité par un véritable diaphragme, l'*iris*, percé d'un orifice central, la *pupille* ou *prunelle*.

De forme circulaire et de nature éminemment contractile, l'iris s'étend ainsi transversalement, entre la cornée et le cristallin. Sa grande circonférence adhère au muscle ciliaire et au canal de Schlemm ; quant à sa petite circonférence, elle limite l'orifice pupillaire et subit dans sa forme et ses dimensions, les mêmes variations que celui-ci.

La face postérieure de l'iris est concave, ce qui ne peut surprendre puisqu'elle s'applique sur le cristallin ; elle est toujours noirâtre ou brunâtre. Quant à la face antérieure, elle présente une convexité très marquée dans les Oiseaux, moins évidente mais cependant réelle chez les Mammifères ; on y distingue de petites stries qui convergent de la grande circonférence vers la petite en donnant à l'iris l'aspect d'une roue : elles sont d'origine vasculaire et se montrent tantôt rectilignes, tantôt onduleuses, suivant que la pupille est contractée ou dilatée [1].

La coloration de cette face antérieure de l'iris varie non seulement suivant les espèces, mais suivant les individus. On sait que chez l'Homme, sa teinte se trouve généralement en rapport avec celle des cheveux et des sourcils : bleue chez les blonds, elle est brunâtre chez les sujets à cheveux noirs. Dans les autres Vertébrés, elle peut offrir des colorations différentes, mais toujours en rapport avec l'abondance du pigment : si celui-ci est de couleur brunâtre ou noirâtre, et également distribué sur les deux faces de la membrane, l'iris paraîtra brun ou noir ; si la matière colorante n'existe au contraire que sur la face postérieure, sa teinte, vue par transparence à travers le tissu irien, et peut-être modifiée par quelques phénomènes d'interférence [2] semblera grise ou bleue. Si le pigment fait complètement défaut, comme chez les albinos, l'iris ne présentera d'autre couleur que celle du sang qui parcourt ses vaisseaux et paraîtra rouge. Quelquefois le pigment se trouvera mêlé de granulations jaunes qui, par leur nombre, leur répartition dans la substance de l'organe, lui donneront

[1] Sappey, *loc. cit.*, p. 742.
[2] Henle, *Anatomie des Menschen.*

les reflets verdâtres ou fauves qui caractérisent l'œil de certains Mammifères ; dans les Oiseaux, des gouttelettes adipeuses d'un rouge éclatant viendront s'y ajouter [1] et pourront donner à l'iris les teintes les plus brillantes et les plus variées. Enfin chez les Poissons, la membrane argentine de la choroïde se prolongera sur le diaphragme irien qui lui devra cet aspect métallique si vulgairement connu [2].

On a longtemps discuté pour savoir si la pupille coïncide exactement avec le centre de l'iris ; aujourd'hui l'opinion la plus répandue veut qu'elle soit légèrement en dedans ; cependant les observations de Foucher semblent indiquer que cette disposition est loin d'être constante et que dans la plupart des cas, l'orifice pupillaire se trouve au milieu même de la membrane : sur 161 sujets, cet anatomiste a trouvé :

Pupille centrale.   98
Pupille portée en dedans.   12
Pupille portée en haut.   15
Pupille portée en haut et en dedans. .   31
Pupille portée en haut et en dehors. .   5

On voit avec quelle réserve doivent être acceptées les assertions des auteurs classiques.

[1] Leydig, *Histologie comparée*, p. 271. — Milne Edwards, *loc. cit.*, t. XII, p. 145.

[2] Drummond, *On certain appearences observed in the dissection of the Eyes of Fishes* (*Transactions of the royal Society of Edinburgh*, 1015, t. VII, p. 377). — Ehrenberg, *Zuzatz über normale Krysställbildung in lebenden Thierkorper* (*Poggendorff's Ann. der Physik*, 1833, t. XXVIII, p. 468). — Agassiz et Vogt, *Anat. des Salmones*, p. 95. — Leydig, *Beitrage zur mikr. Anatomie und Entwickelung der Rochen und Haie*, p. 21.

Les dimensions de l'orifice pupillaire varient avec l'é-clairage ou la distance des objets visés par l'œil, se modi-fient sous l'action de plusieurs substances telles que la fève de Calabar, la strychnine, l'atropine, etc.; quant à la forme de cette ouverture, elle se montre très différente dans les divers groupes de l'embranchement des Verté-brés et devient parfois si caractéristique pour certaines espèces, que l'objet spécial de nos études nous oblige à l'examiner avec quelque attention.

Chez l'Homme [1], dans les Quadrumanes [2] et les Ron-geurs [3], elle est sensiblement ronde; il en est de même chez les Lapins [4], le Chien [5], le Porc [6], etc. Ailleurs, elle prend l'aspect d'une fente, tantôt verticale, tantôt horizon-tale : la première de ces formes s'observe chez les Chats [7], les Renards [8], les Paresseux [9]; la seconde, dans le Che-val [10], le Bœuf [11], le Dromadaire [12], le Narval [13], etc. Par-fois, son bord supérieur se montre légèrement festonné, ce qui lui donne une apparence toute spéciale et facile à constater chez la Chèvre, le Mouton, le Bœuf et divers autres Ruminants.

[1] Sappey, *loc. cit.*

[2] De Blainville, *loc. cit.*

[3] Stannius et Siebold, *loc. cit.*, p. 442.

[4] De Blainville, *loc. cit.*

[5] ID., *ibid.*

[6] Leyh, *Anatomie des animaux domestiques.* Trad. franç., 1870, p. 288.

[7] Stannius et Siebold, *loc. cit.* — Lorsque la pupille est très di-latée, elle prend une forme assez sensiblement arrondie.

[8] De Blainville, *loc. cit.*

[9] ID., *ibid.*

[10] Chauveau, *loc. cit.*

[11] Milne Edwards, *loc. cit.*, p. 147.

[12] ID., *ibid.*

[13] Stannius et Siebold, *loc. cit.*, p. 442.

Dans la classe des Oiseaux la pupille est presque constamment ronde ; chez les Crocodiles elle est verticale et
devient rhomboïdale dans les Geckotiens [1]. Chez les Batraciens, elle est tantôt arrondie, tantôt triangulaire.

La pupille des Poissons est généralement circulaire, mais
elle se montre parfois allongée transversalement, comme
chez les Plagiostomes où souvent elle présente de nombreuses franges qui tantôt peuvent se rabattre sur l'ouverture, de manière à la fermer complètement, et tantôt
séparent cet orifice en deux parties à peu près égales ; la
première de ces dispositions s'observe chez les Raies, les
Torpilles, etc. [2] ; la seconde, dans les Anableps, chez lesquels la cornée est également partagée en deux segments
qui répondent exactement aux deux parties de la prunelle [3].

Au point de vue histologique, l'iris est composé des
trois couches suivantes.

1° Une couche postérieure, l'uvée.

2° Une couche moyenne ou musculo-vasculaire.

2° Une couche antérieure.

Nous connaissons la signification que le terme d' « Uvée »
prenait dans le langage des anciennes écoles anatomiques, où l'on désignait sous ce nom l'ensemble de la
sphère choroïdienne, comparée à un grain de raisin ; au
seizième siècle, il ne s'appliquait déjà plus qu'à la partie an-

---

[1] Milne Edwards, *loc. cit.*, t. XII, p. 147.

[2] Cuvier, *loc. cit.*, t. III, p. 427. — Delle Chiaje, *Observ. anat.
s. l'occhio humano*, 1838, p. 11.

[3] Monro, *The structur and physiology of Fishes*, p. 59. — Cuvier,
loc. cit., t. III, p. 427. — Valenciennes, article ANABLEPS, in *Dict. de
D'Orbigny*.

térieure, à l'iris : telle est sa valeur dans les écrits de Ruysch, de Petit, de Winslow. Enfin, au siècle dernier, le diaphragme oculaire reçut le nom qu'il porte encore aujourd'hui, tandis que l' «Uvée» ne représenta plus désormais que sa couche postérieure.

Cette région profonde de l'iris porte de nombreux plis qui lui donnent, autour de l'orifice pupillaire, un aspect finement dentelé. Peu marquées sur l'œil humain, ces stries sont très fortement indiquées dans le Bœuf et le Rhinocéros, légèrement atténuées chez le Cheval. Dans le Phoque, elles sont très fines, très serrées et donnent à la face postérieure de l'iris l'aspect d'un réceptacle d'Agaric revêtu de ses lamelles hyméniales. Chez les Squales, elles sont encore très apparentes.

Toujours assez épaisse, l'uvée se montre formée de cellules analogues à celles qui tapissent la face profonde de la choroïde, mais ces éléments renferment une telle quantité de granules pigmentaires, qu'il est presque toujours impossible d'observer leur noyau dont on ne peut constater aisément la présence que chez les Rongeurs et les Ruminants. Dans les vertébrés à sang froid, et particulièrement chez les Poissons, ces cellules perdent leur forme hexagonale pour devenir rameuses et rappellent ainsi les éléments de la couche externe de la choroïde [1].

La zone moyenne de l'iris est de beaucoup la plus épaisse : sa trame est constituée par un stroma de fibres lamineuses dans lesquelles se voient quelques cellules mélaniennes et d'abondantes fibres musculaires mêlées à des vaisseaux sanguins et à des nerfs.

Les éléments contractiles de l'iris forment deux masses

[1] Agassiz et Vogt, *Anatomie des Salmones*, p. 94.

bien distinctes : les uns, disposés circulairement autour de la pupille, en représentent le sphincter ; les autres, rayonnant du grand cercle de l'iris à l'orifice pupillaire, constituent le muscle dilatateur de la pupille.

Le sphincter est facile à voir sur des coupes perpendiculaires à la pupille : il occupe le petit cercle de l'iris et se compose de fibres lisses ; mais chez les Oiseaux, ces éléments revêtent la forme striée et les mouvements de l'iris paraissent être volontaires.

Si l'existence de ce muscle circulaire de la pupille est admise par tous les observateurs, il n'en est pas de même pour son antagoniste, le muscle radié, dont divers anatomistes ont formellement nié la présence. Chez l'Homme, son étude présente, il est vrai, de grandes difficultés : ses faisceaux, toujours inégaux, sont fréquemment masqués par les cellules pigmentaires qui les entourent et surtout par les vaisseaux au milieu desquels ils s'élèvent et dont ils suivent la direction. Cependant, en variant convenablement l'emploi des réactifs, en examinant des yeux pauvres en pigment, en interrogeant les diverses espèces animales, on parvient à reconnaître l'existence de ce muscle [1].

Si on l'étudie de dedans en dehors, du petit cercle irien vers le grand cercle, on le voit débuter par de minces faisceaux curvilignes qui semblent émerger de la masse

[1] Sappey, *loc. cit.*, p. 745. — Kolliker, *Histologie humaine*, 2º éd., p. 856. — Iwanoff, art. MEMBRANA VASCULOSA in *Stricker's Handbuch.* — Id., art. MIKROSCOPISCHE ANATOMIE, in *Græfe's und Sæmisch Handbuch.* — Huttenbrenner, *Untersuchung über die Binnenmuskel des Auges* (Sitzung. der Wiener Akad., 1868, t. LVII, p. 515). — Dogel, *Ueber den Musculus dilatator Pupillæ bei Saugethieren, Menschen und Vogeln* (Archiv f. mikr. Anatomie, 1870, t. VI, p. 89). — Merkel, *Die musculatur der menschlichen Iris*, 1873. — Chrétien, *loc. cit.*, p. 32. — Leydig, *loc. cit.*, p. 271.

du sphincter, puis ces faisceaux se redressent et s'accolent pour figurer une sorte de roue dont les rayons montent symétriquement vers la grande circonférence de l'iris; parvenus dans son voisinage, ils se dissocient, redeviennent arciformes et flexueux, puis se perdent dans le bord ciliaire du diaphragme irien.

Les artères de l'iris proviennent des ciliaires longues et des ciliaires courtes, dont les branches s'anastomosent pour former, autour de la circonférence extérieure, un anneau vasculaire désigné sous le nom de *grand cercle artériel de l'iris*. De sa concavité naissent d'abondants ramuscules qui, plus ou moins flexueux, s'irradient sur toute la membrane en s'envoyant d'innombrables branches anastomotiques ; parvenues près des limites du sphincter, celles-ci se réunissent en un riche plexus auquel on donne le nom de *petit cercle artériel de l'iris*, bien que sa constance et sa régularité ne puissent être comparées à celles du grand cercle extérieur.

Quant aux veines, elles se rendent aux procès ciliaires dont elles représentent l'origine.

Les nerfs de l'iris sont fournis par les nerfs ciliaires et n'offrent aucune particularité notable dans leur mode de distribution qui est presque exactement celui des artères correspondantes ; mais leur origine et, par suite, leur rôle méritent, au contraire, une attention particulière, car ils n'ont pu être élucidés que grâce à de nombreux et récents travaux.

Les nerfs ciliaires proviennent du ganglion ophthalmique [1], situé sur le côté externe du nerf optique et naissant par trois racines (fig. 95):

---

[1] On sait qu'il y a un petit nombre de filets ciliaires, fournis par

1° Un filet sympathique émanant du plexus carotidien ;

2° Un filet fourni par le moteur-oculaire commun ;

3° Un filet du nerf ophthalmique de Willis.

Négligeant actuellement ce dernier rameau, voyons quelle sera l'action du sympathique et de la troisième paire. Les résultats obtenus sont d'une telle netteté qu'ils ne paraissent, tout d'abord, pouvoir soulever la moindre

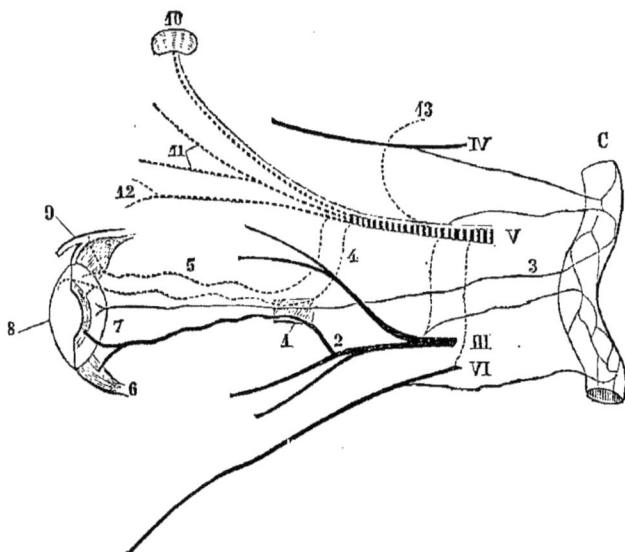

Fig. 95. — Innervation oculaire (figure schématique).

III. Nerf moteur oculaire commun. — IV. Nerf pathétique. — V. Nerf ophthalmique de Willis. — VI. Nerf moteur oculaire externe. — C. Carotide et plexus carotidien. — 1. Ganglion ophthalmique. — 2. Sa racine motrice. — 3. Sa racine sympathique. — 4. Sa racine sensitive. — 5. Filet ciliaire direct. — 6. Muscle ciliaire. — 7. Iris. — 8. Cornée. — 9. Conjonctive. — 10. Glande lacrymale. — 11. Nerf frontal. — 12. Nerf nasal. — 13. Filet recurrent. — (Les nerfs moteurs sont figurés par des lignes épaisses; les nerfs sensitifs par des lignes pointillées ; les nerfs sympathiques ou vaso-moteurs par des lignes fines continues; les nerfs glandulaires par des traits interrompus) [d'après Beaunis].

discussion : si l'on excite le filet sympathique, la pupille se dilate, elle se contracte dès qu'on le sectionne ; au contraire, l'excitation du moteur oculaire commun détermine

le nasal, qui se rendent immédiatement à l'iris et à la conjonctive, sans passer par le ganglion ophthalmique, ce sont les *filets ciliaires directs* de Claude Bernard (Voy. fig. 95, 5).

la contraction pupillaire, tandis que sa section provoque la
dilatation du même orifice [1]. Les expériences ne sauraient
donc laisser place à la plus légère incertitude ; c'est ailleurs qu'il convient de chercher l'origine du débat. Ainsi
que nous avons déjà eu l'occasion de le rappeler, la
structure et le mode de fonctionnement des muscles iriens
ont provoqué d'ardentes polémiques ; ces divergences ne
pouvaient manquer de retentir sur l'interprétation physiologique des filets nerveux qui les animent, aussi voyons-
nous varier sans cesse leur signification fonctionnelle :
les histologistes qui distinguent à la fois un sphincter destiné à resserrer l'ouverture et un muscle radiaire suscep-

[1] Pourfour du Petit, *Mémoire dans lequel il est démontré que les
nerfs intercostaux fournissent des rameaux qui portent les esprits dans
les yeux* (*Mémoires de l'Académie des Sciences*, 1727, p. 9). — Moli-
nelli, *De ligatis sutisque octavi paris* (*Comment. Institut. Bonon.*, 1755,
t. III). — Dupuy, *Observations et expériences sur l'enlèvement des
ganglions gutturaux des nerfs trisplanchniques sur des Chevaux* (*Journal de médecine*, 1816, t. VII, p. 340). — Mayo, *On the cerebral
nerves with reference to sensation and voluntary motion* (*Anatom. and
physiol. comment.*, 1823, n° 2, p. 4). — Reid, *On the effects of lesion
of the trunks of the ganglionic system of Nerves in the neck upon the
Eyeball and its appendiges* (*Edinb. med. and surgic. Journal*, 1839,
t. LII, p. 36). — Biffi, *Intorno all' influenza che hanno scell'ochio i
due nervi Gransimpatic vagi* (*Annali universali di medicina*, 1846,
t. XVIII, p. 630). — Budge et Waller, *Observations sur la partie intra-
crânienne du nerf sympathique* (*Comptes rendus Acad. des sc.*, 1851,
t. XXXIII, p. 419). — Id. *Recherches sur le système nerveux* (*Ibid.*,
p. 372). — Chauveau, *Détermination du mode d'action de la moelle
dans la production des mouvements de l'iris* (*Journal de Physiologie*,
1861, t. IV, p. 377). — Cl. Bernard, *Leçons sur la physiologie du
système nerveux.* — Id., *Recherches expérimentales sur les nerfs vasculaires et calorifiques du grand sympathique* (*Journ. de Physiologie*,
1862, t. V, p. 411). — Vulpian, art. MOELLE (*Dict. encyclop. sciences
méd.*). — Sappey, *loc. cit.*, t. III, p. 745. — Chrétien, *loc. cit.*,
p. 102. — Milne Edwards, *loc. cit.*, t. XII, p. 150 et suiv. — Iwanoff
et Arnold, in *Graefe's und Sæmisch Handbuch*, t. I.

tible de la dilater, font innerver le muscle dilatateur par le
grand sympathique, et le sphincter par le moteur oculaire
commun. Au contraire, pour les observateurs qui considèrent toutes les fibres musculaires de l'iris comme cons-
trictives et refusent d'admettre la présence des fibres radiaires ou dilatatrices, la troisième paire présiderait seule
à la contraction de ces fibres et le sympathique jouerait le
rôle d'un nerf d'arrêt, paralysant l'action du moteur oculaire
commun; quant à la dilatation pupillaire, elle ne recon-
naîtrait d'autre cause que l'élasticité des tissus ambiants [1].

Il est enfin une dernière et séduisante théorie qui rapporte tous les mouvements de l'iris à des phénomènes de
turgescence et de déplétion vasculaires; on devine quel
rôle elle devra attribuer à chacun de ces deux nerfs : le
sympathique deviendra un vaso-constricteur, la troisième
paire représentant un vaso-dilatateur.

On voit, en résumé, que le désaccord est plus apparent
que réel et porte sur une définition de mots plutôt que sur
une définition de choses : le sympathique préside à la dilatation de la pupille, le moteur oculaire commun à sa contraction. Il y a plus d'un siècle que les expériences de
Pourfour du Petit nous ont révélé les grandes lignes de
ce dualisme fonctionnel, et l'on peut dire que rien, jusqu'ici,
ne permet d'en modifier les résultats.

Le trijumeau, représenté par la branche de Willis,
que nous avons vue former la troisième racine du ganglion ophthalmique, fournit à l'iris des filets sensitifs et

---

[1] Hall, *On the structure and mode of action of the Iris* (*Edimb. med.
and surgic. Journal*, 1844, t. LXII, p. 95). — Lethby, *On the structure and mouvements of the Iris* (*Ophthalm. Hospital Reports*, 1859-
60, t. II, p. 18).

des filets trophiques : son excitation amène par action réflexe la contraction de la pupille [1] ; d'autre part, sa section détermine des troubles nutritifs considérables et une

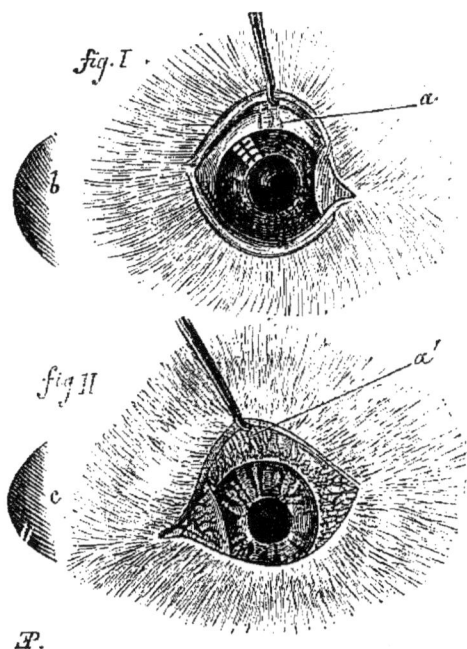

Fig. 96. — Altérations de l'œil après la section du trijumeau
(Cl. Bernard).

I. *Œil normal du côté non opéré.* Il y a à peine quelques vaisseaux grêles en *a*. — *b.* Convexité normale de la cornée du côté sain. — II. *Œil du côté opéré : a'*, injection très marquée de la conjonctive. — *b'.* Convexité de la cornée du côté opéré.

rapide inflammation de l'iris (fig. 96). On connaît les controverses auxquelles ont donné lieu ces altérations de

[1] Voy. Magendie, *Expériences sur les fonctions de la cinquième paire de nerfs* (*Journal de Physiologie*, 1824, t. IV, p. 307). — Cl. Bernard, *loc. cit.* — Hirschmann, *Zur Lehre von der durch Arzneimittel gervogerufenen Myasis und Mydriasis* (*Archiv fur Anatomie und Physiologie*, 1863, p. 309). — Ochl, *Della influenza che il quintopajo cerebrali dispiega sulla pupilla*, 1863. — Guttmann, *Zur Innervation der Iris* (*Centralblatt*, 1864, p. 598). — Franciel, *Essai sur les mouvements de l'Iris* (*Thèses de la Faculté de médecine de Paris*, 1874).

l'œil. Snellen leur assignait une origine purement extérieure et traumatique : l'animal ne percevant plus, après
la section du trijumeau, aucune impression tactile dans
les membranes oculaires, se fût heurté aux corps voisins
et eût ainsi produit des désordres plus ou moins graves ;
d'autres comme Schiff, Bezold, etc., ont voulu rapporter
ces troubles à l'action du grand sympathique, mais Claude
Bernard a nettement établi, par de nombreuses expériences, qu'ils étaient dus à la section de l'ophthalmique
de Willis [1].

RÔLE PHYSIOLOGIQUE DE LA CHOROÏDE, DU CORPS CILIAIRE ET
DE L'IRIS. — Ce sera seulement lorsque nous considére-
rons les phénomènes visuels dans leur ensemble et chercherons à analyser le rôle des divers organes qui en
assurent la manifestation, que nous pourrons justement
apprécier la haute valeur des parties dont nous venons
d'examiner la structure ; cependant, tel est l'intérêt qui
s'attache à leur étude fonctionnelle, qu'il est impossible de
la séparer de leur histoire anatomique et que nous devons,
dès maintenant, en esquisser les traits généraux.

Plongeant dans les cellules profondes de la choroïde
qui les entourent comme de véritables calices, les bâtonnets rétiniens ne trouvent pas seulement, dans cette couche
élastique et molle, l'unique mode de protection qui puisse
convenir à des éléments aussi délicats, aussi facilement
altérables ; ils y rencontrent encore réunies toutes les conditions capables de réaliser les effets thermiques sans le
concours desquels ils ne sauraient fonctionner. C'est pro-

---

[1] Cl. Bernard, *loc. cit.*

clamer une vérité banale en physiologie que de rappeler la
nécessité pour tout appareil nerveux de se trouver maintenu à un certain degré de température : cent faits vulgaires, de nombreuses applications chirurgicales nous mon-
treraient l'anesthésie survenant dès qu'on refroidit une
fibre nerveuse sur son parcours ou vers son extrémité.
Tout appareil sensitif devant ainsi se doubler d'un appareil
de caléfaction, la rétine emprunte le sien à la choroïde
qui forme autour d'elle une véritable étuve, grâce à la
riche vascularisation qu'elle possède, et dont il faut chercher le secret non dans les besoins nutritifs de la membrane, mais dans les rapports qu'elle contracte avec la
couche bacillaire voisine.

A la surface d'un pareil plexus doit s'établir une certaine transsudation, sera-t-elle utile ou nuisible ? et ce
caractère, qui permettait à la choroïde d'acquérir une si
haute valeur, qui la rendait inséparable de la membrane
essentielle de l'œil, de la rétine, va-t-il au contraire déterminer quelque trouble dans la constitution et par suite
dans le mode d'action des milieux réfringents ? Non ; dans
les conditions normales, l'écoulement de ce sérum réali-
sera au contraire une nouvelle et excellente condition de
perfectionnement : la majeure partie des milieux oculaires
est liquide et, comme l'a parfaitement montré M. Gosselin[1],
la cornée possède une perméabilité des plus grandes : il y
a donc constamment exosmose, sortie par cette voie d'une
certaine quantité d'humeurs et par suite abaissement dans
la masse totale des liquides intra-oculaires dont le pouvoir

---

[1] Gosselin, *Sur le trajet intra-oculaire des liquides absorbés à la
surface de l'œil* (*Gazette hebdomadaire de Médecine et de Chirurgie*,
1855).

réfringent ne tarderait pas à se modifier dans des proportions considérables, si les innombrables vaisseaux de
la choroïde ne réparaient immédiatement ces pertes. La
tension oculaire se trouve ainsi maintenue dans ses conditions normales par la circulation choroïdienne : dès
que celle-ci se trouve arrêtée, l'œil s'affaisse et se flé-
trit; tel est son aspect sur le cadavre. Au contraire, si la
tension augmente dans le réseau artériel, le globe oculaire
se trouve distendu, d'où ces accidents (hydrophthalmie, etc.)
qui accompagnent fréquemment les inflammations de la
membrane irio-choroïdienne [1].

Cette dernière ne constitue pas seulement une chambre
chaude, c'est encore une chambre noire ; si les vaisseaux
y abondent, les cellules pigmentaires y sont encore plus
nombreuses et lui donnent une nouvelle importance. Poursuivant dans ses moindres conséquences une comparaison que l'on rapporte généralement à Képler, la plupart
des physiciens et des physiologistes n'ont vu dans ce revêtement pigmentaire qu'un enduit noir, analogue à celui
que l'on étend à l'intérieur des instruments d'optique, et
comme lui destiné à absorber les rayons lumineux dès
qu'ils ont agi sur la rétine. M. Rouget [2] a nettement établi
que son rôle était tout différent et, par d'ingénieuses expériences, cet habile observateur a montré que la choroïde représente moins une région absorbante qu'une
couche réfléchissante.

Depuis longtemps, on pensait qu'il en était ainsi chez les
animaux pourvus d'un tapis [3], mais on se refusait à l'ad-

---

[1] Beaunis, *loc. cit.*, p. 861. — Galezowski, *Traité des maladies des yeux*, p. 349.

[2] Rouget, *loc. cit.*

[3] Prévost (de Genève), *loc. cit.*

mettre pour les espèces à choroïde normalement pigmentée. Cependant l'étude de cette membrane et des éléments
voisins montre que le pouvoir réfléchissant doit ici l'em-
porter de beaucoup sur le pouvoir absorbant : ce dernier
ne pourrait s'exercer avec quelque importance que si la surface était rugueuse ou mamelonnée ; or, tel n'est pas l'aspect de la choroïde qui, partout où elle confine à la rétine,
se montre lisse et polie. A la face profonde de l'iris, sur
l'uvée, sur la zone ciliaire, elle offre au contraire de nombreuses saillies, des bosselures, des mamelons, aussi les
rayons lumineux sont-ils réellement absorbés en ce point
où une seconde réflexion amènerait de graves perturba-
tions ; partout ailleurs, c'est-à-dire sur la presque totalité
de sa surface, la choroïde agit comme un véritable miroir qui réfléchit les rayons lumineux sur les couches
postérieures de la rétine, seules sensibles à la lumière [1].
Chez les animaux inférieurs, nous verrons les bâtonnets
optiques se tourner vers l'extérieur et recevoir l'impression
lumineuse par cette même extrémité qui plonge ici dans
l'épithélium pigmenté de la choroïde dont la véritable
signification se trouve ainsi démontrée par l'anatomie générale comme par l'histologie comparée.

Le corps ciliaire possède, au point de vue physiologique,
une importance considérable : c'est en lui que réside l'a-
gent de l'accommodation, représenté par le muscle ciliaire ;
ce dernier agit sur le cristallin par l'intermédiaire des procès ciliaires et, se continuant par ses fibres radiées avec
la choroïde, peut exercer sur le corps vitré une légère
compression qui explique les traces d'accommodation

---

[1] Helmholtz, *loc. cit.* ; — Donders, *loc. cit.*

observées parfois chez les aphakiques [1]. Mais nous ne
saurions actuellement insister sur ces phénomènes que
nous devrons bientôt analyser d'une façon spéciale.

Nous connaissons l'origine des mouvements de l'iris,
nous savons par quel mécanisme l'orifice pupillaire peut
se dilater ou se contracter. Nous avons étudié les rapports des deux muscles qui permettent ces modifications,
la nature des filets nerveux qui y président ; il ne nous
reste plus qu'à examiner les effets obtenus par le jeu de
cet appareil.

Sans cesse comparé à un diaphragme, l'iris justifie assez
bien cette assimilation, car son rôle principal est de régler la
quantité de rayons lumineux qui peuvent venir frapper la
rétine : la lumière est-elle trop vive, trop intense ? la pupille se contracte ; devient-elle au contraire vague, pâle,
insuffisante ? la même ouverture se dilate. Mais là ne se
borne pas la fonction de l'iris : par ses contractions,
par les limites qu'il impose aux rayons lumineux, on
devine qu'il concourt indirectement à l'accommodation,
peut-être même y contribue-t-il encore sous une autre
forme et, sans revenir aux idées de Treviranus [2] et de
Pouillet [3], on peut probablement lui accorder à cet égard
une importance qui, pour être secondaire et n'apparaître
que médiatement, n'en semble pas moins réelle [4] ; il acquiert enfin une nouvelle valeur en atténuant, dans les

---

[1] Voinow, *Ueber das Accommodation bei Aphak.* (*Archiv f. Ophthal.*,
t. XIX, p. 107).

[2] Treviranus, *Beiträge zur Anat. und Physiol. der Sinneswerkzeuge*,
1828.

[3] Pouillet, *Traité de Physique*, t. II, p. 141.

[4] Cramer, *Het accommodatie vermogen d. oogen* (*Naturk Verhand-*

milieux réfringents de l'œil, un défaut dont les conséquences seraient des plus graves. Chacun sait que lorsqu'un faisceau lumineux traverse une lentille, ses rayons
ne se réunissent jamais exactement au même point, déterminant ainsi le phénomène que les physiciens désignent
sous le nom d'*aberration de sphéricité*. On devine facilement quels en seraient les effets sur l'organe visuel, mais
il s'y trouve corrigé par deux dispositions remarquables :
la première réside dans le cristallin lui-même et ne saurait qu'être mentionnée en ce moment, la seconde est
réalisée par le jeu même du diaphragme irien qui, arrêtant les rayons marginaux et ne laissant passer que les
rayons centraux, fait disparaître jusqu'à la cause de cette
imperfection, assurant ainsi la netteté des images qui
viendront se peindre sur la rétine.

long van de Holland. Maatschappij. der wetensch. Haarlem, 1853).
— Rouget, *loc. cit.* — Donders, *loc. cit.* (*Archiv f. Ophth. von Græfe*,
t. VII, 1861).

VINGT-NEUVIÈME LEÇON

SOMMAIRE. — Artère hyaloïde et réseaux hyaloïdiens chez les Mammifères. — Peigne des Oiseaux. — Historique : Cl. Perrault,
Buffon, Home, de Blainville, etc. — Forme, rapports, structure
du Peigne. — Son rôle physiologique : différentes théories; résultats fournis par l'observation expérimentale, l'examen ophthalmoscopique, etc.

Durant les premiers mois de la vie fœtale, alors que le
globe irio-choroïdien rappelle l'aspect d'une baie de raisin
et que la pupille se trouve encore fermée par une fine membrane dont il n'existera bientôt plus nul vestige [1], on constate la présence d'une artère qui, protégée par un repli
de la membrane hyaloïde, traverse toute l'étendue du
corps vitré pour se distribuer à la capsule du cristallin
ainsi qu'à la membrane pupillaire. Elle subit le sort de

---

[1] Dans l'espèce humaine la membrane pupillaire disparaît vers le
septième mois. — Haller, *De membranâ pupillari observationes*, 1742. —
Wrisberg, *De membranâ fœtus pupillari*, 1772. — William Edwards,
Mémoire sur quelques points de l'anatomie de l'Œil (*Bulletin de la
Société Philomathique*, 1814). — Reich, *De membranâ pupillari*, Ber-
lin, 1835. — Lieberkuhn, *Ueber das Auge des Wirbelthierembryon*,
1872, p. 39. — Manz, *Entwickelungeschichte des menschlichen
Auges* (*Handbuch von Graefe und Sæmisch*, t. II, 1876).

cette dernière et, vers le septième mois, le fœtus humain n'en offre plus aucune trace. Cependant il est un certain nombre de cas tératologiques dans lesquels on la voit persister, soit avec son aspect normal et vasculaire, soit sous la forme d'une traînée blanchâtre : à l'ophthalmoscope, elle apparaît comme un filament qui, partant de la papille du nerf optique, c'est-à-dire du point où celui-ci franchit la choroïde pour s'épanouir à la surface de la rétine, vient se fixer à la cristalloïde postérieure, ou s'arrête dans le corps vitré à quelque distance de cette dernière [1].

Ce qui ne s'observe que rarement et anormalement chez l'Homme, se montre au contraire avec une constance absolue dans un certain nombre de Mammifères et en particulier chez les Ruminants, les Porcins, les Solipèdes : H. Muller a décrit, il y a peu d'années, dans l'œil du Bœuf, un prolongement blanchâtre qui, de la papille, s'avance à travers le corps vitré, jusque près du cristallin et représente, à n'en pas douter, le dernier témoin de l'artère hyaloïdienne ; rapprochement d'autant mieux justifié que, sur les jeunes animaux, on trouve ce filament rempli de sang dans toute son étendue ou dans sa partie postérieure. Au point de vue histologique, il se montre formé de fibres lamineuses et élastiques, mêlées à de petites masses pigmentaires, mais en général les éléments y conservent une apparence embryonnaire qui s'explique aisément si l'on remonte à l'origine de cette formation [2]. Divers auteurs (Finkbeiner,

---

[1] Meissner, *Zeitschrift f. rat. Medicin*, 1851, p. 562. — Sæmisch, in *Zehender's Klinische Monatsblatter*, 1863, p. 258. — Zehender, *id*, p. 259. — Toussaint, *id.*, p. 260. — Manz, *loc. cit.* (*Handbuch von Græfe u. Sæmisch*, t. II, 1875, p. 82 et suiv.).

[2] H. Muller, *Gesammelte und hinterlassene zur Anatomie und Physiologie des Auges*, 1872, p. 364.

Leuckart, etc.) en ont également signalé la présence dans le Cheval, le Porc, le Mouton; on la rencontre même chez le Chevreuil, l'Axis, etc. Mais, dans cette première classe de l'embranchement des Vertébrés, les réseaux hyaloïdiens n'atteignent jamais un développement comparable à celui

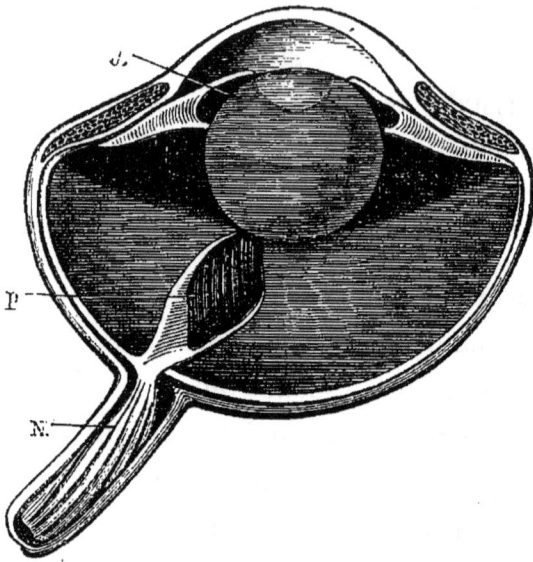

Fig. 97. — Cygne.
N. Nerf optique. — C. Cristallin. — P. Peigne (D'après Leuckart).

qu'ils présentent chez les Ovipares, où ils forment ces organes singuliers et si longtemps énigmatiques, décrits sous les noms de *Peigne*, *Ligament falciforme*, etc.

PEIGNE DES OISEAUX. — Chez tous les Oiseaux, à l'exception de l'Aptéryx, le corps vitré loge non plus un simple fil ténu et souvent exsangue comme chez les Mammifères, mais une membrane qui, de la papille, s'avance en forme de coin jusqu'au cristallin ou dans son voisinage : c'est le *Peigne* (fig. 97, P) dont l'étude n'a cessé depuis plus de deux siècles d'exciter les efforts des anatomistes et des

physiologistes. Sa découverte est probablement fort ancienne ; cependant, on la rapporte généralement à Perrault,
qui, le premier [1], en donna une description à peu près
exacte ; il la comparait à une bourse, d'où le nom de *Mar-
supium* sous lequel il la désigna et qui depuis a été fort
heureusement abandonné.

Une particularité aussi remarquable ne pouvait échapper
à l'attention de Buffon, mais on sait que l'illustre naturaliste traitait les questions anatomiques avec son ampleur
habituelle et s'accommodait peu des minutieuses recherches
qu'elles exigent ; aussi tomba-t-il à ce sujet dans une erreur
d'autant plus impardonnable qu'une légère attention suffisait à l'éviter : voyant le peigne s'insérer sur la papille
du nerf optique, il les considéra comme un seul et même
organe et se méprit ainsi complètement sur leurs rapports
et leur valeur réciproque [2].

Ce qui était une membrane nerveuse pour Buffon devint
une masse musculaire pour Evrard Home [3], et la nature
du peigne semblait ainsi devoir subir d'incessantes transformations, lorsqu'enfin la lumière se fit. Il est un nom
qu'on chercherait vainement dans les dissertations les plus
récentes sur le peigne, c'est celui de De Blainville, omis-
sion d'autant plus injuste et d'autant plus singulière que
l'éminent auteur de l'*Organisation des animaux* n'hésita

---

[1] Perrault, *Mémoire pour servir à l'histoire des animaux*, 2ᵉ partie,
p. 154 (*Mémoires de l'Académie des Sciences*, 1632).

[2] « Dans les yeux d'un coq d'Inde, le nerf optique qui était situé
fort à côté, après avoir percé la sclérotique et la choroïde, s'élargis-
sait et formait un rond, etc. » (Buffon, *Discours sur la nature des
Oiseaux*, p. 175).

[3] Ev. Home, *Lecture on the muscular motion in the eyes of Birds*
(*Phil. transactions*, 1796). — Les vues de Haller étaient plus conformes à la réalité (Haller, *Elementa Physiologiæ*, t. V, p. 391).

pas à formuler les conclusions les plus exactes, rechercha les moindres différences que peuvent présenter à cet égard les divers ordres et fit connaître, dès 1822, la plupart des faits qu'en ces derniers temps on a cru pouvoir donner comme de modernes découvertes.

Pour de Blainville, le peigne n'est qu'une sorte d'appendice « de l'enveloppe vasculaire [1] ». Il en décrit ainsi la situation et les rapports : « De la face interne du nerf optique qui a pénétré obliquement dans l'intérieur de l'œil par une ouverture en forme de fente, naît un corps noir plus ou moins comprimé, quelquefois mince et portant sur ses deux faces des plis parallèles qui l'ont fait comparer à un peigne, d'autres fois plissé dans toute sa circonférence, comme une bourse dont on aurait tiré les cordons ; dans ce cas, après s'être un peu élargi depuis sa naissance jusque vers son milieu environ, il diminue ensuite très peu, et se termine d'une manière plus ou moins évidente, immédiatement ou presque immédiatement à la capsule du cristallin, et constamment à son côté interne. Quand au contraire sa forme est lamelleuse, alors le bord antérieur s'allonge obliquement, de manière que c'est son angle inférieur qui s'approche le plus du cristallin, etc. [2]. » Nous verrons bientôt qu'à part quelques détails histologiques, sur lesquels l'accord est loin d'être fait entre tous les observateurs, il n'y a presque rien à ajouter à cette description.

Dans cette même année 1822, un auteur qui jusque-là avait partagé les idées d'Ev. Home, considérant le peigne comme un organe contractile, revient sur sa première

---

[1] De Blainville, *De l'Organisation des Animaux*, p. 400 et suiv.
[2] Id., *loc. cit.*

opinion et lui assigne une nature purement vasculaire [1].
Il ne s'agit plus désormais que de préciser la valeur de
certains points secondaires et de rechercher les variations que le peigne peut présenter, suivant les espèces, les
époques du développement, etc.; ce but a pu être facilement atteint, grâce aux nombreux travaux qui se sont
succédé depuis une quarantaine d'années [2].

Pour découvrir le peigne, il suffit de détacher avec soin
la partie antérieure de la sclérotique et de rabattre ce
segment comme le couvercle d'une boîte : on voit immédiatement le peigne se dresser au milieu du corps
vitré.

La plupart des Traités lui assignent une forme triangulaire : tel est, en effet, son aspect chez la Poule, trop
exclusivement étudiée par les observateurs; mais il suffit d'examiner quelques autres Oiseaux vulgaires pour
constater que son apparence est des plus variables; carré
chez les Pigeons, il devient trapézoïdal dans les Canards,
les Oies, etc. Fort petit chez l'Engoulevent, il est au contraire très développé dans la plupart des Passereaux; nous
savons déjà que l'Aptéryx en est privé.

A sa surface se distinguent les plis qui lui ont valu ses différents noms et qui varient, suivant les espèces : le Casoar en
possède quatre; l'Autruche et l'Ara, sept; l'Oie, douze; le

---

[1] Bauer, in *Philosophical Transactions*, 1822, p. 76.

[2] Huschke, *Commentatio de pectinis in oculo avium potestate anatom.
et physiol.*, 1827. — Barkow, in *Meckel's Archiv*, 1830. — Wagner,
Beitrage zur Anatomie der Vogel, 1832, p. 236. — Owen, art. Aves
in *Todd's Cyclopœdia*. — Id., *Comparative anatomy of Vertebrates*,
t. II. — H. Muller, *Zur Anatomie und Physiologie des Auges*, 1872.
— Michalkovics, *Untersuch. über den Kamm des Vogelauges* (*Archiv
f. mikr. Anat.*, 1873, p. 591). — Leuckart, *Organologie des Auges*
(*Handbuch von Græfe u. Sæmisch.*, t. II, p. 224, 1876).

Coq, dix-huit; le Faisan, vingt; le Dindon, vingt-deux; la
Litorne, vingt-huit, etc. [1].

Inséré sur la papille du nerf optique et présentant avec
celui-ci des rapports assez constants pour qu'il soit inutile
de tenir compte des légères différences qui s'observent à
cet égard entre les innombrables espèces de la Classe

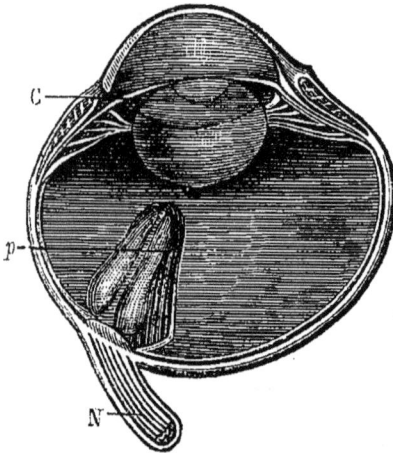

Fig. 98. — Autruche.

N. Nerf optique. — C. Cristallin. — P. Peigne
(D'après Leuckart.)

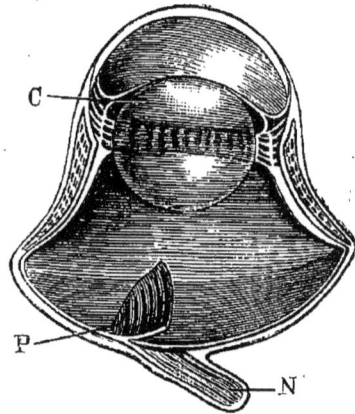

Fig. 99. — Grand-Duc.

N. Nerf optique. — C. Cristallin. —
P. Peigne (D'après Leuckart et Söm-
mering.)

(fig. 98 et 99), le peigne plonge dans le corps vitré sans
se trouver pourtant en contact avec cette humeur, la
membrane hyaloïde se repliant pour lui former une véritable gaîne qui le recouvre exactement.

Tantôt le peigne s'arrête vers la région médiane du
corps vitré, comme c'est le cas chez la Poule, où jamais il
n'atteint le cristallin; tantôt, au contraire, il parvient
jusqu'à la cristalloïde postérieure et s'y attache, soit par
l'extrémité de sa gaîne hyaloïdienne, ainsi qu'on l'observe

[1] Sœmmering, loc. cit., p. 54. — Milne Edwards, loc. cit., t. XII,
p. 164.

dans le Vautour, le Dindon, le Perroquet, le Râle, etc. [1],
soit par l'intermédiaire d'un ligament transparent et souvent très difficile à distinguer des prolongements cloi-
sonnaires qui naissent de la face interne de la membrane
hyaloïde. Ce dernier mode d'organisation caractérise l'Oie,
le Hibou, etc. [2].

Structure du Peigne. — La description que nous empruntions à de Blainville et que tous les travaux modernes
ont si pleinement confirmée, suffit à nous faire pressentir la véritable structure du Peigne : loin d'être une membrane impressionnable, comme le voulait Buffon, ou un
plan musculaire comme le pensait Evrard Home, il
doit être rapproché de ces réseaux hyaloïdiens que nous
avons vu exister durant les premiers mois de la vie fœtale chez l'Homme et persister à l'âge adulte dans un petit
nombre de Mammifères.

Le microscope y montre un abondant réseau vasculaire
dont les mailles peuvent être fort étroites comme dans la
Poule, larges comme chez l'Oie, etc. [3] ; quelques fibres
lamineuses [4] soutiennent ce lacis et forment la trame
de l'organe, trame dans laquelle se déposent de nombreuses granulations pigmentaires, tantôt libres, tantôt
renfermées dans des cellules étoilées. L'aspect du peigne
dépend naturellement de l'abondance de ces granules, et
Ev. Home croyait qu'il existait à cet égard un rapport
direct et constant entre la coloration extérieure de l'Oiseau et celle du peigne : à peine teinté chez les Oiseaux

---

[1] Ev. Home, *loc. cit.* — Stannius et Siebold, *loc. cit.* — Owen, *loc.
cit.* — Leuckart, *loc. cit.*

[2] Ev. Home, *loc. cit.* — Leuckart, *loc. cit.*

[3] Eberth, in *Stricker's Handbuch*, 1869, p. 203. — Michalkovics, *l. cit.*

[4] Leuckart, *loc. cit.*

blancs, il fut devenu foncé dans les espèces noirâtres ou brunâtres. L'observation n'a pas justifié cette relation, car elle a montré que le peigne est faiblement coloré dans la Pie, tandis qu'il offre une teinte noire très accentuée chez l'Oie, les Pigeons blancs, etc.

Quant aux vaisseaux, la parenté morphologique du peigne et des réseaux hyaloïdiens, indique assez qu'il ne faut pas en chercher l'origine dans ceux de la choroïde et des procès ciliaires : ils naissent d'une artère centrale, analogue à l'artère capsulaire ou hyaloïdienne des Mammifères [1].

Malgré cette indépendance vasculaire, le peigne n'en doit pas moins être considéré comme une formation choroïdienne, ainsi que le montre l'étude de son développement, dont les travaux de Lieberkuhn et Michalkovics nous ont fait connaître les principaux détails : jusqu'au troisième jour de l'incubation, on n'en voit encore aucune trace et c'est à peine si une très légère saillie indique le point où la rétine se séparera pour lui livrer passage; mais, vers le quatrième jour, cette fente rétinienne commence à se dessiner et immédiatement les cellules non encore différenciées de la choroïde, s'y engagent et, par leur prolifération, forment bientôt une sorte de cheville qui repousse devant elle la membrane hyaloïde et s'en coiffe comme d'un capuchon; puis ce corps conique s'allonge et s'élargit, devient une membrane que les vaisseaux et les cellules pigmentaires ne tardent pas à envahir, et dont la surface

---

[1] Owen, *loc. cit.* — Leydig, *loc. cit.* — H. Müller, *loc. cit.* — Michalkovics, *loc. cit.* — Leuckart, *loc. cit.* — Beauregard, *Recherches sur les réseaux vasculaires de la chambre postérieure de l'œil des Vertébrés* (*Thèses de la Faculté des Sciences de Paris*, 1876, p. 25).

se plisse rapidement. En même temps (du huitième au dixième jour) les fibres du nerf optique se rabattent sur les bords de la fente pour s'étaler à la surface de la rétine, séparant complètement le peigne de la choroïde à laquelle on aurait quelque peine à le rapporter si l'on n'avait soin de compléter l'examen anatomique par l'étude organogénique [1].

Rôle physiologique du Peigne. — Si la structure du peigne se trouve aujourd'hui bien connue, on ne peut malheureusement en dire autant de son rôle physiologique que les recherches les plus nombreuses et les plus variées n'ont pu réussir à déterminer encore avec une rigueur suffisante.

Evrard Home [2], Tiedmann [3], Treviranus [4], le regardant comme un organe musculaire, pensaient qu'il devait avoir pour fonction de tirer le cristallin en arrière, ou de le pousser en avant, de façon à le « mettre au point » par un mécanisme analogue à celui qui fait mouvoir la lentille dans la chambre noire du photographe.

Nous savons que le peigne n'est rien moins que contractile et pouvons, par conséquent, écarter de suite cette interprétation, d'autant moins admissible que fort souvent le peigne n'arrive pas au contact du cristallin ; d'ailleurs, en raison de son mode d'insertion, il ne pourrait dans tous les cas imprimer à la lentille qu'un mouvement de bascule dont l'effet serait de la placer dans une situation oblique, et partant peu favorable à la netteté de l'image.

---

[1] Lieberkuhn, *loc. cit.* — Michalkovics, *loc. cit.*
[2] Ev. Home, *loc. cit.*
[3] Tiedmann, *Anatomie der Vogel*, 1814.
[4] Treviranus, *Beitr. zur Anatomie und Physiologie der Sinneswerkzeuge*, II, 1828.

Petit [1] et Huschke [2] ont eu des idées plus justes sur le mode d'action de cet organe : le premier l'assimile à un écran capable d'intercepter les rayons lumineux pénétrant dans l'œil par les régions supérieures ou latérales; pour le second, il concourt à assurer la vision binoculaire.

L'opinion d'Owen rappelle celle d'Ev. Home : le peigne pousserait en avant le cristallin soit directement, soit par l'intermédiaire de l'humeur vitrée; mais, ne pouvant songer à doter cet organe de fibres musculaires, le zoologiste anglais assigne une autre cause à ce déplacement : la structure du peigne étant éminemment vasculaire, il le compare à un tissu érectile dont le gonflement amènerait une propulsion immédiate de la lentille, qui serait ramenée à sa position normale dès que les aréoles se videraient [3].

La présence de ce même réseau sanguin devait faire naître une autre idée, celle d'un organe de nutrition capable de réparer les pertes de l'humeur vitrée, de pourvoir aux besoins de la rétine, de perfectionner l'appareil thermique dont elle ne saurait se passer, etc. On retrouve les premiers indices de cette opinion dans les auteurs de la fin du dix-huitième siècle et du commencement du dix-neuvième, mais c'est seulement dans ces dernières années qu'elle a été formulée avec une certaine précision : pour Michalkovics, le peigne ne peut remplir d'autres fonctions [4], et c'est à peine si Leuckart [5] consent à lui accorder, d'une façon toute secondaire, le rôle que lui attribuait Petit [6], et que sa structure paraît si bien justifier.

---

[1] Petit, *loc. cit.*
[2] Huschke, *loc. cit.*
[3] Owen, *loc. cit.*
[4] Michalkovics, *loc. cit.*
[5] Leuckart, *loc. cit.* (*Handbuch von Graefe und Sæmisch*).
[6] Petit, *loc. cit.*

Au moment même où s'imprimait le mémoire de Leuckart, une singulière théorie se produisait, qui menaçait de nous rejeter de deux siècles en arrière et de ramener la science au delà de l'époque de Claude Perrault : le peigne devenait une membrane contractile « formée aux dépens des procès ciliaires dont elle n'est qu'un diverticulum mis à la disposition de l'Oiseau pour lui permettre de braver les rayons du soleil ».

Les protestations ne se firent pas attendre, et quelques semaines étaient à peine écoulées que M. Paul Bert relevait cette bizarre méprise, faisant en même temps connaître dans une très intéressante communication, les résultats fournis par l'examen ophthalmoscopique [1] : lorsqu'on observe l'œil à l'aide de cet instrument, le peigne semble se déplacer et posséder des mouvements propres, si bien que l'on serait tout d'abord tenté de partager les vues d'Ev. Home ou de Treviranus ; mais nous savons que son tissu ne renferme aucune trace d'éléments musculaires, et, d'autre part, si l'on énuclée l'œil, on peut exciter le peigne par l'électricité sans y déterminer aucune contraction [2]. Il est donc impossible de lui reconnaître des mouvements propres ; l'observation directe et la méthode expérimentale se résument ainsi dans des enseignements identiques et obligent à refuser au peigne toute motilité ; celle qui paraît y résider est virtuelle et présente une origine des plus curieuses.

Lorsqu'on soumet à une minutieuse analyse ces mouvements apparents, on constate qu'ils revêtent deux formes

---

[1] P. Bert, in *Comptes rendus des séances de la Société de Biologie*, 1875, p. 64 et 135.

[2] P. Bert, *loc. cit.*

bien distinctes : les uns semblent intéresser la totalité du
peigne, que l'on croit voir glisser derrière la pupille qu'il
fermerait à la manière d'un diaphragme ; les autres paraissent s'effectuer sur place : ce sont de simples saccades
qui font vibrer la membrane sans en modifier la position.
L'expérience permet de reconnaître facilement la cause
de ces deux ordres de mouvements : coupons les muscles
moteurs de l'œil, ou sectionnons simplement le nerf de
la troisième paire, les mouvements du premier genre
seront aussitôt abolis ; ce n'est donc pas le peigne qui se
déplaçait pour venir clore la pupille, c'est au contraire
celle-ci qui se portait au-devant de lui. Mais les saccades
persistent : coupons les muscles [1] qui font mouvoir la
troisième paupière, aussitôt ces mouvements disparaissent, ce qui montre qu'ils sont dus à la compression que
la membrane clignotante exerce sur l'humeur vitrée et sur
l'ensemble du globe oculaire [2].

Ces mouvements apparents du peigne peuvent-ils nous
permettre de définir son rôle physiologique ? Il est impossible d'apprécier à cet égard la valeur des « saccades »
dont l'importance doit être fort minime, mais on n'en saurait dire autant de ces mouvements du globe oculaire qui
font croire à une translation de la membrane : les déplacements qu'ils apportent dans la direction de l'axe visuel,
l'obstruction plus ou moins complète qu'ils déterminent dans la pupille, lorsque l'amenant au devant du
peigne, ils permettent à cette lame pigmentaire d'arrêter

---

[1] Pyramidal et muscle carré.

[2] Il est probable que ces saccades du peigne peuvent être déterminées par d'autres causes et particulièrement par les mouvements
d'accommodation. — Voy. Frautweller, *Ueber den Nerv. der Ac-
commod.* (*Archiv f. Ophth.* 1866).

les rayons arrivant de telle ou telle direction, en laissant les autres parvenir à la membrane sensible[1], tout indique, dans l'organe qui nous occupe, une fonction des plus importantes. Il limite le champ visuel, intercepte certains rayons lumineux et s'oppose à une diffusion d'autant plus facile que la chambre oculaire des Oiseaux possède des dimensions relativement considérables : s'il était nécessaire d'appuyer ces déductions de preuves anatomiques, on les trouverait aisément dans l'étude comparée du peigne, toujours fort développé dans les espèces de haut vol, et chez les Oiseaux nageurs ou plongeurs, dont l'œil très étendu transversalement, condition excellente pour la vision dans l'eau, doit pouvoir réduire l'amplitude de la membrane impressionnable, dès qu'il est appelé à fonctionner dans l'air. Au contraire, cette même membrane n'offre plus que de faibles dimensions chez les Rapaces nocturnes et manque totalement dans l'Aptéryx[2].

On voit donc que les recherches les plus récentes semblent confirmer les idées émises il y a plus d'un siècle par Petit, et que tout concourt à nous faire regarder le peigne comme un véritable écran. Remplit-il encore d'autres fonctions? Peut-il concourir à la nutrition des parties voisines, ou vient-il en aide à la vision binoculaire et monoculaire? Nous sommes réduits à cet égard à de simples conjectures et les observations sont encore trop vagues, trop contradictoires, pour qu'il soit possible d'en tirer aucune conclusion réellement scientifique.

---

[1] Voy. les divers auteurs cités et Milne Edwards, *loc. cit.*, t. XII, p. 165, note 1.

[2] Owen, *The anatomy of the southern Apteryx* (*Transactions of the zool. Society*, t. II, p. 293.

TRENTIÈME LEÇON

Le peigne des Oiseaux ne s'observe, avec un semblable développement, dans aucune des autres classes de l'embranchement des Vertébrés ; cependant, il est rare qu'il y fasse complètement défaut et, dans la plupart des cas, il est représenté par des organes dont les dimensions, la structure et la valeur fonctionnelle peuvent varier dans de grandes limites, mais dont l'origine morphologique ne saurait faire l'objet du moindre doute.

Chez les Crocodiliens, on distingue sur la papille du nerf optique une sorte de disque noirâtre qui, par sa situation et sa structure, rappelle exactement l'organe qui nous occupe, mais dont il ne peut évidemment remplir le rôle physiologique [1].

[1] L'existence de cette saillie n'avait pas échappé à de Blain-

Dans les Tortues, le peigne n'existe également qu'à l'état d'ébauche et se trouve même inclus, avec ses vaisseaux et son pigment, dans la papille[1]. Mais, chez les Sauriens, il acquiert un tel développement que ces Reptiles méritent d'être rapprochés des Oiseaux.

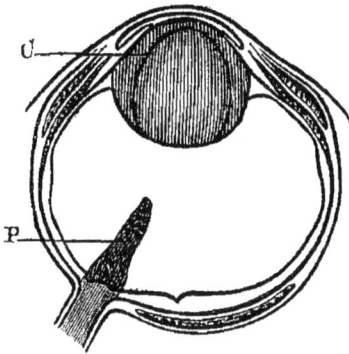

Fig. 100. — Caméléon.

P. Peigne. — C. Cristallin. (D'après Leuckart.)

On l'a depuis longtemps signalé dans les Lézards[2], les Orvets[3], les Iguanes[4], les Varans[5], les Trachysaures[6], les Caméléons[7], etc. En forme de cône, de biscuit, de fer de lance, il s'avance dans le corps vitré (fig. 100), au milieu duquel il semble implanté comme une cheville noirâtre : dans les mailles du réseau sanguin se trouvent, en effet, de nombreux granules pigmentaires soutenus par une masse conjonctive plus ou moins dense. Par sa structure, par ses rapports avec le nerf optique, la membrane hyaloïde et la choroïde, comme par l'origine de ses vais-

ville, qui paraît avoir soupçonné ses véritables affinités : « A l'origine du nerf optique est un cercle noir, c'est-à-dire qu'on aperçoit la couleur de la choroïde. Serait-ce un rudiment du peigne des Oiseaux ? » (De Blainville, *loc. cit.*, p. 414). — Voy. aussi Soemmering, *loc. cit.*, p. 59.

[1] Soemmering, *loc. cit.*, p. 57.

[2] Leydig, *loc. cit.*, p. 268.

[3] Stannius et Siebold, *loc. cit.*, p. 218.

[4] Gegenbaur, *Traité d'Anatomie comparée*, p. 721.

[5] Soemmering, *loc. cit.*

[6] Menz, *loc. cit.* (*Handbuch von Graefe und Sæmisch*, I, p. 98.

[7] H. Müller, *loc. cit.*

seaux, cet organe rappelle donc exactement ce que nous avons eu l'occasion d'observer chez les Oiseaux.

Dans l'ordre des Ophidiens, le peigne est toujours beaucoup plus réduit; cependant, on ne saurait nier sa présence chez plusieurs espèces, ni l'y ramener à la valeur d'un simple réseau hyaloïdien : qu'on se borne à cette qualification lorsqu'il s'agit d'une fine membrane vasculaire et dépourvue de pigment, passe encore; mais, lorsque cet appendice est coloré comme chez la Couleuvre, le Boa, etc., lorsqu'il reproduit, dans ses moindres détails, la constitution propre au peigne des Oiseaux et des Sauriens, on ne peut évidemment l'en séparer [1].

Examiné à l'ophthalmoscope [2], l'œil de la Grenouille semble posséder un organe analogue; toutefois, l'étude anatomique montre que le peigne y est rudimentaire et formé essentiellement par un réseau vasculaire dont l'origine est probablement différente de celle que nous avons reconnue aux formations précédentes, R. Berlin ayant établi que ces vaisseaux, loin de sortir de la papille, pénétraient au contraire latéralement dans l'œil, près de l'insertion du muscle droit supérieur.

Dans les Poissons, nous allons rencontrer des formations semblables à celles que nous venons de décrire et souvent très complexes : « Ce que j'ai remarqué de plus singulier, dit de Blainville, c'est qu'il y a une sorte de peigne ou de bride qui s'attache à la capsule du cristallin : c'est une production courte, un peu conique, de couleur blanche, et qui, provenant de l'origine linéaire

---

[1] Hulke, *On the retina of Amphibia and Reptiles* (*Journ. of. Anatomy and Physiology*, 1866).

[2] Cuignet, in *Annales d'Oculistique*, 1866. — R. Berlin, *Ueber Nervendurchschneidung* (*Zehender's Monatsblatt*, t. IX, p. 278, 1872).

de la rétine, paraît s'attacher au côté inférieur et externe de l'uvée pour se diriger ensuite obliquement vers le bord interne et inférieur du cristallin. J'ai vu cette disposition d'une manière indubitable sur une très grande Perche marine, sur un Trigle, sur un Muge, etc.[1]. »

Tel est, en effet, l'aspect général de cet appareil dans lequel on peut distinguer deux parties : 1° une portion initiale, sorte de ligament curviligne qui, né du sillon du nerf optique, s'enfonce dans le corps vitré et gagne le voisinage du cristallin, c'est le *repli falciforme* ou *ligament falciforme*; 2° une portion terminale ou *cloche*, qui représente l'épanouissement du repli falciforme venant s'insérer sur la capsule cristallinienne (fig. 101).

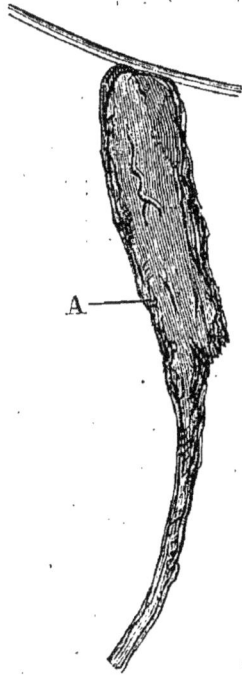

Fig. 101. — Saumon.

A. Cloche s'insérant supérieurement sur la capsule cristallinienne et se continuant inférieurement avec une bandelette curviligne qui représente le ligament falciforme. (D'après Leuckart.)

Dans le Bar (*Labrax Lupus*), où Leydig a étudié cet appareil[2], il débute par une bandelette qui, franchissant la fente rétinienne, s'engage dans le corps vitré et le parcourt, non pas en ligne droite, comme c'était le cas pour le peigne des Oiseaux et des Reptiles, mais en décrivant une courbe assez accentuée pour que le ligament falciforme, d'abord concentrique à la rétine, oblique ensuite brusquement, et vienne s'insérer à la capsule par une dilatation claviforme.

[1] De Blainville, *loc. cit.*, p. 426-427.
[2] Leydig, *loc. cit.*, p. 268.

Tandis que, dans cette espèce, le repli falciforme ne possède de pigment que sur le point où les vaisseaux y pénètrent, chez la Perche (*Perca fluviatilis*), il se montre fortement coloré et plus large que dans le Bar [1]. Sa structure est d'ailleurs toujours la même : une trame conjonctive dans laquelle serpentent des filets nerveux et des vaisseaux ; quant à la matière pigmentaire, elle est représentée par des granulations, tantôt libres dans les mailles du tissu lamineux, et tantôt renfermées dans des cellules arrondies ou fusiformes. Les mêmes éléments se retrouvent dans la cloche, dont le tissu fondamental est presque exclusivement composé de fibres aplaties, et comme striées par des disques hyalins qui interrompent, à intervalles égaux, leur substance transparente. La nature de ces fibres est encore à déterminer : on les a regardées comme cartilagineuses, opinion qui n'est pas défendable ; on a voulu les assimiler à des fibres cristalliniennes, ce qui est tout aussi peu exact ; enfin Leydig n'a pas hésité à les décrire comme de nature musculaire [2], opinion qui semble plus acceptable, mais mériterait d'être appuyée par de nouvelles observations.

Le mode d'organisation qui vient d'être exposé est de beaucoup le plus fréquent [3] ; cependant, chez diverses espèces, l'extrémité antérieure ou terminale du ligament falciforme donne naissance à un prolongement latéral qui va s'appliquer sur la choroïde. Cuvier avait déjà signalé cette disposition chez le Congre où, dit-il, on observe « deux ligaments, un antérieur, et un postérieur, qui re-

[1] Cuvier, *Histoire des Poissons*, t. I, pl. VII.
[2] Leydig, *loc. cit.*
[3] Voy. Leuckart, *loc. cit.*, etc..

CHATIN, Org. des sens. 33

tiennent le cristallin comme par deux pôles [1]. » Elle a été
mentionnée depuis lors dans un grand nombre de Poissons : chez le Saumon, Leuckart a vu le repli falciforme se
bifurquer antérieurement pour se terminer d'une part sur
la cloche et d'un autre côté sur la choroïde, où son insertion est assez antérieure pour qu'il semble plonger dans la
membrane irienne [2]. Les anciennes descriptions de Soemmering ont permis de retrouver ce caractère dans le Brochet [3], la Morue [4], le Flétan [5], etc.

Chez l'Anguille, au contraire, et dans quelques autres Mala-
coptérygiens apodes, la cloche disparaît et le repli falciforme
n'est plus représenté que par un réseau de vaisseaux hyaloïdiens [6], disposition qui achève de démontrer la parenté morphologique de cet appareil et des organes que nous avons
précédemment étudiés chez les autres Vertébrés. Le repli falciforme offre, en effet, la plus grande analogie avec le peigne
des Oiseaux et des Reptiles ; la présence d'un rameau nerveux dans son épaisseur ne saurait l'en faire séparer, car
ces filets ne lui appartiennent nullement : ils s'en servent
comme d'un pont jeté sur le corps vitré et capable de les
conduire à leur véritable destination, c'est-à-dire sur la cloche qu'ils doivent innerver. La structure de cette dernière,
les relations qu'elle affecte avec la zone ciliaire et le cristallin, tout oblige à la distinguer du repli falciforme, et à lui re-

---

[1] Cuvier, *Leçons d'Anatomie comparée*, 2ᵉ éd., t. III, p. 436.

[2] Leuckart, *loc. cit.*, p. 226.

[3] Sœmmering, *loc. cit.*, p. 71 et *passim*.

[4] Id., *ibid.*, p. 67.

[5] Id. — Voy. aussi Claye Wallace, *Discovery of a muscle in the Eye of
Fishes* (*Silliman's American Journal of Sciences*, 1834, t. XXVI,
p. 394).

[6] Krause, *Die Membrana fenestrata der Retina*, 1868, p. 28.

connaître une origine particulière : elle représente vraisemblablement ici les muscles ciliaires des Vertébrés supérieurs, et bien que de nouvelles études histologiques et physiologiques soient encore nécessaires, nous verrons, dans peu d'instants, que telle doit être probablement sa véritable significa-tion.

Le tracé normal du système choroïdien ne se trouve pas seulement modifié par l'apparition des organes que nous venons de décrire ; très souvent il comprend encore une formation singulière et désignée sous le nom fort impropre de *glande cho-*

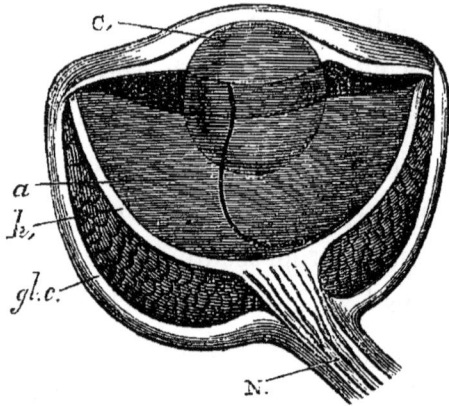

Fig. 102. — Brochet.

N. Nerf optique. — C. Cristallin. — h. Rétine. — a. Repli falciforme. — gl. c. Glande choroïdienne. (D'après Leuckart.)

roïdienne [1] : dans la région qui donne naissance au repli falciforme et livre passage au nerf optique (fig. 102), se voit un épais bourrelet qui, situé entre la membrane argentine et la couche interne de la choroïde, peut être regardé comme une hypertrophie locale de la couche moyenne ou vasculaire ; l'examen histologique confirme du reste pleinement cette opinion, en montrant dans la prétendue «glande», un simple plexus, sorte de réseau admirable qui communique même généralement avec la bran-

[1] Voy. Albers, *Ueber den Bau der Augen verschiedener Thiere* (Denkschr. der Munchen. Akadem. der Wissenschaft, 1808, p. 81. — Erdl, *Disquisitiones de Piscium glandulá choroïdcali* (Diss. inaug. Munich, 1839). — Müller, *Vergl. Anat. des Gefass. der Myxinoïden*, 1841, p. 82.

chie accessoire, de même qu'il peut s'observer en l'absence de celle-ci[1]. Dans tous les cas, ce tissu ne doit être mentionné qu'incidemment ici, son histoire se rattachant à l'étude de l'appareil circulatoire bien plus qu'à celle des organes sensitifs.

RÔLE PHYSIOLOGIQUE DU PEIGNE DES REPTILES, DE LA CLOCHE DES POISSONS, ETC. — Nous venons de rencontrer chez les Vertébrés inférieurs des parties fort analogues à celles que nous avons observées dans les Oiseaux ; mais si leurs caractères anatomiques offrent une réelle similitude, en est-il ainsi pour leur rôle fonctionnel, et peut-on leur attribuer une égale valeur physiologique ?

Chez les Sauriens, le peigne paraît posséder le même mode d'action que dans les Oiseaux : sa structure est identique et les seuls caractères distinctifs qui puissent être invoqués, seraient fournis par les dimensions générales, toujours assez réduites chez les Reptiles ; mais cette dissemblance est peu importante, si l'on considère que, dans ces mêmes animaux, la pupille est elle-même fort petite et devra facilement être masquée par un peigne de faible grandeur. Chez le Caméléon, par exemple, ce dernier ne mesure qu'un millimètre, et tel est aussi le diamètre de l'orifice pupillaire ; aussi H. Müller a-t-il pu établir expérimentalement que l'appareil fonctionnera dans ces Sauriens comme chez les Oiseaux où il est le mieux développé [2].

[1] Dans les genres *Erythrinus*, *Notopterus*, etc., la glande choroïdienne existe malgré l'absence de branchies accessoires; au contraire, ces dernières s'observent chez les Plagiostomes et les Esturgeons, bien que la glande choroïdienne y fasse défaut (Müller, *loc. cit.*).

[2] H. Müller, *loc. cit.*, p. 145.

Dans l'ordre des Ophidiens, où il est souvent représenté par un mince réseau hyaloïdien, son importance diminue déjà considérablement et l'on ne peut critiquer les auteurs qui l'assimilent à un simple organe nutritif ; toutefois, lorsqu'il renferme une certaine quantité de pigment, il est possible qu'il remplisse dans une certaine mesure son rôle ordinaire.

L'examen de cette question se complique singulièrement, chez les Poissons, et sa solution ne laisse pas que d'être assez délicate, au moins dans l'état actuel de la science. En effet, le tractus conjonctivo-vasculaire qui, sous le nom de ligament falciforme, vient ici se déployer dans l'épaisseur du corps vitré, ne possède qu'une valeur physiologique très secondaire, et si, morphologiquement, il doit être considéré comme l'analogue du peigne, on n'est nullement en droit de lui en attribuer les fonctions. Il n'est plus que le support d'un autre organe, vers lequel il conduit les filets nerveux ainsi que les branches vasculaires : je veux parler de la campanule de Haller.

En dépit de toutes les réserves que comporte encore leur détermination histologique, les fibres qui constituent la masse fondamentale de la cloche sont très probablement de nature contractile ; aussi ne doit-on pas s'étonner de voir Leuckart [1] expliquer le jeu de cet appareil par une théorie semblable à celle que Ev. Home avait cru pouvoir appliquer au peigne des Oiseaux : lorsque la cloche se contracterait, le cristallin serait tiré en arrière, et s'aplatirait en même temps, pour reprendre son aspect normal dès que l'action de la campanule cesserait. La cloche semble, en effet, devoir d'autant mieux remplir cette fonction, ordinairement

[1] Leuckart, *loc. cit.*

attribuée aux muscles ciliaires, qu'elle occupe sensiblement la même place et les représente dans la généralité des Poissons : que son action soit moins puissante, moins précise que celle de la bague contractile qui se trouve, dans cette même zone choroïdienne, chez les Vertébrés supérieurs, son mode d'insertion sur la capsule permet de le supposer, mais on n'en doit pas moins reconnaître que les vues de Leuckart permettent seules d'expliquer actuellement le rôle de la Cloche des Poissons et obligent à la ranger auprès de ces agents de l'accommodation dont nous avons précédemment étudié la structure et dont nous devrons bientôt examiner le mode de fonctionnement.

TRENTE ET UNIÈME LEÇON

L'étude des deux premières membranes oculaires, dont
nous venons de poursuivre l'analyse dans leurs parties essentielles comme dans leurs formations secondaires, nous
conduit tout naturellement à l'examen de la troisième d'entre
elles, de la *Rétine* (fig. 103,15). Sa situation permet déjà
de soupçonner l'importance du rôle qui lui est réservé, car
limitée extérieurement par la choroïde, intérieurement par
le corps vitré, elle voit ainsi se succéder autour d'elle l'ensemble des tuniques oculaires et s'étager au-devant de sa
face interne toute la série des milieux optiques. C'est,
en effet, sur cette seule rétine que l'impression lumineuse pourra rencontrer des éléments capables d'entrer
en jeu sous son influence; c'est là que viendront s'épa-

nouir les fibrilles nerveuses destinées à transmettre cet ébranlement au centre percepteur.

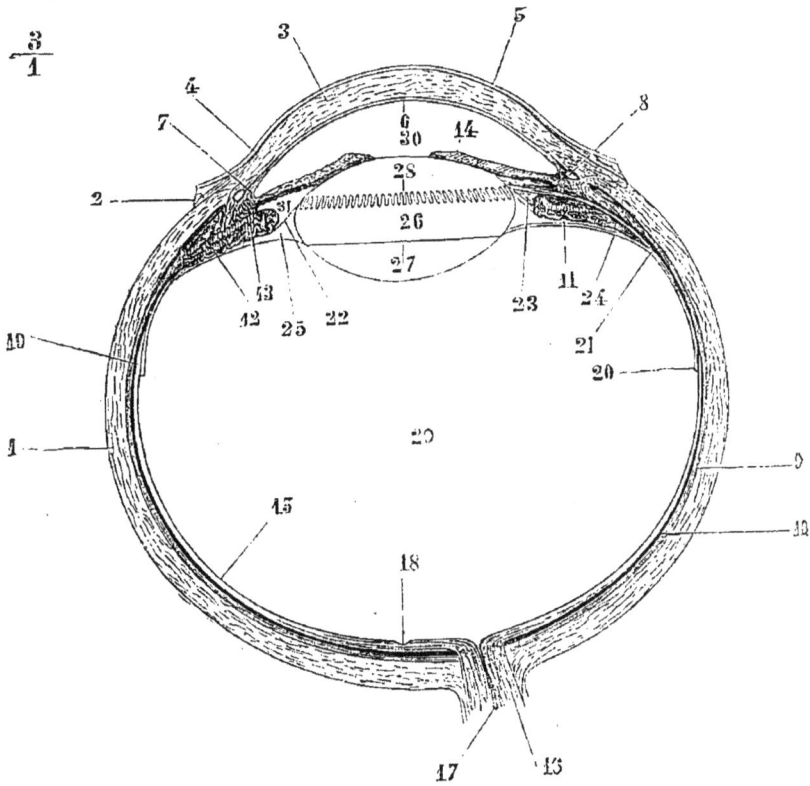

Fig. 103. — Coupe du globe oculaire.

1. Sclérotique. — 2. Conjonctive. — 3. Cornée. — 4. Lame élastique antérieure de la cornée. — 5. Épithélium de la cornée. — 6. Membrane de Demours. — 7. Ligament pectiné. — 8. Canal de Fontana. — 9. Choroïde. — 10. Couche pigmentaire de la choroïde. — 11. Procès ciliaires. — 12. Muscle ciliaire. — 13. Ses fibres orbiculaires. — 14. Iris. — 15. Rétine. — 16. Nerf optique. — 17. Artère centrale de la rétine. — 18. Fovea centralis. — 19. Partie antérieure de la rétine et ora serrata. — 20. Hyaloïde. — 21. Sa division en deux feuillets. — 22. Feuillet antérieur de l'hyaloïde ou zone de Zinn. — 23. Le même sectionné dans l'intervalle de deux procès ciliaires. — 24. Feuillet postérieur de l'hyaloïde. — 25. Canal de Petit. — 26. Cristallin. — 27. Ligne indiquant l'attache du feuillet postérieur de l'hyaloïde sur le cristallin. — 28. Ligne onduleuse indiquant l'attache de la zone de Zinn. — 29. Corps vitré. — 30. Chambre antérieure. — 31. Chambre postérieure. (D'après Ecker.)

Dans les rangs inférieurs de la série, l'œil perdra successivement toutes ses parties constituantes, seule la rétine persistera ; elle semblera vouloir affirmer qu'elle représente la région fondamentale de l'organe visuel, et nous la retrouverons, avec ses bâtonnets caractéristiques, dans des groupes où depuis longtemps il n'existera plus aucune trace des membranes ou des milieux qui l'entourent chez les animaux supérieurs.

Douée sur le vivant d'une transparence absolue, mais qui s'altère rapidement après la mort, la rétine se montre alors sous l'aspect d'un mince voile blanchâtre. Elle porte vers son centre, c'est-à-dire dans le voisinage du point qui correspond à l'extrémité postérieure de l'axe visuel, une dépression qui a reçu les noms de *fovea centralis* et de *macula lutea*. Le premier résume sa forme et sa situation, le second rappelle la teinte qui distingue, chez plusieurs Vertébrés, cette « tache jaune ». C'est également de ce point que partent les vaisseaux centraux de la rétine.

Considérée dans sa structure, cette membrane présente une complexité qui, durant longtemps, a défié les efforts des anatomistes, et dont nous ne connaissons encore que les traits généraux, car si la science moderne a réalisé sur cette question d'immenses progrès, elle a malheureusement laissé dans l'ombre trop de détails importants pour que nous soyons en droit d'exposer avec une égale certitude les diverses parties du sujet.

Les anciens auteurs, et qui songerait à le leur reprocher? considéraient la rétine comme formée par un tissu homogène, opinion qui se retrouve encore dans quelques ouvrages du commencement de ce siècle. Cependant, dès 1755, un anatomiste célèbre de Leyde, Albinus, y distinguait deux couches, l'une interne ou celluleuse, l'autre externe ou nerveuse [1]. Celle-ci fut à son tour séparée en deux zones

---

[1] Albinus, *Academicarum annot.*, t. II, cap. XI, p. 40, 1755. — Ruysch semble avoir entrevu ces deux couches rétiniennes.

vers 1819, à la suite de patientes recherches dues à Jacob[1], observateur anglais dont le nom est demeuré justement attaché à l'histoire de la rétine dont l'étude a si rapidement progressé depuis cette époque, que la plupart des histologistes contemporains y décrivent dix ou douze couches superposées les unes aux autres.

Malheureusement le nombre de ces zones rétiniennes n'a pas seul varié avec les anatomistes qui les ont fait connaître : leur valeur même a subi des vicissitudes analogues et tandis que les écoles adoptaient telle ou telle classification, les observateurs ne parvenaient pas toujours à s'entendre sur l'origine ou la fonction qu'il convenait d'attribuer aux divers éléments de la membrane. Les travaux de Schültze, de Müller, de Henle, de Manz, de Hannover, de Krause, ne témoignent que trop hautement de ces divergences qui, loin de tourner au profit de la science, en ont souvent retardé les progrès et n'ont pas laissé que d'ajouter aux difficultés naturelles d'une semblable étude.

Si, laissant de côté toutes ces questions de doctrine, on se reporte à l'examen direct de la rétine fraîche, on voit que la membrane comprend de dedans en dehors, c'est-à-dire du corps vitré vers la choroïde, les couches suivantes :

1° Limitante interne.

2° Couche des fibres radiées.

3° Couche des fibres nerveuses.

4° Couche des cellules nerveuses.

5° Couche granuleuse.

---

[1] Jacob, *An account of a membrane in the Eye new first described* (*Phil. Transact.*, 1819, p. 300).

Voy. pour l'Histoire de la Rétine, la conférence faite par Helmholtz à Heidelberg (*Revue scientifique*, 1869).

6° Couche granulée interne.

7° Membrane intermédiaire.

8° Couche granulée externe.

9° Limitante externe.

10° Membrane de Jacob.

11° Couche pigmentaire.

Il faut bien avouer qu'au premier abord cette fastidieuse énumération, dans laquelle des assises distinctes se trouvent désignées par les mêmes termes, ne dispose que faiblement en faveur de l'étude de la rétine. Mais ne nous effrayons pas de ce début un peu dogmatique et tentons de grouper les divers tissus épars dans ce tableau, recherche facilitée par nos études précédentes.

Dans toute membrane sensorielle nous avons appris à distinguer trois sortes d'éléments : 1° des éléments excitables disposés pour recevoir l'impression ; 2° des éléments conducteurs chargés de transmettre celle-ci au cerveau ; 3° des éléments de soutien destinés à fournir aux éléments excitables ou conducteurs la protection à laquelle ils ont droit. Reportons-nous à la structure de la muqueuse linguale, à celle de la membrane olfactive, etc., toujours nous y rencontrerons ces trois types élémentaires. Or, la surface destinée à recueillir les impressions lumineuses montre une structure analogue et nous offre les mêmes parties essentielles, légèrement différenciées ou multipliées, en raison de la délicatesse des phénomènes dont elles doivent assurer la manifestation. Les éléments excitables y sont représentés par la membrane de Jacob, à laquelle on peut rattacher la couche granulée externe et surtout la couche pigmentaire; les éléments conducteurs comprennent la couche des fibres nerveuses, la couche des cellules nerveuses, la couche

granuleuse, la couche granulée interne et peut-être la couche intermédiaire ; aux éléments de soutien doivent être
rapportées la limitante interne, les fibres radiées et la limitante externe. Telle est l'idée générale qu'on doit se faire
de ces diverses zones que nous allons maintenant examiner
dans leur ordre naturel et chez les principaux types de
l'embranchement.

Limitante interne. — La limitante interne a reçu de Pacini le nom sous lequel on n'a cessé depuis lors de la
désigner [1] ; elle mesure environ 1 μ d'épaisseur et,
seule entre toutes les couches rétiniennes, s'étend sur la
totalité de la membrane, couvrant même la papille du
nerf optique et dépassant les procès ciliaires pour se terminer sur la capsule cristallinienne. Appliquée par sa
face interne sur la membrane hyaloïde, elle contracte
avec celle-ci des relations tellement étroites que plusieurs auteurs, se refusant à les séparer, les décrivent
comme une seule et même membrane [2] ; souvent même
on la rapporte, non plus à la rétine, mais au corps vitré,
opinion peu conforme aux relations que la limitante interne
présente avec certains éléments que nous étudierons bientôt et dont l'origine rétinienne ne saurait être mise en
doute.

Lorsqu'on examine la face externe de la limitante, on
y distingue, en effet, des sortes d'ombelles recourbées
vers les couches sous-jacentes : ces ombelles représentant
l'origine des fibres radiées qui formeront la majeure partie
de la charpente rétinienne, on voit qu'il n'existe aucun motif
pour séparer de la membrane excitable la limitante interne.

---

[1] Pacini, *Sulla tessitura int. della retina*, 1845.
  Hannover, *La Rétine de l'Homme et des Vertébrés*, p. 125, 1876.

En général, celle-ci est parfaitement hyaline, résiste aux acides, à la potasse, à la soude, etc.

Chez les Poissons, elle se montre sous l'aspect d'une pellicule anhiste (fig. 106, x), portant sur sa face externe de petites dépressions qui pourraient être prises pour des cellules autonomes, tandis qu'elles représentent simplement les points d'insertion des ombelles; cet aspect se voit surtout très nettement chez la Tanche, la Carpe, le Trigle, etc.

Dans les Batraciens (Salamandre, Grenouille, Crapaud) la limitante interne est un peu plus épaisse, mais offre encore les mêmes cavités factices, dues au contact des fibres radiales. En outre, la transparence de cette zone disparaît très vite chez ces animaux, et son altération rapide explique sans doute l'erreur des histologistes (Schültze [1], etc.), qui lui ont assigné un aspect réticulé, la comparant à un tissu de filigrane, etc.

Il en est à peu près de même chez les Reptiles (Ophidiens, Chéloniens, Sauriens), bien que parfois la limitante y révèle des caractères analogues à ceux qu'elle possédait chez les Poissons.

Dans la classe des Oiseaux (Pigeon, Poule, Faisan) elle est très mince et conserve, malgré les assertions de plusieurs micrographes distingués, un aspect semblable à celui qui vient d'être indiqué.

Les Mammifères (Homme, Chien, Lapin, Mouton) offrent des dispositions analogues ; la limitante est plus épaisse que chez les Oiseaux, transparente, offrant les mêmes relations avec les fibres radiées, dont les arcades sont sur-

---

[1] M. Schültze, *De retinæ structurá*, 1859, p. 9. — Id., in *Archiv f. mikr. Anatomie*, 1866, 2, p. 264. — Id., in *Stricker's Handbuch*, 1872, t. II, p. 1017.

tout très développées chez les Rongeurs et les Ruminants.

Fibres radiées. — De tous les éléments de soutien qui se rencontrent dans la rétine, les plus importants sont représentés par les *fibres radiées* qui s'étendent de la limitante interne à la limitante externe, en formant un réseau des plus compliqués; ces fibres n'existent guère, comme couche stratifiée, qu'au niveau de leur portion initiale, lorsque s'épanouissant en ombelles, elles confinent à la limitante interne, aussi crois-je devoir les rapprocher de cette zone, mais il ne faut pas oublier qu'elles se prolongent à travers les diverses couches qui s'observent entre les deux limitantes.

De nombreux auteurs en ont successivement analysé les principaux caractères[1]; toutefois, c'est H. Müller qui, le premier, les fit exactement connaître[2], et contribua dans la suite, à élucider les traits saillants de leur histoire. Parfois même, on les désigne sous le nom de *fibres de Muller*, dénomination qui serait des plus justes si Ritter n'en avait complètement modifié le sens, en l'appliquant aux fibres nerveuses de la rétine. La nature conjonctive des fibres radiées est facile à mettre en évidence, soit par l'étude de leurs formes, soit par l'examen de leurs réactions : sous ce dernier rapport, elles diffèrent légèrement de la limitante interne, et sont plus facilement attaquées par les acides et les alcalis, caractère qui peut paraître secondaire au premier abord, mais qui ne laisse pas que d'offrir un réel intérêt, puisqu'il permet de réfuter l'erreur des histologistes

---

[1] C. Ritter, *Zur Histologie des Auges* (*Archiv für Ophthalmologie*, 1865, p. 90). — S. Rivolta, in *Jahresbericht über die Leistungen und Fortschritte in der gesammten Medicin*, 1872, p. 57. — Hannover, *loc. cit.*, p. 116.

[2] H. Müller, *Zur Histologie der Netzhaut* (*Zeitschrift f. wiss. Zoologie*, 1854, p. 235).

qui voulaient ne voir dans la limitante interne qu'une émanation des fibres radiées, rapprochant sur un même plan leurs expansions terminales.

Dans la classe des Poissons, ces fibres sont assez variables : tantôt nombreuses et ténues, tantôt réunies en faisceaux, plus ou moins volumineux, mais séparés par des intervalles assez étendus. A ces fibres et à ces faisceaux, qui parcourent en ligne droite tout l'espace compris entre les deux limitantes, succèdent brusquement les ombelles qui revêtent ainsi l'aspect de pavillons de trompettes. Ces pavillons sont accolés les uns aux autres et dessinent, à la surface externe de la limitante interne, une mosaïque assez régulière.

Chez les Batraciens et les Reptiles, les fibres radiées offrent des caractères semblables ; mais les ombelles sont plus larges et, sur certains points de leur parcours, les fibres montrent des renflements qui leur donnent un aspect fusiforme ; cet aspect, tout en pouvant s'observer incidemment chez divers Vertébrés, ne se manifeste jamais aussi nettement que dans ces deux classes (Anoures, Salamandrines, Ophidiens, etc.).

Ainsi que l'a parfaitement constaté M. Hannover [1], les fibres radiées des Oiseaux offrent une gracilité qu'elles ne possèdent dans aucun autre groupe. Il est difficile d'en voir un certain nombre au même foyer ; mais, lorsqu'on s'est familiarisé avec leurs dimensions, on parvient facilement à les distinguer des autres éléments rétiniens.

Dans les Mammifères, ces fibres sont plus rapprochées : leurs noyaux, peu distincts chez les Ovipares, deviennent

---

[1] Hannover, *loc. cit.*, p. 45.

plus apparents ; un fin réseau intermédiaire s'étend entre
elles et se montre surtout développé dans le voisinage de
la membrane intermédiaire et de la couche granuleuse.

Fibres nerveuses. — La situation des fibres nerveuses,
confinant à la limitante interne, dont elles ne sont séparées que par la mince couche des ombelles connectives, s'explique par la manière dont se comporte le nerf optique au
moment de son arrivée sur la rétine. Ce nerf traverse toutes

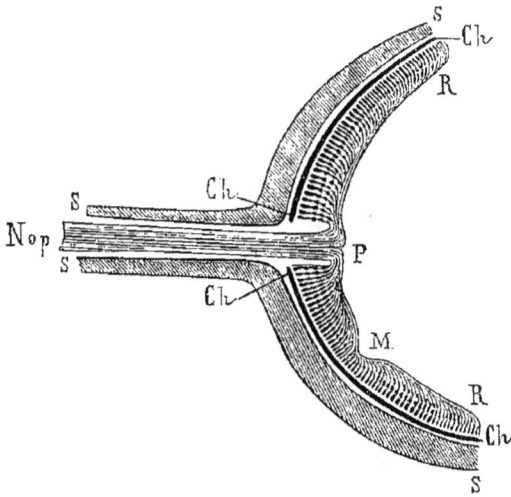

Fig. 104. — Schéma de la rétine et du nerf optique.

SS. Sclérotique. — *Ch.* Choroïde. — *Nop.* Nerf optique. — P. Sa papille, d'où les
fibres s'épanouissent pour former la rétine (RR). — M. Fossette centrale de la rétine.
(D'après Kuss et Mathias Duval.)

les enveloppes de l'œil, dépasse le niveau des couches externes de la rétine puis, parvenu sur la « papille » de celle-
ci, s'épanouit brusquement en une gerbe de fibres (fig. 104)
qui s'étendent au-dessous de la limitante interne pour se
recourber ensuite de dedans en dehors et plonger ainsi dans
les couches sous-jacentes de la membrane, disposition fort
importante, et qu'il convient d'avoir toujours présente à l'esprit lorsqu'on cherche à déterminer les rapports des di-

verses zones rétiniennes, ou qu'on tente d'analyser leur mode de fonctionnement.

Cette couche, qui pourrait être décrite comme représentant la substance blanche de la rétine dont les trois strates suivantes figureraient la substance grise, possède une épaisseur très variable suivant les types ; elle est surtout développée autour du lieu de pénétration du nerf optique et s'amincit à mesure que l'on approche de l'*ora serrata* ; elle manque complètement sur la tache jaune et dans son voisinage immédiat.

Ses tubes nerveux ont été très diversement interprétés par les anatomistes qui les ont souvent considérés comme réduits à de simples cylindres-axes, cherchant à expliquer les varicosités qu'on y observe par un phénomène d'imbibition. Il est possible que l'étude exclusive de l'espèce humaine, ou l'examen trop constant de pièces altérées, puissent inspirer de semblables conclusions [1] ; mais les enseignements de l'histologie zoologique obligent à les repousser, et chez les Poissons, comme dans les Reptiles ou les Mammifères (Rongeurs, etc), il est facile de découvrir, autour de ces tubes, une gaîne médullaire caractérisée par ses réactions normales. J'ai à peine besoin d'ajouter qu'à ces tubes nerveux seront mêlées des fibres radiées qui, par-

---

[1] Voy. Schültze, *Observationes de structura retinæ penitiori*, 1859, p. 8.

Id. *Zur Anatomie und Physiologie der Retina* (*Archiv f. Mikr. Anatomie*, II, 1866, p. 263).

Parmi les auteurs qui ont combattu cette doctrine, il faut citer : Virchow (*Archiv f. path. An. und Physiol.*, 1856, X, p. 190); H. Müller (*Zeit. f. Zoologie*, 1857, VIII, p. 22 et passim); Hannover (*loc. cit.*, p. 92). Dans ses derniers travaux, Schültze paraît avoir admis, mais à titre exceptionnel, la présence d'une gaîne médullaire (Voy. *Stricker's Handbuch*, 1872, p. 983).

ties de la couche précédente, traversent cette zone pour s'enfoncer dans les régions suivantes de la rétine.

Chez les Poissons, la couche des fibres nerveuses est toujours épaisse, formée d'éléments ténus et parallèles. — Pour les observations destinées à montrer l'existence de la gaîne médullaire, je recommanderai la rétine de la Carpe ou du Brochet, examinée dans le voisinage de la papille.

La puissance de cette zone est fort inégale chez les Batraciens et les Reptiles : très mince dans la première de ces classes, elle se développe au contraire dans des proportions remarquables chez les Reptiles (surtout les Chéloniens), qui se rapprochent encore à cet égard des Oiseaux.

Ces derniers possèdent effectivement un « stratum fibrarum cerebralium » très étendu et sur lequel on peut constater facilement la présence des gaînes médullaires. Malheureusement, l'abondance des fibres radiées, recouvrant les éléments nerveux à la façon d'un voile de gaze, apporte quelquefois de sérieux obstacles à l'étude de la région : c'est vers la papille que l'on peut le mieux éviter cet obstacle.

Les fibres nerveuses qui entrent dans la composition de la rétine des Mammifères présentent des diamètres assez différents suivant les espèces : très fines chez l'Homme, elles deviennent plus épaisses dans les Ruminants et les Rongeurs ; c'est également sur ces animaux qu'on rencontre les moindres difficultés dans la recherche de la gaîne médullaire. Les fibres radiées sont nombreuses et se réunissent parfois de manière à séparer les fibres nerveuses en petits faisceaux.

Cellules nerveuses. — La quatrième couche de la rétine est formée par un amas considérable de cellules nerveuses

comparables aux éléments du système nerveux central. Ces
cellules, découvertes par Valentin et Krause en 1842, présentent des dimensions très variables selon les espèces,
selon les individus ou simplement même suivant les régions de la rétine ; leur diamètre moyen peut être représenté
par 20 μ. Elles sont multipolaires, et comme entourées par
une mince trame de névroglie, se continuant avec celle de la
couche suivante. On y distingue facilement, auprès d'un
prolongement rectiligne et cônique, analogue au « filament
de Deiters » des cellules cérébrales, d'autres expansions comparables aux « prolongements protoplasmiques » des mêmes
éléments. Il est probable que ces derniers processus se
mettent en communication avec les myélocytes de la couche granulée interne, tandis que le prolongement de
Deiters va former le cylindre-axe d'une des fibres de la couche précédente ; mais il faut reconnaître que l'observation
directe ne justifie que très imparfaitement ces conceptions
théoriques. On ne s'en douterait guère, si l'on se bornait à
étudier la rétine sur les admirables croquis de certains
anatomistes et en particulier de Schültze ou d'H. Müller qui
figurent, avec une idéale précision, les rapports de ces cellules avec les fibres nerveuses d'une part, la couche granuleuse et la couche granulée interne d'un autre côté. En
réalité, nulle assise rétinienne n'oppose de semblables difficultés à l'analyse, et, pour s'en convaincre, il suffit d'examiner la couche ganglionnaire dans les diverses classes de
l'embranchement.

Chez les Poissons, ces cellules sont ovales, peu nombreuses
et beaucoup moins abondantes que les fibres nerveuses. Dans
les Batraciens, où Manz et Hannover les ont minutieusement décrites, elles sont beaucoup plus larges, mais tout

aussi rares. Les Reptiles établissent le passage entre ces animaux et les Oiseaux, car si les cellules y sont moins volumineuses que chez les Batraciens, elles l'emportent du moins notablement sur les cellules des Oiseaux, toujours très petites.

Dans la classe des Mammifères, où ces cellules ont été rarement étudiées [1], on les distingue surtout dans le voisinage immédiat de la *macula lutea*.

Couche granuleuse. — L'étude de la couche granuleuse est des plus délicates : en dehors des fibres radiées qui la traversent, on n'y distingue d'autres éléments qu'une masse de névroglie ; quant aux fibres nerveuses mentionnées par Schültze, elles paraissent se rapporter à de simples éléments conjonctifs et ne sauraient être sérieusement admises.

Dans les Poissons, cette zone est uniquement formée de névroglie et montre à peine, çà et là, quelque ébauche d'éléments figurés ; plus épaisse chez les Batraciens, elle y présente la même structure et si parfois elle semble contenir des cellules nerveuses, elle doit cet aspect à un simple accident ayant écarté ces cellules de la couche voisine. Il en est de même pour les Reptiles ; quant aux Oiseaux, ils n'y offrent d'autre particularité que l'existence des fibres radiées très abondantes et donnant à la coupe une apparence striée qui n'a pas échappé à M. Hannover. Cette striation est encore plus accentuée chez les Mammifères, où les fibres radiées sont parfois réunies en faisceaux.

Couche granulée interne. — La sixième couche rétinienne est encore de nature nerveuse : formée essentiel-

---

[1] Hannover, *loc. cit.*, p. 62 et 95. — M. Schültze in *Stricker's Handbuch*, p. 985. — Santi Sirena, *Untersuchungen über der Bau des Ganglionzellen der Retina des Pferdes* (*Centrblt.*, 1872, p. 206).

lement de cellules et de myélocytes, elle offre d'abondantes
fibres radiées, dont les noyaux ont été souvent confondus
avec les myélocytes, ce qui a donné lieu à de fréquentes
confusions et nous explique les nombreuses divergences
des anatomistes à ce sujet.

C'est encore ici que nous devons nous féliciter de pouvoir étendre nos études à l'ensemble de la série, sans
être forcés de les limiter à tel ou tel type : en effet, si l'on
se borne à l'observation de l'espèce humaine, des Mammifères ou des Oiseaux, de nombreux obstacles viennent compliquer l'examen de la couche granulée ; on peut être conduit,
comme certains anthropotomistes, à y nier la présence des
cellules nerveuses, ou bien, comme Kölliker, à y figurer
un réseau fibreux très réel, mais d'une interprétation si difficile que la plupart des histologistes se refusent à l'admettre, faute d'avoir convenablement varié leurs sujets
d'observation.

Examinons en effet la rétine des Poissons (fig. 106): cette
couche granulée interne y dépasse rarement 0^{mm},05 en épaisseur ; cependant à l'aide de divers réactifs (acide hyperosmique, etc.), on peut l'étudier assez aisément : on constate
alors qu'elle est essentiellement composée de cellules nerveuses mélangées de myélocytes, souvent placées sur deux
ou trois strates, et réparties, disposition très remarquable et
à peu près unique dans l'histoire de la rétine, au milieu
d'un treillis dont les larges mailles quadrangulaires logent
ces cellules, qui semblent y être disposées comme les jetons
sur les cases d'un damier. Or nous n'avons qu'à resserrer
les mailles de ce réseau , qu'à rapprocher les fibres qui
le composent, pour réaliser ce qui s'observe dans les animaux supérieurs. Les Poissons présentent donc un intérêt

tout spécial, et je ne saurais trop recommander leur étude aux anatomistes soucieux de se former une juste idée de la valeur et de l'origine qu'il convient d'attribuer à la couche granulée interne.

Elle est un peu plus épaisse chez les Batraciens et les

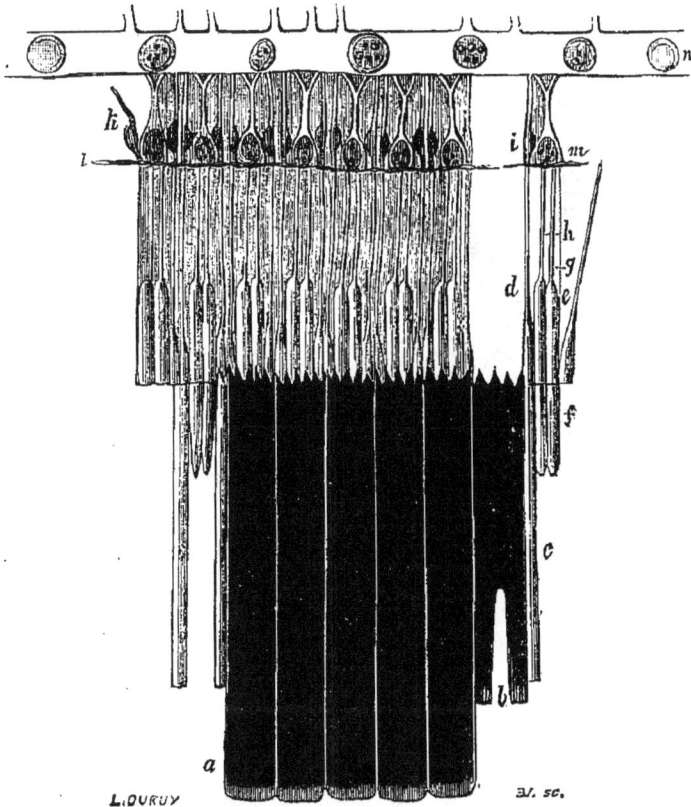

Fig. 105. — Rétine du Brochet (région externe comprise entre la couche pigmentaire et la membrane intermédiaire).

a,b. Couche pigmentaire. — *c,d.* Un bâtonnet plongeant dans la couche précédente, et confinant d'autre part, à la limitante externe. — *e,f,g,h.* Les diverses régions d'un cône jumeau. — *l.* Limitante externe. — *k,i.* Continuation des éléments bacillaires dans la couche granulée externe. — *m.* Calotte d'un cône jumeau. — *n.* Membrane intermédiaire. (D'après Hannover.)

Reptiles, mais ici déjà les caractères précédents se modifient légèrement et nous voyons s'esquisser les formes propres

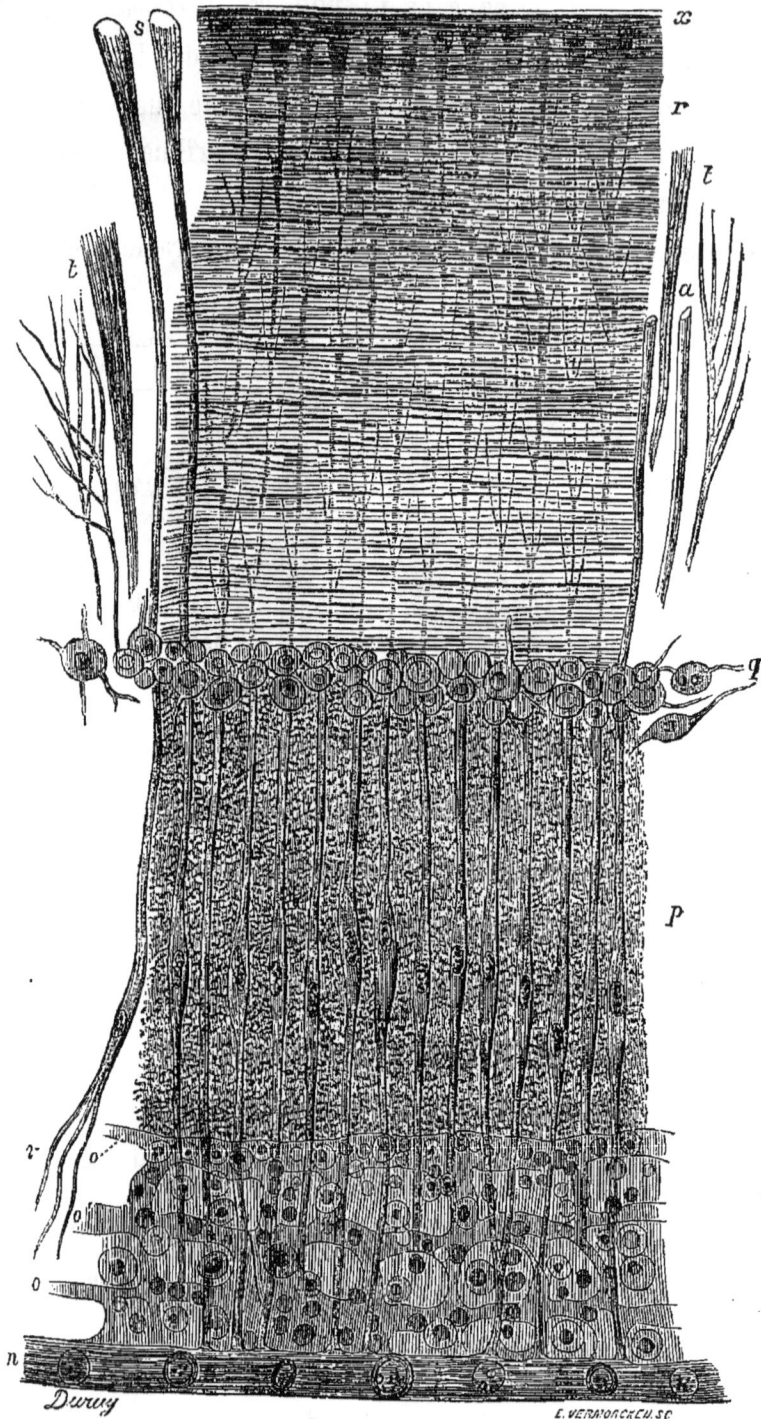

Fig. 106. — Rétine du Brochet (Région interne comprise entre la membrane intermédiaire et la limitante interne).

n. Membrane intermédiaire présentant de gros noyaux et donnant attache aux fibres

aux Oiseaux et aux Mammifères. Les mailles conjonctives
se mêlent et s'enchevêtrent de mille manières ; le corps des
cellules nerveuses se réduit souvent au point de ne plus
offrir qu'une mince couche protoplasmique autour du
noyau ; de plus, leur forme étant souvent bipolaire, il est
parfois difficile de les distinguer des myélocytes voisins ; cependant, on y parvient en se reportant aux états intermédiaires dont la considération permet de ne jamais confondre
ces éléments nerveux avec les noyaux des fibres radiées, erreur trop souvent commise dans ces dernières années.

Les Oiseaux montrent, dans la constitution de cette zone
rétinienne, les caractères que la succession des états propres aux Vertébrés inférieurs faisait pressentir. On n'y
découvre que rarement des cellules nerveuses à forme
normale ; ces éléments deviennent presque nucléaires, se
multiplient, masquent les fibres radiales et dénaturent ainsi
le tracé originel, d'autant plus difficile à retrouver, que
chez ces animaux la couche granulée interne est toujours
fort mince.

Dans l'espèce humaine, le corps des cellules nerveuses
offre constamment des dimensions assez faibles pour qu'on
soit tenté tout d'abord de considérer cette zone comme
essentiellement formée de myélocytes ; mais un examen
attentif permet d'éviter cette méprise, commune à plusieurs
anatomistes, et l'on ne tarde pas à y découvrir des cellules
pourvues de leurs caractères normaux. Si de l'Homme on
passe aux autres Mammifères, on parvient plus rapidement encore au même résultat : chez les Carnivores, les

radiées. — o,o,o. Couche granulée interne, traversée par les fibres radiées. — p. Couche granuleuse, également parcourue par ces fibres qui présentent un renflement fusiforme et nucléé. — q. Couche des cellules nerveuses. — r. Couche des fibres nerveuses.
— s. Origine des fibres radiées s'épanouissant en ombelles sur la limitante interne. —
a,t,v. Fibres radiées. — x. Limitante interne. (D'après Hannover.)

Solipèdes, les Ruminants et les Rongeurs, il est fréquent d'observer des cellules multipolaires dont le protoplasma, loin d'être réduit à une mince couche périphérique, entoure au contraire le noyau dans une aire relativement considérable.

Les fibres radiales sont nombreuses, rapprochées en fais-

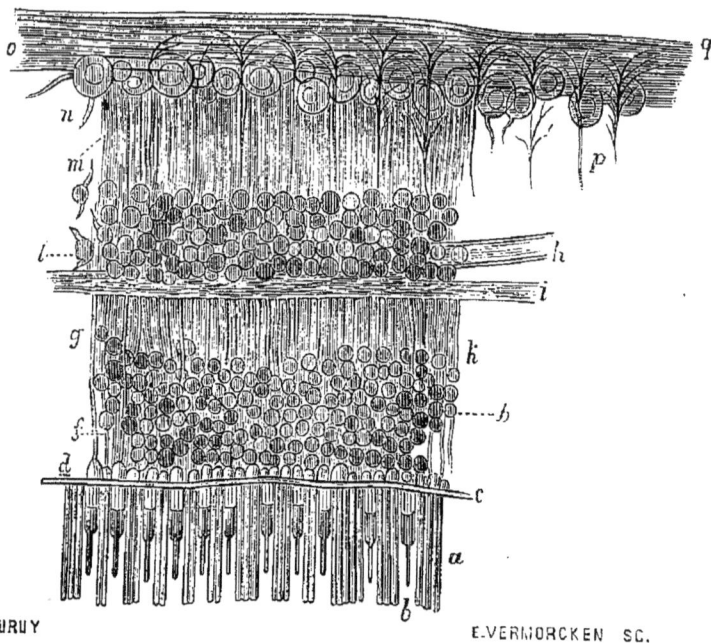

L. DURUY   E. VERMORCKEN SC.

Fig. 107. — Rétine de l'Homme.

a. Bâtonnets. — *b*. Cône simple. — *c*. Membrane limitante externe. — — *d*. Calottes des cônes. — *f*. Filament d'un bâtonnet. — *g*. Filament d'un cône. — *k*. Partie filamenteuse de la couche granulée externe, formée par les filaments des éléments bacillaires. — *i*. Membrane intermédiaire. — *h*. Vaisseau qui court parallèlement à la membrane intermédiaire. — *l*. Couche granulée interne. — *m*. Couche granuleuse. — *n*. Couche des cellules nerveuses. — *o*. Couche des fibres nerveuses. — *p*. Fibres radiales avec leurs ombelles ou arcades originelles.— *q*. Membrane limitante interne. (D'après Hannover.)

ceaux ; parfois, elles semblent circonscrire de petites logettes, en partie masquées par les cellules qui les occupent, et n'apparaissant qu'à la suite de l'altération ou du déplacement de ces globules. Cette disposition ne saurait nous

étonner, car nous y voyons un dernier reflet des dispositions offertes par les Poissons.

Membrane intermédiaire. — La couche intermédiaire
(*stratum intergranulosum*) a été très diversement appréciée
par les histologistes contemporains [1] : les uns y ont vu une
épaisse barrière élevée entre les régions interne et externe
de la rétine, interceptant entre elles toute communication,
formée d'une couche épithélique à cellules aplaties et
soudées exactement par leur bord, etc. ; d'autres l'ont
simplement regardée comme la continuation de la couche
précédente, légèrement modifiée par le voisinage des éléments excitables, mais possédant une structure analogue à
celle qui vient d'être indiquée. Qu'il y ait des éléments
connectifs, le fait n'est pas douteux, mais que ces éléments
s'y confondent en un feutrage épais, on ne peut l'admettre,
car dans cette trame lamineuse il y aura toujours place
pour des éléments nerveux : non seulement on y rencontrera
de nombreux cylindres-axes, depuis longtemps indiqués par
M. Robin [2], mais on y découvrira aussi des cellules nerveuses dont Rivolta [3] a minutieusement analysé les caractères, et qu'il me semble impossible de rapporter à une
origine différente. A la vérité, ces cellules, vues sur la coupe,

---

[1] Blessig, *De retinæ textura*, p. 83, 1855. — M. Schültze, *De re-
tinæ structura*, p. 4 et 5, 1859. — J. Henle, *Weitere Beiträge zur
Anatomie der Retina* (*Gottinger Nachrichten*, 1864, n° 15, p. 310). —
Id., *Handbuch der Eingeweindelehre des Menschen*, 1866, p. 641. —
W. Krause, *Die Membrana fenestrata der Retina*, Leipzig, 1868, p. 50.
— M. Schültze, in *Stricker's Handbuch*, 1872, p. 990. — Mathias
Duval, *Structure et usages de la Rétine*, p. 25 (*Thèse de Concours*,
1872). — Hannover, *loc. cit.*, p. 111.

[2] Robin, in *Dictionnaire de Nysten*, art. RÉTINE.

[3] Rivolta, *Delle cellule multipolari che formato lo strato intergra-
noloso o intermedio nella Retina del Cavallo*, 1872.

rapprochées sur un même plan horizontal, ne laissant que rarement apercevoir leurs prolongements polaires, produisent l'illusion d'une assise épithéliale, mais n'en possèdent jamais la symétrie : qu'on les examine d'ailleurs sur les bords de la préparation, là où celle-ci aura subi une légère dilacération, et l'on n'éprouvera plus dès lors aucun embarras à les caractériser. C'est en s'entourant de ces précautions et s'inspirant de ces réserves qu'il convient de poursuivre l'étude de cette membrane intermédiaire dans les différentes classes des Vertébrés.

Chez les Poissons, elle est fort épaisse et montre, dans une couche de névroglie fibrillaire, des cellules qui ne sauraient être qualifiées d'épidermiques, car il est facile d'y reconnaître les formes que nous observions précédemment : corps cellulaire très réduit, noyau volumineux et ovoïde, prolongements protoplasmiques très apparents. Ce n'est pas à dire que, çà et là, certains noyaux n'offriront pas les réactions du tissu conjonctif, mais ils appartiennent aux éléments de soutien, aux fibres radiées qui, approchant de leur terminaison externe, tendent à se réunir en faisceaux et n'auront jamais été plus nombreuses qu'à ce niveau.

Examinée sur la coupe verticale, la membrane intermédiaire des Batraciens et des Reptiles se montre traversée d'un grand nombre de fibrilles se rendant de la couche granulée externe à la couche granulée interne ; il est impossible d'admettre une simple striation de la membrane, car en variant les sections, en modifiant l'éclairage, et surtout en employant le microscope binoculaire, on peut aisément distinguer ces filaments de la névroglie qui les entoure.

Chez les Oiseaux, on rencontre les mêmes dispositions et

la fameuse muraille épidermique est à peu près impossible à observer : les cellules se mêlent si bien les unes aux autres, les fibres traversent la zone intermédiaire sur tant de points et sous des inclinaisons si variées, que les plus ardents défenseurs de la théorie à laquelle je fais allusion, seraient fort en peine de figurer la disposition qui leur paraît si chère.

Les mêmes remarques s'appliquent à l'étude de cette membrane chez les Mammifères : toujours très mince, elle ne peut que difficilement y être séparée des couches voisines ; en outre, les vaisseaux sanguins qui cheminent dans son voisinage et sur lesquels M. Hannover a très justement insisté, ne laissent pas que d'introduire de nouvelles causes d'erreurs. Toutefois, en variant les sujets d'étude (Rongeurs, Carnivores, Ruminants, Solipèdes, etc.), on arrive à constater, dans cette classe, des dispositions analogues à celles qui viennent d'être mentionnées chez les Vertébrés ovipares.

Couche granulée externe. — Pour comprendre la signification de la couche granulée externe, il faut revenir de quelques Leçons en arrière et nous reporter à nos études antérieures sur les divers appareils sensitifs : nous avons vu que toute membrane excitable possède des organites spéciaux, renflés vers la partie moyenne, effilés aux deux extrémités, justifiant ainsi leurs noms de « bâtonnets » ou de « cônes » [1], et destinés à recevoir les impressions gustatives, olfactives, auditives, etc. ; or, ces mêmes éléments se rencontrent sur la rétine et constituent, dans sa région ex-

---

[1] Voy. l'histoire des organes tactiles, des boutons gustatifs, des bâtonnets et des cônes gustatifs des Poissons, de la membrane olfactive, etc.

terne, une assise continue, sorte de palissade dont les pieux,
représentés par les cônes et les bâtonnets, plongent d'un
côté dans la couche pigmentaire et confinent, d'autre part, à
la membrane intermédiaire. Comme pour compléter l'illusion, une cordelette lamineuse court à la surface de cette
palissade, un peu au-dessus de sa région moyenne, et semble
rattacher ses pièces entre elles, c'est la *limitante externe*;
quant aux deux zones qu'elle sépare, l'extérieure porte le
nom de *membrane de Jacob*, l'interne celui de *couche granulée externe*.

Cette dernière est donc formée par les bâtonnets et les
cônes, considérés dans leur portion interne dont le diamètre est des plus variables. Ainsi s'expliquent les divers aspects de la couche granulée externe : tantôt elle se
montre composée de filaments accolés, ce sont les *fibres
de la couche granulée externe*; tantôt, au contraire, elle
semble résulter de la soudure d'un grand nombre de noyaux
rapprochés en une seule assise et décrits sous le nom de
calottes de la couche granulée externe ; en réalité, fibres
et calottes font partie intégrante des éléments de la membrane de Jacob et ne peuvent en être séparés que par un
artifice d'exposition.

La rétine des Poissons présente, sous ce rapport, un excellent sujet d'étude : la couche des fibres et celle des calottes
s'y distinguent aisément par leur coloration, claire dans la
première, foncée dans la seconde ; en outre, l'altération
commence généralement par les fibres. Les calottes répondant à des bâtonnets sont toujours distinctes, celles qui
émanent des cônes se confondent souvent ; les unes et les
autres sont d'ailleurs appliquées contre la limitante externe ou situées dans son voisinage immédiat.

Chez les Batraciens et les Reptiles, l'observation de cette couche est des plus délicates : les noyaux des bâtonnets sont généralement situés sur un plan extérieur à celui que déterminent les noyaux des cônes, et les « fibres » sont toujours très courtes ; parfois, elles semblent se diviser en fibrilles avant d'atteindre la membrane intermédiaire. Malgré l'assertion contraire de plusieurs histologistes, on peut découvrir, dans cette zone, de nombreuses fibres radiées, et se dirigeant vers la limitante externe où elles se termineront.

Dans la rétine des Oiseaux, la membrane de Jacob empiète sur la couche granulée externe et dépasse souvent la frontière tracée par la limitante externe, ce qui est surtout vrai pour les bâtonnets ; il en résulte de nombreuses différences de niveau entre les calottes et les fibres ; celles-ci sont toujours très ténues (fig. 108).

Dans les Mammifères, et en particulier chez l'Homme, on retrouve les mêmes dispositions générales ; mais, en outre, certains éléments assez rares dans les Ovipares subissent une prolifération considérable et masquent les fibres de la couche granulée dans la majeure partie de leur étendue. Ils apparaissent sous l'aspect de petits globules, tantôt réduits à un noyau, tantôt offrant autour de celui-ci un mince corps cellulaire : ce sont vraisemblablement des myélocytes.

Limitante externe. — Nous savons ce que représente la limitante externe, cette bandelette conjonctive qui sépare la membrane de Jacob de la couche granulée externe : elle marque le point de terminaison des fibres radiées et doit son contour si net, si facile à suivre, à la brusque disparition de la charpente lamineuse qui cesse de se montrer

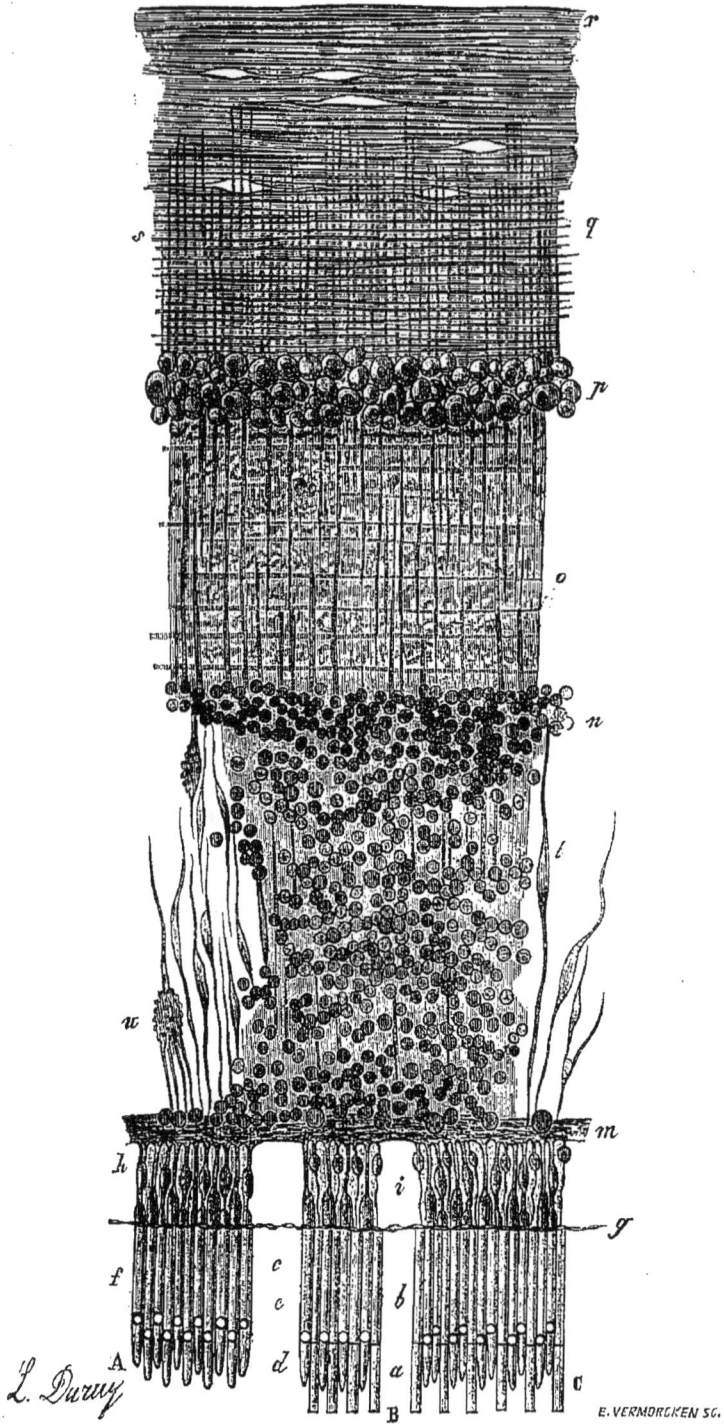

Fig. 108. — Rétine de la Poule.

A, groupe de cônes doubles ; B, groupe de cônes simples et de bâtonnets ; C, groupe

au delà de ce point. Schültze l'a depuis longtemps comparée à une « planche à bouteilles », image qui rappelle sa pénétration par les bâtonnets et les cônes la traversant de part en part ; toutefois, il ne faudrait pas se la représenter comme un plan solide pénétré par les éléments excitables : elle est uniquement formée par le lacis terminal des fibres radiées.

Dans les Poissons, elle affecte un trajet sinueux et possède une épaisseur fort inégale ; souvent même, on peut y suivre des ondes successives de dilatation et de contraction. Très étroite chez le Brochet et la Carpe, elle est assez épaisse dans les Percides et les Scombérides.

Chez les Batraciens, et surtout chez les Reptiles, cette couche est plus régulière ; dans les Tortues en particulier, elle conserve parfois le même diamètre sur une assez grande étendue.

Toujours étroite chez les Oiseaux, elle y revêt un aspect moniliforme : c'est souvent un véritable chapelet qu'on voit se développer, à ce niveau, sur les éléments bacillaires. Dans les Accipitres, elle offre un double contour plus accentué que sur aucun autre type.

En général, la limitante externe est plus épaisse dans les Mammifères, et s'y montre sous les mêmes traits essentiels ; mais elle est toujours difficile à observer chez l'Homme, en raison du grand développement de la couche granulée externe (fig. 107) et des éléments accessoires qui viennent

de cônes doubles et de bâtonnets. — *a*. Partie extérieure d'un bâtonnet. — *b*. Partie interne du même élément, confinant à la limitante externe. — *c,d,e*. Diverses régions d'un cône simple. — *f*. Cône double. — *g*. Limitante externe. — *h,i*. Calotte des cônes; ces calottes sont situées dans la couche granulée externe. — *m*. Membrane intermédiaire. — *n*. Couche granulée interne. — *o*. Couche granuleuse. — *p*. Couche de cellules nerveuses. — *q*. Couche des fibres nerveuses. — *r*. Limitante interne. — *s*. Fibres radiées. — *t*. Noyaux fusiformes sur les fibres radiées, durant leur passage à travers la couche granulée interne. — *u*. Substance intercellulaire, finement granulée qui adhère, aux fibres radiées. (D'après Hannover.)

en compliquer la structure ; les Solipèdes et les Ruminants fournissent au contraire d'excellents sujets d'étude [1].

Membrane de Jacob. — Nous connaissons déjà les éléments qui vont former la nouvelle zone rétinienne, la membrane de Jacob, à laquelle nous arrivons maintenant ; nous savons, en effet, que la limitante externe ne la sépare que virtuellement de la couche granulée externe, qu'en réalité elle se continue avec cette dernière et se montre formée des mêmes cellules bacillaires, prêtes à plonger dans les calyces choroïdiens. Ces éléments sont les plus essentiels de l'organe visuel ; ils sont malheureusement aussi les plus instables de tout l'organisme, ce qui explique les divergences des histologistes à leur sujet. Leur distinction même en bâtonnets et en cônes, est fondée sur de simples dissemblances extérieures, et parfois on remarque, comme dans la tache jaune, tous les états intermédiaires entre ces deux formes ; plusieurs espèces (Cheiroptères, Hérisson, Baleine) paraissent même ne posséder que des bâtonnets, sans que le fonctionnement de l'organe cesse d'être assuré ; les uns et les autres sont constitués par un segment interne confinant à la limitante et par un segment externe, en rapport avec les cellules pigmentaires. Ce dernier segment est formé de petits disques superposés et très facilement séparables.

La forme typique des bâtonnets paraît être celle d'une colonne à six pans [2] ; ils offrent des dimensions très variables : assez grêles dans les Mammifères, ils deviennent beaucoup plus volumineux chez les Vertébrés inférieurs (Séla-

---

[1] D'après Hannover (*loc. cit.* p. 55), la limitante externe serait aussi très distincte dans les Quadrumanes.

[2] Voy. Hannover, *loc. cit.*

ciens, etc). Leurs deux segments s'isolent facilement après la mort ; le segment externe ne se distingue pas seulement par la structure lamelleuse qui vient d'être indiquée, il possède en outre une coloration rose ou pourpre des plus brillantes ; cette teinte est due à la présence d'un principe spécial [1], auquel les travaux de Boll viennent de donner une notoriété universelle et dont nous aurons bientôt à poursuivre l'étude particulière, lorsque nous chercherons à déterminer le mode d'action de la lumière sur la rétine. Quant au segment interne, il se résume en une membrane d'enveloppe renfermant un contenu granuleux. Les altérations de la membrane périphérique, les variations que peut offrir la masse centrale, etc., ont souvent fait admettre, dans cette partie du bâtonnet, l'existence d'un filament axile dont les recherches de Ritter ont vainement tenté d'établir la réalité [2]. Les mêmes réserves s'imposent à l'égard des stries longitudinales qui ont été décrites à la surface du bâtonnet et paraissent devoir être rapportées à l'empreinte des calyces choroïdiens, ou simplement à leur reflet.

Les cônes diffèrent si peu des bâtonnets que durant fort longtemps on confondit ces deux formes : la première mention des bâtonnets remonte à 1722, et ce fut seulement en 1835 que Goettsch distingua les cônes. L'aspect de ces derniers rappelle assez bien celle d'une bouteille : le segment externe est grêle, conique, décomposable en lamelles discoïdales, dont la séparation est toutefois moins facile que sur la partie correspondante des bâtonnets. Le segment in-

---

[1] *Sch-Purpur, Pourpre rétinienne, Érythropsine*, etc.
[2] Ritter, in *Bericht*, 1855. — Id., in *Archiv fur Ophthalmologie*, 1859, 1861, 1862, 1864, 1865, etc. — Voy. pour la discussion du filament de Ritter chez les Vertébrés et les Invertébrés, la leçon XXXVI.

terne est cylindrique, limité par une membrane très exten-
sible ; il renferme un corps lenticulaire et brillant qu'on observe aussi, mais moins constamment, dans les bâtonnets ;
la signification morphologique de cette pièce est encore
mal connue ; Hannover n'hésite pas à y voir l'analogue
« du cône cristallinien » des Arthropodes [1].

Les cônes peuvent présenter de nombreuses modifications :
dans les Poissons, ils sont souvent doubles (cônes jumeaux) ;
parfois, comme chez les Batraciens et les Oiseaux, ils renferment des granules colorés, etc. L'étude de la membrane de Jacob, considérée dans les diverses classes, va
d'ailleurs nous permettre d'insister plus longuement sur ces
particularités.

Les bâtonnets des Poissons affectent une apparence toute
spéciale dans leur segment interne, qui s'effile et se termine
en pointe vers la limitante ; quant au segment externe, il
offre ses caractères normaux, s'altère rapidement, se décompose en disques, etc. Le segment interne des cônes est
tout aussi grêle que celui des bâtonnets ; le segment externe, d'abord ovoïde et renflé, s'effile également dans le
voisinage de la choroïde, et concourt à donner à l'ensemble du cône un aspect naviculaire des plus remarquables.

C'est dans la classe des Batraciens, et dans celle des Reptiles, qu'on peut le plus facilement observer la forme originelle du bâtonnet : la colonne hexaédrique s'y montre encore
plus apparente que chez les Poissons, et l'étude des
Anoures est à cet égard fort instructive. Il est facile de

---

[1] Ainsi que nous aurons bientôt l'occasion de le constater (voy.
Leçon XXXVI), le terme de « cône » reçoit, dans l'œil rétinien des
Crustacés et des Insectes, une acception toute spéciale.

constater la séparation en lamelles et la coloration rose du segment externe. Les cônes sont moins nombreux que les bâtonnets et présentent, dans leur substance, des globules violets, rouges, etc.

Les bâtonnets des Oiseaux offrent les mêmes caractères ; mais l'examen du segment externe doit être pratiqué rapidement, car les lamelles constitutives s'altèrent très vite et s'effacent entièrement. On distingue des cônes simples et des cônes doubles ; les uns et les autres renferment souvent des globules diversement colorés (rouges, jaunes, etc.), et depuis longtemps figurés par Hannover, Nunneley, etc. Si, dans les Batraciens, ces globules ont pu être parfois rapportés à la matière pigmentaire ambiante, ici nul doute ne saurait s'élever à leur sujet : ils appartiennent bien réellement à la substance même du cône.

Dans les Mammifères, les éléments de la membrane de Jacob offrent les mêmes dispositions fondamentales. Les bâtonnets paraissent exister seuls dans les Cheiroptères, chez divers Insectivores et Rongeurs ; ils sont très fragiles, plus minces dans les Ruminants que dans les Bimanes et les Quadrumanes : leur séparation en disques s'y observe aussi plus aisément. Les cônes s'altèrent moins vite que les bâtonnets, ils peuvent être simples ou doubles ; grêles dans les Carnivores, ils sont rares dans la Marmotte et le Rat, très développés au contraire chez le Lapin.

Couche pigmentaire. — La rétine se trouve limitée extérieurement par une assise de cellules pigmentaires, qui ont été déjà mentionnées lors de nos études sur la choroïde, mais que leurs rapports, leur évolution, leur mode probable de fonctionnement, obligent à décrire avec la rétine. Ces cellules entourent, en effet, les bâtonnets et les

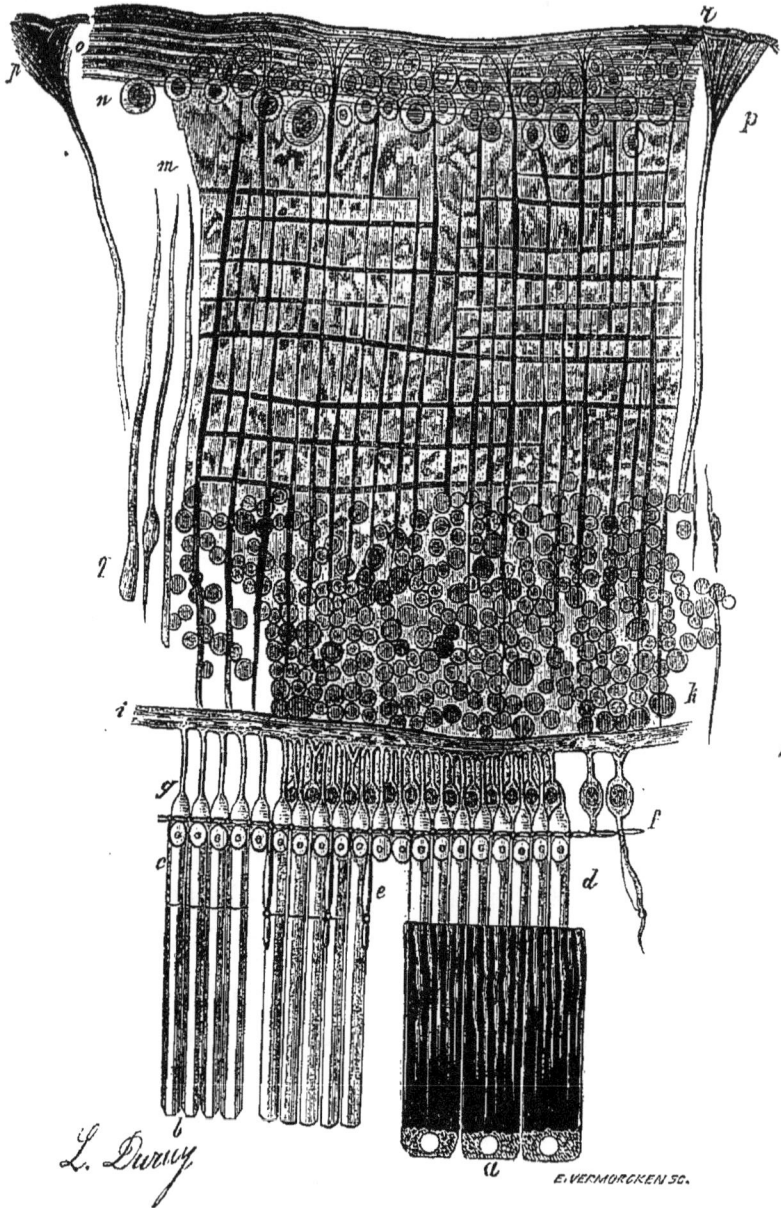

Fig. 109. — Rétine de la Grenouille.

a. Cellules pigmentifères à gros noyaux. — *b,c,d.* Bâtonnets prismatiques; leur partie extérieure plonge dans les calyces pigmentifères. — *e.* Cônes. — *f.* Limitante externe. — *g.* Calottes de bâtonnets dans la couche granulée externe. — *i.* Membrane intermédiaire. — *k.* Couche granulée interne. — *m.* Couche granuleuse. — *n.* Couche des cellules nerveuses. — *o,o.* Couche des fibres nerveuses. — *p.* Fibres radiées. — *q.* Renflements des fibres radiées. — *r.* Limitante interne. (D'après Hannover.)

cônes, les engaînent à la manière de longs calyces laciniés (fig. 105 et 107, etc.), et se prolongent parfois jusqu'au contact de la limitante externe.

Pour apprécier exactement la structure et les connexions de ces éléments, il faut les examiner dans les Vertébrés inférieurs et surtout dans les Poissons : on constate alors que chaque cellule débute par une face plane, appliquée sur la choroïde, puis se prolonge vers l'intérieur de la rétine, sous la forme d'un tube prismatique dont l'extrémité se subdivise en six languettes pour embrasser la partie externe du bâtonnet ou du cône.

Les cellules pigmentaires des Batraciens renferment des granules colorés ; chez les Oiseaux, elles conservent encore leur forme initiale ; mais, dans les Mammifères, leur épaisseur diminue, leurs contours s'émoussent ; elles deviennent souvent méconnaissables.

Nous venons d'analyser successivement les diverses couches de la rétine et pourrions considérer son étude anatomique comme achevée, si cette membrane ne présentait, sur certaines de ses régions, des modifications tellement profondes qu'il est indispensable de les soumettre à un examen particulier : telles sont la papille, la tache jaune et la région ciliaire.

Papille du nerf optique. — On sait que sous le nom de « papille », on désigne le point de pénétration du nerf optique ; jamais terme ne fut plus mal choisi, car loin d'être saillante, cette région est au contraire déprimée et creusée en forme de coupe. Elle est essentiellement constituée par les fibres du nerf optique, se réfléchissant de toutes parts pour courir à la surface de la rétine, si bien que celle-ci n'existe réellement pas en ce point, ou s'y trouve réduite à la limitante interne et à la couche des fibres nerveuses. L'aspect général de la papille peut varier dans d'assez grandes limites suivant les espèces, et nous allons voir qu'elle offre de notables différences dans les diverses classes de l'embranchement.

Chez les Poissons, on voit, aussitôt après leur passage à travers la choroïde, les fibres nerveuses diverger de tous côtés, sous forme de faisceaux dont les éléments ne tardent pas à se séparer. En outre, ces éléments s'entre-croisent, de sorte que les fibres de droite se portent à gauche et réciproquement ; le fait est facile à observer dans les Tanches, les Perches, les Carpes, les Cyclostomes [1], etc.

La papille des Batraciens est allongée comme celle des Poissons ; l'épanouissement des faisceaux s'effectue plus régulièrement, mais on y remarque le même entre-croisement. Ce dernier caractère paraît général dans les Ovipares, car on l'observe encore chez les Oiseaux. Nous savons que dans ces derniers, comme chez les Reptiles, le nerf optique s'épanouit de chaque côté du peigne ; c'est là qu'il convient de chercher les faisceaux primaires qui rappellent assez exactement les dispositions propres aux Poissons.

Chez les Mammifères, le nerf optique est divisé en faisceaux entourés de gaînes cellulaires, souvent épaisses (Rongeurs, Ruminants, etc.) ; la papille est arrondie ; les fibres suivent un trajet direct [2].

Tache jaune. — La « tache jaune », ou *macula lutea*, répond exactement au diamètre antéro-postérieur de l'œil, mais il faut avouer qu'ici encore la terminologie adoptée

---

[1] Langerhans, *Untersuchungen uber Petromyzon Planerii*, p. 63, 1873.

[2] Milne Edwards, *Leçons sur la physiologie et l'anatomie comparée de l'Homme et des Animaux*, t. XII, p. 199, 1877.

par les anatomistes est des moins heureuses, car le pigment qui donne à cette partie de la rétine sa coloration spéciale n'existe que dans un petit nombre de Vertébrés (Bimanes, Quadrumanes, etc.), et présente une intensité très variable dans les individus d'une même espèce [1]. Vers son milieu, la « tache jaune » se déprime fortement et reçoit souvent alors le nom de *fovea centralis* ; à mesure qu'on l'examine de la périphérie vers le centre, on voit la structure normale se modifier considérablement : la limitante interne y est plus mince que sur aucun autre point, la couche des fibres nerveuses manque totalement, la couche des cellules nerveuses devient de plus en plus ténue, ou disparaît complètement ; il en est de même pour les couches granuleuse, granulée interne et intermédiaire. La couche granulée externe persiste, comme la membrane de Jacob, qui n'est plus représentée que par des cônes ; mais il convient d'ajouter que ceux-ci s'allongent au point de revêtir un aspect réellement bacillaire et que parfois de véritables bâtonnets viennent s'y mêler. Enfin ces éléments présentent un mode d'arrangement tout spécial et se répartissent suivant des lignes courbes passablement compliquées [2].

Région ciliaire. — Si l'origine postérieure de la rétine est représentée par le point d'épanouissement du nerf optique, son extrémité antérieure répond à la zone qui sépare le corps ciliaire de la choroïde ; de même que cette der-

---

[1] Ce Pigment est plus clair dans les yeux bruns que dans les yeux bleus (Hüschke), il est soluble dans l'alcool et paraît être essentiellement formé de substances grasses (Krause).

[2] Schultze, *Ueber den gelben Fleck der Retina* (*Verhandlungen der Naturhistorischen*, etc., 1866, p. 23). — Id., *Stricker's Handbuch*, t. I, p. 1022-1023. — Welcher, *Untersuchung der Retinazapfen* (*Zeit. f. rat. med.*, 1863, t. XX, p.170. — Hannover, *loc. cit.*, p. 179.

nière, la rétine se termine à ce niveau par une ligne festonnée qui s'étend sous forme de lame mince jusqu'au bord externe de la face postérieure de l'iris. Dès 1754, Zinn appelait l'attention des anatomistes sur cette région ciliaire dont la structure est extrêmement remarquable : la membrane s'y montre réduite à sa couche pigmentaire et à ses fibres de soutien, tous les éléments excitables ou nerveux ayant successivement disparu à mesure qu'elle s'avançait vers ses limites antérieures.

Lorsqu'on examine cette portion ciliaire de la rétine, qu'il est presque impossible de séparer des procès ciliaires et de la zone de Zinn à laquelle elle adhère intimement, on lui reconnaît deux couches : l'une, externe, est formée de cellules pigmentaires ; l'autre, interne, est constituée par des cellules étroites et nuclées qui, d'abord très longues, diminuent de longueur à mesure qu'elles s'approchent de l'iris. On a longuement discuté sur l'origine de cette assise interne : les uns ont tenté d'y retrouver les derniers témoins des bâtonnets et des cônes, d'autres l'ont décrite comme une assise épithéliale ; de fait, les travaux les plus récents s'accordent à confirmer les vues de H. Müller, et nous permettent de décrire ces cellules de la région ciliaire comme de simples fibres radiales, modifiées et raccourcies.

L'étude comparée des diverses classes de Vertébrés fournit des résultats analogues, et chez tous ces animaux on constate le même amincissement antérieur de la rétine, la même disparition progressive de ses diverses couches, se traduisant par un aspect identique dans cette région ciliaire, simple dépendance de la membrane que nous venons d'étudier dans sa structure, et dont nous aurons bientôt à déterminer la valeur physiologique.

TRENTE-DEUXIÈME LEÇON

Dans l'espace limité par les membranes oculaires, se
trouve l'appareil dioptrique destiné à faire converger sur la
rétine les rayons qui pénètrent dans l'organe visuel. Il se
montre formé par une série de milieux transparents, qui se
succèdent d'avant en arrière et sont au nombre de quatre:
la cornée, l'humeur aqueuse, le cristallin, le corps vitré.

La cornée remplit un double rôle : diaphane, elle livre
passage aux rayons lumineux; élastique et résistante,
elle concourt, avec la sclérotique, à limiter extérieurement
le globe oculaire; aussi cette membrane a-t-elle été décrite
précédemment et doit-elle être simplement mentionnée
ici.

HUMEUR AQUEUSE. — L'humeur aqueuse occupe la cavité
comprise entre la face postérieure de la cornée et la face

antérieure du cristallin ; l'iris divise cet espace en deux chambres : la *chambre antérieure*, limitée en avant par la cornée, en arrière par l'iris ; la *chambre postérieure*, comprise entre l'iris et le cristallin. Divers anatomistes se refusent à admettre l'existence de cette dernière ; elle existe cependant au même titre que la cavité des séreuses, des synovies, etc.

L'humeur aqueuse est incolore et transparente, d'une densité égale à 1,0053 d'après Brewster ; son pouvoir réfringent est de 1,339. Suivant Lohmeyer, elle présenterait chez le Veau la composition suivante :

Eau..	986,870
Chlorure de sodium......................	6,890
— potassium..................	0,113
Sulfate de potasse......................	0,221
Phosphates et carbonates de chaux et de magnésie...............................	0,473
Albumine...............................	1,223
Principes extractifs...................	4,210

Il est également facile d'y démontrer la présence du glucose et de l'urée.

Lorsqu'une plaie de la cornée détermine l'écoulement de ce liquide on le voit se reproduire très rapidement ; les belles expériences de Claude Bernard ont établi que cette sécrétion était placée sous la dépendance immédiate du ganglion ophthalmique et des nerfs ciliaires : elle s'arrête dès que le ganglion est détruit.

Dans les Oiseaux, l'humeur aqueuse est toujours très abondante, ce qui est en rapport avec la grande convexité de la cornée et la distance qui la sépare du cristallin. Les Reptiles présentent, à cet égard, des différences assez considérables : chez les Chéloniens, où le cristallin ne possède jamais que de faibles dimensions, la chambre antérieure est vaste et l'humeur aqueuse existe en quantité notable ; au contraire, chez les Ophidiens dont le cristallin est volumineux, la quantité de cette humeur diminue considérablement. Elle est également assez faible dans les Batraciens ; chez les Poissons, cette tendance s'accentue bien plus encore, car par suite de la saillie antérieure du cristallin, l'humeur aqueuse n'occupe plus qu'un espace des plus réduits.

CRISTALLIN. — Le cristallin constitue non pas seulement le plus volumineux, mais aussi le plus important des milieux de l'œil ; il peut être considéré comme une lentille biconvexe disposée en avant du corps vitré, en arrière de l'humeur aqueuse et de l'iris. Ces rapports ne pourraient le garantir contre de dangereux déplacements, s'il n'était maintenu par une membrane très résistante qui l'enchâsse à la manière d'une couronne : c'est la *zone de Zinn*, région qui n'est pas nouvelle pour nous, car elle ne représente qu'un prolongement épaissi de la limitante interne, s'accolant postérieurement à la membrane hyaloïde et s'engrenant, par sa face externe, avec les procès ciliaires.

La forme du cristallin varie suivant les types et surtout suivant les conditions cosmiques dans lesquelles se trouvent placés les divers animaux : chez les Poissons il est à peu près sphérique et conserve sensiblement le même aspect dans les Batraciens, les Ophidiens et les Mammifères aquatiques ainsi que dans les espèces nocturnes. Au contraire, chez les Mammifères ordinaires et dans la plupart des Oiseaux, sa convexité est bien moindre : ainsi chez les Bimanes, les Quadrumanes, etc., le diamètre antéro-postérieur atteint à peine la moitié du diamètre vertical [1] ; il en est à peu près de même chez les Ruminants, les Solipèdes, etc.

Considéré dans sa structure, le cristallin est composé de deux parties :

1° Une enveloppe élastique, mince et transparente, la capsule du cristallin.

2° Une masse molle, lamelleuse ou fibreuse, le corps du cristallin.

Le corps du cristallin s'échappe très aisément de sa capsule dès que celle-ci est ouverte ; il s'en trouve même séparé sur le cadavre par une mince couche liquide, jadis décrite sous le nom « d'humeur de Morgagni » mais dont il n'y a plus lieu de faire mention, M. Sappey ayant établi que ce liquide n'existe jamais chez le vivant et résulte simplement de la décomposition des couches superficielles de la lentille [2].

La capsule se présente sous l'aspect d'une membrane hyaline [3] qui forme autour du cristallin une enveloppe protectrice dans laquelle on distingue deux segments, la *cris-*

---

[1] Chez le fœtus il en est tout autrement et le cristallin est sphérique.

[2] Se fondant sur les recherches de Morgagni qui datent de 1719, la plupart des anatomistes admettaient l'existence de ce liquide « dans lequel baignait le noyau du cristallin » ; lorsque des observations précises montrèrent que cette humeur était due à l'altération même des éléments cristalliniens : en même temps que les parois des cellules se détruisent, on voit se former de grosses gouttes, claires et limpides qui ne tardent pas à se multiplier et forment, par leur agglomération, « l'humeur de Morgagni. » — Voy. Sappey, *loc. cit.* p. 768. — Polaillon, *Des milieux réfringents de l'œil*, p. 63 (*Thèse de Concours*, 1866).

[3] Sa transparence est telle qu'elle résiste à tous les agents (acides, alcalis, eau bouillante, etc.) qui déterminent l'opacité du cristallin, aussi la cataracte ne l'atteint-elle que rarement.

talloïde antérieure, et la cristalloïde postérieure, que sépare l'équateur de la lentille.

La cristalloïde antérieure est beaucoup plus épaisse que
la cristalloïde postérieure ; en outre, elle porte sur sa face
interne une couche épithéliale qui manque sur la partie
correspondante de la cristalloïde postérieure, différence
fort importante et que nous devrons invoquer lorsque nous
retracerons les efforts tentés par les expérimentateurs en
vue d'obtenir la régénération du cristallin.

Ces cellules sont d'une observation très facile : il suffit
d'arracher un lambeau de la cristalloïde antérieure et de
l'étaler dans un goutte d'humeur vitrée, pour distinguer les
éléments et reconnaître leurs caractères essentiels.

Régulièrement disposées les unes auprès des autres,
les cellules épithéliales sont polyédriques et larges de
$0^{mm},02$ en moyenne ; celle de leurs faces qui est tournée
vers le corps du cristallin fait une légère saillie. Elles
sont formées d'une masse grisâtre et finement granuleuse ; leur noyau est ovoïde, parfois pourvu d'un ou deux
nucléoles qui sont surtout visibles chez les Carnivores et
les Rongeurs. La couche épithéliale se retrouve d'ailleurs
avec les mêmes dispositions fondamentales dans les Mammifères, les Oiseaux, les Batraciens, les Poissons, etc. [1].

Dépouillé de son enveloppe capsulaire, le cristallin ap-

---

[1] A l'époque, encore assez récente, où l'on accordait à l'humeur
de Morgagni une existence propre, on décrivait, en dedans de cet
épithélium capsulaire, une assise de larges cellules, dans lesquelles
on localisait la sécrétion de ce liquide et que l'on désignait, pour ce
motif, sous le nom de cellules de l'humeur de Morgagni ; elles ne
présentent plus aujourd'hui qu'un intérêt historique, les recherches
de Kœlliker, Arnold, Shicker, etc., ayant établi que ces prétendues
cellules n'étaient que de simples tubes cristalliniens incomplètement
développés.

paraît sous la forme d'une lentille transparente chez l'enfant et l'adulte, jaunâtre chez le vieillard. Sa consistance augmente aussi avec l'âge et se modifie dans de grandes limites chez les divers Vertébrés : souvent on constate une relation directe entre la consistance et le volume de la lentille : le cristallin du Bœuf est plus dur que celui du Mouton, de même pour le cristallin du Chien comparé à celui du Lapin, etc.; le cristallin des Mammifères est généralement plus résistant que celui des Oiseaux, mais il l'est infiniment moins que celui des Poissons, animaux chez lesquels la lentille devient parfois cornée. Enfin ce caractère varie suivant la région de la lentille que l'on examine, la consistance augmentant de la périphérie vers le centre qui peut acquérir ainsi la valeur d'un véritable noyau.

Ce n'est pas seulement par leur densité, c'est aussi par leur structure que ces zones diffèrent, car le microscope y révèle deux sortes d'éléments : 1° à l'extérieur, les *tubes* ou *fibres à noyaux*: 2° à l'intérieur, les *fibres dentelées*.

Les fibres à noyaux sont disposées parallèlement et juxtaposées sans matière unissante ; elles se montrent formées d'une substance granuleuse parsemée de noyaux ovoïdes ; certains détails permettent de supposer qu'elles représentent de véritables tubes, plutôt que des fibres : ainsi l'on en voit suinter de petites gouttelettes rosées qui toujours apparaissent à l'extrémité de la fibre et jamais sur ses côtés, etc. Ces éléments s'altèrent les premiers dans la cataracte ; ils forment la majeure partie de la couche pultacée qui entoure la lentille dans les cataractes demi-molles [1].

---

[1] Cadiat, *Le Cristallin, Anatomie et Développement*, p. 26 (*Thèse de Concours*, 1876).

Un peu moins larges que les tubes précédents, les fibres dentelées constituent la masse principale du cristallin et présentent sur leurs bords de fines saillies très régulières, qui leur permettent de s'engrener solidement et se traduisent, sur la coupe transversale, par une élégante mosaïque à mailles hexagonales. Ces dentelures sont très visibles chez les Poissons ; dans les Mammifères et les Oiseaux elles sont beaucoup plus fines, et parfois assez difficiles à distinguer.

Il est certains Vertébrés dans lesquels cette structure est infiniment plus simple, les éléments cristalliniens semblant avoir subi une sorte d'arrêt de développement ; coïncidence remarquable, cette dégradation histologique s'observe toujours chez des animaux à vision imparfaite : la Taupe et le Poisson aveugle de la caverne mammouthique en fournissent les meilleurs exemples. Chez la Taupe, Leydig a montré que la lentille se résume en une masse de cellules à peine différentes de l'épithélium capsulaire et ne revêtant jamais l'aspect tubulaire[1] ; chez le Poisson[2] qui habite la caverne du Kentucky, le cristallin n'est formé que de cellules ovoïdes et nucléaires[3] ; il en est de même pour la *Cæcilia annulata* qui vit à plusieurs pieds de profondeur dans la vase des marais[4].

Partout où elles existent avec leur forme normale, les fibres cristalliniennes présentent une grande longueur et se contournent de différentes manières en passant d'un pôle à

[1] Leydig, *Traité d'histologie comparée*, p. 275, f. 132.

[2] *Amblyopsis spelæus.*

[3] Wyman, *On the Eye and organ of hearing in the blind Fish of the Mammoth Cave* (*Proceedings of the Boston nat. Hist. Soc.* 1854, p. 395).

[4] Leydig, *loc. cit.*, p. 276.

l'autre de la lentille; si l'on ajoute que ces fibres s'enroulent suivant des « surfaces gauches », on pourra pressentir le degré de complication qu'atteindra souvent leur mode de groupement. Celui-ci ne laisse pas que de modifier, dans des proportions parfois considérables, l'aspect du cristallin, dont l'étude serait à peu près impraticable si l'on tentait de la poursuivre directement chez la plupart des Vertébrés et en particulier dans l'espèce humaine; au contraire, certains animaux témoignent sous ce rapport d'une réelle simplicité, et l'on peut, en choisissant convenablement les sujets d'observation, parvenir à élucider une structure qui tout d'abord semble inextricable.

On est d'ailleurs guidé dans cet examen par les travaux d'un anatomiste anglais dont le nom demeure inséparable de l'histoire du cristallin. Appréciant avec une rare sagacité les analogies et les dissemblances que la texture de cet organe présente chez les Vertébrés des différentes classes, Brewster s'efforça de grouper méthodiquement ces caractères, et réussit à rapporter à un petit nombre de formes fondamentales des états tellement complexes qu'ils avaient jusque là défié toute tentative analytique[1].

Dans le premier type de Brewster, les fibres convergent uniformément vers les deux pôles de la lentille en y décrivant des lignes extrêmement simples, analogues aux méridiennes des géographes; plusieurs Poissons, Reptiles et Oiseaux présentent cette forme qui se rencontre aussi chez l'Ornithorhynque.

---

[1] Brewster, *On the anatomicaland optical structure of the lens oy Animals* (*Phil. transactions*, 1833, p. 329). — Id., *On the anatomf of the cristalline lenses* (*Ibid.*, 1836, p. 33). — Voy. aussi Milne Edwards, *loc. cit.*, t. XII, p. 172 et suiv.

Ensuite viennent les animaux chez lesquels les éléments cristalliniens se rendent non plus aux pôles, mais à deux cloisons axiles dont la présence détermine, dans la plupart de ces fibres, une involution latérale. Un grand nombre de Poissons (Saumon, Carpe, Tanche, Esturgeon, Squales, Raies) offrent ce caractère qui s'observe dans quelques Mammifères et en particulier sur le Dauphin, le Lièvre, le Lapin.

Chez la plupart des animaux de cette dernière classe (Quadrumanes, Lémuriens, Carnivores, Ruminants, Solipèdes, etc.), les cloisons polaires se dessinent des étoiles à trois branches ; chacun des segments subissant une torsion marquée, la structure du cristallin ne tarde pas à acquérir ainsi un nouveau degré de complication.

Fig. 110. — Disposition des fibres du cristallin se réunissant par leurs extrémités de façon à dessiner une étoile à trois branches.

Dans l'espèce humaine, on observe sur chaque face de la lentille trois fissures équidistantes et partant de chaque pôle (fig. 110) : l'étoile à trois branches domine donc encore l'ensemble du système cristallinien ; mais avec les progrès du développement, ses rayons originels se sont subdivisés au point d'effacer toute régularité dans la structure de la lentille et de justifier le nom de « tourbillons[1] » sous lequel les anciens anatomistes ont longtemps décrit ces faisceaux de fibres contournées en tout sens.

Enfin, chez les Tortues et les Torpilles, les fibres conver-

[1] *Vortices lentis.*

gent vers deux cloisons : l'une circulaire et disposée sur
la face postérieure de la lentille ; l'autre linéaire et située
sur sa face antérieure [1].

Développement du cristallin. — L'étude organogénique
du cristallin n'est pas moins intéressante que son histoire anatomique ; il est même impossible de les séparer
l'une de l'autre, car sur plus d'un point nous allons les
voir se prêter un mutuel concours et se compléter réciproquement.

Vers l'époque où la vésicule oculaire commence à faire
saillie sur les côtés de la cellule cérébrale moyenne, on voit

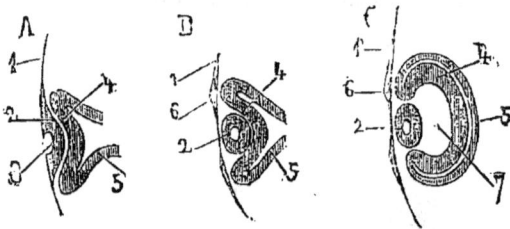

Fig. 111. — Développement du cristallin.

A, B, C, stades du développement. — 1, feuillet épidermique. — 2, épaississement de
ce feuillet. — 3, fossette cristallinienne. — 4, vésicule oculaire primitive, dont la partie
antérieure est déprimée par le cristallin. — 5, partie postérieure de la vésicule oculaire primitive et feuillet externe de la vésicule oculaire secondaire. — 6, endroit où le
cristallin s'est séparé du feuillet épidermique. — 7, cavité formée par le refoulement
de la vésicule oculaire et qui sera occupée par le corps vitré. (D'après Remak.)

la région voisine du feuillet épidermique s'épaissir, puis
se replier intérieurement, dessinant une petite dépression (fossette cristallinienne) qui ne tarde pas à se fermer et à prendre ainsi l'aspect d'une vésicule close,
tapissée sur sa face interne par une couche épithéliale ;
bientôt se brise le pédicule qui rattachait au feuillet épidermique la vésicule, puis celle-ci s'isole au milieu de la

[1] Leydig, *loc. cit.*, p. 277.

vésicule oculaire dont elle se trouve séparée par une zone qui deviendra le corps vitré (fig. 111).

D'importants changements se manifestent dans l'intérieur de cette vésicule, première ébauche du cristallin : les cellules de sa partie antérieure conservent la forme et les dimensions des cellules épithéliales, tandis que les cellules de la paroi postérieure grandissent rapidement et se transforment en fibres cristalliniennes; ainsi s'explique chez l'adulte la présence de cellules épithéliales sous la cristalloïde antérieure et leur absence sous la cristalloïde postérieure. Les enseignements de l'embryologie se trouvent du reste pleinement confirmés par les observations tératologiques : il y a peu d'années, M. Georges Pouchet rencontra chez un fœtus de poulet un cristallin absolument sphérique, anomalie fort étrange, mais dont il fut aisé de découvrir la cause : loin de se limiter à la cristalloïde postérieure, la prolifération de l'assise épithéliale s'était étendue à la cristalloïde antérieure, imprimant ainsi à la lentille une forme symétrique et montrant que toutes ces cellules épithéliales sont également capables de se transformer en fibres cristalliniennes; notion fondamentale et que nous aurons bientôt à rappeler lorsque nous chercherons à établir le rôle de la cristalloïde antérieure dans les cas de régénération.

Le développement rapide de la lentille cristallinienne exige une active nutrition dont les matériaux sont apportés par l'artère hyaloïdienne, branche de l'artère centrale de la rétine qui durant les premiers temps de la vie fœtale traverse le corps vitré pour s'épanouir autour du cristallin qu'elle enveloppe d'un élégant réseau, souvent désigné sous le nom de « capsule vasculaire du cristallin » (fig. 112).

Dans les Mammifères, cette artère hyaloïde disparaît vers le septième mois, mais chez beaucoup d'ovipares (Oiseaux, Lézards, etc.) elle persiste dans sa portion initiale, devient

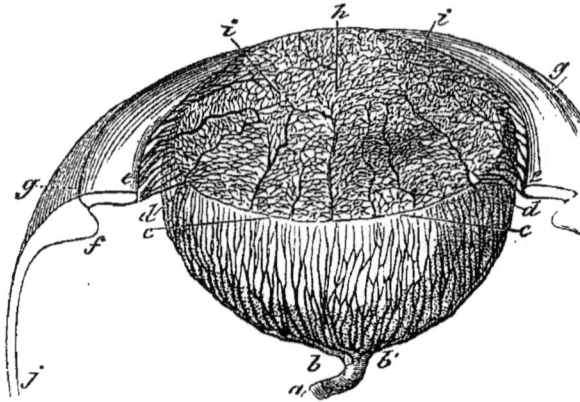

Fig. 112. — Capsule vasculaire du cristallin et membrane pupillaire.

a, artère hyaloïdienne. — *bb*, ses branches. — *cc*, membrane pupillaire. — *dd*, branches qu'elle reçoit de l'iris. — *ee*, iris. — *f*, procès ciliaires. — *gg*, partie antérieure de la choroïde. — *h*, centre de la membrane pupillaire. — *ii*, son réseau vasculaire. — *j*, choroïde. (D'après Littré et Ch. Robin.)

l'origine des vaisseaux du peigne et acquiert de la sorte une haute valeur morphologique.

Régénération du cristallin. — A peine le mode de développement du cristallin était-il connu dans ses caractères essentiels, à peine avait-on entrevu le rôle de la capsule à l'intérieur de laquelle il se constitue, que de nombreuses recherches furent entreprises dans le but d'obtenir la reproduction de cette lentille après son extraction. On comprend aisément tout l'intérêt de cette question qui, malgré l'importance des travaux dont son histoire s'est successivement enrichie, n'a pu passer encore du domaine de la physiologie expérimentale dans celui de la médecine opératoire; aussi pouvons-nous justement en revendiquer l'examen.

Les premières tentatives de régénération du cristallin datent de l'ancienne Académie de chirurgie; mais la méthode était si grossière, les résultats si constamment négatifs qu'elles ne méritent qu'un intérêt rétrospectif; au contraire, en 1825, Cocteau et Leroy d'Étiolles obtinrent un réel succès : sur douze animaux auxquels ils avaient enlevé le cristallin, cinq présentèrent bientôt une nouvelle lentille normalement constituée [1].

Peu de temps après (1827), deux observateurs, Backhausen et Löwenhardt entreprirent des recherches analogues, mais tandis que le premier n'enregistrait que des résultats douteux, Löwenhardt publiait quelques opérations heureuses et formulait les deux propositions suivantes :

1° Le cristallin se régénère plus sûrement et plus rapidement chez les jeunes animaux ;

2° La présence de la capsule est indispensable pour cette reproduction.

Ces conclusions furent bientôt confirmées par Midlmore et ne tardèrent pas à acquérir avec Mayer une précision nouvelle : non seulement l'âge du sujet exerce une grande influence sur l'opération, non seulement la capsule peut seule en assurer le succès ; mais c'est uniquement aux dépens de la partie antérieure de cette capsule, de la cristalloïde antérieure, que se formera la nouvelle lentille.

Les recherches micrographiques de Valentin (1844) établirent que tel était bien le rôle de la cristalloïde antérieure et montrèrent qu'il suffisait de la léser pour arrêter l'évolution du nouveau cristallin.

Parmi les travaux qui, depuis cette époque, ont été con-

[1] Cocteau et Leroy d'Étiolles, *Expériences relatives à la reproduction du cristallin* (*Journal de Magendie*, 1825, t. VII, p. 30).

sacrés à la même question, il faut rappeler ceux de Textor
(1848), de M. Philippeaux (1870) et surtout de M. Milliot
(1867-1871).

Sur 49 opérations pratiquées chez divers Mammifères
(Carnivores, Rongeurs, Ruminants, etc.) M. Milliot observa
18 cas de régénération et constata que c'était toujours à la
face interne de la cristalloïde antérieure que se développait
la nouvelle lentille. Ce résultat concorde entièrement avec
les notions embryologiques résumées plus haut : nous avons
vu qu'au début la capsule se trouve tapissée intérieurement
par une assise continue de cellules épithéliales, et que bientôt ce revêtement cellulaire se modifie sur la cristalloïde
postérieure, ses éléments s'allongeant, devenant fibreux,
revêtant en un mot tous les caractères du tissu cristallinien, tandis que les cellules de la cristalloïde antérieure
conservent leur aspect embryonnaire. Elles demeurent
ainsi dans le même état de vie latente, tant que persistent
les conditions normales ; mais qu'on vienne à enlever le
cristallin, immédiatement elles sortiront de leur inertie
physiologique, fonctionneront comme avaient fonctionné
jadis leurs congénères de la cristalloïde postérieure et formeront comme elles une lentille normalement constituée.

CORPS VITRÉ. — L'espace compris entre le cristallin et
la rétine se trouve rempli par un milieu réfringent qui
représente les $4/5^{mes}$ du volume total du globe oculaire et
porte le nom de *corps vitré;* c'est la *vitrine oculaire* des
anciens auteurs.

De forme sphéroïdale, le corps vitré se montre antérieurement creusé d'une dépression cupuliforme, destinée à
recevoir la face postérieure du cristallin ; en avant, il est en

rapport avec ce dernier et avec la zone de Zinn ; en arrière, il se trouve exactement recouvert par la rétine. Il est d'une transparence absolue ; sa densité est représentée par 1,005 et son indice de réfraction par 1,339.

Le corps vitré se compose d'une membrane envelop-pante, la *membrane hyaloïde*, et d'une humeur contenue dans cette tunique, l'*humeur vitrée*. En réalité l'une et l'autre sont formées de tissu conjonctif dont elles repré-sentent simplement deux variétés.

C'est à Fallope que revient l'honneur de la découverte de la membrane hyaloïde ; mais telle est la minceur de cette tunique, que parfois on a cru pouvoir en nier l'existence (Henle, Valentin, etc.) ; cependant vous voyez que sur ces préparations il est facile de la saisir avec des pinces et de soulever même la totalité du corps vitré, sans que l'enveloppe se rompe sous le poids de son contenu.

Sa face externe est lisse et contracte avec la limitante rétinienne des relations tellement étroites qu'on serait tenté de les décrire comme une seule et même membrane. Quant à sa face interne, elle présente une disposition très remarquable, tantôt admise et tantôt contestée, jusqu'au jour où la structure de l'humeur vitrée pût être exactement déterminée.

Les anatomistes du dix-huitième siècle, et parmi eux Demours, Haller, Petit, Zinn, etc., avaient observé sur cette face interne de fins prolongements qui paraissaient s'enfoncer dans l'intérieur de l'humeur vitrée comme pour l'emprisonner dans les mailles d'un délicat réseau ; d'in-génieuses expériences vinrent bientôt confirmer cette hypo-thèse : ayant soumis à la congélation des yeux appartenant à des espèces très différentes, on constata que loin de figurer une masse unique et homogène, l'humeur vitrée apparaissait toujours sous l'aspect d'une multitude de petits glaçons pyramidaux.

Les modernes ont repris ces essais et, tout d'abord, sont arrivés à des résultats fort différents de ceux qui avaient été obtenus antérieurement ; c'est ainsi que Pappenheim [1], traitant le corps vitré par une solution de carbonate de potasse, crut y voir des zones concentriques semblables à celles d'un oignon ; en 1843, l'emploi de l'acétate de plomb donnait, entre les mains de Brucke, des effets analogues et l'amenait à comparer la structure du corps vitré à celle d'une agate [2] ; en 1845 il reprit cette idée, et, la développant davantage, affirma que le corps vitré était composé de tuniques enveloppées les unes dans les autres [3].

La même année paraissait un important mémoire de Hannover qui, réfutant les erreurs de Brucke et de Pappenheim, établissait qu'il n'existe aucune trace de couches concentriques dans l'intérieur du corps vitré dont la masse se montre simplement divisée par une multitude de petites cloisons membraneuses ; il comparait très heureusement cette structure à celle d'une orange, et toutes les recherches entreprises durant ces dernières années sont venues confirmer sa description qui justifie pleinement les résultats obtenus par les observateurs du siècle dernier [4].

---

[1] Pappenheim, *Die specielle Gewebelehre des Auges*, p. 182, 1836.

[2] Brucke, *Ueber den innern Bau des Glaskorpers (Müller's Archiv*, 1843, p. 345).

[3] Id., *Nachtragliche Bemerkungen (ibid.*, 1845, p. 130). — Cette théorie avait été déjà formulée par Giraldès (*Études anatomiques sur l'organisation de l'œil*, 1836).

[4] Bowman, *Lectures on the parts concerned in the operations on*

C'est qu'en effet « l'humeur vitrée » doit être considérée comme un véritable tissu, dense et lamineux dans sa zone externe où il forme l'hyaloïde ; à peine différencié, souvent amorphe dans sa région centrale qui est presque purement protoplasmique et rappelle en plus d'un point le tissu sarcodique des organismes inférieurs [1].

Ces caractères persistent dans la généralité des Vertébrés, chez lesquels le corps vitré n'offre jamais que de faibles différences lorsqu'on l'étudie comparativement dans les principaux groupes.

Chez les Oiseaux, il est en général moins développé que dans les Mammifères; la membrane hyaloïde est toujours épaisse et peut même revêtir, comme chez le Casoar et l'Autruche, un aspect feutré.

the eye, p. 77, 1849. — Finckbeiner, *Vergleichende Untersuchung über die Structur des Glaskorpers* (*Zeitschrift f. Wiss. Zoologie*, t. VI, p. 330, 1855). — Id., *Notiz über den Glaskorper* (*Archiv f. path. Anatomie*, t. IV, p. 468). — Id., in *Verhand. der Wurzburg. physiol. med. Gesellsch.*, t. II, p. 317. — Doncan, *De Bouw van het Glasachting Ligchaam onderzocht* (*Nederlandsche Lancet*, 3° série, t. III, p. 726). — Coccius, *Ueber das Gewebe des Glaskorpers*, 1860. — Klebs, *Zur normalen und pathol. Anatomie des Auges* (*Archiv f. path. Anatomie*, 1860, t. XIX, p. 333). — O. Weber, *Ueber den Glaskorper* (*Id.*, 1860, t. XIX). — Ritter, *Zur Histologie des Auges* (*Arch. f. Ophthalmologie*, 1865, t. XI, p. 99). — Iwanoff, *Zur normal und path. Anat. des Glaskorpers* (*Id.*, p. 155). — Smith, *Structur of the adult human vitreous humour* (*The Lancet*, 1868, p. 376). — Stilling, *Eine Studie ueber den Bau des Glaskorpers* (*Archiv f. Ophthalmologie*, 1869, t. XV, p. 3). — Ciaccio, *Beobachtungen über den innern Bau des Glaskorpers* (*Moleschott's Unters.*, t. X, l. 6, 1870). — Iwanoff, *Glaskorper* (*Stricker's Handbuch*, p. 1071, 1871). — Lieberkuhn, *Ueber das Auge des Wirbelthierembryo*, 1872. — Voy. aussi Milne Edwards, *loc. cit.*, p. 178 et suiv. — Sappey, *loc. cit.*, p. 760. — Kölliker, *Éléments d'histologie*, p. 897. — Schwalbe, Der Glaskorper (*Handbuch von Graefe und Sæmisch.*, t. I, p. 457 et suiv.).

[1] Parfois cette masse centrale possède des éléments figurés, des

Le corps vitré des Reptiles n'occupe jamais qu'un espace assez limité; seuls, les Chéloniens font exception et se rapprochent encore des Oiseaux sous ce rapport. Parfois, comme chez les Ophidiens, la membrane hyaloïde demeure vasculaire durant toute la vie. Ce caractère s'affirme plus nettement encore dans les classes suivantes, et chez les Batraciens et les Poissons [1] on observe constamment des réseaux analogues à ceux qui, chez les Mammifères, disparaissent avec les premières périodes du développement. Dans ces mêmes groupes, la texture aréolaire du corps vitré s'efface rapidement, les cloisons deviennent plus rares et plus vagues[2]: l'ensemble du tissu paraît tendre vers une simplification qui nous fait pressentir le voisinage des Invertébrés.

corps fibro-plastiques, des cellules nucléées, etc. (Voy. *Handbuch von Graefe und Sæmisch*, t. I, p. 472).

[1] Hyrtl, *Œsterreich Jahrbucker*, 1835, t. XV, p. 279.

[2] C'est ainsi que Delle Chiaje a cru pouvoir décrire le corps vitré de la Grenouille comme « monocellulaire ».

TRENTE-TROISIÈME LEÇON

Sommaire. — Optique physiologique. — Marche des rayons lumineux dans l'œil. — Rôle des différentes parties de l'appareil visuel. — Accommodation ; examen des diverses théories ; troubles de l'accommodation.

Le moment est venu de mettre en œuvre les matériaux que nous avons précédemment réunis et d'examiner le rôle physiologique des diverses parties dont nous connaissons maintenant la structure et les rapports. Si le terme prochain du Cours nous interdit de donner à ce sujet tout le développement qu'il comporterait, du moins devons-nous déterminer les circonstances qui président à l'accomplissement de ces actes fonctionnels et soumettre à une rigoureuse analyse les effets dont il convient de leur attribuer l'origine, négligeant les considérations purement théoriques pour reporter notre attention sur les phénomènes qui, par leur valeur propre ou par l'importance des recherches qu'ils ont provoquées, offrent un intérêt particulier.

La sensation visuelle reconnaît pour cause déterminante une impression recueillie par des éléments spéciaux, les *bâtonnets rétiniens* ou *bâtonnets optiques* et transmise au centre percepteur par un conducteur déterminé, le *nerf optique*.

Toute excitation mécanique, physique ou chimique de la rétine et du nerf optique est capable de produire de pareilles sensations, mais l'excitant normal de l'appareil est représenté par la « lumière » née des vibrations de l'éther dont elle constitue l'équivalent nerveux, car ni la lumière, ni les couleurs, n'existent en dehors de nous.

Les rayons lumineux, qui acquièrent pour le physicien un si haut intérêt, ne figurent, pour le physiologiste, que les directions suivant lesquelles les oscillations de l'éther parviennent à la rétine, seul tissu capable de transformer leur mouvement vibratoire en une impression optique.

La lumière se propage avec une vitesse qui dépasse 70,000 lieues par seconde ; tout corps opaque interposé sur le trajet de ses rayons les arrête, ils se dévient simplement de leur route lorsqu'ils traversent des milieux d'inégale densité. Ces notions élémentaires vont immédiatement trouver ici leur application.

Ne savons-nous pas, en effet, que chez les animaux supérieurs les bâtonnets optiques, loin de se déployer librement au dehors, se trouvent enfouis dans les profondeurs d'un appareil des plus complexes, constitué par un assemblage de parties hétérogènes que les rayons lumineux doivent successivement traverser et qui leur imprimeront d'importantes modifications. Quelle sera la valeur de celles-ci, sous quel état l'excitant viendra-t-il se heurter aux éléments préparés pour le recevoir ?

Telles sont les questions que nous devons chercher à résoudre.

Rôle des diverses parties de l'œil. — Au moment où la lumière pénètre dans l'organe visuel, elle y rencontre une lame convexe et transparente, sorte de verre de montre, qui n'en réfléchit qu'une faible partie et laisse la presque totalité de ses rayons continuer leur route vers l'intérieur de l'œil. Cependant, le faisceau lumineux subit une réfraction dont nous devinons la cause : du milieu gazeux dans lequel il cheminait jusqu'à ce moment, il vient de passer

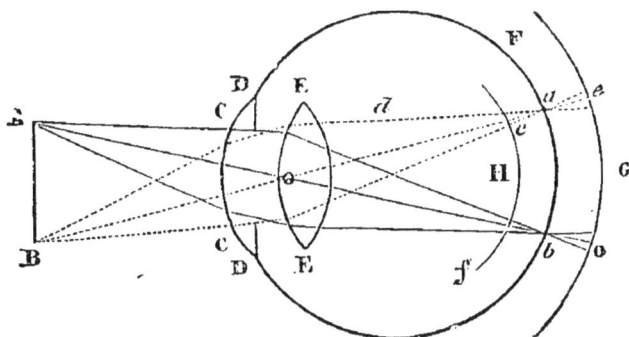

Fig. 113. — Marche des rayons lumineux dans l'œil.

A,B, points lumineux considérés. — C,C, cornée. — D,D, iris. — E,E, cristallin. — F, rétine.

Les rayons sont brisés par la cornée CC et par l'humeur aqueuse comprise entre cette membrane et le cristallin E, E, c'est-à-dire qu'ils se rapprochent de l'axe antéro-postérieur. Une seconde réfraction s'opère à travers la lentille du cristallin et il en résulte finalement les cônes oculaires qui ont leur sommet en *a* et *b*, c'est-à-dire précisément sur la rétine F, mais on voit aussi que si la rétine, au lieu de correspondre précisément au sommet des cônes oculaires, venait les couper soit plus en avant (en H), soit plus en arrière (en G), l'image qui se peindrait sur cette membrane ne serait plus un point mais un petit cercle (*cercle de diffusion*). [D'après Müller, *Physiologie*.]

dans un tissu solide, incomparablement plus dense, force lui est donc d'abandonner sa direction première et de se rapprocher de la normale (fig. 113).

Au delà de la cornée se trouve l'*humeur aqueuse*, masse liquide et par conséquent moins dense : aussi les rayons éprouvent-ils une déviation en sens contraire ; toutefois, le pouvoir réfringent de ces deux milieux est si peu différent[1], qu'en aucun cas le faisceau lumineux ne peut reprendre la direction qu'il suivait dans l'air, et l'on voit qu'il suffira d'exagérer la courbure de la cornée pour obtenir déjà des effets notables de réfraction[2].

Mais avant d'étendre cette analyse aux autres régions du globe oculaire, rappelons les différences qui s'observent dans les conditions cosmiques: si la plupart des Vertébrés vivent dans l'air, il est un grand nombre de ces animaux qui habitent un tout autre milieu et présentent ainsi des modifications considérables dans le jeu de l'appareil visuel.

L'eau possédant un indice de réfraction très voisin de celui de l'humeur aqueuse et de la cornée, celle-ci ne saurait influer notablement sur la direction initiale de la lumière, aussi la convexité de cette membrane pourrait-elle s'accentuer dans les espèces aquatiques, sans produire aucun effet utile ; l'intensité de l'excitant s'en trouverait même affaiblie, car toute exagération dans l'obliquité de la cornée s'accompagnerait d'une augmentation correspondante dans son pouvoir réfléchissant et ne servirait qu'à renvoyer au dehors une quantité plus considérable de lumière. Ceci nous explique comment, chez les Poissons, la cornée, réduite à un rôle protecteur, est toujours sensiblement plate. Si parfois, comme dans la Lotte, elle semble convexe, il est facile de constater que cette apparence ne s'observe que vers sa périphérie, la région centrale, la seule qui présente une réelle importance, se montrant toujours absolument ou presque absolument plane.

---

[1] D'après Krause, l'indice de réfraction de la cornée est représenté par 0,350 et celui de l'humeur aqueuse par 0,342.

[2] Voy. les calculs d'Helmholtz (*Optique physiologique*, p. 89).

Il en est de même dans les Mammifères aquatiques (Phoques, Baleines, etc.), tandis que chez les Vertébrés aériens et surtout dans les Carnivores (Lynx, Loup) ou les Oiseaux de proie, la courbure de la cornée se trouve portée à son maximum.

Si l'on fait abstraction de la « chambre postérieure », on voit que la limite de l'humeur aqueuse est formée par l'iris ; c'est donc sur ce point que nous devons reprendre l'étude du faisceau lumineux cheminant vers la rétine.

L'iris représente un diaphragme pigmento-vasculaire, percé d'un orifice central : tous les rayons qui tomberont sur ses régions périphériques seront ainsi arrêtés, absorbés, réfléchis ou dispersés, tandis que ceux qui seront dirigés vers sa partie médiane franchiront l'orifice pupillaire et atteindront le cristallin qui recevra de la sorte un faisceau lumineux d'autant plus intense que la pupille sera plus dilatée[1].

C'est qu'en effet le diaphragme irien, loin d'être rigide ou immobile, se trouve sans cesse en mouvement, contractant ou agrandissant son ouverture centrale, suivant les conditions mêmes dans lesquelles se présente l'agent lumineux : celui-ci est-il trop intense, aussitôt une action réflexe vient diminuer l'amplitude de l'ouverture et régler ainsi la quantité de lumière qui peut atteindre la rétine sans l'affecter

[1] Si l'œil peut supporter des variations souvent considérables dans l'intensité de la lumière qui vient frapper ses éléments excitables, il ne le doit pas seulement aux mouvements de l'iris : l'origine de cette précieuse faculté réside surtout dans la rétine dont l'excitabilité s'émousse au grand jour et s'exalte dans l'obscurité (Voy. les travaux de Boll et les intéressants articles de M. Javal [*Revue scientifique*, 1878-1879]).

douloureusement ; les corps extérieurs sont-ils au contraire faiblement éclairés, la pupille se dilate pour permettre à la vision de s'exercer dans les meilleures conditions possibles.

L'expérimentateur peut même, au moyen de certaines substances, observer successivement la pupille sous ces deux états : en faisant agir l'atropine il en amènera la dilatation, tandis qu'un effet de rétrécissement suivra l'intervention de l'ésérine, de la nicotine, etc.

A la surface du cristallin se produit une faible réflexion, mais la presque totalité des rayons pénètre dans ce nouveau milieu, se rapprochant de la normale, en raison de la densité et du pouvoir réfringent, devenus considérables, si on les compare aux propriétés de même ordre qui s'observaient dans les autres parties de l'organe visuel.

La forme du cristallin permet, en effet, de l'assimiler à ces milieux transparents et limités par des surfaces courbes que les physiciens désignent sous le nom de « lentilles ». Ce terme est si naturellement indiqué lorsqu'il s'agit du cristallin que depuis longtemps il est passé dans le langage anatomique, bien qu'il soit de nature à faire naître certaines erreurs dont il convient d'être prévenu.

La lentille du physicien doit être d'une homogénéité parfaite, présenter une égale densité dans toutes ses parties ; or telle n'est pas la constitution du cristallin dont le tissu augmente de densité à mesure qu'on l'examine plus près du centre, de sorte que l'indice de réfraction variera suivant ses diverses zones. Loin de produire quelque trouble dans la formation des images rétiniennes, cette particularité vient au contraire en assurer la netteté ; mais on n'en saurait dire autant de certains caractères que révèle l'étude de la lentille oculaire: le cristallin n'offre pas un achromatisme absolu, chacun de ses segments peut fonctionner isolément et amener de la polyopie ; il possède une fluorescence marquée et présente ainsi de réels défauts[1] ; mais ces imperfections sont légères et telle est l'harmonie qui préside au fonctionnement de l'œil, qu'elles se trouvent toutes corrigées ou atténuées par le jeu même de l'appareil optique.

Au delà du cristallin, les rayons lumineux rencontrent le corps vitré, masse semi-liquide, et par conséquent moins dense que le milieu qu'ils viennent de traverser, aussi s'écartent-ils de la normale, déviation qui a pour effet d'augmenter leur convergence et de les faire tomber plus sûrement encore sur la rétine.

ACCOMMODATION. — Si nous cherchons à résumer les caractères de ces divers milieux, nous voyons que le premier, formé par la cornée et l'humeur aqueuse, est *convexo-concave ;* que le second, constitué par le cristallin, est *biconvexe ;* enfin que le troisième figuré par le corps vitré est *concavo-convexe.* On peut donc décrire leur ensemble comme une lentille biconvexe, et si l'on se reporte aux observations de Képler ou aux expériences de Magendie, on voit que les rayons lumineux partis d'un objet extérieur viendront en peindre l'image réelle et renversée sur la rétine. Mais pour que l'image se produise sur la membrane impressionnable, il faut que cette dernière corresponde exactement au foyer du cristallin, sinon des cercles de diffusion (fig. 113) apparaîtraient et enlèveraient toute netteté à l'image. Or, comme en général nous voyons

---

[1] Voy. Giraud-Teulon, in *Comptes rendus de l'Académie des Sciences,* 28 avril 1862.

également bien les corps situés à 20 centimètres de la cornée et ceux qui sont placés beaucoup plus loin, il faut de toute nécessité que l'œil puisse s'adapter aux diverses distances. Mille expériences classiques témoignent de ce pouvoir d'acommodation : qu'on interpose entre un livre et l'œil une gaze légère, on distinguera les lettres, on lira, mais on ne verra pas le tissu ; qu'on porte au contraire son attention sur celui-ci, aussitôt on en verra la trame, mais on ne pourra plus distinguer les caractères du livre.

L'œil possède donc la faculté de s'ajuster rapidement, soit pour la vision éloignée, soit pour la vision rapprochée ; mais il ne suffit pas d'avoir fourni la preuve de cette accommodation, il faut encore rechercher quels agents concourent à l'assurer, quels effets succèdent à sa réalisation. Sur ce sujet, les observateurs ont presque constamment varié d'opinion et l'on peut dire que toutes les doctrines ont été successivement proposées et défendues.

Théorie de l'allongement de l'œil. — Les auteurs du dix-huitième siècle et, parmi eux, Buffon, Le Moine, Boerhaave, Monro, etc., expliquaient l'accommodation par une hypothèse tellement contraire aux plus simples notions anatomiques qu'elle mérite à peine d'être mentionnée : ils pensaient que l'œil s'adaptait aux différentes distances en s'allongeant ou en se raccourcissant. Quelques modernes (Serres, Arnold, Stilling) ont vainement tenté de défendre cette théorie en la modifiant dans ses traits essentiels.

Théorie du changement de courbure de la cornée. — Vers 1780, Olbers proposa une autre explication que Ramsden (1796) s'efforça de démontrer expérimentalement. D'après ces observateurs, l'accommodation eût été déterminée par des modifications dans la convexité de la cornée ;

voici d'ailleurs quelle était la plus importante des expériences de Ramsden : observant avec une lunette amplificative l'image que la surface de la cornée réfléchit comme un miroir, il crut la voir augmenter lorsque l'œil s'adaptait pour la vision rapprochée et en conclut à une variation dans la courbure de la surface cornéenne [1].

Par d'ingénieux procédés, un physicien anglais qui s'occupa avec un grand succès de ces délicates questions [2], combattit victorieusement la théorie d'Olbers et de Ramsden. Thomas Young s'appliqua d'abord à établir que lorsqu'on répète l'expérience précédente en s'entourant de toutes les précautions convenables, immobilisant l'œil observé, etc., on ne remarque aucun changement dans les dimensions de l'image réfléchie par la cornée; puis il entreprit de nouvelles recherches, rigoureusement instituées et dont l'analyse ne saurait trouver place ici : qu'il suffise de rappeler qu'en aucun cas la cornée ne manifesta la moindre influence sur le pouvoir d'adaptation de l'œil. Aussi cette théorie est-elle presque oubliée maintenant, quoique le principe en ait été repris incidemment par Pappenheim [3] et par Vallée [4].

Théorie du rétrécissement pupillaire. — Scheiner, constatant que les dimensions de l'orifice pupillaire se modifient suivant la distance des objets fixés, imagina que l'accommodation était assurée par les mouvements de l'iris.

---

[1] Ramsden, in *Philosophical Transactions*, 1796.

[2] Th. Young, *On the mecanism of the Eye* (*Philosophical transactions*, 1801, p. 72).

[3] Pappenheim, *Die specielle Gewebelehre des Auges*, 1842.

[4] Vallée, *Théorie de l'œil*, etc., 1840-1846. — Pour tout ce qui concerne la bibliographie relative à ces questions, voy. Helmholtz, *loc. cit.*, p. 123.

Haller, Le Roy, Morton, partagèrent cette opinion qui fut élevée par Pouillet à la hauteur d'une véritable doctrine. « Quand, dit-il, on veut regarder un objet de plus en plus rapproché, on rétrécit de plus en plus la pupille, c'est un fait facile à vérifier. Le but de ce rétrécissement est, en effet, d'arrêter les rayons qui tomberaient trop loin du centre cristallin, et dont la convergence ne pourrait avoir lieu qu'au delà de la rétine. — Quand on veut regarder au loin, on ouvre au contraire la pupille autant qu'il est possible, afin que le faisceau incident soit large et que ses bords extérieurs tombent près du cristallin, pour converger ensuite sur la rétine. Alors, il est vrai, la partie centrale du faisceau converge trop tôt ; mais l'épanouissement qu'elle peut prendre, en allant depuis son point de convergence jusqu'à la rétine, est toujours très petit, et peut d'autant moins troubler la vision que l'éclat de la lumière est toujours très faible par rapport à la lumière des bords [1]. »

Ces lignes suffisent à montrer sur quelle base singulière reposait cette théorie d'après laquelle la réfraction semble obéir dans le cristallin à des lois absolument nouvelles. Les preuves expérimentales et pathologiques permettent d'ailleurs de la réfuter aisément.

Sur une règle de bois on plante verticalement et à une certaine distance deux épingles ; plaçant devant l'œil une carte percée d'un trou plus petit que l'orifice pupillaire, on regarde d'abord l'une des épingles, on la voit nettement, mais l'autre est confuse ; on recommence en sens inverse et l'on obtient un résultat identique ; il se produit donc dans l'œil un travail d'accommodation et ce travail est indépen-

---

[1] Pouillet, *Éléments de Physique*, 1844, t. II, p. 242.

dant de l'action irienne qu'annule la carte placée devant l'organe.

D'autre part, lorsqu'on examine des mydriasiques, c'est-à-dire des malades auxquels on a dû faire l'ablation de l'iris, on constate que le pouvoir accommodatif est intégralement conservé. Les observations de Graefe, de Ruete, de Follin, ne laissent aucun doute à cet égard et montrent que l'accommodation est indépendante des mouvements pupillaires qui ne peuvent y réclamer qu'un rôle secondaire et sur lequel nous aurons bientôt l'occasion de revenir.

Théorie du corps vitré. — Vallée, qui étudia très minutieusement, sinon fort heureusement, le mécanisme de la vision et surtout de l'accommodation, admettait que celle-ci était obtenue par un « allongement de l'épaisseur du corps vitré », conception qui ne mérite même pas d'être discutée, car elle se trouve en désaccord absolu avec les enseignements élémentaires de l'anatomie [1].

Théorie du déplacement cristallinien. — Assimilant le cristallin à une véritable lentille, pensant qu'il pouvait être « mis au point » comme la lentille d'une chambre noire, divers auteurs ont tenté d'expliquer l'adaptation par un déplacement total de ce milieu. Scheiner (1619), Strum (1693), Porterfield (1759), Jacobson (1821), Brewster (1824), J. Muller (1826), Weber (1850), méritent d'être cités au

---

[1] Voy. Vallée, *Théorie de l'œil*, 1843. — *Cours élémentaire complet sur l'œil et la vision*, 1854. — Vallée modifia plus tard sa théorie et, tout en maintenant au corps vitré le rôle prépondérant dans l'ajustement de l'œil, il admit en outre les cinq causes suivantes : 1° l'allongement du cristallin ; 2° l'allongement de l'épaisseur de l'humeur aqueuse ; 3° la diminution du rayon de courbure de la cornée ; 4° la figure d'optoïde que prend la cornée ; 5° l'action de l'iris qui rétrécit ou élargit la pupille.

nombre des plus ardents défenseurs de cette opinion fondée
sur de simples hypothèses. Quant au mécanisme qui devait
assurer le déplacement du cristallin, on comprend qu'il
fût assez embarrassant à décrire, les humeurs de l'œil
étant incompressibles ; aussi les uns admettaient-ils une déplétion des procès ciliaires, les autres une diminution de
l'humeur aqueuse qui eut passé de l'avant à l'arrière du
cristallin par des pertuis pratiqués dans le canal de Petit et
qui, mentionnés par Jacobson, ont échappé à toutes les recherches des anatomistes modernes. Enfin, chez les Ovipares pourvus d'un peigne, on supposait que celui-ci mettait au point le cristallin en le tirant en arrière ou le portant en avant : or, nous savons que le peigne ne renferme
pas trace d'éléments contractiles et ne peut aucunement
remplir une semblable fonction.

Théorie du changement de forme du cristallin. — Restait une doctrine fort ancienne et presque oubliée, celle du
changement de courbure du cristallin, opinion que l'on
trouve formulée pour la première fois dans la *Dioptrique*
de Descartes : « ... plusieurs filets noirs embrassent tout
autour l'humeur cristalline et qui semblent autant de petits
tendons par le moyen desquels cette humeur, devenant tantôt
plus voûtée, tantôt plus plate, selon l'intention qu'on a
de regarder des objets proches ou éloignés, change un
peu toute la figure du corps de l'œil [1]. »

Il serait dificile d'être plus clair ou plus affirmatif, et j'ai
tenu à citer textuellement ce passage pour montrer qu'il
n'est nullement question de comparer ici le cristallin à un
« muscle », comme l'ont supposé divers auteurs contem-

[1] Descartes, *Dioptrique*, 1637.

porains qui, sans avoir lu Descartes, lui ont gratuitement imputé cette grossière erreur.

Loin d'avoir méconnu le véritable agent de l'accommodation, l'illustre philosophe l'avait, au contraire, si nettement deviné, si heureusement défini, que, de toutes les théories successivement proposées et défendues, la sienne a seule pu supporter le contrôle de l'expérience.

En 1801, Thomas Young arrivait déjà par voie d'élimination à faire revivre les ingénieux aperçus de Descartes, établissant que l'adaptation se trouve obtenue par des changements dans la courbure du cristallin ; malheureusement il se méprit sur l'agent qui modifie de la sorte l'aspect de la lentille, et formulant la doctrine si faussement attribuée à l'auteur du *Discours de la Méthode*, il pensa que le cristallin était formé de tissu musculaire et pouvait ainsi changer de forme par la simple action de ses éléments constitutifs [1].

Il est impossible d'admettre que telle soit l'origine des changements de forme du cristallin, car non seulement l'histologie le présente constamment dépourvu de fibres musculaires, mais la physiologie le montre incapable de réaliser l'hypothèse de Young : prenant le cristallin d'un Phoque récemment tué, Cramer le disposa à la place de l'objectif d'une chambre noire, de façon à recueillir sur l'écran l'image d'un objet extérieur ; puis, faisant passer un courant d'induction à travers le cristallin, il constata que jamais l'image ne subissait le moindre changement, et que partant le cristallin n'était susceptible d'aucune contraction [2].

---

[1] Th. Young, *loc. cit.*

[2] Cramer, *Het accommodatie vermogen der physiologisch toeglicht Oogen*, p. 58, 1853.

La cause de sa déformation devait donc être cherchée ailleurs ; mais avant de songer à la déterminer, il fallait établir sur des bases certaines, le principe même de la théorie de Descartes qui, depuis le moment où elle avait été tirée de l'oubli, ne cessait d'être attaquée par les auteurs des nombreuses doctrines que nous avons précédemment exposées. Ce fut en 1841 qu'un physiologiste allemand, Langenbeck, en fournit une éclatante démonstration et prouva, par une expérience demeurée classique, que c'était bien aux changements de courbure du cristallin qu'il convenait de rapporter le pouvoir accommodateur de l'œil [1].

Fig. 114.

Images de Purkinge.

a, image droite produite par la cornée. — *b*, image droite produite par la face antérieure du cristallin. — *c*, image renversée produite par la face postérieure du cristallin.

On sait que quand on place une bougie à une certaine distance de l'organe visuel on voit trois images de la flamme (fig. 114), images connues sous le nom d'images de Purkinge ou de Sanson, et qui se présentent dans l'ordre suivant :

1° Deux images *droites* engendrées par la face antérieure de la cornée et la face antérieure du cristallin, fonctionnant comme des miroirs convexes ;

2° Une image *renversée* produite par la face postérieure du cristallin agissant comme un miroir concave.

Or, Langenbeck constata que l'image droite (fig. 114, *b*), fournie par la face antérieure du cristallin, se déplaçait seule lorsque le sujet en expérience fixait des objets situés à différentes distances ; appliquant à ces variations les lois des

---

[1] Langenbeck, *Klinische Beilrage aus dem Gebiete der Thierungie und Ophthalmologie*, 1849. — L'expérience est antérieure de plusieurs années à la publication de ce mémoire.

miroirs, Langenbeck[1], puis Cramer[2], établirent que la convexité du cristallin diminuait (l'image augmentant) dans la
vision éloignée, tandis que cette convexité augmentait
(l'image diminuant) dans la vision rapprochée (fig. 115).

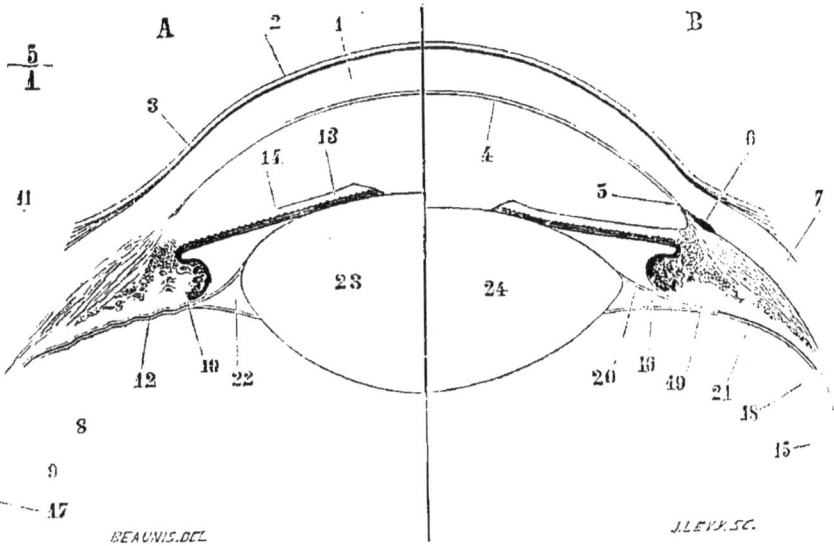

Fig. 115. — Mécanisme de l'accommodation.

A. Œil accommodé pour la vision des objets rapprochés. — B. OEil dans la vision des
objets éloignés. — 1. Substance propre de la cornée. — 2. Épithélium antérieur de la
cornée. — 3. Lame élastique antérieure. — 4. Membrane de Demours. — 5. Ligament
pectiné. — 6. Canal de Fontana. — 7. Sclérotique. — 8. Choroïde. — 9. Rétine. —
10. Procès ciliaires. — 11. Muscle ciliaire. — 12. Ses fibres orbiculaires. — 13. Iris.
— 14. Uvée. — 15. *Ora serrata*. — 16. Partie antérieure de la rétine se prolongeant
sur les procès ciliaires. — 17. Hyaloïde. — 18. Division de l'hyaloïde en deux feuillets.
— 19. Feuillet antérieur de l'hyaloïde, dans sa partie soudée aux procès ciliaires.
— 20. Le même feuillet, dans sa partie libre. — 21. Feuillet postérieur de l'hyaloïde. —
22. Canal de Petit. — 23. Cristallin dans la vision rapprochée. — 24. Cristallin dans
la vision éloignée. (Beaunis et Bouchard, *Nouveaux éléments d'anatomie descriptive*,
3e édition, 1880).

Plus tard, Helmholtz vérifia ces résultats, mesura les
images à l'ophthalmomètre et parvint ainsi à évaluer assez
exactement les changements de courbure et l'augmentation en épaisseur du cristallin[3]. En modifiant légèrement

[1] Langenbeck, *loc. cit.* — [2] Cramer, *loc. cit.*
[3] Helmholtz, *loc. cit.*

cette méthode, Voinow obtint des résultats encore plus précis, montra que les modifications de la face antérieure du cristallin étaient beaucoup plus considérables que ne le pensaient les observateurs précédents, car, durant la vision des objets rapprochés, son rayon de courbure augmente de 2 à 3 millimètres [1].

Le lieu de l'accommodation étant ainsi déterminé de la manière la plus rigoureuse, il convient de rechercher par quels agents et dans quelles conditions cette faculté peut s'exercer.

Ici nous voyons s'ouvrir un nouveau débat qui nous place en présence de nombreuses opinions parmi lesquelles deux surtout méritent une attention toute spéciale [2]. L'une a revêtu successivement les aspects les plus divers et compte de nombreux défenseurs, l'autre appartient à l'École de Heidelberg.

D'après les partisans de la première théorie, l'augmentation de courbure du cristallin serait obtenue par la contraction du muscle ciliaire qui n'est séparé de la lentille que par la couronne des procès ciliaires. Ceux-ci entourant exactement le cristallin, l'enchâssant même « comme la monture d'un diamant », lui transmettraient, en la régularisant, la pression que le muscle ciliaire exerce à leur circonférence.

Suivant M. Helmholtz et ses élèves, l'accommodation

---

[1] Voinow, *Annales d'Oculistique*, 1870.

[2] Je laisse de côté les théories secondaires de H. Müller, Liebreich, Forster, Frankl, Henke, Norton, Fick, etc. — En ce qui concerne l'accommodation chez les Batraciens et les Poissons, voy. le travail de J. Plateau (*Mémoires de l'Académie de Belgique*, t. XXXIII).

serait produite par un relâchement du cristallin qui, normalement comprimé par la zone de Zinn, reprendrait sa
forme initiale lorsque la contraction du muscle ciliaire
ramènerait en avant cette région.

On voit que ces deux opinions ne diffèrent que sur le
mode d'action du muscle ciliaire, mais que l'une et l'autre
conservent à cette bague contractile le rôle fondamental
dans l'adaptation de l'œil. Ajoutons que toutes deux sou-
lèvent de graves objections.

Les rapports du muscle ciliaire et de la grande circonférence du cristallin permettent difficilement d'admettre une
action directe du premier sur le second, car la circonférence de la lentille se trouvant à l'extrême limite des procès ciliaires, c'est à peine si ces deux parties sont en
contact [1]. Wecker et Coccius leur refusent même aucune
contiguïté et décrivent entre elles un espace qui augmen-
terait par les effets de l'accommodation ; cette assertion
paraît exagérée, mais suffit à montrer quelle obscurité
règne encore sur les relations de ces divers organes.

La doctrine de M. Helmholtz comporte aussi d'expresses
réserves, bien qu'elle semble devoir rendre un meilleur
compte du mécanisme de l'adaptation et que la plupart des
critiques dont on l'a d'abord accablée aient beaucoup perdu de leur importance. La preuve en est dans le fait suivant : depuis fort longtemps les anatomistes ont observé
que sur le cadavre le cristallin est plus bombé que sur le
vivant, il reproduit ainsi la disposition qu'il présente dans
la vision rapprochée ; or, toute action musculaire ayant
alors disparu, il semble qu'il y ait là une contradiction for-

---

[1] Cadiat, *loc. cit.*, p. 75.

melle avec la théorie qui vient d'être exposée. Mais si l'on se reporte au mode de suspension du cristallin on voit que l'œil ayant perdu sa tension, le corps vitré ne maintenant plus les procès ciliaires et la zone de Zinn, cette dernière atteint son maximum de relâchement et permet au cristallin de prendre la forme sphérique ou sub-sphérique. Cette accommodation *post mortem* fournit ainsi l'un des arguments les plus favorables à cette opinion, après avoir paru tout d'abord devoir en offrir une éclatante réfutation.

Troubles de l'accommodation. — Les limites dans lesquelles s'exerce le pouvoir accommodateur de l'œil peuvent varier suivant l'âge des individus, le milieu habité par les espèces animales, etc.

Dans la vieillesse, cette faculté s'affaiblit ; elle ne peut fournir d'images nettes que lorsque l'objet est très éloigné ; on prétend que « la vue devient longue », il serait plus juste de dire qu'elle ne peut plus être courte : l'œil normalement adapté pour la vision lointaine est désormais incapable de se mettre au point pour la vision rapprochée. Cette *presbytie* est déterminée par l'induration croissante du cristallin qui n'obéit plus au muscle ciliaire et amène une perte progressive de l'accommodation : le presbyte éloigne le livre de ses yeux, il le rapproche de la lumière pour l'éclairer fortement ; bientôt même, il est forcé de s'aider pour la vision rapprochée de verres convergents.

Indépendamment des troubles que l'âge apporte ainsi dans l'accommodation, il en est d'autres qui peuvent s'observer à toutes les époques de la vie : telles sont la *myopie*, l'*hypermétropie*, etc

Dans l'œil normal ou emmétrope, les rayons parallèles viennent former leur foyer sur la rétine (fig. 113, F), mais ce foyer se déplacera dès que le pouvoir convergent du cristallin augmentera ou diminuera : dans le premier cas, l'image se formera en avant de la rétine, il y aura myopie (fig. 113, H) ; dans le second l'image se fera en arrière de la membrane impressionnable, et l'œil sera dit hypermétrope (fig. 113, G).

La myopie s'observe surtout chez les personnes que leur profession oblige à des travaux assidus sur des objets délicats : dans les écoles où les élèves, mal éclairés, sont tenus de tracer des épures, de faire de longs calculs, de lire des livres grossièrement imprimés, d'écrire avec une encre pâle, cette affection s'aggrave et se multiplie [1] ; elle est également très fréquente chez les personnes qui vivent dans une demi-obscurité, accommodant sans cesse leurs yeux pour une vision rapprochée : tel est le cas des prisonniers, des femmes qui portent constamment un voile, etc. La myopie est souvent congénitale ou héréditaire, paraît même se généraliser chez certaines races, dans certains peuples [2], etc. ; on corrige ses effets par l'emploi de verres concaves qui font diverger les rayons lumineux et reportent ainsi leur foyer sur la rétine.

L'hypermétrope, que l'on confond souvent avec le presbyte, ne voit que les objets éloignés, le pouvoir convergent du cristallin étant insuffisant pour faire tomber le foyer des rayons lumineux sur la rétine. De même que la myopie, l'hypermétropie peut être héréditaire ; mais, dans

[1] M. Perrin, *Traité d'Ophthalmoscopie et d'Optométrie*, 1872, p. 329. — Voy. sur ce sujet les récentes communications de M. Javal (*Comptes rendus de la Société de Biologie*, 1878 et 1879).

[2] La myopie étant extrêmement répandue en Prusse et en Bavière, les auteurs allemands n'ont pas hésité à considérer cette infirmité comme « le critère de la plus haute civilisation ».

l'immense majorité des cas, elle est déterminée par une malformation du globe oculaire, trop petit dans toutes ses dimensions et surtout suivant l'axe visuel [1]. Il est inutile d'ajouter qu'elle sera portée à son maximum chez les aphakiques, c'est-à-dire chez les personnes opérées de la cataracte et privées de leur cristallin : la réfraction ne s'exerçant plus que par la cornée et les humeurs internes, le foyer se forme naturellement en arrière de la rétine et c'est surtout alors qu'il convient de faire usage de verres convexes ; mais si l'opéré était primitivement myope le degré de convergence de ces verres pourrait être diminué ; on cite même l'observation de personnes qui, très myopes antérieurement, ont été par l'ablation du cristallin ramenées à des conditions de vue normale [2]. Ce serait donc un traitement à conseiller aux myopes exagérés : reste à savoir s'ils consentiraient à s'y soumettre.

Parmi les autres formes d'amétropie, il faut encore citer l'*astigmatisme*, dans lequel l'image d'un objet ne se peint jamais exactement dans toutes ses parties sur la rétine [3] ; cet état résulte d'un défaut de symétrie dans les surfaces de séparation des milieux réfringents par rapport à l'axe de l'œil qui de la sorte ne peut jamais être au point [4]. Dans une grille, l'astigmate ne verra nettement que les barreaux horizontaux ou verticaux ; il ne distinguera les lignes d'intersection des pavés que dans une direction donnée, etc. [5].

---

[1] M. Perrin, *loc. cit.*, p. 362. — Donders, *On the anomalies of accomodation*, 1864.

[2] Sauf la perte de l'accommodation.

[3] Camuset, *Manuel d'ophthalmologie*, p. 641, 1877.

[4] M. Perrin, *loc. cit.*, p. 386.

[5] Cassas, peintre d'histoire du commencement de ce siècle, ne pouvait distinguer les lignes horizontales.

C'est par des verres cylindriques que l'on atténue les effets de cette modification de l'appareil dioptrique.

Celui-ci peut encore offrir deux autres causes d'imperfection : l'*aberration de sphéricité* et l'*aberration chromatique*. Nous avons déjà rappelé les effets qui caractérisent la première : lorsque des rayons parallèles pénètrent dans une lentille, ils sont réfractés inégalement, ceux qui tombent sur les bords étant déviés plus fortement que ceux qui parviennent au centre ; les uns et les autres forment ainsi leur foyer en des points différents, déterminant aussitôt la production d'un cercle de diffusion.

On devine combien un pareil défaut serait contraire à la netteté de l'image rétinienne, mais dans l'œil sain il se trouve considérablement atténué, parfois même ses effets se montrent exactement compensés. Quel est donc l'agent de cette correction? Aux époques antérieures, on s'accordait à la localiser dans l'iris et, comme preuve, on invoquait le procédé suivi par les opticiens, disposant devant les lentilles de leurs instruments des diaphragmes opaques percés d'un orifice central et diminuant ainsi l'étendue de cette aberration. Que l'iris concoure à assurer dans une certaine mesure un semblable résultat, qu'il intercepte les rayons périphériques, nul ne songe à le nier, mais la clinique comme la physiologie expérimentale obligent à ne lui accorder ici qu'un rôle secondaire : la première nous apprend que chez les mydriasiques on n'observe nulle exagération dans les effets de l'aberration sphérique ; la seconde nous montre que la pupille, portée à son maximum de contraction, découvre encore une surface cristallinienne plus que suffisante pour leur permettre de se manifester, puisque l'amplitude de ce segment est égale à 20 degrés.

La correction s'opère ailleurs : elle a lieu dans la masse même de la lentille oculaire qui, par sa structure, efface les défauts dont sa mise en action semblerait devoir fatalement s'accompagner [1].

La forme extérieure et la structure intime du cristallin méritent à cet égard une égale attention. L'aberration sphérique augmentant avec la convexité du corps réfringent, l'Homme se trouvera de la sorte infiniment mieux doué que le Phoque ou le Poisson; mais, même chez ces animaux, les conséquences ultimes de l'aberration seront notablement atténuées et disparaîtront devant l'ingénieux agencement qui domine la constitution intérieure de la lentille cristallinienne : loin de représenter un milieu homogène, elle est composée de couches concentriques dont la densité augmente de la périphérie vers le centre; aussi rayons marginaux et rayons axiles, inégalement réfractés, viendront-ils sensiblement coïncider au même point, réalisant ainsi l'une des conditions indispensables au fonctionnement de l'organe visuel.

L'origine de l'aberration de réfrangibilité, ou aberration chromatique, doit être cherchée dans ce phénomène que les physiciens décrivent sous le nom de « dispersion » et dont chacun connaît les effets : lorsqu'un faisceau de lumière blanche traverse une lentille, il n'y subit pas seulement une déviation plus ou moins considérable, mais se décompose en un certain nombre de rayons de longueur d'onde inégale, et par conséquent incapables de se réunir au même point focal; l'image se trouve dès lors entourée d'une bordure irisée qui en altère gravement les contours et

---

[1] D'après Vallée (*Théorie de l'Œil*), l'aberration sphérique eût été corrigée par la « disposition stratifiée » (??) du corps vitré.

leur enlève toute netteté. Cette auréole spectrale ne s'observant généralement pas sur la rétine, on en a conclu
que l'œil possède un achromatisme absolu, assertion fort
exagérée, car la correction n'est qu'approximative et s'efface dès qu'on fait varier légèrement l'accommodation [1].

Largement atténuée par l'inégale réfringence des milieux
oculaires, l'aberration chromatique se trouve encore diminuée par la constitution même de la membrane impressionnable [2] à la surface de laquelle devraient se manifester ses effets, membrane dont nous allons bientôt pouvoir
apprécier la haute valeur fonctionnelle.

[1] Dès 1619, Scheiner observa que, si l'on ajuste rapidement l'œil
pour la vision à des distances différentes, l'image, primitivement
nette, ne tarde pas à s'entourer de franges colorées (Scheiner, *Oculus*,
1619). — Helmholtz, plaçant derrière l'ouverture étroite d'un écran
un verre violet qui ne laissait passer que des rayons rouges et violets, puis visant des objets rapprochés et éloignés, constata que,
suivant la manière dont l'œil était accommodé, le point lumineux
se montrait tantôt violet au centre et rouge sur les bords, tantôt au
contraire rouge en son milieu et violet à sa périphérie (Helmholtz,
Optique phys., p. 175). — Voy. Matthiessen, *Détermination exacte de
la dispersion de l'œil humain par des mesures directes* (*Comptes
rendus de l'Académie des sciences*, t. XXIII, 1847, p. 875). —
Milne Edwards, *loc. cit.*, t. XII, p. 307.

[2] Polaillon, *Des milieux réfringents de l'œil*, p. 129 (*Thèse de concours*, 1866).

TRENTE-QUATRIÈME LEÇON

Dans notre dernière Leçon, nous avons étudié la marche des rayons lumineux dans l'œil, les suivant à travers les différents milieux qui se trouvent interposés sur leur passage et dont l'harmonieuse disposition les conduit jusqu'à la surface de la rétine. Mais sur quelle partie de cette membrane devront-ils former leur image ? par quels phénomènes se traduira l'excitation locale qu'ils y auront fait naître ? Telles sont les questions dont nous devons aborder aujourd'hui l'examen.

On se tromperait étrangement si l'on accordait une égale sensibilité aux diverses régions de la rétine ; l'observation de la papille, de la tache jaune et des parties périphériques révèle en effet à cet égard des caractères fort dissemblables.

La papille est absolument insensible à la lumière, d'où le nom de *punctum cæcum* sous lequel les physiologistes ont coutume de la désigner : fermez l'œil gauche et fixez avec l'œil droit la croix de la figure 116, vous verrez à une certaine distance (30 centimètres environ), le disque blanc disparaître complètement. Il y a donc une lacune dans le champ visuel et cette lacune est assez grande pour conte-

Fig. 116. — Expérience de Mariotte.

nir un visage humain éloigné de 6 à 7 pieds : ainsi s'explique la célèbre anecdote de Mariotte apprenant aux courtisans de Charles II à se voir mutuellement sans tête.

La tache jaune représente, au contraire, le point essentiel de la vision distincte : nulle part la sensibilité n'est aussi délicate que sur la *fovea centralis* qui s'observe en son milieu et répond à l'axe oculaire. Ce n'est guère que de cette partie que nous nous servons dans la vision normale : lorsque nous lisons, nous ne voyons nettement à la fois que deux ou trois mots dont l'image se fait précisément sur la tache jaune, et, pour lire toute la ligne, l'œil doit en parcourir successivement les diverses parties, de façon à amener l'image de tous les mots sur cette région de la

rétine [1]. Helmholtz a d'ailleurs déterminé expérimentalement l'étendue de la surface qui peut venir se peindre distinctement sur la membrane optique à un moment donné,
et la valeur qu'il a ainsi obtenue répond exactement aux
dimensions assignées à la tache jaune par les anatomistes[2].

Sur les parties périphériques, la sensibilité diminue rapidement à mesure qu'on s'éloigne de la *fovea centralis* pour
se rapprocher de la zone ciliaire. Aussi ne pouvons-nous
employer cette région pour la lecture, le dessin ou l'écri-
ture; mais sa faible excitabilité permet de discerner les
caractères généraux du milieu ambiant, et lorsque la tache
jaune est atteinte ou détruite, le malade peut encore se
conduire, grâce à la sensibilité que possèdent ces parties
périphériques.

Le champ visuel ne saurait donc être mesuré par l'amplitude de la fenêtre cornéenne ou par l'aire du cercle
pupillaire [3], il dépend encore et surtout de l'étendue de la
surface rétinienne qui se montre impressionnable aux
rayons lumineux et, comme nous venons de le constater,
cette région est très limitée, puisqu'elle ne s'étend guère
au delà de la tache jaune. Mais ce n'est pas seulement en
surface, c'est aussi en profondeur que la rétine se montre

---

[1] Mathias Duval, *Structure et usages de la rétine* (*Thèse de concours*, Paris, 1872, p. 86).

[2] Helmholtz, *loc. cit.*, p. 295.

[3] L'étude des variations qui peuvent s'observer dans la grandeur
du champ visuel, ou dans la puissance musculaire capable d'en modifier l'amplitude, présente un grand intérêt au point de vue de
l'anatomie comparée, se rattache intimement à l'histoire de la
nyctalopie, et permet d'expliquer comment certains animaux (Chevaux, Chats, etc.) voient aussi bien que nous à la lumière du jour
et beaucoup mieux à l'obscurité, etc. — Dugès, *Traité de physiologie comparée*, t. I, p. 242-250. — Milne Edwards, *loc. cit.*, t. XII,
p. 414-418.

inégalement excitable; son étude présente sous ce rapport
un nouvel intérêt puisqu'elle nous apprend que de toutes
les assises qui concourent à l'édification de cette membrane, il n'en est qu'une seule qui puisse obéir à l'agent
lumineux.

Je crois inutile de retracer ici l'histologie de la rétine et me
borne à rappeler que cette tunique, considérée d'une manière
générale et dépouillée de sa charpente conjonctive, peut
être séparée en deux grandes zones: 1° une région interne,
formée d'éléments essentiellement nerveux, comprenant les
fibres et les cellules nerveuses, la couche granuleuse et la
couche granulée interne; 2° une région externe, représentée
par la membrane de Jacob et par ses annexes, la couche
granulée externe et la couche pigmentaire.

Les notions que nous avons précédemment acquises sur
la morphologie comparée des appareils sensitifs nous permettraient déjà de localiser à priori l'excitation optique
dans la zone bacillaire. Mais de pareilles déductions ne
peuvent suffire à résoudre une aussi grave question : soumettons-la donc au contrôle de l'observation directe.

Examinons la structure de ce punctum cæcum, de cette
singulière lacune que nous venons de rencontrer dans le
champ rétinien; qu'y trouvons-nous? La première zone,
la zone interne, portée à son maximum de développement,
écartant par la brusque dispersion de ses fibres nerveuses
les autres couches rétiniennes et témoignant ainsi de
l'inaptitude de ces tubes nerveux à recevoir l'impression
lumineuse: leur rôle est de la transmettre secondairement
au centre percepteur, mais non de la recueillir au moment
où elle vient s'épanouir en une brillante image à la surface
de la rétine.

Considérons d'autre part la tache jaune, ce lieu mathématique de la vision distincte, étudions-en la texture : nous la voyons exclusivement constituée par la membrane de Jacob et par ses annexes ; la couche des fibres nerveuses ne prend aucune part à sa formation, la couche des cellules nerveuses diminue graduellement pour disparaître complètement au fond de la fossette centrale ; il en est de même pour les assises suivantes, mais la couche granulée externe conserve une épaisseur très appréciable ; et quant à la membrane de Jacob, elle se développe au point de venir faire saillie à la surface de la rétine.

Si cette méthode paraît encore trop anatomique, on peut demander à la physiologie la preuve du rôle dominateur qui appartient à la membrane de Jacob. Sans entrer ici dans le détail des innombrables expériences fondées sur l'observation des phénomènes entoptiques [1], je rappellerai que, soumettant à une rigoureuse analyse les résultats obtenus par Listing, Purkinje, Brewster et Donders, poursuivant dans ses plus lointaines conséquences la perception des vaisseaux rétiniens, M. Helmholtz a démontré d'une façon irréfutable que c'est sur la membrane de Jacob que se localise l'excitant lumineux [2].

Les résultats obtenus par l'anatomie et par la physiologie concordent ainsi pleinement et permettent d'affirmer que la couche bacillaire pourra seule recueillir l'image optique des objets extérieurs. Pouvons-nous étendre davantage les limites de cette analyse ? Autrefois, on n'eût même pas tenté d'entreprendre une semblable recherche, qui eût paru

[1] Voy. Kuss et Mathias Duval, *Cours de physiologie*, 4e édit., 1879, p. 633.

[2] Helmholtz, *Optique physiologique*, p. 214.

contraire à toutes les idées admises sur la nature et les rapports de la rétine. Comment supposer que l'image dût aller se peindre sur la partie la plus reculée de cette membrane qu'on avait coutume de comparer à un écran opaque? Comment admettre que la lumière pût agir sur ces infimes organites, noyés dans les calyces pigmentaires qui semblent encadrer cette région comme pour en interdire plus sûrement l'accès aux rayons lumineux? Mais, s'imposant avec ses ressources infinies, ses élégantes méthodes, la science moderne est venue démontrer que jamais, durant la vie, la rétine ne présente la plus légère trace d'opacité, que, toujours également diaphane dans ses diverses parties, elle permet à la lumière de la traverser dans son ensemble pour aller se fixer sur la plus profonde de ses couches, sur la membrane de Jacob, dont les éléments, loin de trouver dans les sombres gaines qui les entourent un obstacle à l'accomplissement de leur rôle physiologique, y puisent au contraire les matériaux mêmes de leur activité fonctionnelle.

Cette découverte, l'une des plus brillantes et des plus fécondes de notre temps, date à peine de quelques mois et est due à l'un des professeurs de l'université de Rome, à Franz Boll [1].

En disséquant l'œil d'une Grenouille décapitée au moment même de l'observation, Boll fut très étonné de voir la rétine offrir durant quelques instants une teinte rouge

---

[1] F. Boll, *Zur Anatomie und Physiologie der Retina* (*Monatsbericht der Akad. der Wissensch. zu Berlin*, 12 novembre 1876). — Id., *Zur Physiologie der Sehens und der Farbenempfindung* (*ibid.*, 15 janvier et 15 février 1877). — Id., *Sull' Anatomia e Fisiologia della Retina* (*Reale Accademia dei Lincei*, ann. CCLXXIV, 1877). — Quelques faits signalés par Krohn (1842) et Leydig (1857) méri-

tellement intense qu'il crut pouvoir l'attribuer à un épanchement sanguin ; cependant, frappé de la rapidité avec laquelle ce caractère s'était effacé, il voulut tenter de l'observer sur d'autres individus et le retrouva chez un grand nombre d'animaux de la même espèce ; en même temps le microscope lui montrait qu'il ne s'agissait aucunement d'un phénomène de vascularisation, mais d'une coloration propre à la rétine et siégeant dans le segment externe des bâtonnets, c'est-à-dire sur celle de leurs parties qui plonge dans les calices pigmentaires et se trouve formée par la superposition de petites lamelles discoïdales [1]. Des Vertébrés appartenant aux différentes classes, des Mollusques, des Arthropodes offrirent la même coloration, localisée dans la substance lamellaire de leurs bâtonnets optiques, et toujours si fugace qu'au bout de vingt ou trente secondes elle virait au jaune-paille, puis disparaissait complètement. Fallait-il donc y voir l'indice de quelque propriété vitale de la rétine et devait-on rapporter à la mort seule la décoloration de cette membrane ? Boll ne s'arrêta pas un instant à cette idée, car dès le début de ses expériences, il avait été témoin de variations étranges : tantôt la coloration rétinienne échappait aux investigations les plus rapides, tantôt au contraire elle apparaissait avec netteté, lors même qu'un retard, un incident de laboratoire avaient augmenté le temps ordinaire de la préparation. La mort n'était donc pas l'unique cause de cette décoloration qui devait également se produire durant la vie, mais

tent d'être rapprochés des observations de Boll ; considérés comme de simples particularités anatomiques, ils n'avaient d'ailleurs reçu aucune application physiologique.

[1] Voy. page 545.

sous quelle influence? Il suffisait de poser la question pour la résoudre, car l'excitant normal de la rétine pouvait seul imprimer à cette membrane une semblable modification.

Boll en eut d'ailleurs bientôt la preuve : des Grenouilles, longtemps exposées au soleil ou seulement à la lumière diffuse mais claire du jour, n'offraient jamais la moindre coloration ; celle-ci ne cessait d'apparaître, au contraire, chez les animaux maintenus à l'obscurité. La lumière décolorant ainsi les bâtonnets optiques, il était vraisemblable que, sur une rétine partiellement éclairée, la couleur rouge se détruirait uniquement dans les parties atteintes par la lumière et non sur les autres ; Boll et Kuhne [1] purent bientôt le démontrer de la façon la plus éclatante : on portait devant une fenêtre des Grenouilles conservées dans la chambre noire, puis, au bout de dix minutes, les animaux étaient décapités et les rétines étalées sur une lame de verre ; on y reconnaissait aussitôt l'image de la fenêtre dont les parties claires (carreaux) revêtaient une teinte blanche, tandis que les parties noires (membrures) se détachaient en rouge-pourpre.

Une grande harmonie naturelle était dévoilée, tout un ordre nouveau de phénomènes apparaissait, reliant entre elles la physique et la physiologie, permettant de confondre leurs enseignements sur le terrain même où elles semblaient depuis si longtemps condamnées à de perpétuelles antithèses. De nombreux observateurs répétèrent ces expé-

---

[1] Kuhne, *Les colorations de la rétine et la photographie dans l'œil* (*Revue scientifique*, 3 mars 1877). — On consultera avec grand profit l'intéressant rapport de M. Giraud-Teulon (*Bulletin de l'Académie de médecine*, p. 829 et suiv., 1878).

riences : les résultats furent constamment identiques. C'est en vain qu'on prétendit refuser toute existence propre à la coloration rétinienne, qu'on voulut n'y voir qu'un effet d'interférence produit dans les lamelles superposées des bâtonnets ; ces objections tombèrent d'elles-mêmes lorsque Kuhne eut montré que ce caractère n'était aucunement d'ordre optique, mais résultait de la présence d'une substance qu'il parvint à isoler et à dissoudre dans la bile : c'est la *pourpre rétinienne* ou *érythropsine*. Bientôt même les propriétés chimiques et spectroscopiques de cette matière permirent à Capranica de la rapprocher de divers autres principes de l'économie et en particulier de la lutéine, qui se rencontre dans les corps jaunes des Mammifères, dans le vitellus des Ovipares, dans les cellules adipeuses, etc.

Sous l'influence des mouvements vibratoires de l'éther, l'érythropsine subit donc des altérations en rapport avec l'intensité de la lumière incidente qui vient se fixer sur cette couche rétinienne, entièrement comparable à la plaque sensible du photographe dont elle se distingue cependant par un caractère de haute valeur : substance essentiellement vivante, participant à la rénovation moléculaire qui s'accomplit au sein de l'organisme dont elle fait partie, elle efface immédiatement les témoins de l'action lumineuse et se rétablit dans son état normal pour permettre à la vision de s'exercer sans interruption. C'est aux dépens des gaines pigmentaires que se reproduit la pourpre rétinienne, et parmi les nombreuses expériences qui ont fait connaître le siège et le mécanisme de cette régénération, je me borne à répéter la suivante, due à Kuhne.

Sur un œil préparé avec toutes les précautions convenables, on enlève un lambeau rétinien qui, séparé du pigment sous-jacent, se montre d'un rouge intense ; on glisse sous ce fragment une mince plaquette de porcelaine et on l'expose à la lumière où bientôt il pâlit et se décolore. On reporte alors la pièce dans la chambre à préparation, puis, retirant la lamelle de porcelaine, on laisse retomber le lambeau rétinien décoloré sur son ancien lit pigmenté. Après quelques minutes de contact, il a recouvré sa couleur originelle et peut de nouveau subir l'impression lumineuse [1].

La rétine ne figure donc pas une simple plaque sensible, elle représente un véritable laboratoire dans lequel le photographe reproduirait la matière sensible, au fur et à mesure de sa décoloration. D'autre part, nous trouvons, dans le mode de fonctionnement de la couche pigmentaire, un nouvel et sérieux argument en faveur de l'opinion qui veut faire rapporter cette zone à la rétine et non plus à la choroïde.

Ce n'est pas seulement la quantité, c'est aussi la qualité de la lumière incidente qui détermine les modifications locales de l'érythropsine, règle le degré d'altération de la rétine et permet de la sorte au faisceau lumineux de venir s'y peindre avec ses moindres reflets. Considérées sous ce nouveau point de vue, les recherches de Boll présentent encore une haute valeur, car elles sont peut-être susceptibles de nous fournir l'explication de ces modalités sensitives que nous désignons sous le nom de *couleurs* et dont

---

[1] Kuhne, *loc. cit.* — Giraud-Teulon, *loc. cit.* — Haltenhoff, in *Archives des sciences physiques et naturelles de Genève*, 1878.

Cette régénération s'observe même dans la solution biliaire d'érythropsine : lorsque ce liquide a été décoloré par l'action de la lumière, il suffit d'y verser quelques traces de teinture pigmentaire pour lui rendre sa couleur originelle.

l'analyse a si souvent trahi les efforts des physiciens, déçu les espérances des philosophes.

L'ancienne théorie de Young [1], si charmante dans sa forme, si spécieuse dans ses déductions, se trouve démentie par les faits anatomiques les plus vulgaires ; celle que M. Galezowski a tenté de lui substituer ne repose que sur une synonymie accidentelle entre le cône rétinien et la forme géométrique désignée sous le même nom ; l'une et l'autre sont donc inadmissibles, tandis que, si l'on considère les résultats obtenus par Boll, il semble qu'on doive pressentir le moment où nous pourrons édifier une doctrine scientifique, fondée sur des bases expérimentales et ne réclamant nul concours de l'hypothèse.

[1] Thomas Young, *Bakerian Lecture on the Theory of Light and Colours* (*Philosophical Transactions*, 1802, p. 21). — Id., *An Account of some cases of the production of Colour* (*ibid.*, p. 395). — Id., *Lectures on natural Philosophy*, 1807. — Young supposait que chaque « fibre rétinienne » était formée de trois ou quatre fibrilles élémentaires, capables de recueillir un rayon déterminé du spectre et de donner ainsi la sensation d'une couleur fondamentale. Mais, outre que l'anatomie n'a jamais démontré l'existence de ces récepteurs spéciaux, il convient de rappeler que Young lui-même a singulièrement varié dans le nombre et la valeur des couleurs fondamentales qui eussent dû les mettre en jeu. Après avoir considéré le rouge, le jaune et le bleu comme les types essentiels de tout le système chromatique, il a voulu les remplacer par le rouge, le vert et le violet. D'autre part, un grand nombre de faits contredisent formellement cette théorie, et, pour n'en citer qu'un seul, je rappellerai l'observation de ces daltoniens qui perçoivent nettement la teinte blanche, mais ne peuvent distinguer aucune couleur ; or, d'après l'hypothèse de Young, la sensation du blanc suppose la perception d'au moins deux couleurs qui seraient complémentaires, et, comme le fait très justement remarquer M. Milne Edwards, on ne concevrait pas la manifestation d'une résultante dont les facteurs feraient défaut (Voy. Milne Edwards, *loc. cit.*, t. XII, p. 368). — M. Helmholtz a tenté de modifier la théorie de Thomas Young, sans parvenir à la rendre acceptable (Helmholtz, *Optique physiologique*, p. 383 et suiv.).

Il suffit, en effet, de faire tomber sur la rétine des rayons diversement colorés pour observer, dans les modifications de l'érythropsine, des caractères variables avec la longueur des ondes lumineuses : la lumière blanche détruit presque instantanément la pourpre originelle, qui résiste au contraire durant un temps assez long aux rayons d'onde étendue comme le rouge ou le jaune, et présente une durée intermédiaire avec les rayons d'onde courte, comme le vert, le bleu, le violet. Mais ces différences dans le temps nécessaire à l'impression n'offrent qu'un intérêt secondaire, quand on les compare aux modifications que la couche sensible va revêtir sous l'influence de telle ou telle couleur : avec les rayons d'onde étendue comme le rouge ou le jaune, la pourpre rétinienne vire au rouge ; avec les rayons bleus ou verts, elle prend une teinte violette des plus prononcées ; dans ces mêmes conditions certains bâtonnets deviennent verts, et leur nombre paraît augmenter en raison inverse de la longueur d'onde [1].

Les nuances de l'image traduisent donc les tons essentiels du tableau qui s'y projette, et, plus heureuse que sa congénère de l'industrie, la photographie rétinienne pos-

---

[1] La rétine étant disposée à l'extrémité du nerf optique recueille simplement l'impression sans prendre aucune part à l'élaboration centrale qui lui donnera la valeur d'une sensation. Je croirais inutile de rappeler cette notion élémentaire si quelques personnes ne s'étaient empressées de critiquer l'œuvre de Boll sans paraître se douter du mode de fonctionnement d'un appareil sensitif ; c'est ainsi que l'auteur d'une note récente nous apprend que « la « formule du rôle physiologique du rouge rétinien doit être modi- « fiée ; celui-ci n'agit pas sur la perception, mais sur le mode d'im- « pression. » Or Boll n'a jamais dit autre chose, et le mérite de sa découverte est justement de nous faire connaître ce « mode d'im- pression » qui était demeuré ignoré jusqu'à lui.

sède ainsi l'avantage de reproduire ou tout au moins d'exprimer les différentes couleurs [1].

Ce n'est pas seulement dans le domaine de la physiologie normale, c'est aussi dans celui de la physiologie pathologique que les travaux de Boll introduisent des éléments tout nouveaux et dont l'application ne peut manquer d'être prochaine. Pour n'en citer qu'un exemple, je rappellerai l'impuissance de la théorie Young-Helmholtz à expliquer cette curieuse affection décrite sous le nom d'*Achromatopsie*, ou de *Daltonisme*, car elle n'est bien connue que depuis l'époque où l'illustre physicien Dalton décrivit avec une rare sagacité les effets de cette infirmité dont il était atteint lui-même [2] et qui se traduit par l'ignorance de telle ou telle couleur : certains daltoniens sont incapables de distinguer le rouge du vert ou du noir ; d'autres ne peuvent percevoir le jaune et le bleu ; dans certains cas, la rétine se montre tout à la fois insensible au rouge, à l'orangé, au vert et au violet [3]. Or toutes les

---

[1] Voyez les planches annexées au mémoire de Boll (*Academia dei Lincei*, 1877).

A ce propos, il est nécessaire de faire remarquer que, si le mot de « couleur » n'a désigné jusqu'à ce jour qu'un phénomène purement subjectif se traduisant par une sensation, c'est-à-dire par une réaction de l'organisme contre une impression d'ordre physique, il devra désormais recevoir une nouvelle acception, lorsqu'il exprimera l'altération purement objective de la rétine soumise à l'influence de tel ou tel rayon spectral. Il importe de prévenir à cet égard un malentendu menaçant, contre lequel Boll et Giraud-Teulon ont très justement cherché à mettre en garde les physiologistes. (Voy. la délicate analyse de Giraud-Teulon, in *Bulletin de l'Académie de médecine*, p. 851 et suiv., 1878.)

[2] Dalton, *Extraordinary facts relating to the vision of colours with observations* (*Mem. of Literary and Philosophy Soc. of Manchester*, 1798, t. V, p. 28).

[3] L'achromatopsie est infiniment plus fréquente qu'on ne se l'ima-

hypothèses successivement proposées sont également incapables de nous dévoiler l'origine de ces singulières anomalies, tandis que plusieurs travaux récents semblent établir
que l'explication doit en être cherchée dans la structure
de la rétine, indiquant ainsi une nouvelle extension des
découvertes de Boll [1].

Ce n'est pas à dire qu'il n'y ait quelques réserves à formuler au sujet des recherches qui viennent d'opérer
une si rapide et si profonde révolution dans les lois de
l'optique physiologique. Certains faits semblent appeler des
observations nouvelles, mais il ne faut pas s'en exagérer
l'importance, ni, par une tendance naturelle à l'esprit humain, s'efforcer de méconnaître la valeur des résultats obtenus et tenter de les combattre par des objections de détail
ou des contradictions apparentes. De toutes ces critiques, la
plus sérieuse repose sur l'absence de l'érythropsine, soit
dans certains éléments rétiniens, comme les cônes, soit chez
de nombreux animaux appartenant aux groupes les plus divers. Pour ce qui regarde les cônes, je rappellerai que la région formée par ces organites représente, malgré sa haute
valeur, une trop faible étendue de la surface totale de la rétine
pour que son apparence exceptionnelle puisse annuler les
notions fournies par le reste de la membrane. Quant à
l'objection fondée sur l'étude de différents types zoologiques,
il est incontestable qu'on cite un grand nombre d'espèces

---

ginerait tout d'abord ; cette affection est même tellement répandue
qu'en raison de l'emploi des signaux colorés dont on fait usage sur
les voies ferrées, les compagnies ont dû soumettre à un rigoureux
examen les différents employés de leur service actif (Favre, *Ré-
forme des employés de chemin de fer affectés de daltonisme* [*Association
française pour l'avancement des sciences*, 1873, p. 854]).

[1] Voy. les Mémoires de Spring, Delbœuf, etc.

dans lesquelles la pourpre rétinienne n'a pu être rencontrée ; mais nous ne devons en tirer qu'une conclusion, c'est
que la *couleur* qui, d'ordinaire, révèle la substance impressionnable, fait ici défaut ; nous ne saurions évidemment en
déduire l'absence de cette matière, car nous savons, par
l'observation de la lumière jaune ou rouge, que ses changements moléculaires peuvent ne se manifester, même chez
les êtres où elle se montre avec tous ses attributs normaux,
que par des modifications très légères, presque insignifiantes, dans sa coloration habituelle. Il est au contraire
certains faits qui autorisent à admettre la présence d'une
substance impressionnable dans toutes les rétines, qu'elles
soient colorées en pourpre ou qu'elles nous paraissent
incolores.

N'avons-nous pas constaté que partout où l'érythropsine
existe, la formation de l'image rétinienne se traduit par un
acte chimique déterminant telle ou telle modification dans
l'apparence de la rétine? Or le critère de tout phénomène chimique réside dans un dégagement d'électricité :
si donc nous parvenions à démontrer l'apparition d'un
courant électrique dès que la rétine subit l'impression lumineuse, nous aurions évidemment fourni la preuve d'une
action locale et aurions ainsi établi que le mode de fonctionnement de la membrane demeure constant, qu'il s'exprime ou non par une teinte spéciale.

Tel est le résultat auquel est récemment arrivé le physicien anglais Dewar[1]. Après avoir constaté que le choc de la
lumière sur les yeux d'animaux appartenant aux groupes les
plus différents (Mammifères, Oiseaux, Reptiles, Poissons, Ar

---

[1] Dewar, *L'action physiologique de la lumière* (*Revue scientifique*,
3) juin 1877). — Paul Bert, *loc. cit.*

thropodes, etc.) détermine toujours la production d'un courant spécial, Dewar soumit à une minutieuse analyse les différentes phases de cet important phénomène, écarta soigneusement toutes les causes d'erreur que pouvaient apporter les contractions des muscles oculaires, le jeu de l'iris, etc., et montra que la mise en action de la rétine s'accompagne constamment d'un dégagement d'électricité ; celui-ci se manifestant dans les espèces pourvues d'érythropsine, comme chez les types où l'on n'a pu découvrir aucune variation dans l'aspect extérieur de la membrane, on voit que les découvertes de Boll et de Dewar se confirment mutuellement et obligent à considérer la formation des images rétiniennes comme un acte photochimique.

Il devient dès lors facile, en combinant ces données expérimentales avec les notions histologiques fournies par l'étude de la rétine, de se représenter assez exactement le mécanisme probable qui préside au fonctionnement de l'organe visuel. Aujourd'hui, de même qu'à l'époque de Jacob, la couche profonde de la rétine peut être considérée comme une mosaïque, mais comme une mosaïque impressionnable dont chaque pièce constitutive serait douée de la faculté de se colorer différemment suivant l'intensité de la lumière qui la frappe, suivant la longueur de l'onde qui vient s'y fixer et dont elle transmet la notion au centre percepteur. L'individualité physiologique des bâtonnets rétiniens ne peut être actuellement l'objet d'aucun doute : les recherches antérieures avaient localisé sur ces éléments l'impression lumineuse, les travaux de Boll et de Dewar permettent d'affirmer qu'elle s'y traduit par une action chimique ; enfin, si les connexions directes de ces éléments avec les fibrilles conductrices se trouvent voilées chez les animaux supérieurs par la présence d'une épaisse couche ganglionnaire [1], elles se révèlent avec la plus grande netteté chez plusieurs Invertébrés, et permettent ainsi de renoncer aux conceptions de Thomas Young, d'abandonner l'idée de cette singulière trinité nerveuse qui eût siégé dans chaque élément bacillaire, et de remplacer ces théories et ces hypothèses par une doctrine rationnelle qui satisfait aussi bien l'esprit du philosophe que celui du physiologiste.

Ainsi recueillies par les éléments rétiniens, les excitations lumineuses sont acheminées vers l'encéphale par le nerf optique, dont les dispositions spéciales concourront, souvent dans une importante mesure, à assurer le fonctionnement de l'appareil visuel et à maintenir l'harmonie entre ses diverses parties : les fibres postérieures du chiasma établissent d'étroites relations entre les deux moitiés des lobes optiques, permettent aux impressions recueillies par les deux rétines de se confondre en une sensation unique, et réclament un rôle dans le mécanisme de la vision binoculaire ; d'autre part, c'est par un réflexe dont ce nerf optique représente la voie centripète que les fibres circulaires de l'iris entrent en mouvement et se contractent pour défendre la membrane sensible contre les atteintes d'une lumière trop intense. On voit donc que le nerf optique possède une haute valeur et mérite au moins d'être mentionné dans ce tableau général des phénomènes visuels.

Les impressions rétiniennes sont tout d'abord dirigées vers le centre gris de la couche optique pour s'irradier ensuite dans les régions antéro-latérales de l'écorce cérébrale [2], où elles sont définitivement perçues. L'intervention des couches

[1] Zone des cellules nerveuses, etc.
[2] Luys, *Le Cerveau*, p. 206.

optiques et des cellules corticales est indispensable : dès qu'on
détruit, soit le centre percepteur, soit le relais nerveux que
les excitations visuelles doivent franchir avant de l'atteindre,
on observe une cécité immédiate : l'animal est désormais
insensible à toutes les impressions lumineuses, si intenses, si
variées qu'on puisse les imaginer. Les anciennes expériences
de Flourens, récemment confirmées par les observations de
Lemoigne et Lussana [1], ne laissent aucune incertitude à
cet égard.

Dans ces centres encéphaliques s'accompliront des phénomènes dont nous pouvons à peine soupçonner la grandeur, dont la nature se dérobe à nos recherches et qui
exerceront une influence considérable sur l'élaboration de
ces images rétiniennes que le conducteur nerveux vient de
leur transmettre. Il n'est aucun ordre de sensations sur lequel l'action mentale revendique un égal empire : elle ne
se borne pas à prendre connaissance des excitations déterminées en nous par l'agent lumineux, elle les apprécie
dans leur forme et leur quantité, les modifiant si profondément que parfois nous ne constatons plus que de lointaines
connexions entre l'effet et la cause dont les traits essentiels
semblent s'effacer de plus en plus. Dans la notion des couleurs, dans le redressement des images, dans les sympa-
thies qui s'établissent entre les deux yeux, nous sommes
à chaque instant obligés de faire la part de l'activité cérébrale et de distinguer les phénomènes qui tombent sous
notre investigation de ceux qui lui échappent entièrement [2].

[1] Lemoigne et Lussana, Des Centres moteurs encéphaliques (Archives
de physiologie, 1877, p. 136).

[2] Condillac, Traité des sensations. Part. I. — Janet, Le Cerveau
et la Pensée. — Taine, De l'Intelligence, t. 1. — Bain, Les Sens et

Ce n'est pas seulement par ses rapports intimes avec les actions psychiques que le sens de la vue semble jaloux d'affirmer sa suprématie : il témoigne encore plus directement de sa valeur fonctionnelle en subordonnant à ses besoins les autres sens dont il réclame un concours qui ressemble à un véritable vasselage. Celui-ci s'affirme surtout à l'égard du plus grossier d'entre eux, du toucher, qui vient fraternellement seconder l'organe visuel, incapable de suffire lui-même à son éducation : l'observation des enfants, celle plus instructive des aveugles-nés [1], en fournissent des preuves éclatantes et nous montrent comment l'œil apprend à franchir les limites matérielles du tableau pour en animer les détails, comment il permet à l'esprit d'arrondir la surface d'un cylindre, de développer dans ses moindres contours la perspective d'un rivage ou d'une vallée, d'évoquer à la simple vue d'un glorieux symbole les plus nobles sentiments de l'âme humaine. Mais ces considérations ne sauraient, on le comprend, trouver ici leur place légitime, et nous devons borner cet exposé trop succinct aux enseignements actuels de l'anatomie et de la physiologie comparées.

---

l'Intelligence. — Bernstein, *Les Sens.* — Helmholtz, *loc. cit.* — Milne Edwards, *loc. cit.*

[1] Les observations de guérison des aveugles-nés sont rares et se présentent souvent dans des conditions qui peuvent en atténuer la valeur au point de vue psychologique, aussi exigent-elles une analyse minutieuse et une discussion approfondie. On connaît l'histoire de l'aveugle opéré par Cheselden (1728) et dont l'observation servit de base à la théorie de Locke, développée par Condillac, combattue par Jean Müller. — Voy. Condillac, *loco cit.*, partie I, chap. XI ; partie III, ch. III. — J. Müller, *Manuel de physiologie*, livre V, chap. III. — Marc Dufour, *Guérison d'un aveugle-né* (*Bulletin de la Société médicale de la Suisse romande*, 1876). — Ernest Naville, *Théorie de la vision* (*Revue scientifique*, 31 mars 1877). — Hirschberg, *Archiv für Ophthalmologie*, 1874, 1876. — Hippel, *ibid.*, 1874.

TRENTE-CINQUIÈME LEÇON

En étendant aux Invertébrés les études que nous venons de poursuivre chez les animaux supérieurs, nous pouvons prévoir d'importantes modifications dans la structure de l'appareil optique. Mais, fidèle à ses coutumes, la nature ne procède que lentement, par nuances insensibles ; elle ne réalise jamais brusquement cette inévitable dégradation vers laquelle nous nous acheminerons par une progression méthodiquement calculée, dont tous les termes se trouvent en rapport avec le degré hiérarchique, la constitution générale ou les mœurs des êtres qui vont se succéder dans la série. Ce serait une grave erreur d'imaginer à cet égard une épaisse barrière entre les Vertébrés et les Invertébrés ; nul abîme ne les sépare, mille liens les unissent au contraire, et jusque dans les rangs les plus infimes de l'animalité, nous verrons l'élément fondamental de tout organe visuel, le bâtonnet optique, conserver ses caractères originels ; les parties secondaires de l'appareil offriront même tout d'abord une certaine fixité, et c'est ainsi que chez les Mollusques, par lesquels nous devons naturellement commencer cette nouvelle série de recherches, nous constaterons parfois une frappante similitude entre ces types oculaires et ceux que nous avons précédemment étudiés.

CÉPHALOPODES. — C'est dans la classe des Céphalopodes que l'on observe le plus haut degré de complexité ; l'aspect extérieur rappelle même si bien l'œil des Vertébrés qu'on serait tenté de rapprocher étroitement ces deux formes oculaires, si l'étude de la structure ne venait y révéler de profondes dissemblances et n'obligeait à reconnaître à la plupart de leurs parties essentielles une origine toute différente [1].

Les dimensions des yeux sont toujours considérables et ce volume disproportionné ne laisse pas de rendre encore plus étrange la singulière physionomie de ces animaux ; on peut dire que de tous leurs organes, l'œil est celui qui s'impose le premier à l'attention de l'observateur. Dans certains genres (Calmariens, etc.), on voit même s'exagérer les dispositions propres aux Seiches et aux Poulpes dont l'œil atteint pourtant un développement tel que de Blainville a pu le décrire comme « formant la majeure partie de la tête [2]. »

---

[1] Cuvier, *Mémoire sur les Céphalopodes et leur anatomie*, p. 37 (*Mémoires pour servir à l'histoire et à l'anatomie des Mollusques*, 1817). — De Blainville, *De l'Organisation des animaux*, t. I, p. 441. — Krohn, *Beiträge zur Kenntniss des Auges der Cephalopoden* (*Nova Acta. Acad. nat. Curios.*, t. XVII, p. 339. — Id., *Nachträgliche Beobacht. über den Bau des Auges der Cephalopoden* (*ibid.*, p. 155). — Hensen, *Ueber das Auge einiger Cephalopoden* (*Zeitschrift f. wiss. Zoologie*, t. XV, p. 155).

[2] De Blainville, *loc. cit.*, p. 441.

Sur les parties latérales de la région céphalique se montrent deux dépressions symétriques et creusées dans le cartilage crânien, véritables fosses orbitaires destinées à recevoir et à protéger l'organe visuel qui contracte avec leurs parois d'étroites connexions. C'est en effet le revêtement interne de ces cavités qui se replie au-devant de l'œil pour lui former une tunique antérieure et transparente qu'on serait tenté de décrire comme une véritable cornée, tandis qu'en réalité son origine et ses rapports interdisent formellement de lui donner ce nom. Si l'on voulait à tout prix lui trouver quelque homologue chez les Vertébrés, il faudrait se reporter à l'organisation des Ophidiens et rapprocher, de cette cloison préoculaire des Céphalopodes, le tégument diaphane qui vient se déployer au-devant de l'œil des Serpents [1]. Voici donc une première différence entre l'œil des Céphalopodes et celui des Ostéozoaires : ceux-ci possèdent une véritable cornée, constituée par la portion antérieure et amincie de la sclérotique, tandis que cette dernière, que nous allons retrouver dans un instant, ne prend ici aucune part à la formation du voile pseudo-cornéen constitué par une simple expansion des parois de l'orbite.

J'insiste à dessein sur ce point diversement interprété par les auteurs [2] qui, obéissant à une tendance malheureuse, se sont efforcés d'identifier d'une façon absolue l'œil des Mollusques et celui des Vertébrés; en ce qui concerne la « cornée », nul rapprochement n'est possible et, s'il en fallait une nouvelle preuve, elle serait fournie par l'examen de ces préparations. Considérez la surface extérieure

[1] Voy. Milne Edwards, *loc. cit.*, p. 222.
[2] Krohn, Valentin, etc.

de ces yeux de Calmars, vous la trouverez perforée antérieurement, présentant près de l'axe visuel, un large orifice qui permet au fluide extérieur d'y pénétrer et de venir baigner le pôle antérieur du cristallin[1]. La cornée serait donc librement ouverte ; or jamais les Vertébrés ne nous ont offert de disposition semblable ; leur appareil palpébral présentait seul une pareille solution de continuité, et ceci confirme le rapprochement que nous établissions à l'instant entre cette membrane et le sac conjonctival des Ophidiens.

De même qu'il n'existe pas de cornée véritable, de même aussi la chambre antérieure fait défaut, et les anatomistes qui ont donné ce nom à l'espace compris entre la cloison préoculaire et l'iris se sont entièrement mépris sur son origine[2]. Cette cavité est, en effet, limitée par la face interne du revêtement pseudo-cornéen, se repliant au-devant de l'iris et présentant la plus grande ressemblance avec la conjonctive ; quant au liquide qu'on y rencontre, ce qui vient d'être dit des communications avec l'extérieur, permet d'apprécier la valeur de cette « humeur aqueuse », sans cesse mélangée à l'eau ambiante.

Au delà de l'espace sous-conjonctival, se trouve le globe oculaire, qui débarrassé de sa capsule orbito-fibreuse, se montre composé des parties suivantes (fig. 117).

1° La sclérotique ;

---

[1] Cette ouverture est beaucoup plus réduite chez les Poulpes et surtout dans les Seiches. Cuvier et Owen semblent en avoir méconnu l'existence ; Férussac l'a figurée assez exactement sous le nom « d'orifice lacrymal. »

[2] Treviranus a décrit une chambre antérieure complètement fermée par une cornée indépendante (Treviranus, *Vermischte Schrift.* t. III, p. 154).

2° La choroïde ;

3° La rétine ;

4° L'iris ;

5° Le cristallin ;

6° Le corps ciliaire ;

7° L'humeur vitrée.

La sclérotique est représentée par une tunique fibreuse

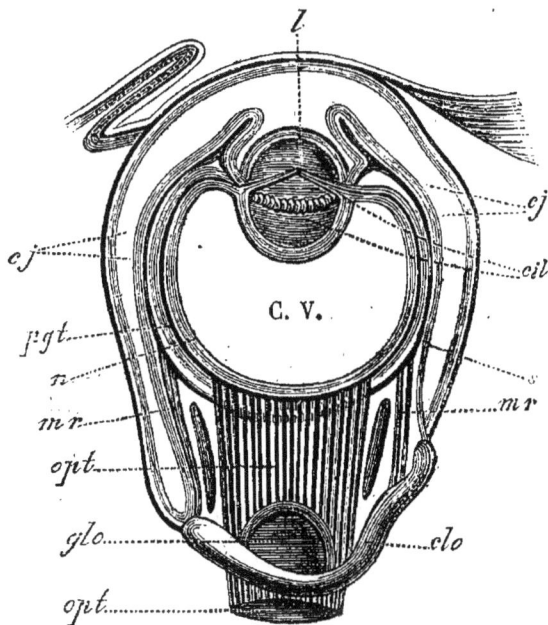

Fig. 117. — *Sepia officinalis.*

cl o. Cartilage orbitaire. — *m.r.* Muscles oculaires. — *c j.* Sac conjonctival. — *s.* Sclérotique. — *p g t.* Choroïde, — *n.* Rétine. — *cil.* Corps ciliaire. — *l.* Cristallin. — c.v. Corps vitré. — *opt.* Nerf optique, — *glo.* Ganglion du nerf optique. (D'après Valentin.)

qui donne insertion aux muscles de l'œil et se trouve perforée dans sa partie postérieure pour livrer passage aux fibres du nerf optique. Souvent pigmentée, elle se replie au-devant du cristallin et forme ainsi la majeure partie du diaphragme irien.

La choroïde vient ensuite : toujours très mince, composée

d'une trame cellulo-fibreuse dont les éléments sont lâchement unis et renferment d'abondantes cellules pigmentaires, elle offre parfois des reflets métalliques et brillants qui rappellent la membrane argentine des Poissons. Cette tunique confine intérieurement à la rétine ; dans sa partie antérieure, elle s'applique sur la sclérotique, passe avec elle au-devant du cristallin et forme ainsi la face profonde de l'iris.

La rétine, très exactement décrite par Hensen [1], est composée de sept couches qui, par leurs traits généraux, constituent un ensemble assez comparable à ce qui s'observe chez les animaux supérieurs ; mais, disposition très remarquable, les faisceaux du nerf optique ne s'y recourbent pas vers l'extérieur : ils s'épanouissent directement en avant et donnent à la rétine l'aspect d'un véritable éventail. De là vient que la membrane de Jacob, au lieu d'occuper la région externe de la rétine en représente au contraire la couche la plus interne ; elle est donc immédiatement impressionnée par les rayons qui viennent de traverser le corps vitré, et chez ces animaux comme dans la généralité des Invertébrés, on voit que la théorie rationnelle de la vision, la théorie de l'excitabilité directe des bâtonnets [2], ne saurait soulever le moindre débat, car l'objection tirée de la présence de nombreuses couches rétiniennes entre l'appareil dioptrique et la couche sensible disparaît d'elle-même.

---

[1] Hensen, *Ueber das Auge einiger Cephalopoden* (*Zeit. f. wiss. Zoologie*, 1865, t. XV, p. 155).

[2] Cette théorie, adoptée par les physiologistes allemands qui se sont bien gardés d'en indiquer l'origine, appartient à M. Rouget ; elle peut seule expliquer les phénomènes essentiels de la vision, le redressement des images, etc.

Les éléments bacillaires présentent la même structure que chez les Vertébrés : leur segment externe se décompose également en segments discoïdaux, et sur les rétines préparées dans l'obscurité il est aisé de constater la présence de l'érythropsine. Les recherches de Boll ont prouvé que l'optographie s'y accomplit comme chez les Mammifères, les Batraciens, etc. [1].

L'iris des Céphalopodes [2] ne peut être comparé à celui des Vertébrés que sous le rapport fonctionnel, car au point de vue de sa constitution et de ses rapports, il s'en montre profondément dissemblable. Chez les animaux supérieurs, il était représenté par une mince membrane vasculaire et pigmentaire, formée par un épanouissement de la choroïde et baignée antérieurement par l'humeur aqueuse ; dans ces Mollusques au contraire, qui ne possèdent ni cornée ni chambre antérieure, l'iris marque la véritable limite de l'organe visuel. Celui-ci se trouverait donc singulièrement exposé aux injures extérieures s'il n'était protégé que par une pellicule irienne, semblable à celle des Vertébrés, aussi l'iris offre-t-il ici une structure fort complexe, en rapport avec le rôle nouveau qui lui incombe : il est extérieurement tapissé par la face conjonctivale de la fausse cornée qui se replie de façon à encadrer le bord externe de l'orifice pupillaire ; au-dessous de ce bourrelet conjonctival se trouve une lame fibreuse qui représente la portion antérieure de la sclérotique ; enfin, à la partie profonde, s'étend une lame choroïdienne et pigmentifère, parfois désignée sons le nom d'uvée. Le diaphragme irien renferme encore d'abondantes fibres

---

[1] Boll, *loc. cit.*

[2] Hensen, *loc. cit.* — H. Müller, *Bericht etc.* (*Zeitschrift f. wiss. Zoologie*, 1853, t. IV, p. 344).

musculaires, destinées à assurer les mouvements de dilatation et de contraction de la pupille. Percée au centre de l'iris, cette dernière est presque toujours assez large, et revêt des aspects qui varient suivant les genres : circulaire dans les Calmariens, elle est elliptique chez les *Onychotheutys* [1] ; dans les Seiches, elle offre souvent des bords frangés, au moins sur les individus examinés *post mortem*.

Le cristallin [2], toujours volumineux est sensiblement sphérique ; par sa face postérieure il se trouve reçu dans une profonde dépression du corps vitré ; par sa face antérieure, il vient faire saillie à travers la pupille et s'applique contre l'iris, de sorte que la « chambre postérieure » est encore plus virtuelle que chez les Vertébrés. Loin d'être simple comme dans ces derniers animaux, la lentille se montre formée par l'accolement de deux hémisphères que sépare une fine membrane ; la partie postérieure est plus développée que la partie antérieure, dont elle se distingue également par sa structure, car elle possède seule un noyau central, autour duquel s'enroulent des fibres rubanées ; enfin ces deux hémisphères paraissent avoir des origines absolument différentes et peut-être trouverait-on dans leur étude organogénique, esquissée par Hensen [3], l'indication des véritables affinités morphologiques de l'œil des Céphalopodes [4].

---

[1] Contrairement à l'opinion de Siebold qui l'a mentionnée comme circulaire dans ce genre.

[2] De Blainville, *loc. cit.* p. 443. — Delle Chiaje, *Descriz.* t. V et XIX. — Hensen, *loc. cit.*

[3] Hensen, *loc. cit.*

[4] C'est probablement en effet dans cette voie qu'il conviendrait de poursuivre les recherches afin d'arriver à une détermination exacte des homologues de la cornée, de la chambre antérieure, etc. Déjà de Blainville semblait vouloir admettre entre l'hémisphère

Le plan de contact des deux hémisphères se trouve extérieurement indiqué par un sillon circonférenciel sur lequel vient s'insérer le corps ciliaire qui, d'autre part, confine à l'iris. Ce corps ciliaire, mentionné dès 1822, par de Blainville [1], a été l'objet de nombreuses recherches [2] dont les auteurs s'accordent à nous le montrer formé, comme le corps ciliaire des Vertébrés, de deux parties : l'une vasculaire et sinueuse figurant les procès ciliaires, l'autre contractile et circulaire représentant le muscle ciliaire.

Toute la région postérieure du globe oculaire est occupée par l'humeur vitrée, que limite une membrane hyaloïde dont l'épaisseur et l'élasticité varient suivant les genres. L'humeur vitrée forme une masse considérable, claire et gélatineuse : on y remarque de minces trabécules filamenteux ; sa structure intime paraît fort analogue à ce que nous avons observé dans les animaux supérieurs.

A ces parties essentielles de l'organe visuel il faut encore ajouter les annexes suivantes, dont l'importance est fort inégale :

1° Le coussinet graisseux ;

cristallinien antérieur des Céphalopodes et la cornée des Vertébrés certains liens de parenté que les travaux des modernes (Hensen, etc.) ont rendus fort probables. Il y aurait ici rapprochement constant entre les deux parties qui chez les Vertébrés se séparent pour former la cornée d'une part, le cristallin d'un autre côté et se montrent ainsi chez l'adulte fort éloignées l'une de l'autre, bien que leur origine soit identique, et qu'elles se soient développées toutes deux aux dépens du feuillet externe du blastoderme (Voy. Milne Edwards, *loc. cit.* p. 224).

[1] De Blainville, *loc. cit.*, p. 443.

[2] Huschke, *loc cit.* — Delle Chiaje, *loc. cit.* — Langer, *Ueber einen Binnen-Muskel des Cephalopoden Auges (Sitzungs. der Wiener Akad.* 1850, t. V, p. 324. — Müller, *loc. cit.*

2° Les muscles oculaires ;

3° Le nerf optique.

Lorsqu'on cherche à extraire de l'orbite l'organe visuel, on voit qu'il y adhère par une masse jaunâtre ou
rosée, qui occupe toute la partie déclive de la fosse
orbitaire, entourant non seulement la région postérieure
de l'œil, mais encore le ganglion terminal du nerf optique,
et rattachant entre elles ces parties qui s'y trouvent comme
noyées, en même temps qu'elle rend plus intim eleur
adhérence aux parois orbitaires. L'aspect de cette masse
l'avait jadis fait considérer comme une glande, opinion
contre laquelle de Blainville s'était vivement élevé [1], et
qui a été reprise par quelques modernes [2] ; mais l'observation histologique [3] a prouvé qu'on y chercherait vainement les caractères propres aux organes sécréteurs ;
on ne doit y voir qu'un amas de tissu adipeux jouant
le même rôle que le coussinet qui, chez les Mammifères,
s'observe entre les deux feuillets de l'aponévrose orbito-
oculaire.

Les mouvements de l'œil sont assurés par un appareil
musculaire complexe, très exactement décrit par Cuvier,
Owen, etc. ; de ces muscles, trois sont droits, le quatrième
offre une évidente obliquité.

Considéré dans ses caractères essentiels, le nerf optique
des Céphalopodes se présente sous l'aspect d'une large et
courte bandelette qui, née des régions latérales de la masse
sus-œsophagienne, ne tarde pas à pénétrer dans l'orbite
pour s'y renfler en un ganglion volumineux ; de la partie

---

[1] De Blainville, *loc. cit.*
[2] Mayer, *Analikt.*, p. 53.
[3] Kœlliker, *Entwick. d. Cephalop.*, p. 103.

antérieure de ce *ganglion optique* s'irradient les nombreux faisceaux nerveux qui vont s'épanouir à la face profonde de la rétine [1]. Sur la région latéro-postérieure de ce même ganglion se montre une petite masse ovalaire d'où se détache un filet grêle, le nerf olfactif; ces deux nerfs de sensibilité spéciale affectent donc ici des connexions intimes et d'autant plus intéressantes qu'elles se maintiendront dans divers autres types de l'embranchement et que nous aurons bientôt à les mentionner chez les Gastéropodes [2].

Telles sont les dispositions générales offertes par le nerf optique, mais elles se modifient suivant les genres et, pour prendre une exacte connaissance de ces variations, il convient de les étudier successivement chez les Octopodes et les Décapodes.

Dans l'Élédone Musqué, si commun sur les côtes méditerranéennes, le nerf optique tire son origine du sillon qui se voit au-dessus du collier postérieur [3]; il se porte de dedans en dehors, enveloppé par la membrane qui protège le cerveau, puis pénètre dans l'orbite et se dilate en un gros ganglion à contours sinueux; les filets ultimes se répartissent d'abord sur deux bandes parallèles, et se perdent enfin dans les couches rétiniennes [4]. — Chez

[1] Cuvier, *loc. cit.* — Wharton Jones (*London and Edinburgh Philosophical Magazine*, 1836) a bien décrit l'entrecroisement des fibres dans le ganglion.

[2] Jules Chéron, *Recherches pour servir à l'histoire du système nerveux des Céphalopodes Dibranchiaux* (*Ann. sc. nat.* 1866, T. V, p. 1 et suiv.).

[3] On sait que le cerveau, ou masse sus-œsophagienne, est relié à la masse sous-œsophagienne par deux paires de connectifs (collier œsophagien antérieur, collier œsophagien postérieur).

[4] Jules Chéron, *loc. cit.*, p. 21.

le Poulpe commun, on observe les mêmes caractères ; cependant le ganglion optique est arrondi, souvent bilobé ; le petit ganglion olfactif s'en distingue aisément, car il présente toujours une coloration jaunâtre.

Chez les Décapodes, et en particulier dans la Seiche, le nerf optique offre l'apparence d'un court cylindre presque confondu avec le collier postérieur ; le ganglion optique est large et épais ; un sillon profond le sépare en deux mamelons pyriformes. Dans le Calmar, ces lobes s'allongent et revêtent l'aspect de deux cornes qui, par leur extrémité, donnent naissance aux fibrilles terminales [1].

Quant aux muscles oculaires, ils sont animés par des nerfs spéciaux, les nerfs ophthalmiques, dont on distingue deux groupes : 1° les nerfs ophthalmiques supérieurs nés de la masse sus-œsophagienne, dans le voisinage des nerfs optiques ; 2° les nerfs ophthalmiques inférieurs qui tirent leur origine de la masse sous-œsophagienne et présentent, dans leur nombre et leur mode de distribution, d'assez grandes variations.

Tous les détails qui précèdent s'appliquent uniquement aux Céphalopodes Dibranchiaux, car, d'après ce que nous savons des Céphalopodes Tétrabranchiaux, il semble que les deux familles offrent dans la constitution de l'organe visuel des différences considérables ; mais il est difficile de faire exactement ici la part de la vérité. On sait que les Tétrabranches, si communs à l'époque secondaire, ne sont plus représentés dans la nature actuelle que par un seul

---

[1] J. Chéron, *loc. cit.*, p. 69. — Voy. aussi Hensen, *loc. cit.*, et Garner, *On the nervous System of the Mollusc. Animals* (*Transactions of the Linnean Society*, t. XVII, 1834).

genre (*Nautilus*), confiné dans la mer des Indes ; les anatomistes ne peuvent donc étudier ce type que rarement et presque toujours sur des individus altérés. Ainsi s'expliquent les divergences des auteurs et les singuliers résultats de leurs observations[1] : que l'œil soit porté sur un pédoncule mobile et pourvu de muscles nombreux, on peut aisément l'admettre[2] ; mais que le cristallin disparaisse, que l'appareil dioptrique se réduise à l'humeur vitrée, c'est un fait trop exceptionnel, trop formellement contredit par l'examen de tous les animaux voisins pour que nous devions l'accepter. De nouvelles recherches sont indispensables et pourront seules permettre d'exposer, avec une précision suffisante, l'histoire anatomique de ces Mollusques.

GASTÉROPODES. — Dans la classe des Gastéropodes, l'organe visuel présente encore une structure complexe et rappelle, par le nombre et les rapports de ses parties essentielles, certains caractères propres aux Vertébrés. Cependant la simplification ne va pas tarder à s'accentuer rapidement et quelques formes aberrantes, telles que les Oscabrions, semblent même complètement dépourvues d'yeux[3].

---

[1] Owen, *On the anatomy of the Pearly Nautilus.* — Id., *Mémoire sur l'anatomie du Nautile* (*Annales des sciences naturelles*, 1832, t. XXVIII, p. 139). — Valenciennes, *Nouvelles Recherches sur le Nautile* (*Archives du Muséum*, t. II, p. 289). — Macdonald, *On the anatomy of the Nautilus umbilicatus* (*Philosophical transactions*, 1855, p. 278). — Hensen, *loc. cit.*

[2] On sait que l'œil du *Loligopsis* est également pédonculé. — Voy. Rathke, in *Mémoires présentés à l'Académie de Saint-Pétersbourg*, t. II, 1835.

[3] D'après Gegenbaur (*Manuel d'anatomie comparée*, p. 484) les Vermets mériteraient sous ce rapport d'être rapprochés des Oscabrions ; l'auteur allemand tombe ici dans une erreur profonde, car

La situation de ceux-ci peut du reste varier dans des limites assez considérables ; elle se trouve déterminée par
la configuration de la région céphalique et surtout par le
nombre des tentacules. Dans les genres qui possèdent quatre de ces appendices, l'œil est porté à l'extrémité des
grands tentacules ou tentacules de la première paire : les
Hélices, les Arions, les Parmacelles, les Limaces, en sont
d'excellents exemples. Dans les espèces bitentaculées,
les yeux se trouvent situés tantôt à la base des tentacules
comme chez les Limnées et les Physes, tantôt sur leur
côté, comme dans les Cérithes ; les Vertigos offrent à cet
égard une curieuse exception, car bien que réduits à
deux tentacules comme les précédents, ils possèdent des
yeux franchement apicilaires et non plus basilaires ou latéraux ; dans les Strombes, où les deux tentacules se
bifurquent supérieurement, l'œil se trouve à l'extrémité de
la petite branche ; enfin chez les Aply-
sies et les Pleurobranches, il est appliqué
sur les téguments céphaliques, de chaque côté de la nuque.

On devine que ces variations dans la
place occupée par l'organe ne laisseront
pas d'influer sur le mécanisme de la
vision, car lorsque l'œil sera situé à
l'extrémité d'un long tentacule mobile,

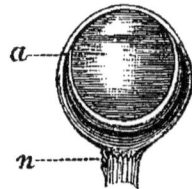

Fig. 118. — OEil de
l'*Helix pomatia*.
a, cristallin. *n*, nerf
optique.
(D'après Leuckart.)

il pourra se porter dans les diverses directions, permettant
ainsi à l'animal d'explorer rapidement les points voisins,
tandis que lorsqu'il sera sessile, il ne recueillera que les

il y a près de vingt ans que M. de Lacaze-Duthiers a établi l'existence des yeux chez les Vermets (De Lacaze-Duthiers, *Mémoire sur
l'anatomie et l'embryologie des Vermets*, p. 251, pl. VI, 1860).

rayons qui tomberont directement sur la cornée et, pour modifier l'amplitude du champ visuel, des mouvements de translation du corps ou de déplacement de la tête deviendront nécessaires. Les Quadritentaculés, les Vertigos, etc., sont dans le premier cas [1] ; le second s'observe chez la généralité des autres Gastéropodes [2].

Le bulbe oculaire comprend les parties suivantes :

1° La sclérotique,

2° La cornée,

3° La choroïde,

4° La rétine,

5° L'iris,

6° L'humeur aqueuse,

7° Le cristallin,

8° L'humeur vitrée.

La sclérotique est généralement grisâtre, plus épaisse dans les Limaces que dans la plupart des autres genres ; perforée dans sa partie postérieure pour donner passage au nerf optique (fig. 118, *n*), elle reçoit en avant la cornée qui s'y insère suivant une ligne circulaire.

La structure histologique de cette membrane se résume en un feutrage lamineux, médiocrement dense, formé d'éléments très fins et parsemés de granulations grisâtres.

La cornée, toujours fort mince, possède un rayon de courbure inférieur à celui de la sclérotique. Dans les Limaces, les Vitrines, les Zonites, les Bulimes, elle se distingue

---

[1] On devrait peut-être y ajouter les Strombes, en raison de la bifidité de leurs tentacules.

[2] Il existe à cet égard divers degrés dans l'immobilité de l'œil ; ainsi dans les Limnées, le mamelon basilaire est érectile et peut permettre à l'organe de légers déplacements.

aisément ; chez les Testacelles et les Nérites, son étude exige parfois quelques précautions et demande à être poursuivie sur des animaux vivants ou fraîchement tués.

La choroïde se trouve comprise entre la sclérotique et la rétine ; on y distingue deux couches : l'une cellulo-fibreuse, constituée par des éléments fusiformes et mesurant 10 µ en longueur, l'autre pigmentifère et intimement unie à la rétine. Divers auteurs allemands ont eu l'étrange idée d'assimiler les cellules allongées de la première couche à des bâtonnets optiques, et de décrire ainsi deux rétines : 1° une *rétine interne*, située entre la choroïde et le corps vitré ; 2° une *rétine externe*, disposée entre la sclérotique et la choroïde ; la première eût été seule affectée à la réception des impressions lumineuses ; quant au rôle de la « rétine externe », on évitait généralement de le définir. Ce ne sont pas seulement les résultats de l'observation directe, ce sont encore et surtout les plus simples enseignements de la physiologie qui eussent dû mettre ces anatomistes en garde contre des conceptions dont j'aurais jugé inutile de vous entretenir, si nous ne devions bientôt les retrouver, singulièrement amplifiées, à propos de certains animaux voisins.

La véritable rétine, la seule de toutes les membranes oculaires à laquelle on puisse réellement donner ce nom, se déploie entre la choroïde qui l'enveloppe à l'extérieur, et le corps vitré contre lequel elle s'applique intérieurement ; on y reconnaît trois zones principales [1] : la première est constituée par des fibrilles nerveuses ; la seconde est formée de cellules ganglionnaires ; la troisième représente la

---

[1] Ces trois couches pourraient peut-être se subdiviser à leur tour en assises secondaires.

membrane de Jacob et se montre composée d'éléments bacillaires intimement accolés les uns aux autres [1].

L'iris s'observe surtout très facilement chez les Paludines, les Murex, les Strombes. Il limite une pupille circulaire ou elliptique, et n'offre plus la même complexité que dans les Céphalopodes : c'est un simple repli de la choroïde passant au-dessous de la cornée, en avant de la ligne qui marque l'insertion de celle-ci sur la sclérotique. L'examen microscopique le montre uniquement formé de fibrilles très ténues et d'abondantes cellules pigmentifères ; on n'y trouve pas trace d'éléments musculaires. Peut-être devons-nous surtout imputer leur absence à l'imperfection de nos moyens de recherches et à la difficulté qu'on éprouve dans la dilacération de ce tissu qui se rompt sous le moindre effort, car quelques résultats expérimentaux semblent indiquer des variations appréciables dans le diamètre de la pupille.

L'iris et la cornée circonscrivent un espace auquel on ne peut guère refuser le nom de chambre antérieure, bien que son étendue soit toujours des plus minimes. Cette cavité renferme-t-elle une humeur aqueuse ? Bien que le fait paraisse vraisemblable même *à priori*, sa constatation est cependant des plus délicates et les auteurs ont indéfiniment

[1] Babuchin, *Ueber den Bau der Netzhaut einiger Lungenschnecken* (*Sitz. d. Wien. Akad.*, 1865, t. LII, p. 1). — Leydig, *Zur Anatomie und Physiologie der Lungenschnecken* (*Archiv f. mikr. Anatomie*, 1865, t. I, p. 54). — Hensen, *loc. cit.* (*Zeitschrift f. wiss. Zoologie*, 1865, t. XV, p. 219). — Id., *Ueber den Bau des Schneckenauges*, etc. (*Archiv f. mikr. Anatomie*, 1866, t. II). — Huguenin, *Ueber das Auge von Helix pomatia* (*Zeitschrift f. wiss. Zoologie*, 1872, t. XXII, p. 110). — Flemming, *Zur Anatomie der Landschnecken-Fuller und zur Nevrologie der Mollusken* (Id., p. 367). — Leuckart, *loc. cit.* (*Handbuch von Graef u. Sœmisch*).

varié sur ce point. Leurs divergences doivent sans doute
être attribuées aux espèces qu'ils observaient et qui,
presque toujours, se réduisaient à des Hélices, des Paludines ou des Limnées ; or, chez ces animaux la chambre
antérieure est à peine indiquée et rien n'est plus difficile
que d'y reconnaître l'existence de l'humeur vitrée. Au contraire, prenez un Cyclostome, ponctionnez avec soin la
cornée sur sa face latérale et vous donnerez issue à un liquide transparent qui, d'après sa réfringence, ne semble
posséder qu'une faible densité et mérite évidemment le
nom d'humeur aqueuse.

Le cristallin des Gastéropodes est connu depuis l'époque
de Swammerdam[1] et paraît exister dans tous les types
étudiés jusqu'à ce jour. D'après Lespès[2], il ferait défaut chez
la Nérite fluviatile, mais cette exception est tellement
bizarre qu'elle ne doit être mentionnée que sous les plus
expresses réserves.

Toujours diaphane, le cristallin affecte une forme sensiblement sphérique et possède une structure fort analogue à celle qu'on observe dans les animaux supérieurs : il
se compose en effet d'une membrane d'enveloppe qui rappelle singulièrement la capsule des Vertébrés et d'une lentille formée de zones concentriques comme chez ces derniers[3]. La densité des couches lenticulaires augmente de la
périphérie au centre, imprimant à cette dernière région
l'aspect d'un véritable noyau.

---

[1] Swammerdam, *Biblia naturæ*, t. I, p. 105.
[2] Lespès, *Recherches sur l'œil des Mollusques Gastéropodes terrestres et fluviatiles* (*Journ. conchyl.*, 1851).
[3] Les réactions du tissu cristallinien sont les mêmes que chez les
Vertébrés : il devient opaque sous l'influence de la chaleur, jaunit
par l'action des acides minéraux, etc.

L'humeur vitrée [1] occupe l'espace limité par la rétine, l'iris et le cristallin ; si l'on en juge par ses caractères physiques, ce liquide doit posséder une densité légèrement supérieure à celle de l'humeur aqueuse. La membrane hyaloïde s'accole si intimement au cristallin en avant, à la rétine en arrière, qu'il est fort difficile de la distinguer. Chez les Limnées, l'examen microscopique fait découvrir des filaments trabéculaires au sein de l'humeur vitrée ; mais cette apparence est si vague, on éprouve tant de difficultés à la retrouver dans les Hélices et les Limaces, qu'il serait imprudent d'en tirer aucune déduction applicable aux affinités morphologiques de ces parties.

Quand on se borne à considérer les Physes dont le nerf optique ne cesse de posséder une autonomie complète, ou les Éolidiens, chez lesquels les yeux et les ganglions cérébroïdes sont intimement unis, on peut aisément tracer la voie que suivront les impressions lumineuses, distinguer même dans le centre percepteur la région qui les centralisera. Mais il en est tout autrement pour la généralité des Gastéropodes, et durant fort longtemps on s'est mépris de la manière la plus absolue sur les rapports comme sur le trajet du nerf optique : lorsqu'on dissèque le tentacule oculifère d'une Limace ou d'une Hélice, on découvre un tronc volumineux qui parcourt cet appendice dans toute sa longueur et semble devoir se terminer dans l'organe visuel ; cette opinion, qui a régné longtemps dans la science [2], est entièrement fausse, et pour s'en con-

[1] Krohn, *Ueber das Auge der lebendiggeböhrenden Sumpfschnecke* (*Muller's Archiv*, IV, 1837).
[2] De 1720 à 1831.

vaincre il suffit d'examiner avec soin la partie terminale
du tentacule. On constate alors que l'œil n'occupe pas
exactement le sommet de l'appendice, mais se trouve
légèrement refoulé sur le côté ; quant à la région apicilaire
proprement dite, elle est occupée par un renflement volumineux, hérissé de papilles et recevant à sa base le tronc
nerveux que nous avons suivi dans toute la longueur du
tentacule ; or ce bouton terminal est, nous le savons,
attribué au service d'un sens spécial : c'est à sa surface que
sont recueillies les impressions odorantes et, par suite,
le nerf qui s'y termine représente simplement le nerf
olfactif [1]. Où se trouve donc le nerf optique ? Pour le découvrir, dégageons soigneusement des tissus voisins l'extrémité postérieure de la coupe scléroticale : nous y distinguons, vers le pôle interne du globe oculaire, un petit
renflement ganglionnaire ; près de ce « ganglion optique »
nous voyons partir un mince filet qui se dirige sous un
angle fort aigu à la rencontre du nerf olfactif qu'il
accompagnera jusqu'aux ganglions cérébroïdes. Le « nerf
optique », dont nous connaissons maintenant la terminaison et les rapports, s'accole donc, dans la presque
totalité de son parcours, au nerf olfactif [2] ; ces connexions

---

[1] Au nerf tentaculaire se trouvent encore accolées quelques fibres
chargées d'assurer la mobilité de la région péri-oculaire et d'y recueillir des impressions de sensibilité générale ; ce sont donc de véritables filets ophthalmiques, mais autrefois on les considérait comme
des rameaux ultimes du nerf optique. Cette singulière doctrine,
d'après laquelle un nerf de sensibilité spéciale eût fourni des filets
cutanés, musculaires, etc., ne peut plus être défendue aujourd'hui
et nous savons, par les recherches de M. de Lacaze-Duthiers, que
ces faisceaux sont complètement indépendants du nerf optique
(Voy. de Lacaze-Duthiers, *Du système nerveux des Mollusques Gastéropodes*, in *Archives de Zoologie expérimentale*, 1872, t. I, p. 446).

[2] Voy. la figure 54, page 269.

intimes, que nous avions d'ailleurs rencontrées déjà chez les Céphalopodes, expliquent comment les observateurs ont si longtemps confondu ces deux nerfs ou, pour parler plus exactement, comment ils ont été conduits à accorder au nerf tentaculaire une fonction qu'il ne saurait aucunement remplir, puisqu'il se termine à une distance notable du globe oculaire.

On ne peut se borner à indiquer le point d'arrivée du nerf optique, ou à décrire ses relations générales; il faut encore déterminer quelle est, dans le centre percepteur, la région dont il émane et vers laquelle il conduit les impressions qu'il est chargé de transmettre. Si nous examinons attentivement le « cerveau » d'un de ces Mollusques, que ce soit une Limnée, une Paludine ou une Hélice, nous distinguerons sans peine, sur chacun des deux ganglions qui le forment, trois mamelons ou lobules, régulièrement disposés d'avant en arrière. Comparons à l'aide du microscope la structure de ces cornes cérébrales et nous constaterons entre elles une importante différence : tandis que la corne antérieure est formée de petites cellules, les deux autres mamelons se montrent constitués par des éléments volumineux ; ce résultat, rapproché des notions fournies par l'étude des centres nerveux des Vertébrés, permettraient presque de localiser déjà sur ce lobule antérieur des phénomènes sensitifs. Toutefois, nos connaissances sur l'histologie comparée du système nerveux sont encore si vagues, si rudimentaires, qu'elles ne sauraient nous autoriser à formuler une pareille hypothèse sans en chercher immédiatement la confirmation dans l'étude des nerfs qui naissent de ce lobule ; examinons-les et voyons s'ils sont, en effet, destinés à apporter au centre percep-

teur les éléments de sensations spéciales : le premier nerf
qui se détache de ce lobule est le nerf tentaculaire que
nous savons être presque exclusivement affecté au service
de la sensibilité olfactive, puis vient le nerf acoustique ;
écartons légèrement ces deux nerfs l'un de l'autre, sépa-
rons-les du tissu conjonctif ambiant, et, près du point où
le nerf olfactif prend naissance, nous allons découvrir
l'origine d'un autre filet qui l'accompagnera durant tout le
trajet qu'il doit parcourir, et ne l'abandonnera que dans le
voisinage de l'œil auquel il est destiné : c'est, en effet, le
nerf optique qui naît ainsi près de ce nerf olfactif avec
lequel il ne cesse d'affirmer de si constantes relations.

Au point de vue de la morphologie du système nerveux,
il est extrêmement remarquable d'observer, chez des êtres
inférieurs, une semblable localisation dans les fonctions
des centres percepteurs, et l'on ne saurait trop insister sur
la haute valeur de ce « lobule de la sensibilité spéciale »
dont nous devons la connaissance à M. de Lacaze-Duthiers [1].

Ici comme dans les Céphalopodes, le nerf optique présente de légères variations suivant les types chez lesquels on l'examine ; nous ne pouvons mentionner toutes
ces modifications secondaires, cependant il convient de
rappeler l'existence d'un canal qui parfois s'étend dans
toute la longueur du nerf, qui souvent, au contraire, se
termine en cæcum à une faible distance de l'œil [2]. Cette
disposition ne doit d'ailleurs pas nous surprendre, car elle

[1] H. de Lacaze-Duthiers, *Du Système nerveux des Mollusques Gastéropodes pulmonés aquatiques et d'un nouvel organe d'innervation*
(*Archives de Zoologie expérimentale*, t. I, 1872, p. 448).

[2] C'est ce qui s'observe chez divers Pulmonés (Lespès), dans
l'Ombrelle (G. Moquin), etc.

nous.a été précédemment offerte par le nerf acoustique de
ces mêmes animaux.

En dépit de la complexité qui caractérise l'appareil
optique des Gastéropodes, d'illustres naturalistes leur ont
formellement refusé l'exercice du sens dont nous poursuivons l'étude : pour Aristote, pour Pline, pour Rondelet, ces
Mollusques eussent été complètement aveugles. Les plus
vulgaires expériences suffisent à faire justice de cette
prétention : dirigez un faisceau lumineux sur une Paludine
qui rampe dans l'obscurité, aussitôt elle se retirera brusquement ; opérez l'ablation de l'œil, la même influence deviendra impuissante à déterminer la moindre réaction.
Interposez la main entre une Limace en marche et la
lumière qui l'éclaire, immédiatement vous la verrez se
contracter, puis demeurer immobile. Placez un obstacle sur
le chemin d'un Colimaçon : il s'arrêtera, reculera, fera
un détour souvent considérable pour éviter la pierre ou le
bâton que vous aurez ainsi disposé devant lui. La vision
est évidente, mais il faut ajouter qu'elle est assez imparfaite ; examinez les manœuvres du Mollusque dans la dernière expérience : ce ne sera jamais que parvenu très près
de l'obstacle qu'il commencera à l'apercevoir et à donner
quelques signes d'inquiétude, il est donc myope et nous
pouvions pressentir ce caractère d'après la constitution
même de l'appareil optique : le degré de courbure de la
cornée, la sphéricité du cristallin, le faible développement
de l'humeur aqueuse, tout indique dans les milieux oculaires
une réfringence considérable et concourt à démontrer que
l'œil se trouvera normalement adapté pour la vision rapprochée, sans que cette disposition puisse être modifiée par

le jeu d'un appareil semblable à celui qui existait chez les Vertébrés et dans les Céphalopodes.

HÉTÉROPODES. — L'œil des Hétéropodes est infiniment plus simple que celui des Gastéropodes ; cependant il ne laisse pas de posséder une structure assez complexe et justifie, par l'intérêt qu'il présente, les nombreux travaux qui lui ont été successivement consacrés [1].

Toujours allongé, parfois même légèrement claviforme, le bulbe oculaire [2] se compose des parties suivantes :

1° La sclérotique ;

2° La choroïde ;

3° La rétine ;

4° Le cristallin et sa capsule ;

5° L'humeur vitrée.

La sclérotique est assez épaisse, d'un blanc sale ou d'un gris jaunâtre ; perforée en arrière pour le passage du nerf optique, elle offre en avant une large échancrure par laquelle le cristallin et sa capsule viennent faire saillie au

[1] Krohn, *Fernere Beitrage zur Kenntniss des Schneckenauges* (*Muller's Archiv*, 1839, p. 332, pl. X, etc.) — Milne Edwards, *Sur l'organisation de la Carinaire* (*Annales des sciences naturelles*, 2° série, 1842, t. XVIII, p. 325, pl. XI). — Huxley, *On the Morphology of the cephalous Mollusca as illustrated by the Anatomy of certains Heteropoda and Pteropoda* (*Philosophical transactions*, 1853, p. 35, pl. III). — R. Leuckart, *Zoologische Untersuchungen*. Giessen, 1854. — Gegenbaur, *Untersuchungen über Pteropoden und Heteropoden*. Leipzig, 1854. — Keferstein, *Untersuchungen über Neidere Seethiere* (*Zeitschrift f. wiss. Zoologie*, 1862, t. XII, p. 133). — Hensen, *loc. cit.* (*Zeitschrift f. wiss. Zoologie*, 1865, t. XV, p. 211). — Boll, *Beitrage zur vergl. Histologie des Molluskentypus* (*Archiv f. mikr. Anatomie*, 1869).

[2] L'œil est généralement situé à la base des tentacules et porté sur une petite saillie spéciale (*Atlanta, Carinaria*, etc.).

dehors ; sur ses parties latérales s'insèrent les muscles de
l'œil. Cette membrane est formée de tissu lamineux
dense.

La choroïde renferme dans ses mailles un pigment
abondant [1] et s'accole par sa face externe à la sclérotique
qu'elle accompagne sur toute son étendue ; intérieurement
elle se moule sur la rétine et semble même se confondre
avec la membrane excitable.

Celle-ci présente sa structure ordinaire ; la zone de
Jacob est formée d'éléments bacillaires faciles à distinguer
et offrant une belle teinte pourpre.

Volumineux et sphérique, le cristallin est entouré d'une
capsule mince et diaphane qui le recouvre exactement,
s'engage avec lui dans l'échancrure de la sclérotique et
ferme en avant le globe oculaire ; aussi divers auteurs [2] ont-
ils décrit cette cristalloïde antérieure comme une véritable
cornée ; rien n'est moins exact, et l'observation des Firoles ou des Carinaires établit clairement que cette tunique
s'étend sur toute la région postérieure de la lentille dont
elle représente la capsule [3].

La choroïde s'arrêtant au même niveau que la sclérotique, il n'existe pas trace d'iris et l'amplitude du champ visuel
n'est limitée que par le diamètre de l'ouverture scléroticale
livrant passage à la capsule et au cristallin.

Considéré en lui-même, ce dernier se montre composé

---

[1] La matière colorante est parfois très inégalement répartie sur les
divers points de la coque choroïdienne et peut ainsi déterminer la
formation d'un véritable tapis.

[2] Voy. Huxley, *On the morphology of the cephalous Mollusca as
illustrated by the Anatomy of certains Heteropoda and Pteropoda*
(*Phil. Transact.*, 1853, p. 35, pl. III).

[3] Milne Edwards, *loc. cit.*

de couches concentriques qui augmentent de densité de
la périphérie au centre, formant dans ce dernier point un
véritable noyau. Une couche épithéliale sépare la lentille
de la cristalloïde antérieure et rappelle ainsi, dans les
moindres détails, l'organisation propre aux animaux supérieurs.

L'énorme cavité comprise entre la cristalloïde postérieure et la rétine se trouve remplie par une abondante
humeur vitrée, claire et gélatineuse, renfermée dans une
mince membrane hyaloïde.

De puissants muscles rétracteurs et protracteurs se fixent
sur les côtés du globe oculaire et lui donnent une grande
mobilité. — Quant au nerf optique, il naît de la masse cérébroïde et présente une étendue variable suivant les différents genres [1].

PTÉROPODES. — Chez les Ptéropodes, ce n'est plus seulement la disparition de telle ou telle partie, mais bien
l'absence totale de l'organe visuel qu'on observe dans la
plupart des cas [2]; les Creseïdes paraissent seuls posséder
de véritables yeux. Quant aux formations auxquelles certains auteurs n'hésitent pas à donner ce nom [3], et qui
existeraient sur les tentacules des Clios ou sur le sac vis-
céral des Hyales, leur existence est fort problématique [4].

---

[1] Milne Edwards, *loc. cit.*

[2] Gegenbaur, *Untersuchungen über die Pteropoden und Heteropoden*, Leipzig, 1852. — Troschel, *Beitrage zur Kenntniss d. Pteropo
den* (*Archiv f. Naturgesch.*, XX, 1854). — Krohn, *Beitrage zur
Entwickel. d. Pteropoden*, Leipzig, 1860.

[3] Claus, *Traité de Zoologie*, trad. franç., p. 698.

[4] H. Foll n'admet d'organes visuels que chez les *Creseïs*. Voy.
H. Foll, *Mémoire sur le développement des Ptéropodes* [*Archives de
zoologie expérimentale*, t. IV, 1875, p. 151].

LAMELLIBRANCHES. — La même tendance s'observe chez les Acéphales, où les organes visuels deviennent de plus en plus rares. On les rencontre cependant encore dans certains genres (*Spondylus*, *Pecten*, etc.), et la plupart des auteurs se bornent à les mentionner sans insister sur leur structure dont l'étude, nous allons nous en convaincre, ne laisse cependant pas de présenter un réel intérêt.

Lorsqu'on examine le bord libre du manteau d'un *Pecten*, on y distingue immédiatement une série de corps brillants qui scintillent au milieu des tubercules palléaux et se parent des couleurs les plus éclatantes. Chacun de ces yeux, car il est impossible de leur refuser ce nom, se trouve porté sur un petit pédoncule cylindrique et contractile, dont la longueur dépasse rarement celle des papilles voisines. Le bulbe oculaire est assez régulièrement sphérique et comprend les parties suivantes :

1° La sclérotique et la cornée ; 2° la choroïde et l'iris; 3° la rétine; 4° le cristallin; 5° l'humeur vitrée.

La sclérotique, dont la structure est demeurée si constante dans les groupes précédents, paraît subir ici d'importantes modifications : son autonomie tend à s'effacer, elle se confond souvent avec le tégument général, et l'on peut prévoir le moment où celui-ci sera définitivement chargé de la suppléer. Grisâtre et fibreuse dans sa portion postérieure, elle s'amincit en avant, devient diaphane, accentue sa courbure et mérite ainsi le nom de cornée sur cette région antérieure.

Au-dessous de la sclérotique, on rencontre immédiatement la choroïde, dont l'épaisseur est considérable si on la compare à celle des autres tuniques oculaires, et dont les cellules renferment des granulations pigmentaires répondant aux trois colorations suivantes :

1° Pigment jaune d'ocre ; 2° pigment rose rougeâtre ; 3° pigment brun.

Ces teintes sont énumérées dans l'ordre qu'elles occupent de dehors en dedans, c'est-à-dire de la couche scléroticale vers la choroïde ; parfois elles se mêlent plus ou moins et cette modification, jointe aux relations qu'affectent entre elles les cellules pigmentaires, explique les divergences des auteurs à ce sujet. Très souvent la teinte jaunâtre de la zone extérieure se trouve rabattue par des granulations brunes ; la zone moyenne varie du rose-saumon au rouge-amarante ; quant à la couche profonde, sa coloration demeure constante au brun-marron. Si, du contenu de ces éléments, on passe à leur forme, on voit qu'elle présente des types assez variés : tantôt arrondies, tantôt irrégulières ou sinueuses, les cellules tendent parfois vers la forme fibreuse et s'allongent en fuseaux, en prismes cylindroïdes, etc. Ce sont évidemment ces dernières cellules qui ont été décrites par quelques auteurs allemands comme des « formations bacilloïdes », des « bâtonnets choroïdiens », etc. ; mais il n'est aucun besoin d'introduire de pareils néologismes dans l'histoire de la choroïde, car ses éléments se présentent ici sous des aspects qui, pour être variables, ne sont pas nouveaux pour nous, l'étude des Vertébrés et des Gastéropodes nous les ayant déjà fait connaître.

En décrivant ces formes spéciales, les auteurs auxquels je fais allusion se proposaient surtout d'expliquer le scintillement qui se montre avec la plus grande constance dans les yeux des *Pecten* et leur donne un reflet métallique ou vert-émeraude des plus brillants. Or ce miroir, ce « tapis »,

se retrouve aussi chez un grand nombre d'animaux supérieurs et l'examen histologique n'y a jamais fait découvrir
de formations semblables à celles qui existeraient dans les
Acéphales. Nous savons au contraire, par nos études antérieures, que ce tapis est tantôt purement celluleux (Esturgeons, Chimères, Carnivores), tantôt celluleux et fibreux
(Ruminants, Solipèdes, Cétacés); chez les Pectinides il ne
s'écarte pas du plan général, et rentre même assez exactement dans la première des deux divisions qui viennent d'être
mentionnées; peut-être l'apparence fibroïde de certains de
ses éléments pourrait-elle, à la rigueur, le rapprocher du
second groupe; mais quant à le considérer comme un
type spécial de « tapis bacillaire », de tapis formé par
des bâtonnets, je crois que ce serait tenter une innovation
dangereuse, car elle établirait une inévitable confusion
entre la choroïde et la couche voisine des bâtonnets rétiniens.

Le tapis, généralisé dans ces Mollusques comme chez
quelques Vertébrés, emprunte d'ailleurs à la variété des
pigments une nouvelle cause d'éclat, aussi serait-il difficile de lui assigner des teintes bien fixes; cependant je
l'ai vu le plus souvent d'un jaune doré, mêlé de rouge, dans
le *Pecten Jacobæus*, d'un bleu argenté, rabattu de violet,
dans le *Pecten maximus*, etc.

Sur la face interne de la choroïde se trouve la rétine, avec
laquelle elle affecte des connexions tellement étroites que
le plus souvent, en s'efforçant de découvrir la zone bacillaire, on n'aperçoit que des éléments pigmentifères dont le
contenu se répand sur l'ensemble de la préparation et fait
disparaître jusqu'à la dernière trace des bâtonnets. Il faut
opérer sur des yeux très frais, les enlever rapidement, les

fendre verticalement, puis séparer la rétine de la choroïde [1] ;
une dilacération convenable permet alors d'examiner les
éléments isolés, qu'une coupe équatoriale présente souvent
in situ, avec une netteté suffisante. Ces sections réus-
sissent surtout lorsque l'œil a été durci dans une solution
très faible d'acide chromique ; à la vérité, certains caractères secondaires ne peuvent plus être alors appréciés ; mais
la forme des éléments, leurs rapports, etc., sont encore
suffisamment distincts et la cohésion acquise par l'ensemble de l'organe écarte les plus fréquentes causes d'insuccès.

Lorsqu'on est parvenu, au moyen de ces procédés, à
isoler la couche bacillaire, on acquiert immédiatement une
première notion dont l'importance n'échappera à aucun
histologiste : les éléments qui la composent présentent,
dans leur forme et leur structure, un type assez constant
pour qu'il soit inutile de chercher à les distinguer en bâtonnets et en cônes comme chez les Vertébrés ; on peut
donc les décrire sous le nom commun de bâtonnets, et si
quelques variations, sur lesquelles je reviendrai dans un
instant, semblent ébaucher les premiers indices de cette
différenciation morphologique, elles sont trop rares et trop
secondaires pour justifier ici une semblable distinction.

Chacun de ces bâtonnets se compose de deux parties :
l'une interne, pâle et molle, effilée, semée de granulations,
confine aux régions internes de la rétine ; l'autre externe,
généralement plus large que la précédente, transparente,
vitreuse, légèrement réfringente sur le frais, plonge dans
une cellule choroïdienne qui s'accole à ses bords et s'y

---

[1] Joannes Chatin, *Sur la structure et les rapports de la choroïde et de la rétine chez les Mollusques du genre* Pecten (*Bulletin de la Société Philomatique,* 1877).

sépare en longues franges dont l'ensemble figure un
véritable calice. Cet engainement de la partie extérieure
des bâtonnets par les éléments pigmentaires explique
comment certaines préparations, sur lesquelles on s'attend
à trouver un lambeau de la rétine, n'offrent aucune
trace de cette dernière, mais présentent un élégant réseau
semblable à une mosaïque régulière : ce sont les éléments
profonds de la choroïde qui se montrent par leurs faces
externes et masquent les corps bacillaires situés au-dessous ; la moindre compression suffit pour briser leur
trame, et la matière colorante se répandant sur l'ensemble
des tissus ne permet plus d'y rien distinguer [1].

Ces rapports des bâtonnets sont constants ; leur forme
n'offre que des variations secondaires : parfois la partie
externe se rétrécit au point de ne plus atteindre le diamètre de la région interne ; dans d'autres cas, celle-ci
s'élargit au contraire et devient claviforme. De toutes ces
différences, une seule mérite d'être particulièrement signalée, car elle s'observe sur plusieurs espèces (*Pecten Jacobæus*, *P. varius*, etc.) et semble indiquer une réelle tendance vers un type organique dont les Vertébrés offrent
de nombreux exemples : le bâtonnet, qui se termine en
général, par une pointe unique et plus ou moins allongée,
se bifurque alors vers cette même extrémité pour y former
deux branches relativement assez longues et revêt une
configuration toute spéciale si on le compare aux éléments
voisins.

[1] Ces dispositions, bien remarquables si on les rapproche des
résultats fournis par l'étude des Céphalopodes, etc., semblent
n'avoir pas échappé à Leuckart. (Leuckart, in *Graefe's u. Sæmisch
Handbuch.*)

Il suffit de rapprocher cette forme rare, presque accidentelle chez les *Pecten*, de ces « cônes jumeaux », si fréquents dans les Vertébrés, si développés surtout chez plusieurs Poissons, pour être frappé de la profonde analogie qui existe entre ces éléments. Que la couche bacillaire des Pectinides ne renferme pas de cônes véritables, le fait ne saurait être nié, mais on doit du moins y reconnaître certains éléments qui paraissent refléter les caractères propres à ces organites et justifient les réserves que j'ai cru devoir formuler précédemment.

La couche des bâtonnets constitue non seulement la zone la plus intéressante de la rétine, mais aussi la principale région de cette membrane. Au delà, se trouve un lacis de fibres variqueuses que l'acide osmique et le chlorure d'or permettent de considérer comme de nature nerveuse; des cellules ganglionnaires se distinguent vers la base de l'ensemble que complètent des fibres minces, allongées, brillantes, de nature conjonctive et représentant vraisemblablement ici des éléments de soutien. L'examen anatomique de la choroïde et de la rétine montre donc, chez les *Pecten*, des caractères qui permettent de rapprocher ces animaux du type normal, sans révéler aucune trace des dispositions exceptionnelles que l'on a indiquées, peut-être trop rapidement, chez divers animaux voisins. L'étude des nerfs optiques n'est pas moins instructive et demande à être exposée avec quelques détails [1].

---

[1] Les milieux réfringents présentent à peu près la même constitution que dans les Gastéropodes, cependant le cristallin est parfois déprimé. Quant au corps vitré, il renferme de si nombreux filaments qu'il en acquiert presque une apparence celluleuse; cette particularité avait été signalée dès 1850 par Siebold (*Anat. comp.*, p. 259).

L'origine et le trajet de ces nerfs, qui émanent du tronc palléal, ont été indiqués par Duvernoy [1], et minutieusement décrits par M. Blanchard [2]. Plus récemment, divers observateurs, appartenant à l'École allemande, ont cherché, s'aidant des ressources de la technique moderne, à compléter leur histoire au point de vue histologique ; Keferstein [3] et Hensen [4] méritent d'être cités au premier rang de ces anatomistes dont les travaux n'ont pas sensiblement étendu les limites de nos connaissances sur le sujet, car ils se sont bornés à insister sur une disposition singulière que Krohn paraît avoir signalée le premier [5], et qu'ils ont figurée de nouveau, sans rechercher quelle exacte signification devait lui être attribuée.

Suivant Krohn, chaque nerf optique se fût divisé en deux branches, lors de son entrée dans le petit tubercule oculifère : de ces rameaux, l'un aurait gagné la rétine, l'autre se serait perdu dans les membranes oculaires ; Keferstein et Hensen ne furent guère plus précis et admirent que la seconde branche était destinée, soit à l'anneau péricristallinien, soit à toute autre partie de l'œil ; ils conservèrent d'ailleurs le nom de nerf optique à l'ensemble de ces filets nerveux. Pour juger des conséquences d'un semblable rapprochement, il suffit de se reporter aux mémoires de Keferstein sur les Mollusques en général et sur les Gastéro-

[1] Duvernoy, *Mémoire sur le système nerveux des Acéphales*, p. 73, pl. II, f. 3, etc. (*Mémoires de l'Académie des sciences*, t. XXIV).

[2] E. Blanchard, *Organisation du règne animal* : MOLLUSQUES ACÉPHALES, pl. XXX, etc.

[3] Keferstein, *Untersuch. über nieden Seethiere* (*Zeit. f. wiss. Zoologie*, 1863, p. 133, pl. VII).

[4] Hensen, *Ueber das Auge*, etc. (*ibid.*, 1865, p. 220).

[5] Krohn, *Ueber Augenähnliche Organ bei Pecten und Spondylus* (*Muller's Archiv*, 1849, p. 301, pl. XI).

podes en particulier. Nous avons vu[1] comment il avait cru pouvoir les doter de deux rétines : l'une interne, seule membrane impressionnable aux rayons lumineux ; l'autre, externe, dont on ne peut deviner le rôle si l'on n'admet avec lui cette conception bizarre d'un double nerf optique se divisant pour former deux couches sensibles et distinctes.

Chacun peut apprécier la valeur de ces descriptions, tellement obscures dans les détails, si peu conformes aux plus élémentaires notions de physiologie, que Leydig a déclaré, dès le début, ne pouvoir les accepter et qu'elles ont jeté la plus grande confusion sur l'histoire de l'organe visuel chez les Mollusques. On ne peut même s'empêcher de faire observer que les travaux de Krohn ayant successivement porté sur les différents types de l'embranchement, et sur les Gastéropodes en particulier, cet auteur eût pu trouver dans leur étude des caractères capables de lui faire découvrir quelle interprétation devait recevoir cette apparence, si singulière au premier abord, du nerf optique des *Pecten*.

Nous avons vu, en effet, comment, depuis Swammerdam[2] jusqu'à Cuvier[3], les anatomistes, trompés par l'aspect extérieur et par une observation superficielle, avaient décrit comme nerfs optiques les nerfs tentaculaires des Héliciens et autres Pulmonés, jusqu'au moment où les dissections de Müller restituèrent à ces filets leur exacte valeur et montrèrent quel était le véritable conducteur des impressions visuelles[4]. Si l'on rapproche les résultats de Müller, véri-

---

[1] Page 129.

[2] Swammerdam, *Biblia naturæ*, t. I, p. 105, pl. IV.

[3] Cuvier, *loc. cit.* (*Mémoires sur les Mollusques*).

[4] J. Müller, *Mémoire sur la structure des yeux chez quelques Mollusques Gastéropodes* (*Annales des sciences naturelles*, 1831).

fiés par tous les zoologistes modernes, des dispositions observées chez les *Pecten*[1], on voit que dans ces derniers il
existe aussi deux troncs nerveux accolés l'un à l'autre
durant la majeure partie de leur course, et se séparant
seulement dans le voisinage des organes auxquels ils
sont destinés. De ces deux nerfs, l'un se rend à la rétine, et mérite seul le nom de nerf optique ; l'autre se
sépare du précédent à la base du tentacule oculifère
(*P. maximus*) ou plus près de l'œil (*P. Jacobæus*) et se
distribue aux téguments ambiants qui lui doivent leur exquise sensibilité. C'est donc un véritable nerf ophtalmique,
et son mode de terminaison, comme son rôle physiologique, justifient également ce nom : si l'on traite par le
chlorure d'or ou par l'acide osmique une coupe longitudinale du petit tubercule oculifère, on constate que ce
rameau se divise en plusieurs fibrilles variqueuses dont les
extrémités, légèrement renflées, gagnent les grosses cellules
épithéliales disposées à la surface du manteau[2] ; par conséquent, il ne peut y avoir, au point de vue anatomique,
nul doute sur la signification de ce nerf qui se termine dans
la région périoculaire et jamais dans l'organe visuel. Lorsqu'on vient à l'exciter, on détermine une vive douleur se
traduisant par une curieuse réaction qui semble avoir

---

[1] Joannes Chatin, *Recherches histologiques et physiologiques sur le
nerf ophtalmique des Pecten* (*Bulletin de la Société philomatique*,
1877).

[2] L'aspect des fibrilles terminales et des cellules épithéliales, leurs
rapports et leurs réactions permettent de rapprocher les dispositions
observées dans les *Pecten*, de celles qui ont été décrites dans les
Mytilus par Flemming (Flemming, *Untersuchungen über die Sinnesepithelien der Mollusken* ; in *Archiv für mikrosk. Anatomie*, t. VI,
1870, p. 442).

échappé à tous les observateurs : sous l'influence de l'irritation du nerf ophtalmique, les franges ou papilles qui occupent la portion voisine de l'œil se rapprochent et recourbent leurs extrémités de manière à recouvrir l'organe complètement ou presque complètement, jouant en quelque sorte le rôle de *tutamina oculi*.

Le nerf optique des *Pecten* n'est donc pas double, comme le pensaient Hensen et Keferstein ; il se trouve simplement accolé à un nerf de sensibilité générale, et ces Acéphales, loin de représenter à ce point de vue une forme exceptionnelle, témoignent au contraire d'une étroite parenté avec les autres représentants du type Mollusque et en particulier avec les Gastéropodes, que nous avons précédemment étudiés.

BRACHIOPODES ET TUNICIERS. — Dans les Brachiopodes adultes et sédentaires, les yeux paraissent faire constamment défaut ; mais on les observe souvent dans le jeune âge [1], alors que l'animal mène une vie libre et errante ; puis, à mesure que l'état parfait s'affirme davantage, on voit la larve se fixer et subir une série de transformations, sous l'influence desquelles l'œil ne tarde pas à disparaître rapidement. On sait que des faits analogues ont été mentionnés dans quelques Acéphales [2].

Chez les Tuniciers, le genre de vie exerce une action tout aussi évidente sur le développement des yeux, et rien

---

[1] J. Müller, *Beschreibung einer Brachiopoden Larve* (*Archiv für Anatomie*, 1860, p. 72). — De Lacaze-Duthiers, *Histoire de la Thécidie* (*Annales des sciences naturelles*, 1861, t. XV, p. 325).

[2] Löven, *Bidrag till Kannedomen om utweeklingen of Mollusca acephala lamellibranchiata* (*Wettenscaps. Akad. Hondlengar*, 1847, p. 339).

n'est plus instructif à cet égard que de comparer les formes libres et les espèces sédentaires.

Dans les premières, dont les Salpes fournissent des exemples bien connus, on observe, à peu de distance du ganglion nerveux, un œil qui présente tous les caractères d'une réelle complexité histologique [1]. Au contraire, chez les Ascidies, la vision semble localisée dans de simples taches colorées qui se résument en une petite masse pigmentaire [2] et s'étagent, en nombre variable, sur les bords de l'orifice d'entrée et sur ceux de l'orifice de sortie. La simplification ne saurait être portée plus loin, mais elle est encore exceptionnelle ; avant de la voir se généraliser et se traduire par des états aussi dégradés, il faut examiner une longue série de formes organiques qui vont nous offrir d'intéressants sujets d'étude.

---

[1] Leuckart, *Zoologische Untersuchungen*, t. II, p. 24.

[2] D'après Will, cette structure se compliquerait légèrement dans certains genres (*Cynthia*, *Phallusia*, etc.).

TRENTE-SIXIÈME LEÇON

Les recherches auxquelles nous avons consacré notre
dernière Leçon nous ont montré que l'œil des Mollusques
diffère en général assez peu de celui des Vertébrés, et conserve sensiblement la même structure dans l'un comme
l'autre de ces deux embranchements, si bien que, pour
observer des formes réellement dégradées, nous avons dû
nous adresser à des types tout spéciaux, aux Tuniciers, dont
chacun connaît la singulière organisation et les multiples affinités. Cependant nous distinguions, çà et là, certains détails qui nous faisaient pressentir une prochaine simplification : dans les Céphalopodes, toute la région antérieure du
globe oculaire semblait faire défaut, et, pour retrouver ses
homologues, il fallait se livrer à une minutieuse étude ana-

lytique, interroger les premières phases du développement,
etc. ; dans les Hétéropodes, la même modification repa-
raissait, s'affirmant davantage et toutes ces parties, que
nous avions si longuement décrites chez les Vertébrés :
cornée, humeur aqueuse, membrane de Descemet, etc., se
trouvaient perdues sans retour ; mais, au delà de cette zone,
nous retrouvions un ensemble peu différent de celui qui
nous avait été présenté par les animaux supérieurs : les
membranes conservaient leur indépendance, le cristallin
et l'humeur vitrée persistaient sans que la rétine dût se
modifier pour atténuer par des mesures compensatrices
l'absence de l'appareil dioptrique. En dehors de la
chambre antérieure, tout semblait donc offrir son aspect
normal.

Chez les Arthropodes, il en est tout autrement : la sclérotique et la cornée se confondent avec les téguments ;
la choroïde, réduite à sa couche profonde, contracte
avec les bâtonnets optiques des relations de plus en plus
étroites ; la rétine, enfin, exagère son importance fonctionnelle pour remplacer les milieux réfringents qui
viennent de disparaître. On chercherait vainement la trace
du corps vitré, du cristallin, etc. ; parfois leurs noms pourront se rencontrer de nouveau dans l'histoire des Arthropodes, mais n'auront d'autre origine qu'une simple erreur
de langage causée par de grossières similitudes. Cependant
la vision s'exerce, les rayons convergent toujours vers
l'extrémité du nerf qui se tient prêt à transmettre leurs
vibrations au centre percepteur. Par quel artifice nouveau le fonctionnement du plus délicat des sens se trouve-
t-il assuré dans cet appareil qui vient de subir de si graves
mutilations ? Fidèle à ses tendances économiques, la nature

se borne à mettre en œuvre les éléments bacillaires dont nous avons déjà pu apprécier la haute valeur et qui se trouvent maintenant exposés à l'action directe de la lumière ; elle en modifie légèrement la région apicilaire, pour la transformer en une microscopique lentille dont la puissance variera suivant l'épaisseur du tégument diaphane qui recouvre cet œil ainsi réduit à ses bâtonnets rétiniens enveloppés de leurs gaines pigmentaires.

Telle est la forme propre aux Insectes et aux Crustacés ; mais, depuis le commencement de nos études, nous avons eu maintes fois l'occasion de le constater, la nature progresse par nuances insensibles ; loin de nous faire passer brusquement de l'organe complexe des Mollusques à l'œil rudimentaire qui vient d'être esquissé, elle doit nous acheminer vers ce type nouveau par des formes intermédiaires. Il suffit en effet, pour les observer, d'interroger les deux autres classes de l'embranchement des Arthropodes : dans les Arachnides et dans les Myriapodes, le cristallin persiste, complétant avec la cornée tégumentaire, la choroïde et la rétine, un ensemble auquel on peut donner le nom « d'œil lentifère » et dont la signification est des plus intéressantes, car il ne diffère de l'œil des Mollusques et des Vertébrés que par l'absence du corps vitré. Cette forme ne se rencontrera que rarement chez les Insectes et les Crustacés, toujours caractérisés par « l'œil rétinien » dont je décrivais la structure il y a peu d'instants.

Le groupe naturel des Arachnides présente donc une importance considérable au point de vue de la morphologie générale de l'organe visuel : s'il rappelle par quelques détails la constitution propre aux animaux supérieurs, il témoigne plus nettement encore des liens étroits qui le rattachent aux autres Articulés et nous prépare aux modifications que nous aurons bientôt à y relever. Durant trop longtemps, les idées les plus fausses ont régné dans la science à ce sujet ; elles ont été pleinement effacées par les travaux qui se sont succédé depuis trente ans et auxquels nous devons de pouvoir exposer aujourd'hui, dans ses moindres détails, la structure qui, chez ces animaux [1], caractérise l'organe visuel.

Les meilleurs sujets d'étude sont fournis par la famille des Scorpionides : dans ces animaux, en effet, il existe des yeux nombreux (de trois à six paires) et placés, les uns sur le milieu du céphalothorax, les autres à droite et à gauche, sur le bord frontal. Leur anatomie, ébauchée par Müller [2] et Brants [3], a été complétée par les belles recherches de M. Blanchard [4] auxquelles se trouvent empruntés la plupart des détails suivants. Dans le Scorpion commun, ou *Scorpio occitanus*, les deux yeux principaux occupent le centre du bouclier céphalothoracique, sur les flancs duquel s'étagent trois petits yeux latéraux ; le globe oculaire se trouve complètement entouré par le tégument général qui passe au-devant de lui en s'amincissant pour figurer une cornée à laquelle on serait tenté d'accorder tout d'abord une véri-

---

[1] Blanchard, *De l'Organisation du règne animal* : ARACHNIDES. — Leydig, *Zum feinern Bau der Arthropoden* (*Müller's Archiv*, 1855). — Id., *Tafeln z. vergl. Anat. Nervensyst. u. sinnesorganen d. Wurmer und Gliederfussler*, 1864, etc.

[2] Müller, *Zur vergleichenden Physiologie des Gesichtssinnes*, 1826. — Id., *Sur les yeux et la vision des Insectes, des Arachnides et des Crustacés* (*Annales des sc. anat.*, 1re série, t. XVII).

[3] Brants, *Bijdraje tot de Kennis van de einvoudige Oogen der gelede Diernen* (*Tijdschrift ovor Naturslijke Geschiedenes*, t. IV, 1837).

[4] Blanchard, *loc. cit.*

table indépendance : en réalité, elle représente simplement une lamelle cutanée, transparente et vitreuse ; examinée à un fort grossissement, elle offre une structure feuilletée qui la rapproche de la « cornée » des Crustacés. Elle recouvre le cristallin comme une calotte et se montre plus épaisse sur les bords que vers le centre.

Au-dessous de cette plaque cornéenne, se trouve le cristallin dont la forme n'est pas aussi régulièrement sphérique que l'imaginait Müller : la mensuration exacte de ses deux diamètres permet d'affirmer que son axe vertical l'emporte d'une quantité très appréciable sur son axe horizontal. Il est résistant et prend une teinte jaune quand on le plonge dans l'alcool, les acides, etc.

Une large zone se développe en arrière de la lentille : translucide durant la vie, opaline ou même blanchâtre après la mort, elle confine à la rétine, et décrit en avant une large courbe moulée sur la convexité du cristallin. Trompés par sa situation et par ses rapports, les anatomistes du commencement de ce siècle crurent pouvoir la décrire comme une véritable humeur vitrée ; si sa position excuse un pareil rapprochement, son origine oblige à le repousser : ce sont les extrémités libres des bâtonnets rétiniens qui, s'allongeant et se transformant en pièces réfringentes, viennent par leur assemblage constituer cette masse brillante qui encadre ainsi le cristallin dont elle devra bientôt remplir le rôle, en même temps que celui du corps vitré. Müller avait déjà parfaitement entrevu sa véritable nature, et tous les histologistes contemporains ont pu vérifier la justesse de ses vues et l'exactitude de ses observations.

En arrière de cette région se succèdent les diverses

zones rétiniennes : couches de cellules ganglionnaires, de
fibres nerveuses, etc. La choroïde recouvre extérieurement
la membrane excitable et pénètre entre ses bâtonnets que
leurs calices pigmentaires accompagnent aussi constamment que chez les animaux supérieurs.

Le tissu choroïdien ne renferme pas seulement des éléments conjonctifs et des cellules pigmentaires, il contient
encore des fibres musculaires qui présentent une réelle importance : lorsque la choroïde se prolonge en avant du cristallin pour y former une manière d'iris, ces éléments contractiles l'accompagnent sur cette nouvelle région, encadrant
la lentille et l'orifice pupillaire, afin de permettre à la première de modifier sa courbure et au second de régler son
amplitude suivant l'intensité du faisceau lumineux. Cette
structure est commune aux yeux frontaux et latéraux ; toutefois, la convexité de la lamelle cornéenne semble plus accentuée dans ces derniers.

La direction des nerfs optiques se trouve déterminée par
la situation des yeux auxquels ils se rendent, aussi les dis-
tingue-t-on comme ces organes en médians et latéraux ; ils
possèdent d'ailleurs une origine commune et naissent les
uns et les autres des ganglions cérébroïdes.

Les nerfs optiques médians émergent en dehors des nerfs
pharyngiens ; ils sont courts et volumineux. Les yeux médians étant situés presque directement au-dessus du cerveau, ces filets suivent un trajet vertical et viennent s'épanouir sur la rétine, sans avoir donné naissance à aucune
branche secondaire.

Quant aux nerfs optiques latéraux, ils partent des angles
antérieurs des ganglions cérébroïdes ; toujours grêles, ils se
dirigent vers la base des chélicères, se contournent en

dehors, puis se partagent en trois branches destinées aux yeux latéraux [1]. Chemin faisant, ils paraissent fournir des rameaux aux téguments voisins, aux muscles des antennes-pinces, des pattes-mâchoires, etc. ; mais un examen attentif montre qu'il y a simple juxtaposition entre ces filets cutanés ou musculaires et les nerfs optiques qui ne cessent de conserver toute leur indépendance et se terminent uniquement sur la couche sensible de l'organe visuel. Les considérations que nous formulions dans notre dernière séance au sujet des *Pecten* sont donc entièrement applicables à ces Arachnides.

Les Scorpions semblent posséder une vue très nette ; ils distinguent parfaitement l'objet à des distances variables et ne frappent l'Insecte qui passe à leur portée que lorsqu'il se trouve assez près pour être sûrement atteint [2]. D'après la position occupée par ces yeux, les uns médians et supérieurs, les autres latéraux et inférieurs, ils doivent pouvoir fonctionner simultanément dans diverses directions ; de plus, il est probable qu'en raison de la convexité de leur « cornée » les yeux latéraux sont adaptés pour une vision plus rapprochée que les yeux médians ; on attachait autrefois une grande importance à cette disposition, et l'on n'hésitait pas à affirmer que « les yeux médians fonctionnent comme des télescopes et les yeux latéraux comme des microscopes ; » la valeur de ces comparaisons a été singulièrement atténuée par les résultats des observations modernes qui, faisant connaître l'existence de fibres musculaires dans la zone choroïdienne, permettent d'admettre chez ces Arthropodes une véritable accommoda-

[1] Blanchard, *loc. cit.*, p. 41-42.
[2] Brants, *loc. cit.* — Blanchard, *loc. cit.*, p. 57.

tion, capable de modifier le pouvoir convergent de l'organe. Quant à pousser plus loin l'analyse des conditions qui président à l'exercice du sens de la vue chez les Scorpionides, il n'y faut pas plus songer ici que dans les animaux voisins ; sans vouloir tenter de prendre parti pour les défenseurs de la théorie de Müller ou pour ses adversaires, il vaut mieux avouer que nous sommes encore réduits à de simples conjectures, car si l'anatomie comparée a depuis longtemps posé les termes du problème, c'est à la physiologie expérimentale qu'il appartient d'en faire connaître la solution.

Dans les Aranéides, la situation des organes visuels varie en d'assez grandes limites, mais se trouve toujours déterminée par le genre de vie des espèces considérées, nouvel exemple de ces relations qui nous ont été offertes par les types inférieurs de l'embranchement des Mollusques.

Ainsi, chez les Araignées qui vivent dans des retraites sombres et n'en sortent que pour se précipiter sur leur proie, les yeux, serrés les uns auprès des autres, se trouvent intimement rapprochés sur le milieu du front : telles sont les Mygales, les Ségestries [1].

Lorsque l'animal habite une cellule largement éclairée, exposée au grand jour, les yeux s'écartent et se disséminent sur la région céphalique ; c'est ainsi qu'ils se montrent chez les Tétragnathes, les Micrommates [2].

D'autres espèces commencent à présenter une vie moins sédentaire, se déplaçant à la recherche de leur nourriture,

---

[1] Dugès, *Observations sur les Aranéides* (*Annales des sciences naturelles*, 1836). — *Atlas du règne animal*, ARACHNIDES, pl. II. — Milne Edwards, *loc. cit.*, p. 237.

[2] *Atlas du règne animal*, ARACHNIDES, pl. X.

parcourant fréquemment l'étendue de leur toile, etc.; dans ce cas, les yeux ne sont pas seulement répartis sur une région assez étendue, ils sont en outre portés sur des pédoncules mobiles : les Épeïres, les Thomises, les Théridions en four‑ nissent de bons exemples [1].

Enfin, il est un certain nombre d'Araignées qui sont per‑ pétuellement en chasse et mènent une existence errante : les yeux sont alors plus dissé‑ minés que dans les espèces précédentes ; ils sont même re‑ jetés fort loin en arrière, comme on peut le constater chez les Saltiques, les Lycoses, etc. [2].

La structure de ces organes (fig. 119) étant la même que dans les Scorpions, il est inutile de l'exposer, en détail, et l'on peut se borner à la retracer succinctement dans deux gen‑ res assez éloignés l'un de l'autre, les Mygales et les Thé‑ lyphones.

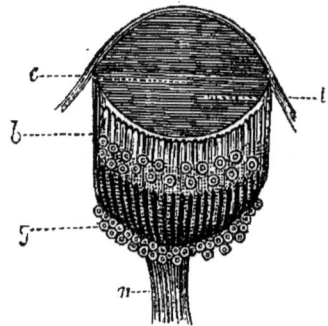

Fig. 119. — OEil d'Araignée.

n, nerf optique. — *g*, cellules gan‑ glionnaires. — *b*, bâtonnets rétiniens — *l*, cristallin. — *c*, tégument cornéen. (D'après Leydig.)

Chez les Mygales [3] les yeux sont au nombre de huit, tous placés sur l'éminence antérieure du céphalothorax et par conséquent très rapprochés les uns des autres. Portés sur de petits appendices, ces organes offrent un volume iné‑ gal : les deux médians sont notablement plus gros que les

---

[1] *Atlas du règne animal*, ARACHNIDES, pl. XI.

[2] *Atlas du règne animal*, ARACHNIDES, pl. XIV. — Dugès, *Obser‑ vations sur les Aranéides* (*Annales des sciences naturelles*, 1836, 2ᵉ série, t. VI, p. 176). — Milne Edwards, *loc. cit.*, t. XII, p. 238).

[3] Brants, *loc. cit.* — Blanchard, *loc. cit.*

six autres qui se répartissent, trois par trois, sur les parties
latérales de l'éminence céphalothoracique. La cornée est
toujours mince, lisse, transparente, confinant immédiatement au cristallin. Celui-ci, de forme ovalaire, se trouve
postérieurement en rapport avec la masse des bâtonnets
optiques. La « sclérotique » se confond avec le tégument ;
la choroïde, toujours épaisse, présente une inégale répartition de sa matière pigmentaire, ce qui lui donne parfois
l'aspect d'un tapis irisé. Les fibres musculaires sont très
développées dans cette membrane et forment antérieurement une couronne assez semblable à celle qui s'observe
chez les Saltiques.

Dans les Thélyphones, la vue s'exerce également par
quatre paires d'organes : deux yeux occupent la région
médiane et antérieure du céphalothorax, les six autres s'é-
tagent sur ses bords latéraux. Leur structure [1] est très
analogue à celle qui vient d'être indiquée chez les Mygales
et les Scorpions ; la cornée, représentée par une lamelle
cutanée qui s'est amincie en devenant transparente,
se continue avec le tégument général ; le cristallin est
ovoïde et montre une structure lamelleuse plus nette
que dans la plupart des autres Araignées ; les extrémités
réunies des bâtonnets optiques forment la couche claire
et gélatineuse dans laquelle la lentille se trouve reçue,
tandis que d'autre part ces éléments se continuent avec les
couches ganglionnaires et fibreuses de la rétine. La choroïde les enveloppe et les pénètre de façon à les séparer
dans la majeure partie de leur étendue ; pas plus que dans
les autres Arachnides, il n'existe de véritable sclérotique,

[1] Blanchard, *loc. cit.*

à moins qu'on ne veuille donner ce nom aux tissus ambiants, légèrement modifiés par le voisinage du globe oculaire.

Le groupe des Acariens présente, au point de vue qui nous occupe, un intérêt tout spécial et dont nous ne saurions nous étonner : il y a peu d'instants, nous constations chez les Aranéides que les moindres dissemblances dans les mœurs ou le genre de vie retentissent aussitôt sur les organes visuels, modifiant leur nombre, leur mode de répartition, etc. ; mais ici, dans ces espèces auxquelles des conditions biologiques toutes nouvelles sont imposées, chez ces êtres incapables de suffire aux besoins de leur existence, condamnés à un parasitisme perpétuel, ce n'est plus dans ses caractères extérieurs, mais bien dans sa structure intime que l'organe se trouve atteint. Toutes les formes, dont nous devrons méthodiquement poursuivre l'étude dans les groupes inférieurs de la série, se trouvent simultanément représentées chez ces Arachnides dégradés où nous allons voir se réaliser, sous l'unique influence du milieu extérieur, les états caractéristiques des Insectes, des Crustacés ou des plus infimes représentants de la classe des Vers.

Examinons, par exemple, les Acariens du genre *Penthaleus*; ils possèdent un œil placé sur la nuque et présentant un aspect réticulé dont nous avons facilement l'explication : le tégument qui le recouvre s'est divisé en dix petites cornées au-dessous de chacune desquelles se trouve un bâtonnet optique, terminé par une extrémité hyaline semblable à celle que nous avons déjà rencontrée chez les Araignées et dont l'étude nous deviendra bientôt familière lorsque nous nous adresserons aux Insectes et

aux Crustacés. C'est effectivement la forme propre à ces
animaux qui vient de nous être offerte par le *Penthaleus* :
il n'existe plus trace de cristallin ; l'œil a cessé d'être lentifère, pour devenir simplement rétinien [1].

Chez les Tétranyques et les Thrombidions, on observe généralement deux yeux, dans lesquels le nombre des bâtonnets rétiniens diminue beaucoup : très souvent il en existe
seulement deux ou trois ; l'œil présente alors une grande
similitude avec celui des Crustacés parasites, de plusieurs
Annélides, etc. [2]. Enfin il est certains Acariens qui possèdent de simples taches pigmentaires et l'on connaît divers
genres qui sont complètement privés de ces organes (Gamasides) [3].

MYRIAPODES. — Dans la classe des Myriapodes l'appareil
visuel offre une structure assez analogue à celle qu'il re-
vêtait chez les Scorpions et les Araignées. Ce sont des yeux
lentifères qui s'observent ici : le tégument forme une lamelle cornéenne au-dessous de laquelle se trouve le cristallin, puis viennent la choroïde et la rétine. Les nerfs optiques
naissent d'un lobule spécial du cerveau [4].

Chez les Platyules, les yeux sont disposés sur deux séries
latérales ; dans les Gloméridés, ils dessinent un arc de
cercle ; enfin, chez les Iules, ils sont rassemblés en une masse

---

[1] Dujardin, *Premier mémoire sur les Acariens* (*Comptes rendus des
séances de l'Académie des sciences*, séance du 25 novembre 1844).

[2] Pagenstecher, *Beitrage zur Anatomie der Milben*, 1860. — Don-
nadieu, *Recherches pour servir à l'histoire des Tétranyques*, 1875.

[3] P. Mégnin, *Mémoire sur l'organisation et la distribution zoologique
des Acariens de la famille des Gamasides* (*Journal de l'Anatomie et
de la Physiologie*, 1876, p. 319).

[4] Newport, *On the structur and development of the nervous system
in Myriapoda* (*Phil. Transactions*, 1843).

triangulaire [1]. Leur nombre ne diffère pas seulement suivant
les espèces [2], il peut encore se modifier chez le même individu selon les âges : les Lithobies n'en offrent d'abord
qu'une paire, puis à chaque mue ces organes augmentent,
si bien que, chez l'animal parfait, on en compte souvent
trente paires [3]. L'influence du milieu extérieur est donc
tout aussi évidente que dans les groupes précédents, et chez
les Myriapodes qui vivent dans les profondeurs du sol, ou
habitent des retraites obscures, on ne trouve plus aucun
vestige de ces organes [4].

CRUSTACÉS ET INSECTES. — Dans ces deux classes, on ne
rencontre généralement que des yeux rétiniens ; mais,
comme si la Nature tenait à affirmer une fois encore la
progression méthodique qui semble dominer l'ensemble
de ses procédés et de ses tendances, elle offre çà et là
quelques exemples d'yeux lentifères, toujours fort réduits

[1] Voy. Müller, *loc. cit.* (*Meckel's Archiv.*, 1829, p. 40, pl. III). —
Kutorga, *Scolopendræ morsitantis Anatome*, 1834, p. 17, pl. III.
— Brandt et Ratzeburg, *Medicin. Zoologie*, t. II, p. 99, pl. XV.

[2] Dans les Platydermes et les Scolopendrites, il n'y en a qu'une
paire ; les Polygonies en possèdent trois paires, les Scolopendres
quatre, les Glomérides huit, etc. — Voy. Treviranus, *Vermischte
Schriften*, t. II. — Newport, *On the structure of Myriapoda* (*Philosophical Transactions*, 1843, p. 253). — Id., *Monograph. of the class
Myriapoda* (*Transactions of the Linnean Society*, 1844, t. XIX). —
Milne Edwards, *loc. cit.*, t. XII, p. 240-241.

[3] Newport, *loc. cit.* (*On the structure, development*, etc.). — L. Dufour, *Recherches anatomiques sur le Lithobius forficatus et le Scuti-
gera lineata* (*Annales des sciences naturelles*, 1re série, 1824, t. II,
p. 93, pl. VIII).

[4] Tels sont les genres Polydesmus, Blaniulus, Cryptops, etc.
Voy. Newport, *On the structure of Myriapoda*, 1843. — Siebold et
Stannius, *loc. cit.*, p. 434. — Leydig, *Zum feineren Bau der Arthro-
poden* (*Archiv. f. Anatomie und Physiologie*, 1855, p. 406). —
Id., *Das Auge der Gliederthiere*. Tubingue, 1864.

et coexistant avec des yeux rétiniens. C'est ainsi que chez l'Abeille (fig. 120) on voit, en avant de ces derniers, se succéder trois petits organes symétriquement disposés sur la région céphalique, et présentant une

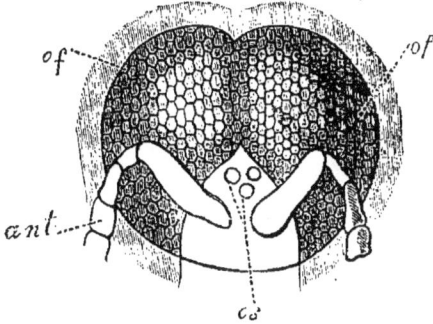

Fig. 120. — Ensemble de l'appareil visuel de l'*Apis mellifica*.

of, of, les deux yeux rétiniens avec leurs facettes cornéennes. — *os*, les trois yeux lentifères. — *ant*, antennes.

structure analogue à celle que nous venons d'étudier dans les Myriapodes et les Arachnides[1]. On leur a souvent donné les noms d'*ocelles* ou *stemmates*, et l'on a même étendu ces dénominations aux yeux rétiniens de la larve, bien qu'ils ne diffèrent du même type organique, étudié chez l'adulte, que par le nombre des bâtonnets; il en est résulté une confusion si profonde que les anatomistes modernes ont définitivement abandonné cette antique glossologie dont les termes méritent à peine d'être mentionnés.

La présence des yeux lentifères est d'ailleurs exceptionnelle, leur structure nous est connue par l'histoire des groupes précédents et nous présenterait des dispositions identiques : même tégument cornéen, même cristallin, mêmes bâtonnets rétiniens accompagnés de leurs gaines

[1] Leydig, *Tafeln z. vergl. Anatomie*, tab. IX, f. 3.

pigmentaires et confinant inférieurement au ganglion du

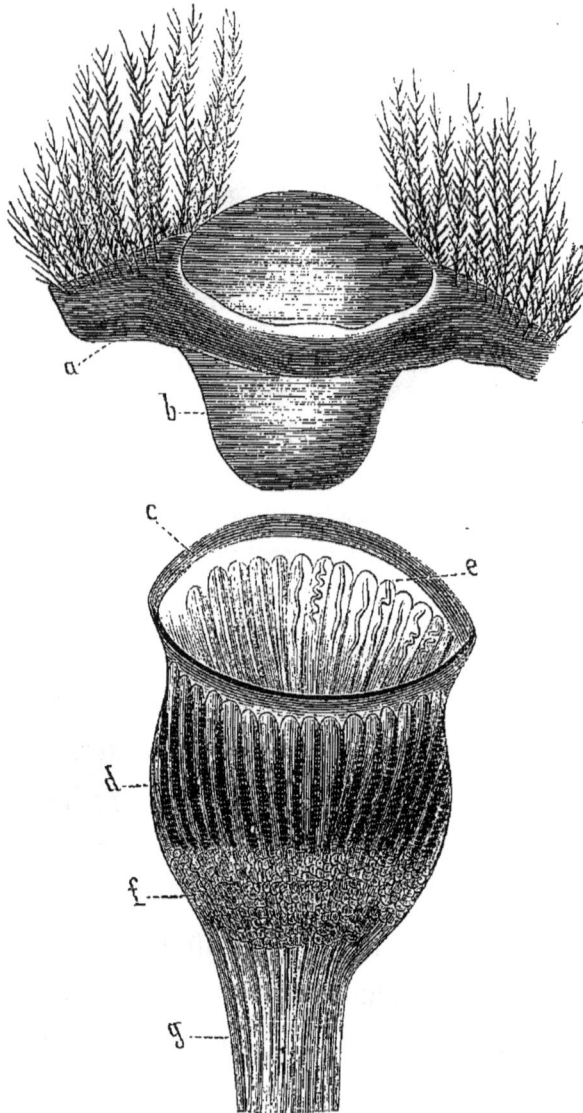

Fig. 121. — Œil lentifère de l'*Apis mellifica*.

a, tégument général. — *b*, cristallin [1]. — *c*, cercle pigmentaire de l'iris. — *d*, pigment choroïdien. — *e*, bâtonnets optiques (certains d'entre eux semblent posséder un filament axile). — *f*, ganglion du nerf optique. — *g*, nerf optique. (D'après Leydig.)

nerf optique (fig. 121); aussi devons-nous consacrer nos re-

[1] Il a été soulevé avec le tégument ambiant, afin de mettre à nu la couche bacillaire.

cherches actuelles à l'étude de l'œil rétinien qui, par son
origine morphologique, comme par sa haute valeur fonctionnelle, réclame une minutieuse attention.

Rien de plus rudimentaire que la constitution fondamentale de cet organe : une cornée, des bâtonnets optiques, en-
gainés dans des calices choroïdiens et se terminant par une
extrémité diaphane et réfringente ; tels sont les éléments qui
le composent et témoignent d'une simplicité tissulaire qui
ne pourrait guère être dépassée. Il semble pourtant qu'elle
ait été méconnue de la façon la plus étrange par la plupart
des auteurs, car, dès qu'on les interroge, on est obligé de
reconnaître que l'exacte signification des parties essentielles leur a presque constamment échappé. La preuve
en est dans les difficultés qu'on éprouve lorsqu'on tente de
définir avec précision quels rapports existent entre les
diverses régions de l'appareil, quelle texture leur est propre,
quelle valeur réciproque doit leur être attribuée.

On devine d'où naîtront les obstacles : ils ne résideront
pas dans la cornée, qui n'offre que des modifications secondaires [1], mais bien dans les bâtonnets optiques, dans les
éléments rétiniens, qui constituent la partie fondamentale
de l'organe, et présentent un intérêt considérable au point
de vue de l'anatomie générale et zoologique.

De nombreux observateurs ont successivement consacré
leurs patientes investigations à l'examen de cet appareil;

---

[1] Tantôt le tégument passe au-devant de l'œil sans se modifier
aucunement, tantôt il s'amincit en une cornée qui peut être lisse,
ou se subdiviser en facettes proportionnées au nombre des bâtonnets ; de là trois types oculaires : 1° Œil interne ; 2° Œil lisse ;
3° Œil à facettes. — Ces distinctions sont intéressantes pour la
diagnose des espèces ; au point de vue anatomique, elles n'offrent
aucun intérêt, car, en dépit de ces différences extérieures, le revête-

mais la fin qu'ils proposaient à leurs recherches, trop souvent destinées à défendre ou à appuyer des théories personnelles, les conditions dans lesquelles ils se plaçaient,
la méthode qu'ils adoptaient, expliquent aisément les erreurs et les omissions qui se remarquent dans leurs mémoires : cherchant à retrouver dans ces formations l'ensemble des milieux et des tissus propres aux animaux supérieurs,
jugeant inutile de soumettre la généralité des Arthropodes
au contrôle de leurs études, ils ont cru pouvoir limiter
celles-ci à l'unique classe des Insectes, dédaignant les espèces inférieures, méconnaissant l'influence des conditions
biologiques et négligeant ainsi de précieuses expériences
réalisées par la Nature même. Aujourd'hui, chacun peut
apprécier le danger d'un semblable procédé ; la supériorité
organique retentit à la fois sur l'ensemble de l'appareil et
sur chacune de ses parties, perfectionnant de mieux en
mieux leur structure propre, mais masquant fréquemment
ces effets par les modifications mêmes sans lesquelles ils ne
pourraient se manifester. De là des obstacles, des causes perpétuelles d'erreur qu'on ne peut éviter qu'en examinant progressivement les bâtonnets optiques dans toutes leurs parties
essentielles, en variant sans cesse les sujets d'observation,
conditions trop négligées par les anciens anatomistes.

La découverte des éléments bacillaires paraît devoir
être attribuée à Swammerdam qui les figura chez le Bernard l'Ermite[1] et dans l'Abeille[2] ; leur étude acquit quel-

ment pseudo-cornéen possédera toujours la même valeur morphologique et ne représentera qu'une simple lamelle chitineuse con-
fondue par son origine, ses relations et sa structure avec le
revêtement général du corps de l'Arthropode.

[1] Swammerdam, *Coll. Acad.*, t. I, p. 130.
[2] Id., *Biblia naturæ*, pl. XX, etc.

que précision avec Lyonnet[1], mais durant fort longtemps, et malgré le nombre des auteurs qui s'occupèrent directement ou incidemment de la question, elle n'accomplit aucun progrès sensible[2].

Celui-ci commença seulement à s'ébaucher avec Marcel de Serres[3], Steifensand[4] et Ewing[5], puis s'affirma réelle-

[1] Lyonnet, *Traité anatomique de la Chenille qui ronge le bois du Saule.*

[2] Parmi les travaux publiés durant le dix-septième et le dix-huitième siècle, il convient de rappeler les suivants :

Hodierna, *Dell' occhio della Mosca.* Panormi, 1644. — *Nouvelle découverte des yeux de la Mouche et des autres Insectes volants* (*Mémoires de l'Académie des sciences de Paris*, 1666-1699). — King, *Letter concerning Crabs eyes* (*Philosophical Transactions*, 1700). — De Perget, *Observations sur la structure des yeux des Papillons*, Lyon, 1704. — Lamy, *Observations sur la structure des yeux de divers Insectes et sur la trompe des Papillons.* Lyon, 1706. — De Perget, *Observations sur les yeux de divers Insectes.* Lyon, 1706. — Oliger, *De oculis Insectorum, Diss.* Hafniæ, 1708. — Jacobæus, *De oculis Insectorum, Diss.* Hafniæ, 1708. — Bidloo, *De oculis et visu variorum animalium observationes*, 1715. — Langhanns, *Einige Anmerkgm. über das Fliegenauge*, Landshut, 1736. — Schœller, *Naturgeschichte des Krebsartigen Kiefenfusses.* Ratisbonne, 1756. — Heydenhan, *Sind die Augen der Insekten Polyedra*, 1771. — Tiede, *Ueber die Augen der Raupen* (*Neueste mannichfaltigk. Jahr*, 1778). — Bensdorff, *Dissertatio : Organa Insectorum sensoria generatim, oculorumque fabricam et differentias speciatim exponens*, 1789. — André, *A microscopical description of the eyes of the Monoculus Polyphemus* (*Philosophical Transactions*, t. LXXII, p. 440, 1782). — Schelver, *Versuch einer Naturgesch. der Sinneswertzeuge bei den Insekten und Wurmern*, p. 66, 1798.

[3] Marcel de Serres, *Sur la structure des yeux des Insectes*, Montpellier, 1813. — Id., *Memoir upon the compound and smooth or simple Eyes of Insects and on the manner in which these two species of eyes occur in vision* (*Philosophical magazine*, 1814. — Id. *Ueber die Augen der Insekten.* Berlin, 1826.

[4] A. Steifensand, *De evolutione visus organi in inferioribus animalium classibus, Diss.* Bonn, 1825.

[5] Ewing, *On the structure of the Eyes of Insects* (*Edinb. Journ. of Science*, t. V, 1826). — Germar, *Mebenaugen bei Käfern*, 1821.

ment vers 1825, époque où parurent les mémorables recherches de J. Müller [1]. Pour la première fois, les fibrilles
terminales du nerf optique sont nettement distinguées des
éléments bacillaires; pour la première fois aussi, la structure de ceux-ci se trouve exposée avec une suffisante précision; la partie terminale et réfringente du bâtonnet, le
« cône », pour l'appeler du nom que lui assigne Müller et
qu'elle conservera désormais, se trouve enfin nettement
distinguée.

Les mémoires de Dugès [2], Klug [3], Parsons [4], Wagner [5],
confirment l'exactitude des résultats de Müller et les étendent aux divers ordres de la classe des Insectes. Les Crustacés, trop négligés des observateurs précédents, fournissent une ample moisson de faits nouveaux [6] et, bientôt
après, Brants [7] achève de faire connaître dans sa structure

---

[1] Müller, *Zur vergleichenden Physiologie des Gesichtsinnes.* Leipzig,
1826. — Id., *Sur les yeux et la vision des Insectes, des Arachnides et
des Crustacés* (*Annales des sciences naturelles*, 1re série, t. XVIII
et XIX, 1829). — Les résultats de Müller furent contestés avec
plus de vivacité que de succès, par Straus-Durckeim (*Lettre
adressée aux Rédacteurs des Annales des sciences naturelles*, t. XIX,
p. 463, 1829).

[2] Dugès, *Observations sur la structure de l'œil composé des Insectes* (*Annales des sciences naturelles*, ZooLOGIE, 1re série, t. XX,
1030).

[3] Klug, *Ueber das Verhalten der einfachen Stirn und Scheitel-Augen
bei den Insekten mit zusammengesetzten Seiten-Augen* (*Berlin. Akad.*
1831).

[4] Parsons, *An account of the discoveries of Müller and others in
the organs of vision of Insects and the Crustacia* (*Mag. nat. Hist.*,
t. IV, 1831).

[5] Wagner, *Einige Bemerkungen über den Bau der zusammengesetzten Augen der Insecten* (*Wiegman's Archiv*, 1835).

[6] H. Milne Edwards, *Histoire naturelle des Crustacés*, t. I, 1834.

[7] Brants, *Sur les yeux simples des animaux articulés* (*Tijdschrift
voor Nat. Gesch. en Physiol.*, t. V, 12).— Id., in *Bulletin des sciences*

intime l'œil des Arachnides, dont Müller avait esquissé les traits généraux [1]. Durant trente ans, les travaux orginaux ne cessent de se multiplier [2]; aux études purement anatomiques ont succédé les observations organogéniques qui atteignent toute leur précision avec Claparède [3] et Landois [4].

physiques et naturelles en Néerlande, 1837. — Id., in *Annales des sciences naturelles*, 2ᵉ série, ZOOLOGIE, t. IX, 1838, p. 308. — Voy. aussi *Beitrag zur Kenntniss der einfachen Augen der gegliederten Thiere* (Isis, 1840). — Brants, *loc. cit.*, p. 311.

[1] Will, *Beitrage zur Anatomie der zusammengesetzten Augen mit facettirten Hornhaut*. Leipzig, 1840. — Ashton, *Notice of some peculiarities observable in the cornea of the eyes of certain Insects* (*Transactions of the Entomological Society*, t. II, 1840). — Schilling, *Ueber die Anwendung des zusammengesetzten Mikroskops bei Untersuchungen vorzüglich der Augen der Insecten*, 1842. — Will, *Ueber einen eigenthumlichen Apparat in der facitterten Insectenaugen*, (*Wiegman's Archiv*. 1843). — Dujardin, *Sur les yeux des Insectes* (*Comptes rendus de l'Académie des sciences*, t. XV, p. 701, 1847). — Pappenheim, *Remarques sur le mémoire précédent* (*Comptes rendus de l'Académie des sciences*, t. XV, p. 809, 1847). — Dujardin et Pappenheim, *Ueber die Stemmata oder einfachen Augen der Gleiderthieren* (Fror. *Not.*, t. III, 1847). — Gorham, *Remarks on the cornea of the eye in Insects* (*Quart. Journ. Microsc. Society*, t. I, 1853). — Zenker, *in Archiv für Naturgesch.*, 1854. — Brants, *Over het buld dat zich in het zamengestelde oog der gelide Durn vormt*. Amsterdam, 1855. — Friedlander, *De animalium invertebratorum oculis*. Diss. Berol., 1855. — Gegenbaur, *Zur Kenntniss der Krystallstabchen im Krustensthierauge* (*Muller's Archiv*, 1858). — Wollaston, *On Grooves in the eyes of certain Coleoptera, etc.* (*Transactions of the entomological Society*, 1859).—Leuckart, *Ueber die Gesichtswerskzeuge der Copepoden* (*Archiv fur Naturgesch.*, 1859).

[2] Voy. Straus-Durckeim, *Traité pratique et théorique d'anatomie comparative*, t. II, 1840. — Siebold et Stannius, *Anatomie comparée*, 1850. — Owen, *Lessons on the comparative Anatomy and Physiology of Invertebrate animals*, Iʳᵉ éd., 1855.

[3] Claparède, *Sur les yeux composés chez les Arthropodes* (*Annales des sciences naturelles*, ZOOLOGIE, 4ⁿ série, t. XI, p. 381, 1859). — Id., in *Zeitschrift f. wiss. Zoologie*, 1860.

[4] Landois, in *Zeitschrift f. wiss. Zoologie*, 1866.

Le premier de ces zoologistes poursuit aux diverses périodes du développement l'étude du bâtonnet et de son cône apicilaire ; il fait connaître les rapports de ce dernier avec la cornée et révèle l'importance des *cellules de Semper*, dont Landois achève de préciser la signification et que nous devrons bientôt examiner spécialement.

La structure intime et les rapports des divers éléments de l'organe visuel se trouvaient dès lors connus dans leurs caractères fondamentaux, il ne restait plus qu'à les soumettre au contrôle de la technique moderne en appliquant les ressources de cette dernière à l'examen d'un sujet qui depuis Swammerdam n'avait cessé de s'imposer à l'attention des naturalistes. Telle fut l'œuvre de ces dernières années ; l'analyse seule des travaux qui la résument[1] m'entraînerait bien au delà des limites de cette leçon, aussi dois-je abandonner ces considérations historiques pour aborder l'examen direct de l'élément bacillaire.

Le bâtonnet optique, tel qu'il convient de le décrire chez les Insectes et les Crustacés, comprend l'ensemble des pièces qui, reliées inférieurement au nerf optique, se

---

[1] Thelen et Landois, *Zur Entwicklungsgeschichte der facettirten Augen von Tenebrio molitor* (*Zeitschrift f. wiss. Zoologie*, 1867, t. XVII, p. 34 et suiv.). — Lemoine, *Recherches pour servir à l'histoire des systèmes nerveux, musculaire et glandulaire de l'Écrevisse* (*Thèse de la faculté des Sciences de Paris*, 1868). — M. Schultze, *Untersuchungen über die zusammengesetzten Augen der Krebse und Insekten*. Bonn, 1868. — Grenœker, *Zur Morphologie und Physiologie der facettirten Arthropoden Auges* (*Gotting. Nachr.*, 1874). — Boll, *loc. cit.* — Joannes Chatin, *Recherches pour servir à l'histoire du bâtonnet optique chez les Crustacés et les Vers* (*Annales des sciences naturelles*, ZOOLOGIE, 6e série, t. V et VII, 1877). — Toute la collection des *Archiv für mikrosk. Anatomie*, et du *Zeitschrift f. wis. Zoologie* est à consulter.

trouvent protégées supérieurement par la cornée tégumentaire ; il répond donc par sa portion initiale aux *bâtonnets* des
entomologistes, tandis que sa portion supérieure et hyaline
représente les *cônes* des mêmes auteurs.

La science a depuis longtemps appliqué ces noms aux
deux parties de l'élément bacillaire des Arthropodes, et nous
les conserverons ici pour n'introduire aucun terme nouveau
dans le langage ; mais nous saurions d'autant moins éviter
de les définir avec une rigoureuse précision que, par une de
ces fâcheuses confusions dont on observe de si nombreux exemples, ces termes de « cône » et de « bâtonnet » reçoivent des acceptions fort différentes dans l'histoire anatomique des Vertébrés.

Chez ces derniers, comme nous avons eu l'occasion de
le constater précédemment [1], on désigne ainsi des éléments qui prennent une égale part à la constitution de
la membrane de Jacob [2], possèdent des rapports identiques
et témoignent d'une profonde similitude organique, puisque
la seule différence qu'on puisse relever entre ces deux
formes repose sur de simples dissemblances extérieures.
Dans les Arthropodes, au contraire, ces qualifications sont
appliquées aux deux segments de chacun des filaments
dont l'ensemble constitue « l'œil composé » des anciens ou
« l'œil rétinien » des modernes ; généralement secondaire,
la définition de mots acquiert ici une importance considérable, et je ne saurais trop prémunir, contre les dangers

---

[1] Voy. page 545.
[2] On sait que la rétine des Vertébrés peut ne présenter, soit sur
certains points de son étendue, soit chez quelques types spéciaux,
qu'une seule de ces deux formes histologiques.

toujours possibles de cette fâcheuse terminologie, les personnes qui s'occupant spécialement de l'étude des Vertébrés se trouveraient naturellement entraînées à accorder à ces termes une valeur égale à celle qu'ils reçoivent chez les animaux supérieurs.

Le bâtonnet et le cône sont d'ailleurs faciles à distinguer l'un de l'autre : le premier (fig. 122, *kr*) apparaît sous l'aspect d'un filament assez grêle dans sa portion inférieure qui confine immédiatement ou médiatement au nerf optique (fig. 122, *no*), puis s'élargissant dans sa région supérieure, avant de recevoir la partie basilaire du cône. Celui-ci (fig. 122, *fac*) tantôt ovoïde, et tantôt prismatique, possède une réfringence considérable et peut ainsi se distinguer aisément ; en outre, la gaîne pigmentaire (fig. 122, *P*)

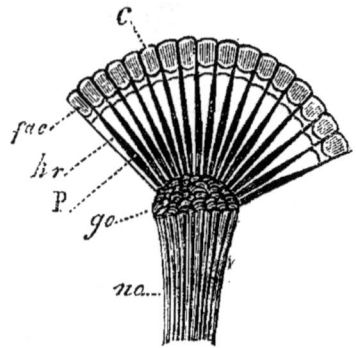

Fig. 122. — Schéma d'un œil rétinien d'Arthropode.

C, cornée. — *fac*, cônes. — *kr*, bâtonnets. — P, gaînes pigmentaires des bâtonnets. — *go*, ganglion du nerf optique. — *no*, nerf optique (d'après Nuhn).

qui accompagne le bâtonnet sur tout son parcours cesse le plus souvent vers le niveau du cône. — Les divers réactifs fournissent encore de précieux caractères différentiels entre ces deux parties de l'élément bacillaire : l'action de l'acide hyperosmique, de la teinture ammoniacale de carmin et du picrocarminate est, à cet égard, des plus instructives [1]. Nous aurons d'ailleurs bientôt l'occasion de revenir sur ces détails anatomiques ; mais, avant d'aborder l'examen spécial du bâtonnet et du cône, nous

---

[1] Voy. Joannes Chatin, *loc. cit.*

devons rechercher quels rapports s'établissent entre la cornée, le nerf optique, etc., et les éléments rétiniens dont nous connaissons maintenant les caractères essentiels.

Les relations du bâtonnet avec la cornée sont toujours des plus simples : que l'œil soit protégé par un mince tégument à peine différencié, que la cornée présente au contraire une réelle autonomie, qu'elle se montre formée de couches distinctes, etc., toujours elle confinera par sa face profonde à l'extrémité terminale de la pièce bacillaire, c'est-à-dire au cône [1].

Contrairement aux assertions de Dugès et de Cuvier, le pigment ne pénètre jamais entre la face profonde de la cornée et la région voisine du cône [2]; il se trouve localisé sur les bords des éléments bacillaires.

On doit donc admettre un contact immédiat entre le tégument cornéen et le cône; toutefois, si l'observation confirme pleinement cette opinion, elle oblige à faire quelques réserves sur l'intimité des rapports qui existent entre ces parties : si l'on examine l'œil d'un Insecte parfait ou d'un Crustacé adulte, il semble que le cône et la cornée affectent une contiguïté absolue; mais lorsqu'on fait intervenir les réactifs colorés, il est rare qu'on ne parvienne pas à découvrir au-dessous de la cornée, entre cette lamelle et

---

[1] Milne Edwards, *Histoire naturelle des Crustacés*, t. I, p. 115, 1834. — Owen, *Lectures on the comparative anatomy and physiology of the invertebrate animals*, p. 312, 1855. — Leydig, *Traité d'histologie comparée*, p. 288, 1866. — Joannes Chatin, *Recherches pour servir à l'histoire du bâtonnet optique chez les Crustacés et les Vers* (*Annales des sciences naturelles*, 1877).

[2] Marcel de Serres, *loc. cit.* — Lemoine, *loc. cit.* — Max Schultze, *Untersuchungen uber die Zusammengeschichten Augen d. Krebse und Inseckten*, Bonn, 1868. — Joannes Chatin, *loc. cit.*

le cône, des cellules ou tout au moins des noyaux de dimensions variables. Si l'on cherche à corroborer l'observation anatomique par l'examen histogénique, en remontant à l'état antérieur, on constate que cette région est occupée par des cellules nettement définies et dont le picrocarminate permet de distinguer tous les détails. Ce sont les *cellules de Semper* (fig. 123) que Claparède a le premier bien décrites et que l'on peut considérer comme des formations chitinogènes. Parmi les types qui se prêtent le mieux à leur recherche, je citerai la *Galathea strigosa* et le *Pagurus striatus*. L'Écrevisse est au contraire un fort mauvais sujet d'étude, ces éléments s'y confondant rapidement avec les tissus ambiants : aussi les nombreux observateurs qui ont examiné l'*Astacus fluviatilis* ne font-ils nulle mention des cellules de Semper.

Limitée supérieurement par la cornée, la pièce bacillaire confine d'autre part au nerf optique[1] : avant de pénétrer dans l'œil, celui-ci se renfle en un ganglion (Voy. fig. 122, *go*, page 673), d'où partent d'innombrables fibrilles qui se terminent dans une masse cellulaire de structure complexe sur laquelle reposent les éléments optiques.

Fig. 123.
Galathea strigosa.

Cône surmonté des cellules de Semper (*a*) et confinant à la portion adjacente du bâtonnet; la ligne intersectionnelle est visible dans toute l'étendue de la pièce bacillaire et pourrait ainsi faire admettre l'existence d'un filament central.

Revenons à ces organites, dont nous connaissons seulement encore la situation et les caractères généraux; examinons-les successivement dans leurs deux régions : le

[1] Milne Edwards, *loc. cit.*, p. 115. — Siebold et Stannius, *loc. cit.*, p. 438. — Leydig, *loc. cit.*, p. 289. — Claparède, *loc. cit.*, etc.

« cône » et le « bâtonnet », puisque tels sont les noms que
leur applique une glossologie déplorable et surannée.

La situation, les caractères physiques, la généralité
d'existence permettant de distinguer facilement
le cône, cette lentille réfringente (fig. 124, a) qui
surmonte le bâtonnet, on s'explique comment
ses caractères généraux purent être exactement
décrits par un grand nombre d'anciens observateurs, tels que Swammerdam [1], Leuwen-
hœck [2], Cavolini [3], André [4]. Cependant, l'histoire
du cône ne progressa pas aussi rapidement que
cet heureux début semblait pouvoir le faire
supposer et, sous l'influence des idées de Marcel
de Serres [5], les naturalistes négligèrent entièrement son étude. On en trouve la preuve
dans les observations de Treviranus, qui, décrivant les cônes de la Blatte, semble mentionner des éléments nouveaux dont il ne résume
les caractères que dans les termes les plus
vagues [6] : tout d'abord il paraît ne vouloir les
admettre que chez les Insectes nocturnes, et ce
n'est que peu à peu, avec une visible hésitation,
qu'il croit pouvoir généraliser leur présence
dans l'embranchement des Arthropodes [7].

L'histoire anatomique du cône ne date réellement que

Fig. 124.
*Astacus flu-
viatilis.*

Bâtonnet op-
tique entouré
de sa gaîne
pigmentaire.
a, cône.

---

[1] Swammerdam, *loc. cit.*

[2] Leuwenhœck, *loc. cit.*

[3] Cavolini, *Memorie sulla generazione dei Pesci e dei Granchi.*

[4] André, *A microscopical description of the eyes of the Monoculus
Polyphemus* (Phil. Transact., 1782, p. 440).

[5] Marcel de Serres, *loc. cit.*

[6] Treviranus, *Vermischte*, t. III.

[7] Id., *Biologie*, t. VI.

des travaux de Müller : s'inspirant des enseignements de Swammerdam et de Leuwenhœck, en appelant des dangereuses inductions de l'hypothèse à l'indiscutable contrôle de l'observation directe, il ne tarda pas à réunir sur la structure, la forme et les rapports de cet organite, des notions dont l'exactitude eut bientôt effacé jusqu'à la moindre trace des erreurs de Marcel de Serres ou des timides essais de Treviranus [1]. Ce fut en vain que Straus-Durckeim tenta d'élever quelques doutes sur la valeur des résultats dont la science venait de s'enrichir [2]; il dut bientôt se convaincre de l'inanité de ses efforts [3] et, depuis cette époque, l'existence du cône et son importance fonctionnelle n'ont cessé d'être admises par tous les zoologistes.

Nous connaissons déjà les rapports de cette pièce réfringente située au-dessous de la cornée, dont elle ne se trouve séparée que par des éléments dont l'autonomie disparaît en général avant l'entier développement des tissus oculaires; inférieurement elle confine au bâtonnet proprement dit, dont la gaîne choroïdienne se sépare

[1] Müller, *loc. cit.* (*Ann. sc. nat.*, 1829, p. 370 et suiv.).

[2] Straus-Durckeim, Lettre *in Ann. des sc. nat.*, 1re série, t. XVIII.

[3] Id., *Traité pratique et théorique d'anatomie comparative*, t. II, 1843. — Voy. pour l'ensemble des connaissances successivement acquises : Stannius et Siebold, *Anatomie comparée*, t. I. — Owen, *Lessons on the comparative anatomie and physiology of Invertebrate animals.* — Gegenbaur, *Anatomie comparée.* — Leydig, *Histologie comparée de l'homme et des animaux.* Ainsi que j'aurai l'occasion de le rappeler bientôt, plusieurs auteurs (Dugès, etc.) ont cru pouvoir décrire le cône comme un corps vitré (Voy. Nunneley, *The organs of vision*, p. 272, etc.). Parmi les auteurs qui l'ont au contraire assimilé au cristallin des Vertébrés il faut particulièrement mentionner Burmeister (*Handbuch der Entomologie*, t. I, p. 194, etc.); Owen (*loc. cit.*); Max Schultze (*Untersuchung ueber die zusammengesetzten Augen der Krebse und Insekten*, 1868, etc.).

même souvent en un certain nombre de franges ou de laciniations qui viennent entourer, à la manière d'un élégant
calyce, la région basilaire du cône.

Lorsqu'on examine attentivement la structure de celui-ci,
on y découvre parfois, vers la région axile, une ligne dont
l'étendue ou l'orientation peuvent varier en d'étroites
limites. Sa signification, sans être négligeable, est des plus
modestes : elle figure le plan suivant lequel se sont accolées, par leurs faces voisines, les pièces primitivement
distinctes, puis réunies pour constituer le cône, tel que nous
l'observons à l'état parfait [1].

L'aspect de cette ligne axile, à laquelle certains auteurs ont voulu attribuer une origine dont nous aurons
bientôt à apprécier la réalité, se modifie parfois notablement, et dans quelques types on croit distinguer sur son
milieu ou vers son extrémité une sorte de sphérule. L'existence de celle-ci est purement virtuelle, et doit être rap-
portée à l'inégale réfringence des parties périphériques
et centrales du cône. Il est donc fort inutile d'invoquer les
caractères les plus contestables de la rétine des Vertébrés
pour créer à ce prétendu filament axile et à son « bouton
terminal » une parenté morphologique à laquelle ils n'ont
aucun droit.

Rien de plus variable que la forme du cône : prismatique
dans les *Typton*, *Epimeria*, *Lichomolgus*, il devient ovoïde
chez les *Eupagurus*, *Paguristes*, *Caprella*, *Notopterophorus* ; pyramidal dans les Cypridrines et divers Ortho-

---

[1] Ces pièces sont généralement au nombre de quatre. — L'*Apus
cancriformis* mérite d'être cité au nombre des Crustacés chez lesquels elles conservent leur indépendance durant la plus longue
période.

ptères, il se montre claviforme chez plusieurs Diptères, cylindro-conique dans certaines Squilles, etc.

A la suite du cône vient cette seconde partie de l'élément bacillaire à laquelle on réserve plus spécialement le nom de « Bâtonnet ». Les détails exposés précédemment dispensent d'insister sur son aspect rétinien, et c'est à peine s'il est nécessaire de rappeler sa forme allongée, sa surface souvent striée, les rapports qu'il contracte avec la gaîne pigmentaire qui l'entoure.

Si l'on en croyait les assertions de quelques auteurs, cet élément se fût différencié pour former un véritable corps vitré, il eût possédé même une musculature propre, un filament axile, comparable au filament rittérien des Vertébrés, etc. ; on devine quelle tendance a guidé ces descriptions que nous devrons bientôt soumettre à une minutieuse discussion ; actuellement il s'agit de considérer simplement le bâtonnet dans ses caractères généraux et ses traits essentiels.

Sa partie inférieure ou initiale varie peu et présente à peine quelques légères différences dans le diamètre transversal. Mais il en est tout autrement pour la portion supérieure, pour celle qui confine au cône : les modifications extérieures n'y sont pas rares, et souvent on voit le corps bacillaire revêtir dans cette région un aspect spécial, et généralement déterminé par la formation de plusieurs renflements étagés au-dessous du cône. Straus-Durckeim, qui s'était si singulièrement mépris sur la valeur de celui-ci, avait en revanche parfaitement apprécié les variations que peut offrir la région voisine du bâtonnet [1]. Les auteurs

[1] Straus-Durckeim, *Considérations générales sur l'anatomie com*

contemporains ont également figuré ces dilatations[1] dont ils ont peut-être exagéré la fréquence, car si divers Insectes vulgaires les présentent assez constamment, il est un grand nombre de Crustacés chez lesquels on les chercherait vainement. Cependant, et même dans cette classe, il est possible de les observer sur quelques types tels que l'*Isœa nicea*, la *Galathea strigosa*, plusieurs *Squilla*, etc. Dans ce dernier genre, cette modification s'étend parfois même sur toute la moitié supérieure du bâtonnet qui en acquiert ainsi un aspect claviforme. Dans la Galathée, il existe deux dilatations superposées analogues à celles qui s'observent chez plusieurs Coléoptères ; l'*Apus cancriformis*, au contraire, n'en offre qu'une seule.

Fig. 125.
Galathea strigosa.

Portion supérieure d'un bâtonnet présentant les laciniations qui montent sur les bords du cône (ce dernier a été enlevé).

Ainsi que nous avons eu l'occasion de le constater précédemment, lorsque nous examinions les rapports du cône et du bâtonnet, il est assez ordinaire de voir celui-ci se diviser en un certain nombre de lanières terminales (fig. 125) qui montent sur les flancs de la pièce réfringente et l'embrassent étroitement. Les auteurs allemands ont décrit ces franges apicilaires sous le nom fort impropre de « fibres du bâtonnet » ; nulle expression ne saurait être plus fâcheuse, car elle semble

parée des animaux articulés, auxquelles on a joint l'anatomie descriptive du *Melolontha vulgaris*, 1828, pl. IX, fig. 6.

[1] Gegenbaur, *Manuel d'anatomie comparée*, trad. française, Paris, 1874, p. 369, fig. 98 C. — Leuckart, *Organologie des Auges* ; ARTHROPODEN, p. 296, fig. 69 (Græfe und Sœmisch, *Handbuch der gesammten Augenheilkunde*, t. II, 1875).

assigner à ces laciniations une origine histologique qui
ne leur appartient aucunement, la gaîne pigmentaire concourant généralement seule à leur formation.

Dès le début de cette Leçon, au moment où nous commen-
cions l'examen de l'œil des Arthropodes et cherchions à le
différencier de celui des Mollusques et des Vertébrés, j'in-
sistais à dessein sur l'absence du corps vitré et sur la véritable
signification de la masse transparente à laquelle on a parfois
tenté de donner ce nom chez les Arachnides. Mais ceux-ci
n'ont pas seuls été pourvus de ce milieu; on s'est également efforcé de le retrouver dans les Insectes et les Crustacés, et je doute qu'un volume pût suffire à résumer les
interminables discussions qui se sont ouvertes à ce sujet.

Il n'est pas besoin de remonter à l'origine du débat, qui
paraît se trouver dans cette idée trop répandue et d'après
laquelle tout organe oculaire eût été constamment formé
des parties qui le caractérisent chez les Vertébrés. Unanimes sur ce principe qui malheureusement devait inspirer
trop longtemps leurs recherches, les auteurs se séparaient
dès qu'il s'agissait de l'appliquer : les uns, dépossédant le
cône des attributs du cristallin qu'ils lui avaient tout d'a-
bord reconnus, le transformaient en un véritable corps
vitré ; d'autres, jaloux de retrouver ici, dans leur intégrité
absolue, l'ensemble des milieux oculaires, conservaient au
cône sa signification primitive et limitaient le corps vitré
à la partie supérieure du bâtonnet, région dans laquelle
nous avons relevé quelques modifications purement extérieures. Non contents de cet inextricable chaos, certains
zoologistes s'empressaient de faire intervenir la cornée
dans laquelle ils distinguaient, suivant les cas, un corps

vitré, un cristallin et parfois même une humeur aqueuse.

On se tromperait étrangement si l'on s'imaginait que cette confusion fut passagère : elle dura près d'un demi-siècle et exigea, pour être dissipée, les efforts réunis des plus habiles observateurs, au premier rang desquels il convient de mentionner Leydig qui, réduisant le prétendu corps vitré à sa juste valeur, montra qu'il ne fallait y voir que « les renflements terminaux de forme variable des bâtonnets [1]. » Claparède, Landois, Gegenbaur, Leuckart arrivèrent à la même conclusion et commencèrent à ébranler sérieusement la confiance que les naturalistes n'avaient cessé d'accorder à la théorie classique. Il suffit aujourd'hui d'invoquer l'observation directe : jamais la portion terminale de l'élément bacillaire ne peut être comparée au corps vitré des Mollusques et des Vertébrés, ainsi qu'on n'a pas craint de l'enseigner jusqu'à Leydig ; jamais elle ne mérite une pareille qualification, et ne présente aucun des caractères qui lui ont été si complaisamment accordés par les auteurs. Leur excuse est peut-être dans l'état des éléments, souvent altérés, qu'ils examinaient ; elle est surtout dans la méthode dont ils faisaient usage : rapprochant de la façon la plus malencontreuse les divers types d'Invertébrés et per-

---

[1] Leydig, *loc. cit.*, p. 288, 293, etc.

Il est à peine nécessaire de rappeler que la plupart des auteurs favorables à l'idée d'un corps vitré confondaient, dans une même description, les Insectes et les Arachnides ; or ces derniers, nous l'avons vu précédemment, ne fournissaient pas de meilleurs exemples que les autres Arthropodes, et les recherches modernes ont montré que « la substance hyaline, qui jusqu'en ces derniers temps a été considérée comme analogue au corps vitré de l'œil des animaux supérieurs, fait en réalité partie de l'appareil rétinien. » (H. Milne Edwards, *Leçons sur la physiologie et l'anatomie comparée de l'homme et des animaux*, t. XII, p. 238-239, 1876). — Voy. Leydig, *Traité d'histologie*, trad. franc., p. 292, etc.

sistant à y découvrir, dans ses moindres détails, l'organisation propre aux animaux supérieurs, ils méconnais-
saient toutes les lois de la morphologie générale et s'expo-
saient à de perpétuelles erreurs; se bornant à examiner
l'œil dans son ensemble ou par grandes zones, ils étaient
incapables d'apprécier les rapports et la réelle signification
de ses parties constituantes auxquelles ils attribuaient une
valeur purement fictive.

Pour demeurer fidèle à son principe, la doctrine funeste
que je viens d'esquisser, et dont nous trouvons l'empreinte
à chaque page de l'histoire des Invertébrés, devait accorder
à ceux-ci des appareils capables d'adapter leurs yeux aux
diverses distances et de réaliser ainsi, par un mécanisme
identique, les ingénieux effets de l'accommodation. Tout
d'abord cette tendance ne se manifesta que sous des formes
assez vagues, mais elle ne tarda pas à s'accentuer rapidement et l'on fut bientôt conduit à décrire une « musculature
propre des bâtonnets » dont la mention se retrouve dans la
plupart des Traités actuels.

Appliquons à cette question nos procédés habituels :
soumettons-la au contrôle de l'expérience, rapprochons les
observations qui lui ont donné naissance de celles que l'étude
de diverses espèces va nous fournir, et nous pourrons ensuite apprécier, en parfaite connaissance de cause, l'explication qui semblera répondre le plus exactement à la
réalité des faits.

Remarquons tout d'abord combien cette doctrine est
moderne, contemporaine même. Dans son principe se re-
flètent à la vérité d'anciennes et dangereuses tendances,
mais elle n'a pris quelque développement que du jour où
les progrès de l'examen microscopique permirent de dis-

tinguer, à la surface du bâtonnet, ces élégantes stries dont
l'aspect extérieur, rappelant grossièrement les caractères
propres à certains éléments musculaires, fit naître cette
bizarre théorie qui n'a cessé de porter la marque de
cette conception hâtive dont les effets ont retenti sur la généralité des œuvres consacrées à sa défense. Interrogeons
Landois, un de ses plus ardents partisans : il nous montre
une musculature bacillaire des plus complètes [1] ; adressons-
nous au contraire à un entomologiste dont les recherches
datent de la même époque et sont, en général, fort précises,
nous ne trouvons aucune trace de cette disposition [2]. Soucieux de donner une base plus solide à leurs recherches,
d'autres zoologistes tentent de faire intervenir les formes
propres aux Arachnides : nouvelle source d'erreurs que les
plus vulgaires notions devaient suffire à faire éviter, car, ainsi
que nous l'avons maintes fois constaté, l'œil de ces Arthropodes est infiniment plus voisin de celui des Mollusques
ou des Vertébrés que de celui des Insectes et des Crustacés.
Aussi Leydig, tout en paraissant vouloir admettre l'existence de muscles intra-oculaires dans la généralité des Invertébrés, ne méconnaît-il pas le danger qu'il y aurait à
être trop affirmatif quand il s'agit de l'œil rétinien des
Articulés ; il se borne à cette prudente mention : « les
utricules qui enveloppent les bâtonnets renferment des
cylindres délicats, striés [3]. »

Quiconque s'est occupé, ne fût-ce qu'en passant, de l'é-

---

[1] Landois, *Die Rapenaugen*, etc. (*Zeitschrift f. wis. Zoologie*,
t. XVI, 1866).

[2] Claparède, *Sur la morphologie des yeux composés chez les Arthropodes* (*Bibliothèque universelle de Genève*, 2ᵉ série, t. VIII).

[3] Leydig, *loc. cit.*

tude du bâtonnet optique, pourra facilement apprécier à son exacte valeur la notion de ces « utricules » et de ces « cylindres », au sujet desquels l'éminent histologiste a peut-être donné trop libre carrière à sa fertile imagination ; celle-ci semble d'ailleurs jouer un grand rôle en ces questions dont elle devrait être sévèrement bannie, car voici Gegenbaur qui parle à son tour de « fibres musculaires courant le long des bâtonnets cristallins et concourant sans doute à rapprocher ces derniers de la cornée réfringente [1] » ; mais, particularité bizarre, lorsqu'il trace le « schéma d'un œil composé d'Arthropode », il omet d'y figurer ces éléments auxquels il vient d'attribuer une si haute fonction.

Il est inutile de multiplier les citations ; celles-ci suffisent amplement à faire connaître l'état actuel de la science sur un sujet qui, nous venons de nous en convaincre, ne saurait être élucidé que par la voie de l'observation directe. Pour conduire à des résultats précis, les recherches doivent être étendues à un grand nombre de types choisis parmi les différents ordres des Crustacés et des Insectes, dont l'examen comparé peut seul permettre de résoudre ces deux questions : 1° le bâtonnet est-il constamment strié ; 2° les stries qu'il peut offrir sont-elles d'origine musculaire ?

En ce qui concerne le premier point, on distingue certains types (Squilles, Paguriens, etc.) chez lesquels les stries bacillaires (fig. 126) apparaissent avec la plus grande netteté, tandis qu'on les chercherait vainement sur d'autres genres appartenant aux familles les plus diverses ; or, si ce caractère était essentiel, il devrait se manifester

---

[1] Gegenbaur, *Manuel d'anatomie comparée*, 1874, p. 367-368.

dans l'ensemble de la série, ou tout au moins coïncider avec la supériorité des organismes considérés ; l'anatomie zoologique montre qu'il n'en est rien.

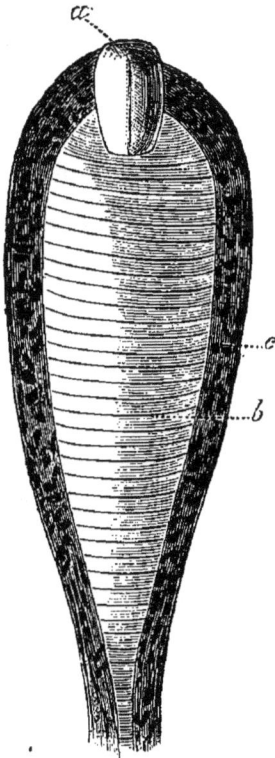

Fig. 126. — *Squilla Desmarestii*. — Coupe schématique d'un élément bacillaire.

a, cône. — *b*, bâtonnet proprement dit, montrant ses stries transversales. — *c*, gaine pigmentaire.

Quant à la prétendue nature musculaire des stries, il suffit, pour en apprécier la réalité, de traiter le bâtonnet par les réactifs classiques du tissu contractile : l'acide acétique, journellement employé pour faire apparaître les stries musculaires, ne produit ici d'autre effet que de gonfler l'élément bacillaire auquel il donne un aspect granuleux; l'acide azotique et l'acide chlorhydrique sont sans action sur le corps bacillaire, tandis qu'ils déterminent dans la fibre striée des phénomènes tout spéciaux. Je crois pouvoir me borner à ces exemples, qu'il serait facile de multiplier en retraçant l'action de l'ammoniure de carmin, du picro-carminate d'ammoniaque, etc. ; ce qui précède suffit amplement à montrer la valeur de ces « stries musculaires » si généreusement accordées au bâtonnet optique par l'École allemande [1].

Est-ce à dire que les marques extérieures du bâtonnet n'offrent aucun intérêt, et que nous devions, dans l'état

[1] Voy. Joannès Chatin, *De l'interprétation des stries du bâtonnet optique chez les Crustacés* (*L'Institut*, 14 juin 1876). — Id., *Recherches*

actuel de nos connaissances, renoncer à en chercher la signification précise ? Je ne le pense pas et j'estime au contraire qu'il suffit d'invoquer les enseignements de la science
contemporaine pour établir avec une entière certitude la
valeur de ce caractère.

Lorsque, dans une de nos précédentes leçons, nous examinions la structure de la membrane de Jacob et la constitution générale de ses éléments, nous avons eu l'occasion d'observer, sur les bâtonnets et les cônes qui la
composent, une striation analogue à celle que nous venons de reconnaître chez les Arthropodes, et déterminant,
sous des influences identiques, une segmentation semblable à celle dont nous venons d'être témoins chez les Crustacés et les Insectes. Or jamais il n'est entré dans notre
esprit de conclure de la présence de ces stries à l'existence d'une tunique contractile dont l'origine et le mode
de fonctionnement eussent été également impossibles à
justifier. Pourquoi l'hypothèse que chacun se refuse à admettre quand il s'agit des Vertébrés devient-elle défendable chez les animaux inférieurs, sinon par cette singulière
ardeur qui s'empare de certains esprits, les soustrait aux
lois élémentaires de l'observation et leur fait accepter les
résultats les plus inconciliables, alors qu'il s'agit toujours
d'un seul et même organite, l'élément rétinien dont l'aspect
extérieur traduit simplement la texture intime ?

Non contents d'annexer à « l'œil composé » des muscles
accommodateurs et un corps vitré, divers entomologistes
n'ont pas hésité à retrouver dans ses bâtonnets les caractères

pour servir à l'histoire du bâtonnet optique chez les Crustacés et les
Vers (Ann. des sc. nat., 1877).

les plus contestables des éléments rétiniens, et c'est ainsi
que le filament de Ritter a été décrit, chez les Crustacés
et les Insectes, vers le moment même où les observateurs les
plus téméraires renonçaient à le défendre dans les Vertébrés. Cette question a acquis de la sorte une telle actualité
et touche de si près au sujet qui nous occupe, que nous
ne saurions manquer de lui consacrer un rapide examen,
bien qu'en réalité son importance soit des plus secondaires.

Pour en apprécier l'origine, il convient de remonter
de quelques séances en arrière et d'évoquer le souvenir
des recherches que nous avons consacrées à l'étude de
la membrane de Jacob : nous avons alors insisté sur
une disposition singulière, que certains histologistes allemands avaient minutieusement décrite, et dont l'effet aurait
eu pour résultat de doter l'élément rétinien d'un filament
axile, le *Ritter'sche Faser*, que nous avons dû rapporter à de
simples accidents de préparation. Or c'est ce même filament
que nous retrouvons ici, admis et défendu avec une telle
opiniâtreté qu'il est indispensable de le soumettre à une
minutieuse analyse afin de le réduire à sa véritable valeur.

Sa première mention dans l'histoire des Arthropodes
appartient peut-être à Gottsche, certainement à Claparède
qui, vers 1860, signalait la présence d'une ligne axile dans
le bâtonnet de divers Insectes ; les travaux de Ritter [1] le
rappelèrent à l'attention des zoologistes, et le mémoire célèbre de Max Schultze [2] parut lui donner une consé-

---

[1] Ritter, *Die Structur der Retina*, 1864, etc.

[2] M. Schultze, *Untersuchungen über die zusammengesetzten Augen
der Krebse und Insekten*. Bonn, 1868.

Pour tout ce qui concerne la bibliographie et la critique du filament de Ritter, Voy. Joannes Chatin, *Recherches pour servir à l'histoire du bâtonnet optique*, p. 37 et suiv., 1877.

cration définitive, au moins pour les naturalistes peu fami-
liarisés avec l'état de la question.

Quelques mots suffisent à résumer les recherches de Ritter : des yeux de Baleine, altérés par la gelée, furent immergés
dans l'acide chromique, puis soumis à une série de coupes
complexes qui révélèrent immédiatement l'existence du filament jusqu'alors méconnu des histologistes. Ceux-ci peuvent
apprécier déjà, par cette bizarre technique, le degré de
confiance que méritent les assertions de l'auteur allemand ;
ils achèveront de le juger quand ils sauront que les profondes
dissemblances qui existent entre le segment interne et le
segment externe des bâtonnets lui ont entièrement échappé.

Presque aussitôt après la publication de ce mémoire,
divers observateurs affirmaient que Ritter avait été égaré par
une simple apparence et que le caractère, auquel son nom
se trouvait désormais associé, ne se rencontre chez aucun
Vertébré ; enfin, plus récemment, dans une œuvre magis-
trale qui peut être regardée comme l'exposé de nos connaissances actuelles sur la rétine, Hannover n'hésitait pas à
considérer la fibre de Ritter « comme un produit artificiel[1]. »

On voit ce qu'il faut penser de cette disposition chez les
animaux supérieurs ; l'histoire des Articulés fournit des
résultats identiques et, pour s'en convaincre, il suffit d'interroger un certain nombre de types choisis parmi les
divers ordres des Crustacés ou des Insectes. Dans la plupart
des cas, on ne trouve nulle trace de filament central, et si
parfois, comme dans certains Diptères ou comme chez les
Paguriens (fig. 127) et les Cypridines, on croit en découvrir
une ébauche, on ne tarde pas à reconnaître qu'il s'agit d'une

---

[1] Hannover, *La Rétine de l'Homme et des Vertébrés*, p. 144, 1876.

simple illusion d'optique : les pièces originellement distinctes, puis réunies pour former le cône
réfringent, se sont rapprochées suivant un
plan qui, dans ces observations, se présente
de champ et semble alors dessiner une ligne
centrale qui ne traduit aucunement la présence
d'une fibre axile et dont l'explication doit être
simplement cherchée dans l'étude des phénomènes du développement [1]. On voit que
l'existence du *Ritter'sche Faser* repose sur une
simple erreur d'interprétation et que la doctrine à laquelle il a donné naissance ne saurait pas mieux se défendre que la théorie de
la musculature bacillaire.

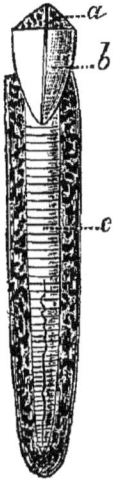

Fig. 127.
Eupagurus
Prideauxii.
Ensemble d'une
pièce bacillaire :
a, cellules de Sem-
per. — *b*, cône. —
c, bâtonnet.

Pour avoir terminé cette étude du bâtonnet
des Crustacés et des Insectes , il nous reste
à examiner la structure et les rapports des
gaines pigmentaires qui recouvrent les éléments bacillaires dans leur portion profonde, rappelant
ainsi, par leur rôle et leurs connexions, les calices des
animaux supérieurs.

Tous les auteurs qui se sont occupés de l'œil de ces
Arthropodes n'ont pas manqué d'y mentionner l'existence
d'un pigment abondant et d'insister sur les obstacles qu'il
apporte aux études histologiques ; mais ils se sont généralement bornés à ces indications passablement vagues,
omettant presque toujours de fournir quelques détails pré-

---

[1] Les faits exposés dans cette Leçon se trouvent confirmés par les
recherches récentes d'Oscar Schmidt : *Die Form der Krystallkegel
im Arthropodenauge (Zeitschrift f. wiss. Zoologie,* t. XXX, supplé-
ment, 1878.

cis sur la nature de ce pigment, sur sa localisation, etc. ;
les plus scrupuleux ont indiqué des « cellules pigmentaires »[1] ou une « couche granuleuse » ; les autres, voulant
à tout prix découvrir une choroïde complexe et semblable à
celle des Vertébrés, se sont laissés entraîner à d'imprudentes déductions, purement hypothétiques[2].

Leur excuse est peut-être dans les conditions où ils se
plaçaient : s'attachant surtout à l'observation des animaux
adultes et des formes les plus élevées de l'embranchement,
ils devaient éprouver de sérieuses difficultés dans une étude
qui devient, au contraire, fort aisée lorsqu'on la poursuit
sur des jeunes ou sur des espèces inférieures. On constate
alors que le pigment se trouve contenu dans des éléments
qui ne rappellent aucunement les cellules internes de la
choroïde des Vertébrés, car, loin de représenter des prismes
allongés, ils figurent de grossières sphérules. Cet aspect se
montre constant chez les Insectes et les Crustacés, interdi-
sant ainsi tout rapprochement absolu entre leurs éléments
pigmentifères et ceux des animaux supérieurs[3].

A propos de la gaine extérieure et des teintes dont elle
revêt le bâtonnet, il n'est pas inutile de rappeler que celui-ci

---

[1] Claparède, *loc. cit.* (*Zeitschrift*, t. X, 1860, p. 203).

[2] Au nombre des anatomistes qui ont cru pouvoir admettre l'existence de cette choroïde, il faut citer Dugès et Müller ; leurs idées
se retrouvent dans quelques traités modernes. (Voy. Nunneley, *On
the Organs of vision ; their anatomy and physiology*, 1858, p. 272.)

[3] Il est cependant un certain nombre d'états pathologiques
dans lesquels les éléments choroïdiens des Vertébrés subissent de
profondes altérations qui semblent les rapprocher des cellules
pigmentifères des Articulés ; ainsi, dans le glaucome, les contours
s'arrondissent, le noyau disparaît : l'élément paraît subir une régression morphologique qui le ramène au type caractéristique des
Crustacés ou des Insectes. (Voy. J. Chatin, *loc. cit.*)

possède souvent une coloration propre, variant du rose
au pourpre suivant les conditions de l'expérience, et due
à la présence de l'érythropsine, qu'il importe de ne pas
confondre avec la matière pigmentaire.

Les cellules qui renferment cette dernière ne dépassent
pas les régions périphériques des éléments bacillaires qu'elles
abandonnent à une certaine distance de la cornée, sans
jamais tapisser la face profonde de celle-ci ; les assertions
trop longtemps méconnues de Marcel de Serres [1] sont à cet
égard parfaitement exactes.

Le pigment [2] présente des teintes extrêmement variables : brunâtre dans un grand nombre d'Insectes, il est
rouge vif chez les Notoptérophores, rouge-brun dans
divers Eurynomes, brun violacé dans l'Apus, noir chez plusieurs Cypridines, jaune ouvert dans certaines Squilles, etc.[3]

Nous connaissons maintenant, dans ses moindres détails,
l'œil rétinien des Arthropodes, mais, pour être féconde, la
longue analyse à laquelle nous venons de procéder doit être
suivie d'une rapide synthèse qui nous permette de rassembler et de graver dans notre esprit les résultats de nos observations. Rien n'est d'ailleurs plus facile et, pour donner à nos études ce complément indispensable, il suffit
d'examiner quelques Insectes et Crustacés placés dans des
conditions biologiques différentes, rapprochant les espèces

---

[1] Marcel de Serres, *loc. cit.*

[2] D'après Newport (cité par Leydig, *loc. cit.*, p. 299), le pigment
ferait défaut chez l'*Astacus pellucidus*, qui habite la caverne mammouthique.

[3] Voy. Milne Edwards, *Histoire des Crustacés.* — Siebold et
Stannius, *Anatomie comparée*, t. I. — Leydig, *Traité d'Histologie
comparée.* — Leuckart, *Organologie des Auges (Graefe's Handbuch).*
— Joannes Chatin, *loc. cit.* (*Ann. sc. nat.*, 6e série, t. V).

terrestres et les espèces aquatiques, opposant aux animaux à vie indépendante et libre, les parasites ou les commensaux.

Pour aborder une semblable série de recherches, il est peu de types qui soient aussi favorables que la Sauterelle verte (*Locusta viridissima*, L.). Sur les côtés de la tête se voient deux yeux énormes et pédonculés, offrant de magnifiques reflets métalliques ou irisés, déterminés par la dispersion qui s'opère à la surface de la cornée. Celle-ci est représentée par une lamelle tégumentaire, épaisse et vitreuse, subdivisée en une multitude de facettes qui scintillent et brillent du plus vif éclat dès qu'un faisceau lumineux vient à les frapper.

Au-dessous de la cornée, se déploie la masse des bâtonnets rétiniens qui, terminés extérieurement par une extrémité réfringente et claviforme (cône), se présentent, dans leur région opposée, sous l'aspect de filaments ténus et recouverts par des gaines pigmentaires que leur couleur brune permet de distinguer aisément. Si, par l'emploi de réactifs convenables (alcalis, etc.) et par une dilacération progressive, on réussit à rompre la trame de ce tissu pigmentifère, on voit les bâtonnets apparaître hors de leurs calices avec une belle teinte rose. Très intense dans l'œil excisé sur l'animal vivant et observé de suite, cette coloration propre du bâtonnet s'affaiblit rapidement, tandis que l'ensemble du corps bacillaire subit une altération granuleuse ; elle persiste toutefois plus longtemps à la périphérie que vers la région centrale [1].

Les bâtonnets optiques de cet Orthoptère offrent donc,

[1] Joannes Chatin, *Sur la coloration des éléments optiques chez la* Locusta viridissima (*Comptes rendus des séances de l'Académie des sciences*, 1877).

dans leur constitution intime, une profonde similitude avec
ceux des Vertébrés et des Mollusques ; nous venons d'y
retrouver même l'érythropsine, si justement célèbre depuis
les travaux de Franz Boll, et pouvons déjà pressentir la
constance des caractères histiques de l'élément rétinien;
mais, pour achever l'examen de cette délicate question, il
convient d'étendre nos recherches à la classe des Crustacés.

Nous examinerons tout d'abord l'espèce la plus vulgaire,
l'*Astacus fluviatilis*, dont l'étude n'a cessé, depuis un demi-
siècle, d'attirer l'attention des zoologistes et des anatomistes. Cependant, malgré le nombre et la valeur des
travaux qui lui ont été consacrés, son histoire présente
encore de nombreuses lacunes dont l'importance se révèle
dès qu'on tente d'y poursuivre l'examen des éléments optiques, ainsi que nous nous proposons de le faire aujourd'hui.

La plupart des auteurs ont généralement porté leur
attention sur des points secondaires, insistant longuement sur la forme des facettes cornéennes ou sur la teinte
réelle du pigment, cherchant opniâtrément à découvrir
dans le cône un cristallin et un corps vitré, mais n'accordant, semble-t-il, qu'une mince importance aux bâtonnels
rétiniens.

L'observation de ceux-ci est pourtant des plus faciles,
mais demande à être poursuivie sur des pièces absolument
fraîches, sinon le pigment difflue de toutes parts et masque
entièrement la masse bacillaire dont il devient impossible
d'étudier la structure. On y parvient sûrement au contraire
par l'emploi de la méthode suivante que nous allons
appliquer devant vous.

Sur une Écrevisse vivante, on ampute l'œil d'un coup

de ciseaux, et on isole rapidement les bâtonnets dans une goutte de liquide cavitaire. On recouvre avec une lamelle mince, en ayant soin d'éviter une compression trop brusque, puis on examine la préparation avec un grossissement de $\frac{350}{1}$; on distingue immédiatement d'élégants bâtonnets colorés en rose pâle, striés en travers et séparés les uns des autres par les calices pigmentaires qui les engainent. Si l'on prolonge l'observation, en ayant soin d'ajouter une goutte de liquide, on ne tarde pas à voir les bâtonnets se séparer en segments discoïdaux, répondant aux stries transversales.

Cette première observation est d'autant plus intéressante qu'elle nous permet d'apprécier exactement les caractères essentiels du bâtonnet, sans faire intervenir nul réactif. Il serait aisé de la corroborer par l'emploi des agents les plus usuels ; mais, pour ne pas développer outre mesure cette partie technique de notre sujet, je me contenterai de vous rendre témoins des faits qui se manifestent en présence de l'acide osmique : sur un œil qui vient d'être enlevé à l'animal vivant, on pratique une coupe parallèle au grand axe, et, sur les bâtonnets ainsi mis à nu, on porte une goutte de la solution concentrée d'acide hyperosmique ; la lame porte-objet est ensuite recouverte par une petite cloche de verre pouvant s'y appliquer exactement. Après un contact de quelques instants, on lave la préparation avec de l'eau distillée, puis la masse bacillaire est dilacérée lentement dans la glycérine étendue d'un tiers d'eau distillée ; on la porte aussitôt sous le microscope et l'on y reconnaît sans peine la présence de stries noires séparant le bâtonnet en une série de disques empilés et figurant les segments que nous avons précédemment observés.

Si du groupe des Décapodes on passe à celui des Stomapodes, on trouve dans les Squilles (*Squilla Desmarestii*, etc.) des types qui se rapprochent beaucoup
des précédents par la structure de leurs organes visuels,
dans lesquels nous allons retrouver les mêmes caractères
généraux. Sur la coupe verticale de l'œil (fig. 128), nous
distinguons tout d'abord la cornée, formée de deux zones

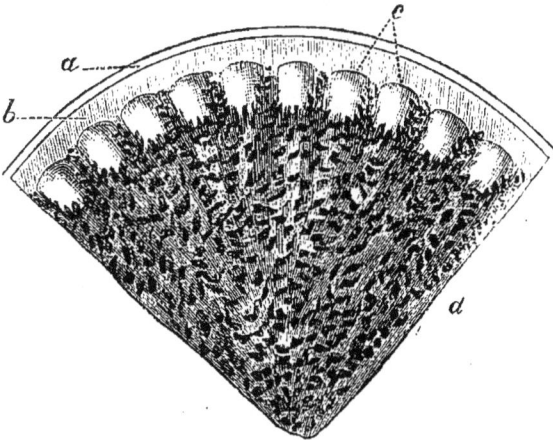

Fig. 128. — *Squilla Desmarestii.*

Segment de l'œil : *a*, zone extérieure ou anhiste de la cornée. — *b*, zone interne ou
lamellaire de la cornée. — *c*, cônes. — *d*, la masse des bâtonnets entourés de pigment.

l'une extérieure et presque anhiste, l'autre interne et formée
de lamelles superposées qui donnent à ce tégument un aspect
stratifié ; immédiatement au-dessous, se trouve le cône, caractérisé par sa réfringence et sa forme cylindro-conique ; sur
ses bords se prolongent les cellules de la gaine pigmentaire.
Quant au bâtonnet, il se montre assez mince dans sa portion
inférieure ou initiale, puis ne tarde pas à se renfler légèrement avant de parvenir à la base du cône. On observe ici
comme chez les *Astacus*, etc., de nombreuses variations dans
le mode de coloration du pigment qui revêt tantôt une
teinte rouge éclatante, tantôt une couleur brunâtre.

Nous pourrions multiplier indéfiniment les sujets d'étude parmi ces Crustacés supérieurs, sans constater de changements notables dans l'organisation de l'œil ou des éléments qui le composent ; nous verrons au contraire apparaître des modifications profondes dès que nous nous adresserons à des espèces inférieures, et surtout à ces types qui, devenus incapables de suffire aux besoins de leur existence, se trouvent condamnés à vivre aux dépens d'autres animaux. Ici, comme partout ailleurs, le parasitisme retentit sur l'ensemble de l'organisme et les appareils sensitifs sont les premiers à subir les effets de cette inévitable dégradation. De nombreux Crustacés présentant un pareil mode d'existence, nous pourrions recueillir dans ce nouveau domaine une ample moisson d'observations nouvelles, mais elles ne sauraient, par leur variété même, trouver leur place dans les limites naturelles de cette Leçon, aussi nous attacherons-nous seulement à l'étude de trois types choisis à dessein parmi les plus intéressants ; ils appartiennent aux genres *Notopterophorus*, *Epimeria* et *Lichomolgus*.

Si l'on examine le *Notopterophorus elongatus*, Crustacé qui se trouve sur un grand nombre d'Annélides et d'Ascidies, on constate que cette espèce présente déjà des indices non douteux d'une évidente simplification, mais on y retrouve cependant la plupart des caractères essentiels signalés dans les espèces précédentes.

Recouvert par un tégument à peine différencié, l'œil se compose d'un bâtonnet, pourvu d'une mince gaine pigmentaire et supportant un cône ovoïde ; la simplification s'affirme donc nettement et nous révèle, dans ce parasite, une forme dont l'étude morphologique présente un intérêt

tout spécial puisqu'elle permet de relier en une série continue des formes organiques entre lesquelles on serait tenté
tout d'abord de ne reconnaître nulle affinité, et rapproche des Crustacés supérieurs les types qu'il nous reste à
examiner.

Sur une Éponge de forme massive qui est très abondante
dans toute la Méditerranée, le *Suberites domuncula* de
Nardo, habite un petit Amphipode chez lequel l'organe
affecte un état plus rudimentaire encore que chez le Notoptérophore. Dans cette *Epimeria*
(fig. 129), l'œil est recouvert par un
tégument pseudo-cornéen au-dessous
duquel on ne découvre tout d'abord
qu'un amas de pièces brillantes,
noyées dans une gangue rougeâtre;
mais, en les examinant plus attentivement, on constate que chacune

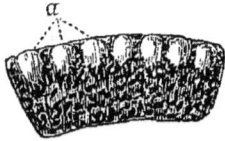

Fig. 129. — *Epimeria.*

Segment de l'œil montrant
les cônes (*a*) plongés dans le
pigment qui entoure les bâtonnets.

d'elles présente une forme particulière, généralement
ovoïde, et se trouve reçue dans une sorte de calice qui
s'élève à une hauteur variable sur les flancs du cône, puis
s'amincit en arrière pour se relier au ganglion (toujours
fort réduit ici) du nerf optique; ce calice est coloré par
un pigment rouge vif.

De pareilles dispositions ne sauraient évidemment être
séparées de celles que nous observions récemment chez les
autres Arthropodes : sans nous arrêter à certaines modifications, prévues, dans la structure de la cornée qui se
distingue de moins en moins du tégument général, nous
devons relever la complète similitude qui existe entre ces
corps réfringents de l'*Epimeria*, et les « cônes » des Crustacés supérieurs. La gaine pigmentaire recouvre bien réelle-

ment encore un véritable bâtonnet, et si l'on examine des individus en voie de développement, si l'on atténue l'intensité du pigment par l'emploi des alcalis, on aperçoit une ligne centrale s'étendant sur une étendue plus ou moins grande du corps bacillaire. Cette ligne s'observe aussi chez diverses espèces supérieures et nous voyons que le bâtonnet de ces dernières se retrouve encore ici, mais considérablement simplifié. On ne reconnaît effectivement plus chez l'*Epimeria* l'existence de stries transversales ; le renflement apicilaire du bâtonnet manque complètement ; le cône n'offre aucune disposition capable de rappeller (au moins chez l'adulte) les pièces que Landois et Claparède ont décrites dans les Insectes, et que nous avons retrouvées chez les Crustacés. Contentons-nous de noter actuellement ces faits sur lesquels nous aurons bientôt à revenir à propos des Vers.

Sur le manteau de la même Ascidie où nous récoltions le Notoptérophore, vit un petit Copépode, le *Lichomolgus elongatus* qui, par la structure de ses bâtonnets optiques, mérite de prendre place à la suite de l'*Epimeria* : la peau s'incurve légèrement au-dessus de l'œil, sans subir de modifications appréciables, présentant ainsi le dernier état de ces cornées tégumentaires que nous avons si souvent étudiées dans le cours de cette Leçon ; au-dessus de ce revêtement, qui ne saurait être plus grossier, se trouvent deux pièces [1] réfringentes et de forme prismatique ; chacune d'elles est reçue dans une sorte de gaine qui va s'amincissant à mesure qu'elle approche de son extrémité initiale et inférieure. Les caractères de cette portion vagi-

---

[1] Très rarement il y en a plus de eux

nale obligent à la considérer comme l'analogue du bâtonnet proprement dit; un pigment jaune, à grains volumineux,
entoure les pièces bacillaires et s'élève à une hauteur
variable sur les bords du cône.

L'organisation des yeux du *Lichomolgus elongatus*
(fig. 130) est, on le voit, très analogue à celle que nous avons

Fig. 130.— *Licho-
molgus elonga-
tus.*

Au-dessous du té-
gument pseudo-cor-
néen, on voit les
deux cônes émer-
geant de la masse
pigmentaire.

observée chez l'*Epimeria ;* elle est même plus
rudimentaire, comme le prouve le nombre
inférieur des bâtonnets. A ce point de vue,
les *Notopterophorus* pourraient être placés
auprès des *Lichomolgus* dont ils s'écartent
par la structure intime de l'élément bacillaire où l'on observe encore une différenciation assez semblable à celle qui caractérise les types supérieurs ; enfin, si l'on
considère plus spécialement les rapports
des bâtonnets et des gaines pigmentaires, on constate une
réelle similitude entre les *Lichomolgus* et les *Ampelisca*[1].

Les conditions qui président au fonctionnement de cet
œil rétinien sont malheureusement moins bien connues
que sa texture ; si séduisante que puisse paraître la théorie
de Müller, elle attend encore une sanction expérimentale.
Celle-ci ne saurait tarder à être réalisée, et les belles
recherches de M. Paul Bert, sur l'œil des Daphnies[2], suffisent à tracer la voie dans laquelle devront s'engager les
observateurs jaloux de combler cette grave lacune.

[1] Spence Bate and Westwood, *History of the British Sessile-Eyed
Crustacea*, t. I, p. 128.

[2] Paul Bert, *Sur la question de savoir si tous les animaux voient
les mêmes rayons lumineux que nous* (*Archives de physiologie*, t. II,
p. 547, 1869). — Voy. aussi Grant Allen, *The colour-sense : its ori-
gin and development. An essay in comparative psychology*, 1879.

Dans l'état actuel de la science, le domaine de l'hypothèse nous serait seul ouvert; gardons-nous d'y pénétrer et, pour achever l'histoire de l'organe visuel des Arthropodes, efforçons-nous de grouper méthodiquement les connaissances que nous venons d'acquérir sur sa structure. Ainsi que nous l'avons tout d'abord constaté, il revêt deux formes bien distinctes et caractérisées, l'une par la présence d'un cristallin, l'autre par l'absence de cette même lentille ; la première (*yeux lentifères*), s'observe d'une façon constante chez les Arachnides et chez les Myriapodes, d'une manière tout à fait exceptionnelle dans les Crustacés et les Insectes, qui possèdent généralement des yeux organisés suivant le second type (*yeux rétiniens*).

Considéré en lui-même, le bâtonnet optique présente des dispositions fondamentales qui demeurent constantes dans l'ensemble du groupe, et des caractères secondaires qui diffèrent selon les types examinés ; ces variations suffisent à montrer le danger de la méthode suivant laquelle l'observation de quelques Insectes devrait fournir des résultats capables d'être immédiatement étendus à la généralité des Arthropodes.

Limité extérieurement par la « cornée », confinant intérieurement au ganglion du nerf optique, le bâtonnet nous a offert deux parties bien distinctes et dont l'apparence ainsi que la valeur sont fort dissemblables : l'une, interne et allongée, porte plus spécialement le nom de *bâtonnet*, l'autre externe, courte, renflée, mais de forme variable, représente le *cône*.

Il est inutile de rappeler les caractères essentiels de ce dernier et la signification de la ligne centrale dans laquelle on a voulu voir l'analogue du filament de Ritter; mais pour ce qui concerne le bâtonnet, je crois devoir insister une dernière fois sur l'origine de ses stries transversales : loin d'indiquer la présence d'une tunique contractile, elles sont propres à l'élément optique, en traduisent la structure lamelleuse et permettent de le rapprocher intimement du bâtonnet rétinien des Vertébrés.

Cette constitution générale se maintient chez tous les Arthropodes supérieurs : nous n'avons pas cessé de l'observer dans les Insectes, les Décapodes, les Squilles, etc. Mais avec les *Notopterophorus,* nous avons constaté les premiers indices d'une simplification qui s'est accentuée rapidement chez les *Epimeria* et les *Lichomolgus,* annonçant ainsi le voisinage des types inférieurs dans lesquels nous devons maintenant étudier ces mêmes organes visuels.

TRENTE-SEPTIÈME LEÇON

Sommaire. — Des organes visuels chez les Vers, les Échinodermes et les Cœlentérés. — Résultats généraux du Cours.

Plusieurs zoologistes contemporains, désespérant de parvenir à assigner des limites réellement naturelles à l'embranchement des Vers, ont été conduits à le regarder comme une sorte de « groupe de départ », qu'une égale parenté relierait aux divers types de la série animale. La discussion de cette doctrine ne saurait évidemment trouver place ici, mais son principe méritait d'autant mieux d'être rappelé que l'étude de l'organe visuel lui semble tout particulièrement favorable. L'appareil optique peut en effet revêtir les aspects suivants :

1° Des yeux volumineux et sphéroïdaux, limités par trois membranes superposées et renfermant dans leur intérieur plusieurs milieux réfringents qui se succèdent régulièrement d'avant en arrière ;

2° Des yeux généralement nombreux, mais réduits à une simple couche bacillaire au-dessus de laquelle le tégument s'amincit pour former une lamelle pseudo-cornéenne ;

3° Des taches pigmentaires.

Dans la première de ces classes, on reconnaît les disposi-

tions propres aux Mollusques et aux Vertébrés ; la seconde
reproduit fidèlement l'organisation des yeux rétiniens caractéristiques des Insectes et des Crustacés ; enfin les taches
pigmentaires rappellent ces formations, très discutables au
point de vue physiologique, dont nous avons déjà mentionné l'existence dans certaines espèces inférieures ou parasites et que nous aurons bientôt à signaler chez divers
Cœlentérés, Échinodermes, etc.

On ne saurait évidemment imaginer des affinités plus
variées ; mais, j'ai à peine besoin de l'ajouter, ces trois
types oculaires seront fort inégalement représentés chez
les Vers : tandis que les yeux rétiniens et les taches pigmentaires existeront dans un grand nombre de genres,
les yeux lentifères ne s'observeront que dans quelques espèces, et en particulier chez les Alciopes, où les travaux
de M. de Quatrefages nous les ont fait connaître dans les
moindres détails de leur structure [1].

Dans ce genre, dont plusieurs espèces abondent sur les
côtes de l'Adriatique et de la Méditerranée, les yeux forment
la majeure partie de la tête, sur laquelle ils dessinent deux
énormes saillies qui semblent se rejoindre suivant la ligne
médiane. La peau, diaphane et très amincie, passe au-devant
du globe oculaire, figurant une cornée transparente ; en
même temps, une sclérotique de nature fibreuse limite et

---

[1] De Quatrefages, *Mémoire sur les organes des sens des Annélides*
(*Annales des sciences naturelles*, 3ᵉ série, 1850, t. XIII). Voy. aussi :
Krohn, *Bemerkung. über die Alciopen* (*Arch. f. naturg.*, 1845). —
Leydig, *Traité d'Histologie comparée*, 1866, p. 296. — Claparède,
Annélides du golfe de Naples, 1868, p. 255. — Greef, *Ueber d. Augen
d. Alciopiden*, 1875. *Sitz. d. Marburg Ges. f. Naturw.*, 1875.

protège l'organe ; au-dessous vient la choroïde : d'un rouge
brunâtre, offrant parfois des reflets irisés, celle-ci n'est bien
visible que dans le voisinage du cristallin, vers la région qui
répond à l'*ora serrata* des Vertébrés. La rétine présente une

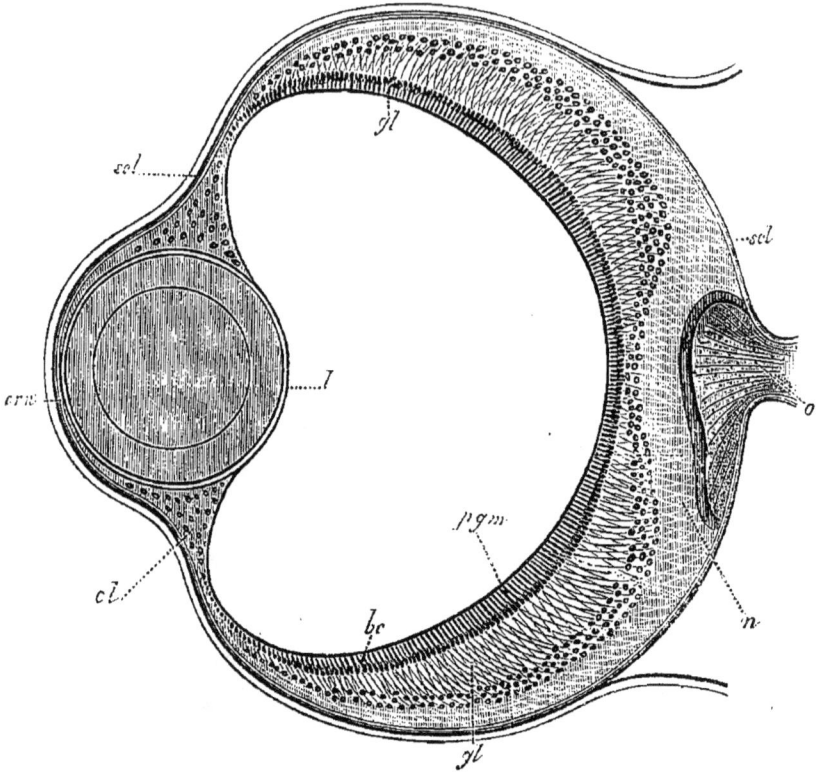

Fig 131. — Œil d'une Alciope (*Nauphanta celox*).

scl, sclérotique. — *crn*, cornée. — *pgm*, gaînes choroïdiennes des bâtonnets rétiniens.
— *bc*, couche bacillaire de la rétine. — *gl*, couche ganglionnaire de la rétine. — *o*,
nerf optique dont les fibres (*n*) s'épanouissent à la surface de la rétine. — *cl*, corps
ciliaire. — *l*, cristallin. (D'après Greef et Nuhn.)

série de couches parmi lesquelles il est facile de distinguer
une première zone, formée par l'épanouissement des fibres du
nerf optique (fig. 131, *n*), puis une seconde, constituée par
une épaisse masse de cellules ganglionnaires (fig. 131, *gl*),
enfin vient la couche des bâtonnets (fig. 131, *bc*) avec

leurs calyces choroïdiens (fig. 131, *pgm*). Les milieux réfringents comprennent un cristallin et un corps vitré. Le cristallin sphérique, facile à énucléer, mesure $\frac{1}{4}$ de millimètre en diamètre ; une épaisse zone contractile, analogue à un corps ciliaire, entoure la lentille. L'humeur vitrée occupe un vaste espace et se trouve limitée par une fine membrane.

Il est impossible de méconnaître la haute valeur de cet appareil, où tout nous rappelle les types oculaires propres aux Mollusques et aux animaux supérieurs ; mais de tels exemples sont rares dans le groupe des Vers, tandis que la forme caractéristique des Insectes et des Crustacés s'y montre au contraire fort répandue.

Fig. 132.
Psygmobranchus protensus.

a, cône.— b, bâtonnet proprement dit recouvert de sa gaine pigmentaire.

Les yeux rétiniens se rencontrent en effet chez un grand nombre d'Annélides : les Psygmobranches, les Protules, les Dasychones, les Vermilies fournissent à cet égard d'excellents sujets d'étude.

Dès qu'on examine les yeux du *Psygmobranchus protensus* (fig. 132), petit Serpulien très abondant sur les côtes de la Provence et de la Sardaigne, on est frappé de la profonde similitude qui existe entre ces organes et ceux que nous observions récemment chez les Articulés [1]. Les pièces qui les composent se présentent sous l'aspect de filaments dans lesquels il est facile de reconnaître deux parties : l'une, supérieure et réfringente, répond au « cône »

---

[1] Joannes Chatin, *loc. cit.* (*Ann. sc. nat.*, 6ᵉ série, t. VII, p. 27).

des Crustacés et des Insectes ; l'autre inférieure, colorée par
une gaine pigmentaire rougeâtre, s'amincit vers son extrémité inférieure, et représente le « bâtonnet » des Arthropodes. Certains Crustacés, tels que les *Epimeria*, offrent
même, sous le rapport de l'organe
visuel, une structure presque identique à celle des Psygmobranches[1].

Avec les Protules, et en particulier avec la *Protula intestinum*
(fig. 133), notre souvenir se reporte
vers un Copépode, le *Lichomolgus*,
dont nous retrouvons ici tous les
caractères essentiels : l'œil est, en
effet, formé de deux pièces bacillaires
et chacune d'elles se montre composée d'un cône oblong, reçu dans la
portion supérieure du bâtonnet proprement dit, lequel s'effile vers son extrémité opposée pour plonger dans un
calyce pigmentaire qui présente une
coloration rouge des plus éclatantes.

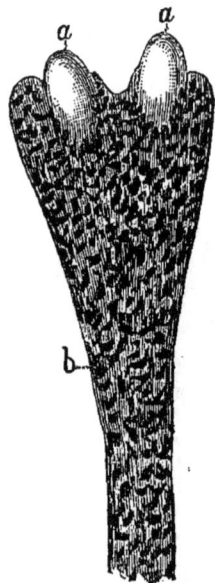

Fig. 133. — Œil de la *Protula intestinum.*

a, a, cônes. — *b,* gaine pigmentaire.

Ces éléments rétiniens s'observent avec la même structure, mais en plus grand nombre chez les *Eupomalus* et
les *Branchiomma*[2], auprès desquels on peut ranger les
Dasychone.

Dans ceux-ci, et en particulier chez le *Dasychone Bombyx* (fig. 134), l'œil est formé de trois ou quatre pièces ba-

---

[1] Joannes Chatin, *Sur les bâtonnets optiques des Crustacés et des
Vers* (*Mémoires de la Société de Biologie,* 1876).

[2] Claparède, *Annélides Chétopodes du golfe de Naples ;* supplé-
ment, 1870, pl. XIV, etc.

cillaires dont la différenciation paraît être portée plus loin que dans les types précédents : les cônes, fortement convexes sur leur face antérieure ou externe, sont presque plans sur la face postérieure ou interne, offrant ainsi la plus grande analogie avec les mêmes parties examinées chez divers Articulés. La portion basilaire qui peut être désignée, comme dans ces derniers, par le nom de bâtonnet, est élargie supérieurement, amincie inférieurement ; un épais pigment brunâtre la colore et s'avance sur les bords du cône.

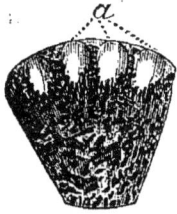

Fig. 134. — OEil du *Dasychone Bombyx*.

a, cônes.

Telle est l'organisation des yeux branchiaux du *D. Bombyx;* quant aux taches disséminées sur les segments du corps, et parfois décrites comme des yeux par certains auteurs qui pensaient y avoir distingué « des cristallins », l'observation permet d'affirmer qu'elles possèdent une tout autre signification et doivent être attribuées à l'existence de glandules hypodermiques très développées [1].

Dans les différentes espèces de Vermilies qui habitent les côtes de France, les yeux offrent une structure semblable à celle qui vient d'être exposée. On les reconnaît facilement à la présence des corps réfringents qui s'y trouvent enchâssés et les font apparaître comme autant de taches brillantes [2] ; lorsqu'on examine attentivement ces pièces lenticulaires, on constate qu'elles sont entièrement sem-

---

[1] Claparède, *Annélides du golfe de Naples*, 1868, p. 428. — Joannes Chatin, *Études sur la distribution géographique et l'organisation des Annélides du genre* Dasychone (*Les Fonds de la Mer*, t. III, p. 135).

[2] Ils offrent même un miroitement analogue à celui que présentent les yeux des *Pecten* (Voy. J. Chatin in *Ann. des sc. nat.*, 6ᵉ série, t. VII, p. 30).

blables aux cônes des Arthropodes et portées comme eux
par des bâtonnets ténus que recouvrent des gaînes pigmentaires colorées en rouge orangé.

Il suffit de comparer les éléments optiques de ces Vers
avec les mêmes organites étudiés chez les Crustacés iniérieurs, pour reconnaître leur intime parenté. Celle-ci semble
même s'affirmer ici par une particularité caractéristique :
tandis que le bâtonnet s'effile dans sa portion initiale, on
voit sa région supérieure se modifier et former des dilatations analogues à celles qui nous ont été offertes chez plusieurs Insectes [1].

L'œil rétinien des Arthropodes se retrouve donc avec tous
ses caractères fondamentaux dans ces divers Chétopodes;
il semble exister également chez plusieurs Hirudinées.

On sait que la Sangsue médicinale porte, de chaque
côté de la ventouse orale, cinq taches noirâtres que depuis
fort longtemps on s'accordait à considérer comme des points
oculiformes [2], sans leur attribuer généralement d'autre
valeur morphologique que celle de simples taches pigmentaires, jusqu'au moment où Leydig [3], reprenant leur étude, y
découvrit une structure assez voisine de celle qui vient
d'être indiquée dans les espèces précédentes. Chacun de
ces organes se composerait en effet d'un certain nombre de

[1] Straus-Durckeim, *loc. cit.* — Leuckart, *loc. cit.* — Gegenbaur, *loc. cit.*

[2] Brandt et Ratzeburg, *Medizin. Zool.*, t. I, p. 250-25, pl. XXIX.
— Weber in *Meckel's Archiv*, 1827, p. 301, pl. III. — Wagner,
Lehrbuch d. vergl. Anatomie, 1835, p. 428. — Id., *Icones physiol.*,
1839, p. 28, f. 16. — Id. *Lehrbuch d. special Physiologie*, 1843,
p. 383.

[3] Leydig, *Die Augen und neue Sinnesorgane bei Eigel (Archiv f.
Anatomie und Physiologie*, 1861, p. 588). — Id., *Tafeln zur vergl. Anatomie*, pl. II, f. 5, pl. III, f. 1, etc.

pièces réfringentes, comparables aux cônes des Crustacés et supportées par de petits filaments bacillaires reliés au nerf optique et recouverts par une épaisse gaine pigmentaire[1]. Il semble qu'il y ait une réelle analogie entre ces organes et ceux des Serpuliens, etc., que nous examinions tout à l'heure ; toutefois je crois qu'on ne saurait sans imprudence conclure à une identité absolue : les études de Leydig nous ont surtout fait connaître la structure des gaines pigmentaires et le mode de terminaison du nerf optique, mais les éléments essentiels, les bâtonnets optiques, ont été à peine entrevus ; ils réclament de nouvelles recherches qui seules pourront nous éclairer sur la valeur exacte de ces « yeux » des Hirudinées.

Il convient de formuler les mêmes réserves à l'égard des Némertes qui portent sur la région frontale un grand nombre de points oculiformes auxquels on accorde une structure très complexe (cônes cristalliniens, bâtonnets rétiniens, etc.), mais fort hypothétique.

Quant à la troisième forme d'organes visuels, elle se trouve extrêmement répandue parmi les Vers inférieurs et s'observe aussi bien chez les Rotifères que dans les Helminthes, etc.

Les Rotifères[2] portent sur la région céphalique des taches pigmentaires dont le nombre varie[3], mais dont la signification physiologique est encore des plus incertaines.

On doit en dire autant des points oculaires (?) observés

---

[1] Voy. la figure 59, p. 284.

[2] Otto Frédériq Müller, *Vermium*, t. I, 1773, p. 107. — Ehrenberg, *Organes des Infusoires* (*Ann. sc. nat.*, 1834, p. 207).

[3] Il n'existe qu'un point impair et médian chez les Notommates, tandis qu'il en existe deux chez les Philodines, quatre dans les Squamelles, etc.

chez quelques Trématodes[1] et Nématodes[2]. Quant aux Cestodes, ils n'en offrent aucun indice et l'on ne saurait s'en étonner lorsqu'on se reporte aux conditions biologiques qui président à l'existence de ces Vers, les plus infimes de tous les parasites.

ÉCHINODERMES. — Chez les Échinodermes, les organes visuels témoignent d'une évidente dégradation, ou font même complètement défaut ; il n'y a guère que chez quelques Stellérides qu'ils présentent une structure comparable à celle des yeux rétiniens des Annélides ; ainsi dans les *Asteracanthion*, on distingue à l'extrémité de chaque rayon une masse rougeâtre et parsemée de points brillants, vers la base de laquelle vient s'épanouir un rameau nerveux. L'examen microscopique montre qu'elle est formée par la réunion d'un grand nombre d'éléments qui, renflés supérieurement en un cône réfringent, s'amincissent vers leur extrémité opposée pour disparaître dans une gaine colorée : on voit qu'il existe de nombreux traits de ressemblance entre ces formations et les bâtonnets optiques des Crustacés et des Vers, bien que certains détails n'aient peut-être pas encore été suffisamment élucidés[3].

Dans les Astéries, l'organisation est à peu près la même :

---

[1] Huxley, *Anatomie comparée*, INVERTÉBRÉS, p. 113.

[2] Ces organes ne s'observent guère que chez les Nématodes libres, où ils sont placés sur le muscle œsophagien, des deux côtés de la ligne médiane. Signalés par Dujardin chez les Enopliens, ils ont été soigneusement étudiés par M. Marion dans un certain nombre d'espèces et spécialement chez le *Lasiomitus exilis* et l'*Amphistenus agilis* où leur structure est assez complexe, car ils semblent posséder des cônes réfringents (Marion, *loc. cit.*, p. 66-68).

[3] Greef, *Ueber d. Bau d. Echinodermen* (*Sitz. Marb. Gesell. Naturw.*, 1871).

à la face inférieure des rayons, vers l'extrémité de la rainure ambulacraire, immédiatement au-dessous des tentacules terminaux, se voient de petites éminences sphériques, recevant un filet nerveux, et constituées par un grand nombre (60-80-100-150) de bâtonnets portant à leur extrémité supérieure des pièces réfringentes pareilles à celles qui viennent d'être décrites. Ici, comme dans les *Asteracanthion*, le tégument aminci passe au-dessus de l'organe et lui forme un revêtement pseudo-cornéen.

Forbes[1] et Valentin[2] avaient cru reconnaître des formations analogues vers le pôle apical des Cidarides, mais Frédéricq[3] ayant suivi jusqu'à sa terminaison le filet nerveux qui parcourt le canal des « plaques ocellaires », sans y découvrir aucune trace d'appareil optique, il est permis de révoquer en doute la présence d'organes visuels chez ces Echinodermes.

On peut en dire autant des Synaptes auxquels on a jadis accordé des yeux qui semblent aujourd'hui fort problématiques. Quant aux Siponcles, ils sont pourvus de taches oculiformes lorsqu'ils sont à l'état de larves errantes, mais ces formations disparaissent dès qu'ils atteignent leur état parfait et deviennent sédentaires[4], nouvel exemple de l'influence des conditions extérieures.

CŒLENTÉRÉS. — Dans les Cœlentérés, la vision possède

---

[1] Forbes, *History of british Starfishes and other animals of the Class Echinodermata*, 1841.

[2] Valentin, *Anatomie du genre Echinus*, 1842.

[3] Frédéricq, *Contributions à l'étude des Echinides* (*Archives de Zoologie expérimentale*, t. V, 1876, p. 434).

[4] Max Müller, *Ueber eine den Sipunculiden verwande Wurmlarve* (*Archiv fur Anatomie und Physiologie*, 1850, p. 439, pl. XI). —

parfois encore des organes spéciaux, surtout développés
chez les Médusaires, où depuis longtemps les zoologistes s'accordent à attribuer une semblable valeur à ceux
des corpuscules marginaux qui sont pourvus de pigment

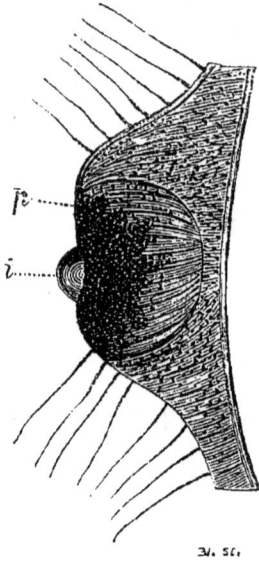

Fig. 135. — OEil de la
Lizzia Kœllikeri, vu de côté.

i, cristallin. — *p*, tunique
pigmentaire.
(D'après O. et R. Hertwig.)

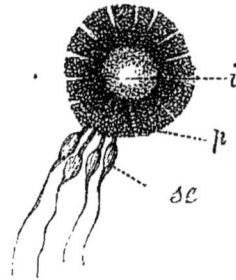

Fig. 136.
Structure d'un des yeux
de la *Lizzia Kœllikeri*.

i, cristallin. — *p*, tunique
pigmentaire. — *se*, bâtonnets
rétiniens.
(D'après O. et R. Hertwig.)

et de pièces réfringentes[1]. Les travaux de R. et O. Hertwig ont comblé la plupart des lacunes qui existaient récemment dans l'histoire de ces appareils, dont ils nous ont fait
connaître les dispositions essentielles.

Krohn, *Ueber Larve des Sipunculus nudus* (Ibid., 1851, p. 368). —
Keferstein und Ehlers, *Zoologische Beitrage*, pl. VIII, f. 7.

[1] Ehrenberg, *Sur l'organisation des Acalèphes* (Annales des sciences
naturelles, 2e série, t. IV, 1835, p, 299). — Milne Edwards, *Observations sur la structure de quelques Zoophytes* (Ann. des sc. nat.,
2e série, t. XVI, 1841, p. 205, pl. IV). — De Quatrefages, *Mémoire sur
l'Eleuthérie* (Ibid., t. XVIII, 1842, p. 280, pl. VIII). — Gegenbaur,
Bemerkungen über die Randkorper der Medusen (Archiv f. Anatomie
und Physiologie, 1856, p. 231).

Chez la *Lizzia Kœllikeri* (fig. 135) on distingue, sur les bords de l'ombrelle, des formations caractérisées par un aspect tout spécial : non seulement elles offrent une coloration des plus vives, mais en leur centre apparaît une lentille réfringente (fig. 135, *i*). Si de l'examen extérieur on passe à l'étude histologique, on voit que l'organe comprend les parties suivantes :

1° Une couche superficielle ou protectrice ;

2° Une couche moyenne ou choroïdienne ;

3° Une couche profonde ou rétinienne ;

4° Un cristallin.

La couche superficielle est formée par le tégument ambiant, considérablement aminci ; la couche choroïdienne offre des cellules oblongues et pigmentifères, s'avançant à la manière de véritables calyces sur les bords des bâtonnets rétiniens. La zone profonde se montre en effet constituée par de véritables cellules bacillaires (fig. 136, *se*) qui se reconnaissent à leur corps ovoïde et à leurs prolongements polaires.

Le cristallin offre l'aspect d'une sphérule opaline dans laquelle un fort grossissement paraît faire découvrir des stries curvilignes. Un filet nerveux vient s'épanouir à la base de l'appareil qui présente, comme on a pu en juger par les détails précédents, une réelle similitude avec l'œil lentifère des Arthropodes.

Les Échinodermes et les Cœlentérés marquent la fin de nos études sur l'organe visuel. Ne savons-nous pas, en effet, que vers ce niveau, les formes sensorielles tendent à se confondre rapidement ? Le protoplasma, cette origine commune de tous les êtres vivants, apparaîtra bientôt dans

son état initial, dépouillé des attributs dont l'avait revêtu la lente différenciation des types supérieurs. Son
irritabilité suffira désormais à assurer entre l'organisme et
le milieu cosmique des relations qui souvent se réduiront
à de simples échanges nutritifs. Devenue de plus en plus
passive, l'alimentation réclame le concours de tous les
agents extérieurs; de grossiers phénomènes d'assimilation
et de désassimilation dominent l'ensemble de l'économie
et paraissent condamner ces Protozoaires à se mouvoir
éternellement dans l'orbe étroite des propriétés végéta-
tives, simple apparence que démentent les faits les plus
vulgaires : placez un Infusoire ou un Amibe dans des conditions normales, immédiatement vous le verrez obéir aux
mouvements vibratoires qui déterminaient jadis les sensations les plus délicates et dont l'influence se révèle encore
par des réactions spéciales et caractéristiques, derniers reflets des manifestations dont nous venons d'achever l'histoire, nouveaux témoignages de la constance et de l'identité des propriétés vitales.

Arrivés au terme de ces Leçons, nous devons, avant de
nous séparer, considérer le chemin parcouru, résumer
brièvement les notions acquises.

La morphologie des Organes des Sens formait comme
une introduction naturelle à l'histoire de chacun de ces
appareils; aussi l'avons-nous soumise à une minutieuse
analyse instituée suivant les principes fondamentaux de la

Biologie générale : recherchant dans les plus infimes organismes les premiers indices de la sensibilité, nous n'avons
pas tardé à voir celle-ci s'affirmer rapidement, à mesure
que nous nous élevions dans la série zoologique. En
même temps, nous examinions les rapports que présentent
entre eux les différents sens, nous dégagions des infinis
procédés de la Nature leurs conditions essentielles de
perfectionnement, et nous nous efforcions de ramener
leur tracé originel à une formule organique des plus simples.

Les grandes lignes du tableau se trouvant dès lors
esquissées, le moment était venu de disposer les détails
qu'allait successivement y introduire l'étude des divers
types spécifiques.

Le plus universel, le plus ancien des sens, réclamait ici
la première place ; aussi nos recherches furent-elles tout
d'abord consacrées à l'analyse des phénomènes tactiles
dont les aspects multiples provoquèrent bientôt l'examen de ces manifestations, d'origine encore douteuse, et
que la philosophie contemporaine rapporterait volontiers
à des espèces nouvelles. Puis s'est déroulée la longue
série des organes du toucher : les terminaisons nerveuses
des Mammifères, les singuliers appareils qui se développent sur la ligne latérale des Poissons, les bâtonnets tactiles des Mollusques et des Cœlentérés nous ont offert
une ample moisson de faits aussi intéressants que généralement peu connus.

Au toucher succéda le goût, et dès ce moment nous
vîmes les difficultés se multiplier, que nous nous appli-
quions à l'étude des impressions sapides ou à la détermi-

nation des parties destinées à les recueillir. La plupart
des auteurs mentionnent à peine les unes et les autres ;
leur exemple eût donc suffi à nous faire pressentir les
obstacles auxquels nous allions nous heurter : qui ne sait
qu'au delà des Bimanes ou des Quadrumanes, les traités les
plus modernes renoncent à poursuivre ce délicat exposé ?
Nous avons cependant tenté de franchir ces barrières plus
apparentes que réelles : loin de conclure hâtivement de la
forme à la fonction, loin d'admettre des assimilations
prématurées et dangereuses, nous avons interrogé les
conditions d'existence, les mœurs, les affinités zoologiques,
et c'est ainsi que nous avons pu poursuivre l'étude de la
sensibilité gustative dans les groupes les plus différents.

A la suite des sens précédents se plaçait nécessairement
l'odorat, « ce goût à distance » suivant l'heureuse expression de Kant. Comme pour les saveurs, nous avons soumis à une sévère critique les nombreuses classifications
qu'on a tenté d'établir parmi les odeurs ; puis, après avoir
déterminé le mécanisme de la sensation olfactive, nous
avons abordé l'examen des organes attribués à son service. Les modifications que présente cet appareil dans
la généralité des Vertébrés ou chez les principaux ordres
de Mollusques nous ont spécialement occupés ; mais, pour
l'odorat comme pour le goût, nous avons dû constater,
dans les rangs inférieurs de l'animalité, de réelles lacunes
que ne saurait combler la fertile imagination de certains
histologistes allemands.

La supériorité fonctionnelle du sens de l'ouïe se révèle
aussi bien par la haute valeur de ses phénomènes que par
l'élégante méthode dont ils ont réclamé l'application et
qui, après avoir exigé des physiologistes les plus laborieux

efforts, leur a permis d'apporter de précieux compléments à une science dont ils avaient été si longtemps tributaires qu'il semblait que l'analyse de la sensation auditive ne dût jamais sortir du domaine de la physique. L'anatomie si complexe de l'oreille n'a pas tardé à nous offrir l'occasion naturelle d'appliquer ces notions expérimentales qui n'ont cessé de nous guider dans l'étude comparée de ce curieux appareil dont les modifications nous ont conduits, par une progression des plus régulières, de l'inextricable labyrinthe des Mammifères à l'otocyste rudimentaire des Acéphales ou des Méduses.

Seul, le plus parfait des sens restait à examiner : l'origine et les divers modes d'action de la lumière, les conditions générales que doit remplir tout organe destiné à transformer ce mouvement vibratoire de l'éther en une sensation visuelle, réclamaient une attention spéciale, et ce fut seulement après avoir élucidé ces divers points que nous pûmes commencer l'étude de l'œil des Vertébrés : l'histoire de l'appareil ciliaire, du peigne des Ovipares, de la rétine et du cristallin, l'analyse des diverses théories de l'accommodation, la reproduction expérimentale des phénomènes optographiques nous ont entraînés dans une longue suite de recherches ; bientôt celles-ci se sont étendues aux Mollusques et surtout aux Arthropodes dont l'anatomie comparative peut seule permettre de parvenir à une exacte interprétation de l'élément rétinien. La synthèse de ces observations s'est trouvée réalisée par la Nature même qui, dans le bizarre groupe des Vers, semble rapprocher à dessein, avec leurs caractères généraux et leurs dispositions fondamentales, les types oculaires propres aux divers embranchements de la série animale.

En suivant ainsi les voies parallèles de l'observation et de l'expérience, nous poursuivions un double but : au point de vue de la physiologie comparée, il s'agissait de déterminer les relations qui s'établissent entre les différents sens, de fixer les degrés par lesquels leurs manifestations se révèlent dans les groupes les plus dissemblables ; quant à l'anatomie zoologique, elle réclamait de nous un ensemble de notions capables de fixer la valeur des caractères communs aux organes destinés à agir sous l'influence de ces diverses causes extérieures. Vous savez comment les faits nous ont permis de répondre à ce double desideratum : non seulement les connexions les plus intimes s'affirment entre le tact et le goût, entre le goût et l'odorat, mais par les circonstances dont il exige le concours, ce dernier se rapproche étroitement des sens qui nous permettent d'explorer le champ sonore ou visuel. Si des impressions on passe aux organes chargés de les recueillir, on constate la même identité d'origine, se traduisant par des dispositions immuables : toujours les mêmes cellules protectrices, toujours les mêmes bâtonnets enchâssés dans les éléments précédents et reliés directement au centre percepteur. Reportez-vous aux organes tactiles des Arthropodes ou des Mollusques, interrogez les corpuscules gustatifs ou la membrane olfactive, considérez la tache acoustique d'un Mammifère ou l'otocyste d'un Gastéropode, toujours vous retrouverez ce même tracé fondamental.

Si l'anatomie permet de semblables rapprochements, la physiologie commande de les légitimer par l'examen des conditions qui président au fonctionnement de ces types organiques. Obéir à cette double impulsion, telle a été notre règle constante : sans tenter d'interpréter hâtivement les actes biologiques, sans chercher à subordonner les propriétés aux caractères extérieurs, nous n'avons cessé d'en appeler de l'hypothèse à l'observation directe des phénomènes et à l'étude des causes qui déterminent leur apparition. Les grands enseignements de la science moderne nous en faisaient une loi, heureux si nous avons pu réussir à ne jamais la transgresser et à demeurer toujours fidèles à la méthode expérimentale, seule capable de guider le naturaliste dans la recherche de la vérité.

TABLE DES MATIÈRES

Chatin, Org. des sens.   46

LE SENS DE LA VUE

VINGT-QUATRIÈME LEÇON.

VINGT-CINQUIÈME LEÇON.

VINGT-SIXIÈME LEÇON.

VINGT-SEPTIÈME LEÇON.

VINGT-HUITIÈME LEÇON.

VINGT-NEUVIÈME LEÇON.

TRENTIÈME LEÇON.